3판

반려동물전문가를 위한
동물복지 및 법규

김 복 택

박영story

제3판
머리말

2000년을 전후로 애완동물을 '반려동물'이라는 용어로 대체해 사용하는 사회적 분위기가 형성되었고, 2007년 개정된 '동물보호법'에서 반려동물이 법률적 용어로 사용되기 시작했다. 이제는 '사역동물, 사료, 사육 등'과 같은 용어들도 '봉사동물, 먹거리, 양육 등'의 표현으로 반려동물이라는 용어에 걸맞게 바꾸어 사용되는 추세다.

우리 사회는 이제 가축으로부터 야생동물에 이르기까지 동물들도 같은 생명체로서 '삶과 죽음'이 있고, '행복과 고통'의 정서가 있다는 것을 모두가 알고 있으며 그들의 복지도 다양한 분야에 걸쳐 논의되고 있다. 이러한 인식은 동물에 대한 윤리적, 법률적 태도의 변화와 실천적인 복지의 사례들을 만들어 내고 있다.

동물과 관련된 법률적 문제를 규율하는 가장 기본적인 법률은 1991년 제정된 동물보호법이다. 당시에는 동물에 대한 학대 방지법으로 제정되었으나, 추후 여러 차례 개정을 거쳐 동물과의 정서적 교감과 조화로운 공존의 문제까지 다루게 되었다. 본서에서는 저자의 강의 경험을 바탕으로 반려동물 산업의 전문가들과 전공자들이 알아야 하는 법률의 범위를 규정하였고 해당 법률의 내용을 포괄적으로 편찬하였다. 한 학기 과정의 학습으로는 다소 광범위하고 많은 내용을 담고 있어 강의자가 부담스럽게 생각할 수도 있으나, 전문가라면 알고 있어야 하는 법률을 선정하여 담았기에 이해를 부탁한다.

본서의 편집은 법서를 전제로 하고 있기에 해당 법률의 모든 내용을 담고 있으며, 주요 내용은 굵거나 색이 있는 활자체로 표시하였으며, 참고해야 할 내용은 각주의 형태로 보충 설명하였다. 또한 규정된 서식들은 QR코드를 통해 다운로드 받을 수 있도록 별도의 편집을 진행하였다.

본서가 담고 있는 법률은 '동물보호법'과 함께 야생동물의 복지와 생태계 균형에 관한 법률인 '야생생물 보호 및 관리에 관한 법률', 동물원 동물의 복지에 관한 '동물원 및 수족관법', 동물의 진료 복지를 위한 '수의사법', 실험동물의 복지를 이해하기 위한 '실험동물에 관한 법률', 동물의 먹거리 복지를 위한 '사료관리법', 그리고 마지막으로 방역과 검역에 관한 법률인 '가축전염병 예방법'이다. 위의 법률들은 그동안 여러 차례 개정되어 초판을 출판할 때보다 분량이 상당히 증가하였다. 이로 인해 교재의 볼륨을 줄이기 위해 가축전염병 예방법은 QR코드를 통해 다운로드 받을 수 있도록 하였으며, 더불어 독자의 경제적 부담을 줄이고자 하였고 강의자도 선택적 강의가 가능하게 분리 편집하였다. 물론 본서에 해당 법률이 포함되어야 한다는 저자의 의지도 반영되었다.

본서가 강의 교재로 선택되는 데 있어 새로운 판으로 개정될 때마다 분량을 걱정하는 출판사 담당자의 염려와 걱정이 많았으나 학습자들은 항상 본서의 학습을 통해 전공에 대한 지식이 많이 성장하였음을 기쁜 마음으로 저자에게 전해주었기에 욕심을 접지 못하고 3판도 두툼하게 진행하게 되었음을 양해 바란다.

저자가 반려동물 관계법을 강의하고자 할 때 국내에 관련 서적이 없어 고민하던 시절 박영스토리는 헌신적으로 출판에 도움을 주었다. 3판의 서문에서 이에 대한 감사한 마음을 다시 전하며, 함께 노력해준 박영스토리의 배근하 차장님, 김한유 과장님도 앞으로 계속 함께하길 부탁한다.

반려동물 산업은 다른 산업에 비해 아직 미숙함이 많지만, 생명에 대한 선을 실천하는 분야이기에 우리 사회의 윤리적 성장과 함께하고 있다. 따라서 반려동물 산업은 충분히 성장 가치가 있는 분야이며 사회가 선한 모습으로 성장할수록 힘을 보태며 견인할 것이라고 기대한다. 우리 사회의 보편적 선을 정의한 것이 법률이기에 이 교재는 반드시 학습할 것을 권고하며, 반려동물 전문가로 성장할 사랑하는 독자들도 힘차게 응원할 것을 약속한다.

2024년 한국반려동물매개치료협회장 김복택

차 례

* QR코드 스캔 시, 다운로드 가능

제1장

동물보호법

[시행 2025. 1. 3.] [법률 제19880호, 2024. 1. 2., 일부개정]

QR코드를 스캔하면, [제1장 동물보호법] 서식을 다운로드 받을 수 있습니다.

1.1 동물보호법

[시행 2025. 1. 3.] [법률 제19880호, 2024. 1. 2., 일부개정]

제1장 총칙

제1조(목적)

이 법은 **동물의 생명보호, 안전 보장 및 복지 증진**을 꾀하고 건전하고 책임 있는 **사육문화**를 조성함으로써, 생명 존중의 **국민 정서**를 기르고 사람과 동물의 조화로운 공존[1]에 이바지함을 목적으로 한다.

제2조(정의)

이 법에서 사용하는 용어의 뜻은 다음과 같다.

1. "**동물**"이란 **고통을 느낄 수 있는** 신경체계가 발달한 **척추동물**[2]로서 다음 각 목의 어느 하나에 해당하는 동물을 말한다.

   가. 포유류

   나. 조류

   다. 파충류·양서류·어류 중 농림축산식품부장관이 관계 중앙행정기관의 장과의 협의를 거쳐 **대통령령**[3]으로 정하는 동물

---

1) **야생동물 보호 및 관리에 관한 법률 제1조(목적)**
   이 법은 야생생물과 그 서식환경을 체계적으로 보호·관리함으로써 **야생생물의 멸종을 예방**하고, 생물의 다양성을 증진시켜 **생태계의 균형**을 유지함과 아울러 사람과 야생생물이 공존하는 건전한 자연환경을 **확보함**을 목적으로 한다.

2) 척추동물은 지느러미와 아가미를 가지는 어상강(魚上綱)과 네다리와 폐를 가지는 사지상강(四肢上綱)으로 나뉜다. 어상강은 무악어(無顎魚: 먹장어·칠성장어), 판피어(板皮魚: 모두 화석종이다), 연골어(軟骨魚: 상어류·홍어등), 경골어(硬骨魚: 폐어·철갑상어·청어 등)의 4강으로 나뉘며, 사지상강은 양서류·파충류·조류·포유류의 4강으로 나뉜다.   [네이버 지식백과] 척추동물 [Vertebrata, 脊椎動物] (두산백과)

3) **동물보호법 시행령 제2조(동물의 범위)**
   「동물보호법」(이하 "법"이라 한다) 제2조제1호다목에서 "대통령령으로 정하는 동물"이란 **파충류, 양서류 및 어류**를 말한다. 다만, 식용(食用)을 목적으로 하는 것은 제외한다.

※ **식용(食用)을 목적으로 하는 것**

– **축산물 위생관리법 제2조(정의)**
   이 법에서 사용하는 용어의 뜻은 다음과 같다.   <개정 2013. 3. 23., 2016. 2. 3., 2017. 10. 24.>

   1. "**가축**"이란 소, 말, 양(염소 등 산양을 포함한다. 이하 같다), **돼지**(사육하는 **멧돼지**를 포함한다. 이하 같다), **닭, 오리**, 그 밖에 식용(食用)을 목적으로 하는 동물로서 대통령령으로 정하는 동물(축산물 위

2. "소유자등"이란 동물의 소유자와 일시적 또는 영구적으로 동물을 사육·관리 또는 보호하는 사람을 말한다.

3. "유실·유기동물"이란 도로·공원 등의 공공장소에서 소유자등이 없이 배회하거나 내버려진 동물을 말한다.

4. "피학대동물"이란 제10조제2항 및 같은 조 제4항제2호에 따른 학대를 받은 동물을 말한다.

5. "맹견"이란 다음 각 목의 어느 하나에 해당하는 개를 말한다.

　　가. 도사견, 핏불테리어, 로트와일러 등 사람의 생명이나 신체 또는 동물에 위해를 가할 우려가 있는 개로서 농림축산식품부령으로 정하는 개[4]

　　나. 사람의 생명이나 신체 또는 동물에 위해를 가할 우려가 있어 제24조제3항[5]에 따라 시·도지사가 맹견으로 지정한 개

6. "봉사동물"이란 「장애인복지법」 제40조에 따른 장애인 보조견[6] 등 사람이나 국가를 위하여 봉사하고 있거나 봉사한 동물로서 대통령령으로 정하는 동물을 말한다.

7. "반려동물"이란 반려(伴侶)의 목적으로 기르는 개, 고양이 등 농림축산식품부령으로 정하는 동물[7]을 말한다.

8. "등록대상동물"이란 동물의 보호, 유실·유기(遺棄) 방지, 질병의 관리, 공중위생상의 위해 방지 등을 위하여 등록이 필요하다고 인정하여 대통령령으로 정하는 동물[8]을

생관리법 시행규칙 제2조 ①항 1.사슴 2.토끼 3.칠면조 4.거위 5.메추리 6.꿩 7.당나귀)을 말한다.

4) **동물보호법 시행규칙** 제2조(맹견의 범위)
「동물보호법」(이하 "법"이라 한다) 제2조제5호가목에 따른 "농림축산식품부령으로 정하는 개"란 다음 각 호를 말한다.
1. 도사견과 그 잡종의 개 2. 핏불테리어(아메리칸 핏불테리어를 포함한다)와 그 잡종의 개 3. 아메리칸 스태퍼드셔 테리어와 그 잡종의 개 4. 스태퍼드셔 불 테리어와 그 잡종의 개 5. 로트와일러와 그 잡종의 개

5) **동물보호법** 제24조(맹견 아닌 개의 기질평가)
③ 시·도지사는 제1항에 따른 명령을 하거나 제2항에 따른 신청을 받은 경우 기질평가를 거쳐 해당 개의 공격성이 높은 경우 맹견으로 지정하여야 한다.

6) **장애인보조견 종류**(2023 장애인복지사업안내(제Ⅱ권, P248~249), 보건복지부
　– **시각장애인 안내견**(Guide Dog) – 시각장애인의 안전한 보행을 돕기 위해 공인기관에서 훈련된 개
　– **청각장애인 보조견**(Hearing Dog) – 청각장애인을 위해 일상생활의 전화, 초인종 등 소리를 시각적 행동으로 전달하도록 공인기관에서 훈련된 개
　– **지체장애인 보조견**(Service Dog) – 지체장애인에게 물건전달, 문 개폐, 스위치 조작 등 지체장애인의 행동을 도와주도록 공인기관에서 훈련된 개
　– **치료도우미견**(Therapy dog) – 정신적 혹은 신체적 장애가 있는 사람들과 같이 어울림으로써 기분개선, 여가선용, 치료 등을 위해 훈련된 개

7) **동물보호법 시행규칙** 제3조(반려동물의 범위)
법 제2조제7호에서 "개, 고양이 등 농림축산식품부령으로 정하는 동물"이란 개, 고양이, 토끼, 페럿, 기니피그 및 햄스터를 말한다.

8) **동물보호법 시행령** 제4조(등록대상동물의 범위)

말한다.

9. "동물학대"란 동물을 대상으로 정당한 사유 없이 불필요하거나 피할 수 있는 고통과 스트레스를 주는 행위 및 굶주림, 질병 등에 대하여 적절한 조치를 게을리하거나 방치하는 행위를 말한다.

10. "기질평가"란 **동물의 건강상태, 행동양태 및 소유자등의 통제능력 등을 종합적으로 분석하여 평가 대상 동물의 공격성을 판단하는 것을** 말한다.

11. "**반려동물행동지도사**"란 **반려동물의 행동분석·평가 및 훈련 등에 전문지식과 기술을 가진 사람으로서** 제31조제1항에 따른 자격시험에 합격한 사람을 말한다.

12. "**동물실험**"이란 「실험동물에 관한 법률」 제2조제1호에 따른 동물실험을 말한다.

13. "**동물실험시행기관**"이란 동물실험을 실시하는 법인·단체 또는 기관으로서 대통령령으로 정하는 법인·단체 또는 기관을 말한다.

제3조(동물보호의 기본원칙)

누구든지 동물을 사육·관리 또는 보호할 때에는 **다음 각 호의 원칙**[9]**을** 준수하여야 한다.

1. **동물이 본래의 습성과 몸의 원형을 유지하면서 정상적으로 살 수 있도록 할 것**
2. **동물이 갈증 및 굶주림을 겪거나 영양이 결핍되지 아니하도록 할 것**
3. **동물이 정상적인 행동을 표현할 수 있고 불편함을 겪지 아니하도록 할 것**
4. **동물이 고통·상해 및 질병으로부터 자유롭도록 할 것**
5. **동물이 공포와 스트레스를 받지 아니하도록 할 것**

제4조(국가·지방자치단체 및 국민의 책무)

① **국가와 지방자치단체는 동물학대 방지 등 동물을 적정하게 보호·관리하기 위하여 필요한 시책을 수립·시행하여야 한다.**

② 국가와 지방자치단체는 제1항에 따른 책무를 다하기 위하여 필요한 인력·예산 등을 확보하도록 노력하여야 하며, 국가는 동물의 적정한 보호·관리, 복지업무 추진을 위하여

법 제2조제8호에서 "대통령령으로 정하는 동물"이란 다음 각 호의 어느 하나에 해당하는 월령(月齡) 2개월 이상인 개를 말한다.

1. 「주택법」 제2조제1호에 따른 주택 및 같은 조 제4호에 따른 준주택에서 기르는 개
2. 제1호에 따른 주택 및 준주택 외의 장소에서 반려(伴侶) 목적으로 기르는 개

9) 동물의 5대 자유[The Five Freedoms for Animals, **영국의 농장 동물복지 위원회**(the Farm Animal Welfare Council)]
야생동물이 아닌 인간의 통제 아래 있는 동물의 권리와 복지를 위해 고안된 것으로, 배고픔과 목마름으로부터의 자유, 불편함으로부터의 자유, 통증·부상·질병으로부터의 자유, 정상적인 행동을 표현할 자유, 두려움과 괴로움으로부터의 자유를 의미한다. (두산백과)

지방자치단체에 필요한 사업비의 전부 또는 일부를 예산의 범위에서 지원할 수 있다.

③ 국가와 지방자치단체는 대통령령으로 정하는 민간단체에 동물보호운동이나 그 밖에 이와 관련된 활동을 권장하거나 필요한 지원을 할 수 있으며, **국민에게 동물의 적정한 보호·관리의 방법 등을 알리기 위하여 노력하여야 한다.**

④ 국가와 지방자치단체는 「초·중등교육법」 제2조에 따른 학교에 재학 중인 학생이 동물의 보호·복지 등에 관한 사항을 교육받을 수 있도록 동물보호교육을 활성화하기 위하여 노력하여야 한다.〈신설 2023. 6. 20.〉

⑤ 국가와 지방자치단체는 제4항에 따른 교육을 활성화하기 위하여 예산의 범위에서 지원할 수 있다.〈신설 2023. 6. 20.〉

⑥ 모든 국민은 동물을 보호하기 위한 국가와 지방자치단체의 시책에 적극 협조하는 등 동물의 보호를 위하여 노력하여야 한다.〈개정 2023. 6. 20.〉

⑦ 소유자등은 동물의 보호·복지에 관한 교육을 이수하는 등 **동물의 적정한 보호·관리와 동물학대 방지를 위하여** 노력하여야 한다.〈개정 2023. 6. 20.〉

제4조의2(동물보호의 날)

① **동물의 생명보호 및 복지 증진의 가치를 널리 알리고 사람과 동물이 조화롭게 공존하는 문화를 조성하기 위하여 매년 10월 4일을 동물보호의 날로 한다.**

② 국가와 지방자치단체는 **동물보호의 날의 취지에 맞는 행사와 교육 및 홍보를 실시할 수** 있다.

[본조신설 2024. 1. 2.]

제5조(다른 법률과의 관계)

동물의 보호 및 이용·관리 등에 대하여 다른 법률에 특별한 규정이 있는 경우를 제외하고는 이 법에서 정하는 바에 따른다.

제2장 동물복지종합계획의 수립 등

제6조(동물복지종합계획)

① 농림축산식품부장관은 동물의 적정한 보호·관리를 위하여 **5년마다** 다음 각 호의 사항이 포함된 동물복지종합계획(이하 "종합계획"이라 한다)을 수립·시행하여야 한다.

  1. **동물복지에 관한 기본방향**
  2. **동물의 보호·복지 및 관리에 관한 사항**

3. 동물을 보호하는 시설에 대한 지원 및 관리에 관한 사항

4. 반려동물 관련 영업에 관한 사항

5. 동물의 질병 예방 및 치료 등 보건 증진에 관한 사항

6. 동물의 보호·복지 관련 대국민 교육 및 홍보에 관한 사항

7. 종합계획 추진 재원의 조달방안

8. 그 밖에 동물의 보호·복지를 위하여 필요한 사항

② 농림축산식품부장관은 종합계획을 수립할 때 관계 중앙행정기관의 장 및 특별시장·광역시장·특별자치시장·도지사·특별자치도지사(이하 "시·도지사"라 한다)의 의견을 수렴하고, 제7조에 따른 **동물복지위원회의 심의를 거쳐 확정한다.**

③ 시·도지사는 종합계획에 따라 5년마다 특별시·광역시·특별자치시·도·특별자치도(이하 "시·도"라 한다) 단위의 동물복지계획을 수립하여야 하고, 이를 농림축산식품부장관에게 통보하여야 한다.

제7조(동물복지위원회)

① 농림축산식품부장관의 다음 각 호의 자문에 응하도록 하기 위하여 **농림축산식품부에 동물복지위원회**(이하 이 조에서 "위원회"라 한다)를 둔다. 다만, 제1호는 심의사항으로 한다.

1. 종합계획의 수립에 관한 사항

2. 동물복지정책의 수립, 집행, 조정 및 평가 등에 관한 사항

3. 다른 중앙행정기관의 업무 중 동물의 보호·복지와 관련된 사항

4. 그 밖에 동물의 보호·복지에 관한 사항

② 위원회는 **공동위원장 2명을 포함하여 20명 이내의 위원으로 구성한다.**

③ 공동위원장은 농림축산식품부차관과 호선(互選)된 민간위원으로 하며, 위원은 관계 중앙행정기관의 소속 공무원 또는 다음 각 호에 해당하는 사람 중에서 농림축산식품부장관이 임명 또는 위촉한다.

1. 수의사로서 동물의 보호·복지에 대한 학식과 경험이 풍부한 사람

2. 동물복지정책에 관한 학식과 경험이 풍부한 사람으로서 제4조제3항에 따른 민간단체의 추천을 받은 사람

3. 그 밖에 동물복지정책에 관한 전문지식을 가진 사람으로서 농림축산식품부령으로 정하는 자격기준에 맞는 사람

④ 위원회는 위원회의 업무를 효율적으로 수행하기 위하여 위원회에 분과위원회를 둘 수 있다.

⑤ 제1항부터 제4항까지의 규정에 따른 사항 외에 위원회 및 분과위원회의 구성·운영 등에 관한 사항은 대통령령으로 정한다.

제8조(시·도 동물복지위원회)

① 시·도지사는 제6조제3항에 따른 시·도 단위의 동물복지계획의 수립, 동물의 적정한 보호·관리 및 동물복지에 관한 정책을 종합·조정하기 위하여 **시·도 동물복지위원회를 설치·운영할 수 있다.** 다만, 시·도에 동물복지위원회와 성격 및 기능이 유사한 위원회가 설치되어 있는 경우 해당 시·도의 조례로 정하는 바에 따라 그 위원회가 동물복지위원회의 기능을 대신할 수 있다.

② 시·도 동물복지위원회의 구성·운영 등에 관한 사항은 각 시·도의 조례로 정한다.

제3장 동물의 보호 및 관리

제1절 동물의 보호 등

제9조(적정한 사육·관리)

① 소유자등은 동물에게 적합한 사료와 물을 공급하고, 운동·휴식 및 수면이 보장되도록 노력하여야 한다.

② 소유자등은 동물이 질병에 걸리거나 부상당한 경우에는 신속하게 치료하거나 그 밖에 필요한 조치를 하도록 노력하여야 한다.

③ 소유자등은 동물을 관리하거나 다른 장소로 옮긴 경우에는 그 동물이 새로운 환경에 적응하는 데에 필요한 조치를 하도록 노력하여야 한다.

④ 소유자등은 재난 시 동물이 안전하게 대피할 수 있도록 노력하여야 한다.

⑤ 제1항부터 제3항까지에서 규정한 사항 외에 동물의 적절한 사육·관리 방법 등에 관한 사항은 농림축산식품부령으로 정한다.

제10조(동물학대 등의 금지)[10]

① 누구든지 동물을 죽이거나 죽음에 이르게 하는 다음 각 호의 행위를 하여서는 아니 된다.

    1. 목을 매다는 등의 잔인한 방법으로 죽음에 이르게 하는 행위

---

10) 야생생물 보호 및 관리에 관한 법률 제8조(야생동물의 학대금지)
  ① 누구든지 **정당한 사유 없이** 야생동물을 죽음에 이르게 하는 다음 각 호의 학대행위를 하여서는 아니 된다.
    1. 때리거나 산채로 태우는 등 다른 사람에게 혐오감을 주는 **방법으로 죽이는 행위**
    2. 목을 매달거나 독극물, 도구 등을 사용하여 잔인한 방법으로 죽이는 행위
    3. 그 밖에 제2항 각 호의 학대행위로 야생동물을 죽음에 이르게 하는 행위

2. 노상 등 공개된 장소에서 죽이거나 같은 종류의 다른 동물이 보는 앞에서 죽음에 이르게 하는 행위

3. 동물의 습성 및 생태환경 등 부득이한 사유가 없음에도 불구하고 해당 동물을 다른 동물의 먹이로 사용하는 행위

4. 그 밖에 사람의 생명·신체에 대한 직접적인 위협이나 재산상의 피해 방지 등 농림축산식품부령으로 정하는 정당한 사유 없이 동물을 죽음에 이르게 하는 행위

② 누구든지 동물에 대하여 다음 각 호의 행위를 하여서는 아니 된다.

1. 도구·약물 등 물리적·화학적 방법을 사용하여 상해를 입히는 행위. 다만, 해당 동물의 질병 예방이나 치료 등 농림축산식품부령으로 정하는 경우는 제외한다.

2. 살아있는 상태에서 동물의 몸을 손상하거나 체액을 채취하거나 체액을 채취하기 위한 장치를 설치하는 행위. 다만, 해당 동물의 질병 예방 및 동물실험 등 농림축산식품부령으로 정하는 경우는 제외한다.

3. 도박·광고·오락·유흥 등의 목적으로 동물에게 상해를 입히는 행위. 다만, 민속경기 등 농림축산식품부령11)으로 정하는 경우는 제외한다.

4. 동물의 몸에 고통을 주거나 상해를 입히는 다음 각 목에 해당하는 행위

   가. 사람의 생명·신체에 대한 직접적 위협이나 재산상의 피해를 방지하기 위하여 다른 방법이 있음에도 불구하고 동물에게 고통을 주거나 상해를 입히는 행위

   나. 동물의 습성 또는 사육환경 등의 부득이한 사유가 없음에도 불구하고 동물을 혹서·혹한 등의 환경에 방치하여 고통을 주거나 상해를 입히는 행위

   다. 갈증이나 굶주림의 해소 또는 질병의 예방이나 치료 등의 목적 없이 동물에게 물이나 음식을 강제로 먹여 고통을 주거나 상해를 입히는 행위

---

② 누구든지 정당한 사유 없이 야생동물에게 고통을 주거나 상해를 입히는 다음 각 호의 학대행위를 하여서는 아니 된다.

1. 포획·감금하여 고통을 주거나 상처를 입히는 행위

2. 살아 있는 상태에서 혈액, 쓸개, 내장 또는 그 밖의 생체의 일부를 채취하거나 채취하는 장치 등을 설치하는 행위

3. 도구·약물을 사용하거나 물리적인 방법으로 고통을 주거나 상해를 입히는 행위

4. 도박·광고·오락·유흥 등의 목적으로 상해를 입히는 행위

5. 야생동물을 보관, 유통하는 경우 등에 고의로 먹이 또는 물을 제공하지 아니하거나, 질병 등에 대하여 적절한 조치를 취하지 아니하고 방치하는 행위

11) 지방자치단체장이 주관(주최)하는 민속 소싸움 경기[농림축산식품부고시 제2013-57호, 2013. 5. 27., 일부개정]

제3조(민속 소싸움 경기) 농림축산식품부장관이 정하여 고시하는 민속 소싸움 경기는 대구광역시 달성군, 충청북도 보은군, 전라북도 정읍시, 전라북도 완주군, 경상북도 청도군, 경상남도 창원시, 경상남도 진주시, 경상남도 김해시, 경상남도 의령군, 경상남도 함안군, 경상남도 창녕군의 지방자치단체장이 주관(주최)하는 민속 소싸움으로 한다.

라. 동물의 사육·훈련 등을 위하여 필요한 방식이 아님에도 불구하고 다른 동물과 싸우게 하거나 도구를 사용하는 등 잔인한 방식으로 고통을 주거나 상해를 입히는 행위

③ 누구든지 소유자등이 없이 배회하거나 내버려진 동물 또는 피학대동물 중 소유자등을 알 수 없는 동물에 대하여 다음 각 호의 어느 하나에 해당하는 행위를 하여서는 아니 된다.

1. 포획하여 판매하는 행위

2. 포획하여 죽이는 행위

3. 판매하거나 죽일 목적으로 포획하는 행위

4. 소유자등이 없이 배회하거나 내버려진 동물 또는 피학대동물 중 소유자등을 알 수 없는 동물임을 알면서 알선·구매하는 행위

④ 소유자등은 다음 각 호의 행위를 하여서는 아니 된다.

1. 동물을 유기하는 행위

2. 반려동물에게 최소한의 사육공간 및 먹이 제공, 적정한 길이의 목줄, 위생·건강 관리를 위한 사항 등 농림축산식품부령으로 정하는 사육·관리 또는 보호의무를 위반하여 상해를 입히거나 질병을 유발하는 행위

3. 제2호의 행위로 인하여 반려동물을 죽음에 이르게 하는 행위

⑤ 누구든지 다음 각 호의 행위를 하여서는 아니 된다.

1. 제1항부터 제4항까지(제4항제1호는 제외한다)의 규정에 해당하는 행위를 촬영한 사진 또는 영상물을 판매·전시·전달·상영하거나 인터넷에 게재하는 행위. 다만, 동물보호 의식을 고양하기 위한 목적이 표시된 홍보 활동 등 농림축산식품부령으로 정하는 경우에는 그러하지 아니하다.

2. 도박을 목적으로 동물을 이용하는 행위 또는 동물을 이용하는 도박을 행할 목적으로 광고·선전하는 행위. 다만, 「사행산업통합감독위원회법」 제2조제1호에 따른 사행산업은 제외한다.

3. 도박·시합·복권·오락·유흥·광고 등의 상이나 경품으로 동물을 제공하는 행위

4. 영리를 목적으로 동물을 대여하는 행위. 다만, 「장애인복지법」 제40조에 따른 장애인 보조견의 대여 등 농림축산식품부령으로 정하는 경우는 제외한다.

제11조(동물의 운송)

① 동물을 운송하는 자 중 농림축산식품부령12)으로 정하는 자는 다음 각 호의 사항을 준수

---

12) 동물보호법 시행규칙 제7조(동물운송자의 범위)
제7조(동물운송자의 범위) 법 제11조제1항 각 호 외의 부분에서 "농림축산식품부령으로 정하는 자"란 영리를 목적으로 「자동차관리법」 제2조제1호에 따른 **자동차를 이용하여 동물을 운송하는 자**를 말한다.

하여야 한다.

1. 운송 중인 동물에게 적합한 사료와 물을 공급하고, 급격한 출발·제동 등으로 충격과 상해를 입지 아니하도록 할 것

2. 동물을 운송하는 차량은 동물이 운송 중에 상해를 입지 아니하고, 급격한 체온 변화, 호흡곤란 등으로 인한 고통을 최소화할 수 있는 구조로 되어 있을 것

3. 병든 동물, 어린 동물 또는 임신 중이거나 포유 중인 새끼가 딸린 동물을 운송할 때에는 함께 운송 중인 다른 동물에 의하여 상해를 입지 아니하도록 칸막이의 설치 등 필요한 조치를 할 것

4. 동물을 싣고 내리는 과정에서 동물 또는 동물이 들어있는 운송용 우리를 던지거나 떨어뜨려서 동물을 다치게 하는 행위를 하지 아니할 것

5. 운송을 위하여 전기(電氣) 몰이도구를 사용하지 아니할 것

② 농림축산식품부장관은 제1항제2호에 따른 동물 운송 차량의 구조 및 설비기준을 정하고 이에 맞는 차량을 사용하도록 권장할 수 있다.

③ 농림축산식품부장관은 제1항 및 제2항에서 규정한 사항 외에 동물 운송에 관하여 필요한 사항을 정하여 권장할 수 있다.

제12조(반려동물의 전달방법)

반려동물을 다른 사람에게 전달하려는 자[13]는 직접 전달하거나 제73조제1항에 따라 동물운송업의 등록을 한 자를 통하여 전달하여야 한다.

제13조(동물의 도살방법)

① 누구든지 혐오감을 주거나 잔인한 방법으로 동물을 도살하여서는 아니 되며, 도살과정에서 불필요한 고통이나 공포, 스트레스를 주어서는 아니 된다.

② 「축산물 위생관리법」 또는 「가축전염병 예방법」에 따라 동물을 죽이는 경우에는 가스법·전살법(電殺法) 등 농림축산식품부령으로 정하는 방법을 이용하여 고통을 최소화하여야 하며, 반드시 의식이 없는 상태에서 다음 도살 단계로 넘어가야 한다. 매몰을 하는 경우에도 또한 같다.

③ 제1항 및 제2항의 경우 외에도 동물을 불가피하게 죽여야 하는 경우에는 고통을 최소화할 수 있는 방법에 따라야 한다.

---

13) 개정 이전 동물보호법[시행 2021. 2. 12.] [법률 제16977호, 2020. 2. 11., 일부개정] 제9조의2(반려동물 전달 방법)
   제32조제1항의 동물을 판매하려는 자는 해당 동물을 구매자에게 직접 전달하거나 제9조제1항을 준수하는 동물 운송업자를 통하여 배송하여야 한다.

제14조(동물의 수술)

거세, 뿔 없애기, 꼬리 자르기 등 동물에 대한 **외과적 수술을 하는 사람은 수의학적 방법에 따라야 한다.**

제15조(등록대상동물의 등록 등)

① **등록대상동물의 소유자는** 동물의 보호와 유실·유기 방지 및 공중위생상의 위해 방지 등을 위하여 특별자치시장·특별자치도지사·시장·군수·구청장에게 **등록대상동물을 등록하여야 한다.** 다만, 등록대상동물이 맹견이 아닌 경우로서 농림축산식품부령으로 정하는 바에 따라 시·도의 조례로 정하는 지역에서는 그러하지 아니하다.

② 제1항에 따라 등록된 등록대상동물(이하 "등록동물"이라 한다)의 소유자는 다음 각 호의 어느 하나에 해당하는 경우에는 해당 각 호의 구분에 따른 기간에 특별자치시장·특별자치도지사·시장·군수·구청장에게 **신고하여야 한다.**

1. **등록동물을 잃어버린 경우:** 등록동물을 잃어버린 날부터 **10일 이내**
2. **등록동물에 대하여 대통령령으로 정하는 사항이 변경된 경우:** 변경사유 발생일부터 **30일 이내**

③ 등록동물의 소유권을 이전받은 자 중 제1항 본문에 따른 등록을 실시하는 지역에 거주하는 자는 그 사실을 소유권을 이전받은 날부터 **30일 이내**에 자신의 주소지를 관할하는 특별자치시장·특별자치도지사·시장·군수·구청장에게 신고하여야 한다.

④ 특별자치시장·특별자치도지사·시장·군수·구청장은 대통령령으로 정하는 자(이하 이 조에서 "동물등록대행자"라 한다)로 하여금 제1항부터 제3항까지의 규정에 따른 업무를 대행하게 할 수 있으며 이에 필요한 비용을 지급할 수 있다.

⑤ 특별자치시장·특별자치도지사·시장·군수·구청장은 다음 각 호의 어느 하나에 해당하는 경우 등록을 말소할 수 있다.

1. 거짓이나 그 밖의 부정한 방법으로 등록대상동물을 등록하거나 변경신고한 경우
2. 등록동물 소유자의 주민등록이나 외국인등록사항이 말소된 경우
3. 등록동물의 소유자인 법인이 해산한 경우

⑥ 국가와 지방자치단체는 제1항에 따른 등록에 필요한 비용의 일부 또는 전부를 지원할 수 있다.

⑦ 등록대상동물의 등록 사항 및 방법·절차, 변경신고 절차, 등록 말소 절차, 동물등록대행자 준수사항 등에 관한 사항은 대통령령으로 정하며, 그 밖에 등록에 필요한 사항은 시·도의 조례로 정한다.

제16조(등록대상동물의 관리 등)

① 등록대상동물의 소유자등은 소유자등이 없이 등록대상동물을 기르는 곳에서 벗어나지 아니하도록 관리하여야 한다.

② 등록대상동물의 소유자등은 등록대상동물을 동반하고 외출할 때에는 다음 각 호의 사항을 준수하여야 한다.

   1. 농림축산식품부령[14]으로 정하는 기준에 맞는 목줄 착용 등 사람 또는 동물에 대한 위해를 예방하기 위한 안전조치를 할 것

   2. 등록대상동물의 이름, 소유자의 연락처, 그 밖에 농림축산식품부령[15]으로 정하는 사항을 표시한 인식표를 등록대상동물에게 부착할 것

   3. 배설물(소변의 경우에는 공동주택의 엘리베이터·계단 등 건물 내부의 공용공간 및 평상·의자 등 사람이 눕거나 앉을 수 있는 기구 위의 것으로 한정한다)이 생겼을 때에는 즉시 수거할 것

③ 시·도지사는 등록대상동물의 유실·유기 또는 공중위생상의 위해 방지를 위하여 필요할 때에는 시·도의 조례로 정하는 바에 따라 소유자등으로 하여금 등록대상동물에 대하여 예방접종을 하게 하거나 특정 지역 또는 장소에서의 사육 또는 출입을 제한하게 하는 등 필요한 조치를 할 수 있다.

제2절 맹견의 관리 등

제17조(맹견수입신고)

① 제2조제5호가목에 따른 맹견을 수입하려는 자는 대통령령으로 정하는 바에 따라 농림

---

14) **동물보호법 시행규칙 제11조(안전조치)**

   법 제16조제2항제1호에 따른 "농림축산식품부령으로 정하는 기준"이란 다음 각 호의 기준을 말한다.

   1. 길이가 2미터 이하인 목줄 또는 가슴줄을 하거나 이동장치(등록대상동물이 탈출할 수 없도록 잠금장치를 갖춘 것을 말한다)를 사용할 것. 다만, 소유자등이 월령 3개월 미만인 등록대상동물을 직접 안아서 외출하는 경우에는 목줄, 가슴줄 또는 이동장치를 하지 않을 수 있다.

   2. 다음 각 목에 해당하는 공간에서는 **등록대상동물을 직접 안거나 목줄의 목덜미 부분 또는 가슴줄의 손잡이 부분을 잡는 등** 등록대상동물의 이동을 제한할 것

     가. 「주택법 시행령」 제2조제2호에 따른 다중주택 및 같은 조 제3호에 따른 **다가구주택의 건물 내부의 공용공간**

     나. 「주택법 시행령」 제3조에 따른 공동주택의 **건물 내부의 공용공간**

     다. 「주택법 시행령」 제4조에 따른 준주택의 **건물 내부의 공용공간**

15) **동물보호법 시행규칙 제12조(인식표의 부착)**

   법 제16조제2항제2호에서 "농림축산식품부령으로 정하는 사항"이란 동물등록번호(등록한 동물만 해당한다)를 말한다.

축산식품부장관에게 신고하여야 한다.

② 제1항에 따라 맹견수입신고를 하려는 자는 **맹견의 품종, 수입 목적, 사육 장소 등** 대통령령으로 정하는 사항을 **신고서에 기재**하여 농림축산식품부장관에게 제출하여야 한다.

제18조(맹견사육허가 등)

① **등록대상동물인 맹견을 사육하려는 사람**은 다음 각 호의 요건을 갖추어 시·도지사에게 맹견사육허가를 받아야 한다.

  1. 제15조에 따른 **등록을 할 것**

  2. 제23조에 따른 **보험에 가입할 것**

  3. **중성화**(中性化) **수술을 할 것**. 다만, 맹견의 **월령이 8개월 미만인 경우**로서 발육상태 등으로 인하여 중성화 수술이 어려운 경우에는 **대통령령으로 정하는 기간 내에 중성화 수술을 한 후 그 증명서류를 시·도지사에게 제출**하여야 한다.

② 공동으로 맹견을 사육·관리 또는 보호하는 사람이 있는 경우에는 제1항에 따른 맹견사육허가를 공동으로 신청할 수 있다.

③ 시·도지사는 **맹견사육허가를 하기 전에 제26조에 따른 기질평가위원회가 시행하는 기질평가를 거쳐야** 한다.

④ 시·도지사는 **맹견의 사육으로 인하여 공공의 안전에 위험이 발생할 우려가 크다고 판단하는 경우에는 맹견사육허가를 거부**하여야 한다. 이 경우 **기질평가위원회의 심의를 거쳐 해당 맹견에 대하여** 인도적인 방법으로 처리할 것을 명할 수 있다.

⑤ 제4항에 따른 맹견의 인도적인 처리는 제46조제1항 및 제2항 전단을 준용한다.

⑥ 시·도지사는 **맹견사육허가를 받은 자**(제2항에 따라 공동으로 맹견사육허가를 신청한 경우 공동 신청한 자를 포함한다)에게 농림축산식품부령으로 정하는 바에 따라 **교육이수 또는 허가대상 맹견의 훈련을 명할 수 있다.**

⑦ 제1항부터 제6항까지의 규정에 따른 사항 외에 맹견사육허가의 절차 등에 관한 사항은 대통령령으로 정한다.

제19조(맹견사육허가의 결격사유)

다음 각 호의 어느 하나에 해당하는 사람은 제18조에 따른 맹견사육허가를 받을 수 없다.

  1. **미성년자**(19세 미만의 사람을 말한다. 이하 같다)

  2. **피성년후견인 또는 피한정후견인**

  3. 「정신건강증진 및 정신질환자 복지서비스 지원에 관한 법률」 제3조제1호에 따른 **정신질환자** 또는 「마약류 관리에 관한 법률」 제2조제1호에 따른 **마약류의 중독자**. 다만, 정신건강의학과 전문의가 맹견을 사육하는 것에 지장이 없다고 인정하는 사

람은 그러하지 아니하다.

4. 제10조·제16조·제21조를 위반하여 벌금 이상의 실형을 선고받고 그 집행이 종료 (집행이 종료된 것으로 보는 경우를 포함한다)되거나 집행이 면제된 날부터 **3년이 지나지 아니한 사람**

5. 제10조·제16조·제21조를 위반하여 벌금 이상의 형의 **집행유예를 선고받고 그 유예 기간 중에 있는 사람**

제20조(맹견사육허가의 철회 등)

① 시·도지사는 다음 각 호의 어느 하나에 해당하는 경우에 **맹견사육허가를 철회**할 수 있다.

1. 제18조에 따라 맹견사육허가를 받은 사람의 **맹견이 사람 또는 동물을 공격하여 다치 게 하거나 죽게 한 경우**

2. 정당한 사유 없이 제18조제1항제3호 단서에서 **규정한 기간이 지나도록 중성화 수술 을 이행하지 아니한 경우**

3. 제18조제6항에 따른 교육이수명령 또는 허가대상 **맹견의 훈련 명령에 따르지 아니 한 경우**

② 시·도지사는 제1항제1호에 따라 맹견사육허가를 철회하는 경우 기질평가위원회의 심 의를 거쳐 해당 맹견에 대하여 인도적인 방법으로 처리할 것을 명할 수 있다. 이 경우 제46조제1항 및 제2항 전단을 준용한다.

제21조(맹견의 관리)

① **맹견의 소유자등은 다음 각 호의 사항을 준수하여야 한다.**

1. **소유자등이 없이 맹견을 기르는 곳에서 벗어나지 아니하게 할 것.** 다만, 제18조에 따 라 맹견사육허가를 받은 사람의 맹견은 맹견사육허가를 받은 사람 또는 **대통령령으** 로 정하는 맹견사육에 대한 전문지식을 가진 사람 없이 맹견을 기르는 곳에서 벗어나 지 아니하게 할 것

2. **월령이 3개월 이상인 맹견을 동반하고 외출할 때에는** 농림축산식품부령으로 정하는 바에 따라 목줄 및 입마개 등 안전장치를 하거나 맹견의 탈출을 방지할 수 있는 적정 한 이동장치를 할 것

3. **그 밖에 맹견이 사람 또는 동물에게 위해를 가하지 못하도록 하기 위하여 농림축산식 품부령**으로 정하는 사항을 따를 것

② 시·도지사와 시장·군수·구청장은 **맹견이 사람에게 신체적 피해를 주는 경우** 농림축 산식품부령으로 정하는 바에 따라 **소유자등의 동의 없이 맹견에 대하여 격리조치 등 필 요한 조치를 취할 수 있다.**

③ 제18조제1항 및 제2항에 따라 맹견사육허가를 받은 사람은 맹견의 안전한 사육·관리 또는 보호에 관하여 농림축산식품부령으로 정하는 바에 따라 **정기적으로 교육을 받아야 한다.**

제22조(맹견의 출입금지 등)

맹견의 소유자등은 다음 각 호의 어느 하나에 **해당하는 장소에 맹견이 출입하지 아니하도록 하여야 한다.**

    1. 「영유아보육법」 제2조제3호에 따른 **어린이집**
    2. 「유아교육법」 제2조제2호에 따른 **유치원**
    3. 「초·중등교육법」 제2조제1호 및 제4호에 따른 **초등학교 및 특수학교**
    4. 「노인복지법」 제31조에 따른 **노인복지시설**
    5. 「장애인복지법」 제58조에 따른 **장애인복지시설**
    6. 「도시공원 및 녹지 등에 관한 법률」 제15조제1항제2호나목에 따른 **어린이공원**
    7. 「어린이놀이시설 안전관리법」 제2조제2호에 따른 **어린이놀이시설**
    8. 그 밖에 **불특정 다수인이 이용하는 장소**로서 시·도의 조례로 정하는 장소

제23조(보험의 가입 등)

① **맹견의 소유자는 자신의 맹견이 다른 사람 또는 동물을 다치게 하거나 죽게 한 경우 발생한 피해를 보상하기 위하여 보험에 가입하여야 한다.**
② 제1항에 따른 보험에 가입하여야 할 맹견의 범위, 보험의 종류, 보상한도액 및 그 밖에 필요한 사항은 대통령령으로 정한다.
③ 농림축산식품부장관은 제1항에 따른 보험의 가입관리 업무를 위하여 필요한 경우 대통령령으로 정하는 바에 따라 관계 중앙행정기관의 장 또는 지방자치단체의 장에게 행정적 조치를 하도록 요청하거나 관계 기관, 보험회사 및 보험 관련 단체에 보험의 가입관리 업무에 필요한 자료를 요청할 수 있다. 이 경우 요청을 받은 자는 정당한 사유가 없으면 이에 따라야 한다.

제24조(맹견 아닌 개의 기질평가)

① **시·도지사는** 제2조제5호가목에 따른 **맹견이 아닌 개가 사람 또는 동물에게 위해를 가한 경우** 그 개의 소유자에게 해당 동물에 대한 기질평가를 받을 것을 명할 수 있다.
② 맹견이 아닌 개의 소유자는 해당 개의 공격성이 분쟁의 대상이 된 경우 시·도지사에게 **해당 개에 대한 기질평가를 신청할 수 있다.**
③ 시·도지사는 제1항에 따른 명령을 하거나 제2항에 따른 **신청을 받은 경우 기질평가를**

거쳐 해당 개의 공격성이 높은 경우 맹견으로 지정하여야 한다.

④ 시·도지사는 제3항에 따라 **맹견 지정을 하는 경우**에는 해당 개의 소유자의 신청이 있으면 제18조에 따른 **맹견사육허가 여부를 함께 결정할 수 있다.**

⑤ 시·도지사는 제3항에 따라 맹견 지정을 하지 아니하는 경우에도 **해당 개의 소유자에게 대통령령16)으로 정하는 바에 따라 교육이수 또는 개의 훈련을 명할 수 있다.**

제25조(비용부담 등)

① 기질평가에 소요되는 **비용은 소유자의 부담으로** 하며, 그 비용의 징수는 「지방행정제재·부과금의 징수 등에 관한 법률」의 예에 따른다.

② 제1항에 따른 기질평가비용의 기준, 지급 범위 등과 관련하여 필요한 사항은 농림축산식품부령으로 정한다.

제26조(기질평가위원회)

① **시·도지사는** 다음 각 호의 업무를 수행하기 위하여 **시·도에 기질평가위원회를 둔다.**

 1. **제2조제5호가목에 따른 맹견 종(種)의 판정**

 2. **제18조제3항에 따른 맹견의 기질평가**

 3. **제18조제4항에 따른 인도적인 처리에 대한 심의**

 4. **제24조제3항에 따른 맹견이 아닌 개에 대한 기질평가**

 5. **그 밖에 시·도지사가 요청하는 사항**

② **기질평가위원회는 위원장 1명을 포함하여 3명 이상의 위원으로 구성한다.**

③ 위원은 다음 각 호의 어느 하나에 해당하는 사람 중에서 시·도지사가 위촉하며, 위원장은 위원 중에서 호선한다.

 1. **수의사로서** 동물의 행동과 발달 과정에 대한 학식과 경험이 풍부한 사람

 2. **반려동물행동지도사**

 3. **동물복지정책에 대한 학식과 경험이** 풍부하다고 시·도지사가 인정하는 사람

④ 제1항부터 제3항까지의 규정에 따른 사항 외에 기질평가위원회의 구성·운영 등에 관

---

16) 동물보호법 시행령 제14조의2(맹견이 아닌 개의 소유자에 대한 교육이수 명령 등)
   시·도지사는 법 제24조제5항에 따라 **맹견 지정을 받지 않은 개의 소유자에게** 다음 각 호의 **교육이수를 명하거나 해당 개의 훈련을 명할 수 있다.** 이 경우 제1호에 따른 교육시간과 제2호에 따른 훈련시간을 더한 시간은 총 15시간 이내로 한다.
   1. 개의 소유자에 대한 교육이수: 맹견의 사육·관리·보호 및 사고방지 등에 관한 이론교육 및 실습교육을 받을 것
   2. 해당 개에 대한 훈련: 해당 개의 특성과 법 제24조에 따른 기질평가의 결과를 고려한 개체별 특성화 교육을 받을 것
   [본조신설 2024. 4. 26.]

한 사항은 대통령령으로 정한다.

제27조(기질평가위원회의 권한 등)

① 기질평가위원회는 기질평가를 위하여 필요하다고 인정하는 경우 **평가대상동물의 소유자등에 대하여 출석하여 진술하게 하거나 의견서 또는 자료의 제출을 요청할 수 있다.**

② 기질평가위원회는 **평가에 필요한 경우 소유자의 거주지, 그 밖에 사건과 관련된 장소에서 기질평가와 관련된 조사를 할 수 있다.**

③ 제2항에 따라 조사를 하는 경우 농림축산식품부령으로 정하는 증표를 지니고 이를 소유자에게 보여주어야 한다.

④ **평가대상동물의 소유자등은 정당한 사유 없이 제1항 및 제2항에 따른 출석, 자료제출요구 또는 기질평가와 관련한 조사를 거부하여서는 아니 된다.**

제28조(기질평가에 필요한 정보의 요청 등)

① **시·도지사 또는 기질평가위원회는 기질평가를 위하여 필요하다고 인정하는 경우 동물이 사람 또는 동물에게 위해를 가한 사건에 대하여 관계 기관에 영상정보처리기기의 기록 등 필요한 정보를 요청할 수 있다.**

② 제1항에 따른 요청을 받은 관계 기관의 장은 정당한 사유 없이 이를 거부하여서는 아니 된다.

③ 제1항의 정보의 보호 및 관리에 관한 사항은 이 법에서 규정된 것을 제외하고는 「개인정보 보호법」을 따른다.

제29조(비밀엄수의 의무 등)

① **기질평가위원회의 위원이나 위원이었던 사람은 업무상 알게 된 비밀을 누설하여서는 아니 된다.**

② 기질평가위원회의 위원 중 공무원이 아닌 사람은 「형법」 제129조부터 제132조까지의 규정을 적용할 때에 공무원으로 본다.

제3절 반려동물행동지도사

제30조(반려동물행동지도사의 업무)

① **반려동물행동지도사는 다음 각 호의 업무를 수행한다.**

    1. **반려동물에 대한 행동분석 및 평가**

2. 반려동물에 대한 훈련

3. 반려동물 소유자등에 대한 교육

4. 그 밖에 반려동물행동지도에 필요한 사항으로 농림축산식품부령으로 정하는 업무

② 농림축산식품부장관은 반려동물행동지도사의 업무능력 및 전문성 향상을 위하여 농림
축산식품부령으로 정하는 바에 따라 보수교육을 실시할 수 있다.

제31조(반려동물행동지도사 자격시험)

① 반려동물행동지도사가 되려는 사람은 농림축산식품부장관이 시행하는 자격시험에 합
격하여야 한다.

② 반려동물의 행동분석·평가 및 훈련 등에 전문지식과 기술을 갖추었다고 인정되는 대
통령령으로 정하는 기준에 해당하는 사람에게는 제1항에 따른 자격시험 과목의 일부
를 면제할 수 있다.

③ 농림축산식품부장관은 다음 각 호의 어느 하나에 해당하는 사람에 대해서는 해당 시
험을 무효로 하거나 합격 결정을 취소하여야 한다.

1. 거짓이나 그 밖에 부정한 방법으로 시험에 응시한 사람

2. 시험에서 부정한 행위를 한 사람

④ 다음 각 호의 어느 하나에 해당하는 사람은 그 처분이 있은 날부터 **3년간** 반려동물행
동지도사 자격시험에 응시하지 못한다.

1. 제3항에 따라 시험의 무효 또는 합격 결정의 취소를 받은 사람

2. 제32조제2항에 따라 반려동물행동지도사의 자격이 취소된 사람

⑤ 농림축산식품부장관은 제1항에 따른 자격시험의 시행 등에 관한 사항을 대통령령으로
정하는 바에 따라 관계 전문기관에 위탁할 수 있다.

⑥ 반려동물행동지도사 자격시험의 시험과목, 시험방법, 합격기준 및 자격증 발급 등에
관한 사항은 대통령령으로 정한다.

제32조(반려동물행동지도사의 결격사유 및 자격취소 등)

① 다음 각 호의 어느 하나에 해당하는 사람은 반려동물행동지도사가 될 수 없다.

1. 피성년후견인

2. 「정신건강증진 및 정신질환자 복지서비스 지원에 관한 법률」 제3조제1호에 따른 **정
신질환자** 또는 「마약류 관리에 관한 법률」 제2조제1호에 따른 **마약류의 중독자.** 다
만, 정신건강의학과 전문의가 반려동물행동지도사 업무를 수행할 수 있다고 인정하
는 사람은 그러하지 아니하다.

3. **이 법을 위반하여 벌금 이상의 실형을 선고받고 그 집행이 종료**(집행이 종료된 것으

로 보는 경우를 포함한다)되거나 집행이 면제된 날부터 3년이 지나지 아니한 경우

　　4. 이 법을 위반하여 벌금 이상의 형의 **집행유예를 선고받고 그 유예기간 중에 있는 경우**

② 농림축산식품부장관은 반려동물행동지도사가 다음 각 호의 어느 하나에 해당하면 그 **자격을 취소하거나 2년 이내의 기간을 정하여 그 자격을 정지시킬 수 있다.** 다만, 제1호부터 제4호까지 중 어느 하나에 해당하는 경우에는 그 자격을 취소하여야 한다.

　　1. 제1항 각 호의 어느 하나에 해당하게 된 경우

　　2. 거짓이나 그 밖의 부정한 방법으로 자격을 취득한 경우

　　3. 다른 사람에게 명의를 사용하게 하거나 자격증을 대여한 경우

　　4. 자격정지기간에 업무를 수행한 경우

　　5. 이 법을 위반하여 벌금 이상의 형을 선고받고 그 형이 확정된 경우

　　6. **영리를 목적으로 반려동물의 소유자등에게 불필요한 서비스를 선택하도록 알선·유인**하거나 강요한 경우

③ 제2항에 따른 자격의 취소 및 정지에 관한 기준은 그 처분의 사유와 위반 정도 등을 고려하여 농림축산식품부령으로 정한다.

제33조(명의대여 금지 등)

① 제31조에 따른 자격시험에 합격한 자가 아니면 반려동물행동지도사의 명칭을 사용하지 **못한다.**

② 반려동물행동지도사는 다른 사람에게 자기의 명의를 사용하여 제30조제1항에 따른 업무를 수행하게 하거나 그 자격증을 대여하여서는 아니 된다.

③ 누구든지 제1항이나 제2항에서 금지된 행위를 알선하여서는 아니 된다.

제4절 동물의 구조 등

제34조(동물의 구조·보호)

① **시·도지사와 시장·군수·구청장**은 다음 각 호의 어느 하나에 해당하는 동물을 발견한 때에는 그 동물을 구조하여 제9조에 따라 **치료·보호에 필요한 조치(이하 "보호조치"라 한다)를 하여야 하며,** 제2호 및 제3호에 해당하는 동물은 **학대 재발 방지를 위하여 학대 행위자로부터 격리하여야 한다.** 다만, 제1호에 해당하는 동물 중 농림축산식품부령으로 정하는 동물은 **구조·보호조치의 대상에서 제외**[17]한다.

---

17) **동물보호법 시행규칙 제14조(구조·보호조치 제외 동물)**

1. 유실 · 유기동물

2. 피학대동물 중 소유자를 알 수 없는 동물

3. 소유자등으로부터 제10조제2항 및 같은 조 제4항제2호에 따른 학대를 받아 적정하게 치료 · 보호받을 수 없다고 판단되는 동물

② **시 · 도지사와 시장 · 군수 · 구청장이** 제1항제1호 및 제2호에 해당하는 동물에 대하여 보호조치 중인 경우에는 그 **동물의 등록 여부를 확인하여야 하고, 등록된 동물인 경우에는 지체 없이 동물의 소유자에게 보호조치 중인 사실을 통보하여야 한다.**

③ **시 · 도지사와 시장 · 군수 · 구청장이** 제1항제3호에 따른 동물을 보호할 때에는 **농림축산식품부령**[18]으로 정하는 바에 따라 **수의사의 진단과** 제35조제1항 및 제36조제1항에 따른 동물보호센터의 장 등 **관계자의 의견 청취를 거쳐 기간을 정하여 해당 동물에 대한 보호조치를 하여야 한다.** 〈개정 2024. 1. 2.〉

④ 시 · 도지사와 시장 · 군수 · 구청장은 제1항 각 호 외의 부분 단서에 해당하는 동물에 대하여도 보호 · 관리를 위하여 필요한 조치를 할 수 있다.

제35조(동물보호센터의 설치 등)

① **시 · 도지사와 시장 · 군수 · 구청장은** 제34조에 따른 동물의 구조 · 보호 등을 위하여 농림축산식품부령으로 정하는 시설 및 인력 기준에 맞는 **동물보호센터를 설치 · 운영할 수 있다.**

② 시 · 도지사와 시장 · 군수 · 구청장은 제1항에 따른 **동물보호센터를 직접 설치 · 운영하도록 노력하여야 한다.**

③ 제1항에 따라 설치한 동물보호센터의 업무는 **다음 각 호와 같다.**

1. **제34조에 따른 동물의 구조 · 보호조치**

2. **제41조에 따른 동물의 반환 등**

3. **제44조에 따른 사육포기 동물의 인수 등**

4. **제45조에 따른 동물의 기증 · 분양**

5. **제46조에 따른 동물의 인도적인 처리 등**

---

① 법 제34조제1항 각 호 외의 부분 단서에서 "농림축산식품부령으로 정하는 동물"이란 도심지나 주택가에서 **자연적으로 번식하여 자생적으로 살아가는 고양이로서 개체수 조절을 위해** 중성화(中性化)하여 포획장소에 방사(放飼)하는 등의 조치 대상이거나 조치가 된 고양이를 말한다.

18) **동물보호법 시행규칙제15조(보호조치 기간)**
특별시장 · 광역시장 · 특별자치시장 · 도지사 및 특별자치도지사(이하 "시 · 도지사"라 한다)와 시장 · 군수 · 구청장은 법 제34조제3항에 따라 소유자등에게 학대받은 동물을 보호할 때에는 「수의사법」 제2조제1호에 따른 **수의사(이하 "수의사"라고 한다)의 진단에 따라** 기간을 정하여 보호조치 하되, 5일 이상 소유자등으로부터 격리조치를 해야 한다.

1.1 동물보호법

6. 반려동물사육에 대한 교육

7. 유실·유기동물 발생 예방 교육

8. 동물학대행위 근절을 위한 동물보호 홍보

9. 그 밖에 동물의 구조·보호 등을 위하여 농림축산식품부령으로 정하는 업무

④ 농림축산식품부장관은 제1항에 따라 시·도지사 또는 시장·군수·구청장이 설치·운영하는 동물보호센터의 설치·운영에 드는 비용의 전부 또는 일부를 지원할 수 있다.

⑤ 제1항에 따라 설치된 **동물보호센터의 장 및 그 종사자는** 농림축산식품부령으로 정하는 바에 따라 **정기적으로 동물의 보호 및 공중위생상의 위해 방지 등에 관한 교육을 받아야** 한다.

⑥ **동물보호센터 운영의 공정성과 투명성을 확보하기 위하여** 농림축산식품부령으로 정하는 **일정 규모 이상[19]의 동물보호센터는** 농림축산식품부령으로 정하는 바에 따라 **운영위원회를 구성·운영하여야 한다.** 다만, 시·도 또는 시·군·구에 운영위원회와 성격 및 기능이 유사한 위원회가 설치되어 있는 경우 해당 시·도 또는 시·군·구의 조례로 정하는 바에 따라 그 위원회가 운영위원회의 기능을 대신할 수 있다.

⑦ 제1항에 따른 동물보호센터의 준수사항 등에 관한 사항은 농림축산식품부령으로 정하고, 보호조치의 구체적인 내용 등 그 밖에 필요한 사항은 시·도의 조례로 정한다.

제36조(동물보호센터의 지정 등)

① 시·도지사 또는 시장·군수·구청장은 농림축산식품부령으로 정하는 시설 및 인력 기준에 맞는 기관이나 단체 등을 동물보호센터로 지정하여 제35조제3항에 따른 업무를 위탁할 수 있다. 이 경우 **동물보호센터로 지정받은 기관이나 단체 등은 동물의 보호조치를 제3자에게 위탁하여서는 아니 된다.**

② 제1항에 따른 동물보호센터로 지정받으려는 자는 농림축산식품부령으로 정하는 바에 따라 시·도지사 또는 시장·군수·구청장에게 신청하여야 한다.

③ 시·도지사 또는 시장·군수·구청장은 제1항에 따른 동물보호센터에 동물의 구조·보호조치 등에 드는 비용(이하 "보호비용"이라 한다)의 전부 또는 일부를 지원할 수 있으며, 보호비용의 지급절차와 그 밖에 필요한 사항은 농림축산식품부령으로 정한다.

④ 시·도지사 또는 시장·군수·구청장은 제1항에 따라 지정된 동물보호센터가 다음 각 호의 어느 하나에 해당하는 경우에는 그 **지정을 취소할 수 있다.** 다만, 제1호 및 제4호에 해당하는 경우에는 그 지정을 취소하여야 한다.

---

19) **동물보호법 시행규칙 제18조(동물보호센터 운영위원회의 설치 및 기능 등)**
   ① 법 제35조제6항 본문에서 "농림축산식품부령으로 정하는 일정 규모 이상의 동물보호센터"란 **연간 구조·보호되는 동물의 마릿수가** 1천마리 **이상인 동물보호센터를 말한다.**

1. 거짓이나 그 밖의 부정한 방법으로 지정을 받은 경우
2. 제1항에 따른 지정기준에 맞지 아니하게 된 경우
3. 보호비용을 거짓으로 청구한 경우
4. 제10조[20]제1항부터 제4항까지의 규정을 위반한 경우
5. 제46조[21]를 위반한 경우
6. 제86조제1항제3호의 시정명령을 위반한 경우
7. 특별한 사유 없이 유실·유기동물 및 피학대동물에 대한 보호조치를 3회 이상 거부한 경우
8. 보호 중인 동물을 영리를 목적으로 분양한 경우

⑤ 시·도지사 또는 시장·군수·구청장은 제4항에 따라 지정이 취소된 기관이나 단체 등을 지정이 취소된 날부터 1년 이내에는 다시 동물보호센터로 지정하여서는 아니 된다. 다만, 제4항제4호에 따라 지정이 취소된 기관이나 단체는 지정이 취소된 날부터 5년 이내에는 다시 동물보호센터로 지정하여서는 아니 된다.

⑥ 제1항에 따른 동물보호센터 지정절차의 구체적인 내용은 시·도의 조례로 정하고, 지정된 동물보호센터에 대하여는 제35조제5항부터 제7항까지의 규정을 준용한다.

제37조(민간동물보호시설의 신고 등)

① 영리를 목적으로 하지 아니하고 유실·유기동물 및 피학대동물을 기증받거나 인수 등을 하여 임시로 보호하기 위하여 대통령령으로 정하는 규모 이상[22]의 민간동물보호시설(이하 "보호시설"이라 한다)을 운영하려는 자는 농림축산식품부령으로 정하는 바에 따라 시설 명칭, 주소, 규모 등을 특별자치시장·특별자치도지사·시장·군수·구청장에게 신고하여야 한다.

② 제1항에 따라 신고한 사항 중 대통령령으로 정하는 중요한 사항을 변경할 때에는 특별자치시장·특별자치도지사·시장·군수·구청장에게 신고하여야 한다.

③ 특별자치시장·특별자치도지사·시장·군수·구청장은 제1항에 따른 신고 또는 제2항에 따른 변경신고를 받은 경우 그 내용을 검토하여 이 법에 적합하면 신고를 수리하여야 한다.

④ 제3항에 따라 신고가 수리된 보호시설의 운영자(이하 "보호시설운영자"라 한다)는 농림

---

20) 동물보호법 제10조(동물학대 등의 금지)
21) 동물보호법 제46조(동물의 인도적인 처리 등)
22) 동물보호법 시행령 제15조(민간동물보호시설의 신고 등)
   ① 법 제37조제1항에서 "대통령령으로 정하는 규모 이상"이란 보호동물(개 또는 고양이로 한정한다)의 마릿수가 20마리 이상인 경우를 말한다.

축산식품부령으로 정하는 시설 및 운영 기준 등을 준수하여야 하며 동물보호를 위하여 시설정비 등의 사후관리를 하여야 한다.

⑤ 보호시설운영자가 보호시설의 운영을 **일시적으로 중단하거나** 영구적으로 **폐쇄 또는 그 운영을 재개**하려는 경우에는 농림축산식품부령으로 정하는 바에 따라 보호하고 있는 동물에 대한 관리 또는 처리 방안 등을 마련하여 특별자치시장·특별자치도지사·시장·군수·구청장에게 **신고하여야 한다.** 이 경우 제3항을 준용한다.

⑥ 제74조제1호·제2호·제6호·제7호에 해당하는 자는 보호시설운영자가 되거나 보호시설 종사자로 채용될 수 없다.

⑦ 농림축산식품부장관 또는 특별자치시장·특별자치도지사·시장·군수·구청장은 보호시설의 환경개선 및 운영에 드는 비용의 일부를 지원할 수 있다.

⑧ 제1항부터 제6항까지의 규정에 따른 보호시설의 시설 및 운영 등에 관한 사항은 대통령령으로 정한다.

제38조(시정명령 및 시설폐쇄 등)

① 특별자치시장·특별자치도지사·시장·군수·구청장은 제37조제4항을 위반한 보호시설운영자에게 해당 위반행위의 중지나 시정을 위하여 **필요한 조치를 명할 수 있다.**

② 특별자치시장·특별자치도지사·시장·군수·구청장은 보호시설운영자가 다음 각 호의 어느 하나에 해당하는 경우에는 **보호시설의 폐쇄를 명할 수 있다.** 다만, 제1호 및 제2호에 해당하는 경우에는 보호시설의 폐쇄를 명하여야 한다.

1. 거짓이나 그 밖의 부정한 방법으로 보호시설의 신고 또는 변경신고를 한 경우

2. 제10조제1항부터 제4항까지의 규정을 위반하여 벌금 이상의 형을 선고받은 경우

3. 제1항에 따른 중지명령이나 시정명령을 최근 2년 이내에 3회 이상 반복하여 이행하지 아니한 경우

4. 제37조제1항에 따른 신고를 하지 아니하고 보호시설을 운영한 경우

5. 제37조제2항에 따른 변경신고를 하지 아니하고 보호시설을 운영한 경우

제39조(신고 등)

① 누구든지 **다음 각 호의 어느 하나에 해당하는 동물을 발견한 때에는 관할 지방자치단체 또는 동물보호센터에** 신고할 수 있다.

1. 제10조에서 금지한 학대를 받는 동물

2. 유실·유기동물

② **다음 각 호의 어느 하나에 해당하는 자가 그 직무상 제1항에 따른 동물을 발견한 때에는 지체 없이 관할 지방자치단체 또는 동물보호센터에 신고하여야 한다.**〈개정 2023. 6. 20.〉

1. 제4조제3항에 따른 **민간단체의 임원 및 회원**

2. 제35조제1항에 따라 설치되거나 제36조제1항에 따라 지정된 **동물보호센터의 장 및 그 종사자**

3. 제37조에 따른 **보호시설운영자 및 보호시설의 종사자**

4. 제51조제1항에 따라 동물실험윤리위원회를 설치한 **동물실험시행기관의 장 및 그 종사자**

5. 제53조제2항에 따른 **동물실험윤리위원회의 위원**

6. 제59조제1항에 따라 **동물복지축산농장 인증을 받은 자**

7. 제69조제1항에 따른 영업의 허가를 받은 자 또는 제73조제1항에 따라 영업의 등록을 한 자 및 그 종사자

8. 제88조제1항에 따른 **동물보호관**

9. 수의사, 동물병원의 장 및 그 종사자

③ 신고인의 신분은 보장되어야 하며 그 의사에 반하여 신원이 노출되어서는 아니 된다.

④ 제1항 또는 제2항에 따라 신고한 자 또는 신고·통보를 받은 관할 특별자치시장·특별자치도지사·시장·군수·구청장은 관할 시·도 가축방역기관장 또는 국립가축방역기관장에게 **해당 동물의 학대 여부 판단 등을 위한 동물검사를 의뢰할 수 있다.**

제40조(공고)

시·도지사와 시장·군수·구청장은 제34조제1항제1호 및 제2호에 따른 **동물을 보호하고 있는 경우에는** 소유자등이 보호조치 사실을 알 수 있도록 대통령령으로 정하는 바에 따라 지체 없이 7일 이상 그 사실을 공고하여야 한다.

제41조(동물의 반환 등)

① 시·도지사와 시장·군수·구청장은 다음 각 호의 어느 하나에 해당하는 사유가 발생한 경우에는 제34조에 해당하는 동물을 그 동물의 소유자에게 반환하여야 한다.

1. 제34조제1항제1호 및 제2호에 해당하는 동물이 **보호조치 중에 있고, 소유자가 그 동물에 대하여 반환을 요구하는 경우**

2. 제34조제3항에 따른 보호기간이 지난 후, 보호조치 중인 같은 조 제1항제3호의 동물에 대하여 소유자가 제2항에 따른 **사육계획서를 제출한 후** 제42조제2항에 따라 **보호비용을 부담하고 반환을 요구하는 경우**

② 시·도지사와 시장·군수·구청장이 보호조치 중인 **제34조제1항제3호의 동물을 반환받으려는 소유자는** 농림축산식품부령으로 정하는 바에 따라 **학대행위의 재발 방지 등 동물을 적정하게 보호·관리하기 위한 사육계획서를 제출하여야 한다.**

③ 시·도지사와 시장·군수·구청장은 제1항제2호에 해당하는 **동물의 반환과 관련하여 동**

물의 소유자에게 보호기간, 보호비용 납부기한 및 면제 등에 관한 사항을 알려야 한다.

④ 시·도지사와 시장·군수·구청장은 제1항제2호에 따라 동물을 반환받은 소유자가 제2항에 따라 제출한 사육계획서의 내용을 이행하고 있는지를 제88조제1항에 따른 **동물보호관에게 점검하게 할 수 있다.**

제42조(보호비용의 부담)

① **시·도지사와 시장·군수·구청장은 제34조제1항제1호 및 제2호에 해당하는 동물의 보호비용을 소유자 또는 제45조제1항에 따라 분양을 받는 자에게** 청구할 수 있다.

② 제34조제1항제3호에 해당하는 동물의 보호비용은 농림축산식품부령으로 정하는 바에 따라 납부기한까지 그 동물의 소유자가 내야 한다. 이 경우 시·도지사와 시장·군수·구청장은 동물의 소유자가 제43조제2호에 따라 그 동물의 소유권을 포기한 경우에는 보호비용의 전부 또는 일부를 면제할 수 있다.

③ 제1항 및 제2항에 따른 보호비용의 징수에 관한 사항은 대통령령으로 정하고, 보호비용의 산정 기준에 관한 사항은 농림축산식품부령으로 정하는 범위에서 해당 시·도의 조례로 정한다.

제43조(동물의 소유권 취득)

시·도 및 시·군·구가 동물의 소유권을 취득할 수 있는 경우는 다음 각 호와 같다.

1. 「유실물법」 제12조 및 「민법」 제253조에도 불구하고 제40조에 따라 공고한 날부터 10일이 지나도 동물의 소유자등을 알 수 없는 경우
2. 제34조제1항제3호에 해당하는 **동물의 소유자가 그 동물의 소유권을 포기한 경우**
3. 제34조제1항제3호에 해당하는 **동물의 소유자가 제42조제2항에 따른 보호비용의 납부기한이 종료된 날부터 10일이 지나도 보호비용을 납부하지 아니하거나 제41조제2항에 따른 사육계획서를 제출하지 아니한 경우**
4. **동물의 소유자를 확인한 날부터 10일이 지나도 정당한 사유 없이 동물의 소유자와 연락이 되지 아니하거나 소유자가 반환받을 의사를 표시하지 아니한 경우**

제44조(사육포기 동물의 인수 등)

① **소유자등은 시·도지사와 시장·군수·구청장에게 자신이 소유하거나 사육·관리 또는 보호하는 동물의 인수를 신청할 수 있다.**

② 시·도지사와 시장·군수·구청장이 제1항에 따른 **인수신청을 승인하는 경우에 해당 동물의 소유권은 시·도 및 시·군·구에 귀속된다.**

③ 시·도지사와 시장·군수·구청장은 제1항에 따라 동물의 인수를 신청하는 자에 대하

여 농림축산식품부령으로 정하는 바에 따라 **해당 동물에 대한 보호비용 등을 청구할 수 있다.**

④ 시·도지사와 시장·군수·구청장은 장기입원 또는 요양, 「병역법」에 따른 병역 복무 등 농림축산식품부령[23]으로 정하는 불가피한 사유가 없음에도 불구하고 동물의 인수를 신청하는 자에 대하여는 제1항에 따른 동물인수신청을 거부할 수 있다.

제45조(동물의 기증·분양)

① 시·도지사와 시장·군수·구청장은 제43조 또는 제44조에 따라 소유권을 취득한 동물이 적정하게 사육·관리될 수 있도록 시·도의 조례로 정하는 바에 따라 동물원, 동물을 애호하는 자(시·도의 조례로 정하는 자격요건을 갖춘 자로 한정한다)나 대통령령으로 정하는 민간단체 등에 **기증하거나 분양할 수 있다.**

② 시·도지사와 시장·군수·구청장은 제1항에 따라 기증하거나 분양하는 동물이 등록대상동물인 경우 등록 여부를 확인하여 **등록이 되어 있지 아니한 때에는 등록한 후 기증하거나 분양하여야 한다.**

③ 시·도지사와 시장·군수·구청장은 제43조 또는 제44조에 따라 소유권을 취득한 동물에 대하여는 제1항에 따라 **분양될 수 있도록 공고할 수 있다.**

④ 제1항에 따른 기증·분양의 요건 및 절차 등 그 밖에 필요한 사항은 시·도의 조례로 정한다.

제46조(동물의 인도적인 처리 등)

① 제35조제1항 및 제36조제1항에 따른 동물보호센터의 장은 제34조제1항에 따라 보호조치 중인 동물에게 질병 등 **농림축산식품부령[24]으로 정하는 사유가 있는 경우에는 농**

---

23) **동물보호법 시행규칙 제27조(사육포기 동물의 인수 등)**

　③ 법 제44조제4항에서 "장기입원 또는 요양, 「병역법」에 따른 병역 복무 등 농림축산식품부령으로 정하는 불가피한 사유"란 다음 각 호의 어느 하나에 해당하여 소유자등이 다른 방법으로는 정상적으로 동물을 사육하기 어려운 경우를 말한다.

　1. 소유자등이 6개월 이상의 장기입원 또는 요양**을 하는 경우**

　2. 소유자등이 **「병역법」에 따른 병역 복무를 하는 경우**

　3. 태풍, 수해, 지진 등으로 **소유자등의 주택 또는 보호시설이 파손되거나 유실되어 동물을 보호하는 것이 불가능한 경우**

　4. 소유자등이 **「가정폭력방지 및 피해자보호 등에 관한 법률」 제7조에 따른** 가정폭력피해자 보호시설에 입소하는 경우

　5. 그 밖에 **제1호부터 제4호까지에 준하는** 불가피한 사유가 있다고 시·도지사 또는 시장·군수·구청장이 인정하는 경우

24) **동물보호법 시행규칙 제28조(동물의 인도적인 처리 등)**

　① 법 제46조제1항에서 "질병 등 농림축산식품부령으로 정하는 사유가 있는 경우"란 다음 각 호의 어느

림축산식품부장관이 정하는 바에 따라 마취 등을 통하여 **동물의 고통을 최소화하는 인도적인 방법으로 처리**하여야 한다.

② 제1항에 따라 시행하는 동물의 인도적인 처리는 수의사가 하여야 한다. 이 경우 사용된 약제 관련 사용기록의 작성·보관 등에 관한 사항은 농림축산식품부령으로 정하는 바에 따른다.

③ 동물보호센터의 장은 제1항에 따라 동물의 사체가 발생한 경우 「**폐기물관리법」에 따라 처리**하거나 제69조제1항제4호에 따른 동물장묘업의 허가를 받은 자가 설치·운영하는 동물장묘시설 및 제71조제1항에 따른 **공설동물장묘시설에서 처리**하여야 한다.

제4장 동물실험의 관리 등

제47조(동물실험의 원칙)25)

① 동물실험은 인류의 복지 증진과 동물 생명의 존엄성을 고려하여 실시되어야 한다.

② 동물실험을 하려는 경우에는 이를 대체할 수 있는 방법을 우선적으로 고려하여야 한다.

③ 동물실험은 실험동물의 윤리적 취급과 과학적 사용에 관한 지식과 경험을 보유한 자가 시행하여야 하며 필요한 최소한의 동물을 사용하여야 한다.

④ 실험동물의 고통이 수반되는 실험을 하려는 경우에는 감각능력이 낮은 동물을 사용하고 진통제·진정제·마취제의 사용 등 수의학적 방법에 따라 고통을 덜어주기 위한 적절한 조치를 하여야 한다.

⑤ 동물실험을 한 자는 그 실험이 끝난 후 지체 없이 해당 동물을 검사하여야 하며, 검사 결과 정상적으로 회복한 동물은 기증하거나 분양할 수 있다.

⑥ 제5항에 따른 검사 결과 해당 동물이 회복할 수 없거나 지속적으로 고통을 받으며 살아

하나에 해당하는 경우를 말한다.

1. 동물이 질병 또는 **상해로부터 회복될 수 없거나 지속적으로 고통**을 받으며 살아야 할 것으로 수의사가 진단한 경우
2. 동물이 사람이나 **보호조치 중인 다른 동물**에게 질병을 옮기거나 위해를 끼칠 우려가 매우 높은 것으로 수의사가 진단한 경우
3. 법 제45조에 따른 **기증 또는 분양이 곤란한 경우** 등 시·도지사 또는 시장·군수·구청장이 부득이한 사정이 있다고 인정하는 경우

25) 3R원칙 – 동물실험에 대한 윤리적 사용을 위해 지켜야 할 실험윤리의 세 가지 원칙으로 1959년 영국의 동물학자 윌리엄 러셀(William M. S. Russell, 1925~2006)과 미생물학자 렉스 버치(Rex L. Burch, 1926~1996)에 의해 제시되었다. 세 가지 원칙은 **각각** 대체(Replacement), 감소(Reduction), 개선(Refinement)을 가리키며 영문 첫 글자를 따서 3R원칙이라 한다.

[네이버 지식백과] 3R원칙 [3Rs] (두산백과 두피디아, 두산백과)

야 할 것으로 인정되는 경우에는 신속하게 고통을 주지 아니하는 방법으로 처리하여야
한다.

⑦ 제1항부터 제6항까지에서 규정한 사항 외에 동물실험의 원칙과 이에 따른 기준 및 방
법에 관한 사항은 농림축산식품부장관이 정하여 고시한다.

제48조(전임수의사)

① **대통령령**[26]**으로 정하는 기준 이상의** 실험동물을 보유한 동물실험시행기관의 장은 그
실험동물의 건강 및 복지 증진을 위하여 실험동물을 전담하는 수의사(이하 "전임수의
사"라 한다)를 두어야 한다.

② 전임수의사의 자격 및 업무 범위 등에 필요한 사항은 대통령령으로 정한다.

제49조(동물실험의 금지 등)

누구든지 다음 각 호의 동물실험을 하여서는 아니 된다. 다만, 인수공통전염병 등 질병의 확
산으로 인간 및 동물의 건강과 안전에 심각한 위해가 발생될 것이 우려되는 경우 또는 봉사
동물의 선발·훈련방식에 관한 연구를 하는 경우로서 제52조에 따른 공용동물실험윤리위원
회의 실험 심의 및 승인을 받은 때에는 그러하지 아니하다.

  1. 유실·유기동물(보호조치 중인 동물을 포함한다)을 대상으로 하는 실험
  2. 봉사동물을 대상으로 하는 실험

제50조(미성년자 동물 해부실습의 금지)

누구든지 미성년자에게 체험·교육·시험·연구 등의 목적으로 동물(사체를 포함한다) 해부
실습을 하게 하여서는 아니 된다. **다만, 「초·중등교육법」 제2조에 따른 학교 또는 동물실험
시행기관 등이 시행하는 경우 등 농림축산식품부령**[27]**으로 정하는 경우에는 그러하지 아니
하다.**

제51조(동물실험윤리위원회의 설치 등)

① 동물실험시행기관의 장은 실험동물의 보호와 윤리적인 취급을 위하여 제53조에 따라

---

26) **동물보호법 시행령 제19조(전임수의사)**
   ① 법 제48조제1항에서 "대통령령으로 정하는 기준 이상의 실험동물을 보유한 동물실험시행기관"이란
   다음 각 호의 어느 하나에 해당하는 동물실험시행기관을 말한다.
   1. **연간 1만 마리 이상의 실험동물을 보유한 동물실험시행기관.** 다만, 동물실험시행기관 및 해당 기관이
   보유한 실험동물의 특성을 고려하여 농림축산식품부장관 및 해양수산부장관이 공동으로 고시하는 기
   준에 따른 동물실험시행기관은 제외한다.
27) **동물보호법 시행규칙 제30조(미성년자 동물 해부실습 금지의 적용 예외)**

동물실험윤리위원회[28](이하 "윤리위원회"라 한다)를 설치·운영하여야 한다.

② 제1항에도 불구하고 다음 각 호의 어느 하나에 해당하는 경우에는 윤리위원회를 설치한 것으로 본다.

　　1. 농림축산식품부령으로 정하는 일정 기준 이하의 동물실험시행기관이 제54조에 따른 윤리위원회의 기능을 제52조에 따른 공용동물실험윤리위원회에 위탁하는 협약을 맺은 경우

　　2. 동물실험시행기관에 「실험동물에 관한 법률」 제7조에 따른 실험동물운영위원회[29]가 **설치되어 있고, 그 위원회의 구성이 제53조제2항부터 제4항까지에 규정된 요건을 충족할 경우**

③ 동물실험시행기관의 장은 동물실험을 하려면 윤리위원회의 심의를 거쳐야 한다.

④ 동물실험시행기관의 장은 제3항에 따른 심의를 거친 내용 중 농림축산식품부령으로 정하는 중요사항에 변경이 있는 경우에는 해당 변경사유의 발생 즉시 윤리위원회에 변경심의를 요청하여야 한다. 다만, 농림축산식품부령으로 정하는 경미한 변경이 있는 경우에는 제56조제1항에 따라 지정된 전문위원의 검토를 거친 후 제53조제1항의 위원장의 승인을 받아야 한다.

⑤ 농림축산식품부장관은 **윤리위원회의 운영에 관한 표준지침을 위원회(IACUC)표준운영 가이드라인**으로 고시하여야 한다.

제52조(공용동물실험윤리위원회의 지정 등)

① 농림축산식품부장관은 **동물실험시행기관 또는 연구자가 공동으로 이용할 수 있는 공용 동물실험윤리위원회**(이하 **"공용윤리위원회"라 한다**)를 **지정 또는 설치할 수 있다.**

② 공용윤리위원회는 다음 각 호의 실험에 대한 심의 및 지도·감독을 수행한다.

　　1. 제51조제2항제1호에 따라 공용윤리위원회와 협약을 맺은 기관이 위탁한 실험

　　2. 제49조 각 호 외의 부분 단서에 따라 공용윤리위원회의 실험 심의 및 승인을 받도록 규정한 같은 조 각 호의 동물실험

---

28) **동물실험윤리위원회**(Institutional Animal Care and Use Committees, IACUC)
29) **실험동물에 관한 법률 제7조(실험동물운영위원회 설치 등)**
　　① 동물실험시설에는 동물실험의 윤리성, 안전성 및 신뢰성 등을 확보하기 위하여 **실험동물운영위원회를 설치·운영하여야 한다.** 다만, 해당 동물실험시설에 「동물보호법」 제51조제1항에 따른 동물실험윤리위원회가 설치되어 있고(「동물보호법」 제51조제2항에 따라 동물실험윤리위원회를 설치한 것으로 보는 경우를 포함한다), 그 위원회의 구성이 제2항 및 제3항의 요건을 충족하는 경우에는 그 위원회를 실험동물운영위원회로 본다.<개정 2016. 2. 3., 2022. 4. 26.>
　　② 실험동물운영위원회는 **위원장 1명을 포함하여** 4명 이상 15명 이내**의 위원으로 구성**한다.<개정 2016. 2. 3.>

3. 제50조에 따라 「초·중등교육법」 제2조에 따른 학교 등이 신청한 동물해부실습

4. 둘 이상의 동물실험시행기관이 공동으로 수행하는 실험으로 각각의 윤리위원회에서 해당 실험을 심의 및 지도·감독하는 것이 적절하지 아니하다고 판단되어 해당 동물실험시행기관의 장들이 공용윤리위원회를 이용하기로 합의한 실험

5. 그 밖에 농림축산식품부령으로 정하는 실험

③ 제2항에 따른 공용윤리위원회의 심의 및 지도·감독에 대해서는 제51조제4항, 제54조 제2항·제3항, 제55조의 규정을 준용한다.

④ 제1항 및 제2항에 따른 공용윤리위원회의 지정 및 설치, 기능, 운영 등에 필요한 사항은 농림축산식품부령으로 정한다.

제53조(윤리위원회의 구성)

① 윤리위원회는 **위원장 1명을 포함하여 3명 이상의 위원으로 구성**한다.

② 위원은 다음 각 호에 해당하는 사람 중에서 동물실험시행기관의 장이 위촉하며, 위원장은 위원 중에서 호선한다.

1. 수의사로서 농림축산식품부령으로 정하는 자격기준에 맞는 사람

2. 제4조제3항에 따른 민간단체가 추천하는 동물보호에 관한 학식과 경험이 풍부한 사람으로서 농림축산식품부령으로 정하는 자격기준에 맞는 사람

3. 그 밖에 실험동물의 보호와 윤리적인 취급을 도모하기 위하여 필요한 사람으로서 농림축산식품부령으로 정하는 사람

③ 윤리위원회에는 제2항제1호 및 제2호에 해당하는 위원을 각각 1명 이상 포함하여야 한다.

④ **윤리위원회를 구성하는 위원의 3분의 1 이상**은 해당 동물실험시행기관과 **이해관계가 없는 사람**이어야 한다.

⑤ 위원의 임기는 2년으로 한다.

⑥ 동물실험시행기관의 장은 제2항에 따른 위원의 추천 및 선정 과정을 투명하고 공정하게 관리하여야 한다.

⑦ 그 밖에 윤리위원회의 구성 및 이해관계의 범위 등에 관한 사항은 농림축산식품부령으로 정한다.

제54조(윤리위원회의 기능 등)

① 윤리위원회는 다음 각 호의 기능을 수행한다.

1. **동물실험에 대한 심의**(변경심의를 포함한다. 이하 같다)

2. 제1호에 따라 심의한 **실험의 진행·종료에 대한 확인 및 평가**

3. 동물실험이 제47조의 원칙에 맞게 시행되도록 지도·감독

4. 동물실험시행기관의 장에게 **실험동물의 보호와 윤리적인 취급을 위하여 필요한 조치 요구**

② 윤리위원회의 심의대상인 동물실험에 관여하고 있는 위원은 해당 동물실험에 관한 심의에 참여하여서는 아니 된다.

③ 윤리위원회의 위원 또는 그 직에 있었던 자는 그 직무를 수행하면서 알게 된 비밀을 누설하거나 도용하여서는 아니 된다.

④ 제1항에 따른 심의·확인·평가 및 지도·감독의 방법과 그 밖에 윤리위원회의 운영 등에 관한 사항은 대통령령으로 정한다.

제55조(심의 후 감독)[30]

① 동물실험시행기관의 장은 제53조제1항의 위원장에게 **대통령령으로 정하는 바에 따라 동물실험이 심의된 내용대로 진행되고 있는지 감독하도록 요청**하여야 한다.

② **위원장은 윤리위원회의 심의를 받지 아니한 실험이 진행되고 있는 경우 즉시 실험의 중지를 요구하여야 한다.** 다만, 실험의 중지로 해당 실험동물의 복지에 중대한 침해가 발생할 것으로 우려되는 경우 등 대통령령으로 정하는 경우에는 실험의 중지를 요구하지 아니할 수 있다.

③ 제2항 본문에 따라 실험 중지 요구를 받은 동물실험시행기관의 장은 해당 동물실험을 중지하여야 한다.

④ 동물실험시행기관의 장은 제2항 본문에 따라 실험 중지 요구를 받은 경우 제51조제3항 또는 제4항에 따른 심의를 받은 후에 동물실험을 재개할 수 있다.

⑤ 동물실험시행기관의 장은 제1항에 따른 **감독 결과 위법사항이 발견되었을 경우에는 지체 없이 농림축산식품부장관에게 통보하여야 한다.**

---

30) **동물보호법 시행령** 제22조(동물실험의 감독 등)

　① 동물실험시행기관의 장은 윤리위원회 위원장에게 법 제55조제1항에 따라 다음 각 호의 사항을 **연 1회 이상 감독하도록 요청**해야 한다. 이 경우 감독 요청시기는 윤리위원회 위원장과 협의하여 정한다.

　　1. **동물실험이 심의된 내용대로 진행되는지 여부**

　　2. **동물실험에 사용되는 동물의 사육환경**

　　3. **동물실험에 사용되는 동물의 수의학적 관리**

　　4. **동물실험에 사용되는 동물의 고통에 대한 경감조치 여부**

　② 법 제55조제2항 단서에서 "해당 실험동물의 복지에 중대한 침해가 발생할 것으로 우려되는 경우 등 대통령령으로 정하는 경우"란 다음 각 호의 어느 하나에 해당하는 경우를 말한다.

　　1. **동물실험의 중지로 해당 실험동물이 죽음에 이르게 되는 경우**

　　2. **동물실험의 중지로 해당 실험동물의 고통이 심해지는 경우**

제56조(전문위원의 지정 및 검토)

① 윤리위원회의 위원장은 윤리위원회의 위원 중 해당 분야에 대한 전문성을 가지고 실험을 심의할 수 있는 자를 전문위원으로 지정할 수 있다.

② 위원장은 제1항에 따라 지정한 전문위원에게 다음 각 호의 사항에 대한 검토를 요청할 수 있다.

1. 제51조제4항 단서에 따른 경미한 변경에 관한 사항

2. 제54조제1항제2호에 따른 확인 및 평가

제57조(윤리위원회 위원 및 기관 종사자에 대한 교육)

① 윤리위원회의 위원은 **동물의 보호·복지에 관한 사항과 동물실험의 심의에 관하여 농림축산식품부령**[31]**으로** 정하는 바에 따라 정기적으로 교육을 이수하여야 한다.

② 동물실험시행기관의 장은 위원과 기관 종사자를 위하여 동물의 보호·복지와 동물실험 심의에 관한 교육의 기회를 제공할 수 있다.

제58조(윤리위원회의 구성 등에 대한 지도·감독)

① 농림축산식품부장관은 제51조제1항 및 제2항에 따라 윤리위원회를 설치한 동물실험시행기관의 장에게 제53조부터 제57조까지의 규정에 따른 윤리위원회의 구성·운영 등에 관하여 지도·감독을 할 수 있다.

② 농림축산식품부장관은 윤리위원회가 제53조부터 제57조까지의 규정에 따라 구성·운영되지 아니할 때에는 해당 동물실험시행기관의 장에게 대통령령으로 정하는 바에 따라 기간을 정하여 해당 윤리위원회의 구성·운영 등에 대한 개선명령을 할 수 있다.

제5장 동물복지축산농장의 인증

제59조(동물복지축산농장의 인증)

① 농림축산식품부장관은 동물복지 증진에 이바지하기 위하여 「**축산물 위생관리법」 제2조제1호에 따른 가축**[32]으로서 농림축산식품부령으로 정하는 동물(이하 "농장동물"이라

---

31) 동물보호법 시행규칙 제36조(윤리위원회 위원에 대한 교육)

32) 축산물 위생관리법 제2조(정의)

　이 법에서 사용하는 용어의 뜻은 다음과 같다.　<개정 2013. 3. 23., 2016. 2. 3., 2017. 10. 24.>

　1. "가축"이란 소, 말, 양(염소 등 산양을 포함한다. 이하 같다), 돼지 (사육하는 멧돼지를 포함한다. 이하 같다), 닭, 오리, 그 밖에 식용(食用)을 목적으로 하는 동물로서 대통령령으로 정하는 동물(축산물 위생관리법 시행규칙 제2조 ①항 1.사슴 2.토끼 3.칠면조 4.거위 5.메추리 6.꿩 7.당나귀)을 말한다.

한다)이 본래의 습성 등을 유지하면서 정상적으로 살 수 있도록 관리하는 축산농장을 **동물복지축산농장**으로 인증할 수 있다.

② 제1항에 따른 인증을 받으려는 자는 제60조제1항에 따라 지정된 인증기관(이하 "인증기관"이라 한다)에 농림축산식품부령으로 정하는 서류를 갖추어 인증을 신청하여야 한다.

③ 인증기관은 인증 신청을 받은 경우 농림축산식품부령으로 정하는 인증기준에 따라 심사한 후 그 기준에 맞는 경우에는 인증하여 주어야 한다.

④ 제3항에 따른 인증의 **유효기간은 인증을 받은 날부터 3년**으로 한다.

⑤ 제3항에 따라 인증을 받은 동물복지축산농장(이하 "인증농장"이라 한다)의 경영자는 그 인증을 유지하려면 제4항에 따른 유효기간이 끝나기 2개월 전까지 인증기관에 갱신 신청을 하여야 한다.

⑥ 제3항에 따른 인증 또는 제5항에 따른 인증갱신에 대한 심사결과에 이의가 있는 자는 인증기관에 재심사를 요청할 수 있다.

⑦ 제6항에 따른 재심사 신청을 받은 인증기관은 농림축산식품부령으로 정하는 바에 따라 재심사 여부 및 그 결과를 신청자에게 통보하여야 한다.

⑧ 인증농장의 인증 절차 및 인증의 갱신, 재심사 등에 관한 사항은 농림축산식품부령으로 정한다.

제60조(인증기관의 지정 등)

① 농림축산식품부장관은 대통령령으로 정하는 공공기관 또는 법인을 인증기관으로 지정하여 인증농장의 인증과 관련한 업무 및 인증농장에 대한 사후관리업무를 수행하게 할 수 있다.

② 제1항에 따라 지정된 인증기관은 인증농장의 인증에 필요한 인력·조직·시설 및 인증업무 규정 등을 갖추어야 한다.

③ 농림축산식품부장관은 제1항에 따라 지정한 인증기관에서 인증심사업무를 수행하는 자에 대한 교육을 실시하여야 한다.

④ 제1항부터 제3항까지의 규정에 따른 인증기관의 지정, 인증업무의 범위, 인증심사업무를 수행하는 자에 대한 교육, 인증농장에 대한 사후관리 등에 필요한 구체적인 사항은 농림축산식품부령으로 정한다.

제61조(인증기관의 지정취소 등)

① 농림축산식품부장관은 인증기관이 다음 각 호의 어느 하나에 해당하면 그 지정을 취소하거나 6개월 이내의 기간을 정하여 인증업무의 전부 또는 일부의 정지를 명할 수

있다. 다만, 제1호 또는 제2호에 해당하면 그 지정을 취소하여야 한다.

1. 거짓이나 그 밖의 부정한 방법으로 지정을 받은 경우

2. 업무정지 명령을 위반하여 정지기간 중 인증을 한 경우

3. 제60조제2항에 따른 지정기준에 맞지 아니하게 된 경우

4. 고의 또는 중대한 과실로 제59조제3항에 따른 인증기준에 맞지 아니한 축산농장을 인증한 경우

5. 정당한 사유 없이 지정된 인증업무를 하지 아니하는 경우

② 제1항에 따른 지정취소 및 업무정지의 기준 등에 관한 사항은 농림축산식품부령으로 정한다.

제62조(인증농장의 표시)

① 인증농장은 농림축산식품부령으로 정하는 바에 따라 **인증농장 표시를 할 수 있다.**

② 제1항에 따른 인증농장의 표시에 관한 기준 및 방법 등은 농림축산식품부령으로 정한다.

제63조(동물복지축산물의 표시)

① 인증농장에서 생산한 축산물에는 다음 각 호의 구분에 따라 그 포장·용기 등에 동물복지축산물 표시를 할 수 있다.

1. 「축산물 위생관리법」 제2조제3호 및 제4호의 축산물: 다음 각 목의 요건을 모두 충족하여야 한다.

   가. **인증농장에서 생산할 것**

   나. **농장동물을 운송할 때에는 농림축산식품부령으로 정하는 운송차량을 이용하여 운송할 것**

   다. **농장동물을 도축할 때에는 농림축산식품부령으로 정하는 도축장에서 도축할 것**

2. 「축산물 위생관리법」 제2조제5호 및 제6호의 축산물: 인증농장에서 생산하여야 한다.

3. 「축산물 위생관리법」 제2조제8호의 축산물: 제1호의 요건을 모두 충족한 원료의 함량에 따라 동물복지축산물 표시를 할 수 있다.

4. 「축산물 위생관리법」 제2조제9호 및 제10호의 축산물: 인증농장에서 생산한 축산물의 함량에 따라 동물복지축산물 표시를 할 수 있다.

② 제1항에 따른 동물복지축산물을 포장하지 아니한 상태로 판매하거나 낱개로 판매하는 때에는 표지판 또는 푯말에 동물복지축산물 표시를 할 수 있다.

③ 제1항 및 제2항에 따른 동물복지축산물 표시에 관한 기준 및 방법 등에 관한 사항은 농림축산식품부령으로 정한다.

제64조(인증농장에 대한 지원 등)

① 농림축산식품부장관은 인증농장에 대하여 다음 각 호의 지원을 할 수 있다.〈개정 2023. 6. 20.〉

  1. 동물의 보호·복지 증진을 위하여 축사시설 개선에 필요한 비용
  2. 인증농장의 환경개선 및 경영에 관한 지도·상담 및 교육
  3. 인증농장에서 생산한 축산물의 판로개척을 위한 상담·자문 및 판촉
  4. 인증농장에서 생산한 축산물의 해외시장의 진출·확대를 위한 정보제공, 홍보활동 및 투자유치
  5. 그 밖에 인증농장의 경영안정을 위하여 필요한 사항

② 농림축산식품부장관, 시·도지사, 시장·군수·구청장, 제4조제3항에 따른 민간단체 및 「축산자조금의 조성 및 운용에 관한 법률」 제2조제3호에 따른 축산단체는 인증농장의 운영사례를 교육·홍보에 적극 활용하여야 한다.

제65조(인증취소 등)

① 농림축산식품부장관 또는 인증기관은 인증 받은 자가 거짓이나 그 밖의 부정한 방법으로 인증을 받은 경우 그 인증을 취소하여야 하며, 제59조제3항에 따른 인증기준에 맞지 아니하게 된 경우 그 인증을 취소할 수 있다.

② 제1항에 따라 인증이 취소된 자(법인인 경우에는 그 대표자를 포함한다)는 그 인증이 취소된 날부터 1년 이내에는 인증농장 인증을 신청할 수 없다.

제66조(사후관리)

① 농림축산식품부장관은 인증기관으로 하여금 매년 인증농장이 제59조제3항에 따른 인증기준에 맞는지 여부를 조사하게 하여야 한다.

② 제1항에 따른 조사를 위하여 인증농장에 출입하는 자는 농림축산식품부령으로 정하는 증표를 지니고 이를 관계인에게 보여 주어야 한다.

③ 제1항에 따른 조사의 요구를 받은 자는 정당한 사유 없이 이를 거부·방해하거나 기피하여서는 아니 된다.

제67조(부정행위의 금지)

① 누구든지 다음 각 호에 해당하는 행위를 하여서는 아니 된다.

  1. 거짓이나 그 밖의 부정한 방법으로 인증농장 인증을 받는 행위
  2. 제59조제3항에 따른 인증을 받지 아니한 축산농장을 인증농장으로 표시하는 행위
  3. 거짓이나 그 밖의 부정한 방법으로 제59조제3항, 제5항 및 제6항에 따른 인증심사,

인증갱신에 대한 심사 및 재심사를 하거나 받을 수 있도록 도와주는 행위

　4. 제63조제1항부터 제3항까지의 규정을 위반하여 동물복지축산물 표시를 하는 다음 각 목의 행위(동물복지축산물로 잘못 인식할 우려가 있는 유사한 표시를 하는 행위를 포함한다)

　　가. 제63조제1항제1호가목 및 같은 항 제2호를 위반하여 인증농장에서 생산되지 아니한 축산물에 동물복지축산물 표시를 하는 행위

　　나. 제63조제1항제1호나목 및 다목을 따르지 아니한 축산물에 동물복지축산물 표시를 하는 행위

　　다. 제63조제3항에 따른 동물복지축산물 표시 기준 및 방법을 위반하여 동물복지축산물 표시를 하는 행위

② 제1항제4호에 따른 동물복지축산물로 잘못 인식할 우려가 있는 유사한 표시의 세부기준은 농림축산식품부령으로 정한다.

제68조(인증의 승계)

① 다음 각 호의 어느 하나에 해당하는 자는 인증농장 인증을 받은 자의 지위를 승계한다.

　1. 인증농장 인증을 받은 사람이 사망한 경우 그 농장을 계속하여 운영하려는 상속인

　2. 인증농장 인증을 받은 자가 그 사업을 양도한 경우 그 양수인

　3. 인증농장 인증을 받은 법인이 합병한 경우 합병 후 존속하는 법인이나 합병으로 설립되는 법인

② 제1항에 따라 인증농장 인증을 받은 자의 지위를 승계한 자는 그 사실을 30일 이내에 인증기관에 신고하여야 한다.

③ 제2항에 따른 신고에 필요한 사항은 농림축산식품부령으로 정한다.

제6장 반려동물 영업

제69조(영업의 허가)

① 반려동물(이하 이 장에서 "동물"이라 한다. 다만, 동물장묘업 및 제71조제1항에 따른 공설동물장묘시설의 경우에는 제2조제1호에 따른 동물로 한다)과 관련된 다음 각 호의 영업을 하려는 자는 농림축산식품부령으로 정하는 바에 따라 **특별자치시장·특별자치도지사·시장·군수·구청장의 허가를 받아야 한다.**

　1. 동물생산업

　2. 동물수입업

3. 동물판매업

4. 동물장묘업

② 제1항 각 호에 따른 영업의 세부 범위는 농림축산식품부령으로 정한다.

③ 제1항에 따른 허가를 받으려는 자는 영업장의 시설 및 인력 등 농림축산식품부령으로 정하는 기준을 갖추어야 한다.

④ 제1항에 따라 **영업의 허가를 받은 자가 허가받은 사항을 변경하려는 경우에는 변경허가를 받아야 한다.** 다만, 농림축산식품부령으로 정하는 **경미한 사항**을 변경하는 경우에는 특별자치시장·특별자치도지사·시장·군수·구청장에게 **신고하여야 한다.**

제70조(맹견취급영업의 특례)

① 제2조제5호가목에 따른 맹견을 생산·수입 또는 판매(이하 "취급"이라 한다)하는 영업을 하려는 자는 제69조제1항에 따른 동물생산업, 동물수입업 또는 동물판매업의 허가 외에 대통령령으로 정하는 바에 따라 맹견 취급에 대하여 **시·도지사의 허가**(이하 "**맹견취급허가**"라 한다)를 받아야 한다. 허가받은 사항을 변경하려는 때에도 또한 같다.

② 맹견취급허가를 받으려는 자의 결격사유에 대하여는 제19조를 준용한다.

③ 맹견취급허가를 받은 자는 다음 각 호의 어느 하나에 해당하는 경우 농림축산식품부령으로 정하는 바에 따라 시·도지사에게 **신고하여야 한다.**

   1. **맹견을 번식시킨 경우**

   2. **맹견을 수입한 경우**

   3. **맹견을 양도하거나 양수한 경우**

   4. **보유하고 있는 맹견이 죽은 경우**

④ 맹견 취급을 위한 동물생산업, 동물수입업 또는 동물판매업의 시설 및 인력 기준은 제69조제3항에 따른 기준 외에 별도로 농림축산식품부령으로 정한다.

제71조(공설동물장묘시설의 특례)

① 지방자치단체의 장은 동물을 위한 장묘시설(이하 "**공설동물장묘시설**"이라 한다)을 설치·운영할 수 있다. 이 경우 시설 및 인력 등 농림축산식품부령으로 정하는 기준을 갖추어야 한다.

② 농림축산식품부장관은 제1항에 따라 공설동물장묘시설을 설치·운영하는 지방자치단체에 대해서는 예산의 범위에서 시설의 설치에 필요한 경비를 지원할 수 있다.

③ 지방자치단체의 장이 공설동물장묘시설을 사용하는 자에게 부과하는 사용료 또는 관리비의 금액과 부과방법 및 용도, 그 밖에 필요한 사항은 해당 지방자치단체의 조례로 정한다.

제72조(동물장묘시설의 설치 제한)

다음 각 호의 어느 하나에 해당하는 지역에는 제69조제1항제4호의 동물장묘업을 영위하기 위한 동물장묘시설 및 공설동물장묘시설을 설치할 수 없다.

1. 「장사 등에 관한 법률」 제17조에 해당하는 지역
2. 20호 이상의 인가밀집지역, 학교, 그 밖에 공중이 수시로 집합하는 시설 또는 장소로부터 300미터 이내. 다만, 해당 지역의 위치 또는 지형 등의 상황을 고려하여 해당 시설의 기능이나 이용 등에 지장이 없는 경우로서 특별자치시장·특별자치도지사·시장·군수·구청장이 인정하는 경우에는 적용을 제외한다.

제72조의2(장묘정보시스템의 구축·운영 등)

① 농림축산식품부장관은 동물장묘 등에 관한 정보의 제공과 동물장묘시설 이용·관리의 업무 등을 전자적으로 처리할 수 있는 정보시스템(이하 "장묘정보시스템"이라 한다)을 구축·운영할 수 있다.

② 장묘정보시스템의 기능에는 다음 각 호의 사항이 포함되어야 한다.

1. 동물장묘시설의 현황 및 가격 정보 제공
2. 동물장묘절차 등에 관한 정보 제공
3. 그 밖에 농림축산식품부장관이 필요하다고 인정하는 사항

③ 장묘정보시스템의 구축·운영 등에 필요한 사항은 농림축산식품부장관이 정한다.

[본조신설 2023. 6. 20.]

제73조(영업의 등록)

① 동물과 관련된 다음 각 호의 영업을 하려는 자는 농림축산식품부령으로 정하는 바에 따라 특별자치시장·특별자치도지사·시장·군수·구청장에게 등록하여야 한다.

1. 동물전시업
2. 동물위탁관리업
3. 동물미용업
4. 동물운송업

② 제1항 각 호에 따른 영업의 세부 범위는 농림축산식품부령으로 정한다.

③ 제1항에 따른 영업의 등록을 신청하려는 자는 영업장의 시설 및 인력 등 농림축산식품부령으로 정하는 기준을 갖추어야 한다.

④ 제1항에 따라 영업을 등록한 자가 등록사항을 변경하는 경우에는 변경등록을 하여야 한다. 다만, 농림축산식품부령으로 정하는 경미한 사항을 변경하는 경우에는 특별자치시장·특별자치도지사·시장·군수·구청장에게 신고하여야 한다.

제74조(허가 또는 등록의 결격사유)

다음 각 호의 어느 하나에 해당하는 사람은 제69조제1항에 따른 영업의 허가를 받거나 제73조제1항에 따른 영업의 등록을 할 수 없다.

1. 미성년자
2. 피성년후견인
3. 파산선고를 받은 자로서 복권되지 아니한 사람
4. 제82조제1항에 따른 교육을 이수하지 아니한 사람
5. 제83조제1항에 따라 허가 또는 등록이 취소된 후 1년이 지나지 아니한 상태에서 취소된 업종과 같은 업종의 허가를 받거나 등록을 하려는 사람(법인인 경우에는 그 대표자를 포함한다)
6. **이 법을 위반하여** 벌금 이상의 실형을 선고받고 그 집행이 종료(집행이 종료된 것으로 보는 경우를 포함한다)되거나 집행이 면제된 날부터 **3년(제10조를 위반한 경우에는 5년으로 한다)이 지나지 아니한 사람**
7. 이 법을 위반하여 벌금 이상의 형의 집행유예를 선고받고 그 유예기간 중에 있는 사람

제75조(영업승계)

① 제69조제1항에 따른 영업의 허가를 받거나 제73조제1항에 따라 영업의 등록을 한 자(이하 "영업자"라 한다)가 그 영업을 양도하거나 사망한 경우 또는 법인이 합병한 경우에는 그 양수인·상속인 또는 합병 후 존속하는 법인이나 합병으로 설립되는 법인(이하 "양수인등"이라 한다)은 그 영업자의 지위를 승계한다.

② 다음 각 호의 어느 하나에 해당하는 절차에 따라 영업시설의 전부를 인수한 자는 그 영업자의 지위를 승계한다.
1. 「민사집행법」에 따른 경매
2. 「채무자 회생 및 파산에 관한 법률」에 따른 환가(換價)
3. 「국세징수법」·「관세법」 또는 「지방세법」에 따른 압류재산의 매각
4. 그 밖에 제1호부터 제3호까지의 어느 하나에 준하는 절차

③ 제1항 또는 제2항에 따라 영업자의 지위를 승계한 자는 그 지위를 승계한 날부터 30일 이내에 농림축산식품부령으로 정하는 바에 따라 특별자치시장·특별자치도지사·시장·군수·구청장에게 신고하여야 한다.

④ 제1항 및 제2항에 따른 승계에 관하여는 제74조에 따른 결격사유 규정을 준용한다. 다만, 상속인이 제74조제1호 및 제2호에 해당하는 경우에는 상속을 받은 날부터 3개월 동안은 그러하지 아니하다.

제76조(휴업·폐업 등의 신고)

① 영업자가 휴업, 폐업 또는 그 영업을 재개하려는 경우에는 농림축산식품부령으로 정하는 바에 따라 특별자치시장·특별자치도지사·시장·군수·구청장에게 신고하여야 한다.

② 영업자(동물장묘업자는 제외한다. 이하 이 조에서 같다)는 제1항에 따라 휴업 또는 폐업의 신고를 하려는 경우에는 농림축산식품부령으로 정하는 바에 따라 특별자치시장·특별자치도지사·시장·군수·구청장에게 휴업 또는 폐업 30일 전에 보유하고 있는 동물의 적절한 사육 및 처리를 위한 계획서(이하 "동물처리계획서"라 한다)를 제출하여야 한다.

③ 영업자는 동물처리계획서에 따라 동물을 처리한 후 그 결과를 특별자치시장·특별자치도지사·시장·군수·구청장에게 보고하여야 하며, 보고를 받은 특별자치시장·특별자치도지사·시장·군수·구청장은 동물처리계획서의 이행 여부를 확인하여야 한다.

④ 제2항 및 제3항에 따른 동물처리계획서의 제출 및 보고에 관한 사항은 농림축산식품부령으로 정한다.

제77조(직권말소)

① 특별자치시장·특별자치도지사·시장·군수·구청장은 영업자가 제76조제1항에 따른 폐업신고를 하지 아니한 경우에는 농림축산식품부령으로 정하는 바에 따라 폐업 사실을 확인한 후 허가 또는 등록사항을 직권으로 말소할 수 있다.

② 특별자치시장·특별자치도지사·시장·군수·구청장은 영업자가 영업을 폐업하였는지를 확인하기 위하여 필요한 경우 관할 세무서장에게 영업자의 폐업 여부에 대한 정보 제공을 요청할 수 있다. 이 경우 요청을 받은 관할 세무서장은 정당한 사유 없이 이를 거부하여서는 아니 된다.

제78조(영업자 등의 준수사항)

① 영업자(법인인 경우에는 그 대표자를 포함한다)와 그 종사자는 다음 각 호의 사항을 준수하여야 한다.
1. 동물을 안전하고 위생적으로 사육·관리 또는 보호할 것
2. 동물의 건강과 안전을 위하여 동물병원과의 적절한 연계를 확보할 것
3. 노화나 질병이 있는 동물을 유기하거나 폐기할 목적으로 거래하지 아니할 것
4. 동물의 번식, 반입·반출 등의 기록 및 관리를 하고 이를 보관할 것
5. 동물에 관한 사항을 표시·광고하는 경우 이 법에 따른 영업허가번호 또는 영업등록번호와 거래금액을 함께 표시할 것
6. 동물의 분뇨, 사체 등은 관계 법령에 따라 적정하게 처리할 것

7. 농림축산식품부령으로 정하는 영업장의 시설 및 인력 기준을 준수할 것

8. 제82조제2항에 따른 정기교육을 이수하고 그 종사자에게 교육을 실시할 것

9. 농림축산식품부령으로 정하는 바에 따라 동물의 취급 등에 관한 영업실적을 보고할 것

10. 등록대상동물의 등록 및 변경신고의무(등록·변경신고방법 및 위반 시 처벌에 관한 사항 등을 포함한다)를 고지할 것

11. 다른 사람의 영업명의를 도용하거나 대여받지 아니하고, 다른 사람에게 자기의 영업 명의 또는 상호를 사용하도록 하지 아니할 것

② 동물생산업자는 제1항에서 규정한 사항 외에 다음 각 호의 사항을 준수하여야 한다.

1. 월령이 12개월 미만인 개·고양이는 교배 또는 출산시키지 아니할 것

2. 약품 등을 사용하여 인위적으로 동물의 발정을 유도하는 행위를 하지 아니할 것

3. 동물의 특성에 따라 정기적으로 예방접종 및 건강관리를 실시하고 기록할 것

③ 동물수입업자는 제1항에서 규정한 사항 외에 다음 각 호의 사항을 준수하여야 한다.

1. 동물을 수입하는 경우 농림축산식품부장관에게 수입의 내역을 신고할 것

2. 수입의 목적으로 신고한 사항과 다른 용도로 동물을 사용하지 아니할 것

④ 동물판매업자(동물생산업자 및 동물수입업자가 동물을 판매하는 경우를 포함한다)는 제1항에서 규정한 사항 외에 다음 각 호의 사항을 준수하여야 한다.

1. 월령이 2개월 미만인 개·고양이를 판매(알선 또는 중개를 포함한다)하지 아니할 것

2. 동물을 판매 또는 전달을 하는 경우 직접 전달하거나 동물운송업자를 통하여 전달할 것

⑤ 동물장묘업자는 제1항에서 규정한 사항 외에 다음 각 호의 사항을 준수하여야 한다.〈개정 2023. 6. 20.〉

1. 살아있는 동물을 처리(마취 등을 통하여 동물의 고통을 최소화하는 인도적인 방법으로 처리하는 것을 포함한다)하지 아니할 것

2. 등록대상동물의 사체를 처리한 경우 농림축산식품부령으로 정하는 바에 따라 특별자치시장·특별자치도지사·시장·군수·구청장에게 신고할 것

3. 자신의 영업장에 있는 동물장묘시설을 다른 자에게 대여하지 아니할 것

⑥ 제1항부터 제5항까지의 규정에 따른 영업자의 준수사항에 관한 구체적인 사항 및 그 밖에 동물의 보호와 공중위생상의 위해 방지를 위하여 **영업자가 준수하여야 할 사항은 농림축산식품부령으로 정한다.**

제79조(등록대상동물의 판매에 따른 등록신청)

① 동물생산업자, 동물수입업자 및 동물판매업자는 등록대상동물을 판매하는 경우에 구매자(영업자를 제외한다)에게 동물등록의 방법을 설명하고 구매자의 명의로 특별자치시장·특별자치도지사·시장·군수·구청장에게 동물등록을 신청한 후 판매하여야 한다.

② 제1항에 따른 등록대상동물의 등록신청에 대해서는 제15조를 준용한다.

제80조(거래내역의 신고)

① 동물생산업자, 동물수입업자 및 동물판매업자가 **등록대상동물을 취급하는 경우에는 그 거래내역을** 농림축산식품부령으로 정하는 바에 따라 특별자치시장·특별자치도지사· 시장·군수·구청장에게 **신고하여야 한다.**

② 농림축산식품부장관은 제1항에 따른 등록대상동물의 거래내역을 제95조제2항에 따른 **국가동물보호정보시스템33)으로** 신고하게 할 수 있다.

제81조(표준계약서의 제정·보급)

① 농림축산식품부장관은 동물보호 및 동물영업의 건전한 거래질서 확립을 위하여 공정거래위원회와 협의하여 **표준계약서를 제정 또는 개정하고 영업자에게 이를 사용하도록 권고할** 수 있다.

② 농림축산식품부장관은 제1항에 따른 표준계약서에 관한 업무를 대통령령으로 정하는 기관에 위탁할 수 있다.

③ 제1항에 따른 표준계약서의 구체적인 사항은 농림축산식품부령으로 정한다.

제82조(교육)

① 제69조제1항에 따른 허가를 받거나 제73조제1항에 따른 등록을 하려는 자는 허가를 **받거나 등록을 하기 전에 동물의 보호 및 공중위생상의 위해 방지 등에 관한 교육을 받아야 한다.**

② 영업자는 **정기적으로** 제1항에 따른 **교육을 받아야 한다.**

③ 제83조제1항에 따른 영업정지처분을 받은 영업자는 제2항의 정기 교육 외에 동물의 보호 및 영업자 준수사항 등에 관한 추가교육을 받아야 한다.

④ 제1항부터 제3항까지의 규정에 따라 **교육을 받아야 하는 영업자로서 교육을 받지 아니한 자는 그 영업을 하여서는 아니 된다.**

⑤ 제1항 또는 제2항에 따라 교육을 받아야 하는 영업자가 영업에 직접 종사하지 아니하거나 두 곳 이상의 장소에서 영업을 하는 경우에는 종사자 중에서 **책임자를 지정하여 영업자 대신 교육을 받게 할 수 있다.**

⑥ 제1항부터 제3항까지의 규정에 따른 교육의 종류, 내용, 시기, 이수방법 등에 관하여는 **농림축산식품부령34)으로** 정한다.

---

33) 국가동물보호정보시스템(www.animal.go.kr)

제83조(허가 또는 등록의 취소 등)

① 특별자치시장·특별자치도지사·시장·군수·구청장은 영업자가 다음 각 호의 어느 하나에 해당하는 경우에는 농림축산식품부령으로 정하는 바에 따라 그 **허가 또는 등록을 취소하거나 6개월 이내의 기간을 정하여 그 영업의 전부 또는 일부의 정지를 명할 수 있다.** 다만, 제1호, 제7호 또는 제8호에 해당하는 경우에는 허가 또는 등록을 취소하여야 한다.

1. **거짓이나 그 밖의 부정한 방법으로 허가를 받거나 등록을 한 것이 판명된 경우**
2. 제10조제1항부터 제4항까지의 규정을 위반한 경우
3. 허가를 받은 날 또는 등록을 한 날부터 1년이 지나도록 영업을 개시하지 아니한 경우
4. 제69조제1항 또는 제73조제1항에 따른 **허가 또는 등록 사항과 다른 방식으로 영업을 한 경우**
5. 제69조제4항 또는 제73조제4항에 따른 **변경허가를 받거나 변경등록을 하지 아니한 경우**
6. 제69조제3항 또는 제73조제3항에 따른 **시설 및 인력 기준에 미달하게 된 경우**
7. 제72조에 따라 **설치가 금지된 곳에 동물장묘시설을 설치한 경우**
8. **제74조 각 호의 어느 하나에 해당하게 된 경우**
9. 제78조에 따른 준수사항을 지키지 아니한 경우

② 특별자치시장·특별자치도지사·시장·군수·구청장은 제1항에 따라 **영업의 허가 또는 등록을 취소하거나 영업의 전부 또는 일부를 정지하는 경우에는 해당 영업자에게 보유하고 있는 동물을 양도하게 하는 등 적절한 사육·관리 또는 보호를 위하여 필요한 조치를 명하여야 한다.**

③ 제1항에 따른 처분의 효과는 그 처분기간이 만료된 날부터 1년간 양수인등에게 승계되며, 처분의 절차가 진행 중일 때에는 양수인등에 대하여 처분의 절차를 행할 수 있다. 다만, 양수인등이 양수·상속 또는 합병 시에 그 처분 또는 위반사실을 알지 못하였음을 증명하는 경우에는 그러하지 아니하다.

제84조(과징금의 부과)

① 특별자치시장·특별자치도지사·시장·군수·구청장은 영업자가 제83조제1항제4호부터 제6호까지 또는 제9호의 어느 하나에 해당하여 영업정지처분을 하여야 하는 경우로서 그 영업정지처분이 해당 영업의 동물 또는 이용자에게 곤란을 주거나 공익에 현저한 지장을 줄 우려가 있다고 인정되는 경우에는 **영업정지처분에 갈음하여 1억원 이하의**

---

34) 동물보호법 시행규칙 제51조(영업자 교육)

과징금을 부과할 수 있다.

② 특별자치시장·특별자치도지사·시장·군수·구청장은 제1항에 따른 과징금을 부과받은 자가 납부기한까지 과징금을 내지 아니하면「지방행정제재·부과금의 징수 등에 관한 법률」에 따라 징수한다.

③ 특별자치시장·특별자치도지사·시장·군수·구청장은 제1항에 따른 과징금을 부과하기 위하여 필요한 경우에는 다음 각 호의 사항을 적은 문서로 관할 세무서장에게 과세 정보의 제공을 요청할 수 있다.

1. 납세자의 인적 사항

2. 과세 정보의 사용 목적

3. 과징금 부과기준이 되는 매출금액

④ 제1항에 따른 과징금을 부과하는 위반행위의 종류, 영업의 규모, 위반횟수 등에 따른 과징금의 금액, 그 밖에 필요한 사항은 대통령령으로 정한다.

제85조(영업장의 폐쇄)

① 특별자치시장·특별자치도지사·시장·군수·구청장은 제69조 또는 제73조에 따른 영업이 다음 각 호의 어느 하나에 해당하는 때에는 관계 공무원으로 하여금 농림축산식품부령으로 정하는 바에 따라 해당 영업장을 폐쇄하게 할 수 있다.

1. 제69조제1항에 따른 **허가를 받지 아니하거나** 제73조제1항에 따른 **등록을 하지 아니한 때**

2. 제83조에 따라 **허가 또는 등록이 취소되거나 영업정지명령을 받았음에도 불구하고 계속하여 영업을 한 때**

② 특별자치시장·특별자치도지사·시장·군수·구청장은 제1항에 따라 영업장을 폐쇄하기 위하여 관계 공무원에게 다음 각 호의 조치를 하게 할 수 있다.

1. **해당 영업장의 간판이나 그 밖의 영업표지물의 제거 또는 삭제**

2. **해당 영업장이 적법한 영업장이 아니라는 것을 알리는 게시문 등의 부착**

3. **영업을 위하여 꼭 필요한 시설물 또는 기구 등을 사용할 수 없게 하는 봉인(封印)**

③ 특별자치시장·특별자치도지사·시장·군수·구청장은 제1항 및 제2항에 따른 폐쇄조치를 하려는 때에는 폐쇄조치의 일시·장소 및 관계 공무원의 성명 등을 미리 해당 영업을 하는 영업자 또는 그 대리인에게 서면으로 알려주어야 한다.

④ 특별자치시장·특별자치도지사·시장·군수·구청장은 제1항에 따라 해당 **영업장을 폐쇄하는 경우 해당 영업자에게 보유하고 있는 동물을 양도하게 하는 등 적절한 사육·관리 또는 보호를 위하여 필요한 조치를 명하여야 한다.**

⑤ 제1항에 따른 영업장 폐쇄의 세부적인 기준과 절차는 그 위반행위의 유형과 위반 정

도 등을 고려하여 농림축산식품부령으로 정한다.

제7장 보칙

제86조(출입 · 검사 등)

① 농림축산식품부장관, 시 · 도지사 또는 시장 · 군수 · 구청장은 동물의 보호 및 공중위생상의 위해 방지 등을 위하여 필요하면 동물의 소유자등에 대하여 다음 각 호의 조치를 할 수 있다.

1. 동물 현황 및 관리실태 등 필요한 자료제출의 요구

2. 동물이 있는 장소에 대한 출입 · 검사

3. 동물에 대한 위해 방지 조치의 이행 등 농림축산식품부령으로 정하는 시정명령

② 농림축산식품부장관, 시 · 도지사 또는 시장 · 군수 · 구청장은 동물보호 등과 관련하여 필요하면 다음 각 호의 어느 하나에 해당하는 자에게 필요한 보고를 하도록 명하거나 자료를 제출하게 할 수 있으며, 관계 공무원으로 하여금 해당 시설 등에 출입하여 운영실태를 조사하게 하거나 관계 서류를 검사하게 할 수 있다.

1. 제35조제1항 및 제36조제1항에 따른 동물보호센터의 장

2. 제37조에 따른 보호시설운영자

3. 제51조제1항 및 제2항에 따라 윤리위원회를 설치한 동물실험시행기관의 장

4. 제59조제3항에 따른 동물복지축산농장의 인증을 받은 자

5. 제60조에 따라 지정된 인증기관의 장

6. 제63조제1항에 따라 동물복지축산물의 표시를 한 자

7. 제69조제1항에 따른 영업의 허가를 받은 자 또는 제73조제1항에 따라 영업의 등록을 한 자

③ 특별자치시장 · 특별자치도지사 · 시장 · 군수 · 구청장은 소속 공무원으로 하여금 제2항제2호에 따른 보호시설운영자에 대하여 제37조제4항에 따른 시설기준 · 운영기준 등의 사항 및 동물보호를 위한 시설정비 등의 사후관리와 관련한 사항을 1년에 1회 이상 정기적으로 점검하도록 하고, 필요한 경우 수시로 점검하게 할 수 있다.

④ 시 · 도지사와 시장 · 군수 · 구청장은 소속 공무원으로 하여금 제2항제7호에 따른 영업자에 대하여 다음 각 호의 구분에 따라 1년에 1회 이상 정기적으로 점검하도록 하고, 필요한 경우 수시로 점검하게 할 수 있다.

1. 시 · 도지사: 제70조제4항에 따른 시설 및 인력 기준의 준수 여부

2. 특별자치시장 · 특별자치도지사 · 시장 · 군수 · 구청장: 제69조제3항 및 제73조제3항

에 따른 시설 및 인력 기준의 준수 여부와 제78조에 따른 준수사항의 이행 여부

⑤ 시·도지사는 제3항 및 제4항에 따른 점검 결과(관할 시·군·구의 점검 결과를 포함한다)를 다음 연도 1월 31일까지 농림축산식품부장관에게 보고하여야 한다.

⑥ 농림축산식품부장관, 시·도지사 또는 시장·군수·구청장이 제1항제2호 및 제2항 각 호에 따른 출입·검사 또는 제3항 및 제4항에 따른 점검(이하 "출입·검사등"이라 한다)을 할 때에는 출입·검사등의 시작 7일 전까지 대상자에게 다음 각 호의 사항이 포함된 출입·검사등 계획을 통지하여야 한다. 다만, 출입·검사등 계획을 미리 통지할 경우 그 목적을 달성할 수 없다고 인정하는 경우에는 출입·검사등을 착수할 때에 통지할 수 있다.

1. 출입·검사등의 목적

2. 출입·검사등의 기간 및 장소

3. 관계 공무원의 성명과 직위

4. 출입·검사등의 범위 및 내용

5. 제출할 자료

⑦ 농림축산식품부장관, 시·도지사 또는 시장·군수·구청장은 제2항부터 제4항까지의 규정에 따른 출입·검사등의 결과에 따라 필요한 시정을 명하는 등의 조치를 할 수 있다.

제87조(고정형 영상정보처리기기의 설치 등)

① 다음 각 호의 어느 하나에 해당하는 자는 동물학대 방지 등을 위하여 「개인정보 보호법」 제2조제7호에 따른 고정형 영상정보처리기기를 설치하여야 한다.〈개정 2023. 3. 14.〉

1. 제35조제1항 또는 제36조제1항에 따른 동물보호센터의 장

2. 제37조에 따른 보호시설운영자

3. 제63조제1항제1호다목에 따른 도축장 운영자

4. 제69조제1항에 따른 영업의 허가를 받은 자 또는 제73조제1항에 따라 영업의 등록을 한 자

② 제1항에 따른 고정형 영상정보처리기기의 설치 대상, 장소 및 기준 등에 필요한 사항은 대통령령으로 정한다.〈개정 2023. 3. 14.〉

③ 제1항에 따라 고정형 영상정보처리기기를 설치·관리하는 자는 동물보호센터·보호시설·영업장의 종사자, 이용자 등 정보주체의 인권이 침해되지 아니하도록 다음 각 호의 사항을 준수하여야 한다.〈개정 2023. 3. 14.〉

1. 설치 목적과 다른 목적으로 고정형 영상정보처리기기를 임의로 조작하거나 다른 곳을 비추지 아니할 것

2. 녹음기능을 사용하지 아니할 것

④ 제1항에 따라 고정형 영상정보처리기기를 설치·관리하는 자는 다음 각 호의 어느 하나에 해당하는 경우 외에는 **고정형 영상정보처리기기로 촬영한 영상기록을 다른 사람에게 제공하여서는 아니 된다.**〈개정 2023. 3. 14.〉

1. 소유자등이 자기 동물의 안전을 확인하기 위하여 요청하는 경우
2. 「개인정보 보호법」 제2호제6호가목에 따른 공공기관이 제86조 등 법령에서 정하는 동물보호 업무 수행을 위하여 요청하는 경우
3. 범죄의 수사와 공소의 제기 및 유지, 법원의 재판업무 수행을 위하여 필요한 경우

⑤ 이 법에서 정하는 사항 외에 고정형 영상정보처리기기의 설치, 운영 및 관리 등에 관한 사항은 「개인정보 보호법」에 따른다.〈개정 2023. 3. 14.〉

[제목개정 2023. 3. 14.]

제88조(동물보호관)

① 농림축산식품부장관(대통령령으로 정하는 소속 기관의 장을 포함한다), 시·도지사 및 시장·군수·구청장은 동물의 학대 방지 등 **동물보호에 관한 사무를 처리하기 위하여 소속 공무원 중에서 동물보호관을 지정하여야 한다.**

② 제1항에 따른 동물보호관(이하 "동물보호관"이라 한다)의 자격, 임명, 직무 범위 등에 관한 사항은 대통령령으로 정한다.

③ 동물보호관이 제2항에 따른 직무를 수행할 때에는 농림축산식품부령으로 정하는 증표를 지니고 이를 관계인에게 보여주어야 한다.

④ **누구든지 동물의 특성에 따른 출산, 질병 치료 등 부득이한 사유가 있는 경우를 제외하고는 제2항에 따른 동물보호관의 직무 수행을 거부·방해 또는 기피하여서는 아니 된다.**

제89조(학대행위자에 대한 상담·교육 등의 권고)

동물보호관은 학대행위자에 대하여 상담·교육 또는 심리치료 등 필요한 지원을 받을 것을 권고할 수 있다.

제90조(명예동물보호관)

① **농림축산식품부장관, 시·도지사 및 시장·군수·구청장은 동물의 학대 방지 등 동물보호를 위한 지도·계몽 등을 위하여 명예동물보호관을 위촉할 수 있다.**

② 제10조를 위반하여 제97조에 따라 형을 선고받고 그 형이 확정된 사람은 제1항에 따른 명예동물보호관(이하 "명예동물보호관"이라 한다)이 될 수 없다.

③ 명예동물보호관의 자격, 위촉, 해촉, 직무, 활동 범위와 수당의 지급 등에 관한 사항은 대통령령으로 정한다.

④ 명예동물보호관은 제3항에 따른 직무를 수행할 때에는 부정한 행위를 하거나 권한을 남용하여서는 아니 된다.

⑤ 명예동물보호관이 그 직무를 수행하는 경우에는 신분을 표시하는 증표를 지니고 이를 관계인에게 보여주어야 한다.

제91조(수수료)

다음 각 호의 어느 하나에 해당하는 자는 농림축산식품부령으로 정하는 바에 따라 수수료를 내야 한다. 다만, 제1호에 해당하는 자에 대하여는 시·도의 조례로 정하는 바에 따라 수수료를 감면할 수 있다.

1. 제15조제1항에 따라 등록대상동물을 등록하려는 자
2. 제31조에 따른 자격시험에 응시하려는 자 또는 자격증의 재발급 등을 받으려는 자
3. 제59조제3항, 제5항 또는 제6항에 따라 동물복지축산농장 인증을 받거나 갱신 및 재심사를 받으려는 자
4. 제69조, 제70조 및 제73조에 따라 영업의 허가 또는 변경허가를 받거나, 영업의 등록 또는 변경등록을 하거나, 변경신고를 하려는 자

제92조(청문)

농림축산식품부장관, 시·도지사 또는 시장·군수·구청장은 다음 각 호의 어느 하나에 해당하는 처분을 하려면 청문을 하여야 한다.

1. 제20조제1항에 따른 맹견사육허가의 철회
2. 제32조제2항에 따른 반려동물행동지도사의 자격취소
3. 제36조제4항에 따른 동물보호센터의 지정취소
4. 제38조제2항에 따른 보호시설의 시설폐쇄
5. 제61조제1항에 따른 인증기관의 지정취소
6. 제65조제1항에 따른 동물복지축산농장의 인증취소
7. 제83조제1항에 따른 영업허가 또는 영업등록의 취소

제93조(권한의 위임·위탁)

① 농림축산식품부장관은 대통령령으로 정하는 바에 따라 이 법에 따른 권한의 일부를 소속기관의 장 또는 시·도지사에게 위임할 수 있다.

② 농림축산식품부장관은 대통령령으로 정하는 바에 따라 이 법에 따른 업무 및 동물복지 진흥에 관한 업무의 일부를 농림축산 또는 동물보호 관련 업무를 수행하는 기관·법인·단체의 장에게 위탁할 수 있다.

③ 농림축산식품부장관은 제1항에 따라 위임한 업무 및 제2항에 따라 위탁한 업무에 관하여 필요하다고 인정하면 업무처리지침을 정하여 통보하거나 그 업무처리를 지도·감독할 수 있다.

④ 제2항에 따라 위탁받은 이 법에 따른 업무를 수행하는 기관·법인·단체의 임원 및 직원은 「형법」 제129조부터 제132조까지의 규정을 적용할 때에는 공무원으로 본다.

⑤ 농림축산식품부장관은 제2항에 따라 업무를 위탁한 기관에 필요한 비용의 전부 또는 일부를 예산의 범위에서 출연 또는 보조할 수 있다.

제94조(실태조사 및 정보의 공개)

① 농림축산식품부장관은 다음 각 호의 정보와 자료를 수집·조사·분석하고 그 결과를 해마다 정기적으로 공표하여야 한다. 다만, 제2호에 해당하는 사항에 관하여는 해당 동물을 관리하는 중앙행정기관의 장 및 관련 기관의 장과 협의하여 결과공표 여부를 정할 수 있다.〈개정 2024. 1. 2.〉

1. 제6조제1항의 동물복지종합계획 수립을 위한 동물의 보호·복지 실태에 관한 사항
2. 제2조제6호에 따른 봉사동물 중 국가소유 봉사동물의 마릿수 및 해당 봉사동물의 관리 등에 관한 사항
3. 제15조에 따른 등록대상동물의 등록에 관한 사항
4. 제34조부터 제36조까지 및 제39조부터 제46조까지의 규정에 따른 동물보호센터와 유실·유기동물 등의 치료·보호 등에 관한 사항
5. 제37조에 따른 보호시설의 운영실태에 관한 사항
5의2. 제47조제5항에 따른 동물의 기증 및 분양 현황 등 실험동물의 사후관리 실태에 관한 사항
6. 제51조부터 제56조까지, 제58조의 규정에 따른 윤리위원회의 운영 및 동물실험 실태, 지도·감독 등에 관한 사항
7. 제59조에 따른 동물복지축산농장 인증현황 등에 관한 사항
8. 제69조 및 제73조에 따른 영업의 허가 및 등록과 운영실태에 관한 사항
9. 제86조제4항에 따른 영업자에 대한 정기점검에 관한 사항
10. 그 밖에 동물의 보호·복지 실태와 관련된 사항

② 농림축산식품부장관은 제1항 각 호에 따른 업무를 효율적으로 추진하기 위하여 실태조사를 실시할 수 있으며, 실태조사를 위하여 필요한 경우 관계 중앙행정기관의 장, 지방자치단체의 장, 공공기관(「공공기관의 운영에 관한 법률」 제4조에 따른 공공기관을 말한다. 이하 같다)의 장, 관련 기관 및 단체, 동물의 소유자등에게 필요한 자료 및 정보의 제공을 요청할 수 있다. 이 경우 자료 및 정보의 제공을 요청받은 자는 정당한

사유가 없는 한 자료 및 정보를 제공하여야 한다.

③ 제2항에 따른 실태조사(현장조사를 포함한다)의 범위, 방법, 그 밖에 필요한 사항은 대통령령으로 정한다.

④ 시·도지사, 시장·군수·구청장, 동물실험시행기관의 장 또는 인증기관은 제1항 각 호의 실적을 다음 연도 1월 31일까지 농림축산식품부장관(대통령령으로 정하는 그 소속 기관의 장을 포함한다)에게 보고하여야 한다.

제95조(동물보호정보의 수집 및 활용)

① 농림축산식품부장관은 동물의 생명보호, 안전 보장 및 복지 증진과 건전하고 책임 있는 사육문화를 조성하기 위하여 다음 각 호의 정보(이하 "동물보호정보"라 한다)를 수집하여 체계적으로 관리하여야 한다.

1. 제17조에 따라 맹견수입신고를 한 자 및 신고한 자가 소유한 맹견에 대한 정보

2. 제18조 및 제20조에 따라 맹견사육허가·허가철회를 받은 사람 및 허가받은 사람이 소유한 맹견에 대한 정보

3. 제18조제3항 및 제24조에 따라 기질평가를 받은 동물과 그 소유자에 대한 정보

4. 제69조 및 제70조에 따른 영업의 허가 및 제73조에 따른 영업의 등록에 관한 사항 (영업의 허가 및 등록 번호, 업체명, 전화번호, 소재지 등을 포함한다)

5. 제94조제1항 각 호의 정보

6. 그 밖에 동물보호에 관한 정보로서 농림축산식품부장관이 수집·관리할 필요가 있다고 인정하는 정보

② **농림축산식품부장관은 동물보호정보를 체계적으로 관리하고 통합적으로 분석하기 위하여 국가동물보호정보시스템을 구축·운영하여야 한다.**

③ 농림축산식품부장관은 동물보호정보의 수집을 위하여 관계 중앙행정기관의 장, 시·도지사 또는 시장·군수·구청장, 경찰관서의 장 등에게 필요한 자료를 요청할 수 있다. 이 경우 관계 중앙행정기관의 장, 시·도지사 또는 시장·군수·구청장, 경찰관서의 장 등은 정당한 사유가 없으면 요청에 응하여야 한다.

④ 시·도지사 및 시장·군수·구청장은 **동물의 보호 또는 동물학대 발생 방지를 위하여 필요한 경우 국가동물보호정보시스템에 등록된 관련 정보를 농림축산식품부장관에게 요청할 수 있다.** 이 경우 정보활용의 목적과 필요한 정보의 범위를 구체적으로 기재하여 요청하여야 한다.

⑤ 제4항에 따른 정보를 취득한 사람은 같은 항 후단의 요청 목적 외로 해당 정보를 사용하거나 다른 사람에게 정보를 제공 또는 누설하여서는 아니 된다.

⑥ 농림축산식품부장관은 대통령령으로 정하는 바에 따라 제1항제4호의 정보 중 **영업의**

허가 및 등록 번호, 업체명, 전화번호, 소재지 등을 공개하여야 한다.

⑦ 제1항부터 제6항까지에서 규정한 사항 외에 동물보호정보 등의 수집·관리·공개 및 정보의 요청 방법, 국가동물보호정보시스템의 구축·활용 등에 필요한 사항은 대통령령으로 정한다.

제96조(위반사실의 공표)

① 시·도지사 또는 시장·군수·구청장은 제36조제4항 또는 제38조에 따라 **행정처분이 확정된 동물보호센터 또는 보호시설에 대하여 위반행위, 해당 기관·단체 또는 시설의 명칭, 대표자 성명 등 대통령령으로 정하는 사항을 공표할 수 있다.**

② 특별자치시장·특별자치도지사·시장·군수·구청장은 제83조부터 제85조까지의 규정에 따라 **행정처분이 확정된 영업자에 대하여 위반행위, 해당 영업장의 명칭, 대표자 성명 등 대통령령으로 정하는 사항을 공표할 수 있다.**

③ 제1항 및 제2항에 따른 공표 여부를 결정할 때에는 위반행위의 동기, 정도, 횟수 및 결과 등을 고려하여야 한다.

④ 시·도지사 또는 시장·군수·구청장은 제1항 및 제2항에 따른 공표를 실시하기 전에 공표대상자에게 그 사실을 통지하여 **소명자료를 제출하거나 출석하여 의견진술을 할 수 있는 기회를 부여하여야 한다.**

⑤ 제1항 및 제2항에 따른 공표의 절차·방법, 그 밖에 필요한 사항은 대통령령으로 정한다.

제8장 벌칙

제97조(벌칙)

① **다음 각 호의 어느 하나에 해당하는 자는 3년 이하의 징역 또는 3천만원 이하의 벌금에 처한다.**

1. 제10조제1항 각 호의 어느 하나를 위반한 자

2. 제10조제3항제2호 또는 같은 조 제4항제3호를 위반한 자

3. **제16조제1항 또는 같은 조 제2항제1호를 위반하여 사람을 사망에 이르게 한 자**

4. **제21조제1항 각 호를 위반하여 사람을 사망에 이르게 한 자**

② **다음 각 호의 어느 하나에 해당하는 자는 2년 이하의 징역 또는 2천만원 이하의 벌금에 처한다.**

1. 제10조제2항 또는 같은 조 제3항제1호·제3호·제4호의 어느 하나를 위반한 자

2. 제10조제4항제1호를 위반하여 맹견을 유기한 소유자등

3. 제10조제4항제2호를 위반한 소유자등

4. 제16조제1항 또는 같은 조 제2항제1호를 위반하여 사람의 신체를 상해에 이르게 한 자

5. 제21조제1항 각 호의 어느 하나를 위반하여 사람의 신체를 상해에 이르게 한 자

6. 제67조제1항제1호를 위반하여 거짓이나 그 밖의 부정한 방법으로 인증농장 인증을 받은 자

7. 제67조제1항제2호를 위반하여 인증을 받지 아니한 축산농장을 인증농장으로 표시한 자

8. 제67조제1항제3호를 위반하여 거짓이나 그 밖의 부정한 방법으로 인증심사·재심사 및 인증갱신을 하거나 받을 수 있도록 도와주는 행위를 한 자

9. 제69조제1항 또는 같은 조 제4항을 위반하여 허가 또는 변경허가를 받지 아니하고 영업을 한 자

10. 거짓이나 그 밖의 부정한 방법으로 제69조제1항에 따른 허가 또는 같은 조 제4항에 따른 변경허가를 받은 자

11. 제70조제1항을 위반하여 맹견취급허가 또는 변경허가를 받지 아니하고 맹견을 취급하는 영업을 한 자

12. 거짓이나 그 밖의 부정한 방법으로 제70조제1항에 따른 맹견취급허가 또는 변경허가를 받은 자

13. 제72조를 위반하여 설치가 금지된 곳에 동물장묘시설을 설치한 자

14. 제85조제1항에 따른 영업장 폐쇄조치를 위반하여 영업을 계속한 자

③ 다음 각 호의 어느 하나에 해당하는 자는 1년 이하의 징역 또는 1천만원 이하의 벌금에 처한다.〈개정 2023. 3. 14., 2023. 6. 20.〉

1. 제18조제1항을 위반하여 맹견사육허가를 받지 아니한 자

2. 제33조제1항을 위반하여 반려동물행동지도사의 명칭을 사용한 자

3. 제33조제2항을 위반하여 다른 사람에게 반려동물행동지도사의 명의를 사용하게 하거나 그 자격증을 대여한 자 또는 반려동물행동지도사의 명의를 사용하거나 그 자격증을 대여받은 자

4. 제33조제3항을 위반한 자

5. 제73조제1항 또는 같은 조 제4항을 위반하여 등록 또는 변경등록을 하지 아니하고 영업을 한 자

6. 거짓이나 그 밖의 부정한 방법으로 제73조제1항에 따른 등록 또는 같은 조 제4항에 따른 변경등록을 한 자

7. 제78조제1항제11호를 위반하여 다른 사람의 영업명의를 도용하거나 대여받은 자 또는 다른 사람에게 자기의 영업명의나 상호를 사용하게 한 영업자

7의2. 제78조제5항제3호를 위반하여 자신의 영업장에 있는 동물장묘시설을 다른 자에게 대여한 영업자

8. 제83조를 위반하여 영업정지 기간에 영업을 한 자

9. 제87조제3항을 위반하여 설치 목적과 다른 목적으로 고정형 영상정보처리기기를 임의로 조작하거나 다른 곳을 비춘 자 또는 녹음기능을 사용한 자

10. 제87조제4항을 위반하여 영상기록을 목적 외의 용도로 다른 사람에게 제공한 자

④ 다음 각 호의 어느 하나에 해당하는 자는 500만원 이하의 벌금에 처한다.

1. 제29조제1항을 위반하여 업무상 알게 된 비밀을 누설한 기질평가위원회의 위원 또는 위원이었던 자

2. 제37조제1항에 따른 신고를 하지 아니하고 보호시설을 운영한 자

3. 제38조제2항에 따른 폐쇄명령에 따르지 아니한 자

4. 제54조제3항을 위반하여 비밀을 누설하거나 도용한 윤리위원회의 위원 또는 위원이었던 자(제52조제3항에서 준용하는 경우를 포함한다)

5. 제78조제2항제1호를 위반하여 월령이 12개월 미만인 개·고양이를 교배 또는 출산시킨 영업자

6. 제78조제2항제2호를 위반하여 동물의 발정을 유도한 영업자

7. 제78조제5항제1호를 위반하여 살아있는 동물을 처리한 영업자

8. 제95조제5항을 위반하여 요청 목적 외로 정보를 사용하거나 다른 사람에게 정보를 제공 또는 누설한 자

⑤ 다음 각 호의 어느 하나에 해당하는 자는 300만원 이하의 벌금에 처한다.

1. 제10조제4항제1호를 위반하여 동물을 유기한 소유자등(맹견을 유기한 경우는 제외한다)

2. 제10조제5항제1호를 위반하여 사진 또는 영상물을 판매·전시·전달·상영하거나 인터넷에 게재한 자

3. 제10조제5항제2호를 위반하여 도박을 목적으로 동물을 이용한 자 또는 동물을 이용하는 도박을 행할 목적으로 광고·선전한 자

4. 제10조제5항제3호를 위반하여 도박·시합·복권·오락·유흥·광고 등의 상이나 경품으로 동물을 제공한 자

5. 제10조제5항제4호를 위반하여 영리를 목적으로 동물을 대여한 자

6. 제18조제4항 후단에 따른 인도적인 방법에 의한 처리 명령에 따르지 아니한 맹견의 소유자

7. 제20조제2항에 따른 인도적인 방법에 의한 처리 명령에 따르지 아니한 맹견의 소유자

8. 제24조제1항에 따른 기질평가 명령에 따르지 아니한 맹견 아닌 개의 소유자

9. 제46조제2항을 위반하여 수의사에 의하지 아니하고 동물의 인도적인 처리를 한 자

10. 제49조를 위반하여 동물실험을 한 자

11. 제78조제4항제1호를 위반하여 월령이 2개월 미만인 개·고양이를 판매(알선 또는 중

개를 포함한다)한 영업자

12. 제85조제2항에 따른 게시문 등 또는 봉인을 제거하거나 손상시킨 자

⑥ 상습적으로 제1항부터 제5항까지의 죄를 지은 자는 그 죄에 정한 형의 2분의 1까지 가중한다.

제98조(벌칙)

제100조제1항에 따라 **이수명령을 부과받은 사람이** 보호관찰소의 장 또는 교정시설의 장의 이수명령 이행에 관한 지시에 따르지 아니하여 「보호관찰 등에 관한 법률」 또는 「형의 집행 및 수용자의 처우에 관한 법률」에 따른 경고를 받은 후 재차 정당한 사유 없이 이수명령 이행에 관한 지시를 따르지 아니한 경우에는 다음 각 호에 따른다.

1. 벌금형과 병과된 경우에는 500만원 **이하의 벌금**에 처한다.
2. 징역형 이상의 실형과 병과된 경우에는 **1년 이하의 징역 또는 1천만원 이하의 벌금**에 처한다.

제99조(양벌규정)

법인의 대표자나 법인 또는 개인의 대리인, 사용인, 그 밖의 종업원이 그 법인 또는 개인의 업무에 관하여 제97조에 따른 위반행위를 하면 **그 행위자를 벌하는 외에 그 법인 또는 개인에게도 해당 조문의 벌금형을 과한다.** 다만, 법인 또는 개인이 그 위반행위를 방지하기 위하여 해당 업무에 관하여 상당한 주의와 감독을 게을리하지 아니한 경우에는 그러하지 아니하다.

제100조(형벌과 수강명령 등의 병과)

① 법원은 제97조제1항제1호부터 제4호까지 및 같은 조 제2항제1호부터 제5호까지의 죄를 지은 자(이하 이 조에서 **"동물학대행위자등"**이라 한다)에게 유죄판결(선고유예는 제외한다)을 선고하면서 200시간의 **범위에서 재범예방에 필요한 수강명령**(「보호관찰 등에 관한 법률」에 따른 수강명령을 말한다. 이하 같다) 또는 **치료프로그램의 이수명령**(이하 "이수명령"이라 한다)을 병과할 수 있다.〈개정 2023. 6. 20.〉

② 동물학대행위자등에게 부과하는 수강명령은 형의 집행을 유예할 경우에는 그 집행유예기간 내에서 병과하고, 이수명령은 벌금형 또는 징역형의 실형을 선고할 경우에 병과한다.〈개정 2023. 6. 20.〉

③ 법원이 동물학대행위자등에 대하여 형의 집행을 유예하는 경우에는 제1항에 따른 **수강명령 외에 그 집행유예기간 내에서 보호관찰 또는 사회봉사 중 하나 이상의 처분을 병과할 수 있다.**〈개정 2023. 6. 20.〉

④ 제1항에 따른 수강명령 또는 이수명령은 형의 집행을 유예할 경우에는 그 집행유예기

간 내에, 벌금형을 선고할 경우에는 **형 확정일부터 6개월 이내에, 징역형의 실형을 선고할 경우에는 형기 내에 각각 집행한다.**

⑤ 제1항에 따른 수강명령 또는 이수명령이 벌금형 또는 형의 집행유예와 병과된 경우에는 보호관찰소의 장이 집행하고, 징역형의 실형과 병과된 경우에는 교정시설의 장이 집행한다. 다만, 징역형의 실형과 병과된 이수명령을 모두 이행하기 전에 석방 또는 가석방되거나 미결구금일수 산입 등의 사유로 형을 집행할 수 없게 된 경우에는 보호관찰소의 장이 남은 이수명령을 집행한다.

⑥ 제1항에 따른 **수강명령 또는 이수명령의 내용**은 다음 각 호의 구분에 따른다.〈개정 2023. 6. 20.〉

  1. 제97조제1항제1호·제2호 및 같은 조 제2항제1호부터 제3호까지의 죄를 지은 자

    가. 동물학대 행동의 진단·상담

    나. 소유자등으로서의 기본 소양을 갖추게 하기 위한 교육

    다. 그 밖에 동물학대행위자의 재범 예방을 위하여 필요한 사항

  2. 제97조제1항제3호·제4호 및 같은 조 제2항제4호·제5호의 죄를 지은 자

    가. 등록대상동물, 맹견 등의 안전한 사육 및 관리에 관한 사항

    나. 그 밖에 개물림 관련 재범 예방을 위하여 필요한 사항

  3. 삭제〈2023. 6. 20.〉

⑦ 형벌과 병과하는 수강명령 및 이수명령에 관하여 이 법에서 규정한 사항 외에는 「보호관찰 등에 관한 법률」을 준용한다.

제101조(과태료)

① **다음 각 호의 어느 하나에 해당하는 자에게는 500만원 이하의 과태료를 부과한다.**

  1. 제51조제1항을 위반하여 윤리위원회를 설치·운영하지 아니한 동물실험시행기관의 장

  2. 제51조제3항을 위반하여 윤리위원회의 심의를 거치지 아니하고 동물실험을 한 동물실험시행기관의 장

  3. 제51조제4항을 위반하여 윤리위원회의 변경심의를 거치지 아니하고 동물실험을 한 동물실험시행기관의 장(제52조제3항에서 준용하는 경우를 포함한다)

  4. 제55조제1항을 위반하여 심의 후 감독을 요청하지 아니한 경우 해당 동물실험시행기관의 장(제52조제3항에서 준용하는 경우를 포함한다)

  5. 제55조제3항을 위반하여 정당한 사유 없이 실험 중지 요구를 따르지 아니하고 동물실험을 한 동물실험시행기관의 장(제52조제3항에서 준용하는 경우를 포함한다)

  6. 제55조제4항을 위반하여 윤리위원회의 심의 또는 변경심의를 받지 아니하고 동물실험을 재개한 동물실험시행기관의 장(제52조제3항에서 준용하는 경우를 포함한다)

7. 제58조제2항을 위반하여 개선명령을 이행하지 아니한 동물실험시행기관의 장

8. 제67조제1항제4호가목을 위반하여 동물복지축산물 표시를 한 자

9. 제78조제1항제7호를 위반하여 영업별 시설 및 인력 기준을 준수하지 아니한 영업자

② **다음 각 호의 어느 하나에 해당하는 자에게는 300만원 이하의 과태료를 부과한다.**

1. 제17조제1항을 위반하여 맹견수입신고를 하지 아니한 자

2. 제21조제1항 각 호를 위반한 맹견의 소유자등

3. 제21조제3항을 위반하여 맹견의 안전한 사육 및 관리에 관한 교육을 받지 아니한 자

4. 제22조를 위반하여 맹견을 출입하게 한 소유자등

5. 제23조제1항을 위반하여 보험에 가입하지 아니한 소유자

6. 제24조제5항에 따른 교육이수명령 또는 개의 훈련 명령에 따르지 아니한 소유자

7. 제37조제4항을 위반하여 시설 및 운영 기준 등을 준수하지 아니하거나 시설정비 등의 사후관리를 하지 아니한 자

8. 제37조제5항에 따른 신고를 하지 아니하고 보호시설의 운영을 중단하거나 보호시설을 폐쇄한 자

9. 제38조제1항에 따른 중지명령이나 시정명령을 3회 이상 반복하여 이행하지 아니한 자

10. 제48조제1항을 위반하여 전임수의사를 두지 아니한 동물실험시행기관의 장

11. 제67조제1항제4호나목 또는 다목을 위반하여 동물복지축산물 표시를 한 자

12. 제70조제3항을 위반하여 맹견 취급의 사실을 신고하지 아니한 영업자

13. 제76조제1항을 위반하여 휴업·폐업 또는 재개업의 신고를 하지 아니한 영업자

14. 제76조제2항을 위반하여 동물처리계획서를 제출하지 아니하거나 같은 조 제3항에 따른 처리결과를 보고하지 아니한 영업자

15. 제78조제1항제3호를 위반하여 노화나 질병이 있는 동물을 유기하거나 폐기할 목적으로 거래한 영업자

16. 제78조제1항제4호를 위반하여 동물의 번식, 반입·반출 등의 기록, 관리 및 보관을 하지 아니한 영업자

17. 제78조제1항제5호를 위반하여 영업허가번호 또는 영업등록번호를 명시하지 아니하고 거래금액을 표시한 영업자

18. 제78조제3항제1호를 위반하여 수입신고를 하지 아니하거나 거짓이나 그 밖의 부정한 방법으로 수입신고를 한 영업자

③ **다음 각 호의 어느 하나에 해당하는 자에게는 100만원 이하의 과태료를 부과한다.**

1. 제11조제1항제4호 또는 제5호를 위반하여 동물을 운송한 자

2. 제11조제1항을 위반하여 제69조제1항의 동물을 운송한 자

3. 제12조를 위반하여 반려동물을 전달한 자

4. 제15조제1항을 위반하여 등록대상동물을 등록하지 아니한 소유자

5. 제27조제4항을 위반하여 정당한 사유 없이 출석, 자료제출요구 또는 기질평가와 관련한 조사를 거부한 자

6. 제36조제6항에 따라 준용되는 제35조제5항을 위반하여 교육을 받지 아니한 동물보호센터의 장 및 그 종사자

7. 제37조제2항에 따른 변경신고를 하지 아니하거나 같은 조 제5항에 따른 운영재개 신고를 하지 아니한 자

8. 제50조를 위반하여 미성년자에게 동물 해부실습을 하게 한 자

9. 제57조제1항을 위반하여 교육을 이수하지 아니한 윤리위원회의 위원

10. 정당한 사유 없이 제66조제3항에 따른 조사를 거부·방해하거나 기피한 자

11. 제68조제2항을 위반하여 인증을 받은 자의 지위를 승계하고 그 사실을 신고하지 아니한 자

12. 제69조제4항 단서 또는 제73조제4항 단서를 위반하여 경미한 사항의 변경을 신고하지 아니한 영업자

13. 제75조제3항을 위반하여 영업자의 지위를 승계하고 그 사실을 신고하지 아니한 자

14. 제78조제1항제8호를 위반하여 종사자에게 교육을 실시하지 아니한 영업자

15. 제78조제1항제9호를 위반하여 영업실적을 보고하지 아니한 영업자

16. 제78조제1항제10호를 위반하여 등록대상동물의 등록 및 변경신고의무를 고지하지 아니한 영업자

17. 제78조제3항제2호를 위반하여 신고한 사항과 다른 용도로 동물을 사용한 영업자

18. 제78조제5항제2호를 위반하여 등록대상동물의 사체를 처리한 후 신고하지 아니한 영업자

19. 제78조제6항에 따라 동물의 보호와 공중위생상의 위해 방지를 위하여 농림축산식품부령으로 정하는 준수사항을 지키지 아니한 영업자

20. 제79조를 위반하여 등록대상동물의 등록을 신청하지 아니하고 판매한 영업자

21. 제82조제2항 또는 제3항을 위반하여 교육을 받지 아니하고 영업을 한 영업자

22. 제86조제1항제1호에 따른 자료제출 요구에 응하지 아니하거나 거짓 자료를 제출한 동물의 소유자등

23. 제86조제1항제2호에 따른 출입·검사를 거부·방해 또는 기피한 동물의 소유자등

24. 제86조제2항에 따른 보고·자료제출을 하지 아니하거나 거짓으로 보고·자료제출을 한 자 또는 같은 항에 따른 출입·조사·검사를 거부·방해·기피한 자

25. 제86조제1항제3호 또는 같은 조 제7항에 따른 시정명령 등의 조치에 따르지 아니한 자

26. 제88조제4항을 위반하여 동물보호관의 직무 수행을 거부·방해 또는 기피한 자

④ **다음 각 호의 어느 하나에 해당하는 자에게는 50만원 이하의 과태료를 부과한다.**

1. 제15조제2항을 위반하여 정해진 기간 내에 신고를 하지 아니한 소유자

2. 제15조제3항을 위반하여 소유권을 이전받은 날부터 30일 이내에 신고를 하지 아니한 자

3. 제16조제1항을 위반하여 소유자등 없이 등록대상동물을 기르는 곳에서 벗어나게 한 소유자등

4. 제16조제2항제1호에 따른 안전조치를 하지 아니한 소유자등

5. 제16조제2항제2호를 위반하여 인식표를 부착하지 아니한 소유자등

6. 제16조제2항제3호를 위반하여 배설물을 수거하지 아니한 소유자등

7. 제94조제2항을 위반하여 정당한 사유 없이 자료 및 정보의 제공을 하지 아니한 자

⑤ 제1항부터 제4항까지의 과태료는 대통령령으로 정하는 바에 따라 농림축산식품부장관, 시·도지사 또는 시장·군수·구청장이 부과·징수한다.

부칙〈제19880호, 2024. 1. 2.〉

제1조(시행일)

이 법은 공포 후 1년이 경과한 날부터 시행한다.

제2조(적용례)

제34조제3항의 개정규정은 이 법 시행 이후 제34조제1항제3호에 따른 동물을 구조하는 경우부터 적용한다.

동물보호법 시행령

[시행 2024. 4. 27.] [대통령령 제34452호, 2024. 4. 26., 일부개정]

제1조(목적)
이 영은 「동물보호법」에서 위임된 사항과 그 시행에 필요한 사항을 규정함을 목적으로 한다.

제2조(동물의 범위)
「동물보호법」(이하 "법"이라 한다) 제2조제1호다목에서 "대통령령으로 정하는 동물"이란 **파충류, 양서류 및 어류**를 말한다. 다만, 식용(食用)을 목적으로 하는 것은 제외한다.

제3조(봉사동물의 범위)
법 제2조제6호에서 "대통령령으로 정하는 동물"이란 다음 각 호의 어느 하나에 해당하는 동물을 말한다.
  1. 「장애인복지법」 제40조에 따른 장애인 보조견
  2. 국방부(그 소속 기관을 포함한다)에서 수색·경계·추적·탐지 등을 위해 이용하는 동물
  3. 농림축산식품부(그 소속 기관을 포함한다) 및 관세청(그 소속 기관을 포함한다) 등에서 각종 물질의 탐지 등을 위해 이용하는 동물
  4. 다음 각 목의 기관(그 소속 기관을 포함한다)에서 수색·탐지 등을 위해 이용하는 동물
      가. 국토교통부
      나. 경찰청
      다. 해양경찰청
  5. 소방청(그 소속 기관을 포함한다)에서 효율적인 구조활동을 위해 이용하는 119구조견

제4조(등록대상동물의 범위)
법 제2조제8호에서 "대통령령으로 정하는 동물"이란 다음 각 호의 어느 하나에 해당하는 월령(月齡) 2개월 이상인 개를 말한다.
  1. **「주택법」** 제2조제1호에 따른 **주택** 및 같은 조 제4호에 따른 **준주택에서** 기르는 개
  2. 제1호에 따른 **주택 및 준주택 외의 장소에서** 반려(伴侶) 목적으로 기르는 개

제5조(동물실험시행기관의 범위)
법 제2조제13호에서 "대통령령으로 정하는 법인·단체 또는 기관"이란 다음 각 호의 어느 하나에 해당하는 법인·단체 또는 기관으로서 동물을 이용하여 동물실험을 시행하는 법인·단

체 또는 기관을 말한다.

1. 국가기관

2. 지방자치단체의 기관

3. 「국가연구개발혁신법」 제2조제3호가목부터 바목까지에 따른 연구개발기관

4. 다음 각 목의 어느 하나에 해당하는 법인·단체 또는 기관

　가. 다음의 어느 하나에 해당하는 것의 제조·수입 또는 판매를 업(業)으로 하는 법
　　인·단체 또는 기관

　　1) 「식품위생법」에 따른 식품

　　2) 「건강기능식품에 관한 법률」에 따른 건강기능식품

　　3) 「약사법」에 따른 의약품·의약외품 또는 「첨단재생의료 및 첨단바이오의약
　　　품 안전 및 지원에 관한 법률」에 따른 첨단바이오의약품

　　4) 「의료기기법」에 따른 의료기기 또는 「체외진단의료기기법」에 따른 체외진
　　　단의료기기

　　5) 「화장품법」에 따른 화장품

　　6) 「마약류 관리에 관한 법률」에 따른 마약

　나. 「의료법」에 따른 의료기관

　다. 가목 1)부터 6)까지의 어느 하나에 해당하는 것의 개발, 안전관리 또는 품질관
　　리에 관한 연구업무를 식품의약품안전처장으로부터 위임받거나 위탁받아 수행
　　하는 법인·단체 또는 기관

　라. 가목 1)부터 6)까지의 어느 하나에 해당하는 것의 개발, 안전관리 또는 품질관
　　리를 목적으로 하는 법인·단체 또는 기관

5. 다음 각 목의 어느 하나에 해당하는 것의 개발, 안전관리 또는 품질관리를 목적으
　로 하는 법인·단체 또는 기관

　가. 「사료관리법」에 따른 사료

　나. 「농약관리법」에 따른 농약

6. 「기초연구진흥 및 기술개발지원에 관한 법률」 제14조제1항 각 호에 따른 법인·단
　체 또는 기관

7. 「화학물질의 등록 및 평가 등에 관한 법률」 제22조에 따라 화학물질의 물리적·화
　학적 특성 및 유해성에 관한 시험을 수행하기 위하여 지정된 시험기관

8. 「국제백신연구소 설립에 관한 협정」에 따라 설립된 국제백신연구소

제6조(동물보호 민간단체의 범위)

법 제4조제3항에서 "대통령령으로 정하는 민간단체"란 다음 각 호의 어느 하나에 해당하는

법인 또는 단체를 말한다.

1. 「민법」 제32조에 따라 설립된 법인으로서 동물보호를 목적으로 하는 법인
2. 「비영리민간단체 지원법」 제4조에 따라 등록된 비영리민간단체로서 동물보호를 목적으로 하는 단체

제7조(동물복지위원회의 구성)

① 법 제7조제1항에 따른 동물복지위원회(이하 "위원회"라 한다)의 공동위원장(이하 "공동위원장"이라 한다)은 공동으로 위원회를 대표하며, 위원회의 업무를 총괄한다.

② 공동위원장이 모두 부득이한 사유로 직무를 수행할 수 없을 때에는 농림축산식품부차관인 위원장이 미리 지명한 위원의 순으로 그 직무를 대행한다.

③ 위원회의 위원은 다음 각 호의 사람으로 구성한다.

1. 농림축산식품부, 환경부, 해양수산부 또는 식품의약품안전처 소속 고위공무원단에 속하는 공무원 중에서 각 기관의 장이 지정하는 동물의 보호·복지 관련 직위에 있는 사람으로서 농림축산식품부장관이 임명 또는 위촉하는 사람
2. 법 제7조제3항 각 호에 해당하는 사람 중에서 성별을 고려하여 농림축산식품부장관이 위촉하는 사람

④ 제3항제2호에 따른 위원의 임기는 2년으로 한다.

⑤ 농림축산식품부장관은 제3항제2호에 따른 위원이 다음 각 호의 어느 하나에 해당하는 경우에는 해당 위원을 해촉(解囑)할 수 있다.〈개정 2024. 4. 26.〉

1. 심신쇠약으로 인하여 직무를 수행할 수 없게 된 경우
2. 직무와 관련된 비위사실이 있는 경우
3. 직무태만, 품위손상이나 그 밖의 사유로 위원으로 적합하지 않다고 인정되는 경우
4. 위원 스스로 직무를 수행하는 것이 곤란하다고 의사를 밝히는 경우

제8조(위원회의 운영)

① 위원회의 회의는 공동위원장이 필요하다고 인정하거나 재적위원 3분의 1 이상이 요구하는 경우 공동위원장이 소집한다.

② 위원회의 회의는 재적위원 과반수의 출석으로 개의(開議)하고, 출석위원 과반수의 찬성으로 의결한다.

③ 위원회는 자문 및 심의사항과 관련하여 필요하다고 인정할 때에는 관계인의 의견을 들을 수 있다.

④ 위원회의 사무를 처리하기 위하여 위원회에 간사를 두며, 간사는 농림축산식품부 소속 공무원 중에서 농림축산식품부장관이 지명한다.

⑤ 제1항부터 제4항까지에서 규정한 사항 외에 위원회의 운영 등에 필요한 사항은 위원회의 의결을 거쳐 공동위원장이 정한다.

제9조(분과위원회의 구성 · 운영)

① 위원회는 법 제7조제4항에 따라 동물학대분과위원회, 안전관리분과위원회 등 분과위원회를 둘 수 있다.

② 각 분과위원회는 분과위원회의 위원장 1명을 포함하여 10명 이내의 위원으로 구성한다.

③ 분과위원회의 위원장 및 위원은 위원회의 위원 중에서 공동위원장이 지명한다.

④ 분과위원회 회의는 분과위원회의 위원장이 필요하다고 인정하거나 분과위원회 재적위원 3분의1 이상이 요구하는 경우 분과위원회의 위원장이 소집한다.

⑤ 분과위원회 회의는 재적위원 과반수의 출석으로 개의하고, 출석위원 과반수의 찬성으로 의결한다.

⑥ 분과위원회의 구성 및 운영에 필요한 세부 사항은 위원회의 의결을 거쳐 공동위원장이 정한다.

제10조(등록대상동물의 등록사항 및 방법 등)

① 등록대상동물의 소유자는 법 제15조제1항 본문에 따라 **등록대상동물을 등록하려는 경우에는 해당 동물의 소유권을 취득한 날** 또는 소유한 동물이 제4조 각 호 외의 부분에 따른 **등록대상 월령이 된 날부터 30일 이내**에 농림축산식품부령으로 정하는 동물등록 신청서를 특별자치시장 · 특별자치도지사 · 시장 · 군수 · 구청장에게 제출해야 한다.

② 제1항에 따른 동물등록 신청서를 제출받은 특별자치시장 · 특별자치도지사 · 시장 · 군수 · 구청장은 「전자정부법」 제36조제1항에 따른 행정정보의 공동이용을 통하여 다음 각 호의 어느 하나에 해당하는 서류를 확인해야 한다. 다만, 신청인이 제2호 및 제3호의 확인에 동의하지 않는 경우에는 해당 서류를 첨부하도록 해야 한다.

1. 법인 등기사항증명서
2. 주민등록표 초본
3. 외국인등록사실증명

③ 제1항에 따라 동물등록 신청을 받은 특별자치시장 · 특별자치도지사 · 시장 · 군수 · 구청장은 별표 1에 따라 동물등록번호를 부여받은 **등록대상동물에 무선전자개체식별장치(이하 "무선식별장치"라 한다)를 장착한 후** 신청인에게 농림축산식품부령으로 정하는 동물등록증(전자적 방식을 포함한다. 이하 같다)을 발급하고, 법 제95조제2항에 따른 **국가동물보호정보시스템**(이하 "동물정보시스템"이라 한다)을 통하여 **등록사항을 기록 · 유지 · 관리해야 한다.**

④ 제3항에 따른 동물등록증을 잃어버리거나 헐어 못 쓰게 되는 등의 이유로 동물등록증의 재발급을 신청하려는 자는 농림축산식품부령으로 정하는 동물등록증 재발급 신청서를 특별자치시장·특별자치도지사·시장·군수·구청장에게 제출해야 한다. 이 경우 특별자치시장·특별자치도지사·시장·군수·구청장은 「전자정부법」 제36조제1항에 따른 행정정보의 공동이용을 통하여 다음 각 호의 어느 하나에 해당하는 서류를 확인해야 한다. 다만, 신청인이 제2호 및 제3호의 확인에 동의하지 않는 경우에는 해당 서류를 첨부하도록 해야 한다.

1. 법인 등기사항증명서

2. 주민등록표 초본

3. 외국인등록사실증명

⑤ **제4조 각 호의 어느 하나에 해당하는 개의 소유자는 같은 조 각 호 외의 부분에 따른 등록대상 월령 미만인 경우에도 등록할 수 있다.** 이 경우 그 절차에 관하여는 제1항부터 제4항까지를 준용한다.

제11조(등록사항의 변경신고 등)

① 법 제15조제2항제2호에서 "대통령령으로 정하는 사항이 변경된 경우"란 다음 각 호의 어느 하나에 해당하는 경우를 말한다.

1. **소유자가 변경된 경우**

2. **소유자의 성명(법인인 경우에는 법인명을 말한다)이 변경된 경우**

3. **소유자의 주민등록번호(외국인의 경우에는 외국인등록번호를 말하고, 법인인 경우에는 법인등록번호를 말한다)가 변경된 경우**

4. **소유자의 주소(법인인 경우에는 주된 사무소의 소재지를 말한다. 이하 같다)가 변경된 경우**

5. **소유자의 전화번호(법인인 경우에는 주된 사무소의 전화번호를 말한다. 이하 같다)가 변경된 경우**

6. **법 제15조제1항에 따라 등록된 등록대상동물(이하 "등록동물"이라 한다)의 분실신고를 한 후 그 동물을 다시 찾은 경우**

7. **등록동물을 더 이상 국내에서 기르지 않게 된 경우**

8. **등록동물이 죽은 경우**

9. **무선식별장치를 잃어버리거나 헐어 못 쓰게 된 경우**

② 법 제15조제2항제1호에 따른 분실신고 및 같은 항 제2호에 따른 변경신고(이하 "변경신고"라 한다)를 하려는 자는 농림축산식품부령으로 정하는 동물등록 변경신고서에 동물등록증을 첨부하여 특별자치시장·특별자치도지사·시장·군수·구청장에게 제출

해야 한다. 이 경우 특별자치시장·특별자치도지사·시장·군수·구청장은 「전자정부법」 제36조제1항에 따른 행정정보의 공동이용을 통하여 다음 각 호의 어느 하나에 해당하는 서류를 확인해야 한다. 다만, 신청인이 제2호 및 제3호의 확인에 동의하지 않는 경우에는 해당 서류를 첨부하도록 해야 한다.

1. 법인 등기사항증명서
2. 주민등록표 초본
3. 외국인등록사실증명

③ 제2항에 따라 **변경신고**를 받은 특별자치시장·특별자치도지사·시장·군수·구청장은 변경신고를 한 자에게 농림축산식품부령으로 정하는 동물등록증을 발급하고, **동물정보시스템**을 통하여 등록사항을 기록·유지·관리해야 한다.

④ 특별자치시장·특별자치도지사·시장·군수·구청장은 등록동물의 소유자가 「주민등록법」 제16조제1항에 따른 전입신고를 한 경우 제1항제4호에 관한 변경신고를 한 것으로 보아 동물정보시스템에 등록된 주소를 정정하고 그 등록사항을 기록·유지·관리해야 한다.

⑤ **등록동물의 소유자**는 법 제15조제2항제1호 및 이 조 제1항제2호부터 제8호까지의 경우 **동물정보시스템을 통하여 해당 사항에 대한 변경신고를 할 수 있다.**

⑥ 특별자치시장·특별자치도지사·시장·군수·구청장은 법 제15조제2항제1호의 사유로 변경신고를 받은 후 1년 동안 제1항제6호에 따른 변경신고가 없는 경우에는 그 등록사항을 말소한다.

⑦ 제1항제7호 및 제8호 사유로 변경신고를 받은 특별자치시장·특별자치도지사·시장·군수·구청장은 그 사실을 등록사항에 기록하되, 변경신고를 받은 후 1년이 지나면 그 등록사항을 말소한다.

⑧ 법 제15조제1항 단서에 따라 등록대상동물의 등록이 제외되는 지역의 특별자치시장·특별자치도지사·시장·군수·구청장은 등록대상동물을 등록한 소유자가 변경신고를 하는 경우에는 해당 동물등록 관련 정보를 유지·관리해야 한다.

제12조(등록업무의 대행)

① 법 제15조제4항에서 "대통령령으로 정하는 자"란 다음 각 호의 어느 하나에 해당하는 자 중에서 특별자치시장·특별자치도지사·시장·군수·구청장이 지정하여 고시하는 자(이하 이 조에서 "동물등록대행자"라 한다)를 말한다.

1. 「수의사법」 제17조에 따라 **동물병원**을 개설한 자
2. 「비영리민간단체 지원법」 제4조에 따라 등록된 비영리민간단체 중 **동물보호를 목적으로 하는 단체**

3. 「민법」 제32조에 따라 설립된 **법인 중 동물보호를 목적으로 하는 법인**

4. 법 제36조제1항에 따라 **동물보호센터**로 지정받은 자

5. 법 제37조제1항에 따라 신고한 **민간동물보호시설**(이하 "보호시설"이라 한다)을 운영하는 자

6. 법 제69조제1항제3호에 따라 허가를 받은 **동물판매업자**

② **동물등록대행 과정에서 등록대상동물의 체내에 무선식별장치를 삽입하는 등 외과적 시술이 필요한 행위는 수의사에 의하여 시행되어야 한다.**

③ 특별자치시장·특별자치도지사·시장·군수·구청장은 동물등록 관련 정보제공을 위하여 필요한 경우 관할 지역에 있는 **모든 동물등록대행자에게 해당 동물등록대행자가 판매하는 무선식별장치의 제품명과 판매가격을 동물정보시스템에 게재하게 하고 해당 영업소 안의 보기 쉬운 곳에 게시하도록 할 수 있다.**

제12조의2(맹견수입신고의 절차 및 방법)

① 법 제17조제1항에 따라 맹견수입신고를 하려는 자는 「**가축전염병 예방법**」 제40조에 따른 **검역증명서**(이하 이 조에서 "검역증명서"라 한다)를 발급받은 날부터 7일 이내에 농림축산식품부령으로 정하는 맹견수입신고서에 해당 검역증명서를 첨부하여 농림축산식품부장관에게 제출(동물정보시스템을 통한 제출을 포함한다)해야 한다.

② 법 제17조제2항에서 "**맹견의 품종, 수입 목적, 사육 장소 등 대통령령으로 정하는 사항**"이란 맹견에 관한 다음 각 호의 사항을 말한다.

1. 품종
2. 수입 목적
3. 사육예정 장소
4. 검역증명서 발급일
5. 동물등록번호(법 제15조에 따라 등록한 경우만 해당한다)

[본조신설 2024. 4. 26.]

제12조의3(맹견사육허가의 절차 및 방법)

① 법 제18조제1항에 따라 **맹견사육허가를 신청**하려는 자는 **맹견의 소유권을 취득한 날**(월령이 2개월 미만인 맹견을 소유하고 있거나 소유권을 취득한 경우에는 해당 **맹견의 월령이 2개월이 된 날**을 말한다)부터 30일 **이내**에 농림축산식품부령으로 정하는 맹견사육허가 신청서에 다음 각 호의 서류를 첨부하여 특별시장·광역시장·특별자치시장·도지사·특별자치도지사(이하 "시·도지사"라 한다)에게 제출해야 한다.

1. 법 제18조제1항 각 호[35])의 요건을 충족하였음을 증명하는 서류. 다만, 법 제18조제1항제3호 단서에 해당하여 **중성화 수술의 증명 서류를 제출할 수 없는 경우에는 해당 맹견의 중성화 수술이 어렵다는 소견과 그 사유가 명시된 수의사의 진단서**(맹견사육허가 신청일 전 14일 이내에 발급된 진단서로 한정한다)를 해당 사유가 해소되기 전까지 6개월마다 제출**해야 한다.**

2. 법 제19조제3호 본문에 해당하지 아니함을 증명하는 의사의 진단서 또는 같은 호 단서에 해당한다는 사실을 증명할 수 있는 전문의의 진단서(법 제18조제2항에 따라 맹견사육허가를 공동으로 신청하는 경우에는 신청인 각각의 진단서를 말한다)

② 시·도지사는 제1항에 따라 맹견사육허가 신청서를 제출받은 경우에는 「전자정부법」 제36조제1항에 따른 행정정보의 공동이용을 통하여 신청인의 주민등록표 초본을 확인해야 한다. 다만, 신청인이 주민등록표 초본의 확인에 동의하지 않는 경우에는 해당 서류를 첨부하도록 해야 한다.

③ 시·도지사는 제1항에 따라 맹견사육허가 신청서를 제출받은 경우에는 **해당 신청서를 제출받은 날부터 60일 이내에 그 허가 여부를 신청인에게 통지해야 한다.** 다만, 다음 각 호에 해당하는 기간은 허가 처리기간에 이를 산입하지 않는다.

1. 제5항 단서에 따라 중성화 수술이 어렵다는 수의사의 진단서가 제출된 날부터 해당 중성화 수술이 어렵다는 사유가 해소되었다는 것을 입증하는 진단서가 제출되기까지의 기간

2. 법 제18조제3항에 따른 기질평가에 소요된 기간

④ 시·도지사는 법 제18조제1항에 따라 맹견사육허가를 하는 경우에는 농림축산식품부령으로 정하는 **맹견사육허가증을 발급해야 한다.**

⑤ 법 제18조제1항제3호 단서에서 "대통령령으로 정하는 기간"이란 해당 맹견의 월령이 8개월이 된 날부터 30일 이내의 기간을 말한다. 다만, 맹견에 대한 중성화 수술이 어렵다는 소견과 그 사유가 명시된 수의사의 진단서가 제출된 경우에는 중성화 수술이 어려운 사유가 해소되었다는 것을 입증하는 수의사의 진단서가 제출된 날부터 30일 이내의 기간을 말한다.

[본조신설 2024. 4. 26.]

---

35) **동물보호법** 제18조(맹견사육허가 등)
　① 등록대상동물인 맹견을 사육하려는 사람은 다음 각 호의 요건을 갖추어 시·도지사에게 맹견사육허가를 받아야 한다.
　1. 제15조에 따른 등록을 **할 것**
　2. 제23조에 따른 보험에 **가입할 것**
　3. 중성화(中性化) 수술을 **할 것**. 다만, 맹견의 월령이 8개월 미만인 경우로서 발육상태 등으로 인하여 중성화 수술이 어려운 경우에는 대통령령으로 정하는 기간 내에 중성화 수술을 한 후 그 증명서류를 시·도지사에게 제출하여야 한다.

제12조의4(맹견사육에 대한 전문지식을 가진 사람의 범위)

법 제21조제1항제1호 단서에서 "대통령령으로 정하는 맹견사육에 대한 전문지식을 가진 사람" 이란 다음 각 호의 어느 하나에 해당하는 사람을 말한다.

1. 법 제31조제1항 및 이 영 제14조의4제1항제1호에 따른 1급 반려동물행동지도사 **자격시험에 합격한 사람**

2. 법 제70조제1항에 따른 **맹견취급허가를 받은 사람**

3. 「수의사법」에 따라 **수의사 면허를 받은 사람**

4. 그 밖에 맹견에 관한 전문지식과 경험을 갖춘 사람으로서 **시·도지사가 정하여 고시 하는 사람**

[본조신설 2024. 4. 26.]

제13조(책임보험의 가입 등)

① **맹견의 소유자가 법 제23조제1항에 따라 보험에 가입해야 할 맹견의 범위는 법 제2조** 제8호에 따른 등록대상동물인 맹견으로 한다.

② 맹견의 소유자가 법 제23조제1항에 따라 가입해야 할 보험의 종류는 **맹견배상책임보** **험 또는 이와 같은 내용이 포함된 보험(이하 "책임보험"이라 한다)으로 한다.**

③ 책임보험의 보상한도액은 다음 각 호의 구분에 따른 기준을 모두 충족해야 한다.

1. **다음 각 목에 해당하는 금액 이상을 보상할 수 있는 보험일 것**

　가. **사망의 경우: 피해자 1명당 8천만원**

　나. **부상의 경우: 피해자 1명당 농림축산식품부령으로 정하는 상해등급에 따른 금액**

　다. **부상에 대한 치료를 마친 후 더 이상의 치료효과를 기대할 수 없고 그 증상이** 고정된 상태에서 그 부상이 원인이 되어 **신체의 장애(이하 "후유장애"라 한다)** **가 생긴 경우:** 피해자 1명당 농림축산식품부령으로 정하는 후유장애등급에 따 른 금액

　라. **다른 사람의 동물이 상해를 입거나 죽은 경우: 사고 1건당 200만원**

2. **지급보험금액은 실손해액을 초과하지 않을 것.** 다만, 사망으로 인한 실손해액이 2천 만원 미만인 경우의 지급보험금액은 2천만원으로 한다.

3. 하나의 사고로 제1호가목부터 다목까지의 규정 중 둘 이상에 해당하게 된 경우에는 실손해액을 초과하지 않는 범위에서 다음 각 목의 구분에 따라 보험금을 지급할 것

　가. 부상한 사람이 치료 중에 그 부상이 원인이 되어 사망한 경우: 제1호가목 및 나 목의 금액을 더한 금액

　나. 부상한 사람에게 후유장애가 생긴 경우: 제1호나목 및 다목의 금액을 더한 금액

　다. 제1호다목의 금액을 지급한 후 그 부상이 원인이 되어 사망한 경우: 제1호가목

의 금액에서 같은 호 다목에 따라 지급한 금액 중 사망한 날 이후에 해당하는 손해액을 뺀 금액

제14조(책임보험 가입의 관리)

① 농림축산식품부장관은 법 제23조제3항에 따라 관계 중앙행정기관의 장 또는 지방자치단체의 장에게 다음 각 호의 조치를 요청할 수 있다.

1. 책임보험 가입의무자에 대한 보험 가입 의무의 안내

2. 책임보험 가입의무자의 보험 가입 여부의 확인

3. 책임보험 가입대상에 관한 현황 자료의 제공

② 농림축산식품부장관은 법 제23조제3항에 따라 관계 보험회사, 「보험업법」 제175조제1항에 따라 설립된 보험협회에 책임보험 가입 현황에 관한 자료의 제출을 요청할 수 있다.

제14조의2(맹견이 아닌 개의 소유자에 대한 교육이수 명령 등)

시·도지사는 법 제24조제5항에 따라 **맹견 지정을 받지 않은 개의 소유자에게 다음 각 호의 교육이수를 명하거나 해당 개의 훈련을 명할 수 있다.** 이 경우 제1호에 따른 교육시간과 제2호에 따른 훈련시간을 더한 시간은 총 **15시간 이내로 한다.**

1. 개의 소유자에 대한 교육이수: 맹견의 사육·관리·보호 및 사고방지 등에 관한 이론교육 및 실습교육을 받을 것

2. 해당 개에 대한 훈련: 해당 개의 특성과 법 제24조에 따른 기질평가의 결과를 고려한 개체별 특성화 교육을 받을 것

[본조신설 2024. 4. 26.]

제14조의3(기질평가위원회의 구성·운영 등)

① 법 제26조제1항에 따른 기질평가위원회(이하 "기질평가위원회"라 한다) 위원의 임기는 2년으로 한다.

② 기질평가위원회 위원의 해촉에 관하여는 제7조제5항을 준용한다.

③ 기질평가위원회는 법 제26조제1항 각 호에 따른 업무 수행을 위하여 필요하다고 인정하는 경우에는 관계 전문기관 또는 전문가 등에게 의견의 제출 등 필요한 협조를 요청할 수 있다.

④ 제1항부터 제3항까지에서 규정한 사항 외에 기질평가위원회의 구성·운영에 필요한 사항은 특별시·광역시·특별자치시·도·특별자치도(이하 "시·도"라 한다)의 조례로 정한다.

[본조신설 2024. 4. 26.]

제14조의4(반려동물행동지도사 자격시험의 시행)

① 법 제31조제1항에 따른 반려동물행동지도사 자격시험은 다음 각 호의 구분에 따라 실시하되, **2차 시험은 1차 시험에 합격한 사람만 응시**할 수 있다.

　1. 1급 반려동물행동지도사 자격시험: 필기시험인 1차 시험과 실기시험인 2차 시험으로 구분하여 실시한다.

　2. 2급 반려동물행동지도사 자격시험: 필기시험인 1차 시험과 실기시험인 2차 시험으로 구분하여 실시한다.

② 1차 시험에 합격한 사람에 대해서는 합격한 날부터 2년간 해당 자격시험의 1차 시험을 면제한다.

③ 법 제31조제1항에 따른 반려동물행동지도사 자격시험의 등급별 구분기준, 응시자격, 시험과목, 시험방법 및 합격기준에 관한 사항은 별표 1의2에 따른다.

④ 농림축산식품부장관은 법 제31조제1항에 따른 반려동물행동지도사 자격시험에 합격한 사람에게 농림축산식품부령으로 정하는 반려동물행동지도사 자격증을 발급해야 한다.

⑤ 농림축산식품부장관은 법 제31조제1항에 따른 반려동물행동지도사 자격시험 관리업무의 원활한 수행을 위해 필요한 경우 중앙행정기관, 지방자치단체, 공공기관 또는 학교의 장 등에게 시험장소의 제공, 시험관리 인력의 파견, 시험 문제 출제, 시험장소의 질서 유지 및 그 밖의 필요한 협조를 요청할 수 있다.

⑥ 제1항부터 제5항까지에서 규정한 사항 외에 법 제31조제1항에 따른 반려동물행동지도사 자격시험의 시행에 필요한 사항은 농림축산식품부령으로 정한다.

[본조신설 2024. 4. 26.]

제14조의5(반려동물행동지도사 자격시험의 위탁)

① 농림축산식품부장관은 법 제31조제5항에 따라 같은 조 제1항에 따른 반려동물행동지도사 자격시험의 시행 및 관리에 관한 업무(제14조의4제4항에 따라 농림축산식품부장관 명의로 발급하는 반려동물행동지도사 자격증 발급·관리 업무 및 같은 조 제5항에 따른 협조 요청에 관한 업무를 포함한다)를 다음 각 호의 어느 하나에 해당하는 전문기관에 위탁할 수 있다.

　1. 「농업·농촌 및 식품산업 기본법」 제11조의2에 따른 **농림수산식품교육문화정보원**

　2. 「한국산업인력공단법」에 따른 **한국산업인력공단**

　3. 그 밖에 자격시험의 시행 등에 관한 업무를 하는 데 필요한 능력을 갖추었다고 **농림축산식품부장관이 인정하는 기관**

② 농림축산식품부장관은 법 제31조제5항에 따라 업무를 위탁하는 경우에는 위탁받는 기관과 위탁업무의 내용을 고시해야 한다.

③ 수탁기관은 농림축산식품부장관의 승인을 받아 응시수수료 등 시험의 시행에 필요한 경비를 자격시험 응시자로부터 받을 수 있다.

④ 수탁기관은 농림축산식품부장관의 승인을 받아 법 제31조제5항에 따라 위탁받은 업무의 시행에 필요한 운영 규정을 마련할 수 있다.

[본조신설 2024. 4. 26.]

제15조(민간동물보호시설의 신고 등)

① 법 제37조제1항에서 "대통령령으로 정하는 규모 이상"이란 보호동물(개 또는 고양이로 한정한다)의 마릿수가 20마리 이상인 경우를 말한다.

② 법 제37조제2항에서 "대통령령으로 정하는 중요한 사항"이란 다음 각 호의 사항을 말한다.

1. 보호시설 운영자(법인·단체인 경우에는 그 대표자를 말한다)의 성명
2. 보호시설의 명칭
3. 보호시설의 주소
4. 보호시설의 면적 및 수용가능 마릿수

제16조(공고)

① 시·도지사와 시장·군수·구청장은 법 제40조에 따라 **동물 보호조치 사실을 공고하려면 동물정보시스템에 게시해야 한다.** 다만, 동물정보시스템이 정상적으로 운영되지 않는 경우에는 농림축산식품부령으로 정하는 동물보호 공고문을 작성하여 해당 기관의 **인터넷 홈페이지에 게시하는 등 다른 방법으로 공고할 수 있다.**〈개정 2024. 4. 26.〉

② 시·도지사와 시장·군수·구청장은 제1항에 따른 공고를 하는 경우에는 농림축산식품부령으로 정하는 바에 따라 동물정보시스템을 통하여 개체관리카드와 보호동물 관리대장을 작성·관리해야 한다.

제17조(보호비용의 징수)

시·도지사와 시장·군수·구청장은 법 제42조제1항 및 제2항에 따라 **보호비용을 징수하려는 경우에는** 농림축산식품부령으로 정하는 **비용징수통지서**를 해당 동물의 소유자 또는 법 제45조제1항에 따라 분양을 받는 자에게 **발급해야 한다.**

제18조(동물의 기증 또는 분양 대상 민간단체 등의 범위)

법 제45조제1항에서 "대통령령으로 정하는 민간단체 등"이란 다음 각 호의 어느 하나에 해당하는 법인·단체·기관 또는 시설을 말한다.

1. 제6조 각 호의 어느 하나에 해당하는 법인 또는 단체
2. 「장애인복지법」 제40조제4항에 따라 지정된 장애인 보조견 전문훈련기관
3. 「사회복지사업법」 제2조제4호에 따른 사회복지시설
4. 「야생생물 보호 및 관리에 관한 법률」 제8조의4에 따른 유기·방치 야생동물 보호시설

제19조(전임수의사)

① 법 제48조제1항에서 "대통령령으로 정하는 기준 이상의 실험동물을 보유한 동물실험 시행기관"이란 다음 각 호의 어느 하나에 해당하는 동물실험시행기관을 말한다.〈개정 2024. 4. 26.〉

1. 연간 1만 마리 이상의 실험동물을 보유한 동물실험시행기관. 다만, 동물실험시행기관 및 해당 기관이 보유한 실험동물의 특성을 고려하여 농림축산식품부장관 및 해양 수산부장관이 공동으로 고시하는 기준에 따른 동물실험시행기관은 제외한다.
2. 다음 각 목의 사항을 고려하여 농림축산식품부장관 및 해양수산부장관이 공동으로 고시하는 기준에 따른 실험동물을 보유한 동물실험시행기관
   가. 실험동물의 감각능력
   나. 실험동물의 지각능력
   다. 동물실험의 고통등급

② 법 제48조제1항에 따라 실험동물을 전담하는 수의사(이하 "전임수의사"라 한다)는 「수 의사법」 제2조제1호에 따른 수의사 중 다음 각 호의 어느 하나에 해당하는 사람이 될 수 있다.

1. 「수의사법」 제23조에 따른 대한수의사회에서 인정하는 실험동물 전문수의사
2. 동물실험시행기관에서 2년 이상 실험동물 관리 또는 동물실험업무에 종사한 사람 중 농림축산식품부령으로 정하는 바에 따라 농림축산식품부장관이 실시하는 교육을 이수한 사람
3. 그 밖에 제1호 또는 제2호에 준하는 자격을 갖추었다고 인정되는 사람으로서 농림 축산식품부장관이 고시하는 사람

③ 전임수의사는 다음 각 호의 업무를 수행한다.

1. 실험동물의 질병 예방 등 수의학적 관리에 관한 사항
2. 실험동물의 반입관리 및 사육관리에 관한 사항
3. 그 밖에 실험동물의 건강과 복지에 관한 사항

제20조(동물실험윤리위원회의 지도·감독 등)

법 제51조제1항에 따른 동물실험윤리위원회(같은 조 제2항에 따라 동물실험윤리위원회를 설

치하는 것으로 보는 경우를 포함한다)는 법 제54조제1항에 따른 심의(변경심의를 포함한다)
·확인·평가 및 지도·감독을 다음 각 호의 방법으로 수행한다.

1. 동물실험의 윤리적·과학적 타당성에 대한 심의
2. 실험동물의 생산·도입·관리·실험 및 이용과 실험이 끝난 뒤 해당 동물의 처리에 관한 확인 및 평가
3. 동물실험시행기관의 종사자에 대한 교육·훈련 등에 대한 지도·감독
4. 동물실험 및 동물실험시행기관의 동물복지 수준 및 관리실태에 대한 지도·감독

제21조(동물실험윤리위원회의 운영)

① 법 제51조제1항에 따른 동물실험윤리위원회(이하 "윤리위원회"라 한다)의 회의는 다음 각 호의 어느 하나에 해당하는 경우에 위원장이 소집하고, 위원장이 그 의장이 된다.
1. 재적위원 3분의 1 이상이 소집을 요구하는 경우
2. 해당 동물실험시행기관의 장이 소집을 요구하는 경우
3. 그 밖에 윤리위원회 위원장이 필요하다고 인정하는 경우

② 윤리위원회의 회의는 재적위원 과반수의 출석으로 개의하고, 출석위원 과반수의 찬성으로 의결한다.

③ 동물실험계획을 심의·평가하는 회의에는 다음 각 호의 위원이 각각 1명 이상 참석해야 한다.
1. 법 제53조제2항제1호에 따른 위원
2. 법 제53조제4항에 따른 해당 동물실험시행기관과 이해관계가 없는 위원

④ 회의록 등 윤리위원회의 구성·운영 등과 관련된 기록 및 문서는 3년 이상 보존해야 한다.

⑤ 윤리위원회는 심의사항과 관련하여 필요하다고 인정할 때에는 관계인의 의견을 들을 수 있다.

⑥ 동물실험시행기관의 장은 해당 기관에 설치된 윤리위원회(법 제51조제2항에 따라 동물실험윤리위원회를 설치하는 것으로 보는 경우를 포함한다)의 효율적인 운영을 위하여 다음 각 호의 사항에 대하여 적극 협조해야 한다.
1. 윤리위원회의 독립성 보장
2. 윤리위원회의 결정 및 권고사항에 대한 즉각적이고 효과적인 조치 및 시행
3. 윤리위원회의 설치 및 운영에 필요한 인력, 장비, 장소, 비용 등에 관한 적절한 지원

⑦ 동물실험시행기관의 장은 매년 윤리위원회의 운영 및 동물실험의 실태에 관한 사항을 다음 해 1월 31일까지 농림축산식품부령으로 정하는 바에 따라 농림축산식품부장관에게 통지해야 한다.

⑧ 제1항부터 제7항까지에서 규정한 사항 외에 윤리위원회의 효율적인 운영을 위하여 필요한 사항은 농림축산식품부장관이 정하여 고시한다.

제22조(동물실험의 감독 등)

① 동물실험시행기관의 장은 윤리위원회 위원장에게 법 제55조제1항에 따라 다음 각 호의 사항을 **연 1회 이상 감독**하도록 요청해야 한다. 이 경우 감독 요청시기는 윤리위원회 위원장과 협의하여 정한다.
  1. **동물실험이 심의된 내용대로 진행되는지 여부**
  2. **동물실험에 사용되는 동물의 사육환경**
  3. **동물실험에 사용되는 동물의 수의학적 관리**
  4. **동물실험에 사용되는 동물의 고통에 대한 경감조치 여부**
② 법 제55조제2항 단서에서 "**해당 실험동물의 복지에 중대한 침해가 발생할 것으로 우려되는 경우 등 대통령령으로 정하는 경우**"란 다음 각 호의 어느 하나에 해당하는 경우를 말한다.
  1. **동물실험의 중지로 해당 실험동물이 죽음에 이르게 되는 경우**
  2. **동물실험의 중지로 해당 실험동물의 고통이 심해지는 경우**

제23조(윤리위원회의 구성·운영 등에 대한 개선명령)

① 농림축산식품부장관은 법 제58조제2항에 따라 해당 동물실험시행기관의 장에게 윤리위원회의 구성·운영 등에 대한 개선명령을 하는 경우 그 개선에 필요한 조치 등을 고려하여 3개월의 범위에서 기간을 정하여 개선명령을 해야 한다.
② 농림축산식품부장관은 동물실험시행기관의 장이 천재지변이나 그 밖의 부득이한 사유로 제1항에 따른 개선기간에 개선을 할 수 없는 경우 개선기간의 연장 신청을 하면 그 사유가 끝난 날부터 3개월의 범위에서 그 기간을 연장할 수 있다.
③ 제1항에 따라 개선명령을 받은 동물실험시행기관의 장이 그 명령을 이행하였을 때에는 지체 없이 그 결과를 농림축산식품부장관에게 통지해야 한다.

제23조의2(인증기관)

① 법 제60조제1항에서 "대통령령으로 정하는 공공기관 또는 법인"이란 다음 각 호의 어느 하나에 해당하는 공공기관 또는 법인 중에서 농림축산식품부장관이 정하여 고시하는 기관 또는 법인을 말한다.
  1. 「공공기관의 운영에 관한 법률」 제4조에 따른 공공기관
  2. 「민법」 제32조에 따라 설립된 비영리법인으로서 그 설립목적이나 주된 활동이 동

물복지 또는 동물보호와 관련된 법인

② 농림축산식품부장관은 법 제60조제1항에 따라 인증기관을 지정한 경우에는 기관의 명칭과 업무의 범위를 농림축산식품부의 인터넷 홈페이지에 게시해야 한다.

[본조신설 2024. 4. 26.]

제23조의3(맹견 취급 허가 등)

① 법 제70조제1항에 따라 **맹견의 생산·수입 또는 판매(이하 "취급"이라 한다)에 대하여 허가 또는 변경허가를 받으려는** 자는 농림축산식품부령으로 정하는 맹견 취급 허가 신청서 또는 변경허가 신청서에 다음 각 호의 구분에 따른 서류를 첨부하여 시·도지사에게 제출해야 한다.

1. **맹견 취급 허가의 경우**

   가. 법 제69조제1항에 따라 **동물생산업, 동물수입업 또는 동물판매업의 허가를 받았음을 입증하는 서류**

   나. 법 제70조제4항에 따른 **맹견 취급을 위한 시설 및 인력 기준을 갖추었음을 증명하는 서류**

2. **맹견 취급 변경허가의 경우**

   가. 제2항 후단에 따른 **맹견 취급 허가증**

   나. **변경할 내용 및 사유를 적은 서류**

② 시·도지사는 제1항에 따라 맹견 취급 허가 신청서 또는 변경허가 신청서를 제출받은 경우에는 해당 신청서를 제출받은 날부터 15일 이내에 그 허가 또는 변경허가 여부를 신청인에게 통지해야 한다. 이 경우 법 제70조제1항에 따라 허가 또는 변경허가를 하는 때에는 농림축산식품부령으로 정하는 맹견 취급 허가증을 발급해야 한다.

③ 제1항 및 제2항에서 규정한 사항 외에 맹견 취급 허가 또는 변경허가의 절차 및 방법에 관한 세부 사항은 농림축산식품부령으로 정한다.

[본조신설 2024. 4. 26.]

제24조(과징금의 부과기준)

법 제84조제1항에 따른 과징금의 부과기준은 별표 2와 같다.

제25조(과징금의 부과 및 납부)

① 특별자치시장·특별자치도지사·시장·군수·구청장은 법 제84조제1항에 따라 과징금을 부과할 때에는 그 위반행위의 내용과 과징금의 금액 등을 명시하여 부과 대상자에게 서면으로 통지해야 한다.

② 제1항에 따라 통지를 받은 자는 통지를 받은 날부터 20일 이내에 특별자치시장·특별자치도지사·시장·군수·구청장이 정하는 수납기관에 과징금을 납부해야 한다.

③ 제2항에 따라 과징금을 받은 수납기관은 납부자에게 영수증을 발급하고, 과징금이 납부된 사실을 지체 없이 특별자치시장·특별자치도지사·시장·군수·구청장에게 통보해야 한다.

제26조(고정형 영상정보처리기기의 설치 등)

법 제87조제1항에 따른 고정형 영상정보처리기기의 설치 대상, 장소 및 기준은 별표 3과 같다.

제27조(동물보호관의 자격 등)

① 법 제88조제1항에서 "대통령령으로 정하는 소속 기관의 장"이란 농림축산검역본부장(이하 "검역본부장"이라 한다)을 말한다.

② 농림축산식품부장관, 검역본부장, 시·도지사 및 시장·군수·구청장은 법 제88조제1항에 따라 소속 공무원 중 다음 각 호의 어느 하나에 해당하는 사람을 동물보호관으로 지정해야 한다.

1. 「수의사법」 제2조제1호에 따른 **수의사 면허가 있는 사람**

2. 「국가기술자격법」 제9조에 따른 **축산기술사, 축산기사, 축산산업기사 또는 축산기능사 자격이 있는 사람**

3. 「고등교육법」 제2조에 따른 학교에서 **수의학·축산학·동물관리학·애완동물학·반려동물학 등 동물의 관리 및 이용 관련 분야, 동물보호 분야 또는 동물복지 분야를 전공하고 졸업한 사람**

4. **그 밖에** 동물보호·동물복지·실험동물 분야와 관련된 사무에 종사하고 있거나 종사한 경험이 있는 사람

③ **제2항에 따른 동물보호관의 직무는 다음 각 호와 같다.**〈개정 2024. 4. 26.〉

1. 법 제9조에 따른 **동물의 적정한 사육·관리에 대한 교육 및 지도**

2. 법 제10조에 따라 **금지되는 동물학대 행위의 예방, 중단 또는 재발방지를 위하여 필요한 조치**

3. 법 제11조에 따른 **동물의 적정한 운송과 법 제12조에 따른 반려동물 전달 방법에 대한 지도·감독**

4. 법 제13조에 따른 **동물의 도살방법에 대한 지도**

5. 법 제15조에 따른 **등록대상동물의 등록 및 법 제16조에 따른 등록대상동물의 관리에 대한 감독**

5의2. 법 제21조에 따른 **맹견의 관리에 관한 감독**

6. 법 제22조에 따른 **맹견의 출입금지에 대한 감독**

7. 다음 각 목의 **센터 또는 시설의 보호동물 관리에 관한 감독**

　　가. 법 제35조제1항에 따라 **설치된 동물보호센터**

　　나. 법 제36조제1항에 따라 **지정된 동물보호센터**

　　다. 보호시설

8. 법 제58조에 따른 **윤리위원회의 구성·운영 등에 관한 지도·감독 및 개선명령의 이행 여부에 대한 확인 및 지도**

8의2. 법 제59조에 따라 **동물복지축산농장으로 인증받은 농장의 인증기준 준수여부 등에 대한 감독**

9. 법 제69조제1항에 따른 **영업의 허가를 받거나 법 제73조제1항에 따라 영업의 등록을 한 자**(이하 "영업자"라 한다)의 시설·인력 등 허가 또는 등록사항, 준수사항, 교육 이수 여부에 관한 감독

10. 법 제71조제1항에 따른 **공설동물장묘시설의 설치·운영에 관한 감독**

11. 법 제86조에 따른 **조치, 보고 및 자료제출 명령의 이행 여부에 관한 확인·지도**

12. 법 제90조제1항에 따라 **위촉된 명예동물보호관에 대한 지도**

13. 삭제〈2024. 4. 26.〉

14. **그 밖에** 동물의 보호 및 복지 증진에 관한 업무

제28조(명예동물보호관의 자격 및 위촉 등)

① 농림축산식품부장관, 시·도지사 및 시장·군수·구청장이 법 제90조제1항에 따라 위촉하는 명예동물보호관(이하 "명예동물보호관"이라 한다)은 다음 각 호의 어느 하나에 해당하는 사람으로서 농림축산식품부장관이 정하는 **관련 교육과정을 마친 사람으로 한다.**

1. **제6조에 따른 법인 또는 단체의 장이 추천한 사람**

2. **제27조제2항 각 호의 어느 하나에 해당하는 사람**

3. **동물보호에 관한 학식과 경험이 풍부한 사람으로서 명예동물보호관의 직무를 성실히 수행할 수 있는 사람**

② 농림축산식품부장관, 시·도지사 또는 시장·군수·구청장은 제1항에 따라 위촉한 **명예동물보호관이 다음 각 호의 어느 하나에 해당하는 경우에는 해촉할 수 있다.**

1. **사망·질병 또는 부상 등의 사유로 직무 수행이 곤란하게 된 경우**

2. **제3항에 따른 직무를 성실히 수행하지 않거나 직무와 관련하여 부정한 행위를 한 경우**

③ **명예동물보호관의 직무는 다음 각 호와 같다.**

1. **동물보호 및 동물복지에 관한 교육·상담·홍보 및 지도**

2. **동물학대 행위에 대한 정보 제공**

3. 학대받는 동물의 구조·보호 지원

4. 제27조제3항에 따른 동물보호관의 직무 수행을 위한 지원

④ 명예동물보호관의 활동 범위는 다음 각 호의 구분에 따른다.

   1. 농림축산식품부장관이 위촉한 경우: 전국

   2. 시·도지사가 위촉한 경우: 해당 시·도지사의 관할구역

   3. 시장·군수·구청장이 위촉한 경우: 해당 시장·군수·구청장의 관할구역

⑤ 농림축산식품부장관, 시·도지사 또는 시장·군수·구청장은 명예동물보호관에게 예산의 범위에서 수당을 지급할 수 있다.

⑥ 제1항부터 제5항까지에서 규정한 사항 외에 명예동물보호관의 운영에 필요한 사항은 농림축산식품부장관이 정하여 고시한다.

제29조(권한 또는 업무의 위임·위탁)

① 농림축산식품부장관은 법 제93조제1항에 따라 다음 각 호의 권한을 검역본부장에게 위임한다.〈개정 2024. 4. 26.〉

   1. 법 제11조제2항에 따른 동물 운송 차량의 구조·설비기준 설정 및 같은 조 제3항에 따른 동물 운송에 필요한 사항의 권장

   2. 법 제13조제2항에 따른 동물의 도살방법에 관한 세부기준의 마련

   3. 법 제47조제7항에 따른 동물실험의 원칙과 기준 및 방법에 관한 고시의 제정·개정

   4. 법 제51조제5항에 따른 윤리위원회의 운영에 관한 표준지침 고시의 제정·개정

   5. 법 제58조제1항에 따른 윤리위원회의 구성·운영 등에 관한 지도·감독 및 같은 조 제2항에 따른 개선명령

   5의2. 법 제59조에 따른 동물복지축산농장의 인증, 인증갱신 및 재심사

   5의3. 법 제60조제1항에 따른 인증기관의 지정

   5의4. 법 제60조제3항에 따른 인증심사업무를 수행하는 자에 대한 교육

   5의5. 법 제61조에 따른 인증기관의 지정취소 및 인증업무의 정지

   5의6. 법 제65조제1항에 따른 동물복지축산농장의 인증취소

   5의7. 법 제66조에 따른 동물복지축산을 인증받은 농장의 사후관리

   6. 법 제86조에 따른 출입·검사 등에 관한 다음 각 목의 권한

      가. 법 제86조제1항 각 호의 조치

      나. 법 제86조제2항에 따른 보고 및 자료제출 명령, 출입 조사 및 서류 검사

      다. 법 제86조제6항에 따른 출입·검사등 계획의 통지

      라. 법 제86조제7항에 따른 시정명령 등의 조치

   7. 법 제90조에 따른 명예동물보호관의 위촉, 해촉 및 수당 지급

7의2. 법 제92조제5호에 따른 인증기관의 지정취소에 관한 청문

7의3. 법 제92조제6호에 따른 동물복지축산농장의 인증취소에 관한 청문

8. 법 제94조제1항에 따른 결과공표 및 같은 조 제2항에 따른 실태조사(현장조사를 포함한다), 자료·정보의 제공 요청

9. 법 제95조에 따른 동물보호정보의 수집 및 활용과 관련한 다음 각 목의 권한

    가. 법 제95조제1항에 따른 동물보호정보의 수집 및 관리

    나. 동물정보시스템의 구축·운영

    다. 법 제95조제3항에 따른 동물보호정보의 수집을 위한 자료 요청

    라. 법 제95조제6항에 따른 정보의 공개

10. 법 제101조제1항제1호부터 제8호까지, 같은 조 제2항제10호·제11호, 같은 조 제3항제1호부터 제3호까지, 제8호부터 제11호까지, 제22호부터 제26호까지 및 같은 조 제4항제7호에 따른 과태료의 부과·징수

11. 제19조제2항제2호에 따른 교육 및 같은 항 제3호에 따른 전임수의사 자격에 관한 고시의 제정·개정

12. 제30조제1항에 따른 실태조사의 계획 수립·실시 및 같은 조 제3항에 따른 실태조사에 관한 고시의 제정·개정

② 농림축산식품부장관은 법 제93조제1항에 따라 다음 각 호의 권한을 시·도지사에게 위임한다.〈개정 2024. 4. 26.〉

1. 법 제17조에 따른 맹견수입신고

2. 법 제78조제3항제1호에 따른 수입 내역의 신고 접수·관리

3. 법 제101조제2항제1호·제18호 및 같은 조 제3항제17호에 따른 과태료의 부과·징수

③ 농림축산식품부장관은 법 제93조제2항에 따라 법 제30조제2항에 따른 반려동물행동지도사의 보수교육 실시 업무를 다음 각 호의 어느 하나에 해당하는 전문기관에 위탁할 수 있다.〈신설 2024. 4. 26.〉

1. 「농업·농촌 및 식품산업 기본법」 제11조의2에 따른 농림수산식품교육문화정보원

2. 「한국산업인력공단법」에 따른 한국산업인력공단

3. 그 밖에 반려동물행동지도사의 보수교육에 관한 업무를 하는 데 필요한 능력을 갖추었다고 농림축산식품부장관이 인정하는 기관

④ 농림축산식품부장관은 제3항에 따라 업무를 위탁하는 경우에는 위탁받는 기관과 위탁 업무의 내용을 고시해야 한다.〈신설 2024. 4. 26.〉

[제목개정 2024. 4. 26.]

제30조(실태조사의 범위 등)

① 농림축산식품부장관은 법 제94조제2항에 따라 실태조사(현장조사를 포함하며, 이하 "실태조사"라 한다)를 할 때에는 실태조사 계획을 수립하고 그에 따라 실시해야 한다.

② 농림축산식품부장관은 실태조사를 효율적으로 하기 위하여 동물정보시스템, 전자우편 등을 통한 전자적 방법, 서면조사, 현장조사 방법 등을 사용할 수 있으며, 전문연구기관·단체 또는 관계 전문가에게 의뢰하여 실태조사를 할 수 있다.

③ 제1항과 제2항에서 규정한 사항 외에 실태조사에 필요한 사항은 농림축산식품부장관이 정하여 고시한다.

제31조(소속기관의 장)

법 제94조제4항에서 "대통령령으로 정하는 그 소속기관의 장"이란 검역본부장을 말한다.

제32조(공개대상정보 등)

① 농림축산식품부장관은 법 제95조제3항에 따라 관계 중앙행정기관의 장, 시·도지사 또는 시장·군수·구청장, 경찰관서의 장 등(이하 이 조에서 "관계중앙행정기관의장등"이라 한다)에게 필요한 자료를 요청할 때에는 자료의 사용목적 및 사용방법을 알려야 한다.

② 법 제95조제3항에 따라 자료를 요청받은 관계중앙행정기관의장등은 동물정보시스템을 통하여 해당 자료를 제출해야 한다.

③ 농림축산식품부장관은 법 제95조제6항에 따라 다음 각 호의 정보를 동물정보시스템을 통하여 공개해야 한다.〈개정 2024. 4. 26.〉

1. 영업의 종류와 그 허가·등록 번호
2. 업체명
3. 전화번호
4. 소재지

제33조(위반사실의 공표)

① 법 제96조제1항에서 "위반행위, 해당 기관·단체 또는 시설의 명칭, 대표자 성명 등 대통령령으로 정하는 사항"이란 다음 각 호의 사항을 말한다.

1. 「동물보호법」 위반사실의 공표라는 내용의 제목
2. 동물보호센터 또는 보호시설의 명칭, 소재지 및 대표자 성명
3. 위반행위(위반행위의 구체적 내용과 근거 법령을 포함한다)
4. 행정처분의 내용, 처분일 및 기간

② 법 제96조제2항에서 "위반행위, 해당 영업장의 명칭, 대표자 성명 등 대통령령으로 정

하는 사항"이란 다음 각 호의 사항을 말한다.

1. 「동물보호법」위반사실의 공표라는 내용의 제목

2. 영업의 종류

3. 영업장의 명칭, 소재지 및 대표자 성명

4. 위반행위(위반행위의 구체적 내용과 근거 법령을 포함한다)

5. 행정처분의 내용, 처분일 및 기간

③ 시·도지사 또는 시장·군수·구청장은 법 제96조제1항 및 제2항에 따라 위반행위 등을 공표하는 경우에는 **해당 특별시·광역시·특별자치시·도·특별자치도 또는 시·군·구의 인터넷 홈페이지에 게시하는 방법으로 한다.**

④ 시·도지사 또는 시장·군수·구청장은 법 제96조제1항 및 제2항에 따라 공표를 한 경우에는 시·도지사는 농림축산식품부장관에게 그 사실을 통보해야 하고, 시장·군수·구청장은 시·도지사를 통하여 농림축산식품부장관에게 그 사실을 통보해야 한다.

제34조(고유식별정보의 처리)

농림축산식품부장관(검역본부장을 포함한다), 시·도지사 또는 시장·군수·구청장(해당 권한이 위임·위탁된 경우에는 그 권한을 위임·위탁받은 자를 포함한다)은 다음 각 호의 사무를 수행하기 위하여 불가피한 경우에는 「개인정보 보호법 시행령」제19조에 따른 주민등록번호, 여권번호, 운전면허의 면허번호 또는 외국인등록번호가 포함된 자료를 처리할 수 있다.〈개정 2024. 4. 26.〉

1. 법 제15조에 따른 등록대상동물의 등록 및 변경신고에 관한 사무

1의2. 법 제17조에 따른 맹견수입신고에 관한 사무

1의3. 법 제18조에 따른 맹견사육허가 및 기질평가에 관한 사무

1의4. 법 제24조제1항·제2항에 따른 기질평가에 관한 사무

1의5. 법 제31조에 따른 반려동물행동지도사 자격시험에 관한 사무

1의6. 법 제34조제2항에 따른 동물의 소유자에 대한 통보에 관한 사무

2. 법 제36조에 따른 동물보호센터의 지정 및 지정 취소에 관한 사무

3. 법 제37조에 따른 보호시설의 신고에 관한 사무

4. 법 제38조에 따른 보호시설에 대한 시정명령 및 시설폐쇄 명령에 관한 사무

5. 법 제69조에 따른 영업의 허가, 변경허가 및 변경신고에 관한 사무

5의2. 법 제70조제1항·제2항에 따른 맹견취급허가 및 변경허가에 관한 사무

5의3. 법 제70조제3항에 따른 신고에 관한 사무

6. 법 제73조에 따른 영업의 등록, 변경등록 및 변경신고에 관한 사무

7. 법 제75조에 따른 영업의 승계신고에 관한 사무

8. 법 제76조에 따른 영업의 휴업·폐업 등의 신고에 관한 사무

9. 법 제77조에 따른 영업의 허가 또는 등록사항의 직권말소에 관한 사무

10. 법 제83조에 따른 영업의 허가 또는 등록의 취소 및 정지에 관한 사무

11. 법 제84조에 따른 과징금의 부과·징수에 관한 사무

12. 법 제90조에 따른 명예동물보호관의 위촉에 관한 사무

제35조(과태료의 부과·징수)

법 제101조제1항부터 제4항까지의 규정에 따른 과태료의 부과기준은 별표 4와 같다.

제36조(규제의 재검토)

농림축산식품부장관은 다음 각 호의 사항에 대하여 다음 각 호의 기준일을 기준으로 3년마다(매 3년이 되는 해의 기준일과 같은 날 전까지를 말한다) 그 타당성을 검토하여 개선 등의 조치를 해야 한다.〈개정 2024. 4. 26.〉

1. 제12조의3에 따른 맹견사육허가의 절차 및 방법: 2024년 4월 27일

2. 제12조의4에 따른 맹견사육에 대한 전문지식을 가진 사람의 범위: 2024년 4월 27일

3. 제14조의2에 따른 교육이수 또는 훈련 명령의 내용 및 시간: 2024년 4월 27일

4. 제15조에 따른 보호시설의 신고 기준: 2023년 4월 27일

5. 제19조에 따른 동물실험시행기관의 범위: 2023년 4월 27일

부칙〈제34452호, 2024. 4. 26.〉

이 영은 2024년 4월 27일부터 시행한다.

[별표 1] 동물등록번호의 부여 및 무선식별장치의 규격·장착 방법(제10조제3항 관련)

[별표 1의2] 반려동물행동지도사 자격시험의 방법 등(제14조의4제3항 관련)

[별표 2] 과징금의 부과기준(제24조 관련)

[별표 3] 고정형 영상정보처리기기의 설치 대상, 장소 및 관리기준(제26조 관련)

[별표 4] 과태료의 부과기준(제35조 관련)

■ 동물보호법 시행령 [별표 1]

동물등록번호의 부여 및 무선식별장치의 규격·장착 방법(제10조제3항 관련)

1. 동물등록번호의 부여방법

가. 검역본부장은 동물정보시스템을 통하여 등록대상동물의 동물등록번호를 부여한다.

나. 외국에서 등록된 등록대상동물은 해당 국가에서 부여된 동물등록번호를 사용하되, 호환되지 않는 번호체계인 경우 제2호나목의 표준규격에 맞는 동물등록번호를 부여한다.

다. 검역본부장은 무선식별장치 공급업체별로 동물등록번호 영역을 배정·부여한다. 이 경우 동물등록번호 영역의 범위 선정에 관한 세부기준은 검역본부장이 정한다.

라. 동물등록번호 체계에 따라 이미 등록된 동물등록번호는 재사용할 수 없으며, 무선식별장치의 훼손 및 분실 등으로 무선식별장치를 재삽입하거나 재부착하는 경우에는 동물등록번호를 다시 부여받아야 한다.

2. 무선식별장치의 규격

가. 무선식별장치의 동물등록번호 체계는 **동물개체식별-코드구조**(KS C ISO 11784: 2009)에 따라 다음 각 호와 같이 구성된다.

1) **구성: 총 15자리**(국가코드3+개체식별코드 12)

2) 표시

코드종류	기관코드 (5-9비트)	국가코드 (17-26비트)	개체식별코드 (27-64비트)
KS C ISO 11784	1	410	12자리

가) 기관코드(1자리): 농림축산식품부는 "1"로 등록하되, 리더기로 인식(표시)할 때에는 표시에서 제외

나) **국가코드**(3자리): 대한민국을 "410"으로 표시

다) 개체식별코드(12자리): 검역본부장이 무선식별장치 공급업체별로 일괄 배정한 번호체계

나. 무선식별장치의 표준규격은 다음에 따라야 한다.

1) 「산업표준화법」 제5조에 따른 동물개체식별-코드구조(KS C ISO 11784: 2009)와 동물개체식별 무선통신-기술적개념(KS C ISO 11785: 2007)에 따를 것 (국제표준규격 ISO 11784: 1996, ISO 11785: 1996을 포함한다)

2) 내장형 무선식별장치의 경우에는 「의료기기법」 제19조에 따른 동물용 의료기기 개체인식장치 기준규격에 따를 것

3) 외장형 무선식별장치의 경우에는 등록동물 및 외부충격 등에 의하여 쉽게 훼손되지 않는 재질로 제작될 것

3. 무선식별장치의 장착 방법

가. 내장형 무선식별장치는 양쪽 어깨뼈 사이의 피하(皮下: 진피의 밑부분부터 근육을 싸는 근막 윗부분까지를 말한다)에 삽입한다.

나. 외장형 무선식별장치는 해당 동물이 기르던 곳에서 벗어나는 경우 반드시 부착하고 있어야 한다.

4. 그 밖에 동물등록번호 체계, 동물등록번호 운영규정 등에 관한 사항은 검역본부장이 정하는 바에 따른다.

■ **동물보호법 시행령 [별표 1의2]** 〈신설 2024. 4. 26.〉

반려동물행동지도사 자격시험의 방법 등(제14조의4제3항 관련)

1. 등급구분·응시자격 및 시험과목

구분 \ 등급		1급 반려동물행동지도사	2급 반려동물행동지도사
가. 구분기준		「동물보호법」에서 요구하는 반려동물에 대한 행동지도, 행동분석 및 평가, 소유자 등에 대한 교육 등을 수행할 수 있는 전문적인 지식과 능력을 갖춘 사람인지를 평가	「동물보호법」에서 요구하는 반려동물에 대한 행동지도, 행동분석 및 평가, 소유자 등에 대한 교육 등을 수행할 수 있는 기본적인 지식과 능력을 갖춘 사람인지를 평가
나. 응시자격		다음의 어느 하나에 해당하는 응시자격을 갖출 것 1) 2급 반려동물행동지도사 자격을 취득한 후 반려동물 관련 분야 3년 이상 실무경력이 있는 사람 2) 반려동물 관련 분야 10년 이상 실무경력(18세 미만의 경력을 포함한다)이 있는 18세 이상인 사람	18세 이상인 사람
다. 시험과목	1차 시험	1) 반려동물 행동학 2) 반려동물 관리학 3) 반려동물 훈련학 4) 직업윤리 및 법률 5) 보호자 교육 및 상담	1) 반려동물 행동학 2) 반려동물 관리학 3) 반려동물 훈련학 4) 직업윤리 및 법률 5) 보호자 교육 및 상담
	2차 시험	반려동물 전문 지도능력	반려동물 기본 지도능력

2. 시험방법

가. 1차 시험은 선택형(기입형을 포함할 수 있다)으로 시행하고, 2차 시험은 실기시험으로 시행한다.

나. 2차 시험 시 응시자가 반려동물에 대한 지도능력을 평가받기 위하여 동행하는 반려동물은 응시자 본인 또는 직계가족 소유여야 하며, 응시자 외 다른 사람이 해당 반려동물을 동행하여 동일 등급 2차 시험에 합격한 이력이 없어야 한다.

3. 합격기준

구분	1차 시험	2차 시험
1급	전 과목 평균 60점 이상, 각 과목 40점 이상	60점 이상
2급	전 과목 평균 60점 이상, 각 과목 40점 이상	60점 이상

■ 동물보호법 시행령 [별표 2]

과징금의 부과기준(제24조 관련)

1. 영업정지기간은 농림축산식품부령으로 정하는 영업자 등의 행정처분 기준에 따라 부과되는 기간을 말하며, 영업정지기간의 **1개월은 30일을 기준**으로 한다.

2. 과징금 부과금액은 다음의 계산식에 따라 산출한다.

> **과징금 부과금액 = 위반사업자 1일 평균매출금액 × 영업정지 일수 × 0.1**

3. 제2호의 계산식 중 '위반사업자 1일 평균매출금액'은 위반행위를 한 영업자에 대한 행정 처분일이 속한 연도의 전년도 1년간의 총 매출금액을 해당 연도의 일수로 나눈 금액으로 한다. 다만, 신규 개설 또는 휴업 등으로 전년도 1년간의 총 매출금액을 산출할 수 없거나 1년간의 총 매출금액을 기준으로 하는 것이 타당하지 않다고 인정되는 경우에는 분기별 매출금액, 월별 매출금액 또는 일수별 매출금액을 해당 단위에 포함된 일수로 나누어 1일 평균매출금액을 산정한다.

4. 제2호에 따라 산출한 과징금 부과금액이 **1억원을 넘는 경우에는** 법 제84조제1항에 따라 과징금 부과금액을 **1억원으로 한다.**

5. 부과권자는 다음 각 목의 어느 하나에 해당하는 경우에는 제2호에 따라 산출한 **과징금 부과금액의 2분의 1 범위에서 그 금액을 줄일 수 있다.** 다만, 과징금을 체납하고 있는 위반 행위자의 경우에는 그렇지 않다.
   가. 위반행위가 **사소한 부주의나 오류로 인한 것으로 인정되는 경우**
   나. 위반행위자가 법 **위반상태를 시정하거나 해소하기 위한 노력이 인정되는 경우**
   다. 그 밖에 위반행위의 정도, 동기와 그 결과 등을 고려하여 **과징금을 줄일 필요가 있다** 고 인정되는 경우

6. 부과권자는 다음 각 목의 어느 하나에 해당하는 경우에는 **과징금 금액의 2분의 1 범위에 서 그 금액을 늘릴 수 있다.** 다만, 과징금 총액은 법 제84조제1항에 따라 1억원을 초과할 수 없다.
   가. 위반의 내용·정도가 **중대하여 이용자 등에게 미치는 피해가 크다고 인정되는 경우**
   나. 법 위반상태의 기간이 **6개월 이상인 경우**
   다. 그 밖에 위반행위의 정도, 동기와 그 결과 등을 고려하여 **과징금을 늘릴 필요가 있다** 고 인정되는 경우

■ 동물보호법 시행령 [별표 3]

고정형 영상정보처리기기의 설치 대상, 장소 및 관리기준(제26조 관련)

1. 설치 대상 및 장소

　가. 법 제35조제1항에 따른 동물보호센터: 보호실 및 격리실

　나. 법 제36조제1항에 따른 동물보호센터: 보호실 및 격리실

　다. 법 제37조에 따른 보호시설: 보호실 및 격리실

　라. 법 제69조제1항에 따른 영업장

　　1) **동물판매업(경매방식을 통한 거래를 알선·중개하는 동물판매업으로 한정한다):**
　　　경매실, 준비실

　　2) **동물장묘업: 화장(火葬)시설 등 동물의 사체 또는 유골의 처리시설**

　마. 법 제73조제1항에 따른 영업장

　　1) **동물위탁관리업: 위탁관리실**

　　2) **동물미용업: 미용작업실**

　　3) **동물운송업: 차량 내 동물이 위치하는 공간**

2. 관리기준

　가. 고정형 영상정보처리기기의 카메라는 전체 또는 주요 부분이 조망되고 잘 식별될 수
　　있도록 설치하고, 동물의 상태 등을 확인할 수 있도록 **사각지대의 발생을 최소화할 것**

　나. **선명한 화질**이 유지될 수 있도록 관리할 것

　다. 고정형 영상정보처리기기가 **고장난 경우에는 지체 없이 수리할 것**

　라. 「개인정보 보호법」제25조제4항에 따른 **안내판 설치 등 관계 법령을 준수할 것**

　마. **그 밖에** 고정형 영상정보처리기기의 **설치·운영 현황을 추가적으로 알리기 위한 안내**
　　판을 설치하도록 노력할 것

과태료의 부과기준(제35조 관련)

1. 일반기준

가. 위반행위의 횟수에 따른 과태료의 가중된 부과기준은 **최근 2년간** 같은 위반행위로 과태료 부과처분을 받은 경우에 적용한다. 이 경우 기간의 계산은 위반행위에 대하여 과태료 부과처분을 받은 날과 그 처분 후 다시 같은 위반행위를 하여 적발된 날을 기준으로 한다.

나. 가목에 따라 가중된 부과처분을 하는 경우 가중처분의 적용 차수는 그 위반행위 전 부과처분 차수(가목에 따른 기간 내에 과태료 부과처분이 둘 이상 있었던 경우에는 높은 차수를 말한다)의 다음 차수로 한다.

다. 부과권자는 다음의 어느 하나에 해당하는 경우에는 제2호의 개별기준에 따른 과태료 금액의 2분의 1 범위에서 그 금액을 줄여 부과할 수 있다. 다만, 과태료를 체납하고 있는 위반행위자에 대해서는 그렇지 않다.

1) 위반행위자가 자연재해·화재 등으로 재산에 현저한 손실이 발생하거나 사업여건의 악화로 사업이 중대한 위기에 처하는 등의 사정이 있는 경우

2) 위반행위가 사소한 부주의나 오류 등 과실로 인한 것으로 인정되는 경우

3) 위반행위자가 같은 위반행위로 다른 법률에 따라 과태료·벌금·영업정지 등의 처분을 받은 경우

4) 위반행위자가 위법행위로 인한 결과를 시정하거나 해소한 경우

5) 그 밖에 위반행위의 정도, 위반행위의 동기와 그 결과 등을 고려하여 그 금액을 줄일 필요가 있다고 인정되는 경우

2. 개별기준

(단위: 만원)

위반행위	근거 법조문	과태료 금액		
		1차 위반	2차 위반	3차 이상 위반
가. 법 제11조제1항제4호 또는 제5호를 위반하여 동물을 운송한 경우	법 제101조 제3항제1호	20	40	60
나. 법 제11조제1항을 위반하여 법 제69조제1항의 동물을 운송한 경우	법 제101조 제3항제2호	20	40	60
다. 법 제12조를 위반하여 반려동물을 전달한 경우	법 제101조 제3항제3호	20	40	60

위반행위	근거 법조문	과태료 금액		
		1차 위반	2차 위반	3차 이상 위반
라. **소유자가 법 제15조제1항을 위반하여** 등록대상동물을 등록하지 않은 경우	법 제101조 제3항제4호	20	40	60
마. 소유자가 법 제15조제2항을 위반하여 정해진 기간 내에 신고를 하지 않은 경우	법 제101조 제4항제1호	10	20	40
바. 법 제15조제3항을 위반하여 소유권을 이전받은 날부터 30일 이내에 신고를 하지 않은 경우	법 제101조 제4항제2호	10	20	40
사. **소유자등이 법 제16조제1항을 위반하여** 소유자등이 없이 등록대상동물을 기르는 곳에서 벗어나게 한 경우	법 제101조 제4항제3호	20	30	50
아. **소유자등이 법 제16조제2항제1호에 따른** 안전조치를 하지 않은 경우	법 제101조 제4항제4호	20	30	50
자. **소유자등이 법 제16조제2항제2호를 위반하여** 인식표를 부착하지 않은 경우	법 제101조 제4항제5호	5	10	20
차. **소유자등이 법 제16조제2항제3호를 위반하여** 배설물을 수거하지 않은 경우	법 제101조 제4항제6호	5	7	10
카. 법 제17조제1항을 위반하여 맹견수입신고를 하지 않은 경우	법 제101조 제2항제1호	100	200	300
타. 소유자등이 법 제21조제1항제1호[법률 제18853호 동물보호법 전부개정법률 부칙 제12조에 따라 같은 법 제21조의 개정규정이 시행되기 전까지는 종전의 「동물보호법」(법률 제18853호로 개정되기 전의 것을 말한다. 이하 타목부터 하목까지에서 같다) 제13조의2제1항제1호를 말한다]를 위반하여 소유자등이 없이 **맹견을 기르는 곳에서 벗어나게 한 경우**	법 제101조 제2항제2호	100	200	300
파. 소유자등이 법 제21조제1항제2호(법률 제18853호 동물보호법 전부개정법률 부칙 제12조에 따라 같은 법 제21조의 개정규정이 시행되기 전까지는 종전의 「동물보호법」 제13조의2제1항제2호를 말한다)를 위반하여 **월령이 3개월 이상인 맹견을 동반하고 외출할 때 안전장치를 하지 않거나 맹견의 탈출을 방지할 수 있는 적정한 이동장치를 하지 않은 경우**	법 제101조 제2항제2호	100	200	300
하. 소유자등이 법 제21조제1항제3호(법률 제18853호 동물보호법 전부개정법률 부칙 제12조에 따라 같은 법 제21조의 개정규정이 시행되기 전까지는 종전의 「동물보호법」 제13조의2제1항제3호를 말한다)를 위반하여 사람에게 신체적 피해를 주지 않도록 관리하지 않은 경우	법 제101조 제2항제2호	100	200	300
거. 법 제21조제3항(법률 제18853호 동물보호법 전부개정법률 부칙 제12조에 따라 같은 법 제21조의 개정규정이 시행되기 전까지는 종전의 「동물보호법」 제13조의2제3항을 말한다)을 위반하여 **맹견의 안전한 사육 및 관리에 관한 교육을 받지 않은 경우**	법 제101조 제2항제3호	100	200	300

위반행위	근거 법조문	과태료 금액		
		1차 위반	2차 위반	3차 이상 위반
너. 소유자등이 법 제22조를 위반하여 **맹견을 출입하게 한 경우**	법 제101조 제2항제4호	100	200	300
더. 소유자가 법 제23조제1항을 위반하여 보험에 가입하지 않은 경우 1) 가입하지 않은 기간이 10일 이하인 경우 2) 가입하지 않은 기간이 10일 초과 30일 이하인 경우 3) 가입하지 않은 기간이 30일 초과 60일 이하인 경우 4) 가입하지 않은 기간이 60일 초과인 경우	법 제101조 제2항제5호	10 10만원에 11일째부터 계산하여 1일마다 1만원을 더한 금액 30만원에 31일째부터 계산하여 1일마다 3만원을 더한 금액 120만원에 61일째부터 계산하여 1일마다 6만원을 더한 금액. 다만, 과태료의 총액은 300만원을 초과할 수 없다.		
러. 소유자가 법 제24조제5항에 따른 **교육이수명령 또는 개의 훈련 명령을 따르지 않은 경우**	법 제101조 제2항제6호	100	200	300
머. 법 제27조제4항을 위반하여 정당한 사유 없이 출석, 자료제출요구 또는 기질평가와 관련된 조사를 거부한 경우	법 제101조 제3항제5호	30	50	100
버. **동물보호센터의 장 및 그 종사자가 법 제36조제6항에 따라 준**용되는 법 제35조제5항을 위반하여 **교육을 받지 않은 경우**	법 제101조 제3항제6호	30	50	100
서. 법 제37조제2항에 따른 변경신고를 하지 않거나 같은 조 제5항에 따른 운영재개신고를 하지 않은 경우	법 제101조 제3항제7호	30	50	100
어. 법 제37조제4항을 위반하여 시설 및 운영 기준 등을 준수하지 않거나 시설정비 등의 사후관리를 하지 않은 경우	법 제101조 제2항제7호	100	200	300
저. 법 제37조제5항에 따른 신고를 하지 않고 보호시설의 운영을 중단하거나 보호시설을 폐쇄한 경우	법 제101조 제2항제8호	50	100	200
처. 법 제38조제1항에 따른 중지명령이나 시정명령을 3회 이상 반복하여 이행하지 않은 경우	법 제101조 제2항제9호	100	200	300
커. 동물실험시행기관의 장이 법 제48조제1항을 위반하여 전임수의사를 두지 않은 경우	법 제101조 제2항제10호	300		

위반행위	근거 법조문	과태료 금액		
		1차 위반	2차 위반	3차 이상 위반
터. 법 제50조를 위반하여 미성년자에게 동물 해부실습을 하게 한 경우	법 제101조 제3항제8호	30	50	100
퍼. 동물실험시행기관의 장이 법 제51조제1항을 위반하여 윤리위원회를 설치·운영하지 않은 경우	법 제101조 제1항제1호	500		
허. 동물실험시행기관의 장이 법 제51조제3항을 위반하여 윤리위원회의 심의를 거치지 않고 동물실험을 한 경우	법 제101조 제1항제2호	100	300	500
고. 동물실험시행기관의 장이 법 제51조제4항을 위반하여 윤리위원회의 변경심의를 거치지 않고 동물실험을 한 경우	법 제101조 제1항제3호	100	300	500
노. 동물실험시행기관의 장이 법 제55조제1항을 위반하여 심의 후 감독을 요청하지 않은 경우	법 제101조 제1항제4호	100	300	500
도. 동물실험시행기관의 장이 법 제55조제3항을 위반하여 정당한 사유 없이 실험 중지 요구를 따르지 않고 동물실험을 한 경우	법 제101조 제1항제5호	100	300	500
로. 동물실험시행기관의 장이 법 제55조제4항을 위반하여 윤리위원회의 심의 또는 변경심의를 받지 않고 동물실험을 재개한 경우	법 제101조 제1항제6호	100	300	500
모. 윤리위원회의 위원이 법 제57조제1항을 위반하여 교육을 이수하지 않은 경우	법 제101조 제3항제9호	30	50	100
보. 동물실험시행기관의 장이 법 제58조제2항을 위반하여 개선명령을 이행하지 않은 경우	법 제101조 제1항제7호	100	300	500
소. 정당한 사유 없이 법 제66조제3항에 따른 조사를 거부·방해하거나 기피한 경우	법 제101조 제3항제10호	20	40	60
오. 법 제67조제1항제4호가목을 위반하여 동물복지축산물 표시를 한 경우	법 제101조 제1항제8호	100	300	500
조. 법 제67조제1항제4호나목 또는 다목을 위반하여 동물복지축산물 표시를 한 경우	법 제101조 제2항제11호	50	100	200
초. 법 제68조제2항을 위반하여 인증을 받은 자의 지위를 승계하고 그 사실을 신고하지 않은 경우	법 제101조 제3항제11호	30	50	100
코. 영업자가 법 제69조제4항 단서 또는 법 제73조제4항 단서를 위반하여 경미한 사항의 변경을 신고하지 않은 경우	법 제101조 제3항제12호	30	50	100
토. 영업자가 법 제70조제3항을 위반하여 맹견 취급의 사실을 신고하지 않은 경우	법 제101조 제2항제12호	**100**	**200**	**300**
포. 법 제75조제3항을 위반하여 영업자의 지위를 승계하고 그 사실을 신고하지 않은 경우	법 제101조 제3항제13호	30	50	100
호. 영업자가 법 제76조제1항을 위반하여 휴업·폐업 또는 재개업의 신고를 하지 않은 경우	법 제101조 제2항제13호	50	100	200
구. 영업자가 법 제76조제2항을 위반하여 동물처리계획서를 제출하지 않거나 같은 조 제3항에 따른 처리결과를 보고하지 않은 경우	법 제101조 제2항제14호	50	100	200
누. 영업자가 법 제78조제1항제3호를 위반하여 노화나 질병이 있는 동물을 유기하거나 폐기할 목적으로 거래한 경우	법 제101조 제2항제15호	**100**	**200**	**300**

위반행위	근거 법조문	과태료 금액		
		1차 위반	2차 위반	3차 이상 위반
두. 영업자가 법 제78조제1항제4호를 위반하여 **동물의 번식, 반입·반출 등의 기록, 관리 및 보관을 하지 않은 경우**	법 제101조 제2항제16호	50	100	200
루. 영업자가 법 제78조제1항제5호를 위반하여 **영업허가번호 또는 영업등록번호를 명시하지 않고 거래금액을 표시한 경우**	법 제101조 제2항제17호	50	100	200
무. 영업자가 법 제78조제1항제7호를 위반하여 **영업별 시설 및 인력 기준을 준수하지 않은 경우**	법 제101조 제1항제9호	100	300	500
부. 영업자가 법 제78조제1항제8호를 위반하여 **종사자에게 교육을 실시하지 않은 경우**	법 제101조 제3항제14호	30	50	100
수. 영업자가 법 제78조제1항제9호를 위반하여 영업실적을 보고하지 않은 경우	법 제101조 제3항제15호	30	50	100
우. 영업자가 법 제78조제1항제10호를 위반하여 등록대상동물의 등록 및 변경신고의무를 고지하지 않은 경우	법 제101조 제3항제16호	30	50	100
주. 영업자가 법 제78조제3항제1호를 위반하여 수입신고를 하지 않거나 거짓이나 그 밖의 부정한 방법으로 수입신고를 한 경우	법 제101조 제2항제18호	50	100	200
추. 영업자가 법 제78조제3항제2호를 위반하여 신고한 사항과 다른 용도로 동물을 사용한 경우	법 제101조 제3항제17호	30	50	100
쿠. 영업자가 법 제78조제5항제2호를 위반하여 등록대상동물의 사체를 처리한 후 신고하지 않은 경우	법 제101조 제3항제18호	30	50	100
투. 영업자가 법 제78조제6항에 따라 동물의 보호와 공중위생상의 위해 방지를 위하여 농림축산식품부령으로 정하는 준수사항을 지키지 않은 경우	법 제101조 제3항제19호	30	50	100
푸. 영업자가 법 제79조를 위반하여 등록대상동물의 등록을 신청하지 않고 판매한 경우	법 제101조 제3항제20호	30	50	100
후. 영업자가 법 제82조제2항 또는 제3항을 위반하여 **교육을 받지 않고 영업을 한 경우**	법 제101조 제3항제21호	30	50	100
그. 동물의 소유자등이 법 제86조제1항제1호에 따른 자료제출 요구에 응하지 않거나 거짓 자료를 제출한 경우	법 제101조 제3항제22호	20	40	60
느. 동물의 소유자등이 법 제86조제1항제2호에 따른 출입·검사를 거부·방해 또는 기피한 경우	법 제101조 제3항제23호	20	40	60
드. 법 제86조제1항제3호 또는 같은 조 제7항에 따른 시정명령 등의 조치에 따르지 않은 경우	법 제101조 제3항제25호	30	50	100
르. 법 제86조제2항에 따른 보고·자료제출을 하지 않거나 거짓으로 보고·자료제출을 한 경우 또는 같은 항에 따른 출입·조사·검사를 거부·방해·기피한 경우	법 제101조 제3항제24호	20	40	60
므. 법 제88조제4항을 위반하여 **동물보호관의 직무 수행을 거부·방해 또는 기피한 경우**	법 제101조 제3항제26호	20	40	60
브. 법 제94조제2항을 위반하여 정당한 사유 없이 자료 및 정보의 제공을 하지 않은 경우	법 제101조 제4항제7호	10	20	40

동물보호법 시행규칙

[시행 2024. 5. 27.] [농림축산식품부령 제657호, 2024. 5. 27., 일부개정]

제1조(목적)

이 규칙은 「동물보호법」 및 같은 법 시행령에서 위임된 사항과 그 시행에 필요한 사항을 규정함을 목적으로 한다.

제2조(맹견의 범위)

「동물보호법」(이하 "법"이라 한다) 제2조제5호가목에 따른 "농림축산식품부령으로 정하는 개"란 다음 각 호를 말한다.

1. 도사견과 그 잡종의 개
2. 핏불테리어(아메리칸 핏불테리어를 포함한다)와 그 잡종의 개
3. 아메리칸 스태퍼드셔 테리어와 그 잡종의 개
4. 스태퍼드셔 불 테리어와 그 잡종의 개
5. 로트와일러와 그 잡종의 개

제3조(반려동물의 범위)

법 제2조제7호에서 "개, 고양이 등 농림축산식품부령으로 정하는 동물"이란 **개, 고양이, 토끼, 페럿, 기니피그 및 햄스터**를 말한다.

제4조(동물복지위원회 위원 자격)

법 제7조제3항제3호에서 "농림축산식품부령으로 정하는 자격기준에 맞는 사람"이란 다음 각 호의 어느 하나에 해당하는 사람을 말한다.

1. 법 제51조제1항에 따른 동물실험윤리위원회(이하 "윤리위원회"라 한다)의 위원
2. 법 제69조제1항에 따라 영업허가를 받은 자 또는 법 제73조제1항에 따라 영업등록을 한 자(이하 "영업자"라 한다)로서 동물보호·동물복지에 관한 학식과 경험이 풍부한 사람
3. 법 제90조에 따른 명예동물보호관으로서 그 사람을 위촉한 농림축산식품부장관(그 소속 기관의 장을 포함한다) 또는 지방자치단체의 장의 추천을 받은 사람
4. 「축산자조금의 조성 및 운용에 관한 법률」 제2조제3호에 따른 축산단체의 대표로서 동물보호·동물복지에 관한 학식과 경험이 풍부한 사람
5. 변호사

6. 「고등교육법」 제2조에 따른 학교에서 법학 또는 동물보호·동물복지를 담당하는 조교수 이상의 직(職)에 있거나 있었던 사람

7. 그 밖에 동물보호·동물복지에 관한 학식과 경험이 풍부하다고 농림축산식품부장관이 인정하는 사람

제5조(적절한 사육·관리 방법 등)

법 제9조제5항에 따른 동물의 적절한 사육·관리 방법 등에 관한 사항은 **별표 1**과 같다.

제6조(동물학대 등의 금지)

① **법 제10조제1항제4호에서** "사람의 생명·신체에 대한 직접적인 위협이나 재산상의 피해 방지 등 농림축산식품부령으로 정하는 **정당한 사유**"란 다음 각 호의 어느 하나에 해당하는 경우를 말한다.

　　1. **사람의 생명·신체에 대한 직접적인 위협이나 재산상의 피해를 방지하기 위하여 다른 방법이 없는 경우**

　　2. **허가, 면허 등에 따른 행위를 하는 경우**

　　3. **동물의 처리에 관한 명령, 처분 등을 이행하기 위한 경우**

② 법 제10조제2항제1호 단서에서 "**해당 동물의 질병 예방이나 치료 등 농림축산식품부령으로 정하는 경우**"란 다음 각 호의 어느 하나에 해당하는 경우를 말한다.

　　1. **질병의 예방이나 치료를 위한 행위인 경우**

　　2. **법 제47조에 따라 실시하는 동물실험인 경우**

　　3. **긴급 사태가 발생하여 해당 동물을 보호하기 위해 필요한 행위인 경우**

③ 법 제10조제2항제2호 단서에서 "해당 동물의 질병 예방 및 동물실험 등 농림축산식품부령으로 정하는 경우"란 제2항 각 호의 어느 하나에 해당하는 경우를 말한다.

④ 법 제10조제2항제3호 단서에서 "**민속경기 등 농림축산식품부령으로 정하는 경우**"란 「전통 소싸움경기에 관한 법률」에 따른 **소싸움**[36]으로서 농림축산식품부장관이 정하여 고시하는 것을 말한다.

⑤ 법 제10조제4항제2호에서 "**최소한의 사육공간 및 먹이 제공, 적정한 길이의 목줄, 위생·건강 관리를 위한 사항 등 농림축산식품부령으로 정하는 사육·관리 또는 보호의무**"란

---

36) 지방자치단체장이 주관(주최)하는 민속 소싸움 경기 [농림축산식품부고시 제2013-57호, 2013. 5. 27., 일부개정]
　　제3조(민속 소싸움 경기) 농림축산식품부장관이 정하여 고시하는 민속 소싸움 경기는 **대구광역시** 달성군, 충청북도 보은군, 전라북도 정읍시, 전라북도 완주군, 경상북도 청도군, 경상남도 창원시, 경상남도 진주시, 경상남도 김해시, 경상남도 의령군, 경상남도 함안군, 경상남도 창녕군의 지방자치단체장이 주관(주최)하는 민속 소싸움으로 한다.

별표 2에 따른 사육·관리·보호의무를 말한다.

⑥ 법 제10조제5항제1호 단서에서 **"동물보호 의식을 고양하기 위한 목적이 표시된 홍보 활동 등 농림축산식품부령으로 정하는 경우"**란 다음 각 호의 어느 하나에 해당하는 경우를 말한다.

1. 국가기관, 지방자치단체 또는 「동물보호법 시행령」(이하 "영"이라 한다) 제6조 각 호에 따른 법인·단체(이하 "동물보호 민간단체"라 한다)가 동물보호 의식을 고양시키기 위한 목적으로 법 제10조제1항부터 제4항까지(제4항제1호는 제외한다)에 규정된 행위를 촬영한 사진 또는 영상물(이하 이 항에서 "사진 또는 영상물"이라 한다)에 기관 또는 단체의 명칭과 해당 목적을 표시하여 **판매·전시·전달·상영하거나 인터넷에 게재하는 경우**

2. 언론기관이 보도 목적으로 사진 또는 영상물을 부분 편집하여 전시·전달·상영하거나 인터넷에 게재하는 경우

3. 신고 또는 제보의 목적으로 제1호 및 제2호에 해당하는 법인·기관 또는 단체에 사진 또는 영상물을 전달하는 경우

⑦ 법 제10조제5항제4호 단서에서 "「장애인복지법」 제40조에 따른 **장애인 보조견의 대여 등** 농림축산식품부령으로 정하는 경우"란 다음 각 호의 어느 하나에 해당하는 경우를 말한다.

1. 「장애인복지법」 제40조에 따른 장애인 보조견을 대여하는 경우

2. 촬영, 체험 또는 교육을 위하여 동물을 대여하는 경우. 이 경우 대여하는 기간 동안 해당 동물을 관리할 수 있는 인력이 제5조에 따른 적절한 사육·관리를 해야 한다.

제7조(동물운송자의 범위)

법 제11조제1항 각 호 외의 부분에서 "농림축산식품부령으로 정하는 자"란 영리를 목적으로 「자동차관리법」 제2조제1호에 따른 **자동차를 이용하여 동물을 운송하는 자**를 말한다.

제8조(동물의 도살방법)

① 법 제13조제2항에서 "가스법·전살법(電殺法) 등 농림축산식품부령으로 정하는 방법"이란 다음 각 호의 어느 하나의 방법을 말한다.

1. 가스법, 약물 투여법

2. 전살법(電殺法), 타격법(打擊法), 총격법(銃擊法), 자격법(刺擊法)

② 농림축산식품부장관은 제1항 각 호의 도살방법 중 「축산물 위생관리법」에 따라 도축하는 경우에 대하여 동물의 고통을 최소화하는 방법을 정하여 고시할 수 있다.

제9조(동물등록 제외지역)

법 제15조제1항 단서에 따라 특별시·광역시·특별자치시·도·특별자치도(이하 "시·도"라
한다)의 조례로 동물을 등록하지 않을 수 있는 지역으로 정할 수 있는 지역의 범위는 다음
각 호와 같다.

> 1. 도서[도서, 제주특별자치도 본도(本島) 및 방파제 또는 교량 등으로 육지와 연결된
>   도서는 제외한다]
> 2. 영 제12조제1항에 따라 동물등록 업무를 대행하게 할 수 있는 자가 없는 읍·면

제10조(등록대상동물의 등록사항 및 방법 등)

① 영 제10조제1항에 따른 동물등록 신청서는 별지 제1호서식과 같다.

② 영 제10조제3항 및 제11조제3항에 따른 동물등록증은 별지 제2호서식과 같다.

③ 영 제10조제4항에 따른 동물등록증 재발급 신청서는 별지 제3호서식과 같다.

④ 영 제11조제2항에 따른 동물등록 변경신고서는 별지 제4호서식과 같다.

제11조(안전조치)

법 제16조제2항제1호에 따른 "농림축산식품부령으로 정하는 기준"이란 다음 각 호의 기준을
말한다.

> 1. 길이가 2미터 이하인 목줄 또는 가슴줄을 하거나 이동장치(등록대상동물이 탈출할 수
>   없도록 잠금장치를 갖춘 것을 말한다)를 사용할 것. 다만, 소유자등이 월령 3개월 미
>   만인 등록대상동물을 직접 안아서 외출하는 경우에는 목줄, 가슴줄 또는 이동장치를
>   하지 않을 수 있다.
> 2. 다음 각 목에 해당하는 공간에서는 등록대상동물을 직접 안거나 목줄의 목덜미 부분
>   또는 가슴줄의 손잡이 부분을 잡는 등 등록대상동물의 이동을 제한할 것
>   가. 「주택법 시행령」 제2조제2호에 따른 다중주택 및 같은 조 제3호에 따른 다가구주
>   택의 건물 내부의 공용공간
>   나. 「주택법 시행령」 제3조에 따른 공동주택의 건물 내부의 공용공간
>   다. 「주택법 시행령」 제4조에 따른 준주택의 건물 내부의 공용공간

제12조(인식표의 부착)

법 제16조제2항제2호에서 "농림축산식품부령으로 정하는 사항"이란 **동물등록번호**(등록한
동물만 해당한다)를 말한다.

제12조의2(맹견수입신고서)

영 제12조의2제1항에 따른 맹견수입신고서는 별지 제4호의2서식과 같다.

[본조신설 2024. 5. 27.]

제12조의3(맹견사육허가 신청서 등)

① 영 제12조의3제1항에 따른 맹견사육허가 신청서는 별지 제4호의3서식과 같다.

② 영 제12조의3제4항에 따른 맹견사육허가증은 별지 제4호의4서식과 같다.

[본조신설 2024. 5. 27.]

제12조의4(맹견사육허가에 따른 교육이수 명령 등)

① 특별시장·광역시장·특별자치시장·도지사·특별자치도지사(이하 "시·도지사"라 한다)는 법 제18조제6항에 따라 맹견사육허가를 받은 자(법 제18조제2항에 따라 공동으로 맹견사육허가를 받은 자를 포함한다. 이하 같다)에게 다음 각 호의 구분에 따라 **교육이수 또는 맹견 훈련을 명할 수 있다.** 이 경우 제1호에 따른 교육시간과 제2호에 따른 훈련시간을 더한 시간은 총 20시간 이내로 한다.

1. **맹견사육허가를 받은 자의 교육이수:** 맹견의 사육·관리·보호 및 사고방지 등에 관한 이론교육 및 실습교육을 받을 것

2. **허가 대상 맹견의 훈련:** 해당 개의 특성과 법 제18조제3항에 따른 **기질평가의 결과를** 고려한 개체별 특성화 훈련을 시킬 것

② 제1항 각 호에 따른 교육 및 훈련은 다음 각 호의 어느 하나에 해당하는 기관·법인·단체에서 실시한다.

1. 「수의사법」 제23조에 따른 대한수의사회

2. 「민법」 제32조에 따라 설립된 법인으로서 동물보호를 목적으로 하는 법인

3. 「비영리민간단체 지원법」 제4조에 따라 등록된 비영리민간단체로서 동물보호를 목적으로 하는 단체

4. 농식품공무원교육원

5. 「농업·농촌 및 식품산업 기본법」 제11조의2에 따른 농림수산식품교육문화정보원

6. 그 밖에 시·도지사가 맹견 관련 교육 또는 훈련에 전문성을 갖추었다고 인정하는 기관·법인·단체

③ 시·도지사는 법 제18조제6항에 따라 교육이수 또는 맹견 훈련 명령을 위하여 필요한 경우 관계 전문기관 또는 전문가 등에게 자료 또는 의견의 제출 등 필요한 협조를 요청할 수 있다.

④ 제1항부터 제3항까지에서 규정한 사항 외에 교육이수 또는 맹견 훈련 명령 등에 필요

한 세부 사항은 농림축산식품부장관이 정하여 고시한다.

[본조신설 2024. 5. 27.]

제12조의5(맹견의 관리)

① 법 제21조제1항제2호에 따른 안전장치는 다음 각 호의 기준에 따른다.

　1. 목줄의 경우에는 길이가 2미터 이하인 목줄만 사용할 것

　2. 입마개의 경우에는 맹견이 호흡 또는 체온조절을 하거나 물을 마시는 데 지장이 없는 범위에서 사람에 대한 공격을 효과적으로 차단할 수 있는 크기의 입마개를 사용할 것

② 법 제21조제1항제2호에 따른 이동장치는 다음 각 호의 기준을 모두 갖추어야 한다.

　1. 맹견이 이동장치에서 탈출할 수 없도록 잠금장치를 갖출 것

　2. 이동장치의 입구, 잠금장치 및 외벽은 충격 등에 의해 쉽게 파손되지 않는 견고한 재질로 만들어진 것일 것

③ 법 제21조제1항제3호에서 "농림축산식품부령으로 정하는 사항"이란 다음 각 호의 준수사항을 말한다.

　1. 맹견을 사육하는 곳에 맹견에 대한 경고문을 표시할 것

　2. 맹견을 사육하는 경우에는 맹견으로 인한 위해를 방지할 수 있도록 탈출방지 또는 안전시설을 설치할 것

　3. 다음 각 목에 해당하는 공간에서는 월령이 3개월 이상인 맹견을 직접 안거나 목줄의 목덜미 부분을 잡는 등의 방식으로 맹견의 이동을 제한할 것

　　가. 「주택법 시행령」 제2조제2호에 따른 다중주택 및 같은 조 제3호에 따른 다가구주택의 건물 내부의 공용공간

　　나. 「주택법 시행령」 제3조에 따른 공동주택의 건물 내부의 공용공간

　　다. 「주택법 시행령」 제4조에 따른 준주택의 건물 내부의 공용공간

　4. 그 밖에 맹견에 의한 위해 발생 방지를 위해 시 · 도지사 또는 시장 · 군수 · 구청장이 필요하다고 인정하는 안전시설 등을 설치할 것

④ 시 · 도지사와 시장 · 군수 · 구청장은 법 제21조제2항에 따라 맹견에 대해 격리조치 등을 취하는 경우에는 별표 2의2의 기준에 따른다.

[본조신설 2024. 5. 27.]

제12조의6(맹견사육허가를 받은 사람에 대한 교육)

① 법 제21조제3항에 따라 맹견사육허가를 받은 사람이 받아야 하는 교육은 다음 각 호의 구분에 따른다.

　1. 신규교육: 법 제18조제1항 및 제2항에 따라 맹견사육허가를 받은 날부터 6개월 이내

에 3시간의 신규교육을 받을 것. 다만, 맹견사육허가를 받은 날부터 6개월 이내에 제12조의4제1항제1호에 따라 3시간 이상의 교육을 이수한 경우는 제외한다.

2. 보수교육: 신규교육 또는 직전의 보수교육을 받은 날이 속하는 연도의 다음 연도 12월 31일까지 매년 3시간의 교육을 받을 것

② 법 제21조제3항에 따른 교육은 다음 각 호의 어느 하나에 해당하는 기관·법인·단체로서 농림축산식품부장관이 지정하는 기관·법인·단체가 대면교육 또는 정보통신망을 활용한 **온라인 교육 등의 방법으로 실시한다.**

1. 「수의사법」 제23조에 따른 대한수의사회
2. 「민법」 제32조에 따라 설립된 법인으로서 동물보호를 목적으로 하는 법인
3. 「비영리민간단체 지원법」 제4조에 따라 등록된 비영리민간단체로서 동물보호를 목적으로 하는 단체
4. 농식품공무원교육원
5. 「농업·농촌 및 식품산업 기본법」 제11조의2에 따른 농림수산식품교육문화정보원

③ **법 제21조제3항에 따른 교육은 다음 각 호의 내용을 포함해야 한다.**

1. **맹견의 종류별 특성**
2. **맹견의 사육방법 및 질병예방에 관한 사항**
3. **맹견의 안전관리에 관한 사항**
4. **동물의 보호와 복지에 관한 사항**
5. **「동물보호법」 및 동물보호정책에 관한 사항**
6. **그 밖에 농림축산식품부장관이 필요하다고 인정하는 사항**

④ 제2항에 따른 기관·법인·단체가 법 제21조제3항에 따라 **교육을 실시한 경우에는 해당 교육이 끝난 후 30일 이내에 그 결과를 시장·군수·구청장에게 통지해야 한다.**

⑤ 제1항부터 제4항까지에서 규정한 사항 외에 교육의 실시 및 관리 등에 필요한 사항은 농림축산식품부장관이 정하여 고시한다.

[본조신설 2024. 5. 27.]

제13조(보험금액)

① 영 제13조제3항제1호나목에서 "농림축산식품부령으로 정하는 상해등급에 따른 금액"이란 별표 3 제1호의 상해등급에 따른 보험금액을 말한다.

② 영 제13조제3항제1호다목에서 "농림축산식품부령으로 정하는 후유장애등급에 따른 금액"이란 별표 3 제2호의 후유장애등급에 따른 보험금액을 말한다.

제13조의2(기질평가비용)

① 법 제25조제1항에 따른 기질평가(이하 "기질평가"라 한다)에 소요되는 비용은 다음 각 호와 같다.

  1. 법 제26조제1항에 따른 **기질평가위원회의 심사비용**

  2. **기질평가를 위한 시설 및 장비 사용 비용**

  3. **그 밖에** 기질평가에 소요되는 비용으로서 시·도지사가 인정하는 비용

② **시·도지사는 기질평가를 실시하는 경우에는 해당 개의 소유자에게 기질평가에 소요되는 비용, 비용의 납부 시기 및 납부 방법 등에 관한 사항을 알려야 한다.**

③ 제1항 및 제2항에서 규정한 사항 외에 기질평가에 소요되는 비용의 세부 기준 등에 관하여 필요한 세부 사항은 농림축산식품장관이 정하여 고시한다.

[본조신설 2024. 5. 27.]

제13조의3(기질평가 조사원의 증표)

법 제27조제3항에서 "농림축산식품부령으로 정하는 증표"란 별지 제4호의5서식에 따른 증표를 말한다.

[본조신설 2024. 5. 27.]

제13조의4(반려동물행동지도사의 보수교육 등)

① 농림축산식품부장관은 법 제30조제2항에 따라 **반려동물행동지도사의 보수교육을 실시하는 경우에는 실비의 범위에서 보수교육 경비를 받을 수 있다.**

② 법 제30조제2항에 따른 반려동물행동지도사에 대한 보수교육은 대면교육 또는 정보통신망을 활용한 **온라인 교육 등의 방법으로 실시할 수 있다.**

③ 제1항 및 제2항에서 규정한 사항 외에 반려동물행동지도사 보수교육의 실시에 필요한 세부 사항은 농림축산식품부장관이 정하여 고시할 수 있다.

[본조신설 2024. 5. 27.]

제13조의5(반려동물행동지도사 자격시험)

① 농림축산식품부장관은 법 제31조에 따른 반려동물행동지도사 자격시험의 효율적 실시를 위해 필요하다고 인정하는 경우에는 농림축산식품부장관이 정하는 바에 따라 **자격검정위원회를 둘 수 있다.**

② 영 제14조의4제4항에 따른 반려동물행동지도사 자격증은 별지 제4호의6서식과 같다.

③ 제1항 및 제2항에서 규정한 사항 외에 반려동물행동지도사 자격시험의 시행에 필요한 사항은 농림축산식품부장관이 정하여 고시할 수 있다.

[본조신설 2024. 5. 27.]

제13조의6(반려동물행동지도사의 자격취소 등의 기준)

법 제32조제2항에 따른 **반려동물행동지도사의 자격취소 및 자격정지 처분의 세부 기준은 별표 3의2와 같다.**

[본조신설 2024. 5. 27.]

제14조(구조·보호조치 제외 동물)

① 법 제34조제1항 각 호 외의 부분 단서에서 "농림축산식품부령으로 정하는 동물"이란 도심지나 주택가에서 자연적으로 번식하여 자생적으로 살아가는 고양이로서 **개체수 조절을 위해 중성화(中性化)하여 포획장소에 방사(放飼)하는 등의 조치 대상이거나 조치가 된 고양이**[37]를 말한다.

② 제1항의 동물에 대한 세부 처리방법은 농림축산식품부장관이 정하여 고시할 수 있다.

제15조(보호조치 기간)

시·도지사와 시장·군수·구청장은 법 제34조제3항에 따라 소유자등에게 **학대받은 동물을 보호할 때**에는 「수의사법」 제2조제1호에 따른 **수의사(이하 "수의사"라고 한다)의 진단에 따라** 기간을 정하여 보호조치 하되, 5일 이상 소유자등으로부터 격리조치를 해야 한다.〈개정 2024. 5. 27.〉

제16조(동물보호센터의 시설 및 인력 기준)

법 제35조제1항 및 제36조제1항에 따른 **동물보호센터의 시설 및 인력 기준은 별표 4와 같다.**

제17조(동물보호센터의 장 및 종사자에 대한 교육)

① 법 제35조제5항 및 제36조제6항에 따라 **동물보호센터의 장 및 그 종사자는** 다음 각 호의 어느 하나에 해당하는 법인 또는 단체로서 농림축산식품부장관이 고시하는 법인·단체에서 실시하는 동물의 보호 및 공중위생상의 위해 방지 등에 관한 교육을

---

37) 동물보호센터 운영 지침 [시행 2022. 1. 1.] [농림축산식품부고시 제2021-89호, 2021. 12. 8., 일부개정] 제3조(보호조치 동물의 범위) 센터에서 보호 조치하는 동물의 범위는 다음 각 호와 같다.

  1. 도로·공원 등의 공공장소에서 소유자 등이 없이 배회하거나 내버려진 동물(이하 "유실·유기동물"이라 한다) 및 「동물보호법 시행규칙」(이하 "규칙"이라 한다) 제13조에 따른 고양이 중 구조 신고된 고양이로 다치거나 어미로부터 분리되어 스스로 살아가기 힘들다고 판단되는 3개월령 이하의 고양이. 다만, 센터에 입소한 고양이 중 스스로 살아갈 수 있는 고양이로 판단될 경우 즉시 구조한 장소에 방사하여야 한다.

매년 3시간 이상 이수해야 한다.

1. 동물보호 민간단체
2. 「농업·농촌 및 식품산업 기본법」 제11조의2에 따른 농림수산식품교육문화정보원
② 제1항에 따라 실시하는 교육에는 다음 각 호의 내용이 포함되어야 한다.

   1. 동물보호 관련 법령 및 정책에 관한 사항

   2. 동물의 보호·복지에 관한 사항

   3. 동물의 사육·관리 및 질병 예방에 필요한 사항

   4. 공중위생상의 위해 방지에 관한 사항

제18조(동물보호센터 운영위원회의 설치 및 기능 등)

① 법 제35조제6항 본문에서 "농림축산식품부령으로 정하는 일정 규모 이상의 동물보호센터"란 연간 구조·보호되는 **동물의 마릿수가 1천마리 이상인 동물보호센터**를 말한다.

② 법 제35조제6항에 따라 동물보호센터에 설치하는 운영위원회(이하 "운영위원회"라 한다)는 다음 각 호의 사항을 심의한다.

   1. 동물보호센터의 사업계획 및 실행에 관한 사항
   2. 동물보호센터의 예산·결산에 관한 사항
   3. 그 밖에 이 법의 준수 여부 등에 관한 사항

제19조(운영위원회의 구성·운영 등)

① 운영위원회는 위원장 1명을 포함하여 3명 이상 10명 이하의 위원으로 구성한다.

② 위원장은 위원 중에서 호선(互選)하고, 위원은 다음 각 호의 어느 하나에 해당하는 사람 중에서 동물보호센터의 장이 위촉한다.

   1. 수의사
   2. 동물보호 민간단체에서 추천하는 동물보호에 관한 학식과 경험이 풍부한 사람
   3. 법 제90조에 따른 명예동물보호관으로서 그 동물보호센터를 설치한 지방자치단체의 장의 위촉을 받은 사람
   4. 그 밖에 동물보호에 관한 학식과 경험이 풍부한 사람

③ 운영위원회에는 다음 각 호에 해당하는 위원이 각 1명 이상 포함되어야 한다.

   1. 제2항제1호에 해당하는 위원
   2. 제2항제2호에 해당하는 위원으로서 해당 동물보호센터와 이해관계가 없는 사람
   3. 제2항제3호 또는 제4호에 해당하는 위원으로서 해당 동물보호센터와 이해관계가 없는 사람

④ 위원의 임기는 2년으로 하며, 중임(重任) 할 수 있다.

⑤ 동물보호센터는 운영위원회의 회의를 매년 1회 이상 소집해야 하고, 그 회의록을 작성하여 3년 이상 보존해야 한다.

⑥ 제1항부터 제5항까지에서 규정한 사항 외에 운영위원회의 구성 및 운영 등에 필요한 사항은 운영위원회의 의결을 거쳐 위원장이 정한다.

제20조(동물보호센터의 준수사항)

법 제35조제7항에 따른 동물보호센터의 준수사항은 **별표 5**와 같다.

제21조(동물보호센터의 지정 등)

① 법 제36조제1항에 따라 동물보호센터로 지정을 받으려는 자는 별지 제5호서식의 동물보호센터 지정신청서에 다음 각 호의 서류를 첨부하여 시·도지사 또는 시장·군수·구청장이 공고하는 기간 내에 제출해야 한다.

1. 별표 4의 기준을 충족함을 증명하는 자료

2. 동물의 구조·보호조치에 필요한 건물 및 시설의 명세서

3. 동물의 구조·보호조치에 종사하는 인력 현황

4. 동물의 구조·보호조치 실적(실적이 있는 경우만 해당한다)

5. 사업계획서

② 제1항에 따라 동물보호센터 지정 신청을 받은 시·도지사 또는 시장·군수·구청장은 별표 4의 기준에 가장 적합한 법인·단체 또는 기관을 동물보호센터로 지정하고, 별지 제6호서식의 동물보호센터 지정서를 발급해야 한다.

③ **제2항에 따라 동물보호센터를 지정한 시·도지사 또는 시장·군수·구청장은 제16조의 시설 및 인력 기준과 제20조의 준수사항 준수 여부를 연 2회 이상 점검해야 한다.**

④ 제2항에 따라 동물보호센터를 지정한 시·도지사 또는 시장·군수·구청장은 제3항에 따른 **점검 결과를 연 1회 이상 농림축산검역본부장(이하 "검역본부장"이라 한다)에게 통지해야 한다.**

제22조(동물의 보호비용 지원 등)

① 법 제36조제3항에 따라 동물의 보호비용을 지원받으려는 동물보호센터는 동물의 보호비용을 시·도지사 또는 시장·군수·구청장에게 청구해야 한다.

② 시·도지사 또는 시장·군수·구청장은 제1항에 따른 비용을 청구받은 경우 그 명세를 확인하고 금액을 확정하여 지급할 수 있다.

제23조(민간동물보호시설의 운영신고 등)

① 법 제37조제1항에 따른 민간동물보호시설(이하 "보호시설"이라 한다)을 운영하려는 자는 별지 제7호서식의 민간동물보호시설 신고서에 **다음 각 호의 서류를 첨부하여 특별자치시장·특별자치도지사·시장·군수·구청장에게 신고해야 한다.**

1. **별표 6의 시설 기준에 적합한 시설을 갖추었는지 확인할 수 있는 자료**

2. **동물의 보호조치에 필요한 건물 및 시설의 명세서**

3. **동물의 보호조치에 종사하는 인력 현황**

4. **동물의 보호 현황**

5. **보호시설 운영계획서(별표 6 및 별표 7의 시설 기준 및 운영 기준 준수 여부 및 시설 정비 등의 사후관리를 위한 계획을 포함한다)**

② 법 제37조제3항에 따라 신고가 수리된 보호시설의 운영자(이하 "보호시설운영자"라 한다)가 영 제15조제2항 각 호의 어느 하나에 해당하는 사항을 변경할 경우에는 별지 제8호서식의 민간동물보호시설 변경신고서에 변경내용을 증명하는 서류를 첨부하여 **특별자치시장·특별자치도지사·시장·군수·구청장에게 신고해야 한다.**

③ 특별자치시장·특별자치도지사·시장·군수·구청장은 법 제37조제3항에 따라 신고를 수리할 경우 별지 제9호서식의 **민간동물보호시설 신고증을 발급**해야 한다.

④ 법 제37조제4항에서 "농림축산식품부령으로 정하는 시설 및 운영기준"이란 별표 6의 민간동물보호시설의 시설 기준 및 **별표 7의 민간동물보호시설의 운영 기준**을 말한다.

⑤ 보호시설운영자가 법 제37조제5항에 따라 보호시설의 운영을 일시적으로 중단하거나 영구적으로 폐쇄하거나 그 운영을 재개하려는 경우에는 별지 제10호서식의 일시운영중단·영구폐쇄·운영재개 신고서에 별지 제11호서식의 **보호동물 관리·처리 계획서를 첨부**(운영을 재개하는 경우는 제외한다)하여 **일시운영중단·영구폐쇄·운영재개 30일 전까지** 특별자치시장·특별자치도지사·시장·군수·구청장에게 제출해야 한다. 다만, 일시운영중단의 기간을 정하여 신고하는 경우 그 기간이 만료되어 운영을 재개할 때에는 신고하지 않을 수 있다.

제24조(공고)

① 시·도지사와 시장·군수·구청장이 영 제16조제1항 단서에 따라 공고하는 동물보호 공고문은 별지 제12호서식과 같다.

② 시·도지사와 시장·군수·구청장은 영 제16조제2항에 따라 별지 제13호서식의 보호동물 개체관리카드와 별지 제14호서식의 보호동물 관리대장에 공고내용을 작성하여 법 제95조제2항에 따른 **국가동물보호정보시스템**(이하 "동물정보시스템"이라 한다)을 통하여 **관리해야 한다.**

제25조(사육계획서)

법 제41조제2항에 따라 **보호조치 중인 동물(이하 이 조 및 제26조에서 "동물"이라 한다)**을 **반환받으려는 소유자는 별지 제15호서식의 사육계획서를 보호조치 중인 시·도지사 또는 시장·군수·구청장**에게 제출해야 한다.

제26조(보호비용의 납부)

① 시·도지사와 시장·군수·구청장은 법 제42조제2항에 따라 동물의 보호비용을 징수하려는 경우에는 해당 동물의 소유자에게 별지 제16호서식의 비용징수통지서를 통지해야 한다.

② 제1항에 따른 통지를 받은 동물의 소유자는 **그 통지를 받은 날부터 7일 이내에 보호비용을 납부해야 한다.** 다만, 천재지변이나 그 밖의 부득이한 사유로 보호비용을 낼 수 없을 때에는 그 사유가 없어진 날부터 7일 이내에 내야 한다.

③ 동물의 소유자가 제2항에 따라 **보호비용을 납부기한까지 내지 않은 경우에는 고지된 비용에 이자를 가산한다.** 이 경우 그 이자를 계산할 때에는 납부기한의 다음 날부터 납부일까지 「소송촉진 등에 관한 특례법」 제3조제1항에 따른 법정이율을 적용한다.

④ 법 제42조제1항 및 제2항에 따른 보호비용은 수의사의 진단·진료 비용 및 동물보호센터의 보호비용을 고려하여 시·도의 조례로 정한다.

제27조(사육포기 동물의 인수 등)

① 법 제44조제1항에 따라 자신이 소유하거나 사육·관리 또는 보호하는 동물의 사육을 포기하려는 소유자등은 별지 제17호서식의 동물 **인수신청서를 관할 시·도지사 또는 시장·군수·구청장**에게 제출해야 한다.

② 법 제44조제3항에 따라 시·도지사 또는 시장·군수·구청장이 동물에 대한 **보호비용 등을 청구할 경우** 그 청구비용의 납부에 관하여는 제26조를 준용한다.

③ 법 제44조제4항에서 "장기입원 또는 요양, 「병역법」에 따른 병역 복무 등 농림축산식품부령으로 정하는 불가피한 사유"란 다음 각 호의 어느 하나에 해당하여 소유자등이 다른 방법으로는 정상적으로 동물을 사육하기 어려운 경우를 말한다.

1. **소유자등이 6개월 이상의 장기입원 또는 요양을 하는 경우**

2. **소유자등이 「병역법」에 따른 병역 복무를 하는 경우**

3. 태풍, 수해, 지진 등으로 소유자등의 주택 또는 보호시설이 파손되거나 유실되어 동물을 보호하는 것이 불가능한 경우

4. 소유자등이 「가정폭력방지 및 피해자보호 등에 관한 법률」 제7조에 따른 가정폭력피해자 보호시설에 입소하는 경우

5. 그 밖에 제1호부터 제4호까지에 준하는 불가피한 사유가 있다고 시·도지사 또는 시장·군수·구청장이 인정하는 경우

제28조(동물의 인도적인 처리 등)

① 법 제46조제1항에서 "질병 등 농림축산식품부령으로 정하는 사유가 있는 경우"란 다음 각 호의 어느 하나에 해당하는 경우를 말한다.

1. 동물이 질병 또는 상해로부터 회복될 수 없거나 지속적으로 고통을 받으며 살아야 할 것으로 수의사가 진단한 경우

2. 동물이 사람이나 보호조치 중인 다른 동물에게 질병을 옮기거나 위해를 끼칠 우려가 매우 높은 것으로 수의사가 진단한 경우

3. 법 제45조에 따른 기증 또는 분양이 곤란한 경우 등 시·도지사 또는 시장·군수·구청장이 부득이한 사정이 있다고 인정하는 경우

② 법 제46조제2항 후단에 따라 동물보호센터의 장은 별지 제13호서식의 **보호동물 개체관리카드에 인도적 처리 약제 사용기록을 작성하여 3년간 보관해야 한다.** 다만, 약제 사용기록은「수의사법」제13조에 따른 진료부로 대체할 수 있으며, 진료부로 대체하는 경우에는 그 사본을 보호동물 개체관리카드에 첨부해야 한다.

제29조(전임수의사의 교육)

영 제19조제2항제2호에 따른 **전임수의사 교육**은 다음 각 호의 사항이 포함되어야 하며, **6시간 이상 실시**한다. 이 경우 각 호의 사항에 대한 구체적인 내용, 교육시간은 검역본부장이 정하여 고시한다.

1. 동물보호 관련 법령 및 정책에 관한 사항

2. 실험동물의 보호·복지에 관한 사항

3. 실험동물의 사육·관리 및 질병 예방에 관한 사항

4. 그 밖에 실험동물의 건강 및 복지 증진을 위하여 검역본부장이 필요하다고 인정하는 사항

제30조(미성년자 동물 해부실습 금지의 적용 예외)

법 제50조 단서에서 "「초·중등교육법」제2조에 따른 학교 또는 동물실험시행기관 등이 시행하는 경우 등 농림축산식품부령으로 정하는 경우"란 「초·중등교육법」제2조에 따른 학교(「영재교육 진흥법」제2조제4호에 따른 영재학교를 포함하며, 이하 이 조에서 "학교"라 한다) 또는 동물실험시행기관이 시행하는 해부실습으로서 다음 각 호의 어느 하나에 해당하는 경우를 말한다.

1. 학교가 동물 해부실습의 시행에 대해 다른 동물실험시행기관의 윤리위원회(법 제51조제2항에 따라 윤리위원회를 설치하는 것으로 보는 경우 같은 조 제2항 각 호에 따른 **공용동물실험윤리위원회 또는 실험동물운영위원회를 말한다**)의 심의를 거친 경우

2. 학교가 다음 각 목의 요건을 모두 갖추어 동물 해부실습을 시행하는 경우

   가. 동물 해부실습에 관한 사항을 심의하기 위해 학교에 동물 **해부실습 심의위원회(이하 "심의위원회"라 한다)를 둘 것**

   나. 심의위원회는 위원장 1명을 포함하여 5명 이상 15명 이하의 위원으로 구성하되, 위원장은 위원 중에서 호선하고, 위원은 다음의 사람 중에서 학교의 장이 임명하거나 위촉할 것

      1) 과학 과목과 관련 있는 교원

      2) 시·도 교육청 소속 공무원 및 그 밖의 교육과정 전문가

      3) 학교의 소재지가 속한 시·도에 거주하는 수의사, 「약사법」 제2조제2호에 따른 약사 또는 「의료법」 제2조제2항제1호부터 제3호까지의 규정에 따른 의사·치과의사·한의사

      4) 학교의 학부모

   다. 학교의 장이 심의위원회의 심의를 거쳐 동물 해부실습의 시행이 타당하다고 인정할 것

   라. 심의위원회의 심의 및 운영에 관하여 별표 8의 기준을 준수할 것

3. 동물실험시행기관이 동물 해부실습의 시행에 대해 윤리위원회(법 제51조제2항에 따라 윤리위원회를 설치하는 것으로 보는 경우 같은 조 제2항 각 호에 따른 **공용동물실험윤리위원회 또는 실험동물운영위원회를 말한다**)의 심의를 거친 경우

제31조(윤리위원회의 설치 등)

① 법 제51조제2항제1호에서 "농림축산식품부령으로 정하는 일정 기준 이하의 동물실험시행기관"이란 다음 각 호의 어느 하나에 해당하는 동물실험시행기관을 말한다.

1. 연구인력 5명 이하인 동물실험시행기관

2. 동물실험시행기관의 장이 동물실험계획의 심의 건수 및 관련 연구 실적 등에 비추어 윤리위원회를 따로 두는 것이 적절하지 않은 것으로 판단하는 동물실험시행기관

② 법 제51조제4항 본문에서 "농림축산식품부령으로 정하는 중요사항에 변경이 있는 경우"란 다음 각 호의 어느 하나의 경우를 말한다.

1. 동물실험 연구책임자를 변경하는 경우

2. 실험동물 종(種)을 추가하거나 변경하는 경우

3. 별표 9에 따른 고통등급을 D 또는 E등급으로 상향하는 경우

4. 그 밖에 승인받은 실험동물 사용 마릿수가 증가하는 경우 등 윤리위원회에서 필요하다고 인정하는 경우

③ 법 제51조제4항 단서에서 "농림축산식품부령으로 정하는 경미한 변경이 있는 경우"란 제2항 각 호를 제외한 실험계획에 변경사항이 발생한 경우를 말한다.

제31조의2(공용동물실험윤리위원회)

① 농림축산식품부장관은 법 제52조제1항에 따른 공용동물실험윤리위원회(이하 "공용윤리위원회"라 한다)를 설치하거나 지정하는 경우에는 다음 각 호의 구분에 따른다.

1. 공용윤리위원회를 설치하는 경우: 농림축산검역본부에 설치할 것

2. 공용윤리위원회를 지정하는 경우: 법 제51조제1항에 따라 동물실험시행기관에 설치된 동물실험윤리위원회 중에서 지정할 것

② 법 제52조제2항제5호에서 "농림축산식품부령으로 정하는 실험"이란 다음 각 호의 실험을 말한다.

1. 법 제51조에 따른 동물실험윤리위원회에 상응하는 기관으로서 외국의 법령에 따라서 동물실험에 대한 정당한 권한을 가진 기관의 허가를 받아 국내에서 실시하는 실험

2. 질병 방역 또는 공중보건상의 이유로 시급히 수행할 필요가 있어 국가 또는 지방자치단체가 직접 수행하거나 위탁하여 실시하는 실험

③ 공용윤리위원회는 위원장 1명을 포함하여 3명 이상의 위원으로 구성하며, 위원의 임기는 2년으로 한다.

④ 공용윤리위원회 위원은 제1항에 따라 공용윤리위원회가 설치되거나 공용윤리위원회로 지정된 기관의 장이 제32조제1항부터 제3항까지의 규정에 따른 윤리위원회 위원 자격에 해당하는 사람 중에서 위촉하고, 위원장은 위원 중에서 호선한다. 이 경우 위원은 제32조제1항 및 제2항에 해당하는 위원을 각각 1명 이상 포함해야 한다.

⑤ 공용윤리위원회의 회의는 다음 각 호의 어느 하나에 해당하는 경우에 위원장이 소집하고, 위원장이 그 의장이 된다.

1. 재적위원 3분의 1이상이 소집을 요구하는 경우

2. 검역본부장 또는 동물실험시행기관의 장이 소집을 요구하는 경우

3. 그 밖에 공용윤리위원회 위원장이 필요하다고 인정하는 경우

⑥ 제1항부터 제5항까지에서 규정한 사항 외에 공용윤리위원회의 구성·운영·기능 등에 필요한 세부 사항은 농림축산식품부장관이 정한다.

[본조신설 2024. 5. 27.]

제32조(윤리위원회 위원 자격)

① 법 제53조제2항제1호에서 "농림축산식품부령으로 정하는 자격기준에 맞는 사람"이란 다음 각 호의 어느 하나에 해당하는 사람을 말한다.

　　1. 동물실험시행기관에서 동물실험 또는 실험동물에 관한 업무에 1년 이상 종사한 수의사

　　2. 법 제48조에 따른 전임수의사

　　3. 제2항제2호 또는 제4호에 따른 교육을 이수한 수의사

　　4. 「수의사법」 제23조에 따른 대한수의사회에서 인정하는 실험동물 전문수의사

② 법 제53조제2항제2호에서 "농림축산식품부령으로 정하는 자격기준에 맞는 사람"이란 다음 각 호의 어느 하나에 해당하는 사람을 말한다.

　　1. 동물보호 민간단체에서 동물보호나 동물복지에 관한 업무에 1년 이상 종사한 사람

　　2. 동물보호 민간단체 또는 「고등교육법」 제2조에 따른 학교에서 실시하는 동물보호·동물복지 또는 동물실험과 관련된 교육을 이수한 사람

　　3. 「생명윤리 및 안전에 관한 법률」 제7조에 따른 국가생명윤리심의위원회의 위원 또는 같은 법 제10조에 따른 기관생명윤리위원회의 위원으로 1년 이상 활동한 사람

　　4. 검역본부장이 실시하는 동물보호·동물복지 또는 동물실험에 관련된 교육을 이수한 사람

③ 법 제53조제2항제3호에서 "농림축산식품부령으로 정하는 사람"이란 다음 각 호의 어느 하나에 해당하는 사람을 말한다.

　　1. 동물실험 분야의 박사학위를 취득한 사람으로서 동물실험 또는 실험동물 관련 업무에 종사한 경력(학위 취득 전의 경력을 포함한다)이 있는 사람

　　2. 「고등교육법」 제2조에 따른 학교에서 철학·법학 또는 동물보호·동물복지를 담당하는 교수

　　3. 그 밖에 실험동물의 윤리적 취급과 과학적 이용을 위하여 필요하다고 해당 동물실험시행기관의 장이 인정하는 사람으로서 제2항제2호 또는 제4호에 따른 교육을 이수한 사람

④ 제2항제2호 및 제4호에 따른 동물보호·동물복지 또는 동물실험에 관련된 교육의 내용 및 교육과정의 운영에 필요한 사항은 검역본부장이 정하여 고시할 수 있다.

제33조(윤리위원회의 구성)

① 동물실험시행기관의 장은 윤리위원회를 구성하려는 경우에는 동물보호 민간단체에 법 제53조제2항제2호에 해당하는 위원의 추천을 의뢰해야 한다.

② 제1항의 추천을 의뢰받은 민간단체는 해당 동물실험시행기관의 윤리위원회 위원으로 적합하다고 판단되는 사람 1명 이상을 해당 동물실험시행기관에 추천할 수 있다.

③ 동물실험시행기관의 장은 제2항에 따라 추천받은 사람 중 적임자를 선택하여 법 제53조제2항제1호 및 제3호에 해당하는 위원과 함께 윤리위원회를 구성해야 한다.

④ 동물실험시행기관의 장은 제3항에 따라 윤리위원회가 구성되거나 구성된 윤리위원회에 변경이 발생한 경우 윤리위원회의 구성 또는 변경이 발생한 날부터 30일 이내에 그 사실을 검역본부장에게 통지해야 한다.

제34조(윤리위원회 위원의 이해관계인의 범위)

법 제53조제4항에 따른 해당 동물실험시행기관과 이해관계가 없는 사람은 다음 각 호의 어느 하나에 해당하지 않는 사람으로 한다.

1. 최근 3년 이내 해당 동물실험시행기관에 **재직한 경력이 있는 사람과 그 배우자**
2. 해당 동물실험시행기관의 **임직원 및 그 배우자의 직계혈족, 직계혈족의 배우자 및 형제·자매**
3. 해당 동물실험시행기관 **총 주식의 100분의 3 이상을 소유한 사람 또는 법인의 임직원**
4. 해당 동물실험시행기관에 실험동물이나 관련 기자재를 공급하는 등 **사업상 거래관계에 있는 사람 또는 법인의 임직원**
5. 해당 동물실험시행기관의 **계열회사(「독점규제 및 공정거래에 관한 법률」 제2조제12호에 따른 계열회사를 말한다) 또는 같은 법인에 소속된 임직원**

제35조(운영 실적)

동물실험시행기관의 장이 영 제21조제7항에 따라 윤리위원회 운영 및 동물실험의 실태에 관한 사항을 검역본부장에게 통지할 때에는 별지 제18호서식의 동물실험윤리위원회 운영 실적 통보서(전자문서로 된 통보서를 포함한다)에 따른다.

제36조(윤리위원회 위원에 대한 교육)

① 법 제57조제1항에 따라 윤리위원회의 위원은 검역본부장이 실시하거나 다음 각 호의 어느 하나에 해당하는 기관으로서 검역본부장이 고시하는 기관에서 실시하는 **교육을 매년 2시간 이상 이수해야 한다.**

1. 동물보호 민간단체
2. 「고등교육법」 제2조에 따른 학교
3. 「농업·농촌 및 식품산업 기본법」 제11조의2에 따른 농림수산식품교육문화정보원

② 제1항에 따라 실시하는 교육에는 다음 각 호의 내용이 포함되어야 한다.

1. **동물보호 정책 및 동물실험 윤리 제도**
2. **동물 보호·동물복지 이론 및 국제동향**

3. 실험동물의 윤리적 취급 및 과학적 이용

4. 윤리위원회의 기능과 역할

③ 그 밖에 제1항 및 제2항에 따른 교육의 내용 및 교육과정의 운영에 필요한 사항은 검역본부장이 정하여 고시한다.

제36조의2(동물복지축산농장의 인증)

① 법 제59조제1항에서 "농림축산식품부령으로 정하는 동물"이란 다음 각 호의 동물을 말한다.

　1. 소

　2. 돼지

　3. 닭

　4. 오리

　5. 염소

② 법 제59조제1항 및 제3항에 따른 동물복지축산농장의 인증기준은 별표 9의2와 같다.

③ 법 제59조제2항에 따라 동물복지축산농장의 인증을 받으려는 자는 별지 제18호의2서식의 인증 신청서에 별표 9의2의 비고 제2호에 따라 검역본부장이 정하여 고시하는 가축의 종류별 축산농장 운영 현황에 관한 서류(이하 "가축종류별 축산농장 운영 현황서"라 한다)를 첨부하여 법 제60조제1항에 따른 인증기관(인증기관이 없거나 인증기관이 인증업무를 수행할 수 없는 경우에는 농림축산검역본부를 포함하며, 이하 "인증기관"이라 한다)에 제출해야 한다.

④ 제3항에 따른 신청을 받은 인증기관의 장은 「전자정부법」 제36조제1항에 따른 행정정보의 공동이용을 통하여 다음 각 호의 구분에 따른 서류를 확인해야 한다. 다만, 신청인이 확인에 동의하지 않는 경우에는 그 서류의 사본을 제출하도록 해야 한다.

　1. 신청인이 「축산법」 제22조제1항제4호에 따라 가축사육업의 허가를 받은 경우: 가축사육업 허가증

　2. 신청인이 「축산법」 제22조제3항에 따라 가축사육업의 등록을 한 경우: 가축사육업 등록증

⑤ 제3항에 따라 신청을 받은 인증기관의 장은 신청일부터 20일 이내에 제출한 서류가 인증심사에 적합한지 여부를 판단하고 그 결과를 신청인에게 통보해야 한다.

⑥ 인증기관은 제3항에 따라 인증 신청을 받은 경우에는 신청을 받은 날부터 2개월 이내에 인증심사를 끝내야 하며, 인증심사가 끝난 경우에는 별지 제18호의3서식의 인증심사 결과보고서를 작성해야 한다.

⑦ 인증기관은 동물복지축산농장의 인증을 신청한 농장이 별표 9의2의 인증기준을 충족

하는 경우에는 그 신청인에게 별지 제18호의4서식의 동물복지축산농장 인증서를 발급한 후 별지 제18호의5서식의 동물복지축산농장 인증 관리대장을 작성·관리해야 한다.

⑧ 제1항부터 제7항까지에서 규정한 사항 외에 인증농장의 인증 절차 및 방법 등에 관하여 필요한 세부 사항은 검역본부장이 정하여 고시한다.

[본조신설 2024. 5. 27.]

제36조의3(동물복지축산농장 인증갱신)

① 법 제59조제3항에 따라 인증을 받은 동물복지축산농장(이하 "인증농장"이라 한다)의 경영자는 같은 조 제5항에 따라 동물복지축산농장 인증의 갱신을 신청하려는 경우에는 별지 제18호의6서식에 따른 인증갱신 신청서에 가축종류별 축산농장 운영 현황서를 첨부하여 인증기관에 제출해야 한다.

② 인증기관은 인증농장의 경영자에게 그 유효기간이 끝나기 3개월 전까지 인증갱신 절차 및 갱신 신청 기간을 미리 알려야 한다. 이 경우 통지는 문자메시지, 전자우편, 팩스, 전화 또는 문서 등의 방법으로 할 수 있다.

③ 제1항 및 제2항에서 규정한 사항 외에 인증갱신의 절차에 관하여는 제36조의2제4항부터 제8항까지의 규정을 준용한다.

[본조신설 2024. 5. 27.]

제36조의4(동물복지축산농장 인증 또는 인증갱신에 대한 재심사)

① 법 제59조제6항에 따라 인증 또는 인증갱신의 심사결과에 대해 재심사를 신청하려는 자는 같은 조 제3항 또는 제5항에 따른 심사 결과를 통지받은 날부터 7일 이내에 별지 제18호의7서식의 재심사 신청서에 재심사 신청 사유를 증명하는 자료를 첨부하여 해당 인증기관에 제출해야 한다.

② 제1항에 따른 재심사 신청을 받은 인증기관은 신청일부터 7일 이내에 재심사 여부를 결정하여 신청인에게 통보해야 한다.

③ 제1항 및 제2항에서 규정한 사항 외에 법 제59조제7항에 따른 재심사의 절차 및 방법 등에 관하여는 제36조의2제6항부터 제8항까지를 준용한다.

[본조신설 2024. 5. 27.]

제36조의5(인증기관의 지정 등)

① 검역본부장은 법 제60조제1항에 따라 인증기관을 지정한 경우에는 별지 제18호의8서식의 인증기관 지정서를 발급해야 한다.

② 인증기관이 수행하는 인증업무의 범위는 다음 각 호와 같다.

1. 법 제59조제3항에 따른 인증심사

2. 법 제59조제5항에 따른 인증갱신 심사

3. 법 제59조제7항에 따른 인증 또는 인증갱신 심사결과에 대한 재심사

4. 법 제65조제1항에 따른 인증취소

5. 법 제66조제1항에 따른 인증농장에 대한 조사

6. 그 밖에 동물복지축산농장 인증 제도의 운영과 관련하여 검역본부장이 필요하다고 인정하는 업무

③ 검역본부장은 법 제60조제3항에 따라 인증심사업무를 수행하려는 사람에게 다음 각 호의 기준에 따른 교육을 실시해야 한다.

　　1. 교육 종류

　　　가. 신규교육: 30시간 이상

　　　나. 보수교육: 신규교육 또는 직전의 보수교육을 받은 날부터 기산하여 1년이 되는 날이 속하는 연도의 1월 1일부터 12월 31일까지 4시간 이상

　　2. 교육 내용

　　　가. 동물복지축산농장 인증 관련 법령과 제도

　　　나. 인증업무 수행에 필요한 실무

　　　다. 그 밖에 검역본부장이 필요하다고 인정하는 사항

④ 제1항부터 제3항까지에서 규정한 사항 외에 인증기관의 지정, 인증업무의 범위, 인증 심사업무를 수행하는 자에 대한 교육 등에 필요한 세부 사항은 검역본부장이 정하여 고시한다.

[본조신설 2024. 5. 27.]

제36조의6(인증기관의 지정취소 기준)

법 제61조제1항에 따른 인증기관의 지정취소 및 업무정지의 세부 기준은 별표 9의3과 같다.

[본조신설 2024. 5. 27.]

제36조의7(인증농장 및 동물복지축산물의 표시)

① 법 제62조에 따른 인증농장의 표시 기준 및 방법은 별표 9의4와 같다.

② 법 제63조제1항 및 제2항에 따른 동물복지축산물 표시에 관한 기준 및 방법은 별표 9 의5와 같다. 다만, 법 제63조제1항제3호 및 제4호에 따른 축산물의 경우에는 최종 제품에 남아 있는 동물복지축산물의 원료 함량이 50퍼센트 이상인 경우에만 별표 9의5 제1호가목에 따른 표시 도형을 사용할 수 있다.

③ 제2항에도 불구하고 동일한 종류의 인증을 받지 않은 원료가 혼합된 경우에는 최종

제품에 남아 있는 동물복지축산물의 원료 함량이 50퍼센트 이상인 경우에도 별표 9의5 제1호가목에 따른 표시 도형을 사용할 수 없다.

[본조신설 2024. 5. 27.]

제36조의8(농장동물 운송차량 및 도축장)

① 법 제63조제1항제1호나목에서 "농림축산식품부령으로 정하는 운송차량"이란 검역본부 장이 별표 9의6에 따른 기준을 충족하였다고 인정한 운송차량을 말한다.

② 법 제63조제1항제1호다목에서 "농림축산식품부령으로 정하는 도축장"이란 검역본부장 이 별표 9의6에 따른 기준을 충족하였다고 인정한 도축장을 말한다.

[본조신설 2024. 5. 27.]

제36조의9(인증농장 인증의 사후관리)

법 제66조제2항에서 "농림축산식품부령으로 정하는 증표"란 별지 제18호의9서식에 따른 증 표를 말한다.

[본조신설 2024. 5. 27.]

제36조의10(동물복지축산물에 대한 부정 표시의 기준)

법 제67조제1항제4호에 따른 동물복지축산물로 잘못 인식할 우려가 있는 유사한 표시는 다 음 각 호의 어느 하나에 해당하는 표시를 말한다. 다만, 수입축산물로서 외국 정부 또는 외 국 법령상 동물 복지에 관한 정당한 권한을 가진 자의 인증을 받아 표시한 문자 또는 도형은 그러하지 아니하다.

1. "동물복지" 또는 "동물 복지"라는 문구(문구의 일부 또는 전부를 한자로 표기하는 경 우를 포함한다)가 포함된 문자 또는 도형

2. "Animal Welfare" 또는 "ANIMAL WELFARE"라는 문구가 포함되거나 해당 문구와 동 일한 의미를 지니는 다른 외국어가 포함된 문자 또는 도형

3. 제1호 및 제2호의 문자 또는 도형을 혼용하여 사용한 문자 또는 도형

[본조신설 2024. 5. 27.]

제36조의11(동물복지축산농장 인증의 지위승계 신고)

① 법 제68조제2항에 따라 동물복지축산농장 인증의 지위승계 신고를 하려는 자는 별지 제18호의10서식의 지위승계 신고서에 다음 각 호의 서류를 첨부하여 인증기관에 제출 해야 한다.

1. 동물복지축산농장 인증서

2. 동물복지축산농장 인증의 지위승계 사실을 증명하는 서류

3. 가축종류별 축산농장 운영 현황서

② 제1항에 따라 지위승계 신고서를 제출받은 인증기관의 장은 「전자정부법」 제36조제1항에 따른 행정정보의 공동이용을 통하여 다음 각 호의 구분에 따른 서류를 확인해야 한다. 다만, 신고인이 제1호의 서류의 확인에 동의하지 않는 경우에는 해당 서류의 사본을 제출하도록 해야 한다.

1. 가축사육업 허가증 또는 가축사육업 등록증

2. 토지등기사항증명서

3. 건물등기사항증명서

4. 건축물대장

5. 법인 등기사항증명서(법인인 경우만 해당한다)

③ 인증기관은 법 제68조제2항에 따라 지위승계 신고를 수리한 경우에는 별지 제18호의4서식의 동물복지축산농장 인증서를 신고인에게 발급한 후, 별지 제18호의5서식의 동물복지축산농장 인증 관리대장에 그 사실을 작성·관리해야 한다.

[본조신설 2024. 5. 27.]

제37조(영업의 허가)

① 법 제69조제1항 각 호의 영업을 하려는 자는 별지 제19호서식의 영업허가신청서(전자문서로 된 신청서를 포함한다)에 다음 각 호의 서류를 첨부하여 관할 특별자치시장·특별자치도지사·시장·군수·구청장에게 제출해야 한다.

1. **영업장의 시설 명세 및 배치도**

2. **인력 현황**

3. **사업계획서**

4. **별표 10의 시설 및 인력 기준을 갖추었음을 증명하는 서류**

5. **동물사체의 처리 후 잔재에 대한 처리계획서(동물화장시설, 동물건조장시설 또는 동물수분해장시설을 설치하는 경우만 해당한다)**

② 제1항에 따른 신청서를 받은 특별자치시장·특별자치도지사·시장·군수·구청장은 「전자정부법」 제36조제1항에 따른 행정정보의 공동이용을 통하여 다음 각 호의 서류를 확인해야 한다. 다만, 신청인이 주민등록표 초본의 확인에 동의하지 않는 경우에는 해당 서류를 직접 제출하도록 해야 한다.

1. 주민등록표 초본(법인인 경우에는 법인 등기사항증명서를 말한다)

2. 건축물대장 및 토지이용계획정보

③ 특별자치시장·특별자치도지사·시장·군수·구청장은 제1항에 따른 신청인이 법 제74

조에 해당되는지를 확인할 수 없는 경우에는 그 신청인에게 제1항 및 제2항의 서류 외에 신원확인에 필요한 자료를 제출하게 할 수 있다.

④ 특별자치시장·특별자치도지사·시장·군수·구청장은 제1항에 따른 허가신청이 별표 10의 시설 및 인력 기준에 적합한 경우에는 신청인에게 별지 제20호서식의 허가증을 발급하고, 별지 제21호서식의 허가(변경허가, 변경신고) 관리대장을 각각 작성·관리해야 한다.

⑤ 제4항에 따라 허가를 받은 자가 허가증을 잃어버리거나 헐어 못 쓰게 되어 재발급을 받으려는 경우에는 별지 제22호서식의 허가증 재발급 신청서(전자문서로 된 신청서를 포함한다)에 기존 허가증을 첨부(등록증을 잃어버린 경우는 제외한다)하여 특별자치시장·특별자치도지사·시장·군수·구청장에게 제출해야 한다.

⑥ 제4항의 허가 관리대장은 전자적 처리가 불가능한 특별한 사유가 없으면 전자적 방법으로 작성·관리해야 한다.

제38조(허가영업의 세부 범위)

법 제69조제2항에 따른 허가영업의 세부 범위는 다음 각 호의 구분에 따른다.

1. 동물생산업: **반려동물을 번식시켜 판매하는 영업**
2. 동물수입업: **반려동물을 수입하여 판매하는 영업**
3. 동물판매업: **반려동물을 구입하여 판매하거나, 판매를 알선 또는 중개하는 영업**
4. 동물장묘업: **다음 각 목 중 어느 하나 이상의 시설을 설치·운영하는 영업**
   가. 동물 전용의 장례식장: 동물 사체의 보관, 안치, 염습 등을 하거나 장례의식을 치르는 시설
   나. 동물화장시설: 동물의 사체 또는 유골을 불에 태우는 방법으로 처리하는 시설
   다. 동물건조장시설: 동물의 사체 또는 유골을 건조·멸균분쇄의 방법으로 처리하는 시설
   라. 동물수분해장시설: 동물의 사체를 화학용액을 사용해 녹이고 유골만 수습하는 방법으로 처리하는 시설
   마. 동물 전용의 봉안시설: 동물의 유골 등을 안치·보관하는 시설

제39조(허가영업의 시설 및 인력 기준)

법 제69조제3항에 따른 허가영업의 시설 및 인력 기준은 별표 10과 같다.

제40조(허가사항의 변경 등)

① 법 제69조제4항 본문에 따라 변경허가를 받으려는 자는 별지 제23호서식의 변경허가

신청서(전자문서로 된 신청서를 포함한다)에 다음 각 호의 서류를 첨부하여 특별자치시장·특별자치도지사·시장·군수·구청장에게 제출해야 한다.

1. 허가증
2. 제37조제1항 각 호에 대한 변경사항(제2항 각 호의 사항은 제외한다)

② 법 제69조제4항 단서에서 "농림축산식품부령으로 정하는 경미한 사항"이란 다음 각 호의 사항을 말한다.

1. 영업장의 명칭 또는 상호
2. 영업장 전화번호
3. 오기, 누락 또는 그 밖에 이에 준하는 사유로서 그 변경 사유가 분명한 사항

③ 법 제69조제4항 단서에 따라 경미한 변경사항을 신고하려는 자는 별지 제29호서식의 변경신고서(전자문서로 된 신고서를 포함한다)에 허가증을 첨부하여 특별자치시장·특별자치도지사·시장·군수·구청장에게 제출해야 한다.

④ 제1항에 따른 변경허가신청서 및 제3항에 따른 변경신고서를 받은 특별자치시장·특별자치도지사·시장·군수·구청장은 「전자정부법」 제36조제1항에 따른 행정정보의 공동이용을 통하여 다음 각 호의 서류를 확인해야 한다. 다만, 신고인이 주민등록표 초본의 확인에 동의하지 않는 경우에는 해당 서류를 직접 제출하도록 해야 한다.

1. 주민등록표 초본(법인인 경우에는 법인 등기사항증명서를 말한다)
2. 건축물대장 및 토지이용계획정보

제40조의2(맹견 취급 허가 등)

① 영 제23조의3제1항 각 호 외의 부분에 따른 맹견 취급 허가 신청서 및 맹견 취급 변경허가 신청서는 각각 별지 제23호의2서식 및 별지 제23호의3서식과 같고, 영 제23조의3제2항 후단에 따른 맹견 취급 허가증은 별지 제23호의4서식과 같다.

② 법 제70조제1항에 따라 맹견의 생산·수입 또는 판매(이하 "취급"이라 한다)에 대하여 허가를 받기 위하여 갖추어야 하는 시설 및 인력 기준은 **별표 10의2**와 같다.

③ 법 제70조제1항에 따라 맹견 취급 허가 신청서 또는 맹견 취급 변경허가 신청서를 받은 시·도지사는 「전자정부법」 제36조제1항에 따른 행정정보의 공동이용을 통하여 다음 각 호의 서류를 확인해야 한다.

1. 법인 등기사항증명서(법인인 경우에 한정한다)
2. 건축물대장
3. 토지이용계획정보

④ 시·도지사는 영 제23조의3에 따른 맹견 취급 허가 또는 변경허가 신청이 별표 10의2의 기준에 맞는 경우에는 신청인에게 별지 제23호의4서식의 맹견 취급 허가증을 발급

한 후, 별지 제23호의5서식의 맹견 취급 허가 관리대장을 작성·관리해야 한다.

⑤ 법 제70조제1항에 따라 맹견 취급 허가를 받은 자가 그 허가증을 잃어버리거나 헐어 못 쓰게 되어 재발급을 받으려는 경우에는 별지 제23호의6서식의 맹견 취급 허가증 재발급 신청서에 기존 허가증을 첨부(허가증을 잃어버린 경우는 제외한다)하여 시·도지사에게 제출해야 한다. 이 경우 시·도지사는 「전자정부법」 제36조제1항에 따른 행정정보의 공동이용을 통하여 다음 각 호의 서류를 확인해야 한다.

1. 법인 등기사항증명서(법인인 경우에 한정한다)

2. 건축물대장

3. 토지이용계획정보

⑥ 법 제70조제1항에 따라 맹견 취급 허가를 받은 자가 같은 조 제3항에 따라 시·도지사에게 신고하려는 경우에는 다음 각 호의 구분에 따른 기간 내에 해야 한다. 이 경우 해당 신고는 동물정보시스템을 통해 할 수 있다.

1. 법 제70조제3항제1호 및 제4호에 해당하는 경우: 해당 사유가 발생한 날이 속한 달의 다음 달 15일까지

2. 법 제70조제3항제2호 및 제3호에 해당하는 경우: 해당 사유가 발생한 날이 속한 달의 다음 달 말일까지

⑦ 제1항부터 제6항까지에서 규정한 사항 외에 맹견 취급 허가에 관한 사항은 농림축산식품부장관이 정하여 고시한다.

[본조신설 2024. 5. 27.]

제41조(공설동물장묘시설의 특례 등)

법 제71조제1항 후단에 따른 공설동물장묘시설의 시설 및 인력 기준은 **별표 10**에 따른 동물장묘업의 기준을 준용한다.

제42조(영업의 등록)

① 법 제73조제1항 각 호의 영업을 등록하려는 자는 별지 제24호서식의 영업등록신청서(전자문서로 된 신청서를 포함한다)에 다음 각 호의 서류를 첨부하여 관할 특별자치시장·특별자치도지사·시장·군수·구청장에게 제출해야 한다.

1. **인력 현황**

2. **영업장의 시설 명세 및 배치도**

3. **사업계획서**

4. **별표 11의 시설 및 인력 기준을 갖추었음을 증명하는 서류**

② 제1항에 따른 신청서를 받은 특별자치시장·특별자치도지사·시장·군수·구청장은

「전자정부법」 제36조제1항에 따른 행정정보의 공동이용을 통하여 다음 각 호의 서류를 확인해야 한다. 다만, 신청인이 주민등록표 초본 및 자동차등록증의 확인에 동의하지 않는 경우에는 해당 서류를 직접 제출하도록 해야 한다.

1. 주민등록표 초본(법인인 경우에는 법인 등기사항증명서를 말한다)

2. 건축물대장 및 토지이용계획정보(자동차를 이용한 동물미용업 또는 동물운송업의 경우는 제외한다)

3. 자동차등록증(자동차를 이용한 동물미용업 또는 동물운송업의 경우에만 해당한다)

③ 특별자치시장·특별자치도지사·시장·군수·구청장은 제1항에 따른 신청인이 법 제74조에 해당되는지를 확인할 수 없는 경우에는 그 신청인에게 제2항 또는 제3항의 서류 외에 신원확인에 필요한 자료를 제출하게 할 수 있다.

④ 특별자치시장·특별자치도지사·시장·군수·구청장은 제1항에 따른 등록 신청이 **별표 11**의 기준에 맞는 경우에는 신청인에게 별지 제25호서식의 등록증을 발급하고, 별지 제26호서식의 등록(변경등록, 변경신고) 관리대장을 각각 작성·관리해야 한다.

⑤ 제4항에 따라 등록을 한 영업자가 등록증을 잃어버리거나 헐어 못 쓰게 되어 재발급을 받으려는 경우에는 별지 제27호서식의 등록증 재발급신청서(전자문서로 된 신청서를 포함한다)에 기존 등록증을 첨부(등록증을 잃어버린 경우는 제외한다)하여 특별자치시장·특별자치도지사·시장·군수·구청장에게 제출해야 한다.

⑥ 제4항의 등록 관리대장은 전자적 처리가 불가능한 특별한 사유가 없으면 전자적 방법으로 작성·관리해야 한다.

제43조(등록영업의 세부 범위)

법 제73조제2항에 따른 등록영업의 세부 범위는 다음 각 호의 구분에 따른다.

1. 동물전시업: 반려동물을 보여주거나 접촉하게 할 목적으로 영업자 소유의 동물을 5마리 이상 전시하는 영업. 다만, 「동물원 및 수족관의 관리에 관한 법률」 제2조제1호에 따른 동물원은 제외한다.

2. 동물위탁관리업: 반려동물 소유자의 위탁을 받아 반려동물을 영업장 내에서 일시적으로 사육, 훈련 또는 보호하는 영업

3. 동물미용업 : 반려동물의 털, 피부 또는 발톱 등을 손질하거나 위생적으로 관리하는 영업

4. 동물운송업: 「자동차관리법」 제2조제1호의 자동차를 이용하여 반려동물을 운송하는 영업

제44조(등록영업의 시설 및 인력 기준)

법 제73조제3항에 따른 동록영업의 시설 및 인력 기준은 **별표 11**과 같다.

제45조(등록영업의 변경 등)

① 법 제73조제4항 본문에 따라 변경등록을 하려는 자는 별지 제28호서식의 변경등록 신청서(전자문서로 된 신청서를 포함한다)에 다음 각 호의 서류를 첨부하여 특별자치시장·특별자치도지사·시장·군수·구청장에게 제출해야 한다.

  1. 등록증

  2. 제42조제1항 각 호에 대한 변경사항(제2항 각 호의 사항은 제외한다)

② 법 제73조제4항 단서에서 "농림축산식품부령으로 정하는 경미한 사항"이란 다음 각 호의 사항을 말한다.

  1. 영업장의 명칭 또는 상호

  2. 영업장 전화번호

  3. 오기, 누락 또는 그 밖에 이에 준하는 사유로서 그 변경 사유가 분명한 사항

③ 법 제73조제4항 단서에 따라 영업의 등록사항 변경신고를 하려는 자는 별지 제29호서식의 변경신고서(전자문서로 된 신고서를 포함한다)에 등록증을 첨부하여 특별자치시장·특별자치도지사·시장·군수·구청장에게 제출해야 한다.

④ 제1항에 따른 변경등록신청서 및 제3항에 따른 변경신고서를 받은 특별자치시장·특별자치도지사·시장·군수·구청장은 「전자정부법」 제36조제1항에 따른 행정정보의 공동이용을 통하여 다음 각 호의 서류를 확인해야 한다. 다만, 신고인이 주민등록표 초본 및 자동차등록증의 확인에 동의하지 않는 경우에는 해당 서류를 직접 제출하도록 해야 한다.

  1. 주민등록표 초본(법인인 경우에는 법인 등기사항증명서를 말한다)

  2. 건축물대장 및 토지이용계획정보(자동차를 이용한 동물미용업 또는 동물운송업의 경우는 제외한다)

  3. **자동차등록증(자동차를 이용한 동물미용업 또는 동물운송업의 경우에만 해당한다)**

제46조(영업자의 지위승계 신고)

① 법 제75조제3항에 따라 영업자의 지위승계 신고를 하려는 자는 별지 제30호서식의 영업자 지위승계 신고서(전자문서로 된 신고서를 포함한다)에 다음 각 호의 구분에 따른 서류를 첨부하여 등록 또는 허가를 한 특별자치시장·특별자치도지사·시장·군수·구청장에게 제출해야 한다.

  1. 양도·양수의 경우

가. 양도·양수 계약서 사본 등 양도·양수 사실을 확인할 수 있는 서류

　　나. 양도인의 인감증명서, 「본인서명사실 확인 등에 관한 법률」 제2조제3호에 따른 본인서명사실확인서 또는 같은 법 제7조제7항에 따른 전자본인서명확인서 발급증(양도인이 방문하여 본인확인을 하는 경우에는 제출하지 않을 수 있다)

2. 상속의 경우: 「가족관계의 등록 등에 관한 법률」 제15조제1항제1호에 따른 가족관계증명서와 상속 사실을 확인할 수 있는 서류

3. 제1호와 제2호 외의 경우: 해당 사유별로 영업자의 지위를 승계하였음을 증명할 수 있는 서류

② 제1항에 따른 신고서를 받은 특별자치시장·특별자치도지사·시장·군수·구청장은 영업양도의 경우 「전자정부법」 제36조제1항에 따른 행정정보의 공동이용을 통하여 다음 각 호의 서류를 확인해야 한다. 다만, 신고인이 주민등록표 초본의 확인에 동의하지 않는 경우에는 해당 서류를 직접 제출하도록 해야 한다.

1. 양도·양수를 증명할 수 있는 주민등록표 초본(법인인 경우에는 법인 등기사항증명서를 말한다)

2. 토지 등기사항증명서, 건물 등기사항증명서 또는 건축물대장

③ 제1항에 따라 지위승계신고를 하려는 자가 「부가가치세법」 제8조제8항에 따른 폐업신고를 같이 하려는 경우에는 제1항에 따른 지위승계 신고서를 제출할 때에 「부가가치세법 시행규칙」 별지 제9호서식의 폐업신고서를 첨부하여 관할 특별자치시장·특별자치도지사·시장·군수·구청장에게 제출해야 한다. 이 경우 관할 특별자치시장·특별자치도지사·시장·군수·구청장은 함께 제출받은 폐업신고서를 지체 없이 관할 세무서장에게 송부(정보통신망을 이용한 송부를 포함한다)해야 한다.

④ 특별자치시장·특별자치도지사·시장·군수·구청장은 제1항에 따른 신고인이 법 제74조에 해당되는지를 확인할 수 없는 경우에는 그 신고인에게 제1항 및 제2항 각 호의 서류 외에 신원확인에 필요한 자료를 제출하게 할 수 있다.

⑤ 제1항에 따라 영업자의 지위승계를 신고하는 자가 제40조제2항제1호 또는 제45조제2항제1호에 따른 영업장의 명칭 또는 상호를 변경하려는 경우에는 이를 함께 신고할 수 있다.

⑥ 특별자치시장·특별자치도지사·시장·군수·구청장은 제1항의 신고를 받았을 때에는 신고인에게 별지 제20호서식의 허가증 또는 별지 제25호서식의 등록증을 재발급해야 한다.

제47조(휴업 등의 신고)

① 법 제76조제1항에 따라 **영업의 휴업·폐업 또는 재개업 신고를 하려는 자**는 별지 제31

호서식의 **휴업(폐업·재개업) 신고서**(전자문서로 된 신고서를 포함한다)에 허가증(등록증) 원본(폐업신고의 경우만 해당하며 분실한 경우는 제외한다)과 **동물처리계획서**(동물장묘업자는 제외한다)를 첨부하여 관할 특별자치시장·특별자치도지사·시장·군수·구청장에게 제출해야 한다. 다만, 휴업의 기간을 정하여 신고하는 경우 그 기간이 만료되어 재개업을 할 때에는 신고하지 않을 수 있다.

② 제1항에 따라 폐업신고를 하려는 자가「부가가치세법」제8조제8항에 따른 폐업신고를 같이 하려는 경우에는 제1항에 따른 폐업신고서에「부가가치세법 시행규칙」별지 제9호서식의 폐업신고서를 함께 제출하거나「민원처리에 관한 법률 시행령」제12조제10항에 따른 통합 폐업신고서를 제출해야 한다. 이 경우 관할 특별자치시장·특별자치도지사·시장·군수·구청장은 함께 제출받은 폐업신고서 또는 통합 폐업신고서를 지체 없이 관할 세무서장에게 송부(정보통신망을 이용한 송부를 포함한다. 이하 이 조에서 같다)해야 한다.

③ 관할 세무서장이「부가가치세법 시행령」제13조제5항에 따라 제1항에 따른 폐업신고를 받아 이를 관할 특별자치시장·특별자치도지사·시장·군수·구청장에게 송부한 경우에는 제1항에 따른 폐업신고서가 제출된 것으로 본다.

④ 법 제76조제2항에 따라 휴업 또는 폐업의 신고를 하려는 영업자가 특별자치시장·특별자치도지사·시장·군수·구청장에게 제출해야 하는 동물처리계획서는 별지 제32호서식과 같다.

제48조(직권말소)

① **특별자치시장·특별자치도지사·시장·군수·구청장이 법 제77조제1항에 따라 영업 허가 또는 등록사항을 직권으로 말소하려는 경우에는 다음 각 호의 사항을 확인해야 한다.**

1. 임대차계약의 종료 여부
2. 영업장의 사육시설·설비 등의 철거 여부
3. 관할 세무서에의 폐업신고 등 영업의 폐지 여부
4. 영업장 내 동물의 보유 여부

② 특별자치시장·특별자치도지사·시장·군수·구청장은 제1항에 따라 직권으로 허가 또는 등록사항을 말소하려는 경우에는 미리 영업자에게 통지해야 하며, 해당 기관 게시판과 **인터넷 홈페이지에 20일 이상 예고해야 한다.**

제49조(영업자의 준수사항)

법 제78조제6항에 따른 영업자(법인인 경우에는 그 대표자를 포함한다)의 준수사항은 **별표** 12와 같다.

제50조(거래내역의 신고)

법 제80조제1항에 따라 **동물생산업자, 동물수입업자 및 동물판매업자는 매월 1일부터 말일까지 취급한 등록대상동물의 거래내역을 다음 달 10일까지 특별자치시장·특별자치도지사·시장·군수·구청장에게 별지 제33호서식에 따라 신고**(동물정보시스템을 통한 방식을 포함한다)해야 한다.

제51조(영업자 교육)

① 법 제82조제1항부터 제3항까지 및 제5항의 규정에 따른 교육의 종류, 교육 시기 및 교육시간은 다음 각 호의 구분에 따른다.〈개정 2024. 5. 27.〉

    1. 영업 신청 전 교육: **영업허가 신청일 또는 등록 신청일 이전 1년 이내 3시간.** 다만, 법 제70조제1항에 따른 맹견 취급 허가를 추가로 받으려는 경우에는 **맹견 취급 허가 신청일 이전 1년 이내에 4시간**을 받아야 한다.

    2. 영업자 정기교육: 영업 허가 또는 등록을 받은 날부터 기산하여 1년이 되는 날이 속하는 해의 1월 1일부터 12월 31일까지의 기간 중 **매년 3시간.** 다만, 법 제70조제1항에 따른 맹견 취급 허가를 받은 영업자의 경우에는 **맹견 취급 허가를 받은 해의 다음 해부터는 4시간의 정기교육**을 받아야 한다.

    3. 영업정지처분에 따른 추가교육: 영업정지처분을 받은 날부터 6개월 이내 3시간

② 법 제82조에 따른 교육에는 다음 각 호의 내용이 포함되어야 한다. 다만, 교육대상 영업자 중 두 가지 이상의 영업을 하는 자에 대해서는 다음 각 호의 교육내용 중 중복된 사항을 제외할 수 있다.〈개정 2024. 5. 27.〉

    1. **동물보호 관련 법령 및 정책에 관한 사항**

    2. **동물의 보호·복지에 관한 사항**

    3. **동물의 사육·관리 및 질병예방에 관한 사항**

    4. **영업자 준수사항에 관한 사항**

    5. **맹견의 안전관리 및 사고 방지에 관한 사항**(법 제70조제1항에 따른 맹견 취급 허가를 받은 영업자만 해당한다)

③ 법 제82조에 따른 교육은 다음 각 호의 어느 하나에 해당하는 법인 또는 단체로서 농림축산식품부장관이 고시하는 법인·단체에서 실시한다.〈개정 2024. 5. 27.〉

    1. 동물보호 민간단체

    2. 「농업·농촌 및 식품산업 기본법」 제11조의2에 따른 농림수산식품교육문화정보원

제52조(행정처분의 기준)

① 법 제83조에 따른 영업자에 대한 허가 또는 등록의 취소, 영업의 전부 또는 일부의 정

지에 관한 행정처분기준은 **별표 13**과 같다.

② 특별자치시장·특별자치도지사·시장·군수·구청장이 제1항에 따른 행정처분을 하였을 때에는 별지 제34호서식의 행정처분 및 청문 대장에 그 내용을 기록하고 유지·관리해야 한다.

③ 제2항의 행정처분 및 청문 대장은 전자적 처리가 불가능한 특별한 사유가 없으면 전자적 방법으로 작성·관리해야 한다.

제53조(영업장의 폐쇄)

법 제85조제1항에 따라 영업장을 폐쇄하는 관계 공무원은 그 권한을 표시하는 증표를 지니고 이를 관계인에게 보여주어야 한다.

제54조(시정명령)

법 제86조제1항제3호에서 "동물에 대한 위해 방지 조치의 이행 등 농림축산식품부령으로 정하는 시정명령"이란 다음 각 호의 어느 하나에 해당하는 명령을 말한다.

1. 동물에 대한 학대행위의 중지
2. 동물에 대한 위해 방지 조치의 이행
3. 공중위생 및 사람의 신체·생명·재산에 대한 위해 방지 조치의 이행
4. 질병에 걸리거나 부상당한 동물에 대한 신속한 치료

제55조(동물보호관의 증표)

법 제88조제3항에 따른 동물보호관의 증표는 별지 제35호서식과 같다.

제56조(등록 등의 수수료)

법 제91조에 따른 수수료는 별표 14와 같다. 이 경우 수수료는 정부수입인지, 해당 지방자치단체의 수입증지, 현금, 계좌이체, 신용카드, 직불카드 또는 정보통신망을 이용한 전자화폐·전자결제 등의 방법으로 내야 한다.

제57조(규제의 재검토)

① 농림축산식품부장관은 다음 각 호의 사항에 대하여 2023년 1월 1일을 기준으로 **3년마다**(매 3년이 되는 해의 기준일과 같은 날 전까지를 말한다) 그 타당성을 검토하여 개선 등의 조치를 해야 한다.

1. 제7조에 따른 동물운송자의 범위
2. 제8조에 따른 동물의 도살방법

3. 제20조 및 별표 5에 따른 동물보호센터의 준수사항

4. 제31조에 따른 윤리위원회의 설치 등

5. 제32조에 따른 윤리위원회 위원 자격

6. 제33조에 따른 윤리위원회의 구성 절차

7. 제35조 및 별지 제18호서식의 동물실험윤리위원회 운영 실적 통보서의 기재사항

8. 제39조, 제44조, 별표 10 및 별표 11에 따른 시설 기준

9. 제40조에 따른 변경허가·변경신고 대상 및 절차

10. 제45조에 따른 변경등록·변경신고 대상 및 절차

11. 제49조 및 별표 12에 따른 영업자의 준수사항

② 농림축산식품부장관은 제9조에 따른 동물등록 제외지역의 기준에 대하여 2023년 1월 1일을 기준으로 5년마다(매 5년이 되는 해의 기준일과 같은 날 전까지를 말한다) 그 타당성을 검토하여 개선 등의 조치를 해야 한다.

③ 농림축산식품부장관은 다음 각 호의 사항에 대하여 2024년 4월 27을 기준으로 **3년마 다**(매 3년이 되는 해의 기준일과 같은 날 전까지를 말한다) 그 타당성을 검토하여 개선 등의 조치를 해야 한다.〈신설 2024. 5. 27.〉

1. 제12조의4제1항에 따른 교육이수 또는 훈련 명령의 내용 및 시간

2. 제12조의6에 따른 맹견사육허가를 받은 사람에 대한 교육의 내용 및 시간

3. 별표 10의2에 따른 맹견 취급을 위한 시설 및 인력기준

부칙〈제657호, 2024. 5. 27.〉

제1조(시행일)

이 규칙은 공포한 날부터 시행한다.

제2조(맹견 취급 허가를 위한 시설 및 인력기준에 관한 경과조치)

이 규칙 시행 전에 법 제69조제1항에 따른 동물생산업, 동물수입업 또는 동물판매업의 허가를 받은 자로서 맹견을 취급하고 있는 자가 이 규칙 시행 이후 법 제70조제1항에 따른 맹견 취급 허가를 받는 경우에는 별표 10의2 제1호가목·나목·다목·아목 및 같은 표 제2호의 개정규정을 적용하지 않는다. 다만, 해당 맹견 취급 허가를 받은 자는 이 규칙 시행 이후 1년 이내에 별표 10의2 제1호가목·나목·다목·아목 및 같은 표 제2호에 따른 시설 및 인력 기준을 갖추어야 한다.

[별표 1] 동물의 적절한 사육·관리 방법 등(제5조 관련)

[별표 2] 반려동물에 대한 사육·관리·보호 의무(제6조제5항 관련)

[별표 2의2] 맹견의 격리조치 등에 관한 기준(제12조의5제4항 관련)

[별표 3] 보험금액(제13조 관련)

[별표 3의2] 반려동물행동지도사의 자격취소 및 자격정지 처분의 세부 기준(제13조의6 관련)

[별표 4] 동물보호센터의 시설 및 인력 기준(제16조 관련)

[별표 5] 동물보호센터의 준수사항(제20조 관련)

[별표 6] 민간동물보호시설의 시설 기준(제23조제4항 관련)

[별표 7] 민간동물보호시설의 운영 기준(제23조제4항 관련)

[별표 8] 동물 해부실습 심의위원회의 심의 및 운영 기준(제30조제2호라목 관련)

[별표 9] 동물실험의 고통등급(제31조제2항제3호 관련)

[별표 9의2] 동물복지축산농장 인증기준(제36조의2제2항 관련)

[별표 9의3] 인증기관에 대한 지정취소 및 업무정지의 세부 기준(제36조의6 관련)

[별표 9의4] 동물복지축산농장의 표시 방법 및 기준(제36조의7제1항 관련)

[별표 9의5] 동물복지축산물 표시 방법 및 기준(제36조의7제2항 관련)

[별표 9의6] 동물복지 운송차량 및 동물복지 도축장의 기준(제36조의8 관련)

[별표 10] 허가영업의 시설 및 인력 기준(제39조 관련)

[별표 10의2] 맹견의 생산·수입·판매를 위한 영업의 시설 및 인력 기준(제40조의2제2항 관련)

[별표 11] 등록영업의 시설 및 인력 기준(제44조 관련)

[별표 12] 영업자의 준수사항(제49조 관련)

[별표 13] 영업자에 대한 행정처분의 기준(제52조제1항 관련)

[별표 14] 등록 등 수수료(제56조 관련)

[별지 제1호서식] 동물등록 신청서

[별지 제2호서식] 동물등록증

[별지 제3호서식] 동물등록증 재발급 신청서

[별지 제4호서식] 동물등록 변경신고서

[별지 제4호의2서식] 맹견수입신고서

[별지 제4호의3서식] 맹견사육허가 신청서

[별지 제4호의4서식] 맹견사육허가증

[별지 제4호의5서식] 기질평가위원회 위원증

[별지 제4호의6서식] 반려동물행동지도사 자격증

[별지 제5호서식] 동물보호센터 지정신청서

[별지 제6호서식] 동물보호센터 지정서

[별지 제7호서식] 민간동물보호시설 신고서

[별지 제8호서식] 민간동물보호시설 변경신고서 (운영자, 명칭, 주소, 면적 및 수용 가능 마릿수)

[별지 제9호서식] 민간동물보호시설 신고증

[별지 제10호서식] 민간동물보호시설(일시운영중단, 영구폐쇄, 운영재개) 신고서

[별지 제11호서식] 보호동물 관리 · 처리 계획서

[별지 제12호서식] 동물보호 공고문

[별지 제13호서식] 보호동물 개체관리카드

[별지 제14호서식] 보호동물 관리대장

[별지 제15호서식] 사육계획서

[별지 제16호서식] 비용징수통지서

[별지 제17호서식] 동물 인수신청서

[별지 제18호서식] 동물실험윤리위원회 운영 실적 통보서

[별지 제18호의2서식] 동물복지축산농장 인증 신청서

[별지 제18호의3서식] 동물복지축산농장 인증심사 결과보고서

[별지 제18호의4서식] 동물복지축산농장 인증서

[별지 제18호의5서식] 동물복지축산농장 인증 관리대장

[별지 제18호의6서식] 동물복지축산농장 인증갱신 신청서

[별지 제18호의7서식] 동물복지축산농장(인증, 인증갱신)재심사 신청서

[별지 제18호의8서식] 동물복지축산농장 인증기관 지정서

[별지 제18호의9서식] 동물복지축산농장 인증심사원증

[별지 제18호의10서식] 동물복지축산농장 인증 지위승계 신고서

[별지 제19호서식] 영업허가신청서

[별지 제20호서식] (동물생산업, 동물수입업, 동물판매업, 동물장묘업) 허가증

[별지 제21호서식] (동물생산업, 동물수입업, 동물판매업, 동물장묘업) 허가(변경허가, 변경신고) 관리대장

[별지 제22호서식] (동물생산업, 동물수입업, 동물판매업, 동물장묘업) 허가증 재발급 신청서

[별지 제23호서식] (동물생산업, 동물수입업, 동물판매업, 동물장묘업) 변경허가신청서

[별지 제23호의2서식] 맹견 취급 허가 신청서

[별지 제23호의3서식] 맹견 취급(동물생산업, 동물수입업, 동물판매업) 변경허가 신청서

[별지 제23호의4서식] 맹견 취급 허가증

[별지 제23호의5서식] 맹견 취급(동물생산업, 동물수입업, 동물판매업)허가(변경허가, 변경신고) 관리대장

[별지 제23호의6서식] 맹견 취급(동물생산업, 동물수입업, 동물판매업) 허가증 재발급 신청서

[별지 제24호서식] 영업등록신청서

[별지 제25호서식] (동물전시업, 동물위탁관리업, 동물미용업, 동물운송업) 등록증

[별지 제26호서식] (동물전시업, 동물위탁관리업, 동물미용업, 동물운송업) 등록(변경등록, 변경신고) 관리대장

[별지 제27호서식] (동물전시업, 동물위탁관리업, 동물미용업, 동물운송업) 등록증 재발급 신청서

[별지 제28호서식] (동물전시업, 동물위탁관리업, 동물미용업, 동물운송업) 변경등록신청서

[별지 제29호서식] 변경신고서

[별지 제30호서식] 영업자 지위승계 신고서

01
동물보호법

시행규칙 별표

■ 동물보호법 시행규칙 [별표 1]

동물의 적절한 사육·관리 방법 등(제5조 관련)

1. 일반기준

　가. 동물의 소유자등은 최대한 동물 본래의 습성에 가깝게 사육·관리하고, 동물의 생명
　　과 안전을 보호하며, 동물의 복지를 증진해야 한다.

　나. 동물의 소유자등은 동물이 갈증·배고픔, 영양불량, 불편함, 통증·부상·질병, 두려움
　　및 정상적으로 행동할 수 없는 것으로 인하여 고통을 받지 않도록 노력해야 하며, 동
　　물의 특성을 고려하여 전염병 예방을 위한 예방접종을 정기적으로 실시해야 한다.

　다. 동물의 소유자등은 동물의 사육환경을 다음의 기준에 적합하도록 해야 한다.

　　1) 동물의 종류, 크기, 특성, 건강상태, 사육목적 등을 고려하여 최대한 적절한 사육
　　　환경을 제공할 것

　　2) 동물의 사육공간 및 사육시설은 동물이 자연스러운 자세로 일어나거나 눕고 움직
　　　이는 등의 일상적인 동작을 하는 데에 지장이 없는 크기일 것

2. 개별기준

　가. 동물의 소유자등은 다음 각 호의 동물에 대해서는 동물 본래의 습성을 유지하기 위해
　　낮 시간 동안 축사 내부의 조명도를 다음의 기준에 맞게 유지해야 한다.

　　1) 돼지: 바닥의 평균조명도가 최소 40럭스(lux) 이상이 되도록 하되, 8시간 이상
　　　연속된 명기(明期)를 제공할 것

　　2) 육계: 바닥의 평균조명도가 최소 20럭스(lux) 이상이 되도록 하되, 6시간 이상
　　　연속된 암기(暗期)를 제공할 것

　나. 소, 돼지, 산란계 또는 육계를 사육하는 축사 내 암모니아 농도는 25피피엠(ppm)을
　　넘어서는 안 된다.

　다. 깔짚을 이용하여 육계를 사육하는 경우에는 깔짚을 주기적으로 교체하여 건조하게
　　관리해야 한다.

　라. 개는 분기마다 1회 이상 구충(驅蟲)을 하되, 구충제의 효능 지속기간이 있는 경우에
　　는 구충제의 효능 지속기간이 끝나기 전에 주기적으로 구충을 해야 한다.

　마. 돼지의 송곳니 발치·절치 및 거세는 생후 7일 이내에 수행해야 한다.

■ 동물보호법·시행규칙 [별표 2]

반려동물에 대한 사육·관리·보호 의무(제6조제5항 관련)

1. 동물의 사육공간(동물이 먹이를 먹거나, 잠을 자거나, 휴식을 취하는 등의 행동을 하는 곳으로서 벽, 칸막이, 그 밖에 해당 동물의 습성에 맞는 설비로 구획된 공간을 말한다. 이하 같다)은 다음 각 목의 요건을 갖출 것
  가. 사육공간의 위치는 차량, 구조물 등으로 인한 안전사고가 발생할 위험이 없는 곳에 마련할 것
  나. 사육공간의 바닥은 망 등 동물의 발이 빠질 수 있는 재질로 하지 않을 것
  다. 사육공간은 동물이 자연스러운 자세로 일어나거나 눕거나 움직이는 등의 일상적인 동작을 하는 데에 지장이 없도록 제공하되, 다음의 요건을 갖출 것
    1) 가로 및 세로는 각각 사육하는 동물의 몸길이(동물의 코부터 꼬리까지의 길이를 말한다. 이하 같다)의 2.5배 및 2배 이상일 것. 이 경우 하나의 사육공간에서 사육하는 동물이 2마리 이상일 경우에는 마리당 해당 기준을 충족해야 한다.
    2) 높이는 동물이 뒷발로 일어섰을 때 머리가 닿지 않는 높이 이상일 것
  라. 동물을 실외에서 사육하는 경우 사육공간 내에 더위, 추위, 눈, 비 및 직사광선 등을 피할 수 있는 휴식공간을 제공할 것
  마. 동물을 줄로 묶어서 사육하는 경우 그 줄의 길이는 2m 이상(해당 동물의 안전이나 사람 또는 다른 동물에 대한 위해를 방지하기 위해 불가피한 경우에는 제외한다)으로 하되, 다목에 따라 제공되는 동물의 사육공간을 제한하지 않을 것.
  바. 동물의 습성 등 부득이한 사유가 없음에도 불구하고 동물을 빛이 차단된 어두운 공간에서 장기간 사육하지 않을 것

2. 동물의 위생·건강관리를 위해 다음 각 목의 사항을 준수할 것
  가. 동물에게 질병(골절 등 상해를 포함한다. 이하 같다)이 발생한 경우 신속하게 수의학적 처치를 제공할 것
  나. 2마리 이상의 동물을 함께 사육하는 경우에는 동물의 사체나 전염병이 발생한 동물은 즉시 다른 동물과 격리할 것
  다. 동물을 줄로 묶어서 사육하는 경우 동물이 그 줄에 묶이거나 목이 조이는 등으로 인해 고통을 느끼거나 상해를 입지 않도록 할 것
  라. 동물의 영양이 부족하지 않도록 사료 등 동물에게 적합한 먹이와 깨끗한 물을 공급할 것
  마. 먹이와 물을 주기 위한 설비 및 휴식공간은 분변, 오물 등을 수시로 제거하고 청결하

　　　　　　　　　　　　　　1.3 동물보호법 시행규칙 별표

게 관리할 것

바. 동물의 행동에 불편함이 없도록 털과 발톱을 적절하게 관리할 것

사. 동물의 사육공간이 소유자등이 거주하는 곳으로부터 멀리 떨어져 있는 경우에는 해당 동물의 위생·건강상태를 정기적으로 관찰할 것

■ **동물보호법 시행규칙 [별표 2의2]** 〈신설 2024. 5. 27.〉

맹견의 격리조치 등에 관한 기준(제12조의5제4항 관련)

1. 격리조치 기준

가. 시·도지사와 시장·군수·구청장은 맹견이 사람에게 신체적 피해를 주는 경우에는 소유자등의 동의 없이 **다음의 기준에 따라 해당** 맹견을 생포·격리해야 한다.

    1) 그물 또는 포획틀을 사용하는 등 **마취를 하지 않고 격리하는 방법을 우선적으로 사용하여 격리해야 한다.**

    2) 1)의 방법으로 맹견을 생포·격리하지 못하거나 1)의 방법으로 생포·격리하였으나 맹견이 다른 사람에게 계속적으로 상해를 입힐 우려가 있는 경우에는 수의사가 처방한 마취약을 사용하여 맹견을 마취시켜 생포하여야 한다. 이 경우 바람총(Blow Gun) 등 장비를 사용할 때에는 엉덩이, 허벅지 등 근육이 많은 부위에 발사해야 한다.

나. 시·도지사와 시장·군수·구청장은 맹견의 효율적인 생포·격리를 위하여 필요한 경우 다음의 자에게 필요한 **협조를 요청할 수 있다.**

    1) 「국가경찰과 자치경찰의 조직 및 운영에 관한 법률」 제12조·제13조에 따른 **경찰관서의 장**

    2) 「소방기본법」 제3조에 따른 **소방관서의 장**

    3) 「지역보건법」 제10조에 따른 **보건소의 장**

    4) 법 제35조제1항 및 제36조제1항에 따른 **동물보호센터의 장**

    5) 법 제88조 및 제90조에 따른 **동물보호관 및 명예동물보호관**

2. 보호조치 및 반환 기준

가. 시·도지사와 시장·군수·구청장은 제1호가목에 따라 생포·격리한 맹견에 대하여 법 제34조제1항에 따른 보호조치(이하 "보호조치"라 한다)를 해야 한다.

나. 시·도지사와 시장·군수·구청장은 보호조치를 할 때에는 법 제35조제1항 및 제36조제1항에 따른 동물보호센터 또는 시·도 조례나 시·군·구 조례로 정하는 장소에서 해야 한다.

다. 시·도지사와 시장·군수·구청장은 **보호조치 중인 맹견에 대하여 등록 여부를 확인하고, 맹견의 소유자등이 확인된 경우에는 지체 없이 보호조치 중인 사실을 통지해야 한다.**

라. **시·도지사와 시장·군수·구청장은 보호조치를 시작한 날부터** 10일 이내에 그 종료

여부를 결정하고 맹견을 소유자등에게 반환해야 한다. 다만, 부득이한 사유로 종료 여부를 결정할 수 없을 때에는 해당 기간이 끝나는 날의 다음 날부터 기산하여 10일의 범위에서 종료 여부 결정 기간을 연장할 수 있다. 이 경우 해당 연장 사실과 그 사유를 맹견의 소유자등에게 지체 없이 통지해야 한다.

■ 동물보호법 시행규칙 [별표 3]

보험금액(제13조 관련)

1. 상해등급에 따른 보험금액

등급	보험금액	상해 내용
1급	1,500만원	1. 엉덩관절 골절 또는 골절성 탈구 2. 척추체 분쇄성 골절 3. 척추체 골절 또는 탈구로 인한 각종 신경증상으로 수술이 불가피한 상해 4. 외상성 머리뼈안(두개강) 내 출혈로 머리뼈 절개수술[開頭手術]이 불가피한 상해 5. 머리뼈의 함몰골절로 신경학적 증상이 심한 상해 6. 심한 뇌타박상으로 생명이 위독한 상해(48시간 이상 혼수상태가 지속되는 경우를 말한다) 7. 넓적다리뼈 중간부분의 분쇄성 골절 8. 정강이뼈 아래 3분의 1에 해당하는 분쇄성 골절 9. 3도 화상 등 연조직(soft tissue) 손상이 신체 표면의 9퍼센트 이상인 상해 10. 팔다리와 몸체에 연조직 손상이 심하여 유경(有莖)피부이식술(pedicled skin graft: 피부·피하조직을 전면에 걸쳐 잘라내지 않고 일부를 남기고 이식하는 방법을 말한다)이 불가피한 상해 11. 그 밖에 1급에 해당한다고 인정되는 상해
2급	800만원	1. 위팔뼈 중간부분 분쇄성 골절 2. 척추체의 쐐기모양 압박 골절(wedge compression fracture: 전방 굴곡에 의한 척추 앞부분의 손상으로 신경증상이 없는 안정성 골절을 말한다)이 있으나 각종 신경증상이 없는 상해 3. 두개골 골절로 신경학적 증상이 현저한 상해 4. 흉복부장기파열과 골반 골절이 동반된 상해 5. 무릎관절 탈구 6. 발목관절부 골절과 골절성 탈구가 동반된 상해 7. 자뼈(아래팔 뼈 중 안쪽에 있는 뼈를 말한다. 이하 같다) 중간부분 골절과 노뼈(아래팔 뼈 중 바깥쪽에 있는 뼈를 말한다. 이하 같다) 뼈머리 탈구가 동반된 상해 8. 엉치엉덩관절 탈구 9. 그 밖에 2급에 해당한다고 인정되는 상해

등급	보험금액	상해 내용
3급	750만원	1. 위팔뼈 윗목부분 골절 2. 위팔뼈 복사부분[踝部] 골절과 팔꿉관절 탈구가 동반된 상해 3. 노뼈와 자뼈의 중간부분 골절이 동반된 상해 4. 손목손배뼈[手筋舟狀骨] 골절 5. 노뼈 신경손상을 동반한 위팔뼈 중간부분 골절 6. 넓적다리뼈 중간부분 골절 7. 무릎뼈의 분쇄골절과 탈구로 인하여 무릎뼈 완전적출술이 적용되는 상해 8. 정강이뼈 복사부분 골절이 관절 부분을 침범하는 상해 9. 발목뼈·발허리뼈 간 관절 탈구와 골절이 동반된 상해 10. 전후십자인대 또는 내외측 반달모양 물렁뼈 파열과 정강이뼈 가시 골절 등이 복합된 속무릎장애[膝內障: 무릎관절을 구성하는 뼈, 반월판, 인대 등의 손상과 장애를 말한다] 11. 복부내장파열로 수술이 불가피한 상해 12. 뇌손상으로 뇌신경마비를 동반한 상해 13. 중한 뇌타박상으로 신경학적 증상이 심한 상해 14. 그 밖에 3급에 해당한다고 인정되는 상해
4급	700만원	1. 넓적다리뼈 복사부분 골절 2. 정강이뼈 중간부분 골절 3. 목말뼈[距骨] 윗목부분 골절 4. 슬개인대(무릎뼈와 정강이뼈를 연결하는 인대를 말한다) 파열 5. 어깨 관절부의 회전 근개 파열 6. 위팔뼈 가쪽위관절융기 전위골절(뼈가 어긋나는 골절을 말한다) 7. 팔꿉관절부 골절과 탈구가 동반된 상해 8. 3도 화상 등 연조직 손상이 신체 표면의 4.5퍼센트 이상인 상해 9. 안구 파열로 적출술이 불가피한 상해 10. 그 밖에 4급에 해당한다고 인정되는 상해
5급	500만원	1. 골반뼈의 중복골절(말게뉴 골절 등) 2. 발목관절부의 안쪽·바깥쪽 복사골절이 동반된 상해 3. 무릎관절부의 내측 또는 외측부 인대 파열 4. 발꿈치뼈[足踵骨] 골절 5. 위팔뼈 중간부분 골절 6. 노뼈 먼쪽부위[遠位部] 골절 7. 자뼈 몸쪽부위[近位部] 골절 8. 다발성 갈비뼈 골절로 혈액가슴증(혈흉) 또는 공기가슴증(기흉)이 동반된 상해 9. 발등부 근육힘줄 파열창 10. 손바닥부 근건 파열창

등급	보험금액	상해 내용
		11. 아킬레스힘줄 파열
		12. 2도 화상 등 연조직 손상이 신체 표면의 9퍼센트 이상인 상해
		13. 23개 이상의 치아에 보철이 필요한 상해
		14. 그 밖에 5급에 해당한다고 인정되는 상해
6급	400만원	1. 소아의 다리 긴뼈의 중간부분 골절
		2. 넓적다리뼈 대전자부절편 골절
		3. 넓적다리뼈 소전자부절편 골절
		4. 다발성 발허리뼈[中足骨] 골절
		5. 두덩뼈·궁둥뼈(좌골)·긴뼈의 단일골절
		6. 단순 무릎뼈 골절
		7. 노뼈 중간부분 골절(먼쪽부위 골절은 제외한다)
		8. 자뼈 중간부분 골절(몸쪽부위 골절은 제외한다)
		9. 자뼈 팔꿈치머리 골절
		10. 다발성 손허리뼈 골절
		11. 두개골 골절로 신경학적 증상이 경미한 상해
		12. 외상성 거미막밑 출혈
		13. 뇌타박상으로 신경학적 증상이 심한 상해
		14. 19개 이상 22개 이하의 치아에 보철이 필요한 상해
		15. 그 밖에 6급에 해당한다고 인정되는 상해
7급	250만원	1. 소아의 팔 긴뼈 중간부분 골절
		2. 발목관절 안쪽 복사뼈 또는 바깥쪽 복사뼈 골절
		3. 위팔뼈 골절 윗복사부분 굴곡(굽히기)골절
		4. 엉덩관절 탈구
		5. 어깨관절 탈구
		6. 어깨봉우리·쇄골 간 관절 탈구
		7. 발목관절 탈구
		8. 2도 화상 등 연조직 손상이 신체 표면의 4.5퍼센트 이상인 상해
		9. 16개 이상 18개 이하의 치아에 보철이 필요한 상해
		10. 그 밖에 7급에 해당한다고 인정되는 상해
8급	180만원	1. 위팔뼈 윗복사부분 폄골절
		2. 빗장뼈 골절
		3. 팔꿉관절 탈구
		4. 어깨뼈 골절
		5. 팔꿉관절 내 위팔뼈 작은 머리 골절
		6. 코뼈 중간부분 골절
		7. 발가락뼈의 골절과 탈구가 동반된 상해
		8. 다발성 늑골 골절
		9. 뇌타박상으로 신경학적 증상이 경미한 상해

1.3 동물보호법 시행규칙 별표

등급	보험금액	상해 내용
		10. 위턱뼈 골절 또는 아래턱뼈 골절
		11. 13개 이상 15개 이하의 치아에 보철이 필요한 상해
		12. 그 밖에 8급에 해당한다고 인정되는 상해
9급	140만원	1. 척추골의 가시돌기 또는 가로돌기 골절
		2. 노뼈머리 골절
		3. 손목관절 내 월상골 전방탈구 등 손목뼈 탈구
		4. 손가락뼈의 골절과 탈구가 동반된 상해
		5. 손허리뼈 골절
		6. 손목뼈 골절(손배뼈는 제외한다)
		7. 발목뼈 골절(목말뼈 및 발꿈치뼈는 제외한다)
		8. 발허리뼈 골절
		9. 발목관절부 삠
		10. 늑골 골절
		11. 척추체 간 관절부 염좌와 인대, 근육 등 주위의 연조직 손상이 동반된 상해
		12. 손목관절 탈구
		13. 11개 이상 12개 이하의 치아에 보철이 필요한 상해
		14. 그 밖에 9급에 해당한다고 인정되는 상해
10급	120만원	1. 외상성 무릎관절 내 혈종
		2. 손허리손가락관절 지골 간 관절 탈구
		3. 손목뼈·손허리뼈 간 관절 탈구
		4. 손목관절부 염좌
		5. 모든 불완전골절(코뼈, 손가락뼈 및 발가락뼈 골절은 제외한다)
		6. 9개 이상 10개 이하의 치아에 보철이 필요한 상해
		7. 그 밖에 10급에 해당한다고 인정되는 상해
11급	100만원	1. 발가락뼈 관절 탈구 및 염좌
		2. 손가락 관절 탈구 및 염좌
		3. 코뼈 골절
		4. 손가락뼈 골절
		5. 발가락뼈 골절
		6. 뇌진탕
		7. 고막 파열
		8. 6개 이상 8개 이하의 치아에 보철이 필요한 상해
		9. 그 밖에 11급에 해당한다고 인정되는 상해
12급	60만원	1. 8일 이상 14일 이하의 입원이 필요한 상해
		2. 15일 이상 26일 이하의 통원이 필요한 상해
		3. 4개 이상 5개 이하의 치아에 보철이 필요한 상해

등급	보험금액	상해 내용
13급	40만원	1. 4일 이상 7일 이하의 입원이 필요한 상해 2. 8일 이상 14일 이하의 통원이 필요한 상해 3. 2개 이상 3개 이하의 치아에 보철이 필요한 상해
14급	20만원	1. 3일 이하의 입원이 필요한 상태 2. 7일 이하의 통원이 필요한 상해 3. 1개 이하의 치아에 보철이 필요한 상해

비고

1. 위 표에서 2급부터 11급까지의 부상·질병명 중 개방성 골절(뼈가 피부 밖으로 튀어나온 골절을 말한다)은 해당 등급보다 한 등급 높게 보상한다.

2. 위 표에서 2급부터 11급까지의 부상·질병명 중 단순성 선 모양 골절(線狀骨折)로 뼛조각의 위치 변화가 없는 골절의 경우에는 해당 등급보다 한 등급 낮게 보상한다.

3. 위 표에서 2급부터 11급까지의 부상·질병명 중 2가지 이상의 상해가 중복된 경우에는 가장 높은 등급에 해당하는 상해부터 하위 3등급(예: 2급이 주종일 때에는 5급까지의 사이) 사이의 상해가 중복된 경우에만 한 등급 높게 보상한다.

4. 일반 외상과 치아보철이 필요한 상해가 중복된 경우에는 1급의 금액을 초과하지 않는 범위에서 각 상해등급에 해당하는 금액의 합산액을 보상한다.

2. 후유장애등급에 따른 보험금액

등급	보험금액	신체장애
1급	8,000만원	1. 두 눈이 실명된 사람 2. 말하는 기능과 음식물을 씹는 기능을 완전히 잃은 사람 3. 신경계통의 기능 또는 정신기능에 뚜렷한 장애가 남아 항상 보호를 받아야 하는 사람 4. 흉복부장기에 뚜렷한 장애가 남아 항상 보호를 받아야 하는 사람 5. 반신마비가 된 사람 6. 두 팔을 팔꿈치관절 이상의 부위에서 잃은 사람 7. 두 팔을 완전히 사용하지 못하게 된 사람 8. 두 다리를 무릎관절 이상의 부위에서 잃은 사람 9. 두 다리를 완전히 사용하지 못하게 된 사람
2급	7,200만원	1. 한쪽 눈이 실명되고 다른 눈의 시력이 0.02 이하로 된 사람 2. 두 눈의 시력이 각각 0.02 이하로 된 사람 3. 두 팔을 손목관절 이상의 부위에서 잃은 사람 4. 두 다리를 발목관절 이상의 부위에서 잃은 사람 5. 신경계통의 기능 또는 정신기능에 뚜렷한 장애가 남아 수시로 보호를 받아야 하는 사람

1.3 동물보호법 시행규칙 별표

등급	보험금액	신체장애
		6. 흉복부장기의 기능에 뚜렷한 장애가 남아 수시로 보호를 받아야 하는 사람
3급	6,400만원	1. 한쪽 눈이 실명되고 다른 쪽 눈의 시력이 0.06 이하로 된 사람 2. 말하는 기능 또는 음식물을 씹는 기능을 완전히 잃은 사람 3. 신경계통의 기능 또는 정신기능에 뚜렷한 장애가 남아 일생 동안 노무에 종사할 수 없는 사람 4. 흉복부장기의 기능에 뚜렷한 장애가 남아 일생 동안 노무에 종사할 수 없는 사람 5. 두 손의 손가락을 모두 잃은 사람
4급	5,600만원	1. 두 눈의 시력이 각각 0.06 이하로 된 사람 2. 말하는 기능과 음식물을 씹는 기능에 뚜렷한 장애가 남은 사람 3. 고막이 전부 결손되거나 그 외의 원인으로 두 귀의 청력을 완전히 잃은 사람 4. 한쪽 팔을 팔꿈치관절 이상의 부위에서 잃은 사람 5. 한쪽 다리를 무릎관절 이상의 부위에서 잃은 사람 6. 두 손의 손가락을 모두 제대로 못 쓰게 된 사람 7. 두 발을 발목발허리관절 이상에서 잃은 사람
5급	4,800만원	1. 한쪽 눈이 실명되고 다른 눈의 시력이 0.1 이하로 된 사람 2. 한 팔을 손목관절 이상의 부위에서 잃은 사람 3. 한 다리를 발목관절 이상의 부위에서 잃은 사람 4. 한 팔을 완전히 사용하지 못하게 된 사람 5. 한 다리를 완전히 사용하지 못하게 된 사람 6. 두 발의 발가락을 모두 잃은 사람 7. 흉복부장기의 기능에 뚜렷한 장애가 남아 특별히 손쉬운 노무 외에는 종사할 수 없는 사람 8. 신경계통의 기능 또는 정신기능에 뚜렷한 장애가 남아 특별히 손쉬운 노무 외에는 종사할 수 없는 사람
6급	4,000만원	1. 두 눈의 시력이 각각 0.1 이하로 된 사람 2. 말하는 기능 또는 음식물을 씹는 기능에 뚜렷한 장애가 남은 사람 3. 고막이 대부분 결손되거나 그 외의 원인으로 두 귀의 청력이 모두 귀에 입을 대고 말하지 않으면 큰 말소리를 알아듣지 못하는 사람 4. 한쪽 귀가 전혀 들리지 않게 되고, 다른 귀의 청력이 40센티미터 이상의 거리에서는 보통의 말소리를 알아듣지 못하게 된 사람 5. 척추에 뚜렷한 기형이나 뚜렷한 운동장애가 남은 사람 6. 한쪽 팔의 3대 관절 중 2개 관절을 못 쓰게 된 사람 7. 한쪽 다리의 3대 관절 중 2개 관절을 못 쓰게 된 사람 8. 한쪽 손의 5개 손가락을 잃거나 엄지손가락과 둘째손가락을 포함하여 4개의 손가락을 잃은 사람

등급	보험금액	신체장애
7급	3,200만원	1. 한쪽 눈이 실명되고 다른 쪽 눈의 시력이 0.6 이하로 된 사람 2. 두 귀의 청력이 모두 40센티미터 이상의 거리에서는 보통의 말소리를 알아듣지 못하게 된 사람 3. 한쪽 귀가 전혀 들리지 않게 되고, 다른 귀의 청력이 1미터 이상의 거리에서는 보통의 말소리를 알아듣지 못하게 된 사람 4. 신경계통의 기능 또는 정신기능에 뚜렷한 장애가 남아 손쉬운 노무 외에는 종사할 수 없는 사람 5. 흉복부장기의 기능에 장애가 남아 손쉬운 노무 외에는 종사할 수 없는 사람 6. 한쪽 손의 엄지손가락과 둘째손가락을 잃은 사람 또는 엄지손가락이나 둘째손가락을 포함하여 3개 이상의 손가락을 잃은 사람 7. 한쪽 손의 5개 손가락을 잃거나 엄지손가락과 둘째손가락을 포함하여 4개의 손가락을 제대로 못 쓰게 된 사람 8. 한쪽 발을 발목발허리관절 이상의 부위에서 잃은 사람 9. 한쪽 팔에 가관절(假關節: 부러진 뼈가 완전히 아물지 못하여 그 부분이 마치 관절처럼 움직이는 상태를 말한다)이 남아 뚜렷한 운동장애가 남은 사람 10. 한쪽 다리에 가관절이 남아 뚜렷한 운동장애가 남은 사람 11. 두 발의 발가락을 모두 못 쓰게 된 사람 12. 외모에 뚜렷한 흉터가 남은 사람 13. 양쪽의 고환 또는 난소를 잃은 사람
8급	2,400만원	1. 한쪽 눈의 시력이 0.02 이하로 된 사람 2. 척추에 운동장애가 남은 사람 3. 한쪽 손의 엄지손가락을 포함하여 2개의 손가락을 잃은 사람 4. 한쪽 손의 엄지손가락과 둘째손가락을 제대로 못 쓰게 된 사람 또는 한쪽 손의 엄지손가락이나 둘째손가락을 포함하여 3개 이상의 손가락을 제대로 못 쓰게 된 사람 5. 한쪽 다리가 다른 쪽 다리보다 5센티미터 이상 짧아진 사람 6. 한쪽 팔의 3대 관절 중 1개 관절을 제대로 못 쓰게 된 사람 7. 한쪽 다리의 3대 관절 중 1개 관절을 제대로 못 쓰게 된 사람 8. 한쪽 팔에 가관절이 남은 사람 9. 한쪽 다리에 가관절이 남은 사람 10. 한쪽 발의 발가락을 모두 잃은 사람 11. 비장 또는 한쪽의 신장을 잃은 사람
9급	1,800만원	1. 두 눈의 시력이 각각 0.6 이하로 된 사람 2. 한쪽 눈의 시력이 0.06 이하로 된 사람 3. 두 눈에 반맹증(한쪽시야결손)·시야협착(시야가 좁아짐) 또는 시야결손이 남은 사람

등급	보험금액	신체장애
		4. 두 눈의 눈꺼풀에 뚜렷한 결손이 남은 사람
		5. 코가 결손되어 그 기능에 뚜렷한 장애가 남은 사람
		6. 말하는 기능과 음식물을 씹는 기능에 장애가 남은 사람
		7. 두 귀의 청력이 모두 1미터 이상의 거리에서는 보통의 말소리를 알아듣지 못하게 된 사람
		8. 한쪽 귀의 청력이 귀에 입을 대고 말하지 않으면 큰 말소리를 알아듣지 못하고 다른 귀의 청력이 1미터 이상의 거리에서는 보통의 말소리를 알아듣지 못하게 된 사람
		9. 한쪽 귀의 청력을 완전히 잃은 사람
		10. 한쪽 손의 엄지손가락을 잃은 사람 또는 둘째손가락을 포함하여 2개의 손가락을 잃은 사람 또는 엄지손가락과 둘째손가락 외의 3개의 손가락을 잃은 사람
		11. 한쪽 손의 엄지손가락을 포함하여 2개 이상의 손가락을 제대로 못 쓰게 된 사람
		12. 한쪽 발의 엄지발가락을 포함하여 2개 이상의 발가락을 잃은 사람
		13. 한쪽 발의 발가락을 모두 제대로 못 쓰게 된 사람
		14. 생식기에 뚜렷한 장애가 남은 사람
		15. 신경계통의 기능 또는 정신기능에 장애가 남아 종사할 수 있는 노무가 상당한 정도로 제한된 사람
		16. 흉복부장기의 기능에 장애가 남아 종사할 수 있는 노무가 상당한 정도로 제한된 사람
10급	1,500만원	1. 한쪽 눈의 시력이 0.1 이하로 된 사람
		2. 말하는 기능 또는 음식물을 씹는 기능에 장애가 남은 사람
		3. 14개 이상의 치아에 대하여 치아 보철을 한 사람
		4. 한쪽 귀의 청력이 귀에 입을 대고 말하지 않으면 큰 말소리를 알아듣지 못하는 사람
		5. 두 귀의 청력이 모두 1미터 이상의 거리에서는 보통의 말소리를 알아듣는 데에 지장이 있는 사람
		6. 한쪽 손의 둘째손가락을 잃은 사람 또는 엄지손가락과 둘째손가락 외의 2개 손가락을 잃은 사람
		7. 한쪽 손의 엄지손가락을 제대로 못 쓰게 된 사람 또는 둘째손가락을 포함하여 2개의 손가락을 제대로 못 쓰게 된 사람 또는 엄지손가락과 둘째손가락 외의 3개 손가락을 제대로 못 쓰게 된 사람
		8. 한쪽 다리가 다른 쪽 다리보다 3센티미터 이상 짧아진 사람
		9. 한쪽 발의 엄지발가락 또는 그 외의 4개 발가락을 잃은 사람
		10. 한쪽 팔의 3대 관절 중 1개 관절의 기능에 뚜렷한 장애가 남은 사람
		11. 한쪽 다리의 3대 관절 중 1개 관절의 기능에 뚜렷한 장애가 남은 사람

등급	보험금액	신체장애
11급	1,200만원	1. 두 눈이 모두 근접 반사기능에 뚜렷한 장애가 남거나 뚜렷한 운동장애가 남은 사람 2. 두 눈의 눈꺼풀에 뚜렷한 운동장애가 남은 사람 3. 한쪽 눈의 눈꺼풀에 뚜렷한 결손이 남은 사람 4. 한쪽 귀의 청력이 40센티미터 이상의 거리에서는 보통의 말소리를 알아듣지 못하게 된 사람 5. 척추에 기형이 남은 사람 6. 한 쪽 손의 가운데손가락 또는 넷째손가락을 잃은 사람 7. 한쪽 손의 둘째손가락을 제대로 못 쓰게 된 사람 또는 엄지손가락과 둘째손가락 외의 2개의 손가락을 제대로 못 쓰게 된 사람 8. 한쪽 발의 엄지발가락을 포함하여 2개 이상의 발가락을 제대로 못 쓰게 된 사람 9. 흉복부장기의 기능에 장애가 남은 사람 10. 10개 이상 13개 이하의 치아에 대하여 치아 보철을 한 사람 11. 두 귀의 청력이 모두 1미터 이상의 거리에서는 작은 말소리를 알아듣지 못하게 된 사람
12급	1,000만원	1. 한쪽 눈의 근접반사기능에 뚜렷한 장애가 있거나 뚜렷한 운동장애가 남은 사람 2. 한쪽 눈의 눈꺼풀에 뚜렷한 운동장애가 남은 사람 3. 7개 이상 9개 이하의 치아에 대하여 치아보철을 한 사람 4. 한쪽 귀의 귓바퀴의 대부분이 결손된 사람 5. 쇄골·복장뼈(흉골)·늑골·어깨뼈 또는 골반뼈에 뚜렷한 기형이 남은 사람 6. 한쪽 팔의 3대 관절 중 1개 관절의 기능에 장애가 남은 사람 7. 한쪽 다리의 3대 관절 중 1개 관절의 기능에 장애가 남은 사람 8. 다리의 긴뼈에 기형이 남은 사람 9. 한쪽 손의 가운데손가락 또는 넷째손가락을 제대로 못 쓰게 된 사람 10. 한쪽 발의 둘째발가락을 잃은 사람 또는 둘째발가락을 포함하여 2개의 발가락을 잃은 사람 또는 가운데발가락 이하 3개의 발가락을 잃은 사람 11. 한쪽 발의 엄지발가락 또는 그 외의 4개 발가락을 제대로 못 쓰게 된 사람 12. 신체 일부에 뚜렷한 신경증상이 남은 사람 13. 외모에 흉터가 남은 사람
13급	800만원	1. 한쪽 눈의 시력이 0.6 이하로 된 사람 2. 한쪽 눈에 반맹증, 시야협착 또는 시야결손이 남은 사람 3. 두 눈의 눈꺼풀 일부나 속눈썹에 결손이 남은 사람 4. 5개 이상 6개 이하의 치아에 대하여 치아 보철을 한 사람

등급	보험금액	신체장애
		5. 한쪽 손의 새끼손가락을 잃은 사람
		6. 한쪽 손의 엄지손가락 마디뼈의 일부를 잃은 사람
		7. 한쪽 손의 둘째손가락 마디뼈의 일부를 잃은 사람
		8. 한쪽 손의 둘째손가락의 끝관절을 굽히고 펼 수 없게 된 사람
		9. 한쪽 다리가 다른 쪽 다리보다 1센티미터 이상 짧아진 사람
		10. 한쪽 발의 가운데발가락 이하 1개 또는 2개의 발가락을 잃은 사람
		11. 한쪽 발의 둘째발가락을 제대로 못 쓰게 된 사람 또는 둘째발가락을 포함하여 2개의 발가락을 제대로 못 쓰게 된 사람 또는 가운데발가락 이하 3개의 발가락을 제대로 못 쓰게 된 사람
14급	500만원	1. 한쪽 눈의 눈꺼풀 일부나 속눈썹에 결손이 남은 사람
		2. 3개 이상 4개 이하의 치아에 대하여 치아 보철을 한 사람
		3. 팔이 보이는 부분에 손바닥 크기의 흉터가 남은 사람
		4. 다리가 보이는 부분에 손바닥 크기의 흉터가 남은 사람
		5. 한쪽 손의 새끼손가락을 제대로 못 쓰게 된 사람
		6. 한쪽 손의 엄지손가락과 둘째손가락 외의 손가락 마디뼈의 일부를 잃은 사람
		7. 한쪽 손의 엄지손가락과 둘째손가락 외의 손가락 끝관절을 제대로 못 쓰게 된 사람
		8. 한쪽 발의 가운데발가락 이하 1개 또는 2개의 발가락을 제대로 못 쓰게 된 사람
		9. 신체 일부에 신경증상이 남은 사람
		10. 한쪽 귀의 청력이 1미터 이상의 거리에서는 보통의 말소리를 알아듣지 못하게 된 사람

비고

1. 신체장애가 둘 이상 있을 경우에는 중한 신체장애에 해당하는 장애등급보다 한 등급 높게 보상한다.

2. 시력의 측정은 국제식 시력표로 하며, 굴절 이상이 있는 사람의 경우에는 원칙적으로 교정시력을 측정한다.

3. "손가락을 잃은 것"이란 엄지손가락은 손가락관절, 그 밖의 손가락은 제1관절 이상을 잃은 경우를 말한다.

4. "손가락을 제대로 못 쓰게 된 것"이란 손가락 말단(끝부분)의 2분의 1 이상을 잃거나 손허리손가락관절 또는 몸쪽가락뼈사이관절(엄지손가락은 손가락관절을 말한다)에 뚜렷한 운동장애가 남은 경우를 말한다.

5. "발가락을 잃은 것"이란 발가락 전부를 잃은 경우를 말한다.

6. "발가락을 제대로 못 쓰게 된 것"이란 엄지발가락은 끝관절의 2분의 1 이상, 그 밖의 발

가락은 끝관절 이상을 잃은 경우 또는 발허리발가락관절[中足趾關節] 또는 제1지관절(엄지발가락은 발가락관절을 말한다)에 뚜렷한 운동장애가 남은 경우를 말한다.

7. "흉터가 남은 것"이란 성형수술을 했어도 맨눈으로 알아볼 수 있는 흔적이 있는 상태를 말한다.

8. "항상 보호를 받아야 하는 것"이란 일상생활에서 기본적인 음식섭취, 배뇨 등을 다른 사람에게 의존해야 하는 것을 말한다.

9. "수시로 보호를 받아야 하는 것"이란 일상생활에서 기본적인 음식섭취, 배뇨 등은 가능하나 그 외의 일을 다른 사람에게 의존해야 하는 것을 말한다.

10. 항상보호 또는 수시보호의 기간은 의사가 판정하는 노동력 상실기간을 기준으로 하여 타당한 기간으로 한다.

■ **동물보호법 시행규칙 [별표 3의2]** 〈신설 2024. 5. 27.〉

반려동물행동지도사의 자격취소 및 자격정지 처분의 세부 기준(제13조의6 관련)

1. 일반기준

가. 위반행위가 둘 이상인 경우로서 그에 해당하는 각각의 처분기준이 다른 경우에는 그 중 무거운 처분기준에 따르고, 둘 이상의 처분기준이 모두 자격정지(제2호마목에 따른 자격취소가 라목에 따라 6개월 이상의 자격정지 처분으로 감경된 경우를 포함한다)인 경우에는 각 처분기준을 합산한 기간을 넘지 않는 범위에서 무거운 처분기준에 그 처분기준의 2분의 1 범위에서 가중한다.

나. 위반행위의 횟수에 따른 행정처분 기준은 **최근 2년간** 같은 위반행위로 행정처분을 받은 경우에 적용한다. 이 경우 기간의 계산은 위반행위에 대하여 행정처분을 받은 날과 그 처분 후 다시 같은 위반행위를 해서 적발된 날을 기준으로 한다.

다. 나목에 따라 가중된 행정처분을 하는 경우 가중처분의 적용 차수는 그 위반행위 전 부과처분 차수(나목에 따른 기간 내에 행정처분이 둘 이상 있었던 경우에는 높은 차수를 말한다)의 다음 차수로 한다.

라. 처분권자는 다음에 해당하는 사유를 고려하여 제2호의 개별기준에 따른 처분을 가중하거나 감경할 수 있다. 이 경우 제2호의 개별기준이 자격정지인 때에는 그 처분기준의 2분의 1의 범위에서 가중하거나 감경할 수 있고, 자격취소인 경우에는 6개월 이상의 자격정지 처분으로 감경(법 제32조제2항제1호부터 제4호까지에 해당하는 경우는 제외한다)할 수 있다.

　1) 가중사유

　　가) 위반행위가 고의나 중대한 과실에 의한 것으로 인정되는 경우

　　나) 위반의 내용과 정도가 중대하여 동물의 생명보호 및 복지 증진에 미치는 피해가 크다고 인정되는 경우

　2) 감경사유

　　가) 위반행위가 사소한 부주의나 오류로 인한 것으로 인정되는 경우

　　나) 위반행위자가 위반행위를 바로 정정하거나 시정하여 법 위반상태를 해소한 경우

　　다) 그 밖에 위반행위의 내용·정도·동기 및 결과 등을 고려하여 감경할 필요가 있다고 인정되는 경우

2. 개별기준

위반행위	근거 법조문	행정처분 기준		
		1차 위반	2차 위반	3차 이상 위반
가. 법 제32조제1항 각 호의 어느 하나에 해당하게 된 경우	법 제32조 제2항제1호	자격 취소		
나. 거짓이나 그 밖의 부정한 방법으로 자격을 취득한 경우	법 제32조 제2항제2호	자격 취소		
다. 다른 사람에게 명의를 사용하게 하거나 자격증을 대여한 경우	법 제32조 제2항제3호	자격 취소		
라. 자격정지기간에 업무를 수행한 경우	법 제32조 제2항제4호	자격 취소		
마. 「동물보호법」을 위반하여 벌금 이상의 형을 선고받고 그 형이 확정된 경우	법 제32조 제2항제5호	자격 취소		
바. 영리를 목적으로 반려동물의 소유자등에게 불필요한 서비스를 선택하도록 알선·유인하거나 강요한 경우	법 제32조 제2항제6호	자격 정지 6개월	자격 정지 12개월	자격 취소

■ 동물보호법 시행규칙 [별표 4]

동물보호센터의 시설 및 인력 기준(제16조 관련)

1. 일반기준

가. 보호실, 격리실, 사료보관실 및 진료실을 각각 구분하여 설치해야 하며, 동물 구조 및 운반용 차량을 보유해야 한다. 다만, 시·도지사·시장·군수·구청장 또는 지정 동물보호센터 운영자가 동물의 진료를 동물병원에 위탁하는 경우에는 진료실을 설치하지 않을 수 있으며, 지정 동물보호센터의 업무에 구조업무가 포함되지 않은 경우에는 구조 및 운반용 차량을 보유하지 않을 수 있다.

나. 동물의 탈출 및 도난 방지, 방역 등을 위하여 방범시설 및 외부인의 출입을 통제할 수 있는 장치가 있어야 하며, 시설의 외부와 경계를 이루는 담장이나 울타리가 있어야 한다. 다만, 단독건물 등 시설 자체로 외부인과 동물의 출입통제가 가능한 경우에는 담장이나 울타리를 설치하지 않을 수 있다.

다. 시설의 청결 유지와 위생 관리에 필요한 급수시설 및 배수시설을 갖추어야 하며, 바닥은 청소와 소독이 용이한 재질이어야 한다. 다만, 운동장은 제외한다.

라. 보호동물을 인도적인 방법으로 처리하기 위해 동물의 수용시설과 독립된 별도의 처리공간이 있어야 한다. 다만, 동물보호센터 내 독립된 진료실을 갖춘 경우 그 시설로 대체할 수 있다.

마. 동물 사체를 보관할 수 있는 잠금장치가 설치된 냉동시설을 갖추어야 한다.

바. 동물보호센터의 장은 동물의 구조·보호조치, 반환 또는 인수 등 동물보호센터의 업무를 수행하기 위하여 센터 여건에 맞게 동물보호센터의 장을 포함하여 보호동물 20마리당 1명 이상의 보호·관리 인력을 확보해야 한다.

2. 개별기준

가. 보호실은 다음의 시설조건을 갖추어야 한다.

1) 동물을 위생적으로 건강하게 관리하기 위해 **온도 및 습도 조절**이 가능해야 한다.

2) **채광과 환기**가 충분히 이루어질 수 있도록 해야 한다.

3) 보호실이 외부에 노출된 경우, **직사광선, 비바람 등을 피할 수 있는 시설**을 갖추어야 한다.

나. 격리실은 다음의 시설조건을 갖추어야 한다.

1) **독립된 건물**이거나, 다른 용도로 사용되는 시설과 분리되어야 한다.

2) 외부환경에 **노출되어서는 안 되고, 온도 및 습도 조절이 가능하며, 채광과 환기가

충분히 이루어질 수 있어야 한다.

3) **전염성 질병에 걸린 동물**은 질병이 다른 동물에게 전염되지 않도록 **별도로 구획** 되어야 하며, 출입 시 소독 관리를 철저히 해야 한다.

4) 격리실은 보호 중인 **동물의 상태를 외부에서 수시로 관찰할 수 있는 구조여야** 한 다. 다만, 해당 동물의 생태, 보호 여건 등 사정이 있는 경우는 제외한다.

다. 사료보관실은 **청결하게 유지하고 해충이나 쥐 등이 침입할 수 없도록** 해야 하며, 그 밖의 관리물품을 보관하는 경우 **서로 분리하여 구별**할 수 있어야 한다.

라. 진료실에는 진료대, 소독장비 등 동물의 **진료에 필요한 기구·장비를 갖추어야** 하며, 2차 감염을 막기 위해 진료대 및 진료기구 등을 **위생적으로 관리**해야 한다.

마. 보호실, 격리실 및 진료실 내에서 개별 동물을 분리하여 수용할 수 있는 장치는 다음 의 조건을 갖추어야 한다.

1) **장치는 동물이 자유롭게 움직일 수 있는 충분한 크기로서, 가로 및 세로의 길이가 동물의 몸길이의 각각** 2배 이상 **되어야 한다.** 다만, 개와 고양이의 경우 **권장하 는 최소 크기**는 다음과 같다.

   가) 소형견(5kg 미만): 50 × 70 × 60(cm)

   나) 중형견(5kg 이상 15kg 미만): 70 × 100 × 80(cm)

   다) 대형견(15kg 이상): 100 × 150 × 100(cm)

   라) 고양이: 50 × 70 × 60(cm)

2) **평평한 바닥을 원칙으로 하되, 철망 등으로 된 경우 철망의 간격이 동물의 발이 빠지지 않는 규격**이어야 한다.

3) 장치의 재질은 청소, 소독 및 건조가 쉽고 부식성이 없으며 쉽게 부서지거나 동 물에게 상해를 입히지 않는 것이어야 하며, **장치를 2단 이상 쌓은 경우 충격에 의해 무너지지 않도록 설치**해야 한다.

4) **분뇨 등 배설물을 처리할 수 있는 장치를 갖추고, 매일 1회 이상 청소하여 동물이 위생적으로 관리될 수 있어야 한다.**

5) 동물을 개별적으로 확인할 수 있도록 **장치 외부에 표지판이 부착되어야** 한다.

바. 동물구조 및 운송용 차량은 동물을 안전하게 운송할 수 있도록 **개별 수용장치를 설치** 해야 하며, **화물자동차인 경우 직사광선, 비바람 등을 피할 수 있는 장치가 설치되어 야 한다.**

■ 동물보호법 시행규칙 [별표 5]

동물보호센터의 준수사항(제20조 관련)

1. 일반사항

   가. 동물보호센터에 입소되는 모든 동물은 안전하고 위생적이며 불편함이 없도록 관리해야 한다.

   나. 동물은 종류별, 성별(어리거나 중성화된 동물은 제외한다) 및 크기별로 구분하여 관리하고, 질환이 있는 동물(상해를 입은 동물을 포함한다), 공격성이 있는 동물, 나이든 동물, 어린 동물(어미와 함께 있는 경우는 제외한다) 및 새끼를 배거나 새끼에게 젖을 먹이는 동물은 분리하여 보호해야 한다.

   다. 동물종류, 품종, 나이 및 체중에 맞는 사료 등 먹이를 적절히 공급하고 항상 깨끗한 물을 공급하며, 그 용기는 청결한 상태로 유지해야 한다.

   라. 소독약과 소독장비를 가지고 정기적으로 소독 및 청소를 실시해야 한다.

   마. 보호센터는 방문목적이 합당한 경우, 누구에게나 개방해야 하며, 방문 시 방문자 성명, 방문일시, 방문목적, 연락처 등을 기록하여 작성일부터 1년간 보관해야 한다. 다만, 보호 중인 동물의 적절한 관리를 위해 개방시간을 정하는 등의 제한을 둘 수 있다.

   바. 보호 중인 동물은 진료 등 특별한 사정이 없으면 보호시설 내에서 보호함을 원칙으로 한다.

2. 개별사항

   가. 동물의 구조 및 포획은 구조자와 해당 동물 모두 안전한 방법으로 실시하고, 구조 직후 동물의 상태를 확인하여 건강하지 않은 개체는 추가로 응급조치 등의 조치를 해야 한다.

   나. 보호동물 입소 시 개체별로 별지 제13호서식의 보호동물 개체관리카드를 작성하고, 처리결과 및 그 관련 서류를 3년간 보관(전자적 방법으로 갈음할 수 있다)해야 한다.

   다. 보호동물의 등록을 확인하고, 보호동물이 등록된 동물인 경우에는 지체 없이 해당 동물의 소유자에게 보호 중인 사실을 통보해야 한다.

   라. 보호동물의 반환 시 소유자임을 증명할 수 있는 사진, 기록 또는 해당 보호동물의 반응 등을 참고하여 반환해야 하고, 보호동물을 다시 분실하지 않도록 교육을 실시해야 하며, 해당 보호동물이 동물등록이 되어 있지 않은 경우에는 동물등록을 하도록 안내해야 한다.

   마. 보호동물의 분양 시 번식 등의 상업적인 목적으로 이용되는 것을 방지하기 위해

중성화수술에 동의하는 자에게 우선 분양**하고,** 미성년자(친권자 및 후견인의 동의가 있는 경우는 제외한다)에게 분양하지 않아야 **한다.** 또한 보호동물이 다시 유기되지 않도록 교육을 실시해야 하며, 해당 보호동물이 동물등록이 되어 있지 않은 경우에는 동물등록을 하도록 안내해야 한다.

바. 제28조에 해당하는 동물을 인도적으로 처리하는 경우 **동물보호센터 종사자 1명 이상의 참관하에** 수의사가 시행하도록 하며, 마취제 사용 후 심장에 직접 작용하는 약물 등을 사용하는 등 **인도적인 방법을 사용하여 동물의 고통을 최소화해야 한다.**

사. 동물보호센터 내에서 발생한 동물의 사체**는 별도의 냉동장치에 보관 후,** 「폐기물관리법」에 **따르거나** 법 제69조제1항제4호에 따른 동물장묘업의 허가를 받은 자가 설치·운영하는 동물장묘시설 **및** 법 제71조제1항에 따른 공설동물장묘시설을 **통해 처리한다.**

■ **동물보호법 시행규칙 [별표 6]**

민간동물보호시설의 시설 기준(제23조제4항 관련)

1. 일반기준

가. 보호실, 격리실 및 사료보관실을 각각 구분하여 설치해야 한다. 진료실을 보유하고 있다면 각각 구분하여 설치하는 것을 권장한다.

나. 동물의 탈출 및 도난 방지, 방역 등을 위하여 **방범시설 및 외부인의 출입을 통제할 수 있는 장치**가 있어야 하며, 시설의 외부와 경계를 이루는 **담장이나 울타리**가 있어야 한다. 다만, 단독건물 등 시설 자체로 외부인과 동물의 출입통제가 가능한 경우는 담장이나 울타리를 설치하지 않을 수 있다.

다. 시설의 청결 유지와 위생 관리에 필요한 **급수시설 및 배수시설**을 갖추어야 하며, **바닥은 청소와 소독이 용이한 재질이어야 한다. 다만, 운동장은 제외한다.**

라. 동물 사체를 보관할 수 있는 **잠금장치가 설치된 냉동시설**을 갖추어야 한다.

2. 개별기준

가. 보호실은 다음의 시설조건을 갖추어야 한다.

1) 동물을 위생적으로 건강하게 관리하기 위하여 **온도 및 습도 조절**이 가능해야 한다.

2) **채광과 환기**가 충분히 이루어질 수 있도록 해야 한다.

3) 보호실이 외부에 노출된 경우, 직사광선, 비바람 등을 피할 수 있는 시설을 갖추어야 한다.

나. 격리실은 다음의 시설조건을 갖추어야 한다.

1) **독립된 건물**이거나, **다른 용도로 사용되는 시설과 분리**되어야 한다.

2) 외부환경에 노출되어서는 안 되고, 온도 및 습도 조절이 가능하며, 채광과 환기가 충분히 이루어질 수 있어야 한다.

3) 전염성 질병에 걸린 동물은 질병이 **다른 동물에게 전염되지 않도록 별도로 구획**되어야 하며, **출입 시 소독 관리를 철저히** 해야 한다.

4) 격리실에 보호 중인 동물에 대해서는 외부에서 **상태를 수시로 관찰할 수 있는 구조**여야 한다. 다만, 해당 동물의 생태, 보호 여건 등 사정이 있는 경우는 제외한다.

다. 사료보관실은 **청결하게 유지하고 해충이나 쥐 등이 침입할 수 없도록** 해야 하며, 그 밖의 관리물품을 보관하는 경우 서로 분리하여 구별할 수 있어야 한다.

라. 진료실이 있는 경우는, 진료실은 진료대, 소독장비 등 동물의 진료에 **필요한 기구·장비를 갖추어야 하며,** 2차 감염을 막기 위해 진료대 및 진료기구 등을 **위생적으로 관**

리해야 한다.

마. 보호실, 격리실 및 진료실 내에서 **개별 동물을 분리하여 수용할 수 있는 장치**는 다음의 조건을 갖추어야 한다.

1) 장치는 **동물이 자유롭게 움직일 수 있는 충분한 크기**로서, **가로 및 세로의 길이가 동물의 몸길이의 각각 2배 이상 되는 곳에 수용**하도록 한다. 다만, 개와 고양이의 경우 권장하는 최소 크기는 다음과 같다.

가) **소형견**(5kg **미만**): 50 × 70 × 60(cm)

나) **중형견**(5kg **이상** 15kg **미만**): 70 × 100 × 80(cm)

다) **대형견**(15kg **이상**): 100 × 150 × 100(cm)

라) **고양이**: 50 × 70 × 60(cm)

2) **평평한 바닥을 원칙으로 하되, 철망 등으로 된 경우 철망의 간격이 동물의 발이 빠지지 않는 규격이어야 한다.**

3) 장치의 재질은 청소, 소독 및 건조가 쉽고 부식성이 없으며 쉽게 부서지거나 동물에게 상해를 입히지 않는 것이어야 하며, 장치를 **2단 이상 쌓은 경우 충격에 의해 무너지지 않도록 설치**해야 한다.

4) **분뇨 등 배설물을 처리할 수 있는 장치를 갖추고, 매일 1회 이상 청소하여 동물이 위생적으로 관리될 수 있어야 한다.**

5) 동물을 개별적으로 확인할 수 있도록 장치 외부에 표지판이 부착되어야 한다.

바. **동물 운송용 차량이 있는 경우** 동물을 안전하게 운송할 수 있도록 개별 수용장치를 설치해야 하며, 화물자동차인 경우 직사광선, 비바람 등을 피할 수 있는 장치가 설치되어야 한다.

민간동물보호시설의 운영 기준(제23조제4항 관련)

1. 일반사항

가. 민간동물보호시설에 입소되는 **모든 동물은 안전하고, 위생적이며 불편함이 없도록** 관리해야 한다.

나. **동물은 종류별, 성별(어리거나 중성화된 동물은 제외한다) 및 크기별로 구분하여 관리하고**, 질환이 있는 동물(상해를 입은 동물을 포함한다), 공격성이 있는 동물, 나이든 동물, 어린 동물(어미와 함께 있는 경우는 제외한다) 및 새끼를 배거나 새끼에게 젖을 먹이는 동물은 분리하여 보호해야 한다.

다. 동물의 종류, 품종, 나이 및 체중에 맞는 사료 등 **먹이를 적절히 공급하고 항상 깨끗한 물을 공급하며**, 그 용기는 청결한 상태로 유지해야 한다.

라. 소독약과 소독장비를 가지고 **정기적으로 소독 및 청소**를 실시해야 한다.

마. 민간동물보호시설의 운영자는 **보호 중인 동물의 분양을 위해 노력해야 하고, 자원봉사자 등 외부 자원을 적극적으로 활용하도록 노력해야 하며, 외부인 방문 시 방문자 성명, 방문일시, 방문목적, 연락처 등을 기록하여 작성일부터 1년간 보관해야 한다.** 다만, 보호 중인 동물의 적절한 관리를 위해 개방시간을 정하는 등의 제한을 둘 수 있다.

바. **보호 중인 동물은 진료 등 특별한 사정이 없으면 보호시설 내에서 보호함을 원칙으로 하고 보호동물의 복지와 상업적 이용을 방지하기 위해** 중성화수술을 권장한다.

사. 민간동물보호시설의 운영자는 보호, 치료, 입양 등의 업무를 **수행하기 위하여 보호동물 50마리당 1명 이상의 보호·관리 인력을 확보해야 한다.**

아. 여러 동물을 함께 수용할 때에는 다음의 조건을 갖추어야 한다.

  1) 동물의 건강상태, 나이, 성별, 동물종, 기질 등을 고려하여 **분리 또는 합사**해야 한다.
  2) 함께 수용하더라도 동물이 **개별적으로 쉴 수 있는 공간**을 갖추어야 한다.
  3) **물과 사료 경쟁이 생기지 않도록** 그릇의 형태 및 개수를 적절히 배치해야 한다.

2. 개별사항

가. **동물을 인수 또는 기증받은 경우** 등록대상동물은 동물등록번호를 확인하고, 개체별로 별지 제13호서식의 보호동물 **개체관리카드**를 작성하고, 처리결과 및 그 관련 **서류를 3년간 보관**(전자적 방법으로 갈음할 수 있다)해야 한다. 만일 등록대상동물이 동물등록이 되어 있지 않은 경우에는 **동물등록**을 해야 한다.

나. 보호동물의 분양 시 번식 등의 상업적인 목적으로 이용되는 것을 방지하기 위해 중성화수술에 동의하는 자에게 우선 분양하고, 미성년자(친권자 및 후견인의 동의가 있는 경우는 제외한다)에게 분양하지 않아야 한다. 또한, 보호동물이 다시 유기되지 않도록 교육을 실시해야 하며, 해당 보호동물이 등록대상동물인 경우 동물등록이 되어 있지 않은 경우에는 동물등록을 하도록 안내해야 한다.

다. 민간동물보호시설 내에서 발생한 사체는 별도의 냉동장치에 보관 후, 「폐기물관리법」에 따르거나 법 제69조제1항제4호에 따른 동물장묘업의 허가를 받은 자가 설치·운영하는 동물장묘시설 및 법 제71조제1항에 따른 공설동물장묘시설을 통해 처리한다.

■ 동물보호법 시행규칙 [별표 8]

동물 해부실습 심의위원회의 심의 및 운영 기준(제30조제2호라목 관련)

1. 심의위원회는 동물 해부실습에 대한 다음 각 호의 사항을 심의한다.
   가. 동물 해부실습을 대체할 수 있는 방법이 우선적으로 고려되었는지 여부
   나. 동물 해부실습이 학생들에게 미칠 수 있는 정서적 충격을 고려하였는지 여부
   다. 동물 해부실습을 원하지 않는 학생에 대한 별도의 지도방법이 마련되어 있는지 여부
   라. 지도 교원이 동물 해부실습에 대한 과학적 지식과 경험을 갖추었는지 여부
   마. 동물을 최소한으로만 사용하는지 여부
   바. 동물의 고통이 수반될 것으로 예상되는 실습의 경우 실습 과정에서 동물의 고통을 덜어주기 위한 적절한 수의학적인 방법 또는 조치가 계획되어 있는지 여부

2. 심의위원회의 회의는 재적위원 과반수의 출석으로 개의(開議)하고, 출석위원 과반수의 찬성으로 의결한다.
3. 학교의 장은 심의위원회의 독립성을 보장하고, 심의위원회의 심의결과를 존중해야 하며, 심의위원회의 심의 및 운영에 필요한 인력·장비·장소 및 비용을 부담해야 한다.
4. 심의위원회는 제1호 각 목의 사항을 심의할 때 필요하다고 인정하는 경우에는 법 제53조 제2항제1호 또는 제2호에 해당하는 사람으로 하여금 심의위원회에 출석하여 발언하게 할 수 있다.
5. 동물 해부실습의 시행에 관하여 심의위원회의 심의를 거친 경우에는 해당 동물 해부실습과 지도 교원, 동물 해부실습 방식, 사용 동물의 종(種) 및 마릿수가 모두 같은 동물 해부실습에 대해서는 **심의위원회의 심의를 거친 날부터 2년간 심의를 거치지 않을 수 있다.** 다만, 심의위원회 개최일부터 1년이 지난 이후에 학생, 학부모 등이 재심의를 요청하거나 학교의 장이 재심의가 필요하다고 인정하여 재심의를 요청하는 경우 심의위원회는 재심의를 해야 한다.
6. 심의위원회의 원활한 운영을 위해 간사 1명을 두되, 간사는 심의위원회를 개최하는 경우 심의 일시, 장소, 참석자, 안건, 발언요지, 결정사항 등이 포함된 회의록을 서면 또는 전자적인 방법으로 작성해야 한다.
7. 동물 해부실습 지도 교원은 해부실습이 끝나면 해당 해부실습의 결과보고서를 작성하여 심의위원회에 보고해야 한다.
8. 간사는 제6호에 따른 회의록 및 제7호에 따른 결과보고서를 작성일부터 3년간 보관해야 한다.

■ 동물보호법 시행규칙 [별표 9]

동물실험의 고통등급(제31조제2항제3호 관련)

등급	분류기준
A	세균, 원충 및 무척추동물을 사용하는 실험, 연구, 수술 또는 시험
B	척추동물을 사용하는 실험으로서 고통·스트레스가 없이 사육, 적응, 유지하는 실험
C	척추동물을 사용하는 실험으로서 고통·스트레스가 거의 없어 마취제나 진통제를 사용하지 않는 실험
D	척추동물을 사용하는 실험으로서 고통·스트레스가 있어 적절한 마취제나 진통제 등을 사용하는 실험
E	척추동물을 사용하는 실험으로서 고통·스트레스가 있고 마취제나 진통제등을 사용하지 않는 실험

■ **동물보호법 시행규칙 [별표 9의2]** 〈신설 2024. 5. 27.〉

동물복지축산농장 인증기준(제36조의2제2항 관련)

1. 인력기준

　가. 농업인이 해당 농장의 관리를 직접 할 것

　나. 농업인이 해당 농장의 관리를 직접 할 수 없는 경우에는 동물의 복지와 관리에 필요한 지식을 갖춘 사람을 관리자로 둘 것

　다. 가목의 농업인 또는 나목의 관리자는 검역본부장이 주관하거나 지정·고시한 교육전문기관에서 동물복지 규정과 사양 관리 방법 등에 대한 교육(온라인 교육을 포함한다)을 4시간 이상 받았을 것

2. 시설기준

동물복지축산농장으로 인증받은 후 동물복지축산농장의 표시 외에 동물복지 자유방목 농장의 표시를 추가적으로 하려는 경우에는 검역본부장이 정하여 고시하는 실외 방목장 기준을 갖출 것

3. 사육 및 관리기준

　가. 동물복지축산농장 인증 신청일 기준 **최근 3개월 이상** 검역본부장이 정하여 고시하는 **동물복지 사육방법만을 사용하여 동물을 사육하였을 것**

　나. **동물복지축산농장으로 인증되지 않은** 일반 농장에서 사육되어 들여온 **동물이 없을 것.** 다만, 동물의 특성, 사육기간, 사육방법 등을 고려하여 가축의 종류별로 검역본부장이 정하여 고시하는 바에 따라 일반 농장에서 사육된 동물을 들여온 경우는 제외한다.

　다. **동물의 질병을 예방하기 위해 적절한 조치를 취하고, 질병이 발생한 경우에는 수의사의 처방에 따라 질병을 치료하였을 것**

　라. 동물복지축산농장 인증 신청일 기준 **최근 3개월 이상 항생제, 합성항균제, 성장촉진제 및 호르몬제 등 동물용의약품을 질병이 없는 동물에 투여(사료나 마시는 물에 섞는 행위를 포함한다)하지 않았을 것**

　마. 농장에서 생산된 축산물에서 검출되는 **농약 및 동물용의약품은**「축산물 위생관리법」제4조제2항에 따라 식품의약품안전처장이 고시한 **잔류허용기준을 초과하지 않을 것**

4. 가축의 종류별 인증기준

　가. **소**

　　모든 소는 무리사육(여러 마리를 자유롭게 풀어서 사육하는 것을 말한다. 이하 이 표에서 같다)을 할 것. 다만, 치료를 목적으로 하는 일시적인 계류(한 마리씩 묶거나 가두는 것을 말한다. 이하 이 표에서 같다)는 가능하다.

나. 돼지

1) **모든 돼지는 무리사육을 할 것**. 다만, 새끼를 밴 돼지의 안전과 유산 방지를 위하여 교미 또는 인공수정 후부터 4주까지는 스톨(돼지를 개별적으로 가두어 사육하는 틀을 말한다. 이하 이 표에서 같다)에서 사육할 수 있다.

2) **돼지의 꼬리 등 신체 일부를 절단하거나 훼손하지 말 것**. 다만, 꼬리 물기 등 공격행위로 다른 돼지에 상해를 유발한 경우에는 검역본부장이 정하는 방법에 따라 신체 일부를 절단하거나 훼손할 수 있다.

다. 닭

1) **산란계**

가) **모든 닭은 무리사육을 할 것**. 다만, 백신접종 등 수의학적 조치를 하는 경우에는 일시적으로 폐쇄형 케이지(닭을 가두어 사육하는 철망으로 된 우리를 말한다. 이하 이 표에서 같다) 등에서 사육할 수 있다.

나) **닭의 부리 등 신체 일부를 절단하거나 훼손하지 말 것**. 다만, 닭의 부리 등으로 다른 닭에 상해를 유발한 경우에는 검역본부장이 정하는 방법에 따라 신체 일부를 절단하거나 훼손할 수 있다.

2) **육계**

가) **모든 닭은 무리사육을 할 것**. 다만, 백신접종 등 수의학적 조치를 하는 경우에는 일시적으로 폐쇄형 케이지 등에서 사육할 수 있다.

나) 계사 내 **모든 바닥은 전부 깔짚**으로 덮여 있어야 하며, 닭의 일상생활을 위해 충분한 깊이가 유지되도록 할 것

라. 오리

1) 오리가 고유 습성에 따라 **자유롭게 물놀이 활동**을 할 수 있는 별도의 급수공간을 제공할 것

2) 모든 오리 축사 내 바닥은 견고해야 하며, 전부 깔짚으로 덮여 있을 것. 다만, 급수시설 및 그 주변 공간은 예외로 할 수 있다.

마. 염소

모든 염소는 무리사육을 할 것. 다만, 치료를 목적으로 하는 일시적인 계류는 가능하다.

비고

1. 「축산법」제22조제1항제4호에 따라 가축사육업 허가를 받거나 같은 조 제3항에 따라 가축사육업 등록을 한 농장 전체를 동물복지축산농장 인증기준에 따라 관리·운영해야 한다.

2. 이 별표에서 규정한 사항 외에 동물복지축산농장 인증에 필요한 세부 기준은 검역본부장이 정하여 고시한다.

■ **동물보호법 시행규칙 [별표 9의3]** 〈신설 2024. 5. 27.〉

인증기관에 대한 지정취소 및 업무정지의 세부 기준(제36조의6 관련)

1. 일반기준

가. 위반행위가 둘 이상인 경우로서 그에 해당하는 각각의 처분기준이 다른 경우에는 그 중 무거운 처분기준에 따르고, 둘 이상의 처분기준이 모두 업무정지인 경우에는 각 처분기준을 합산한 기간을 넘지 않는 범위에서 무거운 처분기준에 그 처분기준의 2분의 1 범위에서 가중한다.

나. 위반행위의 횟수에 따른 행정처분 기준은 **최근 3년간** 같은 위반행위로 행정처분을 받은 경우에 적용한다. 이 경우 기간의 계산은 위반행위에 대하여 행정처분을 받은 날과 그 처분 후 다시 같은 위반행위를 하여 적발된 날을 기준으로 한다.

다. 나목에 따라 가중된 행정처분을 하는 경우 가중처분의 적용 차수는 그 위반행위 전 처분차수(나목에 따른 기간 내에 행정처분이 둘 이상 있었던 경우에는 높은 차수를 말한다)의 다음 차수로 한다.

라. 처분권자는 다음의 어느 하나에 해당하는 경우에는 제2호의 개별기준에 따른 업무정지 기간의 2분의 1 범위에서 그 기간을 줄일 수 있다.

1) 위반행위가 사소한 부주의나 오류로 인한 것으로 인정되는 경우
2) 위반행위자가 위반행위를 바로 정정하거나 시정하여 법 위반상태를 해소한 경우
3) 그 밖에 위반행위의 내용·정도·동기 및 결과 등을 고려하여 업무정지 기간을 줄일 필요가 있다고 인정되는 경우

2. 개별기준

위반행위	근거 법조문	행정처분 기준		
		1차 위반	2차 위반	3차 이상 위반
가. 거짓이나 그 밖의 부정한 방법으로 지정을 받은 경우	법 제61조 제1항제1호	지정 취소		
나. 업무정지 명령을 위반하여 정지기간 중 인증을 한 경우	법 제61조 제1항제2호	지정 취소		
다. 법 제60조제2항에 따른 지정기준에 맞지 않게 된 경우	법 제61조 제1항제3호	업무 정지 3개월	업무 정지 6개월	지정 취소
라. 고의 또는 중대한 과실로 법 제59조제3항에 따른 인증기준에 맞지 않은 축산농장을 인증한 경우	법 제61조 제1항제4호	업무 정지 6개월	지정 취소	
마. 정당한 사유 없이 지정된 인증업무를 하지 않는 경우	법 제61조 제1항제5호	업무 정지 3개월	업무 정지 6개월	지정 취소

■ **동물보호법 시행규칙 [별표 9의4]** 〈신설 2024. 5. 27.〉

동물복지축산농장의 표시 방법 및 기준(제36조의7제1항 관련)

1. 표시 방법

다음의 도형을 간판의 형태로 설치하여 표시한다.

2. 표시 기준: 제1호에 따른 도형은 다음의 기준에 따라 표시한다.

1. 간판의 크기: 가로 60㎝, 세로 40㎝

2. 농장명, 인증번호, 동물복지축산농장 심벌 및 농림축산식품부 심벌의 크기와 색상

　　가. 농장명: 세로 10㎝, 청색

　　나. 인증번호 제　　호: 세로 5㎝(청색)

　　다. 동물복지축산농장 심벌 원: 반지름 15㎝(외부 원은 녹색, 내부 원은 노란색, 산
　　　　모양은 녹색, 울타리 및 농장도로는 검정색, 동물복지축산농장 글자는 흰색)

　　라. 농림축산식품부 심벌 및 글자: 세로 10㎝, 검정색

　　라. 심벌의 받침 반 타원: 회색

3. **바탕색: 흰색**

비고

1. 간판 및 글자의 크기는 자율적으로 조정할 수 있다.

2. 동물복지축산농장 표시를 할 때 별표 9의5에 따른 동물복지축산물의 표시를 함께 표시할
　수 있다.

3. 동물복지축산농장 표시를 할 때 별표 9의2 제2호에 따라 검역본부장이 정하여 고시하는
　실외 방목장 기준을 준수하는 농장의 경우에는 동물복지 자유방목 농장이라는 표시를 함
　께 표시할 수 있다.

동물복지축산물 표시 방법 및 기준(제36조의7제2항 관련)

1. 표시 방법

가. 다음의 도형을 동물복지축산물의 포장지에 표시한다.

인증번호 :

Certification Number :

나. 동물복지축산물 표시를 하려는 경우에는 동물복지축산농장 인증을 받은 자의 성명 또는 농장명, 인증번호, 가축의 종류, 농장 소재지(이하 이 표에서 "인증농장정보"라 한다)를 함께 표시해야 한다. 다만, 다음의 어느 하나에 해당하는 경우에는 다음에서 정하는 방법에 따른다.

1) 여러 동물복지축산농장의 축산물을 원료로 하여 축산물가공품을 제조한 경우로서 축산물가공품포장지 협소 등으로 인하여 전체 동물복지축산농장의 인증농장정보를 포장지에 표시하기 어려운 경우: 여러 농장 중 일부 농장의 인증농장정보를 포장지에 표시하고 나머지 농장의 인증농장정보에 대해서는 포장지의 다른 표시면 또는 홈페이지, QR코드 등을 통해 제공할 수 있다. 이 경우 홈페이지, QR코드 등 포장지 이외의 방법을 통해 나머지 농장의 인증농장정보를 제공하려면 포장지에 동물복지축산농장의 개수 및 인증농장정보 확인 방법 등을 소비자가 쉽게 확인할 수 있도록 표시해야 한다.

2) 여러 동물복지축산농장의 축산물을 원료로 혼합 또는 분쇄하여 가공하는 식육가공품으로서 원료 유래 농장을 특정하기 어려운 경우: 포장지에 인증농장정보 표시를 생략할 수 있다. 다만, 해당제품에 사용한 인증농장들의 정보를 확인할 수 있도록 제조단위(로트) 별로 기록·유지해야 한다.

2. 표시 기준

제1호가목에 따른 도형은 다음의 기준에 따라 표시한다.

가. 표시 도형의 가로 길이(사각형의 왼쪽 끝과 오른쪽 끝의 폭: W)를 기준으로 세로 길이는 $0.95 \times W$의 비율로 한다.

나. 표시 도형의 흰색 모양과 바깥 테두리(좌우 및 상단부 부분으로 한정한다)의 간격은 $0.1 \times W$로 한다.

다. 표시 도형의 흰색 모양 하단부 왼쪽 태극의 시작점은 상단부에서 $0.55 \times W$ 아래가 되는 지점으로 하고, 오른쪽 태극의 끝점은 상단부에서 $0.75 \times W$ 아래가 되는 지점으로 한다.

라. 표시 도형의 국문 및 영문 모두 활자체는 고딕체로 한다.

마. 표시 도형의 글자 크기는 표시 도형의 크기에 따라 조정한다.

바. 표시 도형의 색상은 녹색을 기본 색상으로 하되, 포장재의 색깔 등을 고려하여 파란색, 빨간색 또는 검은색으로 할 수 있다.

사. 표시 도형 내부에 적힌 "동물복지", "(ANIMAL WELFARE)", "ANIMAL WELFARE"의 글자 색상은 표시 도형 색상과 같게 하고, 하단의 "농림축산식품부"와 "MAFRA KOREA"의 글자는 흰색으로 한다.

아. 배색 비율은 녹색 C80+Y100, 파란색 C100+M70, 빨간색 M100+Y100+K10, 검은색 C20+K100으로 한다.

자. 표시 도형의 크기는 포장재의 크기에 따라 조정할 수 있다.

차. 표시 도형의 위치는 포장재 주 표시면의 옆면에 표시하되, 포장재 구조상 옆면 표시가 어려운 경우에는 표시 위치를 변경할 수 있다.

카. 표시 도형 밑 또는 좌우 옆면에 인증번호를 표시한다.

타. 표시 도형과 함께 동물복지축산물 표시 글자를 함께 표시할 수 있으며, 표시글자는 동물복지, 동물복지축산, 동물복지축산물, 동물복지○○, 동물복지축산○○ 또는 동물복지 사육 ○○으로 표시한다.

비고

1. 동물복지축산물 표시를 할 때 별표 9의2 제2호에 따라 검역본부장이 정하여 고시하는 실외 방목장 기준을 준수하는 농장에서 유래한 축산물인 경우에는 동물복지 자유방목 농장이라는 표시를 함께 표시할 수 있다. 해당 축산물이 아닌 경우에는 동물복지 자유방목 농장으로 표시하거나 방목, 방사 등 소비자가 동물복지 자유방목 농장으로 오인·혼동할 우려가 있는 표시를 해서는 안 된다.

2. 질병 치료 과정에서 동물용의약품을 사용한 동물은 해당 동물용의약품의 휴약기간의 2배가 지난 후에 해당 축산물에 동물복지축산물의 표시를 할 수 있다.

3. 이 표 제1호 및 제2호에 따른 동물복지축산물 표시의 방법 및 기준 등에 관한 세부 사항은 검역본부장이 정하여 고시한다.

■ **동물보호법 시행규칙 [별표 9의6]** 〈신설 2024. 5. 27.〉

동물복지 운송차량 및 동물복지 도축장의 기준(제36조의8 관련)

1. 동물복지 운송차량

　가.「가축전염병 예방법」제17조의3에 따라 차량등록이 되어 있을 것

　나. 동물이 추락이나 탈출을 방지할 수 있는 구조일 것

　다. 운송차량 및 적재함에는 날카로운 부위나 돌출물이 없을 것

　라. 청소와 소독이 용이한 구조일 것

　마. 적재함의 상부 및 측면부에는 눈, 비, 바람 및 직사광선 등으로부터 동물을 보호하기 위한 가림막이 설치되어 있어야 할 것

　바. 적재함 바닥은 동물의 분변이나 기타 물질이 유출되지 않는 구조일 것

2. 동물복지 도축장

　가. 동물학대 여부를 모니터링이 가능하도록 폐쇄회로텔레비젼(CCTV)을 설치할 것

　나. 동물복지에 관한 사항을 점검·기록하는 동물복지 담당자를 지정할 것

　다. 소·돼지의 경우에는 하차시 동물의 추락을 방지할 수 있는 시설 및 아픈 동물, 공격성 동물 등을 격리시킬 수 있는 시설을 갖출 것

　라. 계류장은 눈, 비, 바람 및 직사광선을 피할 수 있는 실내형 구조일 것

　마. 계류장에는 동물의 체온조절을 위하여 다음의 구분에 따른 장비가 설치되어 있을 것

　　1) 소·돼지 계류장: 분무·샤워장비

　　2) 닭 계류장: 분무·송풍장비

　바. 계류장에는 유해가스를 배출할 수 있는 환기시설이 갖추어져 있을 것

비고: 이 별표에서 규정한 사항 외에 동물복지 운송차량 및 동물복지 도축장의 기준 등에 관한 세부적인 사항은 농림축산검역본부장이 정하여 고시한다.

■ 동물보호법 시행규칙 [별표 10]

허가영업의 시설 및 인력 기준(제39조 관련)

1. 공통 기준

가. **영업장은** 독립된 건물이거나 다른 용도로 사용되는 시설과 같은 건물에 있을 경우에는 **해당 시설과 분리**(벽이나 층 등으로 나누어진 경우를 말한다. 이하 같다)되어야 한다. 다만, 다음의 경우에는 분리하지 않을 수 있다.

1) 영업장(동물장묘업은 제외한다)과 「수의사법」에 따른 동물병원(이하 "동물병원"이라 한다)의 시설이 함께 있는 경우

2) 영업장과 금붕어, 앵무새, 이구아나 및 거북이 등을 판매하는 시설이 함께 있는 경우

3) 제2호가목1)바)에 따라 개 또는 고양이를 소규모로 생산하는 경우

나. 영업시설은 동물의 습성 및 특징에 따라 **채광 및 환기**가 잘 되어야 하고, 동물을 위생적으로 건강하게 관리할 수 있도록 **온도와 습도** 조절이 가능해야 한다.

다. 청결 유지와 위생 관리에 필요한 **급수시설 및 배수시설**을 갖춰야 하고, **바닥은 청소와 소독**을 쉽게 할 수 있고 동물들이 다칠 우려가 없는 재질이어야 한다.

라. **설치류나 해충 등의 출입을 막을 수 있는 설비**를 해야 하고, **소독약과 소독장비**를 갖추고 정기적으로 청소 및 소독을 실시해야 한다.

마. 영업장에는 「소방시설 설치 및 관리에 관한 법률」 제12조에 따라 소방시설을 화재안전기준에 적합하게 설치 또는 유지·관리해야 한다.

2. 개별 기준

가. 동물생산업

1) 일반기준

가) 사육실, 분만실 및 격리실을 분리 또는 구획(칸막이나 커튼 등으로 나누어진 경우를 말한다. 이하 같다)하여 설치해야 하며, **동물을 직접 판매하는 경우에는 판매실을 별도로 설치**해야 한다. 다만, 바)에 해당하는 경우는 제외한다.

나) **사육실, 분만실 및 격리실**에 사료와 **물을 주기 위한 설비**를 갖춰야 한다.

다) **사육설비의 바닥은 동물의 배설물 청소와 소독**이 쉬워야 하고, 사육설비의 재질은 청소, 소독 및 건조가 쉽고 부식성이 없어야 한다.

라) 사육설비는 동물이 쉽게 부술 수 없어야 하고 **동물에게 상해를 입히지 않는 것**이어야 한다.

마) 번식이 가능한 12개월 이상이 된 개 또는 고양이 50마리당 1명 이상의 사육
·관리 인력을 확보해야 한다.

바) 「건축법」 제2조제2항제1호에 따른 단독주택(「건축법 시행령」 별표 1 제1호
나목·다목의 다중주택·다가구주택은 제외한다)에서 다음의 요건에 따라
개 또는 고양이를 소규모로 생산하는 경우에는 동물의 소음을 최소화하기 위
한 소음방지설비 등을 갖춰야 한다.

   (1) 체중 5킬로그램 미만: 20마리 이하

   (2) 체중 5킬로그램 이상 15킬로그램 미만: 10마리 이하

   (3) 체중 15킬로그램 이상: 5마리 이하

2) 사육실

가) **사육실**이 외부에 노출된 경우 직사광선, 비바람, 추위 및 더위를 피할 수 있
는 시설이 설치되어야 한다.

나) **사육설비의 크기**는 다음의 기준에 적합해야 한다.

   (1) 사육설비의 가로 및 세로는 각각 사육하는 동물의 몸길이의 2.5배 및 2배
(동물의 몸길이가 80센티미터를 초과하는 경우에는 각각 2배) 이상일 것

   (2) 사육설비의 **높이는 사육하는 동물이 뒷발로 일어섰을 때 머리가 닿지 않
는 높이** 이상일 것

다) 개의 경우에는 **운동공간을 설치**하고, 고양이의 경우에는 배변시설, 선반 및 은
신처를 설치하는 등 동물의 특성에 맞는 생태적 환경을 조성해야 한다.

라) 사육설비는 사육하는 동물의 배설물 **청소와 소독이 쉬운 재질**이어야 한다.

마) 사육설비는 위로 쌓지 않아야 한다.

바) 사육설비의 **바닥은 망으로 하지 않아야** 한다.

3) 분만실

가) 새끼를 배거나 새끼에게 젖을 먹이는 동물을 안전하게 보호할 수 있도록 **별
도로 구획**되어야 한다.

나) 분만실의 바닥과 벽면은 물 청소와 소독이 쉬워야 하고, 부식되지 않는 재
질이어야 한다.

다) **분만실의 바닥에는 망을 사용하지 않아야 한다.**

라) 직사광선, 비바람, 추위 및 더위를 피할 수 있어야 하며, 동물의 체온을 적
정하게 유지할 수 있는 설비를 갖춰야 한다.

4) **격리실**

가) 전염성 질병이 다른 동물에게 **전염되지 않도록 별도로 분리**되어야 한다. 다
만, 토끼, 페럿, 기니피그 및 햄스터의 경우 개별 사육시설의 바닥, 천장 및
모든 벽(환기구는 제외한다)이 유리, 플라스틱 또는 그 밖에 이에 준하는

재질로 만들어진 경우는 해당 개별 사육시설이 격리실에 해당하고 분리된
것으로 본다.

나) 격리실의 바닥과 벽면은 물 청소와 소독이 쉬워야 하고, 부식되지 않는 재
질이어야 한다.

다) 격리실에 보호 중인 동물에 대해 **외부에서 상태를 수시로 관찰할 수 있는 구
조를 갖춰야 한다.** 다만, 동물의 생태적 특성을 고려하여 특별한 사정이 있
는 경우는 제외한다.

나. 동물수입업

1) **사육실과 격리실을 구분**하여 설치해야 한다.
2) 사료와 물을 주기 위한 설비를 갖추고, 동물의 생태적 특성에 따라 채광 및 환
기가 잘 되어야 한다.
3) **사육설비의 바닥은 지면과 닿아 있어야** 하고, 동물의 배설물 청소와 소독이 쉬운
재질이어야 한다.
4) 사육설비는 직사광선, 비바람, 추위 및 더위를 피할 수 있도록 설치되어야 한다.
5) **개 또는 고양이의 경우 50마리당 1명 이상의 사육·관리 인력을 확보해야 한다.**
6) 격리실은 가목4)의 격리실에 관한 기준에 적합하게 설치해야 한다.

다. 동물판매업

1) **일반 동물판매업의 기준**

가) 사육실과 격리실을 분리하여 설치해야 하며, 사육설비는 다음의 기준에 따
라 **동물들이 자유롭게 움직일 수 있는 충분한 크기여야** 한다.

(1) **사육설비의 가로 및 세로는 각각 사육하는 동물의 몸길이의 2배 및 1.5배
이상일 것**

(2) 사육설비의 높이는 사육하는 동물이 **뒷발로 일어섰을 때 머리가 닿지 않
는 높이 이상일 것**

나) 사육설비는 직사광선, 비바람, 추위 및 더위를 피할 수 있도록 설치되어야
하고, **사육설비를 2단 이상 쌓은 경우에는 충격으로 무너지지 않도록 설치해
야 한다.**

다) 사료와 물을 주기 위한 설비와 동물의 체온을 적정하게 유지할 수 있는 설
비를 갖춰야 한다.

라) 토끼, 페럿, 기니피그 및 햄스터만을 판매하는 경우에는 급수시설 및 배수
시설을 갖추지 않더라도 같은 건물에 있는 급수시설 또는 배수시설을 이용
하여 청결 유지와 위생 관리가 가능한 경우에는 필요한 급수시설 및 배수

시설을 갖춘 것으로 본다.

　　　마) **개 또는 고양이의 경우** 50마리당 1명 이상의 사육·관리 인력을 확보해야 한다.

　　　바) 격리실은 가목4)의 격리실에 관한 기준에 적합하게 설치해야 한다.

　　2) **경매방식을 통한 거래를 알선·중개하는 동물판매업의 경매장 기준**

　　　가) **접수실, 준비실, 경매실 및 격리실**을 각각 구분(선이나 줄 등으로 나누어진 경우를 말한다. 이하 같다)하여 설치해야 한다.

　　　나) **3명 이상의 운영인력**을 확보해야 한다.

　　　다) 전염성 질병이 유입되는 것을 예방하기 위해 **소독발판 등의 소독장비**를 갖춰야 한다.

　　　라) 접수실에는 경매되는 **동물의 건강상태를 검진할 수 있는 검사장비**를 구비해야 한다.

　　　마) 준비실에는 경매되는 동물을 해당 동물의 출하자별로 분리하여 넣을 수 있는 설비를 준비해야 한다. 이 경우 해당 설비는 동물이 쉽게 부술 수 없어야 하고 동물에게 상해를 입히지 않는 것이어야 한다.

　　　바) 경매실에 경매되는 **동물이 들어 있는 설비를 2단 이상 쌓은 경우 충격으로 무너지지 않도록 설치**해야 한다.

　　　사) 영 별표 3에 따라 고정형 영상정보처리기기를 설치·관리해야 한다.

　　3) 「전자상거래 등에서의 소비자보호에 관한 법률」 제2조제1호에 따른 전자상거래(이하 "전자상거래"라 한다) 방식만으로 **반려동물의 판매를 알선 또는 중개하는 동물판매업의 경우에는 제1호의 공통 기준과 1)의 일반 동물판매업의 기준을 갖추지 않을 수 있다.**

라. **동물장묘업**

　1) 동물 전용의 장례식장은 장례 준비실과 분향실을 갖춰야 한다.

　2) **동물화장시설, 동물건조장시설 및 동물수분해장시설**

　　　가) 동물화장시설의 **화장로는** 동물의 사체 또는 유골을 완전히 연소할 수 있는 구조로 영업장 내에 설치하고, 영업장 내의 **다른 시설과 분리되거나 별도로 구획**되어야 한다.

　　　나) 동물건조장시설의 **건조·멸균분쇄시설**은 동물의 사체 또는 유골을 완전히 건조하거나 멸균분쇄할 수 있는 구조로 영업장 내에 설치하고, 영업장 내의 **다른 시설과 분리되거나 별도로 구획**되어야 한다.

　　　다) 동물수분해장시설의 **수분해시설**은 동물의 사체 또는 유골을 완전히 수분해할 수 있는 구조로 영업장 내에 설치하고, 영업장 내의 **다른 시설과 분리되**

거나 **별도로 구획**되어야 한다.

라) 동물화장시설, 동물건조장시설 및 동물수분해장시설에는 연소, 건조·멸균 분쇄 및 수분해 과정에서 발생하는 소음, 매연, 분진, 폐수 또는 악취를 방지하는 데에 필요한 시설을 설치해야 한다.

마) 영 별표 3에 따라 고정형 영상정보처리기기를 설치·관리해야 한다.

3) **냉동시설 등** 동물의 사체를 위생적으로 보관할 수 있는 설비를 갖춰야 한다.

4) 동물 전용의 **봉안시설**은 유골을 안전하게 보관할 수 있어야 하고, 유골을 개별적으로 확인할 수 있도록 **표지판**이 붙어 있어야 한다.

5) 1)부터 4)까지에서 규정한 사항 외에 동물장묘업 시설기준에 관한 세부 사항은 농림축산식품부장관이 정하여 고시한다.

6) **특별자치시장·특별자치도지사·시장·군수·구청장**은 필요한 경우 1)부터 5)까지에서 규정한 사항 외에 **해당 지역의 특성을 고려하여 화장로의 개수(個數) 등 동물장묘업의 시설기준을 정할 수 있다.**

■ **동물보호법 시행규칙 [별표 10의2]** 〈신설 2024. 5. 27.〉

맹견의 생산·수입·판매를 위한 영업의 시설 및 인력 기준(제40조의2제2항 관련)

1. 시설 기준

가. 맹견이 영업장 밖으로 나가지 않도록 출입구에 이중문과 잠금장치를 설치하고, **1.8미터 이상**의 부식되지 않는 견고한 재질의 외벽을 설치하여야 한다.

나. 영업장의 외벽은 사람과 맹견이 접촉할 수 없는 구조여야 한다.

다. 영업장의 바닥은 맹견이 땅을 파고 탈출할 수 없는 재질이나 구조여야 한다.

라. 영업장 건물 외벽의 모든 방향 및 영업장으로부터 100미터 내 접근할 수 있는 접근로에 다음의 문구를 게시해야 한다.

  1) 맹견을 취급하고 있다는 사실

  2) 영업장의 명칭 및 연락처

마. 맹견이 탈출할 수 없는 구조로 개별 운동공간을 확보해야 한다.

바. 맹견이 사육실과 운동공간을 직접 출입할 수 있는 출입구가 설치되어 있어야 한다.

사. 사육실, 격리실 및 분만실(동물생산업의 분만실을 말한다)은 외부에서 맹견의 상태를 수시로 관찰할 수 있는 구조이어야 하고, 각각 분리하여 설치해야 한다.

아. 사육실을 설치하는 경우에는 맹견을 1마리씩 분리하여 사육하는 구조로 만들어야 한다. 다만, 어린 맹견이 어미와 함께 있어야 하는 경우 또는 생산을 위한 번식을 위한 경우에는 함께 사육할 수 있다. 그 밖에 맹견의 건강상태, 나이, 성별, 기질 등을 고려하여 분리하여 사육하거나 함께 사육할 수 있다.

2. 인력 기준

맹견 10마리당 1명 이상의 사육·관리 인력을 확보해야 한다.

3. 시·도지사는 제1호 및 제2호에서 규정한 사항 외에 맹견의 효율적 취급을 위하여 필요하다고 인정하는 경우에는 해당 지역의 특성을 고려하여 시설 및 인력 기준을 추가로 정할 수 있다.

■ 동물보호법 시행규칙 [별표 11]

등록영업의 시설 및 인력 기준(제44조 관련)

1. 공통 기준

가. 영업장은 독립된 건물이거나 다른 용도로 사용되는 시설과 같은 건물에 있을 경우에는 해당 시설과 분리(벽이나 층 등으로 나누어진 경우를 말한다. 이하 같다)되어야 한다. 다만, 다음의 경우에는 분리하지 않을 수 있다.

1) 영업장과 동물병원의 시설이 함께 있는 경우

2) 영업장과 금붕어, 앵무새, 이구아나 및 거북이 등을 판매하는 시설이 함께 있는 경우

나. 영업시설은 동물의 습성 및 특징에 따라 **채광 및 환기**가 잘 되어야 하고, 동물을 위생적으로 건강하게 관리할 수 있도록 **온도와 습도** 조절이 가능해야 한다.

다. 청결 유지와 위생 관리에 필요한 **급수시설 및 배수시설**을 갖춰야 하고, 바닥은 청소와 소독을 쉽게 할 수 있고 동물들이 다칠 우려가 없는 재질이어야 한다.

라. **설치류나 해충 등의 출입을 막을 수 있는 설비**를 해야 하고, 소독약과 소독장비를 갖추고 정기적으로 **청소 및 소독**을 실시해야 한다.

마. 영업장에는 「소방시설 설치 및 관리에 관한 법률」 제12조에 따라 **소방시설**을 화재안전기준에 적합하게 설치 또는 유지·관리해야 한다.

2. 개별 기준

가. 동물전시업

1) **전시실과 휴식실**을 각각 구분하여 설치해야 한다.

2) 전염성 질병의 유입을 예방하기 위해 출입구에 손 소독제 등 **소독장비**를 갖춰야 한다.

3) 전시되는 동물이 영업장 밖으로 나가지 않도록 출입구에 이중문과 잠금장치를 설치해야 한다.

4) 개의 경우에는 운동공간을 설치하고, 고양이의 경우에는 배변시설, 선반 및 은신처를 설치하는 등 전시되는 **동물의 생리적 특성을 고려한 시설**을 갖춰야 한다.

5) **개 또는 고양이의 경우** 20마리당 1명 이상의 관리 인력을 확보해야 한다.

나. 동물위탁관리업

1) **동물의 위탁관리실과 고객응대실은 분리, 구획 또는 구분**되어야 한다. 다만, 동물판매업, 동물전시업 또는 동물병원을 같이 하는 경우에는 고객응대실을 공동으

로 이용할 수 있다.

2) 위탁관리하는 동물을 위한 개별 휴식실이 있어야 하며 사료와 물을 주기 위한 설비를 갖춰야 한다.

3) 위탁관리하는 동물이 영업장 밖으로 나가지 않도록 **출입구에 이중문과 잠금장치**를 설치해야 한다.

4) 동물병원을 같이 하는 경우 동물의 위탁관리실과 동물병원의 입원실은 분리 또는 구획되어야 한다.

5) **개 또는 고양이 20마리당 1명 이상의 관리인력을 확보해야 한다.**

6) 영 별표 3에 따라 고정형 영상정보처리기기를 설치·관리할 것

다. 동물미용업

1) 고정된 장소에서 동물미용업을 하는 경우에는 다음의 시설기준을 갖춰야 한다.

가) 미용작업실, 동물대기실 및 고객응대실은 **분리 또는 구획**되어 있을 것. 다만, 동물판매업, 동물전시업, 동물위탁관리업 또는 동물병원을 같이 하는 경우에는 동물대기실과 고객응대실을 공동으로 이용할 수 있다.

나) 미용작업실에는 미용을 위한 **미용작업대와 충분한 작업 공간을 확보하고, 미용작업대에는 동물이 떨어지는 것을 방지하기 위한 고정장치**를 갖출 것

다) 미용작업실에는 소독기 및 자외선살균기 등 미용기구를 소독하는 장비를 갖출 것

라) 미용작업실에는 동물의 목욕에 필요한 충분한 크기의 욕조, 급·배수시설, 냉·온수설비 및 건조기를 갖출 것

마) 영 별표 3에 따라 고정형 영상정보처리기기를 설치·관리할 것

2) **자동차를 이용하여 동물미용업을 하는 경우**에는 다음의 시설기준을 갖춰야 한다.

가) 동물미용업에 이용하는 자동차는 다음의 어느 하나에 해당하는 자동차로 할 것. 이 경우 동물미용업에 이용하는 **자동차는 동물미용업의 영업장으로 본다.**

(1) 「자동차관리법 시행규칙」 별표 1에 따른 승합자동차(특수형으로 한정한다) 또는 특수자동차(특수용도형으로 한정한다)

(2) 「자동차관리법」 제34조에 따라 동물미용업 용도로 튜닝한 자동차

나) 영업장은 오·폐수가 외부로 유출되지 않는 구조여야 하고, 영업장에는 다음의 설비를 갖출 것

(1) 물을 저장·공급할 수 있는 급수탱크와 배출밸브가 있는 오수탱크를 각각 100리터 이상의 크기로 설치하되, 각 탱크 표면에 용적을 표기할 것

(2) 조명 및 환기장치를 설치할 것. 다만, 창문 또는 지붕창(선루프) 등 자동

차의 환기장치를 이용하여 환기가 가능한 경우에는 별도의 환기장치를 설치하지 않을 수 있다.

(3) 전기를 이용하는 경우에는 전기개폐기를 설치할 것

(4) 자동차 내부에 누전차단기와 「자동차 및 자동차부품의 성능과 기준에 관한 규칙」 제57조에 따라 소화설비를 갖출 것

(5) 자동차에 부품·장치 또는 보호장구를 장착 또는 사용하려는 경우에는 「자동차관리법」 제29조제2항에 따라 안전운행에 필요한 성능과 기준에 적합하도록 할 것

다) 미용작업실을 두되, 미용작업실에는 미용을 위한 미용작업대와 충분한 작업 공간을 확보할 것

라) **미용작업대에는 동물이 떨어지는 것을 방지하기 위한 고정장치를 갖추되, 미용작업대의 권장 크기**는 다음과 같다.

(1) **소·중형견에 대한 미용작업대: 가로 75cm×세로 45cm×높이 50cm 이상**

(2) **대형견에 대한 미용작업대: 가로 100cm×세로 55cm 이상**

마) 미용작업실에는 동물의 목욕에 필요한 충분한 크기의 욕조, 급·배수시설, 냉·온수설비 및 건조기를 갖출 것

바) 미용작업실에는 **소독기 및 자외선살균기 등 미용기구를 소독하는 장비**를 갖출 것

사) 영 별표 3에 따라 **고정형 영상정보처리기기**를 설치·관리할 것

라. 동물운송업

1) 동물을 운송하는 자동차는 다음의 어느 하나에 해당하는 자동차로 한다. 이 경우 동물운송업에 이용되는 자동차는 동물운송업의 영업장으로 본다.

가) 「자동차관리법 시행규칙」 별표 1에 따른 **승용자동차 및 승합자동차**(일반형으로 한정한다)

나) 「자동차관리법 시행규칙」 별표 1에 따른 화물자동차(경형 또는 소형 화물자동차로서, 밴형인 화물자동차로 한정한다)

2) 동물을 운송하는 자동차는 다음의 기준을 갖춰야 한다.

가) **직사광선 및 비바람을 피할 수 있는 설비**를 갖출 것

나) **적정한 온도를 유지할 수 있는 냉·난방설비**를 갖출 것

다) 이동 중 갑작스러운 출발이나 제동 등으로 **동물이 상해를 입지 않도록 예방할 수 있는 설비**를 갖출 것

라) 이동 중에 동물의 **상태를 수시로 확인할 수 있는 구조**일 것

마) 운전자 및 동승자와 동물의 안전을 위해 차량 내부에 **사람이 이용하는 공간**

과 동물이 위치하는 공간이 구획되도록 망, 격벽 또는 가림막을 설치할 것

바) 동물의 움직임을 최소화하기 위해 **개별 이동장(케이지) 또는 안전벨트를** 설치하고, 이동장을 설치하는 경우에는 운송 중 **이동장이 떨어지지 않도록 고정장치를** 갖출 것

사) 동물운송용 자동차임을 누구든지 쉽게 알 수 있도록 차량 외부의 옆면 또는 뒷면에 동물운송업을 표시하는 문구를 표시할 것

아) 영 별표 3에 따라 고정형 영상정보처리기기를 설치·관리할 것

3) **동물을 운송하는 인력은 2년 이상의 운전경력을 갖춰야 한다.**

영업자의 준수사항(제49조 관련)

1. 공통 준수사항

가. 영업장 내부에는 다음의 구분에 따른 사항을 게시 또는 부착해야 한다. 다만, 전자상거래 방식으로 영업을 하는 경우에는 영업자의 인터넷 홈페이지 등에 해당 내용을 게시해야 한다.

    1) **동물장묘업, 동물판매업, 동물수입업, 동물생산업, 동물전시업, 동물위탁관리업 및 동물미용업:** 영업등록(허가)증 및 요금표

    2) **동물운송업:** 영업등록증, 자동차등록증, 운전자 성명 및 요금표

나. 동물을 안전하고 위생적으로 **사육·관리**해야 한다.

다. 동물은 종류별, **성별(어리거나 중성화된 동물은 제외한다)** 및 크기별로 분리하여 관리해야 하며, 질환이 있거나 상해를 입은 동물, 공격성이 있는 동물, 늙은 동물, 어린 **동물(어미와 함께 있는 경우는 제외한다)** 및 새끼를 배거나 새끼에게 젖을 먹이는 동물은 분리하여 관리해야 한다.

라. 영업장에 새로 들어온 동물에 대해서는 **체온의 적정 여부, 외부 기생충과 피부병의 존재 여부 및 배설물의 상태 등** 건강상태를 확인해야 한다.

마. 영업장이나 동물운송차량에 머무는 시간이 **4시간 이상**인 동물에 대해서는 항상 깨끗한 물과 사료를 공급하고, 물과 사료를 주는 용기를 청결하게 유지해야 한다.

바. 시정명령이나 시설개수명령 등을 받은 경우에는 그 명령에 따른 사후조치를 이행한 후 그 결과를 지체 없이 보고해야 한다.

사. 영업장에서 발생하는 동물 **소음을 최소화**하기 위해서 노력해야 한다.

아. 동물판매업자, 동물수입업자, 동물생산업자, 동물전시업자 및 동물위탁관리업자는 각각 판매, 수입, 생산, 전시 및 위탁관리하는 동물에 대해 별지 제36호서식 또는 별지 제37호서식의 **개체관리카드를 작성**하여 갖춰 두어야 하며, 우리 또는 개별사육시설에 개체별 정보(품종, 암수, 출생일, 예방접종 및 진료사항 등)를 표시해야 한다. 다만, 기니피그와 햄스터의 경우 무리별로 개체관리카드를 작성할 수 있다.

자. 동물판매업자, 동물수입업자 및 동물생산업자는 입수하거나 판매한 동물에 대해 그 내역을 기록한 **거래내역서와 개체관리카드를 2년간 보관**해야 한다.

차. 동물장묘업자, 동물위탁관리업자 및 동물미용업자는 **고정형 영상정보처리기기**로 촬영하거나 녹화·기록한 정보를 촬영 또는 녹화·기록한 날부터 **30일간 보관**해야 하며, 동물운송업자는 **3일간 보관**해야 한다.

카. 동물생산업자 및 동물전시업자가 폐업하는 경우에는 **폐업 시 처리계획서에 따라 동물을 기증하거나 분양**하는 등 적절하게 처리하고, 그 결과를 시장·군수·구청장에게 보고해야 한다.

타. 동물전시업자, 동물위탁관리업자, 동물미용업자 및 동물운송**업자는** 각각 전시, 위탁관리, 미용 및 운송하는 **동물이 등록대상동물인 경우에는** 해당 동물의 **소유자등에게 등록대상동물의 등록사항 및 등록방법을 알려주어야 한다.**

파. 동물생산업자, 동물수입업자 및 동물판매업자 중 **맹견을 취급하는 영업을 하는 자는 맹견이 영업장에서 이탈하지 않도록 관리**해야 하며, 영업장 밖으로 탈출 시에는 지방자치단체, 동물보호센터, 경찰관서 및 소방관서 등에 즉시 신고하는 등 필요한 조치를 해야 한다.

2. 개별 준수사항

가. 동물생산업자

1) 사육하는 동물에게 주 1회 이상 정기적으로 운동할 기회를 제공해야 한다.

2) 사육실 내 질병의 발생 및 확산에 주의해야 하고, 백신 접종 등 질병에 대한 **예방적 조치를 한 후 개체관리카드에 이를 기입하여 관리**해야 한다.

3) 사육·관리하는 동물에 대해 **털 관리, 손·발톱 깎기 및 이빨 관리 등**을 연 1회 이상 실시하여 동물을 건강하고 위생적으로 관리해야 하며, 그 내역을 기록해야 한다.

4) 월령이 12개월 미만인 개·고양이는 교배 및 출산시킬 수 없고, 출산 후 다음 출산 사이에 10개월 이상의 기간을 두어야 한다.

5) **개체관리카드**에 출산 날짜, 출산동물 수, 암수 구분 등 출산에 관한 정보를 포함하여 작성·관리해야 한다.

6) 노화 등으로 번식능력이 없는 동물은 보호하거나 입양되도록 노력해야 하고, 동물을 유기하거나 폐기를 목적으로 거래해서는 안 된다.

7) 질병이 있거나 상해를 입은 동물은 즉시 **격리하여 치료**받도록 하고, 해당 동물이 회복될 수 없거나 다른 동물에게 질병을 옮기거나 위해를 끼칠 우려가 높다고 **수의사가 진단한 경우에는 수의사가 인도적인 방법으로 처리**하도록 해야 한다. 이 경우, 안락사 처리내역, 사유 및 **수의사의 성명 등을** 개체관리카드에 기록해야 한다.

8) 별지 제38호서식의 영업자 실적 보고서를 다음 연도 1월 31일까지 특별자치시장·특별자치도지사·시장·군수·구청장에게 제출해야 한다.

9) **동물을 직접 판매하는 경우 동물판매업자의 준수사항을 지켜야 한다.**

나. 동물수입업자

1) 동물수입업자는 수입국과 수입일 등 검역과 관련된 **서류 등을 수입일부터 2년 이상 보관**해야 한다.

2) 별지 제38호서식의 영업자 실적 보고서를 다음 연도 1월 31일까지 특별자치시장·특별자치도지사·시장·군수·구청장에게 제출해야 한다.

3) 동물수입업자가 동물을 직접 판매하는 경우에는 동물판매업자의 준수사항을 지켜야 한다.

다. 동물판매업자

1) **동물을 실물로 보여주지 않고 판매해서는 안 된다.**

2) **다음의 월령(月齡) 이상인 동물을 판매, 알선 또는 중개해야 한다.**

   가) 개·고양이: 2개월

   나) 그 외의 동물: 젖을 뗀 후 스스로 사료 등 먹이를 먹을 수 있는 월령

3) 미성년자에게는 동물을 판매, 알선 또는 중개해서는 안 된다.

4) **동물 판매, 알선 또는 중개 시 해당 동물에 관한 다음의 사항을** 구입자에게 반드시 알려주어야 한다.

   가) 동물의 습성, 특징 및 사육방법

   나) **등록대상동물을 판매하는 경우에는 등록 및 변경신고 방법·기간 및 위반 시 과태료 부과에 관한 사항 등** 동물등록제도의 세부 내용

   다) **맹견을 판매하는 경우에는** 맹견사육허가 방법·기간 및 위반 시 벌칙 부과에 관한 사항 등 **맹견사육허가제도의 세부 내용**(시·도지사가 맹견사육허가를 하기 전에 거쳐야 하는 기질평가에 소요되는 비용 및 절차에 관한 사항을 포함한다)

5) 「소비자기본법 시행령」 제8조제3항에 따른 소비자분쟁해결기준에 따라 다음의 내용이 포함된 계약서와 해당 내용을 증명하는 서류를 판매할 때 제공해야 하며, 계약서를 제공할 의무가 있음을 영업장 내부(전자상거래 방식으로 판매하는 경우에는 인터넷 홈페이지 또는 휴대전화에서 사용되는 응용프로그램을 포함한다)의 잘 보이는 곳에 게시해야 한다.

   가) **동물판매업 등록번호, 업소명, 주소 및 전화번호**

   나) **동물의 출생일자 및 판매업자가 입수한 날**

   다) **동물을 생산(수입)한 동물생산(수입)업자 업소명 및 주소**

   라) **동물의 종류, 품종, 색상 및 판매 시의 특징**

   마) **예방접종, 약물 투여 등 수의사의 치료기록 등**

   바) **판매 시의 건강상태와 그 증명서류**

사) 판매일 및 판매금액

아) 판매한 동물에게 질병 또는 사망 등 건강상의 문제가 생긴 경우의 처리방법

자) 등록된 동물인 경우 그 등록내역

6) 5)에 따른 계약서의 예시는 다음과 같고, 동물판매업자는 다음 계약서의 기재사항을 추가하거나 순서를 변경하는 등 수정해서 사용할 수 있다.

반려동물 매매 계약서(예시)

1. 계약내용

매매(분양)금액	금	원 정 (₩)	인도(분양)일	년 월 일

2. 반려동물 기본 정보

동물의 종류		품 종		성별	암 / 수
출생일		부		모	
입수일		생산자/수입자 정보	업소명 및 주소, 전화번호		
털색		동물등록번호 (등록대상 동물만 적습니다)			
특징					

3. 건강상태 및 진료 사항(예방접종기록 포함)

현재 상태		[ ]양호 [ ]이상 [ ]치료 필요		중성화 여부	[ ]예 [ ]아니오	
세부 기록	일자	질병명 또는 상태	처치내역		비고	

4. 분쟁해결기준

1) 구입 후 15일 이내 폐사한 경우	동종의 애완동물로 교환 또는 구입 금액 환급(다만, 소비자의 중대한 과실로 인하여 피해가 발생한 경우에는 배상을 요구할 수 없음)
2) 구입 후 15일 이내 질병이 발생한 경우	판매업소(사업자)가 각종 비용을 부담하여 회복시켜 소비자에게 인도. 다만, 업소 책임하의 회복기간이 30일이 지나거나, 판매업소 관리 중 폐사 시에는 동종의 반려동물로 교환 또는 구입가 환급
3) 계약서를 교부하지 않은 경우	계약해제(다만, 구입 후 7일 이내)

5. 매수인(입양인) 주의사항

- 반려동물의 관리에 관한 사항으로 사업자가 반려동물별로 작성합니다.
- 다만, 소비자의 중대한 과실에 해당할 수 있어 분쟁해결기준에 따른 배상이 제한될 수 있는 주의사항은 일반적인 주의사항과 구분하여 적시합니다.

위와 같이 계약을 체결하고 계약서 2통을 작성, 서명날인 후 각각 1통씩 보관한다.

년   월   일

매도인 (분양인)	주소			서명 날인	(인)
	영업등록번호				
	연락처		성명		
매수인 (입양인)	주소			서명 날인	(인)
	연락처		성명		

7) 별표 10 제2호다목2)에 따른 기준을 갖추지 못한 곳에서 경매방식을 통한 동물의 거래를 알선·중개해서는 안 된다.

8) 온라인을 통해 홍보하는 경우에는 등록번호, 업소명, 주소 및 전화번호를 잘 보이는 곳에 표시해야 한다.

9) 동물판매업자 중 경매방식을 통한 거래를 알선·중개하는 동물판매업자는 다음 사항을 준수해야 한다.

　　가) 경매수수료를 경매참여자에게 미리 알려야 한다.

　　나) 경매일정을 시장·군수·구청장에게 경매일 10일 전까지 통보해야 하고, 통보한 일정을 변경하려는 경우에는 시장·군수·구청장에게 경매일 3일 전까지 통보해야 한다.

　　다) 수의사로 하여금 경매되는 동물에 대해 검진하도록 해야 한다.

　　라) 준비실에서는 경매되는 동물이 식별이 가능하도록 구분해야 한다.

　　마) 경매되는 동물의 출하자로부터 별지 제36호서식의 동물생산·판매·수입업 개체관리카드를 제출받아 기재내용을 확인해야 하며, 제출받은 개체관리카드에 기본정보, 판매일, 건강상태·진료사항, 구입기록 및 판매기록이 기재된 경우에만 경매를 개시해야 한다.

　　바) 경매방식을 통한 거래는 경매일에 경매 현장에서 이루어져야 한다.

　　사) 경매에 참여하는 자에게 경매되는 동물의 출하자와 동물의 건강상태에 관한 정보를 제공해야 한다.

　　아) 경매 상황을 녹화하여 30일간 보관해야 한다.

10) 별지 제38호서식의 영업자 실적 보고서를 다음 연도 1월 31일까지 시장·군수·구청장에게 제출해야 한다.

라. 동물장묘업자

　1) 동물의 소유자와 사전에 합의한 방식대로 동물의 사체를 처리해야 한다.

　2) 동물의 사체를 처리한 경우에는 동물의 소유자등에게 다음의 서식에 따라 작성된 장례확인서를 발급해 주어야 한다. 다만, 동물장묘업자는 필요하면 서식에 기재사항을 추가하거나 기재사항의 순서를 변경하는 등의 방법으로 서식을 수정해서 사용할 수 있다.

영업등록번호:

장례(화장, 건조장, 수분해장) 확인서(예시)

업 체 명

■ 동물보호법 시행규칙 [별표 12]

성 명		동물등록번호	
주 소		동물병원 상호	
전화번호		전자우편 주소	

■ 반려동물 정보

동물 소유자 (관리자) 성 명		전화번호	
주 소		전자우편 주소	
이름 (나이)	(살)	등록번호	
태어난 날		무게	kg
죽은 날		동물의 종류	예시) 개, 고양이, 햄스터 등 동물 의 종류 기재
잔재의 처리방법			

위 동물은 0000. 00. 00. 동물 장례식장 "○○○○"에서
장례(화장, 건조장, 수분해장)를 진행하였음을 확인합니다.

○○○○년 ○○월 ○○일

동물 장례식장 ○○○ 대표자 성 명   (서명 또는 인)

3) 등록대상동물의 사체를 처리한 경우에는 처리 후 30일 이내에 다음과 같은 사항을 해당 동물장묘시설을 관할하는 특별자치시장·특별자치도지사·시장·군수·구청장에게 통보해야 한다.

가) 동물장묘업 허가번호, 업소명 및 전화번호

나) 처리일자

다) 동물등록번호

라) 처리방법(화장, 건조장, 수분해장)

마) 가)부터 라)까지에 따른 등록대상동물 사체 처리내역서의 예시는 다음과 같고, 동물장묘업자는 필요하면 기재사항을 추가하거나 기재사항의 순서를 변경하는 등 수정해서 사용할 수 있다.

등록대상동물 사체 처리내역서(예시)

1. 업체정보						
업체명		허가번호			연락처	
2. 처리내역						

순번	처리일자	동물등록번호	처리 방법			기타
			화장	건조장	수분해장	

4) 동물화장시설, 동물건조장시설 또는 동물수분해장시설을 운영하는 경우 「대기
   환경보전법」 등 관련 법령에 따른 기준에 적합하도록 운영해야 한다.

5) 「환경분야 시험·검사 등에 관한 법률」 제16조에 따른 측정대행업자에게 동물
   화장시설에서 나오는 배기가스 등 **오염물질을 6개월마다 1회 이상 측정**을 받고,
   그 결과를 지체 없이 특별자치시장·특별자치도지사·시장·군수·구청장에게
   제출해야 한다.

6) 동물화장시설, 동물건조장시설 또는 동물수분해장시설이 별표 10에 따른 기준
   에 적합하게 유지·관리되는지 여부를 확인하기 위해 농림축산식품부장관이 정
   하여 고시하는 **정기검사를 동물화장시설 및 동물수분해장시설은 3년마다 1회 이
   상, 동물건조장시설은 6개월마다 1회 이상 실시**하고, 그 결과를 지체 없이 특별
   자치시장·특별자치도지사·시장·군수·구청장에게 제출해야 한다.

7) 동물의 사체를 처리한 경우에는 등록대상동물의 소유자에게 등록사항의 변경신
   고 절차를 알려주어야 한다.

8) **동물장묘업자는 신문, 방송, 인터넷 등을 통해 영업을 홍보하려는 경우에는 영업
   등록증을 함께 게시해야 한다.**

9) 별지 제38호서식의 영업자 실적 보고서를 다음 연도 1월 31일까지 특별자치시
   장·특별자치도지사·시장·군수·구청장에게 제출해야 한다.

마. 동물전시업자

1) 전시하는 개 또는 고양이는 월령이 6개월 이상이어야 하며, 등록대상 동물인 경우
   에는 동물등록을 해야 한다.

2) 전시된 동물에 대해서는 **정기적인 예방접종과 구충을 실시**하고, **매년 1회 검진**을 해야 하며, 건강에 이상이 있는 것으로 의심되는 경우에는 격리한 후 **수의사의 진료 및 적절한 치료**를 해야 한다.

3) **전시하는 개 또는 고양이는 안전을 위해 체중 및 성향에 따라 구분·관리**해야 한다.

4) 영업시간 중에도 **동물이 자유롭게 휴식을 취할 수 있도록 해야** 한다.

5) **전시하는 동물은** 하루 10시간 이내로 전시**해야 하며**, 10시간이 넘게 전시하는 경우에는 별도로 휴식시간**을 제공해야 한다.**

6) 동물의 휴식 시에는 몸을 숨기거나 운동이 가능한 휴식공간을 제공해야 한다.

7) 깨끗한 물과 사료를 충분히 제공해야 하며, **사료나 간식 등을 과도하게 섭취하지 않도록 적절히 관리**해야 한다.

8) 전시하는 동물의 **배설물은** 영업장과 동물의 위생 관리, 청결 유지를 위해서 **즉시 처리**해야 한다.

9) 전시하는 동물을 생산이나 판매의 목적으로 이용해서는 안 된다.

바. 동물위탁관리업자

1) 위탁관리하는 동물에게 정기적으로 운동할 기회를 제공해야 한다.

2) **깨끗한 물과 사료를 충분히 제공**해야 하며, **사료나 간식 등을 과도하게 섭취하지 않도록 적절히 관리**해야 한다.

3) 동물에게 건강상 위해요인이 발생하지 않도록 **영업 관련 시설 및 설비를 위생적이고 안전하게 관리**해야 한다.

4) **위탁관리하는** 동물에게 건강 문제가 발생하거나 이상 행동을 하는 경우 즉시 소유주에게 알려야 하며 병원 진료 등 적절한 조치를 해야 한다.

5) 위탁관리하는 **동물은 안전을 위해 체중 및 성향에 따라 구분·관리**해야 한다.

6) 영업자는 위탁관리하는 동물에 대한 다음의 내용이 담긴 **계약서를 제공**해야 한다.

　가) 등록번호, 업소명 및 주소, 전화번호

　나) 위탁관리하는 동물의 종류, 품종, 나이, 색상 및 그 외 특이사항

　다) 제공하는 서비스의 종류, 기간 및 비용

　라) 위탁관리하는 동물에게 건강 문제가 발생했을 때 처리방법

　마) 위탁관리하는 동물을 위탁관리 기간이 종료된 이후에도 일정 기간 찾아가지 않는 경우의 처리 방법 및 절차

7) 동물을 위탁관리하는 동안에는 **관리자가 상주하거나 관리자가 해당 동물의 상태를 수시로 확인**할 수 있어야 한다.

사. 동물미용업자

   1) 동물에게 건강 문제가 발생하지 않도록 **시설 및 설비를 위생적이고 안전하게 관리**해야 한다.

   2) **소독한 미용기구와 소독하지 않은 미용기구를 구분하여 보관해야 한다.**

   3) 미용기구의 소독방법은 「**공중위생관리법 시행규칙**」 별표 3[38])에 따른 **이용기구 및 미용기구의 소독기준 및 방법**[39])에 따른다.

---

38) ■ 공중위생관리법 시행규칙 [별표 3] <개정 2010.3.19.> 이용기구 및 미용기구의 소독기준 및 방법 (제5조관련)

   Ⅰ. 일반기준

   1. **자외선소독** : 1㎠당 85㎼ 이상의 **자외선을 20분 이상** 쬐어준다.

   2. **건열멸균소독** : 섭씨 100℃ 이상의 **건조한 열에 20분 이상** 쐬어준다.

   3. **증기소독** : 섭씨 100℃ 이상의 **습한 열에 20분 이상** 쐬어준다

   4. **열탕소독** : 섭씨 100℃ 이상의 **물속에 10분 이상** 끓여준다.

   5. **석탄산수소독** : 석탄산수(석탄산 3%, 물 97%의 수용액을 말한다)에 **10분 이상** 담가둔다.

   6. **크레졸소독** : 크레졸수(크레졸 3%, 물 97%의 수용액을 말한다)에 **10분 이상** 담가둔다.

   7. **에탄올소독** : 에탄올수용액(에탄올이 70%인 수용액을 말한다. 이하 이 호 에서 같다)에 **10분 이상** 담가두거나 에탄올수용액을 머금은 면 또는 거즈로 기구의 표면을 닦아준다.

   Ⅱ. 개별기준

   이용기구 및 미용기구의 종류·재질 및 용도에 따른 구체적인 소독기준 및 방법은 보건복지부장관이 정하여 고시한다.

39) 이용·미용기구별 소독기준 및 방법 [시행 2021. 1. 5.] [보건복지부고시 제2021-2호, 2021. 1. 5., 타법개정.]

   1. 공통기준

   가. 소독을 한 기구와 소독을 하지 아니한 기구로 분리하여 보관한다.

   나. 소독 전에는 브러쉬나 솔을 이용하여 표면에 붙어있는 머리카락 등의 이물질을 제거한 후, 소독액이 묻어있는 천이나 거즈를 이용하여 표면을 닦아낸다.

   다. 사용 중 혈액이나 체액이 묻은 기구는 소독하기 전, 흐르는 물에 씻어 혈액 및 체액을 제거한 후 **소독액이 묻어있는 일회용 천이나 거즈를 이용하여 표면을 닦아 물기를 제거한다.**

   라. 기타 사항

   (1) 각 손님에게 세탁된 타올이나 도포류를 제공하여야 하며, 한번 사용한 타올이나 도포류는 사용 즉시 구별이 되는 용기에 세탁 전까지 보관하여야 한다.

   (2) 사용한 타올이나 도포류는 세제로 세탁한 후 건열멸균소독·증기소독·열탕소독 중 한 방법을 진행한 후 건조하거나, 0.1% 차아염소산나트륨용액(유효염소농도 1000ppm)에 10분간 담가둔 후 세탁하여 건조하기를 권장한다.

   (3) 혈액이 묻은 타올, 도포류는 폐기한다.

   (4) 스팀타올은 사용전 80℃이상의 온도에서 보관하고, 사용시 적정하게 식힌 후 사용하고 사용후에는 타올 및 도포류와 동일한 방법으로 소독한다.

   2. 기구별 소독기준

   가. 기구사용 후

기구명	위험도	소독 방법
● 가위 ● 바리캉· 클리퍼	피부감염 및 혈액으로 인한 바이러스	① 표면에 붙은 이물질과 머리카락 등을 제거한다. ② 위생티슈 또는 소독액이 묻은 천이나 거즈로 날을 중심으로 표면을 닦는다.

4) 미용을 위하여 마취용 약품을 사용하는 경우 「수의사법」 등 관련 법령의 기준에 따른다.

아. 동물운송업자

1) 법 제11조에 따른 동물운송에 관한 기준을 준수해야 한다.
2) 동물의 질병 예방 등을 위해 동물을 운송하기 전과 후에 동물을 운송하는 차량에 대한 소독을 실시해야 한다.
3) 동물의 종류, 품종, 성별, 마릿수, 운송일 및 소독일자를 기록하여 갖춰 두어야 한다.
4) 2시간 이상 이동 시 동물에게 적절한 휴식시간을 제공해야 한다.
5) 2마리 이상을 운송하는 경우에는 개체별로 분리해야 한다.
6) 동물의 운송 운임은 동물의 종류, 크기 및 이동 거리 등을 고려하여 산정해야 하고, 소유주 등 사람의 동승 여부에 따라 운임이 달라져서는 안 된다.

• 푸셔 • 빗	전파우려	③ 마른 천이나 거즈를 사용하여 물기를 제거한다.
• 토우세퍼레이터 • 라텍스 • 퍼프 • 해면	감염체의 전달이나 자체 감염 우려	① 천을 이용하여 표면의 이물질을 닦아 낸다. ② 세척후 소독액에 10분 이상 담근 후 흐르는 물에 헹구고 물기를 제거한다. ③ 자외선 소독 후 별도의 용기에 보관한다.
• 브러쉬(화장 ·분장용)	감염매체의 전달이나 자체 감염 우려	① 표면의 이물질을 제거한다. ② 세척제를 사용하여 세척한다. ③ 자외선 소독 후 별도의 용기에 보관한다.

※ 기구명은 현재 일반적으로 이·미용업소에서 주로 사용·지칭하는 용어를 사용

나. 영업종료 후
(1) 이물질 등을 제거하고 일반기준에 의해 소독작업 후, 별도의 용기에 보관하여 위생적으로 관리하여야 한다.
3. 재검토기한 : 보건복지부장관은 이 고시에 대하여 「훈령·예규 등의 발령 및 관리에 관한 규정」에 따라 2021년 1월 1일을 기준으로 매3년이 되는 시점(매 3년째의 12월 31일까지를 말한다)마다 그 타당성을 검토하여 개선 등의 조치를 하여야 한다.

영업자에 대한 행정처분의 기준(제52조제1항 관련)

1. **일반기준**

가. 법 위반행위에 대한 행정처분은 다른 법률에 별도의 처분기준이 있는 경우 외에는 이 기준에 따르며 영업정지처분기간 **1개월은 30일**로 본다.

나. 위반행위가 둘 이상인 경우로서 그에 해당하는 각각의 처분기준이 다른 경우에는 그 중 무거운 처분기준에 따르며, 둘 이상의 처분기준이 같은 영업정지인 경우에는 무거 운 처분기준의 2분의 1까지 늘릴 수 있다. 이 경우 각 처분기준을 합산한 기간을 초 과할 수 없다.

다. 하나의 위반행위에 대한 처분기준이 **둘 이상인 경우에는 그중 무거운 처분기준에 따라 처분**한다.

라. 위반행위의 횟수에 따른 행정처분기준은 **최근 2년간 같은 위반 행위**로 행정처분을 받은 경우에 적용한다. 이 경우 행정처분 기준의 적용은 같은 위반행위에 대하여 최 초로 행정처분을 한 날과 다시 같은 유형의 위반행위를 적발한 날을 기준으로 한다.

마. 처분권자는 위반행위의 동기·내용·횟수 및 위반의 정도 등 다음에 해당하는 사유를 고려하여 그 처분을 가중하거나 감경할 수 있다. 이 경우 그 처분이 영업정지인 경우 에는 그 처분기준의 2분의 1 범위에서 가중하거나 감경할 수 있고, 등록취소인 경우 에는 6개월 이상의 영업정지 처분으로 감경할(법 제83조제1항제1호, 제7호 또는 제8 호에 해당하는 경우는 제외한다) 수 있다.

    1) **가중사유**

        가) 위반행위가 사소한 부주의나 오류가 아닌 **고의나 중대한 과실**에 의한 것으 로 인정되는 경우

        나) 위반의 내용·정도가 중대하여 **소비자에게 미치는 피해가 크다**고 인정되는 경우

    2) **감경사유**

        가) 위반행위가 고의나 중대한 과실이 아닌 **사소한 부주의나 오류**로 인한 것으 로 인정되는 경우

        나) 위반의 내용·정도가 경미하여 **소비자에게 미치는 피해가 적다**고 인정되는 경우

        다) 위반 행위자가 처음 해당 위반행위를 한 경우로서 **5년 이상 해당 영업을 모범적으로 해온 사실**이 인정되는 경우

        라) 위반 행위자가 해당 위반행위로 인하여 검사로부터 기소유예 처분을 받거 나 법원으로부터 선고유예의 판결을 받은 경우

        마) 그 밖에 해당 영업에 대한 정부정책상 필요하다고 인정되는 경우

2. 개별기준

위반사항	근거 법조문	행정처분기준		
		1차 위반	2차 위반	3차 이상 위반
가. 거짓이나 그 밖의 부정한 방법으로 허가를 받거나 등록을 한 것이 판명된 경우	법 제83조 제1항제1호	허가·등록취소		
나. 법 제10조제1항부터 제4항까지의 규정을 위반하여 동물에 대한 학대행위 등의 행위를 한 경우	법 제83조 제1항제2호	영업정지 1개월	영업정지 3개월	영업정지 6개월
다. 허가를 받은 날 또는 등록을 한 날부터 1년이 지나도록 영업을 개시하지 않은 경우	법 제83조 제1항제3호	허가·등록취소		
라. 법 제69조제1항 또는 제73조제1항에 따른 허가 또는 등록 사항과 다른 방식으로 영업을 한 경우	법 제83조 제1항제4호	영업정지 1개월	영업정지 3개월	영업정지 6개월
마. 법 제69조제4항 또는 제73조제4항에 따른 변경허가를 받거나 변경등록을 하지 않은 경우	법 제83조 제1항제5호	영업정지 7일	영업정지 15일	영업정지 1개월
바. 법 제69조제3항 또는 제73조제3항에 따른 시설 및 인력 기준에 미달하게 된 경우	법 제83조 제1항제6호			
1) 동물판매업자(경매방식을 통한 거래를 알선·중개하는 동물판매업자로 한정한다) 및 동물생산업자의 경우		영업정지 15일	영업정지 1개월	영업정지 3개월
2) 1) 외의 영업자의 경우		영업정지 7일	영업정지 15일	영업정지 1개월
사. 법 제72조에 따라 설치가 금지된 곳에 동물장묘시설을 설치한 경우	법 제83조 제1항제7호	허가·등록취소		
아. 법 제74조 각 호의 어느 하나에 해당하게 된 경우	법 제83조 제1항제8호	허가·등록취소		
자. 법 제78조에 따른 준수사항을 지키지 않은 경우	법 제83조 제1항제9호			
1) 동물판매업자(경매방식을 통한 거래를 알선·중개하는 동물판매업자로 한정한다) 및 동물생산업자의 경우		영업정지 15일	영업정지 1개월	영업정지 3개월
2) 1) 외의 영업자의 경우		영업정지 7일	영업정지 15일	영업정지 1개월

등록 등 수수료(제56조 관련)

1. 등록대상동물의 등록

가. 신규

1) **내장형 무선식별장치를 삽입하는 경우: 1만원**(무선식별장치는 소유자가 직접 구매하거나 지참해야 한다)

2) **외장형 무선식별장치 또는 등록인식표를 부착하는 경우: 3천원**(무선식별장치 또는 등록인식표는 소유자가 직접 구매하거나 지참해야 한다)

나. 변경신고

소유자가 변경된 경우, 소유자의 주소, 전화번호가 변경된 경우, 등록대상동물을 잃어버리거나 죽은 경우 또는 등록대상동물 분실신고 후 다시 찾은 경우 시장·군수·구청장에게 서면을 통해 신고하는 경우: **무료**

2. 반려동물행동지도사 자격시험 또는 자격증의 재발급 등에 관한 수수료는 영 제14조의5제3항에 따라 반려동물행동지도사 자격시험의 시행 및 관리에 관한 업무를 위탁받은 기관이 농림축산식품부장관의 승인을 받아 정하는 금액

3. 동물복지축산농장 인증, 인증갱신 및 재심사

가. 다음의 비용을 합산한 금액. 다만, 재심사의 경우는 1)의 금액을 납부하지 않는다.

1) 신청비: 1건당 10만원

2) 인증심사원의 출장비

가) 「공무원 여비 규정」에 따른 5급 공무원 상당의 지급기준에 준하는 금액을 적용한다.

나) 출장기간은 인증심사에 소요되는 기간 및 목적지까지 왕복에 소요되는 기간을 적용하고, 출장인원은 실제 심사에 필요한 인원을 적용한다.

3) 인증심사에 필요한 토양, 수질 및 생산물 등에 대한 검사비용(별표 9의2의 비고 제2호에 따라 검역본부장이 정하여 고시하는 가축의 종류별 인증기준에 따른 검사에 필요한 비용을 말한다): 검사를 의뢰한 검사기관에서 정한 비용으로 하되, 인증신청인이 검사를 의뢰한 검사기관에 직접 납부해야 한다.

나. 수수료를 납부한 자가 다음의 어느 하나에 해당하는 경우에는 수수료의 전부 또는 일부를 반환해야 한다.

    1) 수수료를 과오납한 경우: 과오납한 금액의 전부

    2) 인증기관의 귀책사유로 인증을 받지 못한 경우: 납입한 수수료의 전부

    3) 현장심사가 이루어지기 이전에 동물복지축산농장 인증 신청을 포기한 경우: 가목 2)에 해당하는 금액은 인증기관이 반환하고, 가목 3)에 해당하는 금액에 대한 반환은 검사를 의뢰한 검사기관에서 정하는 바에 따른다.

4. **영업의 허가·등록·신고 등**

  가. 영업허가 또는 영업등록(변경허가 또는 변경등록을 포함한다): 1만원

  나. 영업자 지위승계 신고: 1만원

  다. 허가사항 또는 등록사항의 변경신고: 5천원

  라. 등록증 또는 허가증의 재교부: 5천원

  마. 맹견취급허가(변경허가를 포함한다): 1만원

제2장

야생생물 보호 및 관리에 관한 법률

(약칭: 야생생물법)

[시행 2025. 12. 14.] [법률 제20119호, 2024. 1. 23., 일부개정]

QR코드를 스캔하면, [제2장 야생생물 보호 및 관리에 관한 법률] 서식을 다운로드 받을 수 있습니다.

야생생물 보호 및 관리에 관한 법률(약칭: 야생생물법)

[시행 2025. 12. 14.] [법률 제20119호, 2024. 1. 23., 일부개정]

제1장 총칙〈개정 2011. 7. 28.〉

제1조(목적)

이 법은 야생생물과 그 서식환경을 체계적으로 보호·관리함으로써 **야생생물의 멸종을 예방** 하고, 생물의 다양성을 증진시켜 **생태계의 균형**을 유지함과 아울러 **사람과 야생생물이** 공존 **하는 건전한 자연환경을 확보함을 목적으로 한다.**

[전문개정 2011. 7. 28.]

제2조(정의)

이 법에서 사용하는 용어의 뜻은 다음과 같다.〈개정 2012. 2. 1., 2014. 3. 24., 2021. 5. 18., 2022. 12. 13., 2024. 1. 23.〉

1. "**야생생물**"이란 산·들 또는 강 등 자연상태에서 서식하거나 자생(自生)하는 **동물, 식물, 균류·지의류(地衣類), 원생생물 및 원핵생물의 종(種)**을 말한다.

2. "**멸종위기 야생생물**"이란 다음 각 목의 어느 하나에 해당하는 생물의 종으로서 관계 중앙행정기관의 장과 협의하여 환경부령으로 정하는 종을 말한다.

   가. **멸종위기 야생생물 Ⅰ급**: 자연적 또는 인위적 위협요인으로 개체수가 크게 줄어 들어 멸종위기에 처한 야생생물로서 대통령령으로 정하는 기준에 해당하는 종

   나. **멸종위기 야생생물 Ⅱ급**: 자연적 또는 인위적 위협요인으로 개체수가 크게 줄어 들고 있어 현재의 위협요인이 제거되거나 완화되지 아니할 경우 *가까운 장래에* 멸종위기에 처할 우려가 있는 야생생물로서 대통령령으로 정하는 기준에 해당 하는 종

3. "**국제적 멸종위기종**"이란 「**멸종위기에 처한 야생동식물종의 국제거래에 관한 협약**」[1] (이하 "멸종위기종국제거래협약"이라 한다)에 따라 **국제거래가 규제되는** 다음 각 목의 어느 하나에 해당하는 생물로서 환경부장관이 고시하는 종을 말한다.

---

1) **멸종위기에 처한 야생동식물종의 국제거래에 관한 협약**(Convention on International Trade in Endangered Species of Wild Flora and Fauna, CITES): 야생동식물종의 국제적인 거래가 동식물의 생 존을 위협하지 않게끔 하고 여러 보호단계를 적용하여 33,000 생물 종의 보호를 목적으로 하고 있다. 워싱턴협약으로도 불린다. [위키백과]

가. 멸종위기에 처한 종 중 국제거래로 영향을 받거나 받을 수 있는 종으로서 **멸종위기종국제거래협약의 부속서 Ⅰ**에서 정한 것

나. 현재 멸종위기에 처하여 있지는 아니하나 국제거래를 엄격하게 규제하지 아니할 경우 멸종위기에 처할 수 있는 **종과 멸종위기에 처한 종**의 거래를 효과적으로 통제하기 위하여 규제를 하여야 하는 그 밖의 종으로서 **멸종위기종국제거래협약의 부속서 Ⅱ**에서 정한 것

다. 멸종위기종국제거래협약의 당사국이 이용을 제한할 목적으로 **자기 나라의 관할권에서 규제를 받아야 하는 것으로 확인**하고 국제거래 규제를 위하여 다른 당사국의 협력이 필요하다고 판단한 종으로서 **멸종위기종국제거래협약의 부속서 Ⅲ**에서 정한 것

4. **"지정관리 야생동물"**이란 야생생물 중 다음 각 목에 해당하지 아니하는 살아있거나 알 상태인 포유류·조류·파충류·양서류를 말한다.

가. 멸종위기 야생생물

나. 국제적 멸종위기종

다. 제21조제1항에 따라 환경부령으로 정하는 종

라. 「생물다양성 보전 및 이용에 관한 법률」 제2조제6호의2에 따른 유입주의 생물, 같은 조 제8호에 따른 생태계교란 생물 및 같은 조 제8호의2에 따른 생태계위해우려 생물

마. 「축산법」 제2조제1호에 따른 가축

바. 「동물보호법」 제2조제7호에 따른 반려동물

사. 「해양생태계의 보전 및 관리에 관한 법률」 제2조제8호에 따른 해양생물 중 해양만을 서식지로 하는 동물 및 같은 조 제11호에 따른 해양보호생물

아. 「문화재보호법」 제25조에 따라 천연기념물로 지정된 동물

5. **"유해야생동물"**이란 사람의 생명이나 재산에 피해를 주는 야생동물로서 환경부령으로 정하는 종을 말한다.

6. **"인공증식"**이란 야생생물을 일정한 장소 또는 시설에서 사육·양식 또는 증식하는 것을 말한다.

7. **"생물자원"**이란 「생물다양성 보전 및 이용에 관한 법률」 제2조제3호에 따른 생물자원을 말한다.

8. **"야생동물 질병"**이란 야생동물이 병원체에 감염되거나 그 밖의 원인으로 이상이 발생한 상태로서 환경부령으로 정하는 질병을 말한다.

8의2. **"야생동물 검역대상질병"**이란 야생동물 질병의 유입을 방지하기 위하여 제34조의18에 따라 수입검역을 실시하는 야생동물 질병으로서 환경부령으로 정하는 것을

말한다. 이 경우 「가축전염병 예방법」 제2조제2호에 따른 가축전염병 및 「수산생물질병 관리법」 제2조제6호에 따른 수산동물전염병은 제외한다.

9. **"질병진단"**이란 죽은 야생동물 또는 질병에 걸린 것으로 확인되거나 걸릴 우려가 있는 야생동물에 대하여 부검, 임상검사, 혈청검사, 그 밖의 실험 등을 통하여 야생동물 질병의 감염 여부를 확인하는 것을 말한다.

10. **"사육곰"**이란 **1981년부터 1985년까지 증식 또는 재수출을 목적으로 수입 또는 반입한 곰과 그 곰으로부터 증식되어 사육되고 있는 곰**(제16조제3항 단서에 따라 용도를 변경하고 환경부령으로 정하는 시설에서 관람 또는 학술 연구 목적으로 기르고 있는 곰은 제외한다)을 말한다.

11. **"곰 사육농가"**란 사육곰을 소유하거나 사육하는 자를 말한다.

[전문개정 2011. 7. 28.]

제3조(야생생물 보호 및 이용의 기본원칙)

① **야생생물은 현세대와 미래세대의 공동자산임을 인식하고 현세대는 야생생물과 그 서식환경을 적극 보호하여 그 혜택이 미래세대에게 돌아갈 수 있도록 하여야 한다.**

② **야생생물과 그 서식지를 효과적으로 보호하여 야생생물이 멸종되지 아니하고** 생태계의 균형이 **유지되도록 하여야 한다.**

③ **국가, 지방자치단체 및 국민이 야생생물을 이용할 때에는 야생생물이 멸종되거나 생물다양성이 감소되지 아니하도록 하는 등** 지속가능한 이용이 **되도록 하여야 한다.**

[전문개정 2011. 7. 28.]

제4조(국가 등의 책무)

① **국가는** 야생생물의 서식실태 등을 파악하여 야생생물 보호에 관한 종합적인 시책을 수립·시행하고, 야생생물 보호와 관련되는 국제협약을 준수하여야 하며, 관련 국제기구와 협력하여 야생생물의 보호와 그 서식환경의 보전을 위하여 **노력하여야 한다.**

② **지방자치단체는** 야생생물 보호를 위한 국가의 시책에 적극 협조하여야 하며, 지역적 특성에 따라 관할구역의 야생생물 보호와 그 서식환경 보전을 위한 대책을 **수립·시행하여야 한다.**

③ **모든 국민은** 야생생물 보호를 위한 국가와 지방자치단체의 시책에 적극 협조하는 등 야생생물 보호를 위하여 **노력하여야 한다.**

[전문개정 2011. 7. 28.]

제2장 야생생물의 보호〈개정 2011. 7. 28.〉

제1절 총칙〈개정 2011. 7. 28.〉

제5조(야생생물 보호 기본계획의 수립 등)

① **환경부장관은** 야생생물 보호와 그 서식환경 보전을 위하여 **5년마다** 멸종위기 야생생물 등에 대한 **야생생물 보호 기본계획(이하 "기본계획"이라 한다)을 수립하여야 한다.**

② 환경부장관은 기본계획을 수립하거나 변경할 때에는 관계 중앙행정기관의 장과 미리 협의하여야 하고, 수립되거나 변경된 기본계획을 관계 중앙행정기관의 장과 특별시장·광역시장·특별자치시장·도지사·특별자치도지사(이하 "시·도지사"라 한다)에게 통보하여야 한다.〈개정 2014. 3. 24.〉

③ 환경부장관은 기본계획의 수립 또는 변경을 위하여 관계 중앙행정기관의 장과 시·도지사에게 그에 필요한 자료의 제출을 요청할 수 있다.

④ 시·도지사는 기본계획에 따라 관할구역의 야생생물 보호를 위한 세부계획(이하 "세부계획"이라 한다)을 수립하여야 한다.

⑤ 시·도지사가 세부계획을 수립하거나 변경할 때에는 미리 환경부장관의 의견을 들어야 한다.

⑥ 기본계획과 세부계획에 포함되어야 할 내용과 그 밖에 필요한 사항은 대통령령으로 정한다.

[전문개정 2011. 7. 28.]

제5조의2 삭제〈2012. 2. 1.〉

제6조(야생생물 등의 서식실태 조사)

① 환경부장관은 멸종위기 야생생물, 「생물다양성 보전 및 이용에 관한 법률」 제2조제8호에 따른 생태계교란 생물 등 특별히 보호하거나 관리할 필요가 있는 야생생물의 **서식실태를 정밀하게 조사하여야 한다.**〈개정 2012. 2. 1.〉

② 환경부장관은 보호하거나 관리할 필요가 있는 야생생물 및 그 서식지 등이 자연적 또는 인위적 요인으로 인하여 훼손될 우려가 있는 경우에는 **수시로 실태조사를 하거나** 관찰종을 지정하여 조사할 수 있다.〈신설 2014. 3. 24.〉

③ 제1항과 제2항에 따른 조사의 내용·방법 등 필요한 사항은 환경부령으로 정한다.〈개정 2014. 3. 24.〉

[전문개정 2011. 7. 28.]

[제목개정 2014. 3. 24.]

제6조의2(정보제공의 요청)

환경부장관은 야생생물의 보호 및 관리를 위하여 야생생물 수입 실적 등 대통령령으로 정하는 정보를 관계 행정기관이나 지방자치단체의 장에게 요청할 수 있다. 이 경우 요청을 받은 기관의 장은 특별한 사유가 없으면 요청에 따라야 한다.

[본조신설 2022. 12. 13.]

제6조의3(야생동물종합관리시스템)[2]

① 환경부장관은 **야생동물의 수출·수입·반출·반입·양도·양수·보관·폐사 등에 관한 사항을 효율적으로 관리하기 위하여** 전자정보시스템(이하 "**야생동물종합관리시스템**"이라 한다)을 구축하여 운영할 수 있다.

② 야생동물종합관리시스템의 구축·운영 등에 필요한 사항은 환경부령으로 정한다.

[본조신설 2022. 12. 13.]

제7조(서식지외보전기관의 지정 등)

① 환경부장관은 **야생생물을 서식지에서 보전하기 어렵거나 종의 보존 등을 위하여 서식지 외에서 보전할 필요가 있는 경우**에는 관계 중앙행정기관의 장의 의견을 들어 야생생물의 서식지 외 보전기관을 지정할 수 있다. 다만, 지정된 서식지 외 보전기관(이하 "서식지외보전기관"이라 한다)에서 「자연유산의 보존 및 활용에 관한 법률」 제11조에 따른 **천연기념물[3]**을 보전하게 하려는 경우에는 국가유산청장과 협의하여야 한다.〈개정

---

2) **야생동물종합관리시스템**(https: //wims.me.go.kr)

3) **자연유산의 보존 및 활용에 관한 법률 시행령 [별표 1] 천연기념물의 지정기준**(제18조제1항 관련)

    1. **동물**

        가. 나목1)부터 3)까지 중 어느 하나에 해당하는 자연유산으로서 다음 중 어느 하나 이상의 가치를 충족하는 것

            1) **역사적 가치**

            가) 우리나라 고유의 동물로서 저명한 것

            나) 문헌, 기록, 구술(口述) 등의 자료를 통하여 우리나라 고유의 생활, 문화 또는 민속을 이해하는 데 중요한 것

            2) **학술적 가치**

            가) 석회암 지대, 사구(砂丘: 모래 언덕), 동굴, 건조지, 습지, 하천, 폭포, 온천, 하구(河口), 섬 등

2.1 야생생물 보호 및 관리에 관한 법률

2023. 3. 21., 2024. 2. 6., 2024. 2. 13.〉

② 환경부장관 및 지방자치단체의 장은 서식지외보전기관에서 멸종위기 야생생물을 보전하게 하기 위하여 필요하면 그 비용의 전부 또는 일부를 지원할 수 있다.〈개정 2017. 12. 12.〉

③ 서식지외보전기관의 지정에 필요한 사항은 대통령령으로 정하고, 그 기관의 운영 및 지정서 교부 등에 필요한 사항은 환경부령으로 정한다.

[전문개정 2011. 7. 28.]

제7조의2(서식지외보전기관의 지정취소)

① 환경부장관은 서식지외보전기관이 다음 각 호의 어느 하나에 해당하는 경우에는 그 지정을 취소할 수 있다. 다만, 제1호에 해당하는 경우에는 그 **지정을 취소하여야 한다.** 〈개정 2013. 7. 16., 2014. 3. 24., 2017. 12. 12.〉

1. 거짓이나 그 밖의 부정한 방법으로 지정을 받은 경우

2. **제8조를 위반하여 야생동물을 학대한 경우**

3. 제9조제1항을 위반하여 포획·수입 또는 반입한 야생동물, 이를 사용하여 만든 **음식물 또는 가공품**을 그 사실을 알면서 취득(환경부령으로 정하는 야생생물을 사용하여 만든 음식물 또는 추출가공식품을 먹는 행위는 제외한다)·양도·양수·운반·보관하거나 그러한 행위를 알선한 경우

4. 제14조제1항을 위반하여 멸종위기 야생생물을 포획·채취등을 한 경우

5. 제14조제2항을 위반하여 멸종위기 야생생물의 포획·채취등을 위하여 폭발물, 덫,

특수한 환경에서 생장(生長)하는 동물·동물군 또는 그 서식지·번식지·도래지로서 학술적으로 연구할 필요가 있는 것
나) 분포범위가 한정되어 있는 우리나라 고유의 동물·동물군 또는 그 서식지·번식지·도래지로서 학술적으로 연구할 필요가 있는 것
다) 생태학적·유전학적 특성 등 학술적으로 연구할 필요가 있는 것
라) 우리나라로 한정된 동물자원·표본 등 학술적으로 중요한 것
3) **그 밖의 가치**
가) 우리나라 고유동물은 아니지만 저명한 동물로 보존할 가치가 있는 것
나) 우리나라에서는 절멸(絕滅: 아주 없어짐)된 동물이지만 복원하거나 보존할 가치가 있는 것
다) 「세계문화유산 및 자연유산의 보호에 관한 협약」 제2조에 따른 자연유산에 해당하는 것
나. 해당 자연유산의 유형별 분류기준
1) 동물과 그 서식지·번식지·도래지 등
2) 동물자원·표본 등
3) 동물군(척추동물의 무리를 말한다)
2. 식물(내용생략)
3. 지형·지질, 생물학적 생성물 또는 자연현상(내용생략)
4. 천연보호구역(내용생략)

창애, 올무, 함정, 전류 및 그물을 설치 또는 사용하거나 유독물, 농약 및 이와 유사한 물질을 살포 또는 주입한 경우

6. 제16조제1항을 위반하여 허가 없이 국제적 멸종위기종 및 그 가공품을 수출·수입·반출 또는 반입한 경우

7. 제16조제3항을 위반하여 국제적 멸종위기종 및 그 가공품을 수입 또는 반입 목적 외의 용도로 사용한 경우

8. 제16조제4항을 위반하여 국제적 멸종위기종 및 그 가공품을 포획·채취·구입하거나 양도·양수, 양도·양수의 알선·중개, 소유, 점유 또는 진열한 경우

9. 삭제〈2013. 7. 16.〉

10. 제19조제1항을 위반하여 환경부령으로 정하는 종에 해당하는 야생생물을 포획·채취하거나 죽인 경우

11. 제19조제3항을 위반하여 야생생물을 포획·채취하거나 죽이기 위하여 폭발물, 덫, 창애, 올무, 함정, 전류 및 그물을 설치 또는 사용하거나 유독물, 농약 및 이와 유사한 물질을 살포하거나 주입한 경우

12. 제21조제1항을 위반하여 환경부령으로 정하는 종에 해당하는 야생생물을 허가 없이 수출·수입·반출 또는 반입한 경우

13. 정당한 사유 없이 계속하여 3년 이상 야생생물의 보전 실적이 없는 경우

14. 제56조에 따른 보고 및 검사 등의 명령을 3회 이상 이행하지 않는 등 야생생물 보호·관리가 부실한 경우

② 제1항에 따라 지정이 취소된 자는 취소된 날부터 7일 이내에 지정서를 환경부장관에게 반납하여야 한다.

[본조신설 2011. 7. 28.]

제8조(야생동물의 학대금지)

① 누구든지 정당한 사유 없이 야생동물을 죽음에 이르게 하는 다음 각 호의 학대행위를 하여서는 아니 된다.〈개정 2014. 3. 24., 2017. 12. 12.〉

1. 때리거나 산채로 태우는 등 다른 사람에게 혐오감을 주는 방법으로 죽이는 행위

2. 목을 매달거나 독극물, 도구 등을 사용하여 잔인한 방법으로 죽이는 행위

3. 그 밖에 제2항 각 호의 학대행위로 야생동물을 죽음에 이르게 하는 행위

4. 삭제〈2017. 12. 12.〉

② 누구든지 정당한 사유 없이 야생동물에게 고통을 주거나 상해를 입히는 다음 각 호의 학대행위를 하여서는 아니 된다.〈신설 2017. 12. 12.〉

1. 포획·감금하여 고통을 주거나 상처를 입히는 행위
2. 살아 있는 상태에서 혈액, 쓸개, 내장 또는 그 밖의 생체의 일부를 채취하거나 채취하는 장치 등을 설치하는 행위
3. 도구·약물을 사용하거나 물리적인 방법으로 고통을 주거나 상해를 입히는 행위
4. 도박·광고·오락·유흥 등의 목적으로 상해를 입히는 행위
5. 야생동물을 보관, 유통하는 경우 등에 고의로 먹이 또는 물을 제공하지 아니하거나, 질병 등에 대하여 적절한 조치를 취하지 아니하고 방치하는 행위

[전문개정 2011. 7. 28.]

제8조의2(인공구조물로 인한 야생동물의 피해방지)

① 국가기관, 지방자치단체 및 「공공기관의 운영에 관한 법률」 제4조에 따라 지정된 공공기관(이하 "공공기관등"이라 한다)은 건축물, 방음벽, 수로 등 인공구조물(이하 "인공구조물"이라 한다)로 인한 충돌·추락 등의 **야생동물 피해가 최소화될 수 있도록 소관 인공구조물을 설치·관리하여야 한다.**

② 환경부장관은 인공구조물로 인한 충돌·추락 등의 야생동물 피해에 관한 실태조사를 실시할 수 있다. 이 경우 환경부장관은 공공기관등의 장에게 실태조사에 필요한 자료의 제출 등 협조를 요청할 수 있으며, 요청을 받은 자는 특별한 사유가 없으면 이에 따라야 한다.

③ 환경부장관은 인공구조물로 인한 충돌·추락 등의 야생동물 피해가 심각하다고 인정하는 경우 공공기관등의 장에게 소관 인공구조물에 대하여 충돌방지제품의 사용 등 야생동물 피해를 방지하기 위한 조치를 하도록 요청할 수 있으며, 요청을 받은 자는 특별한 사유가 없으면 이에 따라야 한다.

④ 국가는 제3항에 따른 조치를 이행하는 데 필요한 비용의 전부 또는 일부를 지원할 수 있다.

⑤ 인공구조물의 범위 및 설치기준, 제2항에 따른 실태조사의 대상·주기 및 방법 등 그 밖에 필요한 사항은 환경부령으로 정한다.

[본조신설 2022. 6. 10.]

제8조의3(야생동물 전시행위 금지)

① **누구든지 「동물원 및 수족관의 관리에 관한 법률」 제8조에 따라 동물원 또는 수족관으로 허가받지 아니한 시설에서 살아 있는 야생동물을 전시하여서는 아니 된다.** 다만, 다음 각 호의 어느 하나에 해당하는 경우에는 그러하지 아니하다.

1. 전시하려는 야생동물이 다음 각 목의 어느 하나에 해당하는 경우

   가. 포유류 외 분류군 중 인수공통질병 전파 우려 및 사람에게 위해를 가할 가능성이 낮은 야생동물로서 환경부령으로 정하는 종[4]

   나. 「수산생물질병 관리법」 제2조제1호에 따른 수산생물[5]

   다. 「해양생태계의 보전 및 관리에 관한 법률」 제2조제8호에 따른 해양생물[6]

2. 학술 연구·교육 등 공익적 목적으로서 환경부령[7]으로 정하는 경우

---

4) **야생생물 보호 및 관리에 관한 법률 시행규칙[시행 2024. 6. 28.] 제7조의4(전시가 가능한 종)**
   법 제8조의3제1항제1호가목에서 "환경부령으로 정하는 종"이란 다음 각 호의 어느 하나에 해당하는 종을 말한다.
   1. 조류 중 앵무목(Psittaciformes), 꿩과(Phasianidae), 되새과(Fringillidae), 납부리새과(Estrildidae) 전 종
   2. **파충류 중** 거북목(Testudines) 전 종
   3. **파충류 중** 코브라과(Elapidae), 살모사과(Viperidae) 등 독이 있는 종을 **제외한** 뱀목(Squamata) 전 종 (도마뱀아목, 도마뱀부치아목, 이구아나아목을 포함한다)
   4. **전갈목(Scorpiones) 중 독이 있는 종을 제외한** 절지동물문(Arthropoda) 전 종
   [본조신설 2023. 12. 14.]

5) **수산생물질병 관리법[시행 2024. 6. 21.] 제2조(정의)** 이 법에서 사용하는 용어의 뜻은 다음과 같다.
   1. "수산생물"이란 수산동물과 수산식물을 말한다.
   2. "수산동물"이란 살아 있는 어류, 패류, 갑각류, 그 밖에 대통령령으로 정하는 것과 그 정액(精液) 또는 알을 말한다.
   3. "수산식물"이란 살아 있는 해조류, 그 밖에 대통령령으로 정하는 것과 그 포자(胞子)를 말한다.
      - 수산생물질병 관리법 시행령[시행 2024. 6. 21.] 제2조(수산생물의 범위)
      ① 「수산생물질병 관리법」(이하 "법"이라 한다) 제2조제2호에서 "대통령령으로 정하는 것"이란 다음 각 호의 것을 말한다. <개정 2012. 7. 20.>
        1. **연체동물(軟體動物) 중 두족류**
        2. **극피동물(棘皮動物) 중 성게류, 해삼류**
        3. **척색동물(脊索動物) 중 미색류(尾索類)**
        4. **갯지렁이류·개불류·양서류·자라류·고래류**
      ② 법 제2조제3호에서 "대통령령으로 정하는 것"이란 해산종자식물(海産種子植物)을 말한다. <신설 2012. 7. 20.>

6) 제2조 제8호 "해양생물"이라 함은 **해양생태계에서 서식하거나 자생하는 생물**을 말한다.

7) **야생생물 보호 및 관리에 관한 법률 시행규칙 [시행 2024. 6. 28.] 제7조의5(전시가 가능한 경우)**
   법 제8조의3제1항제2호에서 "환경부령으로 정하는 경우"란 다음 각 호의 어느 하나에 해당하는 경우를 말한다.
     1. **사회공헌활동의 목적으로** 대가 없이 야생동물을 이동하여 전시**하는 경우**
     2. **다음 각 목의 어느 하나에 해당하는 기관에서** 연구 또는 교육을 목적으로 전시하는 경우
        가. 서식지외보전기관(법 제7조제1항에 따라 보전하는 야생동물로 한정한다)
        나. 법 제8조의4에 따른 유기·방치 야생동물 보호시설
        다. 법 제34조의4제2항에 따른 야생동물의 질병연구 및 구조·치료시설
        라. 법 제35조제1항에 따른 생물자원 보전시설
        마. 「과학관의 설립·운영 및 육성에 관한 법률」에 따른 과학관
        바. 「생물자원관의 설립 및 운영에 관한 법률」에 따른 생물자원관
        사. 「수목원·정원의 조성 및 진흥에 관한 법률」 제5조에 따른 국공립수목원

3. 제22조의5제1항제1호부터 제3호까지에 해당하는 영업으로서 시장·군수·구청장에게 영업 허가를 받은 경우
② 환경부장관은 제1항 단서에도 불구하고 **전시하고 있는 야생동물에서 인수공통질병 전파 가능성이 추가로 발견되어 그 위험으로부터 국민의 건강과 안전을 보호하기 위하여 긴급한 조치가 필요한 경우** 해당 야생동물에 대한 일시적 전시 중단 조치 등을 할 수 있다.

[본조신설 2022. 12. 13.]

제8조의4(유기·방치 야생동물 보호시설의 설치)

① 환경부장관은 제8조의3에 따른 전시행위 금지 등으로 인하여 **유기 또는 방치될 우려가 있는 야생동물의 관리를 위하여** 유기·방치 야생동물 보호시설을 설치·운영할 수 있다.
② 제1항에 따른 유기·방치 야생동물 보호시설의 설치·운영 기준 등에 관한 사항은 환경부령으로 정한다.

[본조신설 2022. 12. 13.]

제9조(불법 포획한 야생동물의 취득 등 금지)

① 누구든지 이 법을 위반하여 포획·수입 또는 반입한 **야생동물**, 이를 사용하여 만든 음식물 **또는 가공품을** 그 사실을 알면서 **취득(환경부령으로 정하는 야생동물을 사용하여 만든 음식물 또는 추출가공식품을 먹는 행위를 포함한다)**·양도·양수·운반·보관하거나 **그러한 행위를** 알선하지 못한다.
② 환경부장관이나 지방자치단체의 장은 이 법을 위반하여 포획·수입 또는 반입한 야생동물, 이를 사용하여 만든 **음식물 또는 가공품을 압류하는 등 필요한 조치를 할 수 있다.**

[전문개정 2011. 7. 28.]

제10조(덫, 창애, 올무 등의 제작금지 등)

누구든지 **덫, 창애, 올무 또는 그 밖에 야생동물을 포획할 수 있는 도구를 제작·판매·소지 또는 보관하여서는 아니 된다.** 다만, 학술 연구, 관람·전시, 유해야생동물의 포획 등 환경부령으로 정하는 경우에는 그러하지 아니하다.

[전문개정 2011. 7. 28.]

제11조(야생동물 운송 시의 준수사항)

① 포유류·조류·파충류·양서류에 해당하는 살아있는 야생동물[**파충류·양서류 중 식용**

[본조신설 2023. 12. 14.]

(食用)을 목적으로 하는 것과 「수산업·어촌 발전 기본법」 제3조제1호에 따른 수산업 활동으로 포획·채취된 수산물은 제외한다]을 운송하려는 자 중 환경부령으로 정하는 자는 다음 각 호의 사항을 준수하여야 한다.

1. 운송하는 야생동물에게 적합한 먹이와 물을 공급하고, 운송 과정에서 충격과 상해를 입히지 아니하도록 할 것

2. 야생동물을 운송하려는 차량이 운송 중에 야생동물에게 상해를 입히지 아니하고 야생동물의 생태를 고려한 온도와 습도를 유지하는 등 운송 중 고통을 최소화할 수 있는 구조로 되어 있을 것

3. 그 밖에 야생동물의 보호를 위하여 환경부령으로 정하는 것

② 제1항에도 불구하고 「동물보호법」 제11조를 준수하여야 하는 야생동물 운송자에 대하여는 「동물보호법」을 우선 적용한다.

[본조신설 2022. 12. 13.]

제11조의2 삭제〈2014. 3. 24.〉

제12조(야생동물로 인한 피해의 예방 및 보상)

① **국가와 지방자치단체는** 야생동물로 인한 다음 각 호의 **피해를 예방하기 위하여 필요한** 시설을 설치하는 자에게 그 **설치비용의 전부 또는 일부를 지원할 수 있다.**〈개정 2013. 3. 22., 2024. 1. 23.〉

1. 야생동물로 인한 인명 피해(신체적으로 상해를 입거나 사망한 경우를 말한다. 이하 같다)

2. 야생동물로 인한 농업·임업 및 어업의 피해

3. 야생동물로 인하여 일정한 지역에서 반복적·지속적으로 발생한 재산상의 피해로서 환경부령으로 정하는 피해

② **국가와 지방자치단체는** 멸종위기 야생동물, 제19조제1항에 따라 포획이 금지된 야생동물 또는 제26조에 따른 시·도보호 야생동물에 의하여 인명 피해나 농업·임업 및 어업의 **피해를 입은 자**와 다음 각 호의 어느 하나에 해당하는 지역에서 야생동물에 의하여 인명 피해나 농업·임업 및 어업의 피해를 입은 자에게 예산의 범위에서 그 **피해를 보상할 수 있다.**〈개정 2013. 3. 22.〉

1. 제27조에 따른 야생생물 **특별보호구역**

2. 제33조에 따른 야생생물 **보호구역**

3. 「자연환경보전법」 제12조에 따른 **생태·경관보전지역**

4. 「습지보전법」 제8조에 따른 **습지보호지역**

5. 「자연공원법」 제2조제1호에 따른 **자연공원**

6. 「도시공원 및 녹지 등에 관한 법률」 제2조제3호에 따른 **도시공원**

7. 그 밖에 야생동물을 보호하기 위하여 **환경부령으로 정하는 지역**

③ 제1항에 따른 피해 예방시설의 설치비용 지원 기준과 절차, 제2항에 따른 피해보상의 기준과 절차 등에 필요한 사항은 대통령령으로 정한다.

[전문개정 2011. 7. 28.]

제2절 멸종위기 야생생물의 보호〈개정 2011. 7. 28.〉

제13조(멸종위기 야생생물에 대한 보전대책의 수립 등)

① 환경부장관은 대통령령으로 정하는 바에 따라 **멸종위기 야생생물에 대한 중장기 보전대책**을 **5년마다** 수립·시행하여야 한다.〈개정 2022. 12. 13.〉

② 환경부장관은 멸종위기 야생생물의 **서식지** 등에 대한 보호조치를 마련하여야 하며, 자연상태에서 현재의 개체군으로는 지속적인 생존이 어렵다고 판단되는 종을 **증식·복원**하는 등 필요한 조치를 하여야 한다.

③ 환경부장관은 멸종위기 야생생물에 대한 중장기 보전대책의 시행과 멸종위기 야생생물의 증식·복원 등을 위하여 필요하면 관계 중앙행정기관의 장과 **시·도지사에게 협조를 요청**할 수 있다.

④ 환경부장관은 멸종위기 야생생물의 보호를 위하여 필요하면 토지의 소유자·점유자 또는 관리인에게 대통령령으로 정하는 바에 따라 해당 **토지의 적절한 이용방법 등에 관한 권고**를 할 수 있다.

[전문개정 2011. 7. 28.]

제13조의2(멸종위기 야생생물의 지정 주기)

① 환경부장관은 야생생물의 보호와 멸종 방지를 위하여 **5년마다** 멸종위기 야생생물을 다시 정하여야 한다. 다만, 특별히 필요하다고 인정할 때에는 수시로 다시 정할 수 있다.

② 환경부장관은 제1항에 따른 사항을 효율적으로 하기 위하여 관계 전문가의 의견을 들을 수 있다.

[본조신설 2014. 3. 24.]

제14조(멸종위기 야생생물의 포획·채취등의 금지)

① 누구든지 **멸종위기 야생생물**을 포획·채취·방사(放飼)·이식(移植)·가공·유통·보관·수출·수입·반출·반입(가공·유통·보관·수출·수입·반출·반입하는 경우에는 죽은 것

을 포함한다)·죽이거나 훼손(이하 "포획·채취등"이라 한다)해서는 아니 된다. 다만, 다음 각 호의 어느 하나에 해당하는 경우로서 환경부장관의 허가를 받은 경우에는 그러하지 아니하다.〈개정 2014. 3. 24., 2017. 12. 12., 2019. 11. 26., 2022. 12. 13.〉

1. 학술 연구 또는 멸종위기 야생생물의 보호·증식 및 복원의 목적으로 사용하려는 경우
2. 제35조에 따라 등록된 생물자원 보전시설이나 「생물자원관의 설립 및 운영에 관한 법률」 제2조제2호에 따른 생물자원관에서 전시용으로 사용하려는 경우
3. 「공익사업을 위한 토지 등의 취득 및 보상에 관한 법률」 제4조에 따른 공익사업의 시행 또는 다른 법령에 따른 인가·허가 등을 받은 사업의 시행을 위하여 멸종위기 야생생물을 이동시키거나 이식하여 보호하는 것이 불가피한 경우
4. 사람이나 동물의 질병 진단·치료 또는 예방을 위하여 관계 중앙행정기관의 장이 환경부장관에게 요청하는 경우
5. 대통령령으로 정하는 바에 따라 인공증식한 것을 수출·수입·반출 또는 반입하는 경우
6. 그 밖에 멸종위기 야생생물의 보호에 지장을 주지 아니하는 범위에서 환경부령으로 정하는 경우

② 누구든지 멸종위기 야생생물의 포획·채취등을 위하여 다음 각 호의 어느 하나에 해당하는 행위를 하여서는 아니 된다. 다만, 제1항 각 호에 해당하는 경우로서 포획·채취등의 방법을 정하여 환경부장관의 허가를 받은 경우 등 환경부령으로 정하는 경우에는 그러하지 아니하다.〈개정 2014. 3. 24.〉

1. 폭발물, 덫, 창애, 올무, 함정, 전류 및 그물의 설치 또는 사용
2. 유독물, 농약 및 이와 유사한 물질의 살포 또는 주입

③ 다음 각 호의 어느 하나에 해당하는 경우에는 제1항 본문을 적용하지 아니한다.〈개정 2014. 3. 24., 2023. 3. 21., 2024. 2. 6.〉

1. 인체에 급박한 위해를 끼칠 우려가 있어 포획하는 경우
2. 질병에 감염된 것으로 예상되거나 조난 또는 부상당한 야생동물의 구조·치료 등이 시급하여 포획하는 경우
3. 「자연유산의 보존 및 활용에 관한 법률」 제11조에 따른 천연기념물에 대하여 같은 법 제17조에 따라 허가를 받은 경우
4. 서식지외보전기관이 관계 법령에 따라 포획·채취등의 인가·허가 등을 받은 경우
5. 제5항에 따라 보관 신고를 하고 보관하는 경우
6. 대통령령으로 정하는 바에 따라 인공증식한 것을 가공·유통 또는 보관하는 경우

④ 제1항 단서에 따라 허가를 받고 멸종위기 야생생물의 포획·채취등을 하려는 자는 허가증을 지녀야 하고, 포획·채취등을 하였을 때에는 환경부령으로 정하는 바에 따라 그 결과를 환경부장관에게 신고하여야 한다.〈개정 2014. 3. 24.〉

2.1 야생생물 보호 및 관리에 관한 법률

⑤ 야생생물이 멸종위기 야생생물로 정하여질 당시에 그 야생생물 또는 그 박제품을 보관하고 있는 자는 그 정하여진 날부터 1년 이내에 환경부령으로 정하는 바에 따라 환경부장관에게 그 사실을 신고하여야 한다. 다만, 「자연유산의 보존 및 활용에 관한 법률」 제21조에 따라 신고한 경우에는 그러하지 아니하다.〈개정 2023. 3. 21., 2024. 2. 6.〉

⑥ 제16조제1항 본문에 따라 국제적 멸종위기종 및 그 가공품에 대한 수출·수입·반출·반입 **허가를 받은 것**과 같은 항 단서에 따라 수출·수입·반출·반입 **허가를 면제받은 것에 대하여는** 제1항(수출·수입·반출·반입의 허가만 해당한다)을 **적용하지 아니한다.**

⑦ 제1항 단서에 따른 허가의 기준·절차 및 허가증의 발급 등에 필요한 사항은 환경부령으로 정한다.

[전문개정 2011. 7. 28.]

제15조(멸종위기 야생생물의 포획·채취등의 허가취소)

① 환경부장관은 제14조제1항 단서에 따라 멸종위기 야생생물의 포획·채취등의 허가를 받은 자가 다음 각 호의 어느 하나에 해당하는 경우에는 그 허가를 취소할 수 있다. 다만, 제1호에 해당하는 경우에는 그 허가를 취소하여야 한다.

1. 거짓이나 그 밖의 부정한 방법으로 허가를 받은 경우
2. 멸종위기 야생생물의 포획·채취등을 할 때 허가조건을 위반한 경우
3. 멸종위기 야생생물을 제14조제1항제1호 또는 제2호에 따라 허가받은 목적이나 용도 외로 사용하는 경우

② 제1항에 따라 허가가 취소된 자는 취소된 날부터 7일 이내에 허가증을 환경부장관에게 반납하여야 한다.

[전문개정 2011. 7. 28.]

제16조(국제적 멸종위기종의 국제거래 등의 규제)

① 국제적 멸종위기종 및 그 가공품을 수출·수입·반출 또는 반입하려는 자는 다음 각 호의 허가기준에 따라 환경부장관의 허가를 받아야 한다. 다만, 국제적 멸종위기종을 이용한 가공품으로서 「약사법」에 따른 수출·수입 또는 반입 허가를 받은 의약품과 대통령령으로 정하는 국제적 멸종위기종 및 그 가공품의 경우에는 그러하지 아니하다.
〈개정 2011. 7. 28.〉

1. **멸종위기종국제거래협약의 부속서(Ⅰ·Ⅱ·Ⅲ)에 포함되어 있는 종에 따른 거래의 규제에 적합할 것**
2. **생물의 수출·수입·반출 또는 반입이 그 종의 생존에 위협을 주지 아니할 것**
3. **그 밖에 대통령령으로 정하는 멸종위기종국제거래협약 부속서별 세부 허가조건을 충**

족할 것

② 삭제〈2007. 5. 17.〉

③ 제1항 본문에 따라 허가를 받아 수입되거나 반입된 국제적 멸종위기종 및 그 가공품은 그 수입 또는 반입 목적 외의 용도로 사용할 수 없다. 다만, 용도변경이 불가피한 경우로서 환경부령으로 정하는 바에 따라 환경부장관의 승인을 받은 경우에는 그러하지 아니하다.〈개정 2011. 7. 28.〉

④ 누구든지 **제1항 본문에 따른 허가를 받지 아니한 국제적 멸종위기종 및 그 가공품을 포획ㆍ채취ㆍ구입하거나 양도ㆍ양수, 양도ㆍ양수의 알선ㆍ중개, 소유, 점유 또는 진열하여서는 아니 된다.**〈개정 2011. 7. 28., 2013. 7. 16.〉

⑤ 제1항 본문에 따라 허가를 받아 수입되거나 반입된 국제적 멸종위기종으로부터 증식된 종은 제1항 본문에 따라 수입허가 또는 반입허가를 받은 것으로 보며, 처음에 수입되거나 반입된 국제적 멸종위기종의 용도와 같은 것으로 본다. 이 경우 제3항 단서에 따라 용도가 변경된 국제적 멸종위기종으로부터 증식된 종의 용도는 변경된 용도와 같은 것으로 본다.〈개정 2011. 7. 28.〉

⑥ 제1항 본문에 따라 **허가를 받고 수입하거나 반입한 국제적 멸종위기종**을 양도ㆍ양수(사육ㆍ재배 장소의 이동을 포함한다. 이하 같다)하려는 때에는 양도ㆍ양수 전까지, 해당 **종이 죽거나 질병에 걸려 사육할 수 없게 되었을 때에는 지체 없이 환경부령으로 정하는 바에 따라 환경부장관에게 신고하여야 한다.** 다만, 환경부장관이 국내에서 대량으로 증식되어 신고의 필요성이 낮다고 인정하여 고시하는 국제적 멸종위기종은 제외한다.〈개정 2011. 7. 28., 2013. 7. 16., 2017. 12. 12.〉

⑦ 제1항 본문에 따라 허가를 받아 수입되거나 반입된 국제적 멸종위기종을 증식한 때에는 환경부령으로 정하는 바에 따라 국제적 멸종위기종 인공증식증명서를 발급받아야 한다. 다만, **대통령령으로 정하는 국제적 멸종위기종을 증식하려는 때에는 환경부령으로 정하는 바에 따라 미리 인공증식 허가를 받아야 한다.**〈개정 2013. 7. 16.〉

⑧ 국제적 멸종위기종 및 그 가공품을 포획ㆍ채취ㆍ구입하거나 양도ㆍ양수, 양도ㆍ양수의 알선ㆍ중개, 소유, 점유 또는 진열하려는 자는 환경부령으로 정한 적법한 입수경위 등을 증명하는 서류를 보관하여야 한다.〈신설 2013. 7. 16.〉

[제목개정 2011. 7. 28.]

제16조의2(국제적 멸종위기종의 사육시설 등록 등)

① **국제적 멸종위기종의 보호와 건전한 사육환경 조성을 위하여 대통령령으로 정하는 국제적 멸종위기종을 사육하려는 자는 적정한 사육시설을 갖추어 환경부장관에게 등록하여야 한다.**

② 제1항에 따라 국제적 멸종위기종 사육시설의 등록을 한 자(이하 "사육시설등록자"라 한다)는 등록한 사항 중 환경부령으로 정하는 사항을 변경하려면 환경부령으로 정하는 바에 따라 변경등록이나 변경신고를 하여야 한다.

③ 환경부장관은 제1항에 따라 등록을 하는 경우 해당 종의 적절한 관리를 위하여 필요한 조건을 붙일 수 있다.

④ 제1항에 따른 사육시설의 설치기준 및 등록 절차 등에 관한 사항은 환경부령으로 정한다.

⑤ 환경부장관은 제1항과 제4항에 따른 **사육시설 설치기준의 적정성을 5년마다 재검토**하여야 한다.〈신설 2017. 12. 12.〉

⑥ 환경부장관은 제2항에 따른 변경신고를 받은 경우 그 내용을 검토하여 이 법에 적합하면 신고를 수리하여야 한다.〈신설 2019. 11. 26.〉

[본조신설 2013. 7. 16.]

제16조의3(사육시설등록자의 결격사유)

다음 각 호의 어느 하나에 해당하는 자는 사육시설등록자가 될 수 없다.〈개정 2017. 12. 12.〉

1. 피성년후견인
2. 파산선고를 받고 복권되지 아니한 자
3. 이 법을 위반하여 금고 이상의 실형을 선고받고 그 집행이 끝나거나(집행이 끝난 것으로 보는 경우를 포함한다) 집행을 받지 아니하기로 확정된 후 2년이 지나지 아니한 자
4. 제16조의8에 따라 등록이 취소(제1호 또는 제2호에 해당하여 등록이 취소된 경우는 제외한다)된 날부터 2년이 지나지 아니한 자

[본조신설 2013. 7. 16.]

제16조의4(국제적 멸종위기종 사육시설의 관리 등)

① 사육시설등록자 중 대통령령으로 정하는 사육시설을 운영하는 자는 환경부령으로 정하는 바에 따라 **정기적으로 또는 수시로 환경부장관의 검사를 받아야 한다.**

② 제1항에 따른 검사의 세부적인 방법 등에 필요한 사항은 환경부령으로 정한다.

[본조신설 2013. 7. 16.]

제16조의5(개선명령)

환경부장관은 다음 각 호의 어느 하나에 해당하는 경우 환경부령으로 정하는 바에 따라 해당 사육시설등록자에게 기간을 정하여 개선을 명할 수 있다.

1. 사육시설이 제16조의2제4항에 따른 기준에 맞지 아니한 경우

2. 제16조의4제1항에 따른 정기 또는 수시 검사 결과 개선이 필요하다고 인정되는 경우

3. 제16조의6 각 호에 따른 사육동물의 관리기준을 지키지 아니한 경우

[본조신설 2013. 7. 16.]

제16조의6(사육동물의 관리기준)

사육시설등록자는 다음 각 호의 사육동물 관리기준을 지켜야 한다.

1. 사육시설이 사육동물의 특성에 맞는 적절한 장치와 기능을 발휘할 수 있도록 유지·관리할 것

2. 사육동물의 사육과정에서 건강상·안전상의 위해가 발생하지 아니하도록 예방대책을 강구하고, 사고가 발생하면 응급조치를 할 수 있는 장비·약품 등을 갖출 것

3. 사육동물을 이송·운반하거나 사육하는 과정에서 탈출·폐사에 따른 안전사고나 생태계 교란 등이 없도록 대책을 강구할 것

4. 그 밖에 제1호부터 제3호까지의 규정에 준하는 사항으로서 사육동물의 보호 및 관리를 위하여 필요하다고 인정하여 환경부령으로 정하는 사항

[본조신설 2013. 7. 16.]

제16조의7(폐쇄 등의 신고)

① 사육시설등록자가 제16조의2에 따른 시설을 폐쇄하거나 운영을 중지하려면 환경부령으로 정하는 바에 따라 환경부장관에게 신고하여야 한다.

② 환경부장관은 제1항에 따른 신고를 받은 경우 그 내용을 검토하여 이 법에 적합하면 신고를 수리하여야 한다.〈신설 2019. 11. 26.〉

③ 환경부장관은 제1항에 따른 폐쇄신고의 내용을 검토한 결과 해당 사육시설등록자의 시설에 있는 사육동물의 건강·안전이 우려되거나 이로 인하여 생태계 교란 등의 우려가 있다고 인정되면 해당 사육시설등록자에게 폐쇄 전에 해당 사육동물의 양도 또는 보호시설 이관 등 필요한 조치를 취할 것을 명할 수 있다.〈개정 2019. 11. 26.〉

[본조신설 2013. 7. 16.]

제16조의8(등록의 취소 등)

① 환경부장관은 사육시설등록자가 다음 각 호의 어느 하나에 해당되면 그 등록을 취소하여야 한다.〈개정 2017. 12. 12.〉

1. 거짓이나 그 밖의 부정한 방법으로 제16조의2제1항에 따른 등록을 한 경우

2. 제16조의3제1호부터 제3호까지의 규정 중 어느 하나에 해당하게 된 경우

② 환경부장관은 사육시설등록자가 다음 각 호의 어느 하나에 해당하면 그 등록을 취소하거나 6개월 이내의 기간을 정하여 사육시설의 전부 또는 일부의 폐쇄를 명할 수 있다.

1. 다른 사람에게 명의를 대여하여 등록증을 사용하게 한 경우
2. 1년에 3회 이상 시설 폐쇄명령을 받은 경우
3. 고의 또는 중대한 과실로 사육동물의 탈출, 폐사 또는 인명피해 등이 발생한 경우
4. 제16조의2제1항에 따른 등록을 한 후 2년 이내에 사육동물을 사육하지 아니하거나 정당한 사유 없이 계속하여 2년 이상 사육시설을 운영하지 아니한 경우
5. 제16조의2제2항을 위반하여 변경등록을 하지 아니한 경우
6. 제16조의2제2항을 위반하여 변경신고를 하지 아니한 경우
7. 제16조의2제3항에 따른 조건을 이행하지 아니한 경우
8. 제16조의4제1항에 따른 정기검사 또는 수시검사를 받지 아니한 경우
9. 제16조의5에 따른 개선명령을 이행하지 아니한 경우
10. 시설 폐쇄명령 기간 중 시설을 운영한 경우
11. 제16조의6에 따른 사육동물의 관리기준을 위반한 경우

[본조신설 2013. 7. 16.]

제16조의9(권리 · 의무의 승계 등)

① 사육시설등록자가 사망하거나 그 시설을 양도한 때에는 그 상속인 또는 양수인은 그에 따른 사육시설등록자의 권리 · 의무를 승계한다. 이 경우 그 상속인이 제16조의3제1호부터 제3호까지의 규정 중 어느 하나에 해당하는 경우에는 **승계한 날부터 90일 이내에 그 시설을 다른 사람에게 양도하여야 한다.**

② 제1항에 따라 사육시설등록자의 권리 · 의무를 승계한 자는 환경부령으로 정하는 바에 따라 승계한 날부터 30일 이내에 이를 환경부장관에게 신고하여야 한다.

[본조신설 2013. 7. 16.]

제17조(국제적 멸종위기종의 수출 · 수입 허가의 취소 등)

① 환경부장관은 제16조제1항 본문에 따라 국제적 멸종위기종 및 그 가공품의 수출·수입·반출 또는 반입 허가를 받은 자가 다음 각 호의 어느 하나에 해당하는 경우에는 그 허가를 취소할 수 있다. 다만, 제1호에 해당하는 경우에는 그 허가를 취소하여야 한다.

1. 거짓이나 그 밖의 부정한 방법으로 허가를 받은 경우
2. 국제적 멸종위기종 및 그 가공품을 수출·수입·반출 또는 반입할 때 허가조건을 위반한 경우

3. 제16조제3항을 위반하여 그 수입 또는 반입 목적 외의 용도로 사용한 경우

② 환경부장관이나 관계 행정기관의 장은 다음 각 호의 어느 하나에 해당하는 국제적 멸종위기종 중 살아 있는 생물의 생존을 위하여 긴급한 경우에는 즉시 필요한 보호조치를 할 수 있다.〈개정 2013. 7. 16.〉

1. 제16조제3항 본문을 위반하여 그 수입 또는 반입 목적 외의 용도로 사용되고 있는 것
2. 제16조제4항을 위반하여 포획·채취·구입, 양도·양수, 양도·양수의 알선·중개, 소유, 점유하거나 진열되고 있는 것

③ 환경부장관이나 관계 행정기관의 장은 제2항에 따라 보호조치되거나 이 법을 위반하여 몰수된 국제적 멸종위기종을 수출국 또는 원산국과 협의하여 반송하거나 보호시설 또는 그 밖의 적절한 시설로 이송할 수 있다.

[전문개정 2011. 7. 28.]

제18조(멸종위기 야생생물 등의 광고 제한)

누구든지 **멸종위기 야생생물과 국제적 멸종위기종의 멸종 또는 감소를 촉진시키거나 학대를 유발(誘發)할 수 있는 광고를 하여서는 아니 된다. 다만, 다른 법률에 따라 인가·허가 등을 받은 경우에는 그러하지 아니하다.**

[전문개정 2011. 7. 28.]

제3절 멸종위기 야생생물 외의 야생생물 보호 등〈개정 2011. 7. 28.〉

제19조(야생생물의 포획·채취 금지 등)

① 누구든지 멸종위기 야생생물에 해당하지 아니하는 야생생물 중 환경부령으로 정하는 종(해양만을 서식지로 하는 해양생물은 제외하고, 식물은 멸종위기 야생생물에서 해제된 종에 한정한다. 이하 이 조에서 같다)을 포획·채취하거나 죽여서는 아니 된다. 다만, 다음 각 호의 어느 하나에 해당하는 경우로서 특별자치시장·특별자치도지사·시장·군수·구청장(구청장은 자치구의 구청장을 말하며, 이하 "시장·군수·구청장"이라 한다)의 **허가를 받은 경우에는 그러하지 아니하다.**〈개정 2014. 3. 24., 2017. 12. 12., 2019. 11. 26., 2022. 12. 13.〉

1. 학술 연구 **또는** 야생생물의 보호·증식 및 복원의 목적으로 **사용하려는 경우**
2. 제35조에 따라 등록된 생물자원 보전시설이나 「생물자원관의 설립 및 운영에 관한 법률」 제2조제2호에 따른 생물자원관에서 전시용으로 사용하려는 경우

2.1 야생생물 보호 및 관리에 관한 법률

3. 「공익사업을 위한 토지 등의 취득 및 보상에 관한 법률」 제4조에 따른 공익사업의 시행 또는 다른 법령에 따른 인가·허가 등을 받은 사업의 시행을 위하여 야생생물을 이동시키거나 이식하여 보호하는 것이 불가피한 경우

4. 사람이나 동물의 질병 진단·치료 또는 예방을 위하여 관계 중앙행정기관의 장이 시장·군수·구청장에게 요청하는 경우

5. 환경부령으로 정하는 야생생물을 환경부령으로 정하는 기준 및 방법 등에 따라 상업적 목적으로 인공증식하거나 재배하는 경우

② 환경부장관은 내수면 수산자원을 제1항 본문에 따른 종으로 정하려는 경우에는 미리 해양수산부장관과 협의하여야 한다.〈신설 2014. 3. 24.〉

③ 누구든지 제1항 본문에 따른 야생생물을 포획·채취하거나 죽이기 위하여 다음 각 호의 어느 하나에 해당하는 행위를 하여서는 아니 된다. 다만, 제1항 각 호에 해당하는 경우로서 포획·채취 또는 죽이는 방법을 정하여 허가를 받은 경우 등 환경부령으로 정하는 경우에는 그러하지 아니하다.〈개정 2014. 3. 24., 2017. 12. 12.〉

1. 폭발물, 덫, 창애, 올무, 함정, 전류 및 그물의 설치 또는 사용

2. 유독물, 농약 및 이와 유사한 물질의 살포 또는 주입

④ 다음 각 호의 어느 하나에 해당하는 경우에는 제1항 본문을 적용하지 아니한다.
〈개정 2014. 3. 24., 2022. 12. 13., 2023. 3. 21., 2024. 2. 6.〉

1. 인체에 급박한 위해를 끼칠 우려가 있어 포획하는 경우

2. 질병에 감염된 것으로 예상되거나 조난 또는 부상당한 야생동물의 구조·치료 등이 시급하여 포획하는 경우

3. 「자연유산의 보존 및 활용에 관한 법률」 제11조에 따른 천연기념물에 대하여 같은 법 제17조에 따라 허가를 받은 경우

4. 서식지외보전기관이 관계 법령에 따라 포획·채취의 인가·허가 등을 받은 경우

5. 제23조제1항에 따라 시장·군수·구청장으로부터 유해야생동물의 포획허가를 받은 경우

6. 제50조제1항에 따라 수렵장설정자로부터 수렵승인을 받은 경우

7. 어업활동으로 불가피하게 혼획(混獲)된 경우로서 해양수산부장관에게 3개월 이내에 신고한 경우

8. 「해양생태계의 보전 및 관리에 관한 법률」 제2조제11호에 따른 해양보호생물에 대하여 같은 법 제20조에 따라 허가를 받은 경우

⑤ 제1항 단서에 따라 야생생물을 포획·채취하거나 죽인 자는 환경부령으로 정하는 바에 따라 그 결과를 시장·군수·구청장에게 신고하여야 한다.〈개정 2014. 3. 24., 2017. 12. 12.〉

⑥ 제1항 단서에 따른 허가의 기준·절차 및 허가증의 발급 등에 필요한 사항은 환경부령으로 정한다.〈개정 2014. 3. 24.〉

[전문개정 2011. 7. 28.]

[제목개정 2014. 3. 24.]

제20조(야생생물의 포획·채취 허가 취소 등)

① 시장·군수·구청장은 제19조제1항 단서에 따라 야생생물의 포획·채취 또는 야생생물을 죽이는 허가를 받은 자가 다음 각 호의 어느 하나에 해당하는 경우에는 그 허가를 취소할 수 있다. 다만, 제1호에 해당하는 경우에는 그 허가를 취소하여야 한다. 〈개정 2014. 3. 24., 2017. 12. 12.〉

1. 거짓이나 그 밖의 부정한 방법으로 허가를 받은 경우

2. 야생생물을 포획·채취 또는 죽일 때 허가조건을 위반한 경우

3. 제19조제1항제1호 또는 제2호에 따라 허가받은 목적 외의 용도로 사용한 경우

4. 제19조제1항제5호에 따라 허가받은 기준 또는 방법에 따라 인공증식하거나 재배하지 아니한 경우

② 제1항에 따라 허가가 취소된 자는 취소된 날부터 7일 이내에 허가증을 시장·군수·구청장에게 반납하여야 한다.

[전문개정 2011. 7. 28.] [제목개정 2014. 3. 24.]

제21조(야생생물의 수출·수입·양도·양수·보관 등)

① **멸종위기 야생생물에 해당하지 아니하는 야생생물** 중 생물종을 보호하고 생물다양성을 증진하기 위하여 **환경부령으로 정하는 종**8)(가공품을 포함한다. 이하 같다)을 **수출·수입·반출 또는 반입하려는 자**는 다음 각 호의 구분에 따른 **허가기준에 따라 시장·군수·구청장의 허가를 받아야 한다.**〈개정 2014. 3. 24., 2022. 12. 13.〉

1. **수출이나 반출의 경우**

    가. 야생생물의 수출이나 반출이 그 종의 **생존을 어렵게 하지 아니할 것**

    나. 수출되거나 반출되는 야생생물이 야생생물 보호와 관련된 법령에 따라 **적법하게 획득되었을 것**

    다. 살아 있는 야생생물을 **이동시킬 때에는 상해를 입히거나 건강을 해칠 가능성 또는 학대받거나 훼손될 위험을 최소화할 것**

2. **수입이나 반입의 경우**

    가. 야생생물의 수입이나 반입이 그 종의 **생존을 어렵게 하지 아니할 것**

    나. 살아 있는 야생생물을 수령하기로 예정된 자가 그 **야생생물을 수용하고 보호할**

---

8) 야생생물 보호 및 관리에 관한 법률 시행규칙[시행 2024. 6. 28.]제28조(수출·수입등 허가대상인 야생생물) 법 제21조제1항에서 "환경부령으로 정하는 종"이란 별표 8에 따른 종을 말한다.

적절한 시설을 갖추고 있을 것

다. 제2조제8호에 따른 야생동물 질병, 「감염병의 예방 및 관리에 관한 법률」 제2
조제1호에 따른 감염병 또는 「가축전염병 예방법」 제2조제2호에 따른 **가축전
염병의 매개 및 전파의 우려가 없을 것**

라. 그 밖에 대통령령으로 정하는 용도별 수입 또는 반입 허용 **세부기준을 충족할 것**

② 다음 각 호의 어느 하나에 해당하는 경우에는 제1항을 적용하지 아니한다.〈개정 2012. 2.
1., 2014. 3. 24., 2023. 3. 21., 2024. 2. 6.〉

1. 「자연유산의 보존 및 활용에 관한 법률」 제11조에 따른 천연기념물에 대하여 같은
법 제20조에 따라 허가를 받은 경우

2. 야생생물을 이용한 가공품으로서 「약사법」 제42조에 따른 수입허가를 받은 의약품

3. 「생물다양성 보전 및 이용에 관한 법률」 제11조에 따라 환경부장관이 지정·고시하
는 생물자원을 수출하거나 반출하려는 경우

③ 제1항에 따른 환경부령으로 정하는 종으로서 **살아있거나 알 상태인 야생동물을 양도·
양수 또는 보관하려는 자는 시장·군수·구청장에게 신고하여야 한다.** 보관하고 있는 해
당 **야생동물이 폐사한 경우에도 또한 같다.**〈신설 2022. 12. 13.〉

④ **환경부장관이 식용 등의 목적에 사용되어 신고의 필요성이 낮다고 인정하여 고시하는 종에
대하여는 제3항에도 불구하고 양도·양수·보관 또는 폐사의 신고 대상에서 제외한다.**
〈신설 2022. 12. 13.〉

⑤ 제1항에 따른 수출·수입 등에 대한 허가와 제3항에 따른 양도·양수·보관 또는 폐사
신고의 방법, 기간, 절차, 기준 및 그 밖에 필요한 사항은 환경부령으로 정한다.
〈신설 2022. 12. 13.〉

[전문개정 2011. 7. 28.] [제목개정 2014. 3. 24., 2022. 12. 13.]

제22조(야생생물의 수출·수입 등 허가의 취소)

시장·군수·구청장은 제21조제1항에 따라 야생생물의 수출·수입·반출 또는 반입 허가를
받은 자가 다음 각 호의 어느 하나에 해당하는 경우에는 그 허가를 취소할 수 있다. 다만,
제1호에 해당하는 경우에는 그 허가를 취소하여야 한다.〈개정 2014. 3. 24.〉

1. 거짓이나 그 밖의 부정한 방법으로 허가를 받은 경우

2. 야생생물 및 그 가공품을 수출·수입·반출 또는 반입할 때 허가조건을 위반한 경우

3. 야생생물과 그 가공품을 수입 또는 반입 목적 외의 용도로 사용한 경우

[전문개정 2011. 7. 28.] [제목개정 2014. 3. 24.]

제22조의2(지정관리 야생동물 수입 · 수출 등)

① 누구든지 지정관리 야생동물을 수입 · 반입할 수 없다. 다만, 환경에 미치는 영향 및 안전성 등을 고려하여 **환경부령으로 정하는 지정관리 야생동물**의 경우에는 그러하지 아니하다.

② 제1항 본문에도 불구하고 다음 각 호의 어느 하나에 해당하는 경우로서 시장 · 군수 · 구청장에게 환경부령으로 정하는 바에 따라 허가를 받은 경우에는 해당 지정관리 야생동물을 수입 · 반입할 수 있다.

  1. **학술 연구** 또는 **야생생물의 보호 및 복원의 목적**으로 사용하려는 경우

  2. 제35조에 따라 등록된 **생물자원 보전시설**이나 「생물자원관의 설립 및 운영에 관한 법률」 제2조제2호에 따른 **생물자원관에서 전시용**으로 사용하려는 경우

  3. 그 밖에 **공익적 목적 등**에 사용하려는 경우로서 대통령령으로 정하는 경우

③ 제1항 단서에 따라 환경부령으로 정하는 지정관리 야생동물을 수입 · 반입하려는 자는 환경부령으로 정하는 바에 따라 시장 · 군수 · 구청장에게 신고하여야 한다.

④ 지정관리 야생동물을 수출 · 반출하려는 자는 환경부령으로 정하는 바에 따라 시장 · 군수 · 구청장에게 신고하여야 한다.

[본조신설 2022. 12. 13.] [시행일: 2025. 12. 14.]

제22조의3(지정관리 야생동물의 수입 · 반입 허가의 취소)

시장 · 군수 · 구청장은 제22조의2제2항에 따라 지정관리 야생동물의 수입 · 반입의 허가를 받은 자가 다음 각 호의 어느 하나에 해당하는 경우에는 그 허가를 취소할 수 있다. 다만, 제1호에 해당하는 경우에는 그 허가를 취소하여야 한다.

  1. 거짓이나 그 밖의 부정한 방법으로 허가를 받은 경우

  2. 지정관리 야생동물의 수입 · 반입 허가조건을 위반한 경우

  3. 지정관리 야생동물을 수입 또는 반입 목적 외의 용도로 사용한 경우

[본조신설 2022. 12. 13.] [시행일: 2025. 12. 14.]

제22조의4(지정관리 야생동물의 양도 · 양수 · 보관 등)

① **누구든지 지정관리 야생동물을 양도 · 양수 또는 보관할 수 없다.** 다만, 제22조의2제1항 단서 또는 같은 조 제2항에 해당하는 지정관리 야생동물의 경우에는 그러하지 아니하다.

② 제1항 단서에 따라 지정관리 야생동물을 양도 · 양수 또는 보관하려는 자는 환경부령으로 정하는 바에 따라 시장 · 군수 · 구청장에게 신고하여야 한다. 제1항 단서에 따라 보관하고 있는 지정관리 야생동물이 폐사한 경우에도 또한 같다.

③ 환경부장관이 식용 등의 목적에 사용되어 신고의 필요성이 낮다고 인정하여 고시하는

종에 대하여는 제2항에도 불구하고 양도·양수·보관 또는 폐사의 신고 대상에서 제외한다.

[본조신설 2022. 12. 13.] [시행일: 2025. 12. 14.]

제22조의5(야생동물 영업 등)

① 국제적 멸종위기종, 지정관리 야생동물 또는 제21조에 따라 환경부령으로 정하는 종 중 포유류·조류·파충류·양서류에 해당하는 야생동물을 대통령령으로 정하는 규모 이상으로 취급하여 다음 각 호의 어느 하나에 해당하는 영업(이하 "야생동물 영업"이라 한다)을 하려는 자는 시장·군수·구청장의 허가를 받아야 한다. 영업 장소의 변경 등 환경부령으로 정하는 사항을 변경하려는 경우에도 또한 같다.
   1. **야생동물 판매업: 야생동물을 구입하여 판매하는 영업**
   2. **야생동물 수입업: 야생동물을 수입하여 판매하는 영업**
   3. **야생동물 생산업: 야생동물을 인공증식시켜 판매하는 영업**(「양식산업발전법」 제10조제1항제7호에 따른 내수면양식업의 면허 또는 제43조제1항제2호에 따른 육상등 내수양식업의 허가를 받은 경우는 제외한다)
   4. **야생동물 위탁관리업: 야생동물을 소유주의 위탁을 받아 보호 또는 사육하는 영업**
② 시장·군수·구청장은 제1항에 따른 허가·변경허가를 하는 경우에는 신청인에게 허가증을 교부하여야 한다.
③ **야생동물 영업을 허가받은 자(이하 "야생동물 영업자"라 한다)가 휴업 또는 폐업하는 경우에는 보관 중인 야생동물의 처리 등 필요한 조치를 하여야 한다.**
④ 제1항에 따른 허가의 기준·절차 및 영업의 내용·범위, 제2항에 따른 허가증 교부 방법·절차, 제3항에 따른 필요한 조치 등에 관하여 필요한 사항은 환경부령으로 정한다.

[본조신설 2022. 12. 13.] [시행일: 2025. 12. 14.]

제22조의6(영업 허가의 결격사유)

다음 각 호의 어느 하나에 해당하는 자는 제22조의5제1항에 따른 허가를 받을 수 없다.
   1. 미성년자 또는 피성년후견인
   2. 제8조 또는 「동물보호법」 제10조에 따른 금지행위를 위반하여 금고 이상의 실형을 선고받고 그 집행이 종료(집행이 종료된 것으로 보는 경우를 포함한다)되거나 집행이 면제된 날부터 5년이 지나지 아니한 자
   3. 이 법(제8조는 제외한다)을 위반하여 금고 이상의 실형을 선고받고 그 집행이 종료(집행이 종료된 것으로 보는 경우를 포함한다)되거나 집행이 면제된 날부터 3년이 지나지 아니한 자

4. 제2호에 따른 금지행위를 위반하여 벌금형을 선고받고 그 형이 확정된 날부터 3년
   이 지나지 아니한 자

5. 다음 각 목의 어느 하나에 해당하는 자로서 그 유예기간 중에 있는 자

가. 제2호에 따른 금지행위를 위반하여 벌금 이상의 형의 집행유예를 선고받은 자

나. 이 법(제8조는 제외한다)을 위반하여 금고 이상의 형의 집행유예를 선고받은 자

6. 제22조의9에 따라 허가가 취소된 날부터 1년이 지나지 아니한 경우로서 취소된 업
   종과 같은 업종의 허가를 받으려는 자

7. 임원 중에 제1호부터 제6호까지의 어느 하나에 해당하는 자가 있는 법인

[본조신설 2022. 12. 13.] [시행일: 2025. 12. 14.]

제22조의7(영업의 승계)

① 야생동물 영업자가 그 영업을 양도하거나 사망하였을 때 또는 법인의 합병이 있을 때
에는 그 양수인·상속인 또는 합병 후 존속하는 법인이나 합병으로 설립되는 법인(이
하 "양수인등"이라 한다)은 그 야생동물 영업자의 지위를 승계한다.

② 다음 각 호의 어느 하나에 해당하는 절차에 따라 영업시설의 전부를 인수한 자는 그
야생동물 영업자의 지위를 승계한다. 이 경우 종전의 야생동물 영업 허가는 그 효력을
잃는다.

1. 「민사집행법」에 따른 경매

2. 「채무자 회생 및 파산에 관한 법률」에 따른 환가(換價)

3. 「국세징수법」·「관세법」 또는 「지방세법」에 따른 압류재산의 매각

4. 그 밖에 제1호부터 제3호까지의 규정에 준하는 절차

③ 제1항 또는 제2항에 따라 야생동물 영업자의 지위를 승계한 자는 승계한 날부터 30일
이내에 환경부령으로 정하는 바에 따라 시장·군수·구청장에게 신고하여야 한다.

④ 제1항 또는 제2항에 따라 야생동물 영업자의 지위를 승계한 자의 결격사유에 관하여
는 제22조의6을 준용한다. 다만, 상속인이 제22조의6제1호에 해당하는 경우에는 상속
을 받은 날부터 3개월 동안은 그러하지 아니하다.

⑤ 제22조의9제1항 또는 제2항에 따른 처분을 받은 경우 그 처분의 효과는 그 처분기간
이 만료된 날부터 1년간 양수인등에게 승계되며, 처분의 절차가 진행 중일 때에는 양
수인등에 대하여 처분 절차를 계속 진행할 수 있다. 다만, 양수인등이 양수·상속 또는
합병 시에 그 처분 또는 위반사실을 알지 못하였음을 증명하는 경우에는 그러하지 아
니하다.

[본조신설 2022. 12. 13.] [시행일: 2025. 12. 14.]

제22조의8(야생동물 영업자 등의 준수사항)

야생동물 영업자(법인인 경우에는 그 대표자를 포함한다)와 그 종사자는 다음 각 호에 관하여 환경부령으로 정하는 사항을 준수하여야 한다.

　　1. 야생동물의 특성을 고려한 사육 관리 및 공중보건 관리

　　2. 야생동물의 탈출로 인한 생태계 위해 방지를 위한 시설의 구축 및 관리

　　3. 야생동물의 수입, 생산, 판매 등 기록의 작성·보관

　　4. 환경부령으로 정하는 교육기관이 실시하는 야생동물의 보호·관리 및 공중위생상의 위해 방지 등에 관한 교육의 이수

　　5. 야생동물의 적절한 관리를 위한 관리책임자의 선임

　　6. 그 밖에 야생동물의 적절한 보호 및 관리에 필요하다고 환경부장관이 인정하는 사항

[본조신설 2022. 12. 13.] [시행일: 2025. 12. 14.]

제22조의9(야생동물 영업 허가 취소 등)

① 시장·군수·구청장은 야생동물 영업자가 다음 각 호의 어느 하나에 해당할 경우에는 그 허가를 취소하여야 한다.

　　1. 거짓이나 그 밖의 부정한 방법으로 허가를 받은 것이 판명된 경우

　　2. 제22조의2제2항을 위반하여 허가 없이 수입이 금지된 지정관리 야생동물을 수입·생산 또는 판매한 경우

　　3. 최근 2년간 3회 이상 영업정지 처분을 받은 경우

　　4. 영업정지 기간 중에 영업을 한 경우

　　5. 제22조의6에 따른 결격사유에 해당하는 경우. 다만, 임원 중에 같은 조 제7호에 해당하는 사람이 있는 법인의 경우 3개월 이내에 해당 임원을 개임(改任)한 때에는 그러하지 아니하다.

② 시장·군수·구청장은 야생동물 영업자가 다음 각 호의 어느 하나에 해당할 경우에는 그 허가를 취소하거나 6개월 이내의 기간을 정하여 그 영업의 전부 또는 일부의 정지를 명할 수 있다.

　　1. 제8조를 위반하여 야생동물에 대한 학대행위 등을 한 경우

　　2. 제22조의4제2항에 따른 신고를 하지 아니하고 야생동물을 양도·양수한 경우

　　3. 제22조의5제4항에 따른 허가기준에 미치지 못하게 된 경우

　　4. 제22조의7제3항에 따른 야생동물 영업자의 지위승계 신고를 하지 아니한 경우

　　5. 제22조의8에 따른 준수사항을 지키지 아니한 경우

　　6. 이 법을 위반하여 야생동물을 포획·수입·반입·수출·반출·양도·양수·인공증식·보관·폐사·방사한 경우

7. 허가를 받은 날부터 1년이 지나도 영업을 시작하지 아니한 경우

8. 다른 사람에게 자신의 명의를 사용하여 해당 영업을 하게 하거나 제22조의5제2항에 따른 허가증을 빌려준 경우

③ 제1항 또는 제2항에 따라 허가가 취소된 자는 취소된 날부터 7일 이내에 허가증을 시장·군수·구청장에게 반납하여야 한다.

④ 제2항에 따라 영업이 정지된 자는 그 사실을 환경부장관이 정하는 바에 따라 게시하여야 한다.

⑤ 제1항 또는 제2항에 따라 허가가 취소되거나 영업이 정지된 야생동물 영업자는 보관 중인 야생동물의 처리 등 환경부령으로 정하는 필요한 조치를 하여야 한다.

[본조신설 2022. 12. 13.] [시행일: 2025. 12. 14.]

제22조의10(영업정지 처분을 갈음하여 부과하는 과징금 처분)

① 시장·군수·구청장은 야생동물 영업자에 대하여 제22조의9제2항에 따라 영업정지를 명하여야 하는 경우로서 영업정지가 야생동물 질병의 전파 우려 또는 공익에 현저한 지장을 줄 우려가 있는 경우에는 대통령령으로 정하는 바에 따라 영업정지 처분을 갈음하여 1억원 이하의 과징금을 부과할 수 있다.

② 시장·군수·구청장은 제1항에 따른 과징금을 부과하기 위하여 필요한 경우에는 다음 각 호의 사항을 적은 문서로 관할 세무관서의 장에게 과세정보 제공을 요청할 수 있다.

1. 납세자의 인적사항

2. 과세정보의 사용 목적

3. 과징금 부과기준이 되는 매출금액

③ 제1항에 따른 과징금을 내야 하는 자가 납부기한까지 내지 아니하면 시장·군수·구청장은 대통령령으로 정하는 바에 따라 제1항에 따른 과징금 부과처분을 취소하고 영업정지 처분을 하거나 「지방행정제재·부과금의 징수 등에 관한 법률」에 따라 징수한다.

④ 제1항에 따라 시장·군수·구청장이 부과·징수한 과징금은 「환경정책기본법」에 따른 환경개선특별회계의 세입으로 한다.

[본조신설 2022. 12. 13.] [시행일: 2025. 12. 14.]

제22조의11(영업에 대한 점검 등)

① 시장·군수·구청장은 야생동물 영업자에 대하여 다음 각 호의 사항을 준수하는지 여부를 **정기적으로 점검**하고 그 결과를 시·도지사를 거쳐 환경부장관에게 보고하여야 한다.

1. 제22조의5제4항에 따른 허가 기준

2. 제22조의8에 따른 준수사항

② 시장·군수·구청장은 제1항에 따른 점검을 위하여 야생동물 영업자에게 필요한 자료를 제출하게 하거나 관계 공무원으로 하여금 사무실·사업장 또는 그 밖의 필요한 장소에 출입하여 관계 서류, 야생동물 보관·생산·판매 또는 운송하는 시설 및 장치 등을 검사하게 할 수 있다.

③ 제1항에 따른 점검의 시기·방법·절차, 결과 제출, 제2항에 따른 점검의 절차와 방법 등에 필요한 사항은 대통령령으로 정한다.

[본조신설 2022. 12. 13.] [시행일: 2025. 12. 14.]

제23조(유해야생동물의 포획허가 등)

① **유해야생동물을 포획하려는 자는** 환경부령으로 정하는 바에 따라 시장·군수·구청장의 허가를 받아야 한다.

② 시장·군수·구청장은 제1항에 따른 허가를 하려는 경우에는 유해야생동물로 인한 농작물 등의 피해 상황, 유해야생동물의 종류 및 수 등을 조사하여 **과도한 포획으로 인하여 생태계가 교란되지 아니하도록 하여야 한다.**

③ 시장·군수·구청장은 제1항에 따른 허가를 신청한 자의 요청이 있으면 제44조에 따른 **수렵면허를 받고** 제51조에 따른 **수렵보험에 가입한 사람에게 포획을 대행하게 할 수 있다.** 이 경우 포획을 대행하는 사람은 제1항에 따른 허가를 받은 것으로 본다.

④ 시장·군수·구청장은 제1항에 따른 허가를 하였을 때에는 지체 없이 산림청장 또는 그 밖의 관계 행정기관의 장에게 그 사실을 통보하여야 한다.

⑤ 제1항 또는 제3항에 따라 유해야생동물을 포획한 자는 환경부령으로 정하는 바에 따라 **유해야생동물의 포획 결과를 시장·군수·구청장에게 신고하여야 한다.**〈신설 2013. 3. 22., 2024. 1. 23.〉

⑥ 제1항에 따른 허가의 기준, 안전수칙, 포획 방법 및 허가증의 발급 등에 필요한 사항은 환경부령으로 정한다.〈개정 2013. 3. 22., 2024. 1. 23.〉

⑦ 제1항 또는 제3항에 따라 포획한 유해야생동물의 처리 방법은 환경부령으로 정한다.〈신설 2019. 11. 26., 2024. 1. 23.〉

[전문개정 2011. 7. 28.] [제목개정 2024. 1. 23.]

제23조의2(유해야생동물의 포획허가 취소)

① 시장·군수·구청장은 제23조제1항에 따라 유해야생동물의 포획허가를 받은 자가 다음 각 호의 어느 하나에 해당하는 경우에는 그 허가를 취소할 수 있다. 다만, 제1호에 해당하는 경우에는 그 허가를 취소하여야 한다.〈개정 2013. 3. 22., 2024. 1. 23.〉

1. 거짓이나 그 밖의 부정한 방법으로 허가를 받은 경우

2. 제23조제5항에 따른 신고를 하지 아니한 경우

3. 유해야생동물을 포획할 때 제23조제6항에 따라 환경부령으로 정하는 허가의 기준, 안전수칙, 포획 방법 등을 위반한 경우

② 제1항에 따라 허가가 취소된 자는 취소된 날부터 7일 이내에 허가증을 시장·군수·구청장에게 반납하여야 한다.

[본조신설 2011. 7. 28.]

제23조의3(유해야생동물의 관리)

① 환경부장관 및 지방자치단체의 장은 유해야생동물로 인하여 발생할 수 있는 인명, 재산, 시설물 등의 피해를 최소화하기 위하여 번식지 및 서식지 관리, 피해 예방시설 설치 등 환경부장관이 정하여 고시하는 방법으로 필요한 조치를 할 수 있다.

② 지방자치단체의 장은 조례로 정하는 바에 따라 장소 또는 시기를 정하여 **유해야생동물에게 먹이를 주는 행위를 금지하거나 제한할 수 있다.**

③ 환경부장관은 유해야생동물의 관리를 위하여 필요하면 관계 중앙행정기관의 장 또는 지방자치단체의 장에게 피해예방활동이나 질병예방활동, 수확기 피해방지단 또는 인접 시·군·구 공동 **수확기 피해방지단 구성·운영 등 적절한 조치를 하도록 요청할 수 있다.**

④ 제3항에 따른 수확기 피해방지단의 구성방법, 운영시기, 대상동물 등에 필요한 사항은 환경부령으로 정한다.

[본조신설 2024. 1. 23.]

제24조(야생화된 동물의 관리)

① **환경부장관은 버려지거나 달아나 야생화(野生化)된 가축이나 반려동물로 인하여 야생동물의 질병 감염이나 생물다양성의 감소 등 생태계 교란이 발생하거나 발생할 우려가 있으면** 관계 중앙행정기관의 장과 협의하여 그 **가축이나 반려동물을 야생화된 동물로 지정·고시하고 필요한 조치를 할 수 있다.**〈개정 2021. 5. 18.〉

② 환경부장관은 야생화된 동물로 인한 생태계의 교란을 방지하기 위하여 필요하면 관계 중앙행정기관의 장 또는 지방자치단체의 장에게 **야생화된 동물의 포획 등 적절한 조치를 하도록 요청할 수 있다.**

[전문개정 2011. 7. 28.]

제25조 삭제〈2012. 2. 1.〉

제25조의2 삭제〈2012. 2. 1.〉

제26조(시 · 도보호 야생생물의 지정)

① 시 · 도지사는 **관할구역에서** 그 수가 감소하는 등 **멸종위기 야생생물에 준하여 보호가 필요하다고 인정되는 야생생물**을 해당 특별시 · 광역시 · 특별자치시 · 도 · 특별자치도(이하 "시 · 도"라 한다)의 조례로 정하는 바에 따라 **시 · 도보호 야생생물로 지정 · 고시할 수 있다.**〈개정 2014. 3. 24.〉

② 시 · 도지사는 해당 시 · 도의 조례로 정하는 바에 따라 시 · 도보호 야생생물의 포획 · 채취 금지 등 야생생물의 보호를 위하여 필요한 조치를 할 수 있다.

[전문개정 2011. 7. 28.]

제4절 야생생물 특별보호구역 등의 지정 · 관리〈개정 2011. 7. 28.〉

제27조(야생생물 특별보호구역의 지정)

① **환경부장관은 멸종위기 야생생물의 보호 및 번식을 위하여 특별히 보전할 필요가 있는 지역**을 토지소유자 등 이해관계인과 지방자치단체의 장의 의견을 듣고 관계 중앙행정기관의 장과 협의하여 **야생생물 특별보호구역(이하 "특별보호구역"이라 한다)으로 지정할 수 있다.**

② 환경부장관은 특별보호구역이 군사 목적상, 천재지변 또는 그 밖의 사유로 **특별보호구역으로서의 가치를 상실하거나 보전할 필요가 없게 된 경우에는 그 지정을 변경하거나 해제하여야 한다.** 이 경우 제1항의 절차를 준용한다.

③ 환경부장관은 특별보호구역을 지정 · 변경 또는 해제할 때에는 보호구역의 위치, 면적, 지정일시, 그 밖에 필요한 사항을 정하여 고시하여야 한다.

④ 제1항부터 제3항까지에서 규정한 사항 외에 특별보호구역의 지정기준 · 절차 등에 필요한 사항은 환경부령으로 정한다.

[전문개정 2011. 7. 28.]

제28조(특별보호구역에서의 행위 제한)

① **누구든지 특별보호구역에서는 다음 각 호의 어느 하나에 해당하는 훼손행위를 하여서는 아니 된다.** 다만, 「문화유산의 보존 및 활용에 관한 법률」 제2조에 따른 문화유산(보호구역을 포함한다)과 「자연유산의 보존 및 활용에 관한 법률」 제2조에 따른 자연유산(보호구역을 포함한다)에 대하여는 그 법에서 정하는 바에 따른다.〈개정 2023. 3. 21., 2023. 8. 8., 2024. 2. 6.〉

1. 건축물 또는 그 밖의 공작물의 신축·증축(기존 건축 연면적을 2배 이상 증축하는 경우만 해당한다) 및 토지의 형질변경

2. 하천, 호소 등의 구조를 변경하거나 수위 또는 수량에 변동을 가져오는 행위

3. 토석의 채취

4. 그 밖에 야생생물 보호에 유해하다고 인정되는 훼손행위로서 대통령령[9]으로 정하는 행위

② 다음 각 호의 어느 하나에 해당하는 경우에는 제1항을 적용하지 아니한다.〈개정 2020. 5. 26.〉

1. 군사 목적을 위하여 필요한 경우

2. 천재지변 또는 이에 준하는 대통령령으로 정하는 재해가 발생하여 긴급한 조치가 필요한 경우

3. 특별보호구역에서 기존에 하던 영농행위를 지속하기 위하여 필요한 행위 등 대통령령으로 정하는 행위를 하는 경우

4. 그 밖에 환경부장관이 야생생물의 보호에 지장이 없다고 인정하여 고시하는 행위를 하는 경우

③ 누구든지 특별보호구역에서 다음 각 호의 어느 하나에 해당하는 행위를 하여서는 아니된다. 다만, 제2항제1호 및 제2호에 해당하는 경우에는 그러하지 아니하다.〈개정 2013. 6. 4., 2017. 1. 17., 2024. 2. 6.〉

1. 「물환경보전법」 제2조제8호에 따른 특정수질유해물질, 「폐기물관리법」 제2조제1호에 따른 폐기물 또는 「화학물질관리법」 제2조제2호·제2호의2·제2호의3에 따른 인체급성유해성물질, 인체만성유해성물질, 생태유해성물질을 버리는 행위

2. 환경부령으로 정하는 인화물질을 소지하거나 취사 또는 야영을 하는 행위

3. 야생생물의 보호에 관한 안내판 또는 그 밖의 표지물을 더럽히거나 훼손하거나 함부로 이전하는 행위

4. 그 밖에 야생생물의 보호를 위하여 금지하여야 할 행위로서 대통령령[10]으로 정하는 행위

---

9) 야생생물 보호 및 관리에 관한 법률 시행령 [시행 2024. 5. 19.] 제15조(특별보호구역에서 금지되는 훼손행위)
법 제28조제1항제4호에서 "대통령령으로 정하는 행위"란 다음 각 호의 어느 하나에 해당하는 행위를 말한다.
1. 수면(水面)의 매립·간척
2. 불을 놓는 행위

10) 야생생물 보호 및 관리에 관한 법률 시행령[시행 2024. 5. 19.] 제18조(금지행위)
법 제28조제3항제4호에서 "대통령령으로 정하는 행위"란 다음 각 호의 어느 하나에 해당하는 행위를 말한다.
1. 소리·빛·연기·악취 등을 내어 야생동물을 쫓는 행위
2. 야생생물의 둥지·서식지를 훼손하는 행위
3. 풀, 입목(立木)·죽(竹)의 채취 및 벌채. 다만, 특별보호구역에서 그 특별보호구역의 지정 전에 실시하던 영농행위를 지속하기 위하여 필요한 경우 또는 관계 행정기관의 장이 야생생물의 보호 등을 위하여 환경부장관과 협의하여 풀, 입목·죽의 채취 및 벌채를 하는 경우는 제외한다.

2.1 야생생물 보호 및 관리에 관한 법률

④ 환경부장관이나 시·도지사는 멸종위기 야생생물의 보호를 위하여 불가피한 경우에는 제2항제3호에 따른 행위를 제한할 수 있다.

[전문개정 2011. 7. 28.]

제29조(출입 제한)

① 환경부장관이나 시·도지사는 야생생물을 보호하고 멸종을 예방하기 위하여 필요하면 특별보호구역의 전부 또는 일부 지역에 대하여 **일정한 기간 동안 출입을 제한하거나 금지할 수 있다. 다만, 다음 각 호의 어느 하나의 행위를 하기 위하여 출입하는 경우에는 그러하지 아니하며,** 「문화유산의 보존 및 활용에 관한 법률」 제2조에 따른 문화유산(보호구역을 포함한다)과 「자연유산의 보존 및 활용에 관한 법률」 제2조에 따른 자연유산(보호구역을 포함한다)에 대하여는 국가유산청장과 협의하여야 한다.〈개정 2020. 5. 26., 2023. 3. 21., 2023. 8. 8., 2024. 2. 6., 2024. 2. 13.〉

1. **야생생물의 보호를 위하여 필요한 행위로서 환경부령으로 정하는 행위**
2. **군사 목적을 위하여 필요한 행위**
3. **천재지변 또는 이에 준하는 대통령령으로 정하는 재해가 발생하여 긴급한 조치를 하거나 원상 복구에 필요한 조치를 하는 행위**
4. **특별보호구역에서 기존에 하던 영농행위를 지속하기 위하여 필요한 행위 등 대통령령으로 정하는 행위**
5. **그 밖에 야생생물의 보호에 지장이 없는 것으로서 환경부령으로 정하는 행위**

② 환경부장관이나 시·도지사는 제1항에 따라 출입을 제한하거나 금지하려면 해당 지역의 위치, 면적, 기간, 출입방법, 그 밖에 환경부령으로 정하는 사항을 고시하여야 한다.

③ 환경부장관이나 시·도지사는 제1항에 따라 출입을 제한하거나 금지하게 된 사유가 소멸(消滅)된 경우에는 지체 없이 출입의 제한 또는 금지를 해제하여야 하며, 그 사실을 고시하여야 한다.

[전문개정 2011. 7. 28.]

제30조(중지명령 등)

환경부장관이나 시·도지사는 특별보호구역에서 제28조제1항을 위반하는 행위를 한 사람에

---

4. 가축의 방목
5. 야생동물의 포획 또는 그 알의 채취
6. 동물의 방사(放飼). 다만, 조난된 동물을 구조·치료하여 같은 지역에 방사하는 경우 또는 관계 행정기관의 장이 야생동물의 복원을 위하여 환경부장관과 협의하여 방사하는 경우는 제외한다.

[전문개정 2012. 7. 31.]

게 그 행위의 중지를 명하거나 적절한 기간을 정하여 원상회복을 명할 수 있다. 다만, 원상
회복이 곤란한 경우에는 이에 상응하는 조치를 하도록 명할 수 있다.

[전문개정 2011. 7. 28.]

제31조(특별보호구역 토지 등의 매수)

① **환경부장관은** 효과적인 야생생물의 보호를 위하여 필요하면 특별보호구역, 특별보호구
역으로 지정하려는 지역 또는 그 주변지역의 토지 등을 **그 소유자와 협의하여 매수할
수 있다.**

② 환경부장관은 특별보호구역의 지정으로 손실을 입은 자가 있으면 대통령령으로 정하
는 바에 따라 예산의 범위에서 그 손실을 보상할 수 있다.

③ 제1항에 따른 토지 등의 매수가격은 「공익사업을 위한 토지 등의 취득 및 보상에 관
한 법률」에 따라 산정(算定)한 가액에 따른다.

[전문개정 2011. 7. 28.]

제32조(멸종위기종관리계약의 체결 등)

① 환경부장관이나 시·도지사는 특별보호구역과 인접지역(특별보호구역에 수질오염 등
의 영향을 직접 미칠 수 있는 지역을 말한다. 이하 이 조에서 같다)에서 멸종위기 야
생생물의 보호를 위하여 필요하면 **토지의 소유자·점유자 등과 경작방식의 변경, 화학
물질의 사용 저감(低減) 등 토지의 관리방법 등을 내용으로 하는 계약(이하 "멸종위기종
관리계약"이라 한다)을 체결**하거나 관계 중앙행정기관의 장 또는 지방자치단체의 장에
게 멸종위기종관리계약의 체결을 **권고할 수 있다.**

② 환경부장관, 관계 중앙행정기관의 장 또는 지방자치단체의 장이 멸종위기종관리계약을
체결하는 경우에는 그 계약의 이행으로 인하여 **손실을 입은 자에게 보상을 하여야 한다.**

③ 환경부장관은 인접지역에서 그 지역 주민이 주택 증축 등을 하는 경우에는 「하수도법」
제2조제13호에 따른 개인하수처리시설을 설치하는 비용의 전부 또는 일부를 지원할
수 있다.

④ 환경부장관은 특별보호구역과 인접지역에 대하여 우선적으로 오수, 폐수 및 축산 폐수
를 처리하기 위한 지원방안을 수립하여야 하고, 그 지원에 필요한 조치 및 환경친화적
농업·임업·어업의 육성을 위하여 필요한 조치를 하도록 관계 중앙행정기관의 장에게
요청할 수 있다.

⑤ 멸종위기종관리계약의 체결·보상·해지 및 인접지역에 대한 지원의 종류·절차·방법
등에 필요한 사항은 대통령령으로 정한다.

[전문개정 2011. 7. 28.]

2.1 야생생물 보호 및 관리에 관한 법률

제33조(야생생물 보호구역의 지정 등)

① 시·도지사나 시장·군수·구청장은 **멸종위기 야생생물 등을 보호하기 위하여 특별보호구역에 준하여 보호할 필요가 있는 지역을 야생생물 보호구역(이하 "보호구역"이라 한다)으로 지정할 수 있다.**

② 시·도지사나 시장·군수·구청장은 보호구역을 지정·변경 또는 해제할 때에는 「토지이용규제 기본법」 제8조에 따라 미리 주민의 의견을 들어야 하며, 관계 행정기관의 장과 협의하여야 한다.

③ **시·도지사나 시장·군수·구청장은 보호구역을 지정·변경 또는 해제할 때에는** 환경부령으로 정하는 바에 따라 보호구역의 위치, 면적, 지정일시, 그 밖에 **해당 지방자치단체의 조례로 정하는 사항을 고시하여야 한다.**

④ 시·도지사나 시장·군수·구청장은 제28조부터 제32조까지의 규정에 준하여 해당 지방자치단체의 조례로 정하는 바에 따라 출입 제한 등 보호구역의 보전에 필요한 조치를 할 수 있다.

⑤ 환경부장관이 정하여 고시하는 **야생동물의 번식기에 보호구역에 들어가려는 자는 환경부령으로 정하는 바에 따라 시·도지사나 시장·군수·구청장에게 신고하여야 한다. 다만, 다음 각 호의 어느 하나에 해당하는 경우에는 그러하지 아니하다.**

1. **산불의 진화(鎮火) 및 「자연재해대책법」에 따른 재해의 예방·복구 등을 위한 경우**
2. **군의 업무수행을 위한 경우**
3. **그 밖에 자연환경조사 등 환경부령으로 정하는 경우**

⑥ 시·도지사나 시장·군수·구청장은 제5항 본문에 따른 신고를 받은 경우 그 내용을 검토하여 이 법에 적합하면 신고를 수리하여야 한다.〈신설 2019. 11. 26.〉

[전문개정 2011. 7. 28.]

제34조(보호구역에서의 개발행위 등의 협의)

보호구역에서 다른 법령에 따라 **국가나 지방자치단체가 이용·개발 등의 행위를 하거나 이용·개발 등에 관한 인가·허가 등을 하려면** 소관 행정기관의 장은 보호구역을 관할하는 시·도지사 또는 시장·군수·구청장과 미리 **협의하여야 한다.**

[전문개정 2011. 7. 28.]

제34조의2(보호구역의 관리실태 조사·평가)

환경부장관은 보호구역의 효율적 관리를 위하여 필요하면 보호구역의 지정, 변경 또는 해제의 적정성 등을 조사·평가하고, 해당 지방자치단체의 장에게 개선을 권고할 수 있다.

[본조신설 2011. 7. 28.]

제5절 야생동물 질병관리〈신설 2014. 3. 24.〉

제34조의3(야생동물 질병관리 기본계획의 수립 등)

① **환경부장관은** 야생동물(수산동물은 멸종위기 야생생물로 정한 종 또는 제19조제1항에 따라 포획·채취 금지 야생생물로 정한 종에 한정한다. 이하 이 절에서 같다) **질병의 예방과 확산 방지, 체계적인 관리를 위하여 5년마다 야생동물 질병관리 기본계획을 수립·시행하여야 한다.** 이 경우 환경부장관은 계획 수립 이전에 관계 중앙행정기관의 장과 협의하여야 한다.

② **제1항에 따른 야생동물 질병관리 기본계획에는 다음 각 호의 사항이 포함되어야 한다.**

　1. **야생동물 질병의 예방 및 조기 발견을 위한 신고체계 구축**

　2. **야생동물 질병별 긴급대응 대책의 수립·시행**

　3. **야생동물 질병에 대응하기 위한 국내외의 협력**

　4. **야생동물 질병의 진단, 조사 및 연구**

　5. **야생동물 질병에 관한 정보 및 자료의 수집·분석**

　6. **야생동물 질병의 조사·연구를 위한 전문인력의 양성**

　7. **그 밖에 야생동물 질병의 방역 시책 등에 관한 사항**

③ 환경부장관은 야생동물 질병관리 기본계획의 수립 또는 변경을 위하여 관계 중앙행정기관의 장과 시·도지사에게 그에 필요한 자료 제출을 요청할 수 있다.

④ 환경부장관은 제1항에 따라 수립된 야생동물 질병관리 기본계획을 시·도지사에게 통보하여야 하며, 시·도지사는 야생동물 질병관리 기본계획에 따라 관할구역의 야생동물 질병관리를 위한 세부계획을 수립하여야 한다.

⑤ 제1항부터 제4항까지에서 규정한 사항 외에 야생동물 질병관리 기본계획 및 세부계획의 수립 등에 필요한 사항은 대통령령으로 정한다.

[본조신설 2014. 3. 24.]

제34조의4(야생동물의 질병연구 및 구조·치료 등)

① **환경부장관과 시·도지사는 야생동물의 질병관리를 위하여 야생동물의 질병연구, 조난 당하거나 부상당한 야생동물의 구조·치료, 야생동물 질병관리기술의 개발·보급 등 필요한 조치를 하여야 한다.**〈개정 2019. 11. 26.〉

② 환경부장관 및 시·도지사는 대통령령으로 정하는 바에 따라 야생동물의 질병연구 및 구조·치료시설(이하 "야생동물 치료기관"이라 한다)을 설치·운영하거나 환경부령으로 정하는 바에 따라 관련 기관 또는 단체를 **야생동물 치료기관으로 지정**할 수 있다.〈개

정 2019. 11. 26.〉

③ 환경부장관 및 시·도지사는 제2항에 따라 설치 또는 지정된 야생동물 치료기관에 야생동물의 질병연구 및 구조·치료 활동에 드는 비용의 전부 또는 일부를 지원할 수 있다. 〈개정 2019. 11. 26.〉

④ 제2항에 따른 야생동물 치료기관의 지정기준 및 지정서 발급 등에 관한 사항은 환경부령으로 정한다.

[본조신설 2014. 3. 24.] [제목개정 2019. 11. 26.]

제34조의5(야생동물 치료기관의 지정취소)

① 환경부장관과 시·도지사는 야생동물 치료기관이 다음 각 호의 어느 하나에 해당하는 경우에는 그 지정을 취소할 수 있다. 다만, 제1호에 해당하는 경우에는 지정을 취소하여야 한다.〈개정 2019. 11. 26.〉

1. 거짓이나 그 밖의 부정한 방법으로 지정을 받은 경우

2. 특별한 사유 없이 조난당하거나 부상당한 야생동물의 구조·치료를 **3회 이상 거부**한 경우

3. 제8조를 위반하여 야생동물을 **학대**한 경우

4. 제9조제1항을 위반하여 불법으로 포획·수입 또는 반입한 야생동물, 이를 사용하여 만든 **음식물 또는 가공품**을 그 사실을 알면서 취득(환경부령으로 정하는 야생동물을 사용하여 만든 음식물 또는 추출가공식품을 먹는 행위는 제외한다)·양도·양수·운반·보관하거나 그러한 행위를 알선한 경우

5. 제34조의6제1항을 위반하여 질병에 걸린 것으로 확인되거나 걸렸다고 의심할만한 정황이 있는 야생동물임을 알면서 **신고하지 아니한 경우**

6. 제34조의10제1항을 위반하여 야생동물 **예방접종·격리·이동제한·출입제한 또는 살처분 명령**을 이행하지 아니한 경우

7. 제34조의10제3항을 위반하여 살처분한 야생동물의 **사체를 소각하거나 매몰하지 아니한 경우**

② 제1항에 따라 지정이 취소된 자는 취소된 날부터 7일 이내에 지정서를 환경부장관 또는 시·도지사에게 반납하여야 한다.

[본조신설 2014. 3. 24.]

제34조의6(죽거나 병든 야생동물의 신고)

① 질병에 걸린 것으로 확인되거나 걸렸다고 의심할만한 정황이 있는 야생동물(죽은 야생동물을 포함한다)을 **발견한 사람**은 환경부령으로 정하는 바에 따라 지체 없이 야생동물 질병

에 관한 업무를 수행하는 대통령령으로 정하는 행정기관의 장(이하 "국립야생동물질병관리기관장"이라 한다) 또는 관할 지방자치단체의 장에게 **신고하여야 한다.**〈개정 2019. 11. 26.〉

② 제1항에 따른 신고를 받은 행정기관의 장은 신고자가 요청한 경우에는 **신고자의 신원을 외부에 공개해서는 아니 된다.**

[본조신설 2014. 3. 24.]

제34조의7(질병진단)

① 국립야생동물질병관리기관장은 야생동물의 질병진단을 할 수 있는 시설과 인력을 갖춘 대학, **민간연구소, 야생동물 치료기관** 등을 야생동물 질병진단기관으로 지정할 수 있다.〈개정 2019. 11. 26.〉

② 제34조의6제1항에 따른 신고를 받은 관할 지방자치단체의 장은 국립야생동물질병관리기관장 또는 제1항에 따라 지정된 야생동물 질병진단기관(이하 "야생동물 질병진단기관"이라 한다)의 장에게 해당 야생동물의 질병진단을 의뢰할 수 있다.〈개정 2019. 11. 26.〉

③ **국립야생동물질병관리기관장**은 야생동물 질병의 발생 상황을 파악하기 위하여 다음 각 호의 업무를 수행한다.〈개정 2019. 11. 26.〉

   1. **전국 또는 일정한 지역에서 야생동물의 질병의 예찰(豫察)·진단 및 조사·연구**

   2. **야생동물 치료기관 등 야생동물을 보호·관리하는 시설의 야생동물의 질병진단**

④ 야생동물 질병진단기관의 장은 제2항에 따른 질병진단 결과 **야생동물 질병이 확인된 경우에는** 국립야생동물질병관리기관장과 관할 지방자치단체의 장에게 **알려야 한다.**〈신설 2019. 11. 26.〉

⑤ 국립야생동물질병관리기관장은 제2항 및 제3항에 따른 질병진단 및 조사·연구 결과 야생동물 질병이 확인되거나 제4항에 따른 통지를 받은 경우에는 환경부장관에게 이를 보고하고, 관할 지방자치단체의 장과 다음 각 호의 구분에 따른 관계 행정기관의 장에게 알려야 한다.〈개정 2019. 11. 26., 2020. 8. 11.〉

   1. 야생동물 질병이 「가축전염병 예방법」 제2조제2호에 따른 **가축전염병에 해당하는 경우: 농림축산식품부장관**

   2. 야생동물 질병이 「수산생물질병 관리법」 제2조제6호에 따른 **수산동물전염병에 해당하는 경우: 해양수산부장관**

   3. 야생동물 질병이 「감염병의 예방 및 관리에 관한 법률」 제2조제11호에 따른 **인수공통감염병[11])에 해당하는 경우: 질병관리청장**

[11) 질병관리청장이 지정하는 감염병의 종류 고시[시행 2024. 1. 1.] [질병관리청고시 제2024-1호, 2024. 1. 1., 일부개정]

   7.「감염병의 예방 및 관리에 관한 법률」 제2조제11호에 따른 인수공통감염병의 종류는 다음 각 목과 같다.

⑥ 야생동물의 질병진단 요령, 야생동물 질병의 병원체 보존·관리, 시료(試料)의 포장·운송 및 취급처리 등에 필요한 사항은 국립야생동물질병관리기관장이 정하여 고시한다. 〈개정 2019. 11. 26.〉

⑦ 국립야생동물질병관리기관장은 야생동물 질병진단기관이 다음 각 호의 어느 하나에 해당하는 경우에는 그 지정을 취소할 수 있다. 다만, 제1호에 해당하는 경우에는 그 지정을 취소하여야 한다.〈신설 2019. 11. 26.〉

1. 거짓이나 그 밖의 부정한 방법으로 지정받은 경우
2. 제1항에 따른 지정기준을 충족하지 못하게 된 경우
3. 제4항을 위반하여 야생동물 질병이 확인된 사실을 알면서도 알리지 아니한 경우
4. 제6항에 따라 야생동물의 질병진단 요령 등에 필요한 사항으로서 국립야생동물질병 관리기관장이 정하여 고시한 사항을 따르지 아니한 경우

⑧ 제1항에 따른 야생동물 질병진단기관의 지정기준, 지정절차 및 지정방법 등에 관한 사항은 환경부령으로 정한다.〈개정 2019. 11. 26.〉

[본조신설 2014. 3. 24.]

제34조의8(야생동물 질병의 발생 현황 공개)

① 환경부장관 및 시·도지사는 **야생동물 질병을 예방하고 그 확산을 방지하기 위하여 야생동물 질병의 발생 현황을 공개하여야 한다.**

② 제1항에 따른 공개의 대상, 내용, 절차 및 방법 등은 환경부령으로 정한다.

[본조신설 2014. 3. 24.]

제34조의9(역학조사)

① 국립야생동물질병관리기관장과 시·도지사는 다음 각 호의 어느 하나에 해당하는 경우 원인규명 등을 위한 **역학조사(疫學調査)를 할 수 있다.**〈개정 2019. 11. 26.〉

1. **야생동물 질병이 발생하였거나 발생할 우려가 있다고 인정한 경우**
2. **야생동물에 질병 예방 접종을 한 후 이상반응 사례가 발생한 경우**
3. **시·도지사(국립야생동물질병관리기관장에게 요청하는 경우에 한정한다) 또는 관계**

가. 장출혈성대장균감염증
나. 일본뇌염
다. 브루셀라증
라. 탄저
마. 공수병

바. 동물인플루엔자 인체감염증
사. 중증급성호흡기증후군(SARS)
아. 변종크로이츠펠트-야콥병
　　(vCJD)
자. 큐열
차. 결핵

카. 중증열성혈소판감소증후군
　　(SFTS)
타. 장관감염증
1) 살모넬라균 감염증
2) 캄필로박터균 감염증

　　중앙행정기관의 장이 요청하는 경우

② 누구든지 국립야생동물질병관리기관장 또는 시·도지사가 제1항에 따른 역학조사를 하는 경우 정당한 사유 없이 이를 **거부 또는 방해하거나 회피해서는 아니 된다.**〈개정 2019. 11. 26.〉

③ 제1항에 따른 역학조사의 시기 및 방법 등에 관하여 필요한 사항은 환경부령으로 정한다.

[본조신설 2014. 3. 24.]

제34조의10(예방접종·격리·출입제한·살처분 및 사체의 처분 제한 등)

① **환경부장관과 시·도지사는 야생동물 질병이 확산되는 것을 방지하기 위하여 필요하다고 인정되는 경우**에는 환경부령으로 정하는 바에 따라 야생동물 치료기관 등 야생동물을 보호·관리하는 기관 또는 단체에 다음 각 호의 일부 또는 전부의 조치를 **명하여야 한다.**〈개정 2019. 11. 26.〉

　1. **야생동물에 대한 예방접종, 격리 또는 이동제한**

　2. **관람객 등 외부인의 출입제한**

　3. **야생동물의 살처분**

② 환경부장관과 시·도지사는 다음 각 호의 어느 하나에 해당하는 경우에는 환경부령으로 정하는 관계 공무원으로 하여금 지체 없이 해당 야생동물을 살처분하게 하여야 한다.〈신설 2019. 11. 26.〉

　1. 야생동물 치료기관 등 야생동물을 보호·관리하는 기관 또는 단체가 제1항제3호에 따른 **살처분 명령을 이행하지 아니하는 경우**

　2. 야생동물 질병이 확산되는 것을 방지하기 위하여 **긴급히 살처분하여야 하는 경우**로서 환경부령으로 정하는 경우

③ 제1항 및 제2항에 따라 살처분한 야생동물의 사체는 환경부령으로 정하는 바에 따라 **지체 없이 소각하거나 매몰하여야 한다.**〈개정 2019. 11. 26.〉

④ 제3항에 따라 야생동물을 소각하거나 매몰하려는 경우에는 환경부령으로 정하는 바에 따라 주변 환경의 오염방지를 위하여 필요한 조치를 이행하여야 한다.〈개정 2019. 11. 26.〉

⑤ 제3항에 따라 소각하거나 매몰한 야생동물을 **다른 장소로 옮기려는 경우에는 환경부장관 또는 관할 시·도지사의 허가를 받아야 한다.**〈개정 2019. 11. 26.〉

⑥ 제1항 및 제2항에 따른 살처분의 대상, 내용, 절차 및 방법 등에 관한 사항은 환경부령으로 정한다.〈개정 2019. 11. 26.〉

[본조신설 2014. 3. 24.]

[제목개정 2019. 11. 26.]

제34조의11(발굴의 금지)

① 제34조의10제3항에 따라 **야생동물의 사체를 매몰한 토지는 3년 이내에 발굴하여서는 아니 된다.** 다만, 제34조의10제5항에 따라 환경부장관 또는 관할 시·도지사의 허가를 받은 경우에는 그러하지 아니하다.〈개정 2019. 11. 26.〉

② 시·도지사는 제1항에 따라 **발굴이 금지된 토지에 환경부령으로 정하는 표지판을 설치하여야 한다.**

[본조신설 2014. 3. 24.]

제34조의12(서식지의 야생동물 질병 관리)

① 환경부장관과 시·도지사는 야생동물 질병이 확산되는 것을 방지하기 위하여 환경부령으로 정하는 바에 따라 야생동물 서식지 등을 대상으로 다음 각 호의 조치를 할 수 있다.

1. 야생동물 질병의 발생 여부, 확산정도를 파악하기 위한 예찰
2. 야생동물 질병의 발생지·이동경로 등에 대한 출입통제, 소독 등 확산 방지
3. 야생동물 질병에 감염되었거나 감염된 것으로 의심되는 야생동물의 포획 또는 살처분
4. 그 밖에 환경부장관이 야생동물 질병의 예방과 확산방지를 위하여 필요하다고 인정하는 조치

② 시·도지사는 제1항에 따른 조치를 하였을 때에는 환경부령으로 정하는 바에 따라 환경부장관에게 보고하고 국립야생동물질병관리기관장 및 관계 시·도지사에게 알려야 한다.

[본조신설 2019. 11. 26.]

제6절 야생동물의 검역〈신설 2021. 5. 18.〉

제34조의13(야생동물검역관의 자격 및 권한)

① 이 법에서 규정한 수입 야생동물(「수산생물질병 관리법」 제2조제2호에 따른 수산동물은 제외한다. 이하 이 절에서 같다)의 검역에 관한 사무를 수행하기 위하여 대통령령으로 정하는 국가기관(이하 "야생동물검역기관"이라 한다)에 **야생동물검역관을 둔다.**

② 제1항에 따른 야생동물검역관(이하 "야생동물검역관"이라 한다)은 수의사로서 환경부령으로 정하는 바에 따라 야생동물의 검역에 관한 **교육을 받은 사람이어야 한다.**

③ 야생동물검역기관의 장은 환경부령으로 정하는 **교육과정을 마친 사람을 야생동물검역사로 위촉**하여 야생동물검역관의 업무를 보조하게 할 수 있다. 이 경우 야생동물검역

사의 자격과 수당 등에 관하여 필요한 사항은 환경부령으로 정한다.

④ 야생동물검역관은 검역을 위하여 필요하다고 인정되는 때에는 제34조의14에 따른 지정검역물을 적재한 선박·항공기·자동차·열차, 보세구역(「관세법」 제154조에 따른 보세구역을 말한다. 이하 같다) 및 그 밖의 **필요한 장소에 출입하여 소독 등 필요한 조치를 할 수 있다.**

⑤ 야생동물검역관은 제34조의14에 따른 **지정검역물**과 그 **용기·포장 및 그 밖에 여행자 휴대품 등** 검역에 필요하다고 인정되는 물건(이하 "지정검역물등"이라 한다)을 검사하거나 **관계자에게 질문을 할 수 있으며, 검사에 필요한 최소량의 지정검역물등을 무상으로 수거할 수 있다.** 이 경우 필요하다고 인정하면 지정검역물등에 대하여 소독 등 필요한 조치를 할 수 있다.

⑥ 야생동물검역관이 제4항 또는 제5항에 따라 출입, 검사, 질문, 수거 및 소독 등을 하는 경우 그 권한을 표시하는 증표를 지니고 이를 관계인에게 내보여야 한다.

⑦ 누구든지 정당한 사유 없이 제4항 또는 제5항에 따른 출입, 검사, 질문, 수거 및 소독 등 필요한 조치를 거부 또는 방해하거나 회피하여서는 아니 된다.

[본조신설 2021. 5. 18.]

제34조의14(지정검역물)

제34조의18에 따른 수입검역 대상이 되는 **야생동물 또는 물건**은 다음 각 호의 어느 하나에 해당하는 것(「수산생물질병 관리법」 제23조에 따른 지정검역물은 제외한다)으로서 환경부령으로 정하는 것(이하 "지정검역물"이라 한다)으로 한다.

1. **야생동물과 그 사체**
2. **뼈·살·가죽·알·털·혈액 등 야생동물의 생산물**(가공되거나 멸균처리된 생산물은 제외한다)**과 그 용기 또는 포장**
3. **야생동물 검역대상질병의 병원체를 퍼뜨릴 우려가 있는 먹이, 기구, 그 밖에 이에 준하는 물건**

[본조신설 2021. 5. 18.]

제34조의15(수입금지)

① **누구든지 다음 각 호의 어느 하나에 해당하는 야생동물 또는 물건을 수입하여서는 아니 된다.** 다만, 시험·연구조사 또는 야생동물 질병의 진료와 예방을 위한 의약품의 제조에 사용하기 위하여 환경부장관의 허가를 받은 야생동물 또는 물건은 그러하지 아니하다.

1. **야생동물 질병의 병원체에 감염된 야생동물**
2. **그 밖에 환경부장관이 야생동물 질병의 매개·전파 방지를 위하여 필요하다고 고시한 것**

2.1 야생생물 보호 및 관리에 관한 법률

② 환경부장관은 제1항 단서에 따라 수입을 허가할 때에는 수입방법과 수입된 야생동물 또는 물건의 사후관리 및 그 밖에 필요한 조건을 붙일 수 있다.

③ 제2항의 허가절차에 필요한 사항은 환경부령으로 정한다.

[본조신설 2021. 5. 18.]

제34조의16(수입금지물건 등에 대한 조치)

① 야생동물검역관은 수입된 지정검역물등이 다음 각 호의 어느 하나에 해당하는 경우에는 그 화물주(대리인을 포함한다. 이하 같다)에게 **반송을 명할 수 있으며**, 반송하는 것이 야생동물 질병의 방역에 지장을 주거나 반송이 불가능하다고 인정되는 경우에는 **소각·매몰 또는 환경부장관이 정하여 고시하는 방역상 안전한 방법(이하 "소각·매몰등"이라 한다)으로 처리할 것을 명할 수 있다.**

1. 제34조의15제1항에 따라 수입이 금지된 야생동물 또는 물건인 경우
2. 제34조의17제1항 본문에 따른 검역증명서를 첨부하지 아니한 경우
3. **부패·변질되었거나 부패·변질될 우려가 있다고 판단되는 경우**
4. **그 밖에** 지정검역물등의 수입으로 인하여 국내 야생동물 질병의 방역에 중대한 위해가 발생할 우려가 있는 경우로서 환경부장관이 정하여 고시한 경우

② 제1항에 따른 명령을 받은 **화물주는** 그 지정검역물등을 **반송 또는 소각·매몰등을 하여야 한다.** 다만, 환경부령으로 정하는 기간까지 명령을 이행하지 아니하는 때에는 야생동물검역관이 직접 소각·매몰등을 할 수 있다.

③ 야생동물검역관은 제1항에도 불구하고 해당 지정검역물등의 화물주가 분명하지 아니하거나 화물주가 있는 곳을 알지 못하여 제1항에 따른 명령을 할 수 없는 경우에는 그 지정검역물등을 직접 소각·매몰등을 할 수 있다.

④ 야생동물검역관은 지정검역물등을 제1항에 따라 처리하게 명하거나 제2항 단서 또는 제3항에 따라 직접 소각·매몰등을 한 때에는 그 사실을 그 지정검역물등의 통관업무를 관장하는 기관의 장에게 통보하여야 한다. 이 경우 방역을 위한 조치가 필요하다고 인정되는 때에는 야생동물검역기관의 장에게도 보고하여야 한다.

⑤ 제2항 또는 제3항에 따라 **반송 또는 소각·매몰등을 하여야 하는 지정검역물등은 야생동물검역관의 지시를 받지 아니하고는 다른 장소로 이동시킬 수 없다.**

⑥ 제2항 또는 제3항에 따라 처리되는 지정검역물등에 대한 보관료와 반송, 소각·매몰등 또는 운반 등에 따른 **비용은 화물주가 부담한다.** 다만, 화물주가 분명하지 아니하거나 화물주가 있는 곳을 알 수 없는 경우 또는 해당 지정검역물등이 소량인 경우로서 야생동물검역관이 부득이하게 처리하는 경우에는 그 비용을 국고에서 부담한다.

[본조신설 2021. 5. 18.]

제34조의17(수입을 위한 검역증명서의 첨부)

① 지정검역물을 수입하려는 자는 **수출국의 정부기관이 발행하는 서류로서 야생동물 검역 대상질병을 확산시킬 우려가 없음을 증명하는 서류(이하 "검역증명서"라 한다)를 첨부하 여야 한다.** 다만, 야생동물 검역을 담당하는 정부기관이 없는 국가로부터 수입하는 등 환경부령으로 정하는 경우에는 그러하지 아니하다.

② 환경부장관은 야생동물 검역대상질병의 방역에 필요하다고 인정되는 경우에는 검역증 명서의 내용에 포함되어야 하는 수출국의 검역내용 및 위생상황 등 위생조건을 따로 정하여 고시할 수 있다.

[본조신설 2021. 5. 18.]

제34조의18(수입검역)

① 지정검역물을 수입하려는 자는 환경부령으로 정하는 바에 따라 야생동물검역기관의 장에게 검역을 신청하고 **야생동물검역관의 검역(이하 "수입검역"이라 한다)을 받아야 한다.** 다만, **여행자 휴대품으로 지정검역물을 수입하는 자는** 입국하는 즉시 환경부령으 로 정하는 바에 따라 해당 공항·항만 등을 관할하는 야생동물검역기관의 장에게 **신고 하고 수입검역을 받아야 한다.**

② 야생동물검역관은 지정검역물 외의 물건이 야생동물 검역대상질병의 병원체에 의하여 오염되었다고 믿을 만한 역학조사 또는 정밀검사 결과가 있는 때에는 지체 없이 수입 검역을 하여야 한다.

③ 야생동물검역관은 수입검역을 효과적으로 수행하기 위하여 필요하다고 인정하는 경우 에는 제1항에 따른 신청·신고 또는 보세구역의 화물관리자의 요청이 없는 때에도 보 세구역에 장치된 지정검역물을 검역할 수 있다.

[본조신설 2021. 5. 18.]

제34조의19(수입장소의 제한)

① **지정검역물은 환경부령으로 정하는 항구, 공항 또는 그 밖의 장소를 통하여 수입하여야 한다.** 다만, 야생동물검역기관의 장이 지정검역물을 수입하는 자의 요청에 따라 수입 장소를 따로 지정하는 경우에는 그러하지 아니하다.

② 제1항 단서에 따른 별도의 수입장소의 지정요청 및 지정방법에 필요한 사항은 환경부 령으로 정한다.

[본조신설 2021. 5. 18.]

제34조의20(수입검역증명서의 발급 등)

야생동물검역관은 수입검역의 결과 **지정검역물이 야생동물 검역대상질병을 확산시킬 우려가 없다고 인정되는 때에는** 환경부령으로 정하는 바에 따라 **수입검역증명서를 발급하여야 한다.** 다만, 제34조의18제2항 또는 제3항에 따라 검역한 경우에는 신청이 있는 때에 한정하여 수입검역증명서를 발급하여야 한다.

[본조신설 2021. 5. 18.]

제34조의21(검역시행장)

① 수입검역은 야생동물검역기관의 검역시행장에서 하여야 한다. 다만, 다음 각 호의 어느 하나에 해당하는 때에는 야생동물검역기관의 장이 **지정하는 검역시행장(이하 "지정검역시행장"이라 한다)에서도 검역을 할 수 있다.**

 1. 수입검역 대상 **야생동물 또는 물건을 야생동물검역기관의 검역시행장에서 검역하는 것이 불가능하거나 부적당하다고 인정된 때**

 2. 국내의 방역상황 등에 비추어 **야생동물 질병의 병원체가 확산될 우려가 없다고 인정된 때**

② 지정검역시행장의 지정 대상·절차, 시설·장비 등의 지정기준 및 관리기준 등에 필요한 사항은 환경부령으로 정한다.

③ 지정검역시행장의 지정을 받으려는 자는 환경부령으로 정하는 바에 따라 **수의사를 별도의 관리인(이하 "검역관리인"이라 한다)으로 선임하여야 한다.**

④ 검역관리인의 임무 등에 관하여 필요한 사항은 대통령령으로 정한다.

⑤ 야생동물검역기관의 장은 지정검역시행장이 다음 각 호의 어느 하나에 해당하는 때에는 지정검역시행장의 지정을 받은 자에게 시정을 명할 수 있다.

 1. 제2항에 따른 지정검역시행장의 시설·장비 등의 지정기준에 미달하거나 관리기준을 지키지 아니한 때

 2. 검역관리인을 선임하지 아니한 때

⑥ 야생동물검역기관의 장은 지정검역시행장의 지정을 받은 자가 다음 각 호의 어느 하나에 해당하는 경우 그 지정을 취소하거나 6개월 이내의 기간을 정하여 업무의 정지를 명할 수 있다. 다만, 제1호 또는 제3호에 해당하는 경우에는 그 지정을 취소하여야 한다.

 1. 거짓이나 그 밖의 부정한 방법으로 지정검역시행장의 지정을 받은 경우

 2. 제5항에 따른 시정명령을 이행하지 아니한 경우

 3. 부도·폐업 등의 사유로 지정검역시행장을 운영할 수 없는 경우

⑦ 제6항에 따른 행정처분의 기준 및 절차, 그 밖에 필요한 사항은 환경부령으로 정한다.

[본조신설 2021. 5. 18.]

제34조의22(보관관리인 등의 지정 등)

① 야생동물검역기관의 장은 검역시행장(지정검역시행장을 포함한다)의 질서유지와 지정 검역물의 안전관리를 위하여 필요하다고 인정되는 때에는 **보관관리인 또는 운송차량 등을 지정할 수 있다.**

② 다음 각 호의 어느 하나에 해당하는 자는 제1항에 따른 보관관리인이 될 수 없다.

    1.「국가공무원법」제33조 각 호의 어느 하나에 해당하는 사람

    2. 이 법에 따른 보관관리인의 지정이 취소(「국가공무원법」제33조제1호 또는 제2호 에 해당하여 지정이 취소된 경우는 제외한다)된 날부터 3년이 지나지 아니한 사람

③ 야생동물검역기관의 장은 제1항에 따라 지정된 보관관리인이 다음 각 호의 어느 하나 에 해당하는 경우에는 그 지정을 취소할 수 있다. 다만, 제1호부터 제3호까지의 규정 중 어느 하나에 해당하는 경우에는 그 지정을 취소하여야 한다.

    1. 거짓이나 그 밖의 부정한 방법으로 보관관리인 지정을 받은 경우

    2. 제2항 각 호의 어느 하나에 해당하게 된 경우

    3. 제5항을 위반하여 지정검역물의 관리에 필요한 비용을 징수한 경우

    4. 제7항에 따른 보관관리 기준을 위반한 경우

④ 야생동물검역기관의 장은 제1항에 따라 **지정된 운송차량이 다음 각 호의 어느 하나에 해당하는 경우에는 그 지정을 취소할 수 있다.** 다만, 제1호부터 제3호까지의 어느 하나 에 해당하는 경우에는 그 지정을 취소하여야 한다.

    1. 해당 운송차량의 소유자에 대하여 「화물자동차 운수사업법」제19조에 따라 화물자 동차 운송사업의 허가가 취소된 경우

    2. 해당 운송차량의 소유자에 대하여 「관세법」제224조에 따라 보세운송업자의 등록 이 취소된 경우

    3. 「자동차관리법」제13조에 따라 자동차등록이 말소된 경우

    4. 제6항에 따른 운송차량 소독 명령을 위반한 경우

    5. 제7항에 따른 지정검역물의 운송차량 설비기준을 갖추지 아니한 경우

⑤ 제1항에 따른 보관관리인은 지정검역물을 관리하는 데 필요한 비용을 화물주로부터 징수할 수 있다. 이 경우 징수금액에 대하여 야생동물검역기관의 장의 승인을 미리 받 아야 한다.

⑥ 야생동물검역기관의 장은 검역을 위하여 필요하다고 인정할 경우에는 지정검역물의 화물주나 운송업자에게 지정검역물이나 지정된 운송차량에 대하여 지정검역물 화물주 의 부담으로 환경부령으로 정하는 바에 따라 소독을 명할 수 있다.

⑦ 야생동물검역기관의 장은 환경부령으로 정하는 바에 따라 지정검역물의 운송(운송차 량의 설비기준을 포함한다) · 입출고 및 보관관리 등에 필요한 기준을 정할 수 있다.

[본조신설 2021. 5. 18.]

제34조의23(불합격품 등의 처분)

① 야생동물검역관은 수입검역을 하는 중에 다음 각 호의 어느 하나에 해당하는 지정검역물등을 발견한 경우에는 그 물건의 전부 또는 일부에 대하여 **화물주로 하여금 반송 또는 소각·매몰등을 하도록 명할 수 있다.**

    1. 제34조의17제2항에 따른 위생조건을 준수하지 아니한 것

    2. 야생동물 검역대상질병의 병원체에 의하여 오염되었거나 오염되었을 것으로 인정되는 것

    3. 유독·유해물질이 들어있거나 들어있을 것으로 인정되는 것

    4. 부패 또는 변질된 것으로서 공중위생상 위해가 발생할 것으로 인정되는 것

② 제1항에 따른 명령을 받은 화물주는 그 지정검역물등을 반송 또는 소각·매몰등을 하여야 한다. 다만, 화물주가 환경부령으로 정하는 기간까지 명령을 이행하지 아니하는 때에는 야생동물검역관이 직접 소각·매몰등을 할 수 있다.

③ 야생동물검역기관의 장은 제1항에 따라 지정검역물등을 처리하도록 명하거나 제2항 단서에 따라 직접 소각·매몰등을 한 때에는 그 사실을 그 지정검역물등의 통관 업무를 관장하는 기관의 장에게 통보하여야 한다.

④ 제2항에 따라 불합격된 지정검역물등을 처리하는 데 사용되는 비용에 관하여는 제34조의16제6항을 준용한다.

[본조신설 2021. 5. 18.]

제7절 곰 사육 금지〈신설 2024. 1. 23.〉

제34조의24(곰 사육 금지 등)

① **누구든지 사육곰을 소유·사육·증식하여서는 아니 된다.**

② **누구든지 사육곰 및 그 부속물(가공품을 포함한다. 이하 같다)을 양도·양수·운반·보관·섭취하거나 그러한 행위를 알선하여서는 아니 된다.** 다만, 사육곰을 보호시설 등으로 이송하기 위하여 양도·양수·운반·보관하는 경우에는 그러하지 아니하다.

③ 누구든지 제16조제3항 단서에 따라 관람 또는 학술 연구 목적으로 용도변경한 곰을 환경부령으로 정하는 시설 외에서 사육하여서는 아니 된다.

[본조신설 2024. 1. 23.]

제34조의25(사육곰 안전사고의 조치)

① 사육곰 탈출 등 안전사고가 발생한 경우 곰 사육농가는 즉시 관할 지방자치단체나 지방환경관서, 소방관서, 경찰관서 중 어느 한 곳 이상의 행정기관에 신고하여야 하고 사육곰 수색 및 포획 등 사고 수습을 위하여 필요한 조치를 하여야 한다. 이 경우 신고를 받은 행정기관은 사육농가에게 사고 수습을 위하여 필요한 조치를 하였는지 확인하거나 지시하고, 지방자치단체 외의 행정기관은 신고 사실을 관할 지방자치단체에 통지하여야 한다.

② 제1항에 따라 신고 또는 통지를 받은 지방자치단체는 즉시 인근 주민에게 사육곰 탈출 사실 및 안전대책에 관한 사항을 알려야 한다.

③ 곰 사육농가가 제1항에 따른 사고 수습을 위하여 필요한 조치를 하지 아니할 경우 국가 또는 지방자치단체는 「행정대집행법」에 따라 대집행하고 그 비용을 곰 사육농가에게 징수할 수 있다.

[본조신설 2024. 1. 23.]

제34조의26(사육곰의 인도적인 처리)

곰 사육농가는 사육곰에게 질병 등 다음 각 호의 사유가 있는 경우에는 수의사에 의하여 인도적인 방법으로 처리하여야 한다.

1. **사육곰이** 질병 또는 상해 등으로 인하여 지속적으로 고통을 받으며 살아야 할 것으로 수의사가 진단한 경우
2. **사육곰이** 다른 동물에게 질병을 옮기거나 위해를 끼칠 우려가 있는 것으로 수의사가 진단한 경우
3. 제34조의24제1항에 따른 곰 사육이 금지되기 전에 사육 중인 곰을 제16조제3항 단서에 따라 용도를 변경하여 가공품의 재료로 사용하려는 경우

[본조신설 2024. 1. 23.]

제34조의27(사육곰 보호시설의 설치·운영)

① 국가 또는 지방자치단체는 사육이 포기되거나 몰수된 사육곰을 보호하기 위하여 사육곰 보호시설을 설치·운영할 수 있다. 이 경우 사육곰 보호시설을 설치·운영하는 국가 또는 지방자치단체는 환경부령으로 정하는 공공기관(「공공기관의 운영에 관한 법률」 제4조에 따라 지정된 공공기관을 말한다. 이하 같다) 또는 **법인·단체에 보호시설의 운영을 위탁할 수 있다.**

② 국가 또는 지방자치단체 외의 자가 **사육곰 보호시설을 설치·운영하려면 환경부장관에게 등록하여야 한다.**

③ 제1항 및 제2항에 따라 보호시설을 설치·운영하는 자는 지역주민과 상생협력할 수 있도록 노력하여야 한다.

④ 제2항에 따른 등록의 절차 등에 관하여 필요한 사항은 환경부령으로 정한다.

[본조신설 2024. 1. 23.]

제34조의28(곰 사육 금지를 위한 재정 지원)

① 국가 또는 지방자치단체는 제34조의27제1항에 따라 **사육곰 보호시설을 위탁받아 운영하는 공공기관·법인·단체에 그 비용의 전부 또는 일부를 지원할 수 있다.**

② 국가 또는 지방자치단체는 곰 사육을 포기한 농가를 대상으로 보호시설 이송 전까지 사육곰의 보호·관리를 위한 비용을 예산의 범위에서 지원할 수 있다.

[본조신설 2024. 1. 23.]

제3장 생물자원의 보전

제35조(생물자원 보전시설의 등록)[12]

① **생물자원 보전시설을 설치·운영하려는 자**는 환경부령으로 정하는 바에 따라 시설과 요건을 갖추어 **환경부장관이나 시·도지사에게 등록할 수 있다.** 다만, 「수목원 조성 및 진흥에 관한 법률」 제9조에 따라 등록한 수목원은 이 법에 따라 생물자원 보전시설로 등록한 것으로 본다.〈개정 2011. 7. 28.〉

② 제1항에 따라 생물자원 보전시설을 등록한 자는 등록한 사항 중 환경부령으로 정하는 사항을 변경하려면 등록한 환경부장관 또는 시·도지사에게 변경등록을 하여야 한다. 〈개정 2011. 7. 28.〉

③ 제1항에 따른 등록증의 교부 등에 관한 사항은 환경부령으로 정한다.〈신설 2011. 7. 28.〉

[제목개정 2011. 7. 28.]

제36조(등록취소)

① 환경부장관이나 시·도지사는 제35조제1항에 따라 생물자원 보전시설을 등록한 자가 다음 각 호의 어느 하나에 해당하는 경우에는 그 등록을 취소할 수 있다. 다만, 제1호에 해당하는 경우에는 그 등록을 취소하여야 한다.

1. 거짓이나 그 밖의 부정한 방법으로 등록한 경우

---

12) 생물자원보전시설 등록현황(21.7월 기준) - 21개소(환경부 https: //www.me.go.kr)

2. 제35조제1항에 따라 환경부령으로 정하는 시설과 요건을 갖추지 못한 경우

② 제1항에 따라 등록이 취소된 자는 취소된 날부터 7일 이내에 등록증을 환경부장관이나 시·도지사에게 반납하여야 한다.

[전문개정 2011. 7. 28.]

제37조(생물자원 보전시설에 대한 지원)

① 환경부장관은 야생생물 등 생물자원의 효율적인 보전을 위하여 필요하면 제35조에 따라 등록된 생물자원 보전시설에서 **멸종위기 야생생물 등을 보전하게 하고**, 예산의 범위에서 그 비용의 전부 또는 일부를 지원할 수 있다.

② 환경부장관은 지방자치단체의 장이 야생생물 등 **생물자원의 효율적 보전 또는** 전시·교육을 위하여 설치하는 생물자원 보전시설(「수목원 조성 및 진흥에 관한 법률」 제4조에 따른 수목원은 제외한다)에 대하여 예산의 범위에서 그 비용의 전부 또는 일부를 지원할 수 있다.

[전문개정 2011. 7. 28.]

제38조(생물자원 보전시설 간 정보교환체계)

환경부장관은 생물자원에 관한 정보의 효율적인 관리 및 이용과 생물자원 보전시설 간의 협력을 도모하기 위하여 다음 각 호의 기능을 내용으로 하는 정보교환체계를 구축하여야 한다.

1. 전산정보체계를 통한 정보 및 자료의 유통
2. 보유하는 생물자원에 대한 정보 교환
3. 생물자원 보전시설의 과학적인 관리
4. 그 밖에 생물자원 보전시설 간 협력에 관한 사항

[전문개정 2011. 7. 28.]

제39조 삭제〈2019. 11. 26.〉

제40조(박제업자의 등록 등)

① **야생동물 박제품의 제조 또는 판매를 업(業)으로 하려는 자는 시장·군수·구청장에게 등록하여야 한다.** 등록한 사항 중 환경부령으로 정하는 사항을 변경할 때에도 또한 같다.

② 제1항에 따라 등록을 한 자(이하 "박제업자"라 한다)는 **박제품(박제용 야생동물을 포함한다. 이하 같다)의 출처, 종류, 수량 및 거래상대방 등 환경부령으로 정하는 사항을 적은 장부를 갖추어 두어야 한다.**

③ 시장·군수·구청장은 박제업자에게 야생동물의 보호·번식을 위하여 박제품의 신고

등 필요한 명령을 할 수 있다.

④ 제1항에 따른 등록 및 등록증의 발급에 필요한 사항은 환경부령으로 정한다.

⑤ 시장·군수·구청장은 박제업자가 제1항부터 제3항까지의 규정 또는 명령을 위반하였을 때에는 6개월 이내의 범위에서 영업을 정지하거나 등록을 취소할 수 있다.

⑥ 제5항에 따라 등록이 취소된 자는 취소된 날부터 7일 이내에 등록증을 시장·군수·구청장에게 반납하여야 한다.

[전문개정 2011. 7. 28.]

제41조 삭제〈2012. 2. 1.〉

제41조의2 삭제〈2012. 2. 1.〉

제4장 수렵 관리〈개정 2011. 7. 28.〉

제42조(수렵장 설정 등)

① 시장·군수·구청장은 야생동물의 보호와 국민의 건전한 수렵활동을 위하여 대통령령으로 정하는 바에 따라 일정 지역에 수렵을 할 수 있는 장소(이하 "수렵장"이라 한다)를 설정할 수 있다. 다만, 둘 이상의 시·군·구의 관할구역에 걸쳐 수렵장 설정이 필요한 경우에는 대통령령으로 정하는 바에 따라 시·도지사가 설정한다.

② 누구든지 수렵장 외의 장소에서 수렵을 하여서는 아니 된다.

③ 시·도지사 또는 시장·군수·구청장은 수렵장을 설정하려면 미리 토지소유자 등 이해관계인의 의견을 들어야 하고, 수렵장을 설정하였을 때에는 지체 없이 그 사실을 고시하여야 한다.

④ 시·도지사 또는 시장·군수·구청장은 수렵장을 설정한 후 야생동물의 보호를 위하여 필요하면 수렵장의 설정을 해제하거나 변경할 수 있으며, 수렵장의 설정을 해제하거나 변경하였을 때에는 지체 없이 그 사실을 고시하여야 한다.

⑤ 시·도지사 또는 시장·군수·구청장이 제1항에 따라 수렵장을 설정하려면 환경부장관의 승인을 받아야 한다. 수렵장의 설정을 변경하거나 해제하는 경우에도 또한 같다.

⑥ 시·도지사 또는 시장·군수·구청장은 제1항에 따라 **수렵장을 설정하였을 때에는** 환경부령으로 정하는 바에 따라 지역 주민 등이 쉽게 알 수 있도록 **안내판을 설치하는 등 필요한 조치를 하여야 하며**, 수렵으로 인한 **위해의 예방과 이용자의 건전한 수렵활동을 위하여 필요한 시설·설비 등을 갖추어야 하고,** 수렵장 관리규정을 정하여야 한다.〈개정

2015. 2. 3.〉

[전문개정 2011. 7. 28.]

제43조(수렵동물의 지정 등)

① **환경부장관은 수렵장에서 수렵할 수 있는 야생동물(이하 "수렵동물"이라 한다)의 종류를 지정·고시하여야 한다.**

② 환경부장관이나 지방자치단체의 장은 수렵장에서 수렵동물의 보호·번식을 위하여 수렵을 제한하려면 수렵동물을 포획할 수 있는 기간(이하 "수렵기간"이라 한다)과 그 수렵장의 수렵동물 종류·수량, 수렵 도구, 수렵 방법 및 수렵인의 수 등을 정하여 고시하여야 한다.

③ 환경부장관은 수렵동물의 지정 등을 위하여 야생동물의 종류 및 서식밀도 등에 대한 조사를 주기적으로 실시하여야 한다.

[전문개정 2011. 7. 28.]

제44조(수렵면허)

① 수렵장에서 수렵동물을 수렵하려는 사람은 대통령령으로 정하는 바에 따라 그 주소지를 관할하는 시장·군수·구청장으로부터 수렵면허를 받아야 한다.

② **수렵면허의 종류는 다음 각 호와 같다.**

    1. **제1종 수렵면허: 총기를 사용하는 수렵**

    2. **제2종 수렵면허: 총기 외의 수렵 도구를 사용하는 수렵**

③ 제1항에 따라 수렵면허를 받은 사람은 환경부령으로 정하는 바에 따라 **5년마다 수렵면허를 갱신**하여야 한다.

④ 제1항에 따라 수렵면허를 받거나 제3항에 따라 수렵면허를 갱신하려는 사람 또는 제48조제3항에 따라 수렵면허를 재발급받으려는 사람은 환경부령으로 정하는 바에 따라 수수료를 내야 한다.

[전문개정 2011. 7. 28.]

제45조(수렵면허시험 등)

① 수렵면허를 받으려는 사람은 제44조제2항에 따른 수렵면허의 종류별로 수렵에 관한 법령 등 환경부령으로 정하는 사항에 대하여 시·도지사가 실시하는 수렵면허시험에 합격하여야 한다.

② 제1항에 따른 수렵면허시험의 실시방법, 절차, 그 밖에 필요한 사항은 대통령령으로 정한다.

③ 제1항에 따른 수렵면허시험에 응시하려는 사람은 환경부령으로 정하는 바에 따라 수수료를 내야 한다.

[전문개정 2011. 7. 28.]

제46조(결격사유)

다음 각 호의 어느 하나에 해당하는 사람은 수렵면허를 받을 수 없다.〈개정 2018. 10. 16., 2019. 11. 26.〉

1. 미성년자
2. 심신상실자
3. 「정신건강증진 및 정신질환자 복지서비스 지원에 관한 법률」 제3조제1호에 따른 정신질환자
4. 「마약류 관리에 관한 법률」 제2조제1호에 따른 마약류중독자
5. 이 법을 위반하여 금고 이상의 실형을 선고받고 그 집행이 끝나거나(집행이 끝난 것으로 보는 경우를 포함한다) 집행이 면제된 날부터 2년이 지나지 아니한 사람
6. 이 법을 위반하여 금고 이상의 형의 집행유예를 선고받고 그 유예기간 중에 있는 사람
7. 제49조에 따라 수렵면허가 취소(이 조 제1호에 해당하여 면허가 취소된 경우는 제외한다)된 날부터 1년이 지나지 아니한 사람

[전문개정 2011. 7. 28.]

제47조(수렵 강습)

① 수렵면허를 받으려는 사람은 제45조제1항에 따른 수렵면허시험에 합격한 후 환경부령으로 정하는 바에 따라 환경부장관이 지정하는 전문기관(이하 "수렵강습기관"이라 한다)에서 **수렵의 역사·문화, 수렵 시 지켜야 할 안전수칙 등에 관한 강습을 받아야 한다.**
② 제44조제3항에 따라 수렵면허를 **갱신하려는 사람**은 환경부령으로 정하는 바에 따라 수렵강습기관에서 수렵 시 지켜야 할 **안전수칙과 수렵에 관한 법령 및 수렵의 절차 등에 관한 강습**을 받아야 한다.〈신설 2015. 2. 3.〉
③ 수렵강습기관의 장은 제1항 및 제2항에 따른 강습을 받은 사람에게 **강습이수증**을 발급하여야 한다.〈개정 2015. 2. 3.〉
④ 수렵강습기관의 장은 제1항 및 제2항에 따른 수렵 강습을 받으려는 사람에게 환경부령으로 정하는 바에 따라 수강료를 징수할 수 있다.〈개정 2015. 2. 3.〉
⑤ 수렵강습기관의 지정기준 및 지정서 교부 등에 관한 사항은 환경부령으로 정한다.〈개정 2015. 2. 3.〉

[전문개정 2011. 7. 28.]

제47조의2(수렵강습기관의 지정취소)

① 환경부장관은 수렵강습기관이 다음 각 호의 어느 하나에 해당하는 경우에는 그 지정을 취소할 수 있다. 다만, 제1호에 해당하는 경우에는 그 지정을 취소하여야 한다.〈개정 2015. 2. 3.〉

   1. 거짓이나 그 밖의 부정한 방법으로 지정을 받은 경우

   2. 제47조제1항 및 제2항에 따른 수렵 강습을 받지 아니한 사람에게 강습이수증을 발급한 경우

   3. 제47조제5항에 따라 환경부령으로 정하는 지정기준 등의 요건을 갖추지 못한 경우

② 제1항에 따라 지정이 취소된 자는 취소된 날부터 7일 이내에 지정서를 환경부장관에게 반납하여야 한다.

[본조신설 2011. 7. 28.]

제48조(수렵면허증의 발급 등)

① 시장·군수·구청장은 제45조제1항에 따른 수렵면허시험에 합격하고, 제47조제3항에 따른 강습이수증을 발급받은 사람에게 환경부령으로 정하는 바에 따라 수렵면허증을 발급하여야 한다.〈개정 2015. 2. 3.〉

② **수렵면허의 효력은 제1항에 따른 수렵면허증을 본인이나 대리인에게 발급한 때부터 발생하고, 발급받은 수렵면허증은 다른 사람에게 대여하지 못한다.**

③ 제1항에 따른 수렵면허증을 잃어버렸거나 손상되어 못 쓰게 되었을 때에는 환경부령으로 정하는 바에 따라 재발급받아야 한다.

[전문개정 2011. 7. 28.]

제49조(수렵면허의 취소·정지)

① 시장·군수·구청장은 수렵면허를 받은 사람이 다음 각 호의 어느 하나에 해당하는 경우에는 수렵면허를 취소하거나 1년 이내의 범위에서 기간을 정하여 그 수렵면허의 효력을 정지할 수 있다. 다만, 제1호와 제2호에 해당하는 경우에는 그 수렵면허를 취소하여야 한다.〈개정 2014. 3. 24., 2022. 6. 10.〉

   1. 거짓이나 그 밖의 부정한 방법으로 수렵면허를 받은 경우

   2. 수렵면허를 받은 사람이 제46조제1호부터 제6호까지의 어느 하나에 해당하는 경우

   3. 수렵 또는 제23조에 따른 **유해야생동물 포획 중 고의 또는 과실로 다른 사람의 생명·신체 또는 재산에 피해를 준 경우**

4. 수렵 도구를 이용하여 **범죄행위를 한 경우**

5. 제14조제1항 또는 제2항을 위반하여 **멸종위기 야생동물을 포획한 경우**

6. 제19조제1항 또는 제3항을 위반하여 **야생동물을 포획한 경우**

7. 제23조제1항을 위반하여 **유해야생동물을 포획한 경우**

8. 제44조제3항을 위반하여 **수렵면허를 갱신하지 아니한 경우**

9. **제50조제1항을 위반하여 수렵을 한 경우**

10. **제55조 각 호의 어느 하나에 해당하는 장소 또는 시간에 수렵을 한 경우**

② 제1항에 따라 수렵면허의 취소 또는 정지 처분을 받은 사람은 취소 또는 정지 처분을 받은 날부터 7일 이내에 수렵면허증을 시장·군수·구청장에게 반납하여야 한다.

[전문개정 2011. 7. 28.]

제50조(수렵승인 등)

① 수렵장에서 수렵동물을 수렵하려는 사람은 제42조제1항에 따라 수렵장을 설정한 자(이하 "수렵장설정자"라 한다)에게 환경부령으로 정하는 바에 따라 **수렵장 사용료를 납부하고, 수렵승인을 받아야 한다.**

② 제1항에 따라 수렵승인을 받아 수렵한 사람은 환경부령으로 정하는 바에 따라 **수렵한 동물에 수렵동물임을 확인할 수 있는** 표지를 **붙여야 한다.**〈개정 2020. 5. 26.〉

③ 수렵장설정자는 수렵장 사용료 등의 수입을 수렵장 시설의 설치·유지관리와 대통령령으로 정하는 사업에 사용하여야 한다. 다만, **수입금의 100분의 40 이내의 금액을「환경정책기본법」에 따른 환경개선특별회계의 세입 재원으로, 100분의 10 이내의 금액을 「농어촌구조개선 특별회계법」에 따른 임업진흥사업계정의 세입 재원으로 사용할 수 있다.**
〈개정 2014. 3. 11.〉

④ 수렵장설정자는 환경부령으로 정하는 바에 따라 수렵장 운영실적을 환경부장관에게 보고하여야 한다.

[전문개정 2011. 7. 28.]

제51조(수렵보험)

수렵장에서 수렵동물을 수렵하려는 사람은 수렵으로 인하여 **다른 사람의 생명·신체 또는 재산에 피해를 준 경우에** 이를 보상할 수 있도록 **대통령령**[13]으로 정하는 바에 따라 **보험에**

---

13) **야생생물 보호 및 관리에 관한 법률 시행령** [시행 2024. 5. 19.] **제35조(보험 가입)**
　법 제51조에 따라 수렵장에서 야생동물을 수렵하려는 사람이 가입해야 하는 보험은 다음 각 호의 구분에 따른 금액을 보상할 수 있는 보험으로 한다.<개정 2023. 12. 12.>
　1. 수렵 중에 다른 사람을 **사망하게 한 경우**: 1억5천만원 이상

가입하여야 한다.

[전문개정 2011. 7. 28.]

제52조(수렵면허증 휴대의무)

수렵장에서 수렵동물을 수렵하려는 사람은 제48조제1항에 따른 수렵면허증을 지니고 있어야 한다.

[전문개정 2011. 7. 28.]

제53조(수렵장의 위탁관리)

① 수렵장설정자는 수렵동물의 보호·번식과 수렵장의 효율적 운영을 위하여 필요하면 대통령령으로 정하는 요건을 갖춘 자에게 수렵장의 관리·운영을 위탁할 수 있다.

② 수렵장설정자가 제1항에 따라 수렵장의 관리·운영을 위탁할 때에는 대통령령으로 정하는 바에 따라 환경부장관에게 보고하여야 한다.

③ 제1항에 따라 수렵장의 관리·운영을 위탁받은 자는 지역 주민 등이 쉽게 알 수 있도록 안내판을 설치하는 등 필요한 조치를 하여야 하며, 수렵으로 인한 위해의 예방과 이용자의 건전한 수렵활동을 위하여 필요한 시설·설비 등을 갖추어야 하고, 수렵장 관리규정을 정하여 수렵장설정자의 승인을 받아야 하며, 수렵장 운영실적을 수렵장설정자에게 보고하여야 한다.〈개정 2015. 2. 3.〉

④ 제3항에 따른 수렵장의 시설·설비, 수렵장 관리규정 및 수렵장 운영실적의 보고에 필요한 사항은 환경부령으로 정한다.

[전문개정 2011. 7. 28.]

제54조(수렵장의 설정 제한지역)

다음 각 호의 어느 하나에 해당하는 지역은 수렵장으로 설정할 수 없다.〈개정 2023. 3. 21., 2023. 8. 8., 2024. 2. 6.〉

1. **특별보호구역 및 보호구역**
2. 「자연환경보전법」 제12조에 따라 지정된 생태·경관보전지역 및 같은 법 제23조에 따라 지정된 **시·도 생태·경관보전지역**
3. 「습지보전법」 제8조에 따라 지정된 **습지보호지역**

---

2. 수렵 중에 다른 사람을 **부상하게 하거나 다른 사람의 재산에 손해를 입힌 경우**: 3천만원 이상
3. 수렵 중에 다른 사람을 부상하게 하여 그 사람이 부상에 대한 치료를 마친 후 더 이상의 치료효과를 기대할 수 없고 그 증상이 고정된 상태에서 그 부상이 원인이 되는 **신체적 장해가 생긴 경우**: 1억5천만원 이상

2.1 야생생물 보호 및 관리에 관한 법률

4. 「자연공원법」 제2조제1호에 따른 자연공원 및 「도시공원 및 녹지 등에 관한 법률」 제2조제3호에 따른 **도시공원**

5. 「군사기지 및 군사시설 보호법」 제2조제6호에 따른 **군사기지 및 군사시설 보호구역**

6. 「국토의 계획 및 이용에 관한 법률」 제36조에 따른 **도시지역**

7. 「문화유산의 보존 및 활용에 관한 법률」 제2조에 따른 **문화유산**이 있는 장소 및 같은 법 제27조에 따라 지정된 보호구역

7의2. 「자연유산의 보존 및 활용에 관한 법률」 제2조에 따른 **자연유산**이 있는 장소 및 같은 법 제13조에 따라 지정된 보호구역

8. 「관광진흥법」 제52조에 따라 지정된 **관광지등**

9. 「산림문화·휴양에 관한 법률」 제13조에 따른 **자연휴양림**, 「산림자원의 조성 및 관리에 관한 법률」 제19조에 따른 채종림 및 「산림보호법」 제7조제1항제5호에 따른 **산림유전자원보호구역의 산지**

10. 「수목원 조성 및 진흥에 관한 법률」 제4조에 따른 **수목원**

11. **능묘(陵墓), 사찰, 교회의 경내**

12. 그 밖에 야생동물의 보호 등을 위하여 환경부령으로 정하는 장소

[전문개정 2011. 7. 28.]

제55조(수렵 제한)

수렵장에서도 다음 각 호의 어느 하나에 해당하는 장소 또는 시간에는 수렵을 하여서는 아니 된다.〈개정 2014. 1. 14., 2015. 2. 3., 2023. 3. 21., 2023. 8. 8., 2024. 2. 6.〉

1. 시가지, 인가(人家) 부근 **또는 그 밖에 여러 사람이 다니거나 모이는 장소로서 환경부령[14]으로 정하는 장소**

2. 해가 진 후부터 해뜨기 전까지

3. 운행 중인 차량, 선박 및 항공기

4. 「도로법」 제2조제1호에 따른 도로로부터 100미터 이내의 장소. 다만, 도로 쪽을 향하여 수렵을 하는 경우에는 도로로부터 600미터 이내의 장소를 포함한다.

---

[14] **야생생물 보호 및 관리에 관한 법률 시행규칙** [시행 2024. 6. 28.] **제70조(수렵 제한지역 등)**
  ① 법 제55조제1호에서 "환경부령으로 정하는 장소"란 여러 사람이 모이는 행사·집회 장소 또는 광장을 말한다.
  ② 법 제55조제7호에서 "환경부령으로 정하는 장소"란 다음 각 호의 어느 하나에 해당하는 장소를 말한다.
    1. **해안선으로부터 100미터 이내의 장소**(해안 쪽을 향하여 수렵을 하는 경우에는 **해안선으로부터 600미터 이내의 장소를** 포함한다)
    2. **수렵장설정자가** 야생동물 보호 또는 인명·재산·가축·철도차량 및 항공기 등에 대한 피해 발생의 방지를 위하여 필요하다고 인정하는 지역

5. 「문화유산의 보존 및 활용에 관한 법률」 제2조에 따른 문화유산이 있는 장소 및 같은 법 제27조에 따라 지정된 보호구역으로부터 1킬로미터 이내의 장소

5의2. 「자연유산의 보존 및 활용에 관한 법률」 제2조에 따른 자연유산이 있는 장소 및 같은 법 제13조에 따라 지정된 보호구역으로부터 1킬로미터 이내의 장소

6. 울타리가 설치되어 있거나 농작물이 있는 다른 사람의 토지. 다만, 점유자의 승인을 받은 경우는 제외한다.

7. 그 밖에 인명, 가축, 문화재, 건축물, 차량, 철도차량, 선박 또는 항공기에 피해를 줄 우려가 있어 환경부령으로 정하는 장소 및 시간

[전문개정 2011. 7. 28.]

제5장 보칙〈개정 2011. 7. 28.〉

제56조(보고 및 검사 등)

① 환경부장관, 시·도지사 및 국립야생동물질병관리기관장은 필요하면 다음 각 호의 어느 하나에 해당하는 자(시·도지사는 제6호에 해당하는 자에 한정한다)에게 대통령령으로 정하는 바에 따라 보고를 명하거나 자료를 제출하게 할 수 있으며, 관계 공무원으로 하여금 해당 사업자의 사무실, 사업장 등에 출입하여 장부, 서류, 생물(혈액·모근 채취 등을 포함한다) 또는 그 밖의 물건을 검사하거나 관계인에게 질문하게 할 수 있다.〈개정 2013. 7. 16., 2019. 11. 26., 2022. 12. 13.〉

1. 서식지외보전기관의 운영자

2. 제14조제1항 단서에 따라 멸종위기 야생생물의 포획·채취등의 허가를 받은 자

3. 제14조제5항에 따라 멸종위기 야생생물의 보관 사실을 신고한 자

4. 제16조제1항에 따라 국제적 멸종위기종 및 그 가공품의 수출·수입·반출 또는 반입 허가를 받거나 같은 조 제6항에 따라 양도·양수 또는 질병·폐사 등의 신고를 한 자

4의2. 제22조의5제1항에 따라 야생동물 영업 허가를 받은 자

5. 삭제〈2012. 2. 1.〉

6. 제35조제1항에 따라 생물자원 보전시설을 등록한 자

7. 삭제〈2012. 2. 1.〉

8. 제16조의2제1항에 따른 사육시설의 등록을 한 자

9. 이 법을 위반하여 멸종위기 야생생물, 국제적 멸종위기종, 제19조제1항에 따른 포획이 금지된 야생생물의 포획·채취등의 행위를 한 자

② **환경부장관이나 지방자치단체의 장은** 제14조제1항 단서에 따라 멸종위기 야생생물의 포획·채취등의 허가를 받은 자가 불법적 포획·채취를 하였는지, 제52조에 따른 수렵면허증 휴대의무를 이행하였는지 등을 확인하기 위하여 필요하면 소속 공무원으로 하여금 **포획·채취등을 한 멸종위기 야생생물과 수렵면허증의 소지 여부 등을 검사하게 할 수 있다.**

③ 환경부장관이나 관계 행정기관의 장은 제17조 및 제71조에 따른 보호조치, 반송, 몰수 등 필요한 조치를 하기 위하여 소속 공무원으로 하여금 국제적 멸종위기종 및 그 가공품이 있는 장소에 출입하여 그 생물(혈액·모근 채취 등을 포함한다), 관계 서류 또는 그 밖에 필요한 물건을 검사하게 할 수 있다.〈개정 2013. 7. 16.〉

④ 제1항부터 제3항까지의 규정에 따라 출입·검사를 하는 공무원은 그 권한을 나타내는 증표를 지니고 이를 관계인에게 보여주어야 한다.

[전문개정 2011. 7. 28.]

제57조(포상금)

환경부장관이나 지방자치단체의 장은 **다음 각 호의 어느 하나에 해당하는 자를 환경행정관서 또는 수사기관에 발각되기 전에 그 기관에 신고 또는 고발하거나 위반현장에서 직접 체포한 자와 불법포획한 야생동물 등을 신고한 자, 불법 포획 도구를 수거한 자 및** 질병에 걸린 것으로 확인되거나 걸릴 우려가 있는 야생동물(죽은 야생동물을 포함한다)을 신고한 자**에게 대통령령으로 정하는 바에 따라 포상금을 지급할 수 있다.**〈개정 2012. 2. 1., 2014. 3. 24., 2017. 12. 12., 2019. 11. 26., 2021. 5. 18., 2022. 12. 13.〉

1. 제9조제1항을 위반하여 **불법적으로 포획·수입 또는 반입한 야생동물**, 이를 사용하여 만든 **음식물 또는 가공품을 취득·양도·양수·운반·보관하거나 그러한 행위를 알선한 자**

2. **제10조를 위반하여 덫, 창애, 올무 또는 그 밖에 야생동물을 포획할 수 있는 도구를** 제작·판매·소지 또는 보관한 자

3. 제14조제1항을 위반하여 멸종위기 야생생물을 포획·채취등을 한 자

4. 제14조제2항을 위반하여 멸종위기 야생생물의 포획·채취등을 위하여 **폭발물, 덫, 창애, 올무, 함정, 전류 및 그물을 설치 또는 사용하거나 유독물, 농약 및 이와 유사한 물질을 살포하거나 주입한 자**

5. 제16조제1항을 위반하여 **허가 없이 국제적 멸종위기종 및 그 가공품을 수출·수입·반출 또는 반입한 자**

6. 제19조제1항을 위반하여 **야생생물을 포획·채취 또는 죽이거나** 같은 조 제3항을 위반하여 야생생물을 포획·채취하거나 죽이기 위하여 **폭발물, 덫, 창애, 올무, 함정,**

전류 및 그물을 설치 또는 사용하거나 유독물, 농약 및 이와 유사한 물질을 살포하거나 주입한 자

7. 제21조제1항을 위반하여 야생생물 및 그 가공품을 수출·수입·반출 또는 반입한 자

7의2. 제22조의2제1항을 위반하여 지정관리 야생동물을 수입·반입한 자

7의3. 제22조의5제1항을 위반하여 허가 없이 영업을 한 자

7의4. 제22조의8을 위반하여 준수사항을 지키지 아니하고 영업을 한 자

8. 「생물다양성 보전 및 이용에 관한 법률」 제24조제1항을 위반하여 생태계교란 생물을 수입·반입·사육·재배·방사·이식·양도·양수·보관·운반 또는 유통한 자

8의2. 제34조의18제1항을 위반하여 수입검역 없이 지정검역물을 수입한 자

9. 제42조제2항을 위반하여 수렵장 외의 장소에서 수렵한 사람

10. 제43조제1항에 따라 지정·고시된 수렵동물 외의 동물을 수렵한 사람

11. 제43조제2항에 따라 지정·고시된 수렵기간이 아닌 때에 수렵하거나 수렵장에서 수렵을 제한하기 위하여 지정·고시한 사항을 지키지 아니한 사람

12. 제50조제1항을 위반하여 수렵장설정자로부터 수렵승인을 받지 아니하고 수렵한 사람

13. 제55조를 위반하여 수렵 제한사항을 지키지 아니한 사람

14. 이 법을 위반하여 야생동물을 포획할 목적으로 총기와 실탄을 같이 지니고 돌아다니는 사람

15. 제34조의10제1항에 따른 예방접종·격리·이동제한·출입제한 또는 살처분 명령에 따르지 아니한 자

[전문개정 2011. 7. 28.]

제57조의2(보상금 등)

① 국가나 지방자치단체는 다음 각 호의 어느 하나에 해당하는 자에게는 대통령령으로 정하는 바에 따라 보상금을 지급하여야 한다.

1. 제34조의10제1항제1호에 따른 예방접종으로 인하여 죽거나 부상당한 야생동물의 소유자

2. 제34조의10제1항제2호에 따른 출입제한 명령에 따라 손실을 입은 자

3. 제34조의10제1항제3호 및 제2항에 따라 살처분한 야생동물의 소유자

② 국가나 지방자치단체는 제1항에 따라 보상금을 지급할 때 다음 각 호의 어느 하나에 해당하는 자에게는 대통령령으로 정하는 바에 따라 제1항의 보상금의 전부 또는 일부를 감액할 수 있다.

1. 제34조의6제1항을 위반하여 질병에 걸린 것으로 확인되거나 걸렸다고 의심할만한 정황이 있는 야생동물을 발견하고서 신고하지 아니한 자

2. 제34조의9제2항을 위반하여 역학조사를 정당한 사유 없이 거부 또는 방해하거나

회피한 자

3. 제34조의10제1항에 따른 예방접종·격리·이동제한·출입제한 또는 살처분 명령에
   따르지 아니한 자

[본조신설 2019. 11. 26.]

제58조(재정 지원)

국가는 이 법의 목적을 달성하기 위하여 필요하면 예산의 범위에서 다음 각 호의 어느 하나
에 해당하는 사업에 드는 비용의 전부 또는 일부를 지방자치단체나 야생생물을 보호·관리
하는 기관 또는 환경부령으로 정하는 **야생생물 보호단체에 보조**할 수 있다.〈개정 2014. 3. 24.,
2019. 11. 26., 2022. 6. 10., 2022. 12. 13.〉

1. 야생생물의 서식분포 조사
2. 야생생물의 번식·증식·복원 등에 관한 연구 및 생물자원의 효율적 보전을 위한 야
   생생물의 전시·교육
3. 삭제〈2012. 2. 1.〉
4. 야생생물의 불법적 포획·채취등의 방지 및 수렵 관리
4의2. 유기되거나 몰수된 야생동물의 보호 및 관리
5. 야생동물에 의한 피해의 예방 및 보상
6. 야생동물의 질병연구 및 구조·치료
6의2. 역학조사, 예방접종, 살처분 및 사체의 소각·매몰
6의3. 서식지 등에 대한 출입통제, 소독 등 야생동물 질병의 확산을 방지하기 위한 조치
7. 보호구역의 관리
8. 그 밖에 야생생물 보호를 위하여 필요한 사업

[전문개정 2011. 7. 28.]

[제목개정 2014. 3. 24.]

제58조의2(야생생물관리협회)

① 야생생물의 보호·관리를 위한 **다음 각 호의 사업을 하기 위하여 야생생물관리협회**(이
하 "협회"라 한다)를 설립할 수 있다.〈개정 2012. 2. 1.〉

1. **야생동물, 멸종위기식물의 밀렵·밀거래 단속 등 보호업무 지원**
2. **유해야생동물 및 「생물다양성 보전 및 이용에 관한 법률」 제2조제8호에 따른 생태계
   교란 생물의 관리업무 지원**
3. **수렵장 운영 지원 등 수렵 관리**
4. **수렵 강습 등 야생생물 보호·관리에 관한 교육과 홍보**

② 협회는 법인으로 한다.

③ 협회의 회원이 될 수 있는 자는 제44조에 따라 수렵면허를 받은 사람과 야생생물의 보호·관리에 적극 참여하려는 자로 한다.

④ 협회의 사업에 필요한 경비는 회비, 사업수입금 등으로 충당한다.

⑤ 국가나 지방자치단체는 예산의 범위에서 협회에 필요한 경비의 일부를 지원할 수 있다.

⑥ 환경부장관은 협회를 감독하기 위하여 필요하면 그 업무에 관한 사항을 보고하게 하거나 자료의 제출을 명할 수 있으며, 소속 공무원으로 하여금 그 업무를 검사하게 할 수 있다.〈개정 2020. 5. 26.〉

⑦ 협회에 관하여 이 법에 규정되지 아니한 사항은 「민법」 중 사단법인에 관한 규정을 준용한다.

[전문개정 2011. 7. 28.]

제58조의3(수수료)

다음 각 호의 어느 하나에 따른 허가 또는 등록 등을 받으려는 자는 환경부령으로 정하는 수수료를 내야 한다.

1. 제16조제1항에 따른 국제적 멸종위기종의 수출·수입·반출 또는 반입 허가
2. 제16조의2제1항 및 제2항에 따른 국제적 멸종위기종 사육시설의 등록·변경등록 및 변경신고

[본조신설 2013. 7. 16.]

제59조(야생생물 보호원)

① 환경부장관이나 지방자치단체의 장은 멸종위기 야생생물, 「생물다양성 보전 및 이용에 관한 법률」 제2조제8호에 따른 생태계교란 생물, 유해야생동물 등의 보호·관리 및 수렵에 관한 업무를 담당하는 **공무원을 보조**하는 야생생물 보호원을 둘 수 있다.〈개정 2012. 2. 1.〉

② 제1항에 따른 야생생물 보호원의 자격·임명 및 직무 범위에 관하여 필요한 사항은 환경부령으로 정한다.

[전문개정 2011. 7. 28.]

제60조(야생생물 보호원의 결격사유)

다음 각 호의 어느 하나에 해당하는 사람은 야생생물 보호원이 될 수 없다.〈개정 2014. 3. 24.〉

1. 피성년후견인

2. 파산선고를 받고 복권되지 아니한 사람

3. 이 법을 위반하여 금고 이상의 실형을 선고받고 그 집행이 끝나거나(집행이 끝난 것으로 보는 경우를 포함한다) 집행이 면제된 날부터 3년이 지나지 아니한 사람

4. 이 법을 위반하여 금고 이상의 형의 집행유예를 선고받고 그 유예기간 중에 있는 사람

[전문개정 2011. 7. 28.]

제61조(명예 야생생물 보호원)

환경부장관이나 지방자치단체의 장은 **야생생물의 보호와 관련된 단체의 회원 등** 환경부령으로 정하는 사람을 **명예 야생생물 보호원으로 위촉**할 수 있다.

[전문개정 2011. 7. 28.]

제62조(야생생물 보호원 등의 해임 또는 위촉해제)

환경부장관이나 지방자치단체의 장은 제59조제1항에 따른 야생생물 보호원이나 제61조에 따른 명예 야생생물 보호원이 다음 각 호의 어느 하나에 해당할 때에는 **해임 또는 위촉해제할 수 있다.** 다만, 제1호와 제2호에 해당할 때에는 해임 또는 위촉해제하여야 한다.

1. 야생생물 보호원이 **제60조 각 호의 어느 하나에 해당하게 되었을 때**

2. 명예 야생생물 보호원이 제61조에 따른 **단체의 회원 자격을 상실하였을 때**

3. **업무 수행을 게을리하거나 업무 수행능력이 부족할 때**

4. **업무상의 명령을 위반하였을 때**

[전문개정 2011. 7. 28.]

제63조(행정처분의 기준)

제7조의2제1항, 제15조제1항, 제16조의8제2항, 제17조제1항, 제20조제1항, 제22조, 제22조의3, 제22조의9제1항·제2항, 제23조의2제1항, 제34조의5제1항, 제34조의7제7항, 제36조제1항, 제40조제5항, 제47조의2제1항 및 제49조제1항에 따른 행정처분의 기준은 환경부령으로 정한다.〈개정 2012. 2. 1., 2013. 7. 16., 2014. 3. 24., 2019. 11. 26., 2022. 12. 13.〉

[전문개정 2011. 7. 28.]

제63조의2(행정처분 효과의 승계)

이 법에 따라 야생동식물을 보관·관리하는 자가 해당 시설을 양도하거나 사망한 때 또는 법인을 합병한 때에는 종전의 관리자에 대하여 행한 행정처분의 효과는 그 처분기간이 끝난 날부터 1년간 양수인·상속인 또는 합병 후 신설되거나 존속하는 법인에 승계되며, 행정처분의 절차가 진행 중인 때에는 양수인·상속인 또는 합병 후 신설되거나 존속하는 법인에 행정

처분의 절차를 계속 진행할 수 있다. 다만, 양수인 또는 합병 후 신설되거나 존속하는 법인이 그 처분이나 위반의 사실을 양수 또는 합병한 때에 알지 못하였음을 증명하는 경우에는 그러하지 아니하다.

[본조신설 2013. 7. 16.]

제64조(청문)

환경부장관, 시·도지사, 시장·군수·구청장, 국립야생동물질병관리기관장 또는 야생동물검역기관의 장은 제7조의2제1항, 제15조제1항, 제16조의8제1항 및 제2항, 제17조제1항, 제20조제1항, 제22조, 제22조의3, 제22조의9제1항·제2항, 제23조의2제1항, 제34조의5제1항, 제34조의7제7항, 제34조의21제6항, 제34조의22제3항 및 제4항, 제36조제1항, 제40조제5항, 제47조의2제1항 또는 제49조제1항에 따른 지정·승인·허가·등록 또는 면허를 취소하려면 청문을 하여야 한다.〈개정 2012. 2. 1., 2013. 7. 16., 2014. 3. 24., 2019. 11. 26., 2021. 5. 18., 2022. 12. 13.〉

[전문개정 2011. 7. 28.]

제65조(해양자연환경 소관 기관 등)

① **해양수산부장관은 개체수가 현저하게 감소하여 멸종위기에 처한 해양생물을 멸종위기 야생생물로 지정하여 줄 것을 환경부장관에게 요청할 수 있다.** 이 경우 환경부장관은 특별한 사유가 없으면 요청에 따라야 한다.〈개정 2013. 3. 23.〉

② 환경부장관은 해양생물에 대하여 제13조제1항에 따른 중장기 보전대책을 수립하려면 미리 해양수산부장관과 협의하여야 한다.〈개정 2013. 3. 23.〉

③ 제7조 및 제56조 중 해양자연환경에 관한 사항에 대하여는 "환경부장관"을 각각 "해양수산부장관"으로 본다.〈개정 2012. 2. 1., 2013. 3. 23.〉

④ 삭제〈2012. 2. 1.〉

[전문개정 2011. 7. 28.]

제66조(위임 및 위탁)

① 이 법에 따른 환경부장관이나 해양수산부장관의 권한은 대통령령으로 정하는 바에 따라 그 일부를 소속 기관의 장이나 시·도지사에게 위임할 수 있다.〈개정 2013. 3. 23.〉

② 이 법에 따른 시·도지사의 권한은 대통령령으로 정하는 바에 따라 그 일부를 시장·군수·구청장에게 위임할 수 있다.

③ 환경부장관이나 시·도지사는 이 법에 따른 업무의 일부를 대통령령으로 정하는 바에 따라 협회 또는 관계 전문기관에 위탁할 수 있다.

[전문개정 2011. 7. 28.]

제66조의2(벌칙 적용 시의 공무원 의제)

제66조제3항에 따라 위탁받은 업무에 종사하는 협회 또는 관계 전문기관의 임직원은 「형법」
제129조부터 제132조까지의 규정을 적용할 때에는 공무원으로 본다.

[본조신설 2011. 7. 28.]

제6장 벌칙〈개정 2011. 7. 28.〉

제67조(벌칙)

① 다음 각 호의 어느 하나에 해당하는 자는 5년 이하의 징역 또는 500만원 이상 5천만원
이하의 벌금에 처한다.〈개정 2014. 3. 24., 2017. 12. 12., 2024. 1. 23.〉

　1. 제14조제1항을 위반하여 멸종위기 야생생물 Ⅰ급을 포획·채취·훼손하거나 죽인 자

　2. 제34조의24제1항을 위반하여 사육곰을 소유·사육·증식한 자

② 상습적으로 제1항의 죄를 지은 사람은 7년 이하의 징역에 처한다. 이 경우 7천만원 이하
의 벌금을 병과할 수 있다.〈개정 2014. 3. 24.〉

[전문개정 2011. 7. 28.]

제68조(벌칙)

① 다음 각 호의 어느 하나에 해당하는 자는 3년 이하의 징역 또는 300만원 이상 3천만원
이하의 벌금에 처한다.〈개정 2013. 7. 16., 2014. 3. 24., 2017. 12. 12., 2021. 5. 18.〉

　1. 제8조제1항을 위반하여 야생동물을 죽음에 이르게 하는 학대행위를 한 자

　2. 제14조제1항을 위반하여 멸종위기 야생생물 Ⅱ급을 포획·채취·훼손하거나 죽인 자

　3. 제14조제1항을 위반하여 멸종위기 야생생물 Ⅰ급을 가공·유통·보관·수출·수입·반
　　출 또는 반입한 자

　4. 제14조제2항을 위반하여 멸종위기 야생생물의 포획·채취등을 위하여 폭발물, 덫,
　　창애, 올무, 함정, 전류 및 그물을 설치 또는 사용하거나 유독물, 농약 및 이와 유사
　　한 물질을 살포 또는 주입한 자

　5. 제16조제1항을 위반하여 허가 없이 국제적 멸종위기종 및 그 가공품을 수출·수입·
　　반출 또는 반입한 자

　5의2. 제16조제7항 단서를 위반하여 인공증식 허가를 받지 아니하고 국제적 멸종위기
　　종을 증식한 자

　6. 제28조제1항을 위반하여 특별보호구역에서 훼손행위를 한 자

　7. 제16조의2제1항에 따른 사육시설의 등록을 하지 아니하거나 거짓으로 등록을 한 자

8. 제34조의15제1항을 위반하여 **야생동물 또는 물건을 수입한 자**

9. 제34조의16제2항 본문을 위반하여 지정검역물등에 대한 반송 또는 소각·매몰등의 명령을 이행하지 아니한 자

10. 제34조의16제5항을 위반하여 야생동물검역관의 지시를 받지 아니하고 지정검역물을 다른 장소로 이동시킨 자

11. 제34조의17제1항을 위반하여 **검역증명서를 첨부하지 아니하고 지정검역물을 수입한 자**

12. 제34조의18제1항을 위반하여 **수입검역을 받지 아니하거나 거짓 또는 부정한 방법으로 수입검역을 받은 자**

13. 제34조의19제1항을 위반하여 **지정검역물을 수입한 자**

14. 제34조의23제2항 본문을 위반하여 지정검역물등에 대한 반송 또는 소각·매몰등의 명령을 이행하지 아니한 자

② **상습적으로 제1항제1호, 제2호, 제4호 또는 제5호의2의 죄를 지은 사람은 5년 이하의 징역에 처한다. 이 경우 5천만원 이하의 벌금을 병과할 수 있다.**〈개정 2014. 3. 24., 2017. 12. 12., 2022. 6. 10.〉

[전문개정 2011. 7. 28.]

제69조(벌칙)

① **다음 각 호의 어느 하나에 해당하는 자는 2년 이하의 징역 또는 2천만원 이하의 벌금에 처한다.**〈개정 2012. 2. 1., 2013. 7. 16., 2014. 3. 24., 2017. 12. 12., 2022. 12. 13., 2024. 1. 23.〉

1. 제8조제2항을 위반하여 **야생동물에게 고통을 주거나 상해를 입히는 학대행위를 한 자**

2. 제14조제1항을 위반하여 **멸종위기 야생생물 Ⅱ급을 가공·유통·보관·수출·수입· 반출 또는 반입한 자**

3. 제14조제1항을 위반하여 **멸종위기 야생생물을 방사하거나 이식한 자**

4. 제16조제3항을 위반하여 **국제적 멸종위기종 및 그 가공품을 수입 또는 반입 목적 외의 용도로 사용한 자**

5. 제16조제4항을 위반하여 **국제적 멸종위기종 및 그 가공품을 포획·채취·구입하거나 양도·양수, 양도·양수의 알선·중개, 소유, 점유 또는 진열한 자**

6. 제19조제1항을 위반하여 **야생생물을 포획·채취하거나 죽인 자**

7. 제19조제3항을 위반하여 **야생생물을 포획·채취하거나 죽이기 위하여 폭발물, 덫, 창애, 올무, 함정, 전류 및 그물을 설치 또는 사용하거나 유독물, 농약 및 이와 유사한 물질을 살포하거나 주입한 자**

8. 제22조의5제1항을 위반하여 **허가 없이 야생동물 관련 영업을 한 자**

9. 삭제〈2012. 2. 1.〉

10. 제30조에 따른 명령을 위반한 자

10의2. 제34조의24제2항을 위반하여 **사육곰 및 그 부속물을** 양도·양수·운반·보관· 섭취하거나 그러한 행위를 알선한 자

10의3. 제34조의24제3항을 위반하여 제16조제3항 단서에 따라 **관람 또는 학술 연구 목 적으로 용도변경한 곰을 환경부령으로 정하는 시설 외에서 사육한 자**

11. 삭제〈2012. 2. 1.〉

12. 제42조제2항을 위반하여 **수렵장 외의 장소에서 수렵한 사람**

13. 제43조제1항 또는 제2항에 따른 수렵동물 외의 동물을 수렵하거나 수렵기간이 아닌 **때에 수렵한 사람**

14. 제44조제1항을 위반하여 **수렵면허를 받지 아니하고 수렵한 사람**

15. 제50조제1항을 위반하여 수렵장설정자로부터 **수렵승인을 받지 아니하고 수렵한 사람**

16. 제16조의2제2항에 따른 사육시설의 변경등록을 하지 아니하거나 거짓으로 변경등록 **을 한 자**

17. 제8조의3제1항을 위반하여 야생동물 전시행위를 한 자

② 상습적으로 **제1항제1호, 제6호 또는 제7호의 죄를 지은 사람은 3년 이하의 징역에 처한 다. 이 경우 3천만원 이하의 벌금을 병과할 수 있다.**〈개정 2014. 3. 24., 2017. 12. 12.〉

[전문개정 2011. 7. 28.]

제70조(벌칙)

다음 각 호의 어느 하나에 해당하는 자는 1년 이하의 징역 또는 1천만원 이하의 벌금에 처한다.

〈개정 2013. 7. 16., 2014. 3. 24., 2016. 1. 27., 2017. 12. 12., 2019. 11. 26., 2021. 5. 18., 2022. 12. 13.〉

1. 삭제〈2017. 12. 12.〉

2. **제9조제1항을 위반하여 포획·수입 또는 반입한 야생동물, 이를 사용하여 만든 음식물 또는 가공품을 그 사실을 알면서 취득(음식물 또는 추출가공식품을 먹는 행위를 포함 한다)·양도·양수·운반·보관하거나 그러한 행위를 알선한 자**

3. **제10조를 위반하여 덫, 창애, 올무 또는 그 밖에 야생동물을 포획하는 도구를 제작·판 매·소지 또는 보관한 자**

4. 거짓이나 그 밖의 부정한 방법으로 제14조제1항 단서에 따른 포획·채취등의 허가 를 받은 자

5. 거짓이나 그 밖의 부정한 방법으로 제16조제1항 본문에 따른 수출·수입·반출 또 는 반입 허가를 받은 자

5의2. 삭제〈2021. 5. 18.〉

5의3. 제16조의4제1항에 따른 정기 또는 수시 검사를 받지 아니한 자

5의4. 제16조의5에 따른 개선명령을 이행하지 아니한 자

6. **제18조 본문을 위반하여 멸종위기 야생생물 및 국제적 멸종위기종의 멸종 또는 감소를 촉진시키거나 학대를 유발할 수 있는 광고를 한 자**

7. 거짓이나 그 밖의 부정한 방법으로 제19조제1항 단서에 따른 포획·채취 또는 죽이는 허가를 받은 자

8. 제21조제1항을 위반하여 허가 없이 야생생물을 수출·수입·반출 또는 반입한 자

8의2. 제22조의2제1항을 위반하여 지정관리 야생동물을 수입·반입한 자

8의3. 제22조의4제1항을 위반하여 지정관리 야생동물을 양도·양수·보관한 자

8의4. 거짓이나 그 밖의 부정한 방법으로 제23조제1항에 따른 유해야생동물 포획허가를 받은 자

9. 제34조의10제1항에 따른 예방접종·격리·이동제한·출입제한 또는 살처분 명령에 따르지 아니한 자

10. 제34조의10제3항을 위반하여 **살처분한 야생동물의 사체를 소각하거나 매몰하지 아니한 자**

10의2. 거짓이나 그 밖의 부정한 방법으로 제34조의21제1항 각 호 외의 부분 단서에 따른 지정검역시행장의 지정을 받은 자

10의3. 거짓이나 그 밖의 부정한 방법으로 제34조의22제1항에 따른 보관관리인의 지정을 받은 자

11. 제40조제1항을 위반하여 **등록을 하지 아니하고 야생동물의 박제품을 제조하거나 판매한 자**

12. 제43조제2항에 따라 수렵장에서 수렵을 제한하기 위하여 정하여 고시한 사항(수렵기간은 제외한다)을 위반한 사람

13. 거짓이나 그 밖의 부정한 방법으로 제44조제1항에 따른 수렵면허를 받은 사람

14. 제48조제2항을 위반하여 수렵면허증을 대여한 사람

15. 제55조를 위반하여 **수렵 제한사항을 지키지 아니한 사람**

16. 이 법을 위반하여 **야생동물을 포획할 목적으로 총기와 실탄을 같이 지니고 돌아다니는 사람**

[전문개정 2011. 7. 28.]

제71조(몰수)

① 다음 각 호의 어느 하나에 해당하는 **국제적 멸종위기종 및 그 가공품은 몰수한다.**〈개정 2013. 7. 16., 2022. 6. 10., 2022. 12. 13., 2024. 1. 23.〉

1. 제16조를 위반하여 **허가 없이 수입 또는 반입되거나 그 수입 또는 반입 목적 외의 용도로 사용되는 국제적 멸종위기종 및 그 가공품**

2. 제16조를 위반하여 **허가 또는 승인 등을 받지 아니하고 포획·채취·구입되거나 양도·양수, 양도·양수의 알선·중개, 소유·점유 또는 진열되고 있는 국제적 멸종위기종 및 그 가공품**

3. 제16조제7항 단서를 위반하여 **인공증식 허가를 받지 아니하고 증식되거나 인공증식에 사용된 국제적 멸종위기종**

② 다음 각 호의 어느 하나에 해당하는 사육곰 및 그 부속물은 몰수한다.〈신설 2024. 1. 23.〉

1. 제34조의24제1항을 위반하여 소유·사육·증식된 사육곰

2. 제34조의24제2항을 위반하여 양도·양수·운반·보관된 **사육곰 및 그 부속물**

3. 제34조의24제3항을 위반하여 제16조제3항 단서에 따라 관람 또는 학술 연구 목적으로 용도를 변경하였으나 환경부령으로 정하는 시설 외에서 사육된 곰

③ 제22조의5제1항을 위반하여 **허가받지 아니한 자가 수입·생산하거나 판매하려고 보관 중인 야생동물은 몰수할 수 있다.**〈신설 2022. 12. 13., 2024. 1. 23.〉

[전문개정 2011. 7. 28.]

제72조(양벌규정)

법인 또는 단체의 대표자나 법인·단체 또는 개인의 대리인, 사용인, 그 밖의 종업원이 그 법인·단체 또는 개인의 업무에 관하여 제67조제1항, 제68조제1항, 제69조제1항 또는 제70조의 위반행위를 하면 그 행위자를 벌하는 외에 그 법인·단체 또는 개인에게도 해당 조문의 벌금형을 과(科)한다. 다만, 법인·단체 또는 개인이 그 위반행위를 방지하기 위하여 해당 업무에 관하여 상당한 주의와 감독을 게을리하지 아니한 경우에는 그러하지 아니하다.〈개정 2014. 3. 24.〉

[전문개정 2011. 7. 28.]

제73조(과태료)

① 다음 각 호의 어느 하나에 해당하는 자에게는 **1천만원 이하의 과태료**를 부과한다.
〈개정 2011. 7. 28.〉

1. 제26조제2항에 따른 시·도지사의 조치를 위반한 자

2. 제33조제4항에 따른 시·도지사 또는 시장·군수·구청장의 조치를 위반한 자

② 다음 각 호의 어느 하나에 해당하는 자에게는 **200만원 이하의 과태료**를 부과한다.
〈개정 2011. 7. 28., 2013. 3. 22., 2014. 3. 24., 2019. 11. 26., 2021. 5. 18., 2024. 1. 23.〉

1. 제14조제4항을 위반하여 멸종위기 야생생물의 포획·채취등의 결과를 신고하지 아

니한 자

2. 제14조제5항을 위반하여 멸종위기 야생생물 보관 사실을 신고하지 아니한 자

2의2. 제23조제5항을 위반하여 유해야생동물의 포획 결과를 신고하지 아니한 자

3. 제29조제1항에 따른 출입 제한 또는 금지 규정을 위반한 자

4. 제34조의9제2항을 위반하여 역학조사를 정당한 사유 없이 거부 또는 방해하거나 회피한 자

5. 제34조의10제4항을 위반하여 주변 환경의 오염방지를 위하여 필요한 조치를 이행하지 아니한 자

6. 제34조의11제1항을 위반하여 야생동물의 사체를 매몰한 토지를 3년 이내에 발굴한 자

6의2. 제34조의13제7항을 위반하여 야생동물검역관의 질문에 거짓으로 답변하거나 야생동물검역관의 출입, 검사, 수거 및 소독 등 필요한 조치를 거부 또는 방해하거나 회피한 자

7. 제56조제1항부터 제3항까지의 규정에 따른 공무원의 출입·검사·질문을 거부·방해 또는 기피한 자

8. 제34조의25제1항을 위반하여 사육곰 탈출 등 안전사고 발생 시 신고 또는 사고 수습을 위하여 필요한 조치를 하지 아니한 자

9. 제34조의26을 위반하여 수의사에 의하여 인도적인 방법으로 사육곰을 처리하지 아니한 자

③ 다음 각 호의 어느 하나에 해당하는 자에게는 **100만원 이하의 과태료**를 부과한다.〈개정 2011. 7. 28., 2013. 3. 22., 2013. 7. 16., 2014. 3. 24., 2017. 12. 12., 2019. 11. 26., 2020. 5. 26., 2022. 12. 13., 2024. 1. 23.〉

1. 제7조의2제2항을 위반하여 지정서를 반납하지 아니한 자

2. 제11조를 위반하여 야생동물을 운송한 자

3. 제14조제4항을 위반하여 허가증을 지니지 아니한 자

4. 제15조제2항을 위반하여 허가증을 반납하지 아니한 자

5. 제16조제6항을 위반하여 수입하거나 반입한 국제적 멸종위기종의 양도·양수 또는 질병·폐사 등을 신고하지 아니한 자

5의2. 제16조제7항에 따른 국제적 멸종위기종 인공증식증명서를 발급받지 아니한 자

5의3. 제16조제8항에 따른 국제적 멸종위기종 및 그 가공품의 입수경위를 증명하는 서류를 보관하지 아니한 자

5의4. 제16조의2제2항에 따른 사육시설의 변경신고를 하지 아니하거나 거짓으로 변경신고를 한 자

5의5. 제16조의7제1항에 따른 사육시설의 폐쇄 또는 운영 중지 신고를 하지 아니한 자

5의6. 제16조의9제2항에 따른 승계신고를 하지 아니한 자

6. 제19조제5항을 위반하여 야생생물을 포획·채취하거나 죽인 결과를 신고하지 아니한 자

7. 제20조제2항을 위반하여 허가증을 반납하지 아니한 자

7의2. 제21조제3항을 위반하여 신고를 하지 아니한 자

7의3. 제22조의2제3항 또는 제4항을 위반하여 신고하지 아니한 자

7의4. 제22조의4제2항을 위반하여 신고하지 아니한 자

7의5. 제22조의5제3항을 위반하여 필요한 조치를 하지 아니한 자

7의6. 제22조의7제3항을 위반하여 영업의 승계를 기간 내에 신고하지 아니한 자

7의7. 제22조의9제5항을 위반하여 필요한 조치를 하지 아니한 자

7의8. 정당한 사유 없이 제22조의11제1항 및 제2항에 따른 공무원의 출입·검사·질문을 거부·방해 또는 기피한 자

8. 제23조제6항에 따른 안전수칙을 지키지 아니한 자

8의2. 제23조제7항에 따른 유해야생동물 처리 방법을 지키지 아니한 자

9. 제23조의2제2항을 위반하여 허가증을 반납하지 아니한 자

9의2. 제23조의3제2항에 따른 금지 또는 제한 행위를 한 자

10. 삭제〈2012. 2. 1.〉

11. 제28조제3항에 따른 금지행위를 한 자

12. 제28조제4항에 따른 행위제한을 위반한 자

13. 제33조제5항을 위반하여 야생동물의 번식기에 신고하지 아니하고 보호구역에 들어간 자

13의2. 제34조의5제2항을 위반하여 지정서를 반납하지 아니한 자

13의3. 제34조의7제4항을 위반하여 야생동물 질병이 확인된 사실을 알면서도 국립야생동물질병관리기관장과 관할 지방자치단체의 장에게 알리지 아니한 자

14. 제36조제2항을 위반하여 등록증을 반납하지 아니한 자

15. 제40조제2항을 위반하여 장부를 갖추어 두지 아니하거나 거짓으로 적은 자

16. 제40조제3항에 따른 시장·군수·구청장의 명령을 준수하지 아니한 자

17. 제40조제6항을 위반하여 등록증을 반납하지 아니한 자

18. 삭제〈2012. 2. 1.〉

19. 제47조의2제2항을 위반하여 지정서를 반납하지 아니한 자

20. 제49조제2항을 위반하여 수렵면허증을 반납하지 아니한 사람

21. 제50조제2항을 위반하여 수렵동물임을 확인할 수 있는 표지를 붙이지 아니한 사람

22. 제52조를 위반하여 수렵면허증을 지니지 아니하고 수렵한 사람

23. 제53조제3항을 위반하여 수렵장 운영실적을 보고하지 아니한 자

24. 제56조제1항에 따른 보고 또는 자료 제출을 하지 아니하거나 거짓으로 한 자

④ 제1항부터 제3항까지의 규정에 따른 **과태료는 대통령령으로 정하는 바에 따라** 환경부장관, 시·도지사 또는 시장·군수·구청장이 부과·징수한다.〈개정 2010. 7. 23.〉

⑤ 삭제〈2010. 7. 23.〉

⑥ 삭제〈2010. 7. 23.〉

⑦ 삭제〈2010. 7. 23.〉

부칙〈제20309호, 2024. 2. 13.〉 **(정부조직법)**

제1조(시행일)

이 법은 2024년 5월 17일부터 시행한다. 다만, 부칙 제4조에 따라 개정되는 법률 중 이 법 시행 전에 공포되었으나 시행일이 도래하지 아니한 법률을 개정한 부분은 각각 해당 법률의 시행일부터 시행한다.

제2조 및 제3조 생략

제4조(다른 법률의 개정)

①부터 ㉒까지 생략

㉓ 야생생물 보호 및 관리에 관한 법률 일부를 다음과 같이 개정한다.

제7조제1항 단서 중 "문화재청장"을 "국가유산청장"으로 한다.

법률 제19590호 야생생물 보호 및 관리에 관한 법률 일부개정법률 제29조제1항 각 호 외의 부분 단서 중 "문화재청장"을 "국가유산청장"으로 한다.

㉔부터 ㉝까지 생략

제5조 생략

야생생물 보호 및 관리에 관한 법률 시행령[15]

[시행 2024. 5. 19.] [대통령령 제34509호, 2024. 5. 14., 일부개정]

제1조(목적)

이 영은 「야생생물 보호 및 관리에 관한 법률」에서 위임된 사항과 그 시행에 필요한 사항을 규정함을 목적으로 한다.

[전문개정 2012. 7. 31.]

제1조의2(멸종위기 야생생물의 지정기준)

① 「야생생물 보호 및 관리에 관한 법률」(이하 "법"이라 한다) **제2조제2호가목**에서 "대통령령으로 정하는 기준에 해당하는 종"이란 다음 각 호의 어느 하나에 해당하는 종을 말한다.〈개정 2019. 9. 10.〉

1. 개체 또는 개체군 수가 적거나 크게 감소하고 있어 멸종위기에 처한 종
2. 분포지역이 매우 한정적이거나 서식지 또는 생육지가 심각하게 훼손됨에 따라 멸종위기에 처한 종
3. 생물의 지속적인 생존 또는 번식에 영향을 주는 자연적 또는 인위적 위협요인 등으로 인하여 멸종위기에 처한 종

② 법 **제2조제2호나목**에서 "대통령령으로 정하는 기준에 해당하는 종"이란 다음 각 호의 어느 하나에 해당하는 종을 말한다.

1. 개체 또는 개체군 수가 적거나 크게 감소하고 있어 가까운 장래에 멸종위기에 처할 우려가 있는 종
2. 분포지역이 매우 한정적이거나 서식지 또는 생육지가 심각하게 훼손됨에 따라 가까운 장래에 멸종위기에 처할 우려가 있는 종
3. 생물의 지속적인 생존 또는 번식에 영향을 주는 자연적 또는 인위적 위협요인 등으로 인하여 가까운 장래에 멸종위기에 처할 우려가 있는 종

[본조신설 2015. 3. 24.]

제2조(야생생물 보호 기본계획)

법 제5조제1항에 따른 야생생물 보호 기본계획(이하 "기본계획"이라 한다)에는 다음 각 호

---

15) 이 법의 시행령은 교재 개발 시 최신 법령인 '**야생생물 보호 및 관리에 관한 법률**[시행 2024. 5. 19.] [**법률 제18171호**, 2021. 5. 18., **일부개정**]'을 기준으로 하고 있음. 추후 개정내용은 QR을 통해 제공될 예정.

의 사항이 포함되어야 한다.〈개정 2015. 3. 24., 2019. 9. 10.〉

1. 야생생물의 현황 및 전망, 조사·연구에 관한 사항
2. 법 제6조에 따른 야생생물 등의 서식실태조사에 관한 사항
3. 야생동물의 질병연구 및 질병관리대책에 관한 사항
4. 멸종위기 야생생물 등에 대한 보호의 기본방향 및 보호목표의 설정에 관한 사항
5. 멸종위기 야생생물 등의 보호에 관한 주요 추진과제 및 시책에 관한 사항
6. 멸종위기 야생생물의 보전·복원 및 증식에 관한 사항
7. 멸종위기 야생생물 등 보호사업의 시행에 필요한 경비의 산정 및 재원(財源) 조달 방안에 관한 사항
8. 국제적 멸종위기종의 보호 및 철새 보호 등 국제협력에 관한 사항
9. 야생동물의 불법 포획의 방지 및 구조·치료와 유해야생동물의 지정·관리 등 야생 동물의 보호·관리에 관한 사항
10. 생태계교란 야생생물의 관리에 관한 사항
11. 법 제27조에 따른 야생생물 특별보호구역(이하 "특별보호구역"이라 한다)의 지정 및 관리에 관한 사항
12. 수렵의 관리에 관한 사항
13. 특별시·광역시·특별자치시·도 및 특별자치도(이하 "시·도"라 한다)에서 추진할 주요 보호시책에 관한 사항
14. 그 밖에 환경부장관이 멸종위기 야생생물 등의 보호를 위하여 필요하다고 인정하 는 사항

[전문개정 2012. 7. 31.]

제3조(야생생물 보호 세부계획)

① 법 제5조제4항에 따른 야생생물 보호를 위한 세부계획(이하 "세부계획"이라 한다) 은 기본계획의 범위에서 수립하되, 다음 각 호의 사항이 포함되어야 한다.〈개정 2015. 3. 24.〉

1. 관할구역의 야생생물 현황 및 전망에 관한 사항
2. 야생동물의 질병연구 및 질병관리대책에 관한 사항
3. 관할구역의 멸종위기 야생생물 등의 보호에 관한 사항
4. 멸종위기 야생생물 등 보호사업의 시행에 필요한 경비의 산정 및 재원 조달방안에 관한 사항
5. 야생동물의 불법 포획 방지 및 구조·치료 등 야생동물의 보호 및 관리에 관한 사항
6. 유해야생동물 포획허가제도의 운영에 관한 사항

2.2 야생생물 보호 및 관리에 관한 법률 시행령

7. 법 제26조에 따른 시·도보호 야생생물의 지정 및 보호에 관한 사항

8. 법 제33조에 따른 관할구역의 야생생물 보호구역 지정 및 관리에 관한 사항

9. 법 제42조에 따른 수렵장의 설정 및 운영에 관한 사항

10. 관할구역의 주민에 대한 야생생물 보호 관련 교육 및 홍보에 관한 사항

11. 그 밖에 특별시장·광역시장·특별자치시장·도지사 및 특별자치도지사(이하 "시·도지사"라 한다)가 멸종위기 야생생물 등의 보호를 위하여 필요하다고 인정하는 사항

② 환경부장관 및 시·도지사는 기본계획 또는 세부계획을 수립한 경우에는 그 주요 내용을 고시하여야 한다.

[전문개정 2012. 7. 31.]

제4조(기본계획 및 세부계획의 변경)

① 환경부장관 및 시·도지사는 자연적 또는 사회적 여건 등의 변화로 인하여 기본계획 및 세부계획을 변경할 필요가 있다고 인정되는 경우에는 이를 변경할 수 있다.

② 환경부장관은 멸종위기 야생생물 등의 보호를 위하여 필요하다고 인정되는 경우에는 시·도지사에게 세부계획의 변경을 요청할 수 있다.

[전문개정 2012. 7. 31.]

제4조의2(정보제공의 요청)

법 제6조의2 전단에서 "야생생물 수입 실적 등 대통령령으로 정하는 정보"란 다음 각 호의 정보를 말한다.

1. 법 제19조제1항 단서에 따른 야생생물의 포획·채취 등의 허가에 관한 정보

2. 법 제19조제5항에 따른 야생생물의 포획·채취 등의 결과 신고에 관한 정보

3. 법 제21조에 따른 야생생물의 수출·수입·반출 또는 반입 허가에 관한 정보

4. 그 밖에 야생생물의 보호 및 관리를 위해 환경부장관이 필요하다고 인정하는 정보

[본조신설 2023. 12. 12.]

제5조(서식지외보전기관의 지정 등)

① 법 제7조제1항에 따른 서식지 외 보전기관(이하 "서식지외보전기관"이라 한다)은 다음 각 호의 어느 하나에 해당하는 기관으로서 환경부장관이 지정하여 고시하는 기관으로 한다.

1. 동물원·식물원 및 수족관

2. 국공립 연구기관

3. 「기초연구진흥 및 기술개발지원에 관한 법률」에 따른 기업부설연구소

4. 「고등교육법」 제2조 각 호에 따른 학교와 그 부설기관

5. 그 밖에 환경부장관이 적합하다고 인정하는 기관

② 서식지외보전기관의 지정을 받으려는 자는 환경부령으로 정하는 바에 따라 환경부장관에게 신청하여야 한다.

[전문개정 2012. 7. 31.]

제6조 삭제〈2012. 7. 31.〉

제7조(야생동물로 인한 피해보상 기준 및 절차 등)

① 법 제12조에 따른 **야생동물로 인한 피해를 예방하기 위하여 필요한 시설의 설치비용**에 대한 지원기준과 야생동물로 인한 피해보상 기준은 다음 각 호와 같다.〈개정 2023. 12. 12.〉

1. 피해 예방시설의 설치비용 지원기준: 야생동물로 인한 피해를 예방하는 데 필요한 **울타리 · 방조망(防鳥網) · 경음기(警音器) 등의 설치 또는 구입에 드는 비용** 중 환경부장관이 정하여 고시하는 금액

2. 피해보상기준: **야생동물로 인한 인명 피해액 및 농작물 · 임산물 · 수산물 등의 피해액 중** 환경부장관이 정하여 고시하는 금액

② 법 제12조제1항 및 제2항에 따라 피해 예방시설의 설치비용을 지원받거나 피해를 보상받으려는 자는 환경부령으로 정하는 바에 따라 특별자치시장 · 특별자치도지사 · 시장 · 군수 · 구청장(자치구의 구청장을 말하며, 이하 "시장 · 군수 · 구청장"이라 한다)에게 **신청해야 한다.**〈개정 2019. 9. 10.〉

③ 제1항에 따른 지원 및 피해보상의 기준 · 방법 등에 관한 세부적인 사항은 환경부장관이 정하여 고시한다. 다만, 해당 지역의 여건 등을 고려하여 필요한 경우에는 피해 예방시설의 설치비용 산출기준과 지급금액, 피해액 산정기준과 보상금액 등은 특별자치시 · 특별자치도 · 시 · 군 · 구(자치구를 말한다)의 조례로 달리 정할 수 있다.〈개정 2019. 9. 10.〉

[전문개정 2012. 7. 31.]

제8조(멸종위기 야생생물의 중장기 보전대책)

법 제13조제1항에 따른 멸종위기 야생생물에 대한 중장기 보전대책에는 다음 각 호의 사항이 포함되어야 한다.

1. 멸종위기 야생생물의 서식현황

2. 멸종위기 야생생물의 생태학적 특징, 학술상의 중요성 등 보전의 필요성

3. 멸종위기 및 개체 수 감소의 주요 원인

4. 멸종위기 야생생물의 서식지 보전

5. 멸종위기 야생생물의 증식·복원 등 보전계획

6. 멸종위기 야생생물의 보전을 위한 국제협력에 관한 사항

7. 그 밖에 멸종위기 야생생물의 보전에 필요한 사항

[전문개정 2012. 7. 31.]

제9조(토지 이용방법 등의 권고)

① 환경부장관은 법 제13조제4항에 따라 토지의 이용방법 등을 권고하려는 경우에는 **미리 시·도지사의 의견을 듣고 멸종위기 야생생물이 서식하거나 도래하는 지역의 지리적·지형적 특성과 생태적 유형을 고려하여 토지 이용방법 등의 권고사항**(이하 이 조에서 "권고사항"이라 한다)을 정하여야 한다.

② 환경부장관은 제1항에 따라 **토지의 이용방법 등을 권고하는 경우에는 권고사항을 토지의 소유자·점유자 또는 관리인에게 통지하고, 해당 지역을 관할하는 읍·면·동의 게시판에 이를 게시하여야 한다.** 이 경우 환경부장관은 해당 지방자치단체의 장에게 권고사항의 통지·게시 및 홍보 등에 필요한 협조를 요청할 수 있다.

③ 환경부장관은 예산의 범위에서 **토지의 소유자·점유자 또는 관리인에게 권고사항의 준수에 필요한 지원을 할 수 있다.**

[전문개정 2012. 7. 31.]

제10조(학술 연구의 범위)

법 제14조제1항제1호 및 제19조제1항제1호에 따른 "학술 연구"란 각각 다음 각 호의 연구로 한다.〈개정 2020. 5. 26.〉

1. **각급 학교 및 연구기관의 연구**

2. **의학상 필요한 연구**

[전문개정 2012. 7. 31.]

제11조(인공증식한 멸종위기 야생생물의 범위 등)

① 법 제14조제1항제5호 및 같은 조 제3항제6호에서 "대통령령으로 정하는 바에 따라 인공증식한 것"이란 다음 각 호의 어느 하나에 해당하는 것을 말한다.

1. 법 제14조제1항제1호에 따라 포획·채취등의 허가를 받아 수출·반출·가공·유통 또는 보관하기 위하여 증식한 것으로서 환경부령으로 정하는 바에 따라 **인공증식증명서를 발급받은 것**

2. 수입·반입한 원산지에서 증식한 것으로서 그 **원산지에서 인공증식하였음을 증명하는 서류를 발급받은 것**

② 법 제14조제1항제5호 및 같은 조 제3항제6호에 따른 **인공증식의 대상 종(種) 및 방법
과 증식시설 등 인공증식에 필요한 사항은 환경부장관이 정한다.**

[전문개정 2012. 7. 31.]

제12조(국제적 멸종위기종 등의 수출·수입·반출 또는 반입의 허가)

① 법 제16조제1항제3호에 따른 「멸종위기에 처한 야생동식물종의 국제거래에 관한 협약」
(이하 "멸종위기종국제거래협약"이라 한다) 부속서별 세부 허가조건은 별표 1과 같다.

② 멸종위기종국제거래협약 부속서 Ⅱ에서 정한 식물로서 인공증식된 식물 중 환경부장
관이 정하여 고시한 식물을 수출하려는 사람이 「**식물방역법」 제28조**[16])에 따라 해당 식
물에 대한 검역을 받은 경우에는 법 제16조제1항에 따른 허가를 받은 것으로 본다. 이
경우 해당 검역을 받은 증명서에 인공증식된 식물이라는 사실을 표기하고, 식물방역공
무원으로부터 확인을 받아야 한다.

③ 농림축산식품부장관은 제2항 후단에 따라 인공증식을 확인한 실적을 매년 1월 31일까
지 환경부장관에게 통보하여야 한다.〈개정 2013. 3. 23.〉

④ 환경부장관은 법 제16조제1항 각 호 외의 부분 본문에 따라 국제적 멸종위기종 및 그
가공품의 수출·수입·반출 또는 반입(이하 "수출·수입등"이라 한다)의 허가를 하려는
경우에는 다음 각 호의 사항을 검토해야 한다.〈개정 2023. 3. 14.〉

1. 국제적 멸종위기종 및 그 가공품의 수출·수입등이 그 종의 생존에 위협을 주는지
   에 관한 사항

2. 국제적 멸종위기종 및 그 가공품의 식별 및 보호시설에 관한 사항

3. 그 밖에 국제적 멸종위기종 및 그 가공품의 수출·수입등 허가기준에 적합한지에
   관한 사항

⑤ 환경부장관은 제4항에 따른 검토를 하는 경우에는 다음 각 호의 기관의 장의 의견을
듣거나 필요한 지원을 요청할 수 있다.〈신설 2023. 3. 14.〉

1. 국립생물자원관

2. 국립수산과학원

3. 식품의약품안전평가원

---

16) **식물방역법[시행 2024. 1. 25.] 제28조(식물등에 대한 수출검역)**

   ① 식물등을 수출하려는 자는 그 식물등이 수입국의 요구사항을 충족하는지에 관하여 식물검역관에게
   검역을 받아야 하며, 그 검역에서 합격하지 못하면 수출하지 못한다. 다만, 수입국이 검역증명서를
   요구하지 아니하는 식물등의 경우에는 그러하지 아니하다. <개정 2011. 7. 14., 2016. 12. 2.>

   ② 식물검역관은 제1항에 따라 검역을 한 결과 합격한 경우에는 농림축산식품부령으로 정하는 검역증명
   서를 발급하거나 그 식물등에 검역에 합격하였다는 표시를 하여야 한다. <신설 2011. 7. 14., 2013.
   3. 23., 2016. 12. 2.>

⑥ 환경부장관은 국제적 멸종위기종 및 그 가공품의 수출·수입등에 관한 다음 각 호의 사항을 환경부령으로 정하는 바에 따라 기록·유지하여야 한다.⟨개정 2023. 3. 14.⟩

  1. 수출·수입등을 하려는 사람의 성명 및 주소

  2. 거래 상대국, 해당 생물의 명칭·수량·크기 및 종류

  3. 허가서 및 증명서의 발급 현황

  4. 그 밖에 환경부장관이 필요하다고 인정하는 사항

[전문개정 2012. 7. 31.]

제13조(허가 면제대상인 국제적 멸종위기종 등)

법 제16조제1항 각 호 외의 부분 단서에 따른 **허가 면제대상인 국제적 멸종위기종 및 그 가공품**은 다음 각 호와 같다.⟨개정 2018. 1. 9., 2018. 3. 27.⟩

  1. 국제거래 과정에서 세관의 관할하에 영토를 경유하거나 영토 안에서 환적[17](換積, 「관세법」 제2조제14호에 따른 환적을 말한다)되는 생물 및 그 가공품

  2. 환경부장관이 환경부령으로 정하는 바에 따라 멸종위기종국제거래협약이 적용되기 전에 획득하였다는 증명서를 발급한 생물 및 그 가공품

  3. **개인의 휴대품 또는 가재도구로서 합법적으로 취득한 것임을 증명할 수 있는 생물 및 그 가공품.** 다만, 다음 각 목의 어느 하나에 해당하는 경우에는 그러하지 아니하다.

    가. 멸종위기종국제거래협약 부속서 Ⅰ에 포함된 생물을 그 소유자가 외국에서 획득하여 국내로 수입 또는 반입하는 경우

    나. 멸종위기종국제거래협약 부속서 Ⅱ에 포함된 생물로서 다음의 요건에 해당하는 경우

      1) 소유자가 외국에서 야생상태의 생물을 포획·채취하여 국내로 수입 또는 반입하는 경우

      2) 야생상태의 생물이 포획·채취된 국가에서 사전 수출허가를 받도록 요구하는 경우

  4. 멸종위기종국제거래협약 사무국에 등록된 과학기관 사이에 비상업적으로 대여, 증여 또는 교환되는 식물표본, 보존 처리된 동물표본 및 살아있는 식물

  5. 국제적 멸종위기종으로 제작된 악기로서 환경부장관이 환경부령으로 정하는 바에 따라 악기 인증서를 발급한 악기(비상업적 목적으로 반출 또는 반입하는 경우로 한정한다)

[전문개정 2012. 7. 31.]

---

17) "**환적**"(換積)이란 동일한 세관의 관할구역에서 입국 또는 입항하는 운송수단에서 출국 또는 출항하는 운송수단으로 물품을 옮겨 싣는 것을 말한다. [관세법, 제2조(정의)]

제13조의2(인공증식 허가대상인 국제적 멸종위기종)

법 제16조제7항 단서에서 "대통령령으로 정하는 국제적 멸종위기종"이란 그 종의 특성상 사람의 생명, 신체 또는 재산에 중대한 위해를 가할 우려가 있어 인공증식을 제한할 필요가 있는 국제적 멸종위기종으로서 **별표 1의2**에서 정한 것을 말한다.

[본조신설 2014. 7. 16.]

제13조의3(사육시설 등록대상인 국제적 멸종위기종)

법 제16조의2제1항에서 "대통령령으로 정하는 국제적 멸종위기종"이란 **별표 1의3**에서 정한 것을 말한다.

[본조신설 2014. 7. 16.]

제13조의4(국제적 멸종위기종 사육시설의 관리 등)

법 제16조의4제1항에서 "대통령령으로 정하는 사육시설"이란 다음 각 호의 어느 하나에 해당하는 시설을 말한다.〈개정 2018. 3. 27., 2020. 2. 25.〉

1. **서식지외보전기관**
2. 법 제35조제1항에 따른 **생물자원 보전시설**
3. 「생물자원관의 설립 및 운영에 관한 법률」 제2조제2호에 따른 **생물자원관**
4. 「도시공원 및 녹지 등에 관한 법률」 제2조제4호바목에 따른 **식물원, 동물원 및 수족관**
5. 「자연공원법 시행령」 제2조제4호에 따른 **식물원, 동물원 및 수족관**
6. 「박물관 및 미술관 진흥법 시행령」 제2조제1항에 따라 **문화시설**로 인정된 **동물원, 식물원 및 수족관**
7. 「동물원 및 수족관의 관리에 관한 법률」 제2조제1호에 따른 **동물원 및 같은 조 제2호에 따른 수족관**
8. 제1호부터 제7호까지에서 규정한 시설 외에 환경부장관이 사육시설의 관리가 필요하다고 인정하여 고시하는 시설

[본조신설 2014. 7. 16.]

제14조(보호시설 등)

법 제17조제3항에서 "보호시설 또는 그 밖의 적절한 시설"이란 다음 각 호의 어느 하나에 해당하는 시설을 말한다.〈개정 2015. 7. 20., 2020. 2. 25., 2021. 6. 22., 2023. 3. 14.〉

1. 「생물자원관의 설립 및 운영에 관한 법률」 제2조제2호에 따른 **생물자원관**
1의2. 「국립생태원의 설립 및 운영에 관한 법률」에 따른 **국립생태원**
2. 「수목원·정원의 조성 및 진흥에 관한 법률」 제4조제1항에 따른 **수목원[수목(樹木)**

만 해당한다]

3. 농촌진흥청 국립농업과학원(곤충류만 해당한다)

4. 국립수산과학원(해양생물 및 수산생물만 해당한다)

5. 서식지외보전기관

6. 법 제35조제1항에 따른 생물자원 보전시설

7. 그 밖에 환경부장관이 멸종위기종국제거래협약의 목적 등을 고려하여 적합하다고
   인정하여 고시하는 기관

[전문개정 2012. 7. 31.]

제14조의2(야생생물의 용도별 수입ㆍ반입 허가기준)

① 법 제21조제1항제2호라목에서 "대통령령으로 정하는 용도별 수입 또는 반입 허용 세부
기준"이란 다음 각 호의 구분에 따른 기준을 말한다.〈개정 2015. 3. 24., 2020. 5. 26., 2023.
12. 12., 2024. 5. 14.〉

1. 제10조에 따른 학술 연구용으로 수입 또는 반입하는 경우: 야생생물 관련 학과가 설
   치된 고등학교 이상의 학교 또는 야생생물 관련 연구기관이 그 야생생물을 이용한
   학술연구계획을 확정하고 그 필요 예산 및 시설 등을 확보하고 있을 것

2. 관람용으로 수입 또는 반입하는 경우: 관련 법령에 따라 인가ㆍ허가ㆍ승인 등을 받아 운
   영하는 공원ㆍ관광지ㆍ동물원ㆍ박물관 등의 시설에서 일반 공중의 관람에 제공할 것

3. 일시 체류를 목적으로 입국하는 사람이 출국 시 반출하기 위하여 반려(伴侶) 목적의
   야생동물을 반입하는 경우: 일시 체류를 목적으로 입국하는 것이 분명하고, 해당 야생
   동물의 반입 수량이 1명당 두 마리를 초과하지 아니할 것

4. 외국에서 판매를 목적으로 인공 사육 또는 재배된 야생생물로서 번식ㆍ판매의 목적으
   로 수입 또는 반입하는 경우: 수출국의 정부기관 등이 발행하는 인공 사육 또는 재
   배 증명서를 첨부하고, 해당 야생생물의 인공 사육 또는 재배에 필요한 시설을 갖
   추고 있을 것

5. 제1호부터 제4호까지에 해당하지 아니하는 경우: 야생생물의 수입 또는 반입이 국내
   생태계를 교란할 우려가 없고, 야생생물 종의 생존에 영향이 없을 것

② 「감염병의 예방 및 관리에 관한 법률」에 따른 감염병 또는 「가축전염병 예방법」에 따른
가축전염병으로 「재난 및 안전관리 기본법」 제38조에 따른 주의 이상의 위기경보가 발령
된 때에는 제1항제1호부터 제5호까지의 구분에 따른 기준을 갖춘 경우에도 감염병 또는
가축전염병을 매개하거나 전파시켜 공중위생을 해칠 우려가 없어야 한다.〈신설 2020. 5. 26.〉

[전문개정 2012. 7. 31.]

[제목개정 2015. 3. 24.]

제15조(특별보호구역에서 금지되는 훼손행위)

법 제28조제1항제4호에서 **"대통령령으로 정하는 행위"**란 다음 각 호의 어느 하나에 해당하는 행위를 말한다.

    1. 수면(水面)의 매립·간척

    2. 불을 놓는 행위

[전문개정 2012. 7. 31.]

제16조(재해의 범위)

법 제28조제2항제2호 및 제29조제1항제3호에서 "대통령령으로 정하는 재해"란 다음 각 호의 어느 하나에 해당하는 경우를 말한다.

    1. 건축물·공작물 등의 붕괴·폭발 등으로 **인명 피해가 발생하거나 재산상 손실이 발생한 경우**

    2. **화재가 발생한 경우**

    3. **그 밖에** 현재 발생하고 있는 위험으로부터 인명을 구조하기 위하여 필요한 경우

[전문개정 2012. 7. 31.]

제17조(행위 제한의 예외)

법 제28조제2항제3호 및 제29조제1항제4호에서 **"대통령령으로 정하는 행위"**란 특별보호구역 또는 그 인근지역에 거주하는 지역 주민이나 해당 토지 및 수면의 소유자·점유자 또는 관리인의 행위로서 생태적으로 지속가능하다고 인정되는 농사, 어로행위, 수산물 채취행위, 버섯·산나물 등의 채취행위, 그 밖에 이에 준하는 행위를 말한다.

[전문개정 2012. 7. 31.]

제18조(금지행위)

법 제28조제3항제4호에서 **"대통령령으로 정하는 행위"**란 다음 각 호의 어느 하나에 해당하는 행위를 말한다.

    1. 소리·빛·연기·악취 등을 내어 야생동물을 쫓는 행위

    2. 야생생물의 둥지·서식지를 훼손하는 행위

    3. 풀, 입목(立木)·죽(竹)의 채취 및 벌채. 다만, 특별보호구역에서 그 특별보호구역의 지정 전에 실시하던 영농행위를 지속하기 위하여 필요한 경우 또는 관계 행정기관의 장이 야생생물의 보호 등을 위하여 환경부장관과 협의하여 풀, 입목·죽의 채취 및 벌채를 하는 경우는 제외한다.

    4. 가축의 방목

5. 야생동물의 포획 또는 그 알의 채취

6. 동물의 방사(放飼). 다만, 조난된 동물을 구조·치료하여 같은 지역에 방사하는 경우 또는 관계 행정기관의 장이 야생동물의 복원을 위하여 환경부장관과 협의하여 방사하는 경우는 제외한다.

[전문개정 2012. 7. 31.]

제19조(특별보호구역 지정으로 인한 손실보상)

① 법 제31조제2항에 따라 손실보상을 받으려는 자는 환경부령으로 정하는 바에 따라 환경부장관에게 손실보상을 청구하여야 한다.

② 제1항에 따른 손실보상액은 환경부장관이 청구인과 협의하여 정한다.

[전문개정 2012. 7. 31.]

제20조(멸종위기종관리계약의 체결 등)

① 환경부장관, 관계 중앙행정기관의 장 또는 지방자치단체의 장(이하 이 조에서 "해당관서의 장"이라 한다)은 법 제32조제1항에 따라 **멸종위기종관리계약을 체결하려면** 계약의 주요 내용, 대상 지역, 계약 기간 등 필요한 사항을 대상 지역을 관할하는 **지방자치단체의 공보에 공고하고, 해당 지역을 관할하는 읍·면·동의 게시판에 15일 이상 게시하여야 한다.**

② 법 제32조제1항에 따라 멸종위기종관리계약을 체결하려는 토지·수면의 소유자·점유자 또는 관리인(이하 이 조에서 "청약자"라 한다)은 환경부령으로 정하는 청약 관련 서류를 해당관서의 장에게 제출하여야 한다.

③ 해당관서의 장은 제2항에 따라 청약 관련 서류를 받은 경우에는 계약 내용 및 보상액의 산정방법·지급시기 등 필요한 사항을 청약자와 협의하여 조정할 수 있다.

④ 해당관서의 장은 멸종위기종관리계약을 유지할 수 없거나 그 계약이 불필요하게 되어 계약을 해지하려는 경우에는 사전에 계약당사자와 협의하여야 한다.

⑤ 환경부장관은 계약 내용의 보고, 그 밖에 멸종위기종관리계약의 운용에 필요한 세부 사항을 정하여 관계 중앙행정기관의 장 및 지방자치단체의 장에게 통보할 수 있다.

[전문개정 2012. 7. 31.]

제21조(멸종위기종관리계약에 따른 손실보상기준)

① 법 제32조제2항에 따른 손실보상의 기준은 다음 각 호의 구분에 따른다.

　1. 휴경(休耕) 등으로 수확이 불가능하게 된 경우: 수확이 불가능하게 된 면적에 단위면적당 손실액을 곱하여 산정한 금액

　2. 경작방식의 변경 등으로 수확량이 감소하게 된 경우: 수확량이 감소한 면적에 단위

면적당 손실액을 곱하여 산정한 금액

3. 야생동물의 먹이 제공 등을 위하여 농작물 등을 수확하지 아니하는 경우: 수확하지 아니하는 면적에 단위면적당 손실액을 곱하여 산정한 금액

4. 국가 또는 지방자치단체에 토지를 임대하는 경우: 인근 토지의 임대료에 상당하는 금액

5. 습지 등 야생동물의 쉼터를 조성하는 경우: 습지 등의 조성 및 관리에 필요한 금액

6. 그 밖에 계약의 이행에 따른 손실이 발생하는 경우: 손실액에 상당하는 금액

② 제1항제1호부터 제3호까지의 규정에 따른 단위면적당 손실액은 환경부장관이 정하여 고시한다.

[전문개정 2012. 7. 31.]

제22조(특별보호구역 등의 주민 지원)

① 법 제32조제3항에 따라 환경부장관이 비용을 지원할 수 있는 대상은 인접 지역에서 주택(「주택법 시행령」 제3조제1항에 따른 아파트·연립주택은 제외한다)을 신축·개축·증축하는 경우에 설치하는 오수처리시설 또는 단독정화조로 한다.〈개정 2016. 8. 11.〉

② 제1항에 따른 인접 지역의 범위는 수질오염물질의 발생원(發生源) 및 수량과 하천의 자정능력(自淨能力) 등을 고려하여 특별보호구역별로 환경부장관이 고시한다.〈개정 2020. 5. 26.〉

③ 법 제32조제3항에 따른 지원액의 산정기준은 오수처리시설 또는 단독정화조의 종류·규모 및 대상 지역의 위치 등을 고려하여 환경부장관이 고시한다.

④ 법 제32조제3항에 따라 지원을 받으려는 자는 환경부령으로 정하는 바에 따라 시·도지사에게 지원신청을 하여야 한다.

⑤ 시·도지사는 제4항에 따른 지원신청을 종합한 후 다음 각 호의 사항을 포함하는 주민 지원사업계획을 수립하여 매년 4월 30일까지 환경부장관에게 제출하여야 한다.

1. 사업 개요
2. 지원대상 지역 및 가구 수
3. 지원추진계획
4. 총지원금액

[전문개정 2012. 7. 31.]

제23조(야생생물 보호구역 등의 지정)

① 시·도지사 및 시장·군수·구청장은 법 제33조제2항에 따라 **주민의 의견을 듣기 위하여 필요하다고 인정하는 경우에는 주민설명회를 개최할 수 있다.**

② 법 제33조제1항에 따라 야생생물 보호구역으로 지정하려는 지역이 둘 이상의 지방자치단체에 걸쳐 있는 경우에는 법 제33조제2항에 따라 그 설정하려는 보호구역의 면적이 큰 지방자치단체의 장이 관계 지방자치단체의 장과 협의하여 지정한다.

[전문개정 2012. 7. 31.]

제23조의2(야생동물 질병관리 기본계획의 수립 등)

① 법 제34조의3제2항제7호에 따른 그 밖에 **야생동물 질병의 방역 시책 등에 관한 사항**은 다음 각 호의 사항으로 한다.

1. 야생동물 질병관리의 목표 및 중점방향에 관한 사항
2. 야생동물 질병의 예방·진단 기술 및 예방약의 개발에 관한 사항
3. 야생동물 질병 관련 공중위생 향상에 관한 사항
4. 야생동물 질병 관련 국내외 연구기관 및 단체 등에 대한 지원·협력 등에 관한 사항
5. 야생동물 질병관리를 위한 소요재원의 조달 및 집행에 관한 사항
6. 그 밖에 야생동물 질병관리 기본계획 및 세부계획의 수립에 필요한 사항

② 환경부장관은 자연적 여건 등의 변화에 따라 법 제34조의3제1항에 따른 야생동물 질병관리 기본계획을 변경할 수 있으며, 변경한 경우에는 이를 시·도지사에게 통보하여야 한다.

③ 시·도지사는 법 제34조의3제4항에 따라 야생동물 질병관리를 위한 세부계획을 수립한 경우에는 이를 환경부장관에게 통보하여야 한다.

④ 시·도지사는 자연적 여건 등의 변화에 따라 제3항에 따른 세부계획을 변경할 수 있으며, 변경한 경우에는 이를 환경부장관에게 통보하여야 한다.

⑤ 환경부장관은 야생동물의 질병관리를 위하여 필요하다고 인정되는 경우에는 시·도지사에게 제3항에 따른 세부계획의 변경을 요청할 수 있다.

[본조신설 2015. 3. 24.]

제23조의3(야생동물 치료기관의 설치·운영 기준)

법 제34조의4제2항에 따라 환경부장관 및 시·도지사가 설치·운영하는 야생동물 치료기관은 **다음 각 호에 해당하는 기준을 모두 갖추어야 한다.**〈개정 2020. 5. 26.〉

1. **인력기준**: 다음 각 목의 어느 하나에 해당하는 사람 **2명 이상을 확보할 것**

　가. **수의사(공중방역수의사를 포함한다)**

　나. **전문대학 이상의 대학에서 수의학, 생물학 또는 이와 관련된 분야를 전공한 사람**

　다. **야생동물 질병연구 및 구조·치료 업무에 1년 이상 종사한 경력이 있는 사람**

　라. **기관, 단체 또는 대학 등에서 수의학, 생물학 또는 이와 관련된 분야에서 1년 이상 종사한 경력이 있는 사람**

2. 시설기준: 진료실, 입원실, 임시 보호시설 등 야생동물의 질병진단 및 구조·치료를 위한 시설물을 갖출 것

3. 장비기준: 구조차량, 운반장비 및 진료장비 등 구조·치료를 위한 장비를 갖출 것

[본조신설 2015. 3. 24.]

제23조의4(야생동물 질병에 관한 업무를 수행하는 행정기관)

법 제34조의6제1항에서 "대통령령으로 정하는 행정기관의 장"이란 **국립야생동물질병관리원장**을 말한다.〈개정 2020. 5. 26., 2020. 9. 29.〉

[본조신설 2015. 3. 24.]

제23조의5(야생동물검역기관)

법 제34조의13제1항에서 "대통령령으로 정하는 국가기관"이란 **국립야생동물질병관리원**을 말한다.

[본조신설 2024. 5. 14.]

제23조의6(검역관리인의 임무)

법 제34조의21제3항에 따른 **검역관리인의 임무**는 다음 각 호와 같다.

1. 법 제34조의14 각 호 외의 부분에 따른 **지정검역물**(이하 "지정검역물"이라 한다)의 입고·출고·이동·소독에 관한 사항

2. 지정검역물의 **현물확인**에 관한 사항

3. 지정검역물의 **검사시료 채취 및 송부**에 관한 사항

4. 법 제34조의21제1항 각 호 외의 부분에 따른 **지정검역시행장**(이하 "지정검역시행장"이라 한다)**의 시설·장비의 검사·관리에 관한 사항**

5. 지정검역시행장의 **종사원 및 관계인의 방역에 관한 교육과 출입자의 통제에 관한 사항**

6. 그 밖에 법 제34조의13제1항에 따른 야생동물검역관(이하 "야생동물검역관"이라 한다)이 지시한 사항의 이행 등에 관한 사항

[본조신설 2024. 5. 14.]

제24조(정보교환체계의 구축)

환경부장관은 법 제38조에 따라 정보교환체계를 구축하는 경우에는 관련 정보가 보호될 수 있도록 보안대책의 마련 등 필요한 조치를 하여야 한다.

[전문개정 2012. 7. 31.]

제24조의2 삭제〈2020. 2. 25.〉

제25조 삭제〈2020. 2. 25.〉

제26조 삭제〈2020. 2. 25.〉

제27조 삭제〈2020. 2. 25.〉

제28조(수렵장의 설정)

시·도지사 또는 시장·군수·구청장은 법 제42조에 따라 수렵장을 설정하려는 경우에는 설정 예정지역의 야생동물의 서식 현황이나 유해야생동물로 인한 피해 현황 등을 고려하여야 한다.

[전문개정 2012. 7. 31.]

제29조(야생동물의 서식밀도 조사 등)

① 환경부장관은 법 제43조제3항에 따른 야생동물의 종류 및 서식밀도 등에 대한 조사를 최소한 2년마다 실시하고, 그 결과를 해당 시·도에 알려야 한다.

② 제1항에서 규정한 사항 외에 야생동물의 종류 및 서식밀도 등의 조사에 필요한 사항은 환경부장관이 정하여 고시한다.

[전문개정 2012. 7. 31.]

제30조(수렵면허의 신청)

법 제44조제1항에 따라 수렵면허를 받으려는 사람은 법 제45조에 따른 **수렵면허시험에 합격**하고, 법 제47조에 따른 **수렵 강습을 이수한 후** 환경부령으로 정하는 바에 따라 **주소지를 관할하는 시장·군수·구청장에게 수렵면허를 신청하여야 한다.**

[전문개정 2012. 7. 31.]

제31조(수렵면허시험의 실시방법 등)

① 법 제45조에 따른 수렵면허시험의 방법은 **필기시험을 원칙**으로 하되, 시·도지사가 필요하다고 인정하는 경우에는 **실기시험**을 추가할 수 있다.

② 수렵면허시험의 합격기준은 **과목당 100점을 만점**으로 하여 매 **과목 40점 이상, 전 과목 평균 60점 이상**으로 한다.

[전문개정 2012. 7. 31.]

제32조(수렵면허시험 응시 등)

① 법 제45조제1항에 따라 수렵면허시험에 응시하려는 사람은 환경부령으로 정하는 응시원서를 시·도지사에게 제출하여야 한다.

② 수렵면허시험의 공고와 그 밖에 수렵면허시험의 실시에 필요한 사항은 환경부령으로 정한다.

[전문개정 2012. 7. 31.]

제33조 삭제(2012. 7. 31.)

제34조(야생동물보호 관련사업)

법 제50조제3항 본문에서 "대통령령으로 정하는 사업"이란 다음 각 호의 사업을 말한다.

1. 야생동물의 서식실태 조사
2. 야생동물의 이동경로 조사
3. 야생동물의 먹이가 되는 식물의 식재(植栽) 등 야생동물의 서식환경 조성 또는 서식지 보호
4. 야생동물의 이동통로 설치
5. 표지판 또는 새집 등 보호시설의 설치
6. 야생동물의 인공증식·방사 또는 복원
7. 질병에 감염되거나 조난·부상당한 야생동물의 진료시설 운영
8. 야생동물 불법 포획의 단속
9. 야생동물 조망대 및 관람장의 설치
10. 야생동물로 인한 피해보상 및 피해 예방시설 설치비용의 지원
11. 홍보물 제작 등 야생동물 보호 계몽활동
12. 야생동물 보호 관련 법인이 수행하는 야생동물 보호활동의 지원

[전문개정 2012. 7. 31.]

제35조(보험 가입)

법 제51조에 따라 수렵장에서 야생동물을 수렵하려는 사람이 가입해야 하는 보험은 다음 각 호의 구분에 따른 금액을 보상할 수 있는 보험으로 한다.〈개정 2023. 12. 12.〉

1. 수렵 중에 다른 사람을 사망하게 한 경우: **1억5천만원 이상**
2. 수렵 중에 다른 사람을 부상하게 하거나 다른 사람의 재산에 손해를 입힌 경우: **3천만원 이상**
3. 수렵 중에 다른 사람을 부상하게 하여 그 사람이 부상에 대한 치료를 마친 후 더 이상의 치료효과를 기대할 수 없고 그 증상이 고정된 상태에서 그 부상이 원인이 되는 신체적 장해가 생긴 경우: **1억5천만원 이상**

제36조(수렵장의 위탁관리 요건 등)

① 법 제53조제1항에서 "대통령령으로 정하는 요건"이란 다음 각 호의 요건을 말한다.

　　1. 수렵장 안에 100헥타르 이상의 토지를 소유하거나 이를 사용할 수 있는 권원(權原)을 가질 것

　　2. 수렵장에서 수렵할 수 있는 야생동물의 인공사육에 필요한 시설을 해당 수렵장 안에 설치하고, 인공사육된 동물을 수렵의 대상으로 제공할 수 있을 것

② 법 제42조제1항에 따라 수렵장을 설정한 자는 수렵장의 관리·운영을 위탁하는 경우에는 법 제53조제2항에 따라 다음 각 호의 사항을 적은 서류를 갖추어 환경부장관에게 보고하여야 한다.

　　1. 위탁관리의 필요성

　　2. 위탁관리할 수렵장의 위치·구역, 위탁기간 및 위탁받은 자가 운영하는 관리소의 소재지

　　3. 위탁관리의 방법과 수렵장사용료

　　4. 수렵장에서 수렵할 수 있는 야생동물의 인공사육 계획 및 시설물의 설치계획

　　5. 1명당 포획량

　　6. 수렵방법 및 수렵 도구

　　7. 위탁관리할 수렵장의 사업계획서

　　8. 위탁관리에 관한 예산 설명서

　　9. 위탁관리 예정지역을 표시한 도면

[전문개정 2012. 7. 31.]

제37조(보고)

환경부장관, 시·도지사 및 국립야생동물질병관리원장은 법 제56조제1항에 따라 다음 각 호의 어느 하나에 해당하는 경우에는 야생생물의 개체 수 및 보호시설의 변동사항 등 필요한 사항을 정기적으로 보고하게 할 수 있다.〈개정 2020. 5. 26., 2020. 9. 29.〉

　　1. 살아 있는 멸종위기 야생생물 또는 국제적 멸종위기종의 생존에 위해(危害) 또는 학대의 우려가 있는 경우

　　2. 보관하고 있는 야생생물이 생태계에 노출될 경우 생태계 교란의 우려가 있는 경우

　　3. 그 밖에 환경부장관 또는 시·도지사가 야생생물의 보호를 위하여 필요하다고 인정하는 경우

[전문개정 2012. 7. 31.]

[제목개정 2020. 9. 29.]

제38조(포상금의 지급)

① 법 제57조 각 호의 어느 하나에 해당하는 자에 대한 신고 또는 고발 등을 받은 환경행
정관서 또는 수사기관은 그 사건의 개요를 환경부장관 또는 지방자치단체의 장에게
통지하여야 한다.

② 제1항에 따른 통지를 받은 환경부장관 또는 지방자치단체의 장은 그 사건에 관한 **법
원의 판결 내용을 조회하여 확정판결이 있은 날부터 2개월 이내에 예산의 범위에서 포상
금을 지급할 수 있다.** 다만, 환경부장관이 특히 필요하다고 인정하는 경우에는 확정판
결이 있기 전에 포상금을 지급할 수 있다.

③ 제2항에 따른 포상금은 해당 사건과 관련된 **야생생물을 금전으로 환산한 가액(價額)을
고려하여 환경부장관이 정한다.**

④ 환경부장관 또는 지방자치단체의 장은 법 제34조의6제1항에 따라 질병에 걸린 것으로
**확인되거나 걸릴 우려가 있는 야생동물(죽은 야생동물을 포함한다)의 신고자에게 야생동
물의 질병이 확진된 이후 2개월 이내에 예산의 범위에서 포상금을 지급할 수 있다.** 이 경
우 포상금의 금액 및 지급절차 등에 관하여 필요한 사항은 환경부장관이 정하여 고시
한다.〈신설 2015. 3. 24.〉

[전문개정 2012. 7. 31.]

제38조의2(보상금)

① 법 제57조의2제1항 및 제2항에 따른 보상금의 지급 및 감액 기준은 별표 1의4와 같다.
② 제1항의 기준에 따른 야생동물의 평가액 산정 기준 및 방법 등에 관한 세부적인 사항
은 환경부장관이 정하여 고시한다.

[본조신설 2020. 5. 26.]

제39조(권한의 위임)

① 환경부장관은 법 제66조제1항에 따라 법 제31조에 따른 특별보호구역의 토지 등의 매
수 및 손실보상에 관한 권한을 시·도지사에게 위임한다.

② 환경부장관은 법 제66조제1항에 따라 다음 각 호의 권한을 유역환경청장 또는 지방환
경청장에게 위임한다.〈개정 2014. 7. 16., 2020. 5. 26., 2023. 3. 14., 2024. 5. 14.〉

1. 법 제9조제2항에 따른 야생동물 등에 대한 압류 등 필요한 조치
2. 법 제14조제1항 단서에 따른 멸종위기 야생생물의 포획·채취등의 허가
3. 법 제14조제2항 단서에 따른 폭발물 사용 등의 허가
4. 법 제14조제4항에 따른 포획·채취등 신고의 접수
5. 법 제14조제5항에 따른 보관 신고의 접수

6. 법 제15조에 따른 허가취소 및 허가증 반납의 수령

7. 법 제16조제1항 본문에 따른 국제적 멸종위기종 및 그 가공품의 수출·수입·반입 또는 반출의 허가

8. 법 제16조제3항 단서에 따른 용도변경의 승인

9. 법 제16조제6항에 따른 양도·양수·폐사(斃死) 등 신고의 접수

9의2. 법 제16조제7항 본문에 따른 국제적 멸종위기종 인공증식증명서의 발급

9의3. 법 제16조제7항 단서에 따른 국제적 멸종위기종 인공증식의 허가

9의4. 법 제16조의2제1항에 따른 국제적 멸종위기종 사육시설의 등록의 접수

9의5. 법 제16조의2제2항에 따른 변경등록 또는 변경신고의 수리

9의6. 법 제16조의4제1항에 따른 정기 또는 수시 검사

9의7. 법 제16조의5에 따른 개선명령

9의8. 법 제16조의7제1항에 따른 시설의 폐쇄 또는 운영 중지에 대한 신고의 수리

9의9. 법 제16조의7제3항에 따른 조치명령

9의10. 법 제16조의8제1항에 따른 등록의 취소

9의11. 법 제16조의8제2항에 따른 등록의 취소 또는 폐쇄 명령

9의12. 법 제16조의9제2항에 따른 사육시설등록자의 권리·의무 승계 신고의 접수

10. 법 제17조제1항에 따른 국제적 멸종위기종 및 그 가공품의 수출·수입·반입 또는 반출 허가의 취소

11. 법 제17조제2항에 따른 보호조치 및 같은 조 제3항에 따른 국제적 멸종위기종의 반송·이송

12. 법 제24조제1항에 따른 야생화된 동물에 대한 조치

13. 삭제〈2020. 5. 26.〉

14. 삭제〈2020. 5. 26.〉

15. 법 제28조에 따른 특별보호구역에서의 훼손행위 또는 금지행위를 한 자에 대한 지도·단속과 행위의 제한

16. 법 제29조에 따른 특별보호구역에서의 출입의 제한·금지, 출입 제한·금지 지역의 위치 등의 고시, 출입 제한·금지의 해제 및 그 사실의 고시

17. 법 제30조에 따른 특별보호구역에서의 행위중지, 원상회복 및 이에 상응하는 조치의 명령

18. 법 제32조제1항 및 제2항에 따른 멸종위기종관리계약의 체결 및 체결의 권고와 계약 이행으로 인한 손실의 보상

19. 법 제32조제3항에 따른 개인하수처리시설 설치비용의 지원

20. 법 제32조제4항에 따른 지원방안의 수립 및 지원에 필요한 조치 등의 요청

21. 삭제〈2020. 5. 26.〉

22. 법 제56조제1항에 따른 보고·자료제출의 명령과 사무실 등의 출입·검사 및 질문

23. 법 제56조제2항에 따른 멸종위기 야생생물 및 수렵면허증의 소지 여부 등의 검사

24. 법 제56조제3항에 따른 국제적 멸종위기종이 서식하는 장소에의 출입 및 관계 서류 등의 검사

25. 법 제57조(제8호의2는 제외한다)에 따른 포상금 지급에 관한 사항

26. 법 제59조에 따른 야생생물 보호원의 임명

27. 법 제61조에 따른 명예 야생생물 보호원의 위촉

28. 법 제62조에 따른 야생생물 보호원의 해임 및 명예 야생생물 보호원의 해촉

29. 법 제64조에 따른 청문(법 제15조제1항 및 제17조제1항의 경우로 한정한다)

30. 법 제73조제2항(제6호의2는 제외한다) 및 같은 조 제3항제3호부터 제5호까지, 같은 항 제11호·제12호·제24호에 따른 과태료의 부과·징수

31. 제11조에 따른 인공증식증명서의 발급에 관한 사항

32. 제13조제2호에 따른 증명서의 발급에 관한 사항

33. 제13조제5호에 따른 악기 인증서의 발급에 관한 사항

③ 환경부장관은 법 제66조제1항에 따라 다음 각 호의 권한을 국립야생동물질병관리원장에게 위임한다.〈개정 2015. 3. 24., 2020. 9. 29., 2024. 5. 14.〉

1. 법 제34조의8제1항에 따른 야생동물 질병의 발생 현황 공개

2. 법 제34조의15제1항 단서에 따른 수입 허가

3. 법 제57조제8호의2에 따른 포상금 지급

4. 법 제73조제2항제6호의2에 따른 과태료의 부과·징수

④ 환경부장관은 법 제66조제1항에 따라 법 제6조의3제1항에 따른 야생동물종합관리시스템의 구축 및 운영에 관한 권한을 국립생물자원관장에게 위임한다.〈신설 2023. 12. 12.〉

[전문개정 2012. 7. 31.]

제39조의2(업무의 위탁)

① 환경부장관은 법 제66조제3항에 따라 다음 각 호의 업무를 「국립생태원의 설립 및 운영에 관한 법률」에 따른 국립생태원에 위탁한다.

1. 법 제6조제1항에 따른 서식실태 정밀조사

2. 법 제6조제2항에 따른 관찰종 조사

3. 법 제8조의2제2항에 따른 인공구조물로 인한 충돌·추락 등의 야생동물 피해에 관한 실태조사 및 자료 제출 등의 협조 요청

4. 법 제8조의4제1항에 따른 유기·방치 야생동물 보호시설의 설치·운영

② 환경부장관은 법 제66조제3항에 따라 법 제34조의12제1항제2호에 따른 야생동물 질병의 확산 방지 조치에 관한 업무(확산 방지 조치를 위해 설치하는 시설의 운영·관리에 관한 업무로 한정한다)를 「환경정책기본법」 제59조에 따른 한국환경보전원에 위탁한다.

[본조신설 2023. 12. 12.]

[종전 제39조의2는 제39조의3으로 이동 〈2023. 12. 12.〉]

제39조의3(고유식별정보의 처리)

환경부장관(제39조에 따라 환경부장관의 권한을 위임받은 자를 포함한다) 또는 지방자치단체의 장(해당 권한이 위임·위탁된 경우에는 그 권한을 위임·위탁받은 자를 포함한다)은 다음 각 호의 사무를 수행하기 위하여 불가피한 경우 「개인정보 보호법 시행령」 제19조제1호·제2호 또는 제4호에 따른 주민등록번호·여권번호 또는 외국인등록번호가 포함된 자료를 처리할 수 있다.〈개정 2015. 3. 24.〉

1. 법 제7조제1항에 따른 서식지외보전기관 지정에 관한 사무
2. 삭제〈2015. 3. 24.〉
3. 법 제12조제1항에 따른 야생동물 피해 예방시설 설치 지원에 관한 사무
4. 법 제12조제2항에 따른 야생동물로 인한 피해보상에 관한 사무
5. 법 제14조제1항에 따른 멸종위기 야생생물의 포획·채취등의 허가에 관한 사무
6. 법 제14조제5항에 따른 멸종위기 야생생물 등 보관신고에 관한 사무
7. 법 제16조제1항에 따른 국제적 멸종위기종 등의 수출·수입·반출·반입 허가 등에 관한 사무
8. 법 제16조제3항 단서에 따른 국제적 멸종위기종 등의 용도변경 승인에 관한 사무
9. 법 제19조제1항에 따른 야생생물 포획 등의 허가에 관한 사무
10. 법 제23조제1항에 따른 유해야생동물 포획허가에 관한 사무
11. 삭제〈2020. 5. 26.〉
12. 법 제31조제2항에 따른 손실보상에 관한 사무
13. 법 제32조제1항에 따른 멸종위기종관리계약 체결 등에 관한 사무
14. 법 제32조제3항에 따른 개인하수처리시설 설치비용 지원에 관한 사무
15. 법 제33조제5항에 따른 야생생물 보호구역 출입에 관한 사무
15의2. 법 제34조의4제2항에 따른 야생동물 치료기관의 지정에 관한 사무
16. 법 제35조제1항에 따른 생물자원 보전시설 등록에 관한 사무
17. 법 제40조제1항에 따른 박제품의 제조업 또는 판매업 등록 또는 변경등록에 관한 사무
18. 법 제44조 및 제45조에 따른 수렵면허 및 그 갱신과 수렵면허시험에 관한 사무

19. 법 제47조에 따른 수렵 강습에 관한 사무

20. 법 제48조에 따른 수렵면허증 발급 및 재발급에 관한 사무

21. 법 제50조제1항에 따른 수렵장 안에서의 야생동물 수렵승인에 관한 사무

22. 법 제53조제1항에 따른 수렵장의 관리·운영 위탁에 관한 사무

23. 법 제59조제1항에 따른 야생생물 보호원 임명에 관한 사무

24. 법 제61조에 따른 명예 야생생물 보호원 위촉에 관한 사무

25. 제11조에 따른 인공증식증명서 발급에 관한 사무

[전문개정 2012. 7. 31.]

[제39조의2에서 이동, 종전 제39조의3은 제39조의4로 이동 〈2023. 12. 12.〉]

제39조의4(규제의 재검토)

환경부장관은 다음 각 호의 사항에 대하여 다음 각 호의 기준일을 기준으로 **3년마다**(매 3년이 되는 해의 기준일과 같은 날 전까지를 말한다) 그 타당성을 검토하여 개선 등의 조치를 해야 한다.〈개정 2022. 3. 8.〉

1. 삭제〈2024. 2. 27.〉

2. 제13조의3 및 별표 1의3에 따른 사육시설 등록대상인 국제적 멸종위기종: 2014년 7월 17일

3. 제13조의4에 따른 환경부장관의 검사를 받아야 하는 사육시설: 2014년 7월 17일

4. 제14조의2에 따른 야생생물의 용도별 수입·반입 허가기준: 2022년 1월 1일

[본조신설 2014. 7. 16.]

[제39조의3에서 이동 〈2023. 12. 12.〉]

제40조(과태료의 부과기준)

법 제73조제1항부터 제3항까지의 규정에 따른 과태료의 부과기준은 **별표 2**와 같다.

[전문개정 2012. 7. 31.]

부칙〈제34509호, 2024. 5. 14.〉

이 영은 2024년 5월 19일부터 시행한다. 다만, 제14조의2제1항제3호의 개정규정은 공포한 날부터 시행한다.

별표/서식

[별표 1] 국제적 멸종위기종 및 그 가공품의 수출·수입등의 허가기준(제12조제1항 관련)

[별표 1의2] 인공증식 허가대상인 국제적 멸종위기종(제13조의2 관련)

[별표 1의3] 사육시설 등록대상인 국제적 멸종위기종(제13조의3 관련)

[별표 1의4] 보상금의 지급 및 감액 기준(제38조의2제1항 관련)

[별표 2] 과태료의 부과기준(제40조 관련)

■ 야생생물 보호 및 관리에 관한 법률 시행령 [별표1] 〈개정 2018. 3. 27.〉

국제적 멸종위기종 및 그 가공품의 수출·수입등의 허가기준(제12조제1항 관련)

1. 멸종위기종국제거래협약 부속서 Ⅰ에 포함된 생물
  가. 수출 또는 반출 허가
    1) 생물의 수출 또는 반출이 그 종의 생존에 위협을 주지 않는 경우
    2) 생물이 생물의 보호와 관련된 법령을 위반하지 않고 획득된 것으로 인정되는 경우
    3) 살아 있는 생물의 경우에는 개체에 대한 피해 또는 학대의 위험을 최소화하여 선적될 것이라고 인정되는 경우
    4) 생물에 대한 수입허가서가 발급된 경우
  나. 수입 또는 반입 허가
    1) 생물의 수입 또는 반입이 그 종의 생존에 위협을 주지 않는 경우
    2) **살아있는 생물의 경우 다음의 기준을 모두 충족할 것**
      가) 수령예정자가 그 생물을 수용하고 보호할 **적절한 시설**을 갖추었을 것
      나) 작살, 덫 등 고통이 일정 시간 지속되는 도구를 이용한 포획, 시각·청각 등의 신경을 자극하는 포획 또는 떼 몰이식 포획 등 **잔인한 방법으로 포획되지 않았을 것**
      다) **해당 생물의 개체군 규모가 불명확하거나 감소 중인 지역에서 포획되지 않았을 것**
    3) **생물이 주로 상업적인 목적으로 이용되지 않을 것이라고 인정되는 경우**
  다. 재수출허가
    1) 생물이 법 제16조에 따라 수입된 것으로 인정되는 경우
    2) 살아 있는 생물의 경우에는 개체에 대한 피해 또는 학대의 위험을 최소화하여 선적될 것이라고 인정되는 경우
    3) 생물에 대한 수입허가서가 발급된 경우

2. 멸종위기종국제거래협약 부속서 Ⅱ에 포함된 생물
  가. 수출 또는 반출 허가
    1) 생물의 수출 또는 반출이 종의 생존에 위협을 주지 않는 경우
    2) 생물이 생물의 보호와 관련된 법령을 위반하지 않고 획득된 것으로 인정되는 경우

3) 살아 있는 생물의 경우에는 개체에 대한 피해 또는 학대의 위험을 최소화하여
   선적될 것이라고 인정되는 경우

나. 수입 또는 반입 허가

1) 생물에 대한 수출허가서 또는 재수출허가서를 사전에 제출한 경우

2) 생물의 수입 또는 반입이 종의 생존에 위협을 주지 않는 경우

3) **살아있는 생물의 경우 다음의 기준을 모두 충족할 것**

   가) **개체에 대한 피해 또는 학대의 위험을 최소화하여 선적될 것이라고 인정될 것**

   나) 작살, 덫 등 고통이 일정 시간 지속되는 도구를 이용한 포획, 시각·청각 등
   의 신경을 자극하는 포획 또는 떼 몰이식 포획 등 **잔인한 방법으로 포획되
   지 않았을 것**

   다) **해당 생물의 개체군 규모가 불명확하거나 감소 중인 지역에서 포획되지 않았
   을 것**

다. 재수출허가

1) 생물이 법 제16조에 따라 수입된 것으로 인정되는 경우

2) 살아 있는 생물의 경우에는 개체에 대한 피해 또는 학대의 위험을 최소화하여
   선적될 것이라고 인정되는 경우

3. 멸종위기종국제거래협약 부속서 Ⅲ에 포함된 생물

가. 수출 또는 반출 허가

1) 생물이 생물의 보호와 관련된 법령을 위반하지 않고 획득된 것으로 인정되는
   경우

2) 살아 있는 생물의 경우에는 개체에 대한 피해 또는 학대의 위험을 최소화하여
   선적될 것이라고 인정되는 경우

나. 수입 또는 반입 허가

1) 생물의 종을 멸종위기종국제거래협약 부속서 Ⅲ에 포함시키지 않은 국가로부터
   수입하는 경우에는 생물에 대한 원산지증명서를 제출하는 경우

2) 생물의 종을 멸종위기종국제거래협약 부속서 Ⅲ에 포함시킨 국가로부터 수입하
   는 경우에는 수출 또는 반출 허가서를 제출하는 경우

3) 재수출국으로부터 수입하는 경우에는 재수출 국가에서 가공되었거나 재수출되
   는 것을 인정하는 증명서를 제출하는 경우

4) **살아있는 생물의 경우 다음의 기준을 모두 충족할 것**

   가) 작살, 덫 등 고통이 일정 시간 지속되는 도구를 이용한 포획, 시각·청각 등
   의 신경을 자극하는 포획 또는 떼 몰이식 포획 등 **잔인한 방법으로 포획되
   지 않았을 것**

나) 해당 생물의 개체군 규모가 불명확하거나 감소 중인 지역에서 포획되지 않았을 것

다. 재수출승인

1) 생물이 법 제16조에 따라 수입된 것으로 인정되는 경우

2) 살아 있는 생물의 경우에는 개체에 대한 피해 또는 학대의 위험을 최소화하여 선적될 것이라고 인정되는 경우

4. 비고

가. **멸종위기종국제거래협약 부속서 Ⅰ에 포함된 생물종 및 그 가공품으로서 상업적 목적으로 인공증식된 표본은 멸종위기종국제거래협약 부속서 Ⅱ에 포함된 생물종 및 그 가공품으로 본다.**

나. 멸종위기종국제거래협약 부속서 Ⅰ, Ⅱ 또는 Ⅲ에 포함된 동물로서 조류 또는 포유류에 대한 **수입 또는 반입 허가를 하는 경우**에는 제1호부터 제3호까지의 허가기준 외에 **다음의 어느 하나에 해당하여야 한다.** 다만, 조류·포유류의 가공품과 고래류에 대해서는 다음의 어느 하나에 해당하지 않아도 제1호부터 제3호까지의 **허가기준에 따라 수입 또는 반입의 허가를 할 수 있다.**

1) 제10조에 따른 학술 연구용으로 수입 또는 반입하는 경우

2) 공원·관광지·동물원·박물관 등에서 일반 공중의 관람에 제공하기 위하여 **수입 또는 반입하는 경우**

3) 일시 체류를 목적으로 입국하는 사람이 출국 시 반출하기 위하여 애완용 멸종위기 야생동물 등을 반입하는 경우

4) 외국에서 판매용으로 인공증식된 것 중 **국내 생태계를 교란할 우려가 없는 종으로서 환경부장관이 정하여 고시하는 종을 수입 또는 반입하는 경우**

2.2 야생생물 보호 및 관리에 관한 법률 시행령 별표

■ 야생생물 보호 및 관리에 관한 법률 시행령 [별표 1의2] 〈개정 2023. 3. 14.〉

인공증식 허가대상인 국제적 멸종위기종(제13조의2 관련)

1. 포유류(MAMMALIA)

번호	국명	학명
식육목(CARNIVORA)		
고양이과(Felidae)		
1	치타	*Acinonyx jubatus*
2	사자	*Panthera leo*
3	스라소니	*Lynx lynx*
4	퓨마	*Puma concolor*
5	재규어	*Panthera onca*
6	표범	*Panthera pardus*
7	호랑이	*Panthera tigris*
8	설표	*Panthera uncia*
곰과(Ursidae)		
9	말레이곰	*Helarctos malayanus*
10	반달가슴곰	*Ursus thibetanus*
11	아메리카검정곰	*Ursus americanus*
12	불곰	*Ursus arctos*

2. 파충류(REPTILIA)

번호	국명	학명
악어목(CROCODYLIA)		
1	알리게이터악어과 모든 종	*Alligatoridae spp.*
2	크로커다일악어과 모든 종	*Crocodylidae spp.*
3	인도악어과 모든 종	*Gavialidae spp.*
뱀목(SERPENTES)		
4	코브라과 모든 종	*Elapidae spp.*
5	살모사과 모든 종	*Viperidae spp.*

사육시설 등록대상인 국제적 멸종위기종(제13조의3 관련)

1. 별표 1의2에 따라 인공증식 허가를 받아야 하는 국제적 멸종위기종

1. 자연생태계 방출 시 생태계 교란의 우려가 있는 국제적 멸종위기종

　가. 포유류(MAMMALIA)

번호	국명	학명
식육목(CARNIVORA)		
족제비과(Mustelidae)		
1	작은발톱수달	*Aonyx cinereus*

　나. 파충류(REPTILIA)

번호	국명	학명
거북목(TESTUDINES)		
돼지코거북과(Carettochelyidae)		
2	돼지코거북	*Carettochelys insculpta*
늑대거북과(Chelydridae)		
3	악어거북	*Macrochelys temminckii*
남생이과(Geoemydidae)		
4	남생이	*Mauremys reevesii*

3. 가축질병, 인수공통감염병 등 주요 질병의 매개체 역할을 할 수 있어 특별한 관리가 필요한 국제적 멸종위기종

번호	국명	학명
영장목(PRIMATES)		
긴꼬리원숭이과(Cercopithecidae)		
1	동부콜로부스	*Colobus guereza*
2	필리핀원숭이 (게잡이원숭이)	*Macaca fascicularis*
3	일본원숭이	*Macaca fuscata*
4	히말라야원숭이	*Macaca mulatta*
5	돼지꼬리원숭이	*Macaca nemestrina*
6	검은짧은꼬리원숭이	*Macaca nigra*
7	보닛원숭이	*Macaca radiata*

02
야생생물법

시행령 별표

번호	국명	학명
8	사자꼬리원숭이	*Macaca silenus*
9	토크원숭이	*Macaca sinica*
10	그리벳원숭이	*Chlorocebus aethiops*
11	올리브개코원숭이	*Papio anubis*
12	다이애나원숭이	*Cercopithecus diana*
13	맨드릴	*Mandrillus sphinx*
14	브라자원숭이	*Cercopithecus neglectus*
15	사바나원숭이	*Chlorocebus sabaeus*
16	망토개코원숭이	*Papio hamadryas*
17	모나원숭이	*Cercopithecus mona*
거미원숭이과(Atelidae)		
18	검은이마거미원숭이	*Ateles geoffroyi*
올빼미원숭이과(Aotidae)		
19	세줄무늬올빼미원숭이	*Aotus trivirgatus*
로리스과(Lorisidae)		
20	순다로리스	*Nycticebus coucang*
사람과(Hominidae)		
21	침팬지	*Pan troglodytes*
22	고릴라	*Gorilla gorilla*
23	오랑우탄	*Pongo pygmaeus*
긴팔원숭이과(Hylobatidae)		
24	큰긴팔원숭이	*Symphalangus syndactylus*
25	검은볏긴팔원숭이	*Nomascus concolor*
26	흰손긴팔원숭이	*Hylobates lar*
여우원숭이과(Lemuridae)		
27	알락꼬리여우원숭이	*Lemur catta*
꼬리감는원숭이과(Cebidae)		
28	흰머리카푸친	*Cebus capucinus*
29	비단마모셋	*Callithrix jacchus*
30	검은술마모셋	*Callithrix penicillata*
31	다람쥐원숭이속 모든 종	*Saimiri spp.*
32	검은머리카푸친	*Cebus apella*
33	목화머리타마린	*Saguinus oedipus*
소목(ARTIODACTYLA)		
소과(Bovidae)		
34	바바리양	*Ammotragus lervia*
35	마르코염소	*Capra falconeri*
36	흰오릭스	*Oryx dammah*

번호	국명	학명
사슴과(Cervidae)		
37	바라싱가	*Rucervus duvaucelii*
낙타과(Camelidae)		
38	과나코	*Lama guanicoe*
페커리과(Tayassuidae)		
39	목도리페커리	*Tayassu pecari*
말목(PERISSODACTYLA)		
말과(Equidae)		
40	몽골야생말	*Equus przewalskii*

4. 특정 시설 장치 및 관리 여부가 개체의 생존에 현저한 영향을 미칠 수 있어 동물의 복지 상태에 대한 지속적인 관리가 필요한 국제적 멸종위기종

가. 포유류(MAMMALIA)

번호	국명	학명
식육목(CARNIVORA)		
물개과(Otariidae)		
1	남아메리카물개	*Arctocephalus australis*
고래목(CETACEA)		
참돌고래과(Delphinidae)		
2	큰돌고래(태평양돌고래)	*Tursiops truncatus*
3	남방큰돌고래	*Tursiops aduncus*
코끼리목(PROBOSCIDEA)		
코끼리과(Elephantidae)		
4	아시아코끼리	*Elephas maximus*

나. 조류(AVES)

번호	국명	학명
매목(FALCONIFORMES)		
수리과(Accipitridae)		
5	참매	*Accipiter gentilis*
6	말똥가리	*Buteo buteo*
7	흰꼬리수리	*Haliaeetus albicilla*
8	참수리	*Haliaeetus pelagicus*
9	붉은허벅지말똥가리	*Parabuteo unicinctus*
10	달마수리	*Terathopius ecaudatus*
11	독수리	*Aegypius monachus*

	콘돌과(Cathartidae)	
12	큰콘돌	*Vultur gryphus*
	파랑새목(CORACIIFORMES)	
	코뿔새과(Bucerotidae)	
13	붉은코뿔새	*Aceros nipalensis*

다. 파충류(REPTILIA)

번호	국명	학명
	뱀목(SERPENTES)	
	비단왕뱀과(Pythonidae)	
14	미얀마왕뱀	*Python molurus bivittatus*
15	그물무늬왕뱀	*Python reticulatus*
	왕뱀과(Boidae)	
16	듀메릴보아구렁이	*Acrantophis dumerili*
17	왕뱀	*Boa constrictor*
18	그린아나콘다	*Eunectes murinus*
19	노랑아나콘다	*Eunectes notaeus*
	도마뱀목(SAURIA)	
	이구아나과(Iguanidae)	
20	그린이구아나	*Iguana iguana*
	악어도마뱀과(Xenosauridae)	
21	악어도마뱀	*Shinisaurus crocodilurus*
	테구도마뱀과(Teiidae)	
22	콜롬비아골드테구	*Tupinambis teguixin*
	왕도마뱀과(Varanidae)	
23	물왕도마뱀	*Varanus salvator*

라. 양서류(AMPHIBIA)

번호	국명	학명
	장수도롱뇽과(Cryptobranchidae)	
24	중국장수도롱뇽	*Andrias davidianus*

보상금의 지급 및 감액 기준(제38조의2제1항 관련)

1. **법 제57조의2제1항에 따라 보상금을 지급하는 경우에는 다음 각 목의 구분에 따른 금액을 지급한다.**

   가. 법 제57조의2제1항제1호의 경우: 다음의 구분에 따른 금액

   　1) 예방접종으로 인하여 죽은 야생동물과 사산 또는 유산된 야생동물의 태아의 경우: 예방접종 실시 당시의 해당 야생동물 및 그 태아의 평가액의 100분의 80

   　2) 예방접종으로 인하여 부상당한 야생동물의 경우: 부상당한 야생동물의 진료비 또는 정상적인 야생동물의 평가액에서 부상당한 야생동물의 평가액을 뺀 금액

   나. 법 제57조의2제1항제2호의 경우

   　야생동물 보호·관리시설의 출입제한 일수 × (최근 1년간 1일 평균 유료 관람객 수 − 출입제한 기간 중 1일 평균 유료 관람객 수) × 해당 사육시설의 최근 1년 1명당 평균 유료 관람료 × 70퍼센트(야생동물 보호·관리시설 운영경비 중 고정비용 비율)

   다. 법 제57조의2제1항제3호의 경우: 살처분을 한 날을 기준으로 살처분한 야생동물의 평가액(이하 "야생동물평가액"이라 한다)의 전액. 다만, 돼지열병 또는 브루셀라병(소의 경우만 해당한다)에 대해서는 야생동물평가액의 100분의 80에 해당하는 금액을 지급하고, 결핵병(사슴의 경우만 해당한다)에 대해서는 야생동물평가액의 100분의 60에 해당하는 금액을 지급하며, 구제역 또는 고병원성 조류인플루엔자 감염 야생동물이 발견된 야생동물 보호·관리시설에 대해서는 다음의 구분에 따른 금액을 지급한다.

   　1) 구제역 또는 고병원성 조류인플루엔자를 최초로 신고한 야생동물 보호·관리시설(시·군·구 단위로 판단한다): 야생동물평가액 전액

   　2) 폐쇄회로 텔레비전을 통한 확인 결과 방역 노력이 인정되는 야생동물 보호·관리시설: 야생동물평가액의 100분의 90

   　3) 그 밖의 경우: 야생동물평가액의 100분의 80

2. **법 제57조의2제2항에 따라 보상금의 전부 또는 일부를 감액하는 경우에는 다음 각 목의 구분에 따라 금액을 감액한다.**

   가. 법 제34조의6제1항을 위반하여 질병에 걸린 것으로 확인되거나 걸렸다고 의심할만한 정황이 있는 야생동물(죽은 야생동물을 포함한다)을 **신고하지 않거나 신고를 지연한 경우**(국가 또는 지방자치단체가 실시하는 검사 과정에서 발견되는 경우는 제외한다): 다음의 구분에 따른 금액

   　1) 야생동물의 소유자 등이 해당 야생동물 질병의 발병 증상이 **외관상 최초로 나타**

난 날(이하 "기준일"이라 한다)의 다음 날 신고한 경우: 야생동물평가액의 100분의 10에 해당하는 금액

2) 야생동물의 소유자 등이 기준일부터 2일째 되는 날 신고한 경우: 야생동물평가액의 100분의 20에 해당하는 금액

3) 야생동물의 소유자 등이 기준일부터 3일째 되는 날 신고한 경우: 야생동물평가액의 100분의 30에 해당하는 금액

4) 야생동물의 소유자 등이 기준일부터 4일 이후에 신고한 경우: 야생동물평가액의 100분의 40에 해당하는 금액

5) 법 제34조의6제1항에 따른 신고를 하지 않은 경우: 야생동물평가액의 100분의 60에 해당하는 금액

나. 법 제34조의9제2항을 위반하여 역학조사를 정당한 사유 없이 거부 또는 방해하거나 회피한 경우: 야생동물평가액의 100분의 20에 해당하는 금액

다. 법 제34조의10제1항에 따른 예방접종·격리·이동제한·출입제한 또는 살처분 명령에 따르지 않은 경우: 다음의 구분에 따른 금액

1) 야생동물에 대한 예방접종, 격리 또는 이동제한 명령에 따르지 않은 경우: 야생동물평가액의 100분의 5에 해당하는 금액. 다만, 구제역 예방접종 명령을 위반한 경우에는 야생동물평가액의 전액에 해당하는 금액으로 한다.

2) 관람객 등 외부인의 출입제한 명령에 따르지 않은 경우: 야생동물평가액의 100분의 5에 해당하는 금액

3) 야생동물의 살처분 명령에 따르지 않은 경우: 다음의 구분에 따른 금액

가) 살처분 명령을 내린 때부터 24시간 이상 48시간 미만 살처분이 지연된 경우: 야생동물평가액의 100분의 10에 해당하는 금액

나) 살처분 명령을 내린 때부터 48시간 이상 72시간 미만 살처분이 지연된 경우: 야생동물평가액의 100분의 30에 해당하는 금액

다) 살처분 명령을 내린 때부터 72시간 이상 살처분이 지연되거나 살처분을 하지 않은 경우: 야생동물평가액의 100분의 60에 해당하는 금액

■ 야생생물 보호 및 관리에 관한 법률 시행령 [별표 2] 〈개정 2024. 5. 14.〉

과태료의 부과기준(제40조 관련)

1. 일반기준

가. 위반행위의 횟수에 따른 과태료의 가중된 부과기준은 **최근 1년간 같은 위반행위로** 과태료 부과처분을 받은 경우에 적용한다. 이 경우 기간의 계산은 위반행위에 대하여 과태료 부과처분을 받은 날과 다시 같은 위반행위를 하여 적발된 날을 기준으로 한다.

나. 가목에 따라 가중된 부과처분을 하는 경우 가중처분의 적용차수는 그 위반행위 전 부과처분 차수(가목에 따른 기간 내에 과태료 처분이 둘 이상 있었던 경우에는 높은 차수를 말한다)의 다음 차수로 한다.

다. **부과권자는** 다음의 어느 하나에 해당하는 경우에는 제2호의 개별기준에 따른 **과태료 금액의 2분의 1 범위에서 그 금액을 줄일 수 있다.** 다만, 과태료를 체납하고 있는 위반행위자에 대해서는 그렇지 않다.

1) 위반행위가 위반행위자의 **사소한 부주의나 오류 등 과실로** 인한 것으로 인정되는 경우

2) 위반행위자가 **위반행위를 바로 정정하거나 시정하여 해소한 경우**

3) 고의 또는 중과실이 없는 위반행위자가 「소상공인기본법」 제2조에 따른 소상공인인 경우로서 위반행위자의 현실적인 부담능력, 경제위기 등으로 위반행위자가 속한 시장·산업 여건이 현저하게 변동되거나 지속적으로 악화된 상태인지 여부 등을 종합적으로 고려할 때 **과태료를 감경할 필요가 있다고 인정되는 경우**

4) 그 밖에 위반행위의 정도, 동기 및 그 결과 등을 **고려하여 줄일 필요가 있다고 인정하는 경우**

2. 개별기준

(단위: 만원)

위반행위	근거 법조문	과태료 금액		
		1차 위반	2차 위반	3차 이상 위반
가. 법 제7조의2제2항을 위반하여 지정서를 반납하지 않은 경우	법 제73조 제3항제1호	50	100	100
나. 법 제11조를 위반하여 야생동물을 운송한 경우	법 제73조 제3항제2호	20	40	60

다. 법 제14조제4항을 위반하여 멸종위기 야생생물의 포획·채취등의 결과를 신고하지 않은 경우	법 제73조 제2항제1호	100	150	200
라. 법 제14조제4항을 위반하여 허가증을 지니지 않은 경우	법 제73조 제3항제3호	50	100	100
마. 법 제14조제5항을 위반하여 멸종위기 야생생물 보관 사실을 신고하지 않은 경우	법 제73조 제2항제2호	100	150	200
바. 법 제15조제2항을 위반하여 허가증을 반납하지 않은 경우	법 제73조 제3항제4호	50	100	100
사. 법 제16조제6항을 위반하여 수입 또는 반입한 국제적 멸종위기종의 양도·양수 또는 질병·폐사 등을 신고하지 않은 경우	법 제73조 제3항제5호	100	100	100
아. 법 제16조제7항에 따른 국제적 멸종위기종 인공증식증명서를 발급받지 않은 경우	법 제73조 제3항제5호의2	100	100	100
자. 법 제16조제8항에 따른 국제적 멸종위기종 및 그 가공품의 입수경위를 증명하는 서류를 보관하지 않은 경우	법 제73조 제3항제5호의3	100	100	100
차. 법 제16조의2제2항에 따른 사육시설의 변경신고를 하지 않거나 거짓으로 변경신고를 한 경우	법 제73조 제3항제5호의4	30	50	100
카. 법 제16조의7제1항에 따른 사육시설의 폐쇄 또는 운영 중지 신고를 하지 않은 경우	법 제73조 제3항제5호의5	50	100	100
타. 법 제16조의9제2항에 따른 승계신고를 하지 않은 경우	법 제73조 제3항제5호의6	50	100	100
파. 법 제19조제5항을 위반하여 야생생물의 포획·채취하거나 죽인 결과를 신고하지 않은 경우	법 제73조 제3항제6호	50	100	100
하. 법 제20조제2항을 위반하여 허가증을 반납하지 않은 경우	법 제73조 제3항제7호	50	100	100
거. 법 제23조제6항을 위반하여 유해야생동물의 포획 결과를 신고하지 않은 경우	법 제73조 제2항제2호의2	100	150	200
너. 법 제23조제7항에 따른 안전수칙을 지키지 않은 경우	법 제73조 제3항제8호	50	100	100
더. 법 제23조제8항에 따른 유해야생동물 처리 방법을 지키지 않은 경우	법 제73조 제3항제8호의2	50	100	100
러. 법 제23조의2제2항을 위반하여 허가증을 반납하지 않은 경우	법 제73조 제3항제9호	50	100	100
머. 법 제26조제2항에 따른 시·도지사의 조치를 위반한 경우	법 제73조 제1항제1호	500	700	1,000
버. 법 제28조제3항에 따른 다음의 금지행위를 한 경우	법 제73조 제3항제11호			
1) 「물환경보전법」 제2조제8호에 따른 특정수질유해		100	100	100

물질, 「폐기물관리법」 제2조제1호에 따른 폐기물 또는 「화학물질관리법」 제2조제2호에 따른 유독물질을 버리는 행위				
2) 환경부령으로 정하는 인화물질을 소지하거나 취사 또는 야영하는 행위		20	30	50
3) 야생생물 보호에 관한 안내판 그 밖의 표지물을 더럽히거나 훼손하거나 함부로 이전하는 행위		50	50	50
4) 소리·빛·연기·악취 등을 내어 야생동물을 쫓는 행위		50	100	100
5) 야생생물의 둥지·서식지를 훼손하는 행위		100	100	100
6) 풀, 입목, 죽의 채취 및 벌채(제18조제3호 단서의 경우는 제외한다)		100	100	100
7) 가축의 방목		50	100	100
8) 야생동물의 포획 또는 그 알의 채취		100	100	100
9) 동물의 방사(제18조제6호 단서의 경우는 제외한다)		50	100	100
서. 법 제28조제4항에 따른 행위제한을 위반한 경우	법 제73조 제3항제12호	50	100	100
어. 법 제29조제1항에 따른 출입 제한 또는 금지를 위반한 경우	법 제73조 제2항제3호	100	150	200
저. 법 제33조제4항에 따른 시·도지사 또는 시장·군수·구청장의 조치를 위반한 경우	법 제73조 제1항제2호	500	700	1,000
처. 법 제33조제5항을 위반하여 야생동물의 번식기에 신고하지 않고 보호구역에 들어간 경우	법 제73조 제3항제13호	50	100	100
커. 법 제34조의5제2항을 위반하여 지정서를 반납하지 않은 경우	법 제73조 제3항제13호의2	50	100	100
터. 법 제34조의7제4항을 위반하여 야생동물 질병이 확인된 사실을 알면서도 법 제34조의6제1항에 따른 국립야생동물질병관리기관장과 관할 지방자치단체의 장에게 알리지 않은 경우	법 제73조 제3항제13호의3	50	100	100
퍼. 법 제34조의9제2항을 위반하여 역학조사를 정당한 사유 없이 거부 또는 방해하거나 회피한 경우	법 제73조 제2항제4호	100	150	200
허. 법 제34조의10제4항을 위반하여 주변 환경의 오염 방지를 위하여 필요한 조치를 이행하지 않은 경우	법 제73조 제2항제5호	100	150	200
고. 법 제34조의11제1항을 위반하여 야생동물의 사체를 매몰한 토지를 3년 이내에 발굴한 경우	법 제73조 제2항제6호	100	150	200
노. 법 제34조의13제7항을 위반하여 야생동물검역관의 질문에 거짓으로 답변하거나 야생동물검역관의 출	법 제73조 제2항제6호의2	100	150	200

입, 검사, 수거 및 소독 등 필요한 조치를 거부 또는 방해하거나 회피한 경우				
도. 법 제36조제2항을 위반하여 등록증을 반납하지 않은 경우	법 제73조 제3항제14호	50	100	100
로. 법 제40조제2항을 위반하여 장부를 갖춰두지 않거나 거짓으로 적은 경우	법 제73조 제3항제15호	50	100	100
모. 법 제40조제3항에 따른 시장·군수·구청장의 명령을 준수하지 않은 경우	법 제73조 제3항제16호	50	100	100
보. 법 제40조제6항을 위반하여 등록증을 반납하지 않은 경우	법 제73조 제3항제17호	50	100	100
소. 법 제47조의2제2항을 위반하여 지정서를 반납하지 않은 경우	법 제73조 제3항제19호	100	100	100
오. 법 제49조제2항을 위반하여 수렵면허증을 반납하지 않은 경우	법 제73조 제3항제20호	50	100	100
조. 법 제50조제2항을 위반하여 수렵동물임을 확인할 수 있는 표지를 붙이지 않은 경우	**법 제73조 제3항제21호**	**50**	**100**	**100**
초. 법 제52조를 위반하여 수렵면허증을 지니지 않고 수렵한 경우	**법 제73조 제3항제22호**	**50**	**50**	**100**
코. 법 제53조제3항을 위반하여 수렵장 운영실적을 보고하지 않은 경우	법 제73조 제3항제23호	100	100	100
토. 법 제56조제1항부터 제3항까지의 규정에 따른 공무원의 출입·검사·질문을 거부·방해 또는 기피한 경우	법 제73조 제2항제7호	100	150	200
포. 법 제56조제1항에 따른 보고 또는 자료 제출을 하지 않거나 거짓으로 한 경우	법 제73조 제3항제24호	100	100	100
호. 법률 제19088호 야생생물 보호 및 관리에 관한 법률 일부개정법률 부칙 제3조제1항 후단을 위반하여 「동물원 및 수족관의 관리에 관한 법률」 제15조제1항제4호의 금지행위를 한 경우	법률 제19088호 야생생물 보호 및 관리에 관한 법률 일부개정법률 부칙 제3조제2항	150	200	300 (4차 이상 위반 시 500)

[시행 2024. 6. 28.] [환경부령 제1102호, 2024. 6. 28., 일부개정]

제1조(목적)

이 규칙은 「야생생물 보호 및 관리에 관한 법률」 및 같은 법 시행령에서 위임된 사항과 그 시행에 필요한 사항을 규정함을 목적으로 한다.

[전문개정 2012. 7. 27.]

제2조(멸종위기 야생생물)

「야생생물 보호 및 관리에 관한 법률」(이하 "법"이라 한다) 제2조제2호에 따른 멸종위기 야생생물은 별표 1과 같다.

[전문개정 2012. 7. 27.]

제3조 삭제〈2013. 2. 1.〉

제4조(유해야생동물)

법 제2조제5호에 따른 유해야생동물은 **별표 3**과 같다.

[전문개정 2012. 7. 27.]

제4조의2(야생동물 질병)

법 제2조제8호에서 "환경부령으로 정하는 질병"이란 별표 3의2에 따른 질병을 말한다.

[본조신설 2015. 3. 25.]

제4조의3(야생동물 검역대상질병)

법 제2조제8호의2 전단에서 "환경부령으로 정하는 것"이란 별표 3의2에 따른 질병 중 다음 각 호의 사항을 고려하여 환경부장관이 정하여 고시하는 질병을 말한다.

1. 국내에 유입·정착·전파될 가능성
2. 국내 야생동물과 생태계에 미칠 영향
3. 국내 및 해외에서의 해당 질병에 대한 유해성 정보

---

18) 이 법의 시행규칙은 교재 개발 시 최신 법령인 '**야생생물 보호 및 관리에 관한 법률**[시행 2024. 5. 19.] [**법률 제18171호, 2021. 5. 18., 일부개정**]'을 기준으로 하고 있음. 추후 개정내용은 QR을 통해 제공될 예정.

[본조신설 2024. 5. 17.]

제5조(실태조사)

① 법 제6조제1항에 따라 특별히 보호하거나 관리할 필요가 있는 야생생물에 대한 서식 실태의 조사(이하 "실태조사"라 한다)에는 다음 각 호의 사항이 포함되어야 한다.

  1. 종별(種別) 서식지 및 서식현황

  2. 종별 생태적 특성

  3. 주요 위협요인

  4. 보전 또는 관리 대책의 수립을 위하여 필요한 사항

② 환경부장관은 법 제5조제1항에 따른 야생생물 보호 기본계획의 범위에서 실태조사계획을 매년 수립하고 이에 따라 실태조사를 하여야 한다.

③ 삭제〈2018. 12. 10.〉

[전문개정 2012. 7. 27.]

제6조(서식지외보전기관의 지정)

① 「야생생물 보호 및 관리에 관한 법률 시행령」(이하 "영"이라 한다) 제5조제2항에 따라 서식지 외 보전기관(이하 "서식지외보전기관"이라 한다)으로 지정받으려는 자는 별지 제1호서식의 서식지외보전기관 지정신청서에 다음 각 호의 서류를 첨부하여 환경부장관에게 제출하여야 한다.

  1. 시설 현황 명세서

  2. 운영 현황 명세서

  3. 야생생물 보전계획서

  4. 시설 및 운영에 관한 개선계획서(개선할 필요가 있다고 인정되는 경우만 해당한다)

② 환경부장관은 서식지외보전기관을 지정한 경우에는 별지 제2호서식의 서식지외보전기관 지정서를 발급하여야 한다.

[전문개정 2012. 7. 27.]

제7조(서식지외보전기관의 운영)

① 서식지외보전기관은 법 제7조제3항에 따라 보호·관리하고 있는 야생생물의 생태적 특성을 고려하여 적합한 서식조건을 유지하여야 한다.

② 서식지외보전기관은 야생생물의 보호·관리에 관한 사항을 별지 제3호서식의 서식지외보전대상 야생생물 관리대장에 기록하고 이를 보존하여야 한다.

[전문개정 2012. 7. 27.]

제7조의2(인공구조물의 범위 및 설치기준)

① 법 제8조의2제1항에 따라 국가기관, 지방자치단체 및 「공공기관의 운영에 관한 법률」 제4조에 따라 지정된 **공공기관**(이하 "**공공기관등**"이라 한다)이 충돌·추락 등의 야생동물 피해가 최소화될 수 있도록 설치·관리해야 하는 인공구조물(이하 "**인공구조물**"이라 한다)의 범위는 다음 각 호와 같다.

　　1. **야생동물이 충돌할 수 있는 인공구조물**: 투명하거나 빛이 전(全)반사되는 자재를 사용하여 야생동물의 충돌 피해를 유발하는 건축물, 방음벽, 유리벽 등의 인공구조물

　　2. **야생동물이 추락할 수 있는 인공구조물**: 구조와 자재 등으로 인해 야생동물의 추락 피해를 유발하는 건축물, 수로 등의 인공구조물

② 공공기관등은 제1항제1호에 따른 인공구조물을 설치하는 경우에는 **투명하거나 빛이 전반사되는 자재**에 다음 각 호의 어느 하나에 해당하는 무늬를 적용해야 한다.

　　1. **선형(線形) 무늬**

　　　　가. 가로무늬: 굵기는 3mm 이상이고, 상하간격이 5cm 이하여야 한다.

　　　　나. 세로무늬: 굵기는 6mm 이상이고, 좌우간격이 10cm 이하여야 한다.

　　2. **그 밖의 무늬(비정형 또는 기하학적 무늬를 포함한다)**: 무늬의 직경은 6mm 이상이고 무늬사이의 공간은 $50cm^2$ 이하여야 하며, 무늬의 상하간격은 5cm 이하이고 좌우간격은 10cm 이하여야 한다.

③ 공공기관등은 제1항제2호에 따른 인공구조물을 설치하는 경우에는 다음 각 호의 시설 중 하나 이상의 시설을 설치해야 한다.

　　1. **탈출시설**: 야생동물이 인공구조물 내부에서 외부로 탈출할 수 있도록 하는 시설

　　2. **횡단이동시설**: 야생동물이 인공구조물에서 추락하지 않고 횡단할 수 있도록 하는 시설

　　3. **회피유도시설**: 야생동물이 인공구조물에서 추락하는 것을 방지하거나 횡단이동을 유도하는 구조를 갖춘 시설

　　4. 그 밖에 환경부장관이 야생동물의 추락을 방지하는 효과가 있다고 인정하는 시설

④ 공공기관등은 인공구조물을 설치하는 경우에는 **야생동물의 충돌·추락 등의 야생동물 피해가 최소화될 수 있는 위치에 적합하게 설치해야 한다.**

[본조신설 2023. 6. 9.]

제7조의3(야생동물 충돌·추락 피해 실태조사의 대상·주기 및 방법)

① 환경부장관은 법 제8조의2제2항에 따른 인공구조물로 인한 충돌·추락 등의 야생동물 피해에 관한 실태조사(이하 "야생동물 충돌·추락 피해 실태조사"라 한다)를 실시하기 위하여 **매년 계획을 수립하고, 이에 따라 야생동물 충돌·추락 피해 실태조사를 실시해야 한다.**

② 환경부장관은 자연생태 보전을 위한 보호지역 또는 구역에 설치된 인공구조물에 대해 **야생동물 충돌·추락 피해 실태조사를 우선적으로 실시할 수 있다.**

③ 야생동물 충돌·추락 피해 실태조사의 방법은 별표 3의3과 같다.

[본조신설 2023. 6. 9.]

제7조의4(전시가 가능한 종)

법 제8조의3제1항제1호가목에서 "환경부령으로 정하는 종"이란 다음 각 호의 어느 하나에 해당하는 종을 말한다.

1. **조류 중** 앵무목(Psittaciformes), 꿩과(Phasianidae), 되새과(Fringillidae), 납부리새과(Estrildidae) 전 종

2. **파충류 중** 거북목(Testudines) 전 종

3. **파충류 중** 코브라과(Elapidae), 살모사과(Viperidae) **등 독이 있는 종을 제외한 뱀목**(Squamata) **전 종(도마뱀아목, 도마뱀부치아목, 이구아나아목을 포함한다)**

4. **전갈목(Scorpiones) 중 독이 있는 종을 제외한 절지동물문**(Arthropoda) **전 종**

[본조신설 2023. 12. 14.]

제7조의5(전시가 가능한 경우)

법 제8조의3제1항제2호에서 "**환경부령으로 정하는 경우**"란 다음 각 호의 어느 하나에 해당하는 경우를 말한다.

1. 사회공헌활동의 목적으로 대가 없이 야생동물을 이동하여 전시하는 경우

2. 다음 각 목의 어느 하나에 해당하는 기관에서 연구 또는 교육을 목적으로 전시하는 경우
   가. 서식지외보전기관(법 제7조제1항에 따라 보전하는 야생동물로 한정한다)
   나. 법 제8조의4에 따른 유기·방치 야생동물 보호시설
   다. 법 제34조의4제2항에 따른 야생동물의 질병연구 및 구조·치료시설
   라. 법 제35조제1항에 따른 생물자원 보전시설
   마. 「과학관의 설립·운영 및 육성에 관한 법률」에 따른 과학관
   바. 「생물자원관의 설립 및 운영에 관한 법률」에 따른 생물자원관
   사. 「수목원·정원의 조성 및 진흥에 관한 법률」 제5조에 따른 국공립수목원

[본조신설 2023. 12. 14.]

제7조의6(유기·방치 야생동물 보호시설의 설치 및 운영 기준)

① 법 제8조의4제1항에 따른 유기·방치 야생동물 보호시설(이하 "유기·방치 야생동물 보호시설"이라 한다)에서 갖춰야 하는 시설 및 설비는 다음 각 호와 같다.

1. 야생동물의 **진료 및 치료 시설**

2. 야생동물의 **생태적 특성에 맞는 사육시설**

3. 환기, 조명 및 온도·습도 조절 설비 등 **적절한 보호환경을 제공하기 위한 설비**

② **유기·방치 야생동물 보호시설에서는 수의사 및 사육사를 각각 1명 이상씩 갖춰야 한다.**

③ 제1항 및 제2항에서 규정한 사항 외에 유기·방치 야생동물 보호시설의 설치 및 운영에 필요한 세부사항은 환경부장관이 정하여 고시한다.

[본조신설 2023. 12. 14.]

제8조(먹는 것이 금지되는 야생동물)

법 제9조제1항에서 "환경부령으로 정하는 야생동물"이란 **별표 4**와 같다.

[전문개정 2012. 7. 27.]

제9조(포획도구의 제작·판매 등)

법 제10조 단서에서 "환경부령으로 정하는 경우"란 다음 각 호의 어느 하나에 해당하는 경우를 말한다.

1. **학술 연구용 또는 관람·전시용으로 사용하기 위하여** 법 제19조에 따라 포획허가를 받고 야생동물을 포획하기 위하여 도구(덫·창애·올무나 그 밖에 이와 유사한 방법으로 야생동물을 포획할 수 있는 도구를 말한다. 이하 같다)를 제작·소지 또는 보관하는 경우. 다만, **포획방법을 정하여 허가를 받은 경우**에는 그 허가받은 방법에 한정한다.

2. **유해야생동물을 포획하기 위하여** 법 제23조에 따라 포획허가를 받고 야생동물을 포획하기 위하여 도구를 제작·소지 또는 보관하는 경우. 다만, 포획방법을 정하여 허가를 받은 경우에는 그 허가받은 방법으로 한정한다.

3. 재산상의 피해를 막기 위하여 쥐·두더지를 잡는 소형 덫·창애를 제작·판매 또는 소지·보관하는 경우

[전문개정 2012. 7. 27.]

제10조(야생동물의 운송)

① 법 제11조제1항 각 호 외의 부분에서 "환경부령으로 정하는 자"란 「자동차관리법」 제2조제1호에 따른 자동차를 이용하여 다음 각 호의 시설로 야생동물을 운송하는 자를 말한다.

1. 서식지외보전기관

2. 법 제14조제1항 각 호 외의 부분 단서에 따른 허가(같은 항 제1호의 경우로 한정한

다)를 받은 연구기관

3. 법 제19조제1항 각 호 외의 부분 단서에 따른 허가(같은 항 제1호의 경우로 한정한다)를 받은 연구기관

4. 법 제35조에 따른 생물자원 보전시설

5. 「생물자원관의 설립 및 운영에 관한 법률」에 따른 생물자원관

6. 「국립생태원의 설립 및 운영에 관한 법률」에 따른 국립생태원

7. 「동물원 및 수족관의 관리에 관한 법률」 제2조제1호에 따른 동물원

② 법 제11조제1항제3호에서 "그 밖에 야생동물의 보호를 위하여 환경부령으로 정하는 것"이란 다음 각 호의 사항을 말한다.

1. 병든 야생동물, 어린 야생동물 또는 임신 중이거나 포유 중인 새끼가 딸린 야생동물 등 함께 운송 중인 다른 동물에 의해 상해를 입을 수 있는 동물을 운송하거나 번식기의 수컷 등 다른 동물을 공격할 수 있는 동물을 운송하는 경우에는 칸막이의 설치 등 필요한 조치를 할 것

2. 야생동물을 싣고 내리는 과정에서 야생동물이 들어있는 운송용 우리를 던지거나 떨어뜨려서 야생동물을 다치게 하는 행위를 하지 않을 것

3. 운송 과정에서 전기(電氣) 몰이도구를 사용하지 않을 것

[본조신설 2023. 12. 14.]

제11조 삭제〈2015. 3. 25.〉

제12조(야생동물로 인한 피해보상 등의 신청)

영 제7조제2항에 따라 설치비용을 지원받으려는 자는 지원받기를 원하는 연도의 3월 31일까지 별지 제6호서식의 야생동물 피해 예방시설 설치지원 신청서에, 농작물·임산물·수산물 등의 피해를 보상받으려는 자는 별지 제7호서식의 야생동물 농작물·임산물·수산물 등의 피해보상 신청서에, 인명 피해를 보상받으려는 자는 별지 제7호의2서식의 야생동물 인명 피해 보상 신청서에 각각 다음 각 호의 구분에 따른 서류를 첨부하여 특별자치도지사·시장·군수·구청장(자치구의 구청장을 말하며, 이하 "시장·군수·구청장"이라 한다)에게 제출하여야 한다.〈개정 2013. 9. 10., 2015. 3. 25.〉

1. 설치비용을 지원받으려는 경우

   가. 피해 예방시설 설치지원비의 신청사유서

   나. 피해 예방시설의 설치계획서

   다. 피해 예방시설의 설치비용 및 산출 명세서

2. 농작물·임산물·수산물 등의 피해를 보상받으려는 경우

가. 피해보상의 신청 사유서

　나. 피해 발생 경위서(피해를 일으킨 야생동물을 명시하여야 한다)

　다. 피해 명세서

　라. 피해를 입은 농작물 등에 대한 소유권 등 권리의 증명서

3. 인명 피해를 보상받으려는 경우

　가. 피해보상의 신청 사유서

　나. 피해 발생 경위서(피해를 일으킨 야생동물을 명시하여야 한다)

　다. 피해 명세서

　라. 병원에서 발행한 진단서 및 소견서

[전문개정 2012. 7. 27.]

제13조(멸종위기 야생생물의 포획·채취등 허가신청)

① 법 제14조제1항제1호부터 제4호까지 및 제6호에 따라 멸종위기 야생생물의 포획·채취·방사·이식·가공·유통·보관·수출·수입·반출·반입(가공·유통·보관·수출·수입·반출 및 반입하는 경우에는 죽은 것을 포함한다)·훼손 및 고사(枯死)(이하 "포획·채취등"이라 한다)의 허가를 받으려는 자는 별지 제8호서식 또는 별지 제8호의2서식의 허가신청서에 다음 각 호의 서류를 첨부하여 유역환경청장 또는 지방환경청장(이하 "지방환경관서의 장"이라 한다)에게 제출해야 한다.〈개정 2023. 12. 14.〉

1. 보호시설의 도면 또는 사진(보호시설이 필요한 생물만 해당한다)

2. 학술연구계획서 또는 증식·복원 등에 관한 계획서(법 제14조제1항제1호만 해당한다)

3. 전시에 관한 계획서(법 제14조제1항제2호만 해당한다)

4. 멸종위기 야생생물의 이동 또는 이식계획서(법 제14조제1항제3호 및 제6호만 해당한다)

5. 질병의 진단·치료 또는 예방에 관한 연구계획서(법 제14조제1항제4호만 해당한다)

6. 멸종위기 야생생물로 인한 인명, 가축 또는 농작물의 피해를 증명할 수 있는 서류(법 제14조제1항제6호만 해당한다)

② 지방환경관서의 장은 제1항에 따른 허가신청을 받고 해당 멸종위기 야생생물의 보호에 지장을 주지 않는다고 인정되어 이를 허가한 경우에는 별지 제9호서식 또는 별지 제9호의2서식의 허가증을 발급해야 한다.〈개정 2023. 12. 14.〉

[전문개정 2012. 7. 27.]

제14조(인공증식한 멸종위기 야생생물의 수출·수입등의 허가신청)

① 법 제14조제1항제5호에 따라 수출·수입·반출 또는 반입(이하 "수출·수입등"이라 한다)의 허가를 받으려는 자는 별지 제10호서식의 인공증식한 멸종위기 야생생물 수출

·수입등 허가신청서에 다음 각 호의 구분에 따른 서류를 첨부하여 지방환경관서의 장에게 제출하여야 한다.

1. 수출 또는 반출하는 경우

    가. 인공증식증명서 사본

    나. 수송계획서(살아 있는 생물만 해당한다)

    다. 수출품·반출품의 내용을 확인할 수 있는 사진

2. 수입 또는 반입하는 경우

    가. 원산지에서 발행한 인공증식을 증명할 수 있는 서류

    나. 물품매도확약서 등 입수 경위를 확인할 수 있는 서류

    다. 사용계획서

    라. 수송계획서(살아있는 생물만 해당한다)

    마. 보호시설의 도면 또는 사진(보호시설이 필요한 생물만 해당한다)

② 지방환경관서의 장은 인공증식한 멸종위기 야생생물의 수출·수입등을 허가한 경우에는 별지 제11호서식의 인공증식한 멸종위기 야생생물 수출·수입등 허가서를 발급하여야 한다.

[전문개정 2012. 7. 27.]

제15조(인공증식증명서의 발급신청)

① 영 제11조제1항에 따라 인공증식증명서를 발급받으려는 자는 별지 제12호서식의 **멸종위기 야생생물 인공증식증명서 발급신청서에 다음 각 호의 서류를 첨부**하여 지방환경관서의 장에게 제출하여야 한다.

1. 인공증식된 야생생물의 부모 개체의 입수경위서

2. 보호시설 명세서(보호시설이 필요한 생물만 해당한다)

3. 인공증식의 방법 및 증식시설의 명세서

② 제1항에 따른 인공증식증명서는 별지 제13호서식의 멸종위기 야생생물 인공증식증명서에 따른다.

③ 영 제11조제1항에 따라 인공증식한 멸종위기 야생생물을 가공·유통·보관하는 경우에는 인공증식증명서 또는 그 사본을 갖추어 두어야 한다.

[전문개정 2012. 7. 27.]

제16조(멸종위기 야생생물의 포획허가)

법 제14조제1항제6호에서 "환경부령으로 정하는 경우"란 멸종위기 야생생물로 인한 인명·가축 또는 농작물의 피해를 방지하기 위하여 해당 멸종위기 야생생물을 이동시키거나 이식

하여 보호할 필요가 있는 경우를 말한다.

[전문개정 2012. 7. 27.]

제17조(멸종위기 야생생물의 포획·채취등 신고)

법 제14조제1항 단서에 따라 **허가를 받아 멸종위기 야생생물의 포획·채취등을 한 자는 법 제14조제4항에 따라 포획·채취등을 한 후 5일 이내에 별지 제9호서식 또는 별지 제9호의2 서식의 허가증에 포획한 개체수·장소·시간 및 포획방법 등을 적어 지방환경관서의 장에게 신고해야 한다.**〈개정 2023. 12. 14.〉

[전문개정 2012. 7. 27.]

제18조(멸종위기 야생생물의 보관 신고)

① 법 제14조제5항 본문에 따라 **멸종위기 야생생물 또는 그 박제품을 보관하고 있는 자가** 이를 신고하려는 경우에는 별지 제14호서식의 멸종위기 야생생물 보관신고서에 다음 각 호의 서류를 첨부하여 지방환경관서의 장에게 제출하여야 한다.

1. **보관하고 있는 멸종위기 야생생물 또는 그 박제품의 사진**

2. **보호시설의 도면 또는 사진(보호시설이 필요한 생물만 해당한다)**

② 지방환경관서의 장은 제1항에 따른 신고를 받은 경우에는 별지 제15호서식의 멸종위기 야생생물 보관신고확인증을 발급하여야 한다.

[전문개정 2012. 7. 27.]

제19조(국제적 멸종위기종의 수출·수입등의 허가)

① 법 제16조제1항에 따라 국제적 멸종위기종 및 그 가공품의 수출·수입등의 허가를 받으려는 자는 별지 제16호서식의 국제적 멸종위기종 수출·수입등 허가신청서에 다음 각 호의 구분에 따른 서류를 첨부하여 지방환경관서의 장에게 제출하여야 한다. 다만, 제2호에 해당하는 경우 지방환경관서의 장은 「전자정부법」 제36조제1항에 따른 행정정보의 공동이용을 통하여 수입신고확인증을 확인하여야 하며, 신청인이 확인에 동의하지 아니하는 경우에는 수입신고확인증 사본(다른 법령에 따라 수입신고확인증으로 대체할 수 있는 서류를 포함한다)을 첨부하도록 하여야 한다.〈개정 2015. 3. 25.〉

1. **수출 또는 반출하는 경우**

   가. **해당 국제적 멸종위기종(가공품의 경우에는 그 원료가 된 국제적 멸종위기종을 말한다)이 적법하게 포획 또는 채취되었음을 증명할 수 있는 서류**

   나. **수입국에서 발급한 수입허가서 사본[「멸종위기에 처한 야생동식물종의 국제거래에 관한 협약」(이하 "협약"이라 한다) 부속서 Ⅰ에 포함된 야생생물만 해당한다]**

다. 국제적 멸종위기종 및 그 가공품을 확인할 수 있는 가로 7.6센티미터, 세로 10.1센티미터 이상 크기의 사진. 다만, 가죽제품으로서 해당 제품의 견본을 붙일 수 있는 경우에는 가로 3센티미터, 세로 4센티미터 이상 크기의 가죽견본을 말한다.

라. 수송계획서(살아있는 생물만 해당한다)

마. 거래영향평가서(협약에 따른 해상반출만 해당한다)

2. 외국에서 수입한 후 재수출하는 경우

가. 수입 시 발급받은 국제적 멸종위기종 및 그 가공품의 수입허가서

나. 국제적 멸종위기종 및 그 가공품을 확인할 수 있는 가로 7.6센티미터, 세로 10.1센티미터 이상 크기의 사진. 다만, 가죽제품으로서 해당 제품의 견본을 붙일 수 있는 경우에는 가로 3센티미터, 세로 4센티미터 이상 크기의 가죽견본을 말한다.

다. 수송계획서(살아있는 생물만 해당한다)

라. 수입국에서 발행한 수입허가서 사본(협약 부속서 Ⅰ에 포함된 생물만 해당한다)

3. 수입 또는 반입하는 경우

가. 물품매도확약서 등 입수 경위를 확인할 수 있는 서류

나. 사용계획서

다. 보호시설의 도면 또는 사진(보호시설이 필요한 생물만 해당한다)

라. 수송계획서(살아있는 생물만 해당한다)

마. 해당 국제적 멸종위기종의 생태적 특성 및 자연환경에 노출될 경우의 대처방안(살아있는 생물만 해당한다)을 적은 서류

바. 수출국에서 발급한 수출허가서 또는 재수출증명서 사본(협약 부속서 Ⅱ·Ⅲ에 포함된 생물만 해당한다)

사. 거래영향평가서(협약에 따른 해상반입만 해당한다)

아. 해당 국제적 멸종위기종이 적법하게 어획되었음을 증명할 수 있는 서류(협약에 따른 해상반입만 해당한다)

② 지방환경관서의 장은 국제적 멸종위기종 및 그 가공품의 수출·수입등의 허가를 한 경우에는 별지 제17호서식의 국제적 멸종위기종 수출·수입등 허가서를 발급하여야 한다.

[전문개정 2012. 7. 27.]

제20조(국제적 멸종위기종의 수출·수입등 기록)

지방환경관서의 장은 영 제12조제6항에 따라 국제적 멸종위기종 및 그 가공품의 수출·수입등에 관한 사항을 별지 제18호서식의 국제적 멸종위기종 수출·수입등 허가서 발급대장에 기록하고 이를 보존해야 한다.〈개정 2023. 12. 14.〉

[전문개정 2012. 7. 27.]

제21조(협약 적용 전에 획득한 국제적 멸종위기종의 증명신청)

① 영 제13조제2호에 따른 증명서를 발급받으려는 자는 별지 제19호서식의 협약 적용 전에 획득한 **국제적 멸종위기종 증명신청서**에 다음 각 호의 서류를 첨부하여 지방환경관서의 장에게 제출하여야 한다.

1. 해당 종이 야생으로부터 포획·채취된 시기를 증명할 수 있는 서류(살아 있는 생물만 해당한다)

2. 해당 종을 취득한 시기를 증명할 수 있는 서류(부분품 또는 가공품으로서 야생으로부터 포획·채취된 시기가 분명하지 아니한 경우만 해당한다)

② 지방환경관서의 장은 제1항에 따른 신청을 받고, 해당 국제적 멸종위기종 및 그 가공품이 협약이 적용되기 전에 획득되었다는 사실을 인정한 경우에는 별지 제20호서식의 협약 적용 전에 획득한 국제적 멸종위기종 증명서를 신청인에게 발급하여야 한다.

[전문개정 2012. 7. 27.]

제21조의2(국제적 멸종위기종으로 제작된 악기 인증서의 발급 등)

① 영 제13조제5호에 따라 국제적 멸종위기종으로 제작된 악기(협약 부속서 Ⅰ에 포함된 이후에 포획·채취한 국제적 멸종위기종으로 제작된 악기는 제외한다) 인증서를 발급받으려는 자는 별지 제20호의2서식의 국제적 멸종위기종으로 제작된 악기 인증서 발급 신청서에 다음 각 호의 서류를 첨부하여 지방환경관서의 장에게 제출해야 한다. 〈개정 2023. 3. 14.〉

1. 해당 악기가 적법하게 취득되었음을 증명할 수 있는 서류

2. 악기에 어떤 국제적 멸종위기종이 포함되어 있는지에 대해 확인할 수 있는 서류

3. 악기에 포함된 국제적 멸종위기종의 식별이 가능한 가로 7.6센티미터, 세로 10.1센티미터 이상 크기의 악기 사진

② 지방환경관서의 장은 제1항에 따른 국제적 멸종위기종으로 제작된 악기 인증서 발급 신청을 받아 이를 발급하는 경우에는 별지 제20호의3서식의 국제적 멸종위기종으로 제작된 악기 인증서를 신청인에게 발급하고, 별지 제20호의4서식의 국제적 멸종위기종으로 제작된 악기 인증서 발급대장에 이를 기록·관리해야 한다.〈개정 2023. 3. 14.〉

[본조신설 2018. 12. 10.]

제22조(국제적 멸종위기종의 용도변경 승인)

① 다음 각 호의 어느 하나에 해당하는 경우로서 법 제16조제3항 단서에 따라 국제적 멸

종위기종 및 그 가공품에 대한 용도변경의 승인을 받으려는 자는 지방환경관서의 장에게 용도변경의 승인신청을 하여야 한다.〈개정 2015. 3. 25.〉

1. 공공의 이용에 제공하기 위하여 박물관, 학술연구기관 등에 기증하는 경우
2. 종의 증식·복원 및 생물다양성의 증진을 위하여 방사 또는 번식 목적으로 사용하려는 경우
3. 재수출을 하기 위하여 수입 또는 반입한 야생생물을 학술 연구 또는 관람 목적으로 사용하려는 경우
4. 재수출을 하기 위하여 수입 또는 반입하여 인공사육 중인 곰(수입 또는 반입한 것으로부터 증식한 개체를 포함한다)을 가공품의 재료로 사용하려는 경우로서 별표 5의 처리기준에 적합한 경우
5. 그 밖에 수입 또는 반입의 목적이 달성되었거나 달성되기 어렵다고 인정되는 경우로서 협약의 취지에 위배되지 아니하는 경우

② 제1항에 따라 승인신청을 하려는 자는 별지 제21호서식의 국제적 멸종위기종의 용도변경 승인신청서에 다음 각 호의 서류를 첨부하여 지방환경관서의 장에게 제출하여야 한다.

1. 용도변경 사유서
2. 국제적 멸종위기종 및 그 가공품에 대한 수출·수입등 허가서 사본
3. 별지 제22호서식의 용도변경계획서
4. 별지 제23호서식의 사육곰 관리카드(제1항제4호만 해당한다)

③ 지방환경관서의 장은 용도변경의 승인을 한 경우에는 별지 제24호서식의 국제적 멸종위기종의 용도변경 승인서를 발급하여야 한다.

[전문개정 2012. 7. 27.]

제23조(국제적 멸종위기종의 양도·폐사 등 신고)

① 법 제16조제6항에 따라 국제적 멸종위기종을 양도·양수하려는 자는 별지 제25호서식의 수입·반입된 **국제적 멸종위기종 양도·양수신고서**에 다음 각 호의 서류를 첨부하여 지방환경관서의 장에게 제출해야 한다.〈개정 2014. 7. 17., 2023. 3. 14.〉

1. **수입허가증 등 양도하려는 국제적 멸종위기종의 입수경위 및 이를 증명하는 서류**
2. **양도하려는 국제적 멸종위기종의 부모개체의 입수 경위 및 이를 증명하는 서류(양도하려는 종이 수입 허가된 종에서 인공증식된 경우만 해당한다)**
3. **양수하려는 자의 국제적 멸종위기종 보호시설 도면 또는 사진(보호시설이 필요한 생물만 해당한다)**
4. **제23조의5제2항에 따른 사육시설 등록증 사본(영 별표 1의3에서 정한 국제적 멸종위**

기종을 양수하려는 자의 경우만 해당한다)

5. **사용계획서, 양도·양수 계약서 등** 국제적 멸종위기종의 용도가 유지됨을 확인할 수 있는 서류(상업적 용도가 아닌 국제적 멸종위기종만 해당한다)

② 국제적 멸종위기종의 수입·반입을 허가받은 자 또는 국제적 멸종위기종을 양수한 자는 법 제16조제6항에 따라 국제적 멸종위기종이 죽거나 질병에 걸린 경우에는 **지체 없이** 별지 제26호서식의 수입·반입된 국제적 멸종위기종 폐사·질병 신고서에 다음 각 호의 서류를 첨부하여 **지방환경관서의 장에게 제출해야 한다.**〈개정 2015. 8. 4., 2023. 3. 14.〉

1. **수의사 진단서**(질병으로 사육할 수 없게 된 경우만 해당하며, 개인이 애완용으로 사육하는 앵무새의 경우는 제외한다)

2. **사진, 영상 등 폐사·질병을 증명할 수 있는 자료**

3. **수입허가증 등** 죽거나 질병에 걸린 국제적 멸종위기종의 입수경위 및 이를 증명하는 서류

[전문개정 2012. 7. 27.]

제23조의2(국제적 멸종위기종 인공증식증명서의 발급신청)

① 법 제16조제7항 본문에 따라 인공증식증명서를 발급받으려는 자는 별지 제26호의2서식의 국제적 멸종위기종 인공증식증명서 발급신청서에 다음 각 호의 서류를 첨부하여 지방환경관서의 장에게 제출하여야 한다.

1. **인공증식된 국제적 멸종위기종의 부모 개체의 입수경위서**

2. **인공증식한 시설의 명세서**

3. **인공증식의 방법**

4. **보호시설 명세서**(보호시설에서 사육 중인 경우만 해당한다)

② 지방환경관서의 장은 인공증식증명서를 발급받으려는 자가 제1항의 사항을 준수하여 그 발급을 신청한 때에는 별지 제26호의3서식의 국제적 멸종위기종 인공증식증명서를 발급하여야 한다.

[본조신설 2014. 7. 17.]

제23조의3(국제적멸종위기종의 인공증식 허가절차)

① 법 제16조제7항 단서에 따라 국제적 멸종위기종의 인공증식 허가를 받으려는 자는 별지 제26호의4서식의 국제적 멸종위기종 인공증식 허가신청서에 다음 각 호의 서류를 1부씩 첨부하여 지방환경관서의 장에게 제출하여야 한다.〈개정 2017. 11. 30.〉

1. **인공증식하려는 국제적멸종위기종의 부모 개체의 입수경위서**

2. **인공증식한 시설의 명세서**

3. 인공증식의 방법

4. 보호시설 명세서(보호시설에서 사육 중인 경우만 해당한다)

② 지방환경관서의 장은 제1항에 따른 국제적 멸종위기종의 인공증식 허가를 받으려는 자가 다음 각 호의 요건을 모두 충족한 경우에는 그 인공증식을 허가하여야 한다.

1. 해당 국제적 멸종위기종의 인공증식이 종의 생존에 위협을 주지 아니할 것

2. 인공증식에 따라 해당 국제적 멸종위기종의 보호와 건전한 사육환경 조성에 차질이 생기지 아니할 것

3. 해당 국제적 멸종위기종의 인공증식에 필요한 시설을 갖추고 있을 것

4. 근친교배 등으로 유전 질환이 발생할 우려가 없을 것. 다만, 종 보존 차원의 번식을 위한 교배는 제외한다.

5. 해당 국제적 멸종위기종의 생태적 특성을 고려하여 탈출을 방지하기 위한 적절한 시설을 갖추고 있을 것

③ 지방환경관서의 장은 제2항에 따라 국제적 멸종위기종의 인공증식을 허가하는 경우에는 별지 제26호의5서식의 국제적 멸종위기종 인공증식 허가증을 발급하여야 하며, 필요하다고 인정되는 때에는 그 허가에 필요한 한도에서 조건을 붙일 수 있다.

[본조신설 2014. 7. 17.]

제23조의4(국제적 멸종위기종의 적법한 입수경위 등의 증명)

법 제16조제8항에서 "환경부령으로 정한 적법한 입수경위 등을 증명하는 서류"란 다음 각 호의 서류를 말한다.

1. 해당 국제적 멸종위기종(가공품의 경우에는 그 원료가 된 국제적 멸종위기종을 말한다)이 적법하게 포획 또는 채취되었거나 양도·양수되었음을 증명할 수 있는 서류

2. 해당 국제적 멸종위기종의 수입허가서 사본(국제적 멸종위기종이 수입된 경우로 한정한다)

3. 해당 국제적 멸종위기종의 인공증식증명서 또는 인공증식허가증 사본(국제적 멸종위기종이 인공증식된 경우로 한정한다)

4. 국제적 멸종위기종 및 그 가공품을 확인할 수 있는 가로 7.6센티미터, 세로 10.1센티미터 이상 크기의 사진. 다만, 가죽제품으로서 해당 제품의 견본을 붙일 수 있는 경우에는 가로 3센티미터, 세로 4센티미터 이상 크기의 가죽견본을 말한다.

[본조신설 2014. 7. 17.]

제23조의5(국제적 멸종위기종 사육시설의 등록절차)

① 법 제16조의2제1항에 따라 국제적 멸종위기종의 사육시설 등록을 하려는 자는 별지

제26호의6서식의 국제적 멸종위기종 사육시설 등록신청서에 다음 각 호의 서류를 1부씩 첨부하여 지방환경관서의 장에게 제출하여야 한다.〈개정 2017. 11. 30.〉

1. **사육시설의 사진 및 평면도**

2. **사육시설 면적 및 개체수 등을 포함한 사육시설 현황 내역서**

3. **별표 5의2 제1호에 따른 일반 사육기준의 관리 계획을 포함한 사육시설 관리계획서**

4. **보호시설 명세서(보호시설에서 사육 중인 경우만 해당한다)**

② 지방환경관서의 장은 국제적 멸종위기종의 사육시설 등록을 하려는 자가 제1항의 사항을 준수하여 그 발급을 신청한 때에는 별지 제26호의7서식의 국제적 멸종위기종 사육시설 등록증(이하 "사육시설 등록증"이라 한다)을 발급하여야 한다.

③ 제2항에 따라 사육시설 등록증을 발급받은 자는 그 등록증을 잃어버리거나 헐어서 못 쓰게 되는 경우 별지 제26호의8서식의 국제적 멸종위기종 사육시설 등록증 재발급 신청서를 지방환경관서의 장에게 제출하여야 한다. 이 경우 지방환경관서의 장은 재발급 사유가 타당하다고 인정되는 경우에는 사육시설 등록증을 재발급하여야 한다.

[본조신설 2014. 7. 17.]

제23조의6(변경등록 및 변경신고)

① 법 제16조의2제1항에 따라 국제적 멸종위기종 사육시설의 등록을 한 자(이하 "사육시설등록자"라 한다)는 등록한 사항 중 다음 각 호의 어느 하나에 해당하는 사항을 변경하려는 경우에는 별지 제26호의9서식의 국제적 멸종위기종 사육시설 변경 등록신청서에 사육시설 등록증과 변경내용을 증명하는 서류를 첨부하여 지방환경관서의 장에게 제출하여야 한다.

1. 사육시설의 면적(당초 면적의 10퍼센트 이상 축소하는 경우로 한정한다)

2. 사육시설 내 국제적 멸종위기종의 개체수. 다만, 개체수 변경에도 불구하고 별표 5의2 제2호에 따른 1마리당 사육 면적 기준을 준수하는 경우는 제외한다.

3. 사육시설의 소재지

② 사육시설등록자는 다음 각 호의 어느 하나에 해당하는 사항을 변경하려는 경우에는 별지 제26호의9서식의 국제적 멸종위기종 사육시설 변경 신고서에 사육시설 등록증과 변경내용을 증명하는 서류를 첨부하여 지방환경관서의 장에게 제출하여야 한다.

1. 사육시설의 면적(당초 면적이 증가하는 경우로 한정한다)

2. 사육시설 관리계획서에 포함된 관리 계획

③ 다음 각 호의 어느 하나에 해당하는 시설은 제1항 및 제2항에도 불구하고 변경 등록 및 신고 대상에서 제외한다.〈개정 2015. 3. 25.〉

1. 법 제34조의4제2항에 따라 환경부장관이 지정한 야생동물치료기관

2. 「문화재보호법」 제34조제1항에 따라 지정된 관리단체의 국제적 멸종위기종 관리·
   보호 시설

3. 「문화재보호법」 제38조에 따른 동물치료소

4. 「실험동물에 관한 법률」 제8조에 따른 동물실험시설

[본조신설 2014. 7. 17.]

제23조의7(사육시설 설치기준)

법 제16조의2제4항에 따른 사육시설의 설치기준은 **별표 5의2**와 같다.

[본조신설 2014. 7. 17.]

제23조의8(사육시설의 검사)

① 법 제16조의4제1항에 따라 영 제13조의4 각 호의 어느 하나에 해당하는 사육시설을
   운영하는 자는 사육시설의 현황, 사육시설 관리계획의 이행 및 사육 동물의 적정 관리
   여부 등의 점검을 위하여 지방환경관서의 장이 실시하는 정기검사 또는 수시검사를
   받아야 한다.

② 지방환경관서의 장은 제1항에 따른 정기검사 또는 수시검사를 다음 각 호의 구분에 따
   라 실시하여야 한다.

   1. **정기검사: 연 1회 이상**

   2. **수시검사: 법 제16조의5에 따른 개선명령의 이행 상황을 확인하거나 그 밖에 지방환경
      관서의 장이 해당 사육시설의 관리 상태를 확인할 필요가 있다고 인정하는 경우**

[본조신설 2014. 7. 17.]

제23조의9(개선명령)

① 지방환경관서의 장은 법 제16조의5에 따라 사육시설등록자에게 개선을 명하는 경우에
   는 개선에 필요한 조치 및 시설 설치기간 등을 고려하여 6개월의 범위에서 기간을 정
   하여 개선을 명할 수 있다.

② 제1항에 따라 개선명령을 받은 사육시설등록자는 천재·지변 그 밖에 부득이한 사유
   로 해당 개선 기간 이내에 개선을 완료할 수 없는 경우에는 그 기간이 종료되기 전에
   지방환경관서의 장에게 개선 기간의 연장을 요청할 수 있다. 이 경우 지방환경관서의
   장은 다음 각 호의 구분에 따라 개선 기간을 연장할 수 있다.

   1. 해당연도 예산으로는 개선이 불가능한 경우: 1년 이내

   2. 개선을 위하여 토지이용계획의 변경이 수반되는 경우: 2년 이내

   3. 제1호 및 제2호에서 정한 사유 외의 경우: 6개월 이내

③ 제1항에 따른 개선명령에 이의가 있는 사육시설등록자는 그 개선명령을 받은 후 30일 이내에 지방환경관서의 장에게 이의신청을 할 수 있다.

④ 제3항에 따른 이의신청을 받은 지방환경관서의 장은 이의신청의 타당성을 검토하여 개선명령을 수정·보완 또는 철회할 수 있다.

[본조신설 2014. 7. 17.]

제23조의10(사육시설의 폐쇄 등 신고)

사육시설등록자는 법 제16조의7제1항에 따라 법 제16조의2에 따른 **시설을 폐쇄하거나 운영을 중지하려는 경우에는** 별지 제26호의10서식에 따른 신고서에 **사육시설 등록증을 첨부하여 지방환경관서의 장에게 제출하여야 한다.**

[본조신설 2014. 7. 17.]

제23조의11(사육시설등록자의 권리·의무 승계 신고)

법 제16조의9제2항에 따라 사육시설등록자의 권리·의무를 승계한 자는 승계한 날부터 30일 이내에 별지 제26호의11서식의 국제적 멸종위기종 사육시설 권리·의무 승계신고서에 사육시설 등록증과 그 승계 사실을 증명하는 서류를 첨부하여 지방환경관서의 장에게 제출하여야 한다.

[본조신설 2014. 7. 17.]

제24조(포획·채취 등의 금지 야생생물)

법 제19조제1항 각 호 외의 부분 본문에서 "환경부령으로 정하는 종"이란 **별표** 6에 따른 종을 말한다.

[전문개정 2015. 3. 25.]

제25조(야생생물의 포획·채취 또는 고사 허가)

① 법 제19조제1항 단서에 따라 포획·채취 또는 고사 허가를 받으려는 자는 별지 제27호서식의 야생생물 포획·채취 또는 고사 허가 신청서에 다음 각 호의 서류를 첨부하여 시장·군수·구청장에게 제출해야 한다.〈개정 2015. 3. 25., 2023. 12. 14.〉

1. 보호시설의 도면 또는 사진(보호시설이 필요한 생물만 해당한다)

2. 학술연구계획서 또는 보호·증식 및 복원 등에 관한 계획서(법 제19조제1항제1호만 해당한다)

3. 전시에 관한 계획서(법 제19조제1항제2호만 해당한다)

4. 생물의 이동계획서(법 제19조제1항제3호만 해당한다)

5. 질병의 진단·치료 또는 예방에 관한 연구계획서(법 제19조제1항제4호만 해당한다)

6. 인공증식계획서(법 제19조제1항제5호만 해당한다)

② 시장·군수·구청장은 제1항에 따른 허가신청을 받고 해당 **야생생물의 보호에 지장을 주지 아니한다고 인정되어 이를 허가한 경우에는** 별지 제28호서식의 야생생물 포획·채취 또는 고사 허가증을 신청인에게 발급하여야 한다.〈개정 2015. 3. 25.〉

③ 시장·군수·구청장은 법 제19조제1항제5호에 따라 야생생물 인공증식을 위한 포획·채취 또는 고사 허가를 받은 자에게 별지 제28호의2서식의 **야생생물 인공증식증명서를 발급**하여야 한다.〈개정 2015. 3. 25.〉

④ 제3항에 따라 인공증식증명을 받은 자는 환경부장관이 정하는 바에 따라 **인공증식한 야생생물의 종류·수량, 구입일·판매일, 거래상대방 등을 적은 장부를 갖추어 두어야 한다.**

〈개정 2015. 3. 25.〉

[전문개정 2012. 7. 27.]

[제목개정 2015. 3. 25.]

제26조(인공증식 등을 위한 포획·채취 등의 허가대상 야생생물 등)

① 법 제19조제1항제5호에서 "환경부령으로 정하는 야생생물"이란 별표 7에 따른 야생생물을 말한다.

② 법 제19조제1항제5호에서 "환경부령으로 정하는 기준 및 방법 등"이란 다음 각 호의 것을 말한다.

1. 인공증식 또는 재배를 위하여 적절한 장소와 시설을 확보하고 주변 환경을 관리할 것

2. 그 밖에 인공증식 또는 재배의 세부적인 기준과 방법으로 환경부장관이 정하여 고시하는 것

[전문개정 2015. 3. 25.]

제27조(야생생물의 포획·채취 등의 신고)

법 제19조제1항 단서에 따라 **허가를 받아 야생생물을 포획 또는 채취하거나 고사시킨 자는** 법 제19조제5항에 따라 포획 또는 채취하거나 고사시킨 후 5일 이내에 별지 제28호서식의 야생동물 포획·채취 등 **허가증에 포획 또는 채취하거나 고사시킨 개체수·장소·시간 및 포획·채취 또는 고사방법 등을 적어 시장·군수·구청장에게 신고하여야 한다.**

[전문개정 2015. 3. 25.]

제28조(수출·수입등 허가대상인 야생생물)

법 제21조제1항에서 "환경부령으로 정하는 종"이란 별표 8에 따른 종을 말한다.

제29조(야생생물의 수출·수입등의 허가)

① 법 제21조제1항에 따라 **야생생물의 수출·수입·반출 또는 반입의 허가를 받으려는 자**는 별지 제29호서식의 야생생물 수출·수입·반출·반입 허가신청서에 다음 각 호의 구분에 따른 서류를 1부씩 첨부하여 시장·군수·구청장에게 제출해야 한다.〈개정 2015. 3. 25., 2017. 11. 30., 2020. 11. 27.〉

  1. 수출 또는 반출하는 경우

    가. 신용장 등 수출을 확인할 수 있는 서류(수출하는 경우만 해당한다)

    나. 해당 야생생물(가공품의 경우에는 그 원료가 된 야생생물을 말한다)이 적법하게 포획 또는 채취되었음을 증명할 수 있는 서류

    다. 수송계획서(살아 있는 동물만 해당한다)

    라. 야생생물 및 그 가공품의 내용을 확인할 수 있는 사진. 다만, 가죽제품으로서 해당 제품의 견본을 붙일 수 있는 경우에는 가로 3센티미터, 세로 4센티미터 이상 크기의 가죽견본을 말한다.

  2. 수입 또는 반입하는 경우

    가. 물품매도확약서 등 입수 경위를 확인할 수 있는 서류(수입하는 경우만 해당한다)

    나. 사용계획서

    다. 수송계획서(살아 있는 동물만 해당한다)

    라. 보호시설의 도면 또는 사진(보호시설이 필요한 동물만 해당한다)

    마. 수출국에서 발행한 원산지증명서 사본(협약 부속서 Ⅲ에 해당 종을 포함시키지 아니한 국가에서 수입하는 경우만 해당한다)

    바. 수출국에서 인공 사육·재배된 야생생물임을 증명할 수 있는 서류(인공 사육·재배된 야생생물만 해당한다)

    사. 야생생물 및 그 가공품의 내용을 확인할 수 있는 사진. 다만, 가죽제품으로서 해당 제품의 견본을 붙일 수 있는 경우에는 가로 3센티미터, 세로 4센티미터 이상 크기의 가죽견본을 말한다.

② 시장·군수·구청장은 법 제21조제1항에 따라 수출·수입·반출 또는 반입의 허가를 받으려는 야생생물이 살아 있는 야생생물, 야생생물의 알 또는 야생생물의 살·혈액·뼈 등 야생생물 개체의 일부(가공되지 않은 것으로 한정한다)에 해당하는 경우에는 다음 각 호의 기관으로부터 해당 호에 관한 의견을 들어야 한다.〈신설 2020. 11. 27.〉

  1. 「생물자원관의 설립 및 운영에 관한 법률」 제6조에 따른 국립생물자원관: 야생생물의 종 판별

2. 법 제34조의6제1항 및 영 제23조의4에 따른 국립야생동물질병관리원(이하 "국립야생동물질병관리원"이라 한다): 야생동물 질병의 매개 또는 전파 여부

③ 시장·군수·구청장은 법 제21조제1항에 따라 야생생물의 수출·수입·반출 또는 반입의 허가를 한 경우에는 별지 제30호서식의 야생생물 수출·수입·반출·반입 허가증을 발급하고, 별지 제31호서식의 야생생물 수출·수입·반출·반입 허가증 발급대장에 이를 기록·관리해야 한다.〈개정 2020. 11. 27.〉

[전문개정 2012. 7. 27.]

[제목개정 2015. 3. 25.]

제30조(유해야생동물의 포획허가)

① 법 제23조제1항에 따라 **유해야생동물의 포획허가를 받으려는 자는 별지 제32호서식의 유해야생동물 포획허가 신청서를 시장·군수·구청장에게 제출하여야 한다.**

② 시장·군수·구청장은 법 제23조제1항에 따라 유해야생동물의 포획허가를 한 경우에는 별지 제33호서식의 유해야생동물 포획허가증과 환경부장관이 정하는 **유해야생동물 확인표지를 발급하여야 하며, 사용 후 남은 확인표지는 반드시 반납받은 후 폐기하여야 한다.**

[전문개정 2012. 7. 27.]

제31조(유해야생동물의 포획허가기준 등)

① 법 제23조제1항에 따라 시장·군수·구청장이 유해야생동물의 포획을 허가하려는 경우의 **허가기준은 다음 각 호와 같다.**
　　1. **인명·가축 또는 농작물 등 피해대상에 따라 유해야생동물의 포획시기, 포획도구, 포획지역 및 포획수량이 적정할 것**
　　2. **포획 외에는 다른 피해 억제 방법이 없거나 이를 실행하기 곤란할 것**

② 법 제23조제1항에 따라 포획허가를 받은 자가 유해야생동물을 포획할 때에는 **다음 각 호의 사항을 준수해야 한다.**〈개정 2019. 9. 25.〉
　　1. **생명의 존엄성을 해치지 않는 포획도구로서 환경부장관이 정하여 고시하는 도구를 이용하여 포획할 것**
　　2. **포획한 유해야생동물에 환경부장관이 정하는 유해야생동물 확인표지를 즉시 부착하되, 사용 후 남은 확인표지는 허가기관에 지체 없이 반납할 것**

③ 시장·군수·구청장은 포획허가를 신청한 자가 자력으로 포획하기 어려운 경우에 한정하여 법 제23조제3항에 따라 포획을 대행(총기를 이용한 포획만 해당한다)하게 할 수 있다. 이 경우 포획을 대행하려는 사람의 수렵면허 보유기간, 수렵 경력, 법령의 위반 전력 유무 등을 고려하여야 한다.

④ 법 제23조제1항 또는 제3항에 따라 허가를 받아 유해야생동물을 포획한 자는 법 제23조제6항에 따라 포획한 후 5일 이내에 별지 제33호서식의 유해야생동물 포획허가증에 포획일시·야생동물명·수량 및 포획장소 등을 적어 시장·군수·구청장에게 신고하여야 한다.〈신설 2013. 9. 10.〉

[전문개정 2012. 7. 27.]

제31조의2(유해야생동물 포획 시 안전수칙)

유해야생동물 포획허가를 받은 자는 법 제23조제7항에 따라 다음 각 호의 안전수칙을 지켜야 한다.〈개정 2015. 8. 4.〉

1. 총기사고 등을 예방하기 위하여 포획허가 지역의 지형·지물(地物), 산림·도로·논·밭 등에 주민이 있는지를 미리 확인할 것
2. 포획허가를 받은 자는 식별하기 쉬운 의복을 착용할 것
3. 인가(人家)·축사로부터 100미터 이내의 장소에서는 총기를 사용하지 아니할 것. 다만, 인가·축사와 인접한 지역의 주민을 미리 대피시키는 등 필요한 안전조치를 한 후에는 총기를 사용할 수 있다.

[전문개정 2012. 7. 27.]

제31조의3(수확기 피해방지단의 구성 등)

① 관계 중앙행정기관의 장 또는 지방자치단체의 장은 법 제23조제5항에 따라 시·군·구별로 각 하나의 수확기 피해방지단을 구성하여 운영할 수 있다.
② 수확기 피해방지단의 단원은 30명 이내로 구성하며, 수렵면허를 소지하고 수렵보험에 가입한 사람 중 다음 각 호에 따른 기준에 적합한 사람을 우선 선발해야 한다. 다만, 시장·군수·구청장은 지역별 농작물 수확시기, 피해특성 등을 고려하여 필요하다고 인정하는 경우에는 20명의 범위에서 단원을 추가하여 구성할 수 있다.〈개정 2019. 9. 25.〉
   1. 법 제44조에 따른 수렵면허 또는 「총포·도검·화약류 등의 안전관리에 관한 법률」 제12조에 따른 총포소지 허가를 취득 또는 재취득한 후 5년 이상 경과한 사람
   2. 법 제23조제1항에 따른 포획허가 신청일부터 최근 5년 이내에 수렵장에서 수렵한 실적이 있는 사람 또는 유해야생동물을 포획한 실적이 있는 사람
   3. 포획허가 신청일부터 5년 이내에 이 법을 위반하여 처분을 받지 아니한 사람
③ 수확기 피해방지단의 운영시기는 매년 4월 1일부터 11월 30일까지로 한다. 다만, 시장·군수·구청장은 지역별 농작물 수확시기, 피해특성 등을 고려하여 수확기 피해방지단을 탄력적으로 운영할 수 있다.〈개정 2017. 12. 29.〉
④ 수확기 피해방지단의 포획 대상동물은 별표 3에 따른 유해야생동물로 한다.

제31조의4(포획한 유해야생동물의 처리 방법)

① 법 제23조제1항 또는 제3항에 따라 유해야생동물의 포획허가를 받은 자는 **포획한 유해야생동물을 별표 8의6에 따른 포획한 유해야생동물의 처리 방법으로 처리해야 한다.** 다만, 유해야생동물이 제44조의8제1항 각 호의 어느 하나에 해당하는 질병에 걸렸거나 걸릴 우려가 있는 경우에는 별표 8의4 및 별표 8의5에서 정한 방법에 따라 그 사체를 소각하거나 매몰하고, 주변 환경오염 방지조치를 해야 한다.

② 유해야생동물의 포획허가를 받은 자가 포획한 유해야생동물을 처리하기 어려운 경우로서 시 · 군 · 구의 조례로 정하는 사유가 있는 경우에는 **시장 · 군수 · 구청장이 제1항에 따른 방법으로 해당 유해야생동물을 대신하여 처리할 수 있다.**

[본조신설 2020. 11. 27.]

제32조(야생화된 동물의 관리)

환경부장관은 법 제24조제1항에 따라 **지정 · 고시된 야생화된 동물을 포획하거나** 관계 중앙행정기관의 장 또는 지방자치단체의 장에게 포획을 요청하는 경우에는 **포획대상 야생화된 동물, 포획절차 및 포획방법 등을 미리 정하여야 한다.**

[전문개정 2012. 7. 27.]

제33조 삭제〈2013. 2. 1.〉

제34조(특별보호구역의 지정기준 및 절차)

① 법 제27조제1항에 따른 야생생물 특별보호구역(이하 "특별보호구역"이라 한다)은 다음 각 호의 지역을 대상으로 지정한다.

1. 멸종위기 야생생물의 집단서식지 · 번식지로서 특별한 보호가 필요한 지역
2. 멸종위기 야생동물의 집단도래지로서 학술적 연구 및 보전 가치가 커서 특별한 보호가 필요한 지역
3. 멸종위기 야생생물이 서식 · 분포하고 있는 곳으로서 서식지 · 번식지의 훼손 또는 해당 종의 멸종 우려로 인하여 특별한 보호가 필요한 지역

② 환경부장관은 특별보호구역을 지정 또는 변경하려는 경우에는 멸종위기 야생생물의 현황 · 특성 및 지정 예정지역의 지형 · 지목 등에 관한 사항을 미리 조사해야 하며, 「국립생태원의 설립 및 운영에 관한 법률」에 따른 국립생태원으로 하여금 해당 조사를 실시하게 할 수 있다.〈개정 2023. 12. 14.〉

③ 환경부장관은 법 제27조제1항에 따라 토지소유자 등 이해관계인 및 지방자치단체의 장의 의견을 들으려는 경우에는 다음 각 호의 사항이 포함된 지정계획서를 미리 작성하여 공고해야 한다.〈개정 2023. 12. 14.〉

1. 특별보호구역 지정 사유 및 목적
2. 멸종위기 야생생물의 분포 현황 및 생태적 특성
3. 토지의 이용 현황
4. 지정 면적 및 범위
5. 축척 2만5천분의 1의 지형도

[전문개정 2012. 7. 27.]

제35조(특별보호구역의 표지)

① 지방환경관서의 장은 특별보호구역에 **안내판과 표주(標柱)를 설치하여야 한다.**
② 제1항에 따른 안내판과 표주의 규격·내용 및 설치간격, 그 밖에 필요한 사항은 환경부장관이 정한다.
③ 지방환경관서의 장은 제1항에 따른 **안내판과 표주가 훼손되거나 설치한 위치에서 이탈되지 아니하도록 적정하게 관리하여야 한다.**

[전문개정 2012. 7. 27.]

제36조(소지 금지 인화물질)

법 제28조제3항제2호에서 "환경부령으로 정하는 인화물질"이란 다음 각 호의 어느 하나에 해당하는 것을 말한다.

1. **휘발유·등유 등 인화점이 섭씨 70도 미만인 액체**
2. **자연발화성 물질**
3. **기체연료**

[전문개정 2012. 7. 27.]

제37조(출입 제한 등의 예외 사유)

① 법 제29조제1항제1호에서 "환경부령으로 정하는 행위"란 다음 각 호의 어느 하나에 해당하는 행위를 말한다.
1. 보호시설의 설치 등 야생생물의 보호 및 복원을 위하여 필요한 조치
2. 실태조사
② 법 제29조제1항제5호에서 "환경부령으로 정하는 행위"란 다음 각 호의 어느 하나에 해당하는 행위를 말한다.〈개정 2019. 9. 25.〉

1. 환경부장관 또는 시·도지사가 지정하는 기관 또는 단체가 수행하는 학술 연구와 조사
2. 「자연환경보전법」 제30조에 따른 자연환경조사
3. 통신시설 또는 전기시설 등 공익목적으로 설치된 시설물의 유지·보수

[전문개정 2012. 7. 27.]

제38조(출입 제한 등의 표지)

① 지방환경관서의 장 및 시·도지사는 법 제29조제1항 본문에 따라 특별보호구역의 출입을 제한하거나 금지하는 경우에는 **안내판을 설치하여야 한다.**
② 제1항에 따른 안내판의 규격·내용 및 설치간격과 그 밖에 필요한 사항은 환경부장관이 정한다.
③ 지방환경관서의 장은 제1항에 따른 안내판이 훼손되거나 설치한 위치에서 이탈되지 아니하도록 적정하게 관리하여야 한다.

[전문개정 2012. 7. 27.]

제39조(출입 제한 등의 고시사항)

법 제29조제2항에서 "환경부령으로 정하는 사항"이란 다음 각 호의 사항을 말한다.
1. **출입 제한 또는 금지의 사유**
2. **위반 시의 과태료**

[전문개정 2012. 7. 27.]

제40조(손실보상청구서)

영 제19조제1항에 따라 손실보상을 청구하려는 자는 별지 제36호서식의 손실보상청구서에 손실을 증명할 수 있는 서류를 첨부하여 시·도지사에게 제출하여야 한다.

[전문개정 2012. 7. 27.]

제41조(멸종위기종관리계약의 청약서)

영 제20조제2항에서 "환경부령으로 정하는 청약 관련 서류"란 별지 제37호서식의 멸종위기종관리계약 청약서를 말한다.

[전문개정 2012. 7. 27.]

제42조(주민지원사업의 지원신청서 등)

영 제22조제4항에 따라 지원을 받으려는 자는 별지 제38호서식의 오수정화시설·정화조 설

치지원 신청서에 준공검사조사서(「하수도법 시행규칙」 제30조제2항에 따른 준공검사조사서를 말한다) 사본을 첨부하여 시·도지사에게 제출하여야 한다.

[전문개정 2012. 7. 27.]

제43조(야생생물 보호구역 등의 지정 등)

시·도지사 및 시장·군수·구청장은 법 제33조제1항에 따라 야생생물 보호구역(이하 "보호구역"이라 한다)을 지정 또는 변경한 경우에는 지체 없이 그 내용을 공고(해제한 경우를 포함한다)한 후 별지 제39호서식의 야생생물 보호구역 설정조서 및 그 구역을 표시하는 도면을 작성하여 갖추어 두고, 해당 보호구역에 그 구역을 표시한 안내판 및 표주를 설치하여야 한다.

[전문개정 2012. 7. 27.]

제44조(보호구역에의 출입 신고)

① 법 제33조제5항 본문에 따라 야생동물의 번식기에 보호구역에 들어가려는 자는 별지 제40호서식의 야생생물 보호구역 출입 신고서에 출입 예정장소를 표시한 임야도(축척 6천분의 1의 것을 말한다)를 첨부하여 시·도지사 또는 시장·군수·구청장에게 제출하여야 한다.

② 법 제33조제5항제3호에서 "환경부령으로 정하는 경우"란 다음 각 호의 어느 하나에 해당하는 경우를 말한다.〈개정 2019. 9. 25.〉

  1. 환경부장관 또는 시·도지사가 지정하는 기관 또는 단체가 학술 연구 또는 조사를 하는 경우

  2. 보호시설의 설치 등 야생생물의 보호 및 복원을 위하여 필요한 조치를 하는 경우

  3. 실태조사를 하는 경우

  4. 「자연환경보전법」 제30조에 따른 자연환경조사를 하는 경우

  5. 「자연공원법」에 따른 자연공원의 보호·관리를 위하여 필요한 경우

  6. 통신시설 또는 전기시설 등 공익 목적으로 설치된 시설물의 유지·보수를 위하여 필요한 경우

  7. **보호구역에서 보호구역 지정 전에 실시하던 영농행위 또는 영어(營漁)행위를 지속하기 위하여 필요한 경우**

[전문개정 2012. 7. 27.]

제44조의2(야생동물 치료기관의 지정 등)

① 법 제34조의4제2항에 따라 야생동물 치료기관으로 지정받으려는 자는 별지 제40호의2

서식의 **야생동물 치료기관 지정신청서**에 다음 각 호의 서류를 첨부하여 환경부장관 또는 특별시장·광역시장·특별자치시장·도지사·특별자치도지사(이하 "시·도지사"라 한다)에게 제출하여야 한다.〈개정 2020. 5. 27.〉

1. **야생동물의 질병연구 및 구조·치료에 필요한 건물, 시설의 명세서**
2. **야생동물의 질병연구 및 구조·치료에 종사하는 인력 현황**
3. **야생동물의 질병연구 및 구조·치료 실적**(실적이 있는 경우만 해당한다)
4. **야생동물의 질병연구 및 구조·치료 업무계획서**

② 법 제34조의4제4항에 따른 야생동물 치료기관의 지정기준은 별표 8의2와 같다.

③ 환경부장관 또는 시·도지사는 야생동물 치료기관을 지정한 경우에는 별지 제40호의3 서식의 야생동물 치료기관 지정서를 신청인에게 발급해야 한다.〈개정 2020. 5. 27.〉

[본조신설 2015. 3. 25.]

제44조의3(야생동물 질병연구 및 구조·치료 비용의 지원)

① 법 제34조의4제3항에 따라 야생동물의 질병연구 및 구조·치료 활동에 드는 비용을 지원받으려는 야생동물 치료기관은 다음 각 호의 서류를 환경부장관 또는 시·도지사에게 제출하여야 한다.

1. 야생동물의 질병연구 및 구조·치료 경위서(신고자 또는 발견자의 인적사항, 구조 경위 등을 포함한다)
2. 야생동물의 질병연구 및 구조·치료 내역서(약품 등의 영수증을 포함한다)
3. 질병연구 및 구조·치료를 하여 보유하고 있거나 방사(放飼)한 야생동물의 명세서

② 제1항에서 규정한 사항 외에 야생동물의 질병연구 및 구조·치료활동에 드는 비용의 지급기준 및 지급방법 등에 관하여 필요한 사항은 환경부장관이 정한다.

[본조신설 2015. 3. 25.]

제44조의4(죽거나 병든 야생동물의 신고)

법 제34조의6제1항에 따른 죽거나 병든 야생동물의 신고는 유선·서면 또는 전자문서로 하되, 다음 각 호의 사항이 포함되어야 한다.〈개정 2018. 12. 10.〉

1. 신고대상 야생동물의 발견장소 또는 보호장소
2. 신고대상 야생동물의 종류 및 마리 수
3. 질병명(수의사의 진단을 받지 아니한 때에는 신고자가 추정하는 병명 또는 발견당시의 상태를 말한다)
4. 죽은 연월일(죽은 연월일이 분명한 경우만 해당한다)
5. 신고자(관리자가 있는 경우에는 관리자를 포함한다)의 성명 및 주소, 연락처

6. 야생동물이 죽거나 병든 원인 등을 추측할 수 있는 주변 정황

[본조신설 2015. 3. 25.]

제44조의5(야생동물 질병진단기관의 지정 등)

① 법 제34조의7제1항에 따라 야생동물 질병진단기관으로 지정받으려는 자는 별지 제40호의4서식의 야생동물 질병진단기관 지정신청서에 다음 각 호의 서류를 첨부하여 법 제34조의6제1항 및 영 제23조의4에 따른 국립야생동물질병관리원장(이하 "국립야생동물질병관리원장"이라 한다)에게 제출해야 한다.〈개정 2020. 5. 27., 2020. 9. 29.〉

1. 조직·인원 및 사무분장표

2. 야생동물 질병진단 책임자, 질병진단 담당자 및 보조원의 이력서

3. 야생동물 질병진단 책임자 및 질병진단 담당자의 수의사 면허증 사본

4. 시설 및 실험기자재 내역

② 법 제34조의7제8항에 따른 야생동물 질병진단기관의 지정기준은 별표 8의3과 같다.〈개정 2020. 5. 27.〉

③ 국립야생동물질병관리원장은 야생동물 질병진단기관을 지정하는 경우 별지 제40호의5서식의 야생동물 질병진단기관 지정서에 진단대상 질병 또는 검사항목을 기재하여 신청인에게 발급해야 한다.〈개정 2020. 5. 27., 2020. 9. 29.〉

④ 야생동물 질병진단기관은 제3항에 따라 지정서에 기재된 진단대상 질병 또는 검사항목의 변경을 국립야생동물질병관리원장에게 요청할 수 있다.〈개정 2020. 5. 27., 2020. 9. 29.〉

⑤ 제4항에 따른 요청을 받은 국립야생동물질병관리원장은 지정기준 등을 고려하여 진단대상 질병 또는 검사항목을 변경할 수 있다. 이 경우 국립야생동물질병관리원장은 변경된 내용을 기재한 지정서를 다시 발급해야 한다.〈개정 2020. 5. 27., 2020. 9. 29.〉

[본조신설 2015. 3. 25.]

제44조의6(야생동물의 질병 발생 현황 공개)

① 국립야생동물질병관리원장과 시·도지사가 법 제34조의8제1항에 따라 공개하여야 하는 야생동물의 질병은 다음 각 호의 야생동물 질병으로 한다.〈개정 2024. 5. 17.〉

1. 야생조류의 조류인플루엔자

2. 고라니, 멧돼지 등 야생포유류의 결핵

3. 고라니, 멧돼지 등 야생포유류의 브루셀라병

4. 야생조류 및 포유류를 비롯한 야생동물의 중증열성혈소판감소증후군

5. 야생조류 및 포유류를 비롯한 야생동물의 광견병

6. 야생동물 질병의 긴급한 예방 및 확산 방지를 위하여 필요하다고 인정하여 환경부

장관이 고시하는 야생동물 질병

② 국립야생동물질병관리원장과 시·도지사는 법 제34조의8제1항에 따라 다음 각 호의 사항을 공개하여야 한다.〈개정 2024. 5. 17.〉

1. 야생동물 질병명

2. 야생동물 질병이 발생한 사육시설(사육시설에 발생한 경우에 한한다) 및 주소

3. 야생동물 질병의 발생 일시

4. 질병에 걸린 야생동물의 종류 및 규모

5. 그 밖에 환경부장관이 야생동물 질병의 예방 및 확산 방지를 위하여 필요하다고 인정하는 정보

③ 법 제34조의8제1항에 따른 야생동물 질병의 발생 현황 공개는 홈페이지, 정보통신망 또는 기관 소식지 등의 방법으로 행한다.

[본조신설 2015. 3. 25.]

제44조의7(역학조사)

① 법 제34조의9제1항제3호에 따라 시·도지사는 다음 각 호의 어느 하나에 해당하는 경우 **국립야생동물질병관리원장에게 역학조사를 요청할 수 있다.**〈개정 2020. 9. 29.〉

1. 둘 이상의 특별시·광역시·특별자치시·도·특별자치도(이하 "시·도"라 한다)에서 야생동물 질병이 발생하였거나 발생할 우려가 있는 경우

2. 다른 시·도에서 발생한 야생동물 질병이 해당 시·도의 행정구역과 역학적으로 연관성이 있다고 의심이 되는 경우

3. 해당 시·도에서 발생하였거나 발생할 우려가 있는 야생동물 질병에 대하여 해당 시·도의 기술·장비 및 전문성의 부족으로 시·도지사가 역학조사를 직접 하기 어려운 경우

② 법 제34조의9제1항제3호에 따라 관계 중앙행정기관의 장은 다음 각 호의 어느 하나에 해당하는 경우 국립야생동물질병관리원장 또는 시·도지사에게 역학조사를 요청할 수 있다.〈개정 2020. 9. 29.〉

1. 야생동물로 인하여 「감염병의 예방 및 관리에 관한 법률」에 따른 감염병이 발생하였거나 발생할 우려가 있는 경우

2. 야생동물로 인하여 「가축전염병 예방법」에 따른 가축전염병 등이 발생하였거나 발생할 우려가 있는 경우

3. 야생동물로 인하여 「수산생물질병 관리법」에 따른 수산동물전염병이 발생하였거나 발생할 우려가 있는 경우

③ 제1항 또는 제2항에 따라 역학조사를 요청받거나 법 제34조의9제1항제1호 및 제2호에

따라 역학조사를 하려는 국립야생동물질병관리원장 또는 시·도지사는 다음 각 호의 어느 하나에 해당하는 사람을 두 명 이상 포함한 역학조사반을 지체 없이 편성하여 역학조사를 해야 한다.〈개정 2020. 9. 29.〉

1. 야생동물 질병의 방역 또는 역학조사에 관한 업무를 담당하는 공무원
2. 야생동물 관련 치료기관, 연구기관 등에서 야생동물 질병에 관한 업무에 2년 이상 종사한 경험이 있는 사람
3. 수의학에 관한 전문지식과 경험이 있는 사람

④ 제3항에 따른 **역학조사는 현장조사와 자료조사**로 하되, 다음 각 호의 사항에 대하여 조사해야 한다.

1. **야생동물 질병에 걸렸거나 걸렸다고 의심이 되는 야생동물의 발견 일시·장소, 종류, 성별 및 연령 등 일반 현황**
2. **야생동물 질병에 걸렸거나 걸렸다고 의심이 되는 야생동물의 서식 현황 및 분포**
3. **야생동물 질병의 감염 원인 및 경로**
4. **야생동물 질병 전파경로의 차단 등 예방방법**
5. **그 밖에 해당 야생동물 질병의 발생과 관련된 사항**

⑤ 제3항 및 제4항에 따라 역학조사를 한 국립야생동물질병관리원장 또는 시·도지사는 그 결과를 환경부장관과 역학조사를 요청한 시·도지사 또는 관계 중앙행정기관의 장에게 제출해야 한다.〈개정 2020. 9. 29.〉

⑥ 제5항에 따라 역학조사의 결과를 제출받은 환경부장관과 시·도지사 또는 관계 중앙행정기관의 장은 역학조사를 추가로 실시해야 할 필요가 있다고 인정하는 경우에는 역학조사를 추가로 요청할 수 있다.

[전문개정 2020. 5. 27.]

제44조의8(예방접종 · 격리 · 출입제한 · 이동제한 · 살처분 명령)

① 환경부장관과 시·도지사가 법 제34조의10제1항에 따라 같은 항 각 호의 처분을 명해야 하는 야생동물은 다음 각 호의 어느 하나에 해당하는 질병에 걸렸거나 걸릴 우려가 있는 야생동물로 한다. 다만, 살처분 대상 야생동물이 법 제2조제2호에 따른 멸종위기 야생동물 또는 법 제2조제3호에 따른 **국제적 멸종위기종에 해당하는 경우에는 질병에 걸린 경우에만 살처분을 명할 수 있다.**〈개정 2018. 12. 10., 2020. 5. 27.〉

1. **결핵병, 고병원성 조류인플루엔자, 광견병, 구제역, 돼지열병, 브루셀라병, 아프리카돼지열병, 우폐역, 웨스트나일열**
2. **그 밖에 야생동물 질병 예방과 그 확산을 방지하기 위하여 긴급하다고 인정하여 환경부장관이 고시하는 야생동물 질병**

② 환경부장관과 시·도지사는 법 제34조의10제1항 각 호의 조치를 명하려면 대상 지역·질병 및 조치기간이 적힌 별지 제40호의6서식의 예방접종·격리·출입제한·살처분 명령서를 야생동물을 보호·관리하는 기관 또는 단체에 통지해야 한다.〈개정 2020. 5. 27.〉

③ 법 제34조의10제1항제3호에 따라 살처분 명령을 받은 자는 해당 **야생동물을 전기, 이산화탄소가스 또는 약물(유해 독극물은 제외한다. 이하 같다) 등의 방법으로 지체 없이 살처분해야 한다.**〈개정 2020. 5. 27.〉

  1. 삭제〈2020. 5. 27.〉

  2. 삭제〈2020. 5. 27.〉

  3. 삭제〈2020. 5. 27.〉

④ 시·도지사가 제1항부터 제3항까지의 규정에 따라 법 제34조의10제1항 각 호의 조치를 명하는 경우에는 환경부장관과 사전에 협의해야 한다.〈개정 2020. 5. 27.〉

⑤ 환경부장관과 시·도지사는 **살처분 대상 야생동물의 사육시설 내 이동제한·격리 등의 조치를 통하여 야생동물 질병의 종간 전파 또는 확산의 우려가 없다고 인정되는 경우에는 환경부장관이 정하는 기간의 범위에서 살처분을 유예할 수 있다.**〈개정 2020. 5. 27.〉

⑥ 법 제34조의10제2항 각 호 외의 부분에서 "환경부령으로 정하는 관계 공무원"이란 다음 각 호의 어느 하나에 해당하는 사람을 말한다.〈신설 2020. 5. 27., 2020. 9. 29.〉

  1. 국립야생동물질병관리원 또는 지방자치단체 소속으로 수의사 자격을 가진 공무원

  2. 국립야생동물질병관리원 또는 지방자치단체 소속으로 야생동물 질병에 관한 업무를 3년 이상 수행한 공무원

⑦ 법 제34조의10제2항제2호에서 "환경부령으로 정하는 경우"란 다음 각 호의 어느 하나에 해당하는 경우를 말한다.〈신설 2020. 5. 27.〉

  1. 야생동물을 보호·관리하는 기관 또는 단체가 소유한 야생동물에 전염성이 높은 야생동물 질병이 발생한 경우

  2. 야생동물을 보호·관리하는 기관 또는 단체가 살처분을 수행할 수 있는 전문 인력을 보유하지 못한 경우

⑧ 제1항부터 제5항까지에서 규정한 사항 외에 예방접종·격리·이동제한·출입제한·살처분 명령에 필요한 세부 사항은 환경부장관이 정하여 고시한다.〈신설 2020. 5. 27.〉

[본조신설 2015. 3. 25.]

[제목개정 2020. 5. 27.]

제44조의9(사체 등의 소각·매몰기준)

법 제34조의10제3항에 따라 살처분한 야생동물 사체의 소각 및 매몰기준은 **별표 8의4**와 같다.〈개정 2020. 5. 27.〉

제44조의10(주변 환경오염 방지조치)

① 법 제34조의10제4항에 따라 **야생동물의 사체를 소각 또는 매몰하려는 자가 이행해야 하는 주변 환경오염 방지조치는 별표 8의5와 같다.**〈개정 2020. 5. 27.〉

② 환경부장관 또는 시·도지사는 제1항에 따라 주변환경의 오염방지조치를 한 경우에는 해당 **매몰지를 관리하는 책임관리자를 지정하여 관리하여야 한다.**

③ 시·도지사는 제1항에 따라 주변 환경오염 방지조치를 이행한 경우 그 결과를 환경부장관에게 지체 없이 보고해야 한다.〈신설 2020. 5. 27.〉

제44조의11(발굴금지 표지판의 설치)

① 환경부장관 또는 시·도지사는 법 제34조의11제1항에 따라 매몰한 야생동물의 사체의 발굴을 허가하는 경우에는 야생동물 질병이 확산되는 것을 막기 위하여 해당 야생동물 사체의 소유자 또는 토지의 소유자가 발굴한 야생동물의 사체를 별표 8의4의 기준에 따라 소각 또는 매몰하게 하여야 한다.

② 법 제34조의11제2항에서 "환경부령으로 정하는 표지판"이란 다음 각 호의 사항이 표시된 표지판을 말한다.

1. **매몰된 사체와 관련된 야생동물 질병**
2. **매몰된 야생동물의 종류 및 마릿수 또는 개수**
3. **매몰연월일 및 발굴금지기간**
4. **책임관리자**
5. **그 밖에 매몰과 관련된 사항**

제44조의12(서식지의 야생동물 질병 관리)

① 환경부장관과 시·도지사가 법 제34조의12제1항 각 호의 조치를 할 수 있는 야생동물은 제44조의8제1항 각 호의 어느 하나에 해당하는 질병에 걸렸거나 걸렸다고 의심이 되는 야생동물로 한다.

② 환경부장관과 시·도지사는 법 제34조의12제1항 각 호의 조치를 하기 위하여 필요한 경우 다음 각 호의 어느 하나에 해당하는 조치를 할 수 있다.

1. 법 제34조의12제1항제1호에 따른 예찰을 위하여 야생동물 서식지 등을 예찰지역으로 지정

2. 법 제34조의12제1항제2호에 따른 출입통제 등 확산 방지를 위하여 법 제12조제1항에 따른 피해 예방시설의 설치

3. 법 제34조의12제1항제3호에 따른 야생동물의 포획을 위하여 법 제23조제5항에 따른 수확기 피해방지단의 구성·운영

③ 법 제34조의12제1항에 따른 조치 결과 제44조의8제1항 각 호의 어느 하나에 해당하는 질병에 걸린 야생동물의 사체가 발견된 경우에는 제44조의9부터 제44조의11까지에서 정한 방법에 따라 그 사체를 소각하거나 매몰한다.

④ 시·도지사는 법 제34조의12제2항에 따라 환경부장관에게 다음 각 호의 구분에 따른 조치 결과를 지체 없이 보고해야 한다.

1. 법 제34조의12제1항제1호에 따른 예찰: 대상 지역, 예찰기간, 수행 인원, 예찰의 결과

2. 법 제34조의12제1항제2호에 따른 출입통제, 소독 등 확산 방지: 대상 지역, 조치기간, 소독방법, 출입통제 또는 소독의 결과

3. 법 제34조의12제1항제3호에 따른 포획 또는 살처분: 대상 지역·종, 포획 도구 또는 살처분 방법, 포획 또는 살처분의 결과

⑤ 환경부장관과 시·도지사는 제44조의8제1항 각 호의 어느 하나에 해당하는 야생동물 질병이 발생할 우려가 있거나 발생한 질병이 확산될 우려가 있는 경우에는 법 제34조의12제1항에 따른 조치의 이행계획을 수립해야 한다.

⑥ 제1항부터 제5항까지에서 규정한 사항 외에 야생동물 질병의 확산 방지를 위하여 서식지의 야생동물 질병 관리에 필요한 사항은 환경부장관이 정하여 고시한다.

[본조신설 2020. 5. 27.]

제44조의13(야생동물검역관)

법 제34조의13제2항에 따른 야생동물검역관(이하 "야생동물검역관"이라 한다)이 되려는 사람은 국립야생동물질병관리원장이 정하는 바에 따라 수입 야생동물(「수산생물질병 관리법」 제2조제2호에 따른 수산동물은 제외한다. 이하 같다)의 검역에 관한 **교육과정을 21시간 이상 이수해야 한다.**〈개정 2024. 6. 28.〉

[본조신설 2024. 5. 17.]

제44조의14(야생동물검역사)

① 법 제34조의13제3항 전단에서 "환경부령으로 정하는 교육과정"이란 제44조의13에 따른 교육과정을 말한다.

② 법 제34조의13제3항에 따른 야생동물검역사(이하 "야생동물검역사"라 한다)로 위촉될 수 있는 사람은 다음 각 호의 어느 하나에 해당하는 사람으로 한다.〈개정 2024. 6. 28.〉

1. 국립야생동물질병관리원에서 야생동물 검역 업무를 1년 이상 수행한 경력이 있는 사람
2. 동물의 질병과 관련된 분야에서 전문학사 이상의 학위를 취득한 후 다음 각 목의 법률에 따른 동물의 검역 관련 업무를 2년 이상 수행한 경력이 있는 사람
   가. 「가축전염병 예방법」
   나. 「수산생물질병 관리법」
③ 국립야생동물질병관리원장은 야생동물검역사가 야생동물검역관의 업무를 보조한 경우에는 예산의 범위에서 관련 수당을 지급할 수 있다.

[본조신설 2024. 5. 17.]

제44조의15(지정검역물의 범위)

법 제34조의14 각 호 외의 부분에서 "환경부령으로 정하는 것"이란 다음 각 호 어느 하나에 해당하는 것(「수산생물질병 관리법」 제23조에 따른 지정검역물은 제외하며, 이하 "지정검역물"이라 한다)을 말한다.

1. 야생동물(포유류, 조류, 파충류에 한정한다)과 그 사체
2. 야생동물 질병에 대한 진단액류(診斷液類)(해당 진단액류에 병원체가 들어있는 경우로 한정한다)
3. 그 밖에 검역대상질병의 유해성 및 전파가능성 등을 고려하여 국립야생동물질병관리원장이 정하여 고시하는 것

[본조신설 2024. 5. 17.]

제44조의16(야생동물 등의 수입허가)

① 법 제34조의15제1항 단서에 따라 **야생동물 또는 물건의 수입허가를 받으려는 자**는 별지 제40호의7서식의 수입허가 신청서에 다음 각 호의 서류를 첨부하여 국립야생동물질병관리원장에게 제출해야 한다.
1. 시험·연구조사 또는 의약품의 제조 계획서
2. 시설·장비 및 전문인력 확보 현황
3. 안전관리계획서
4. 그 밖에 수입허가와 관련하여 국립야생동물질병관리원장이 필요하다고 인정하는 서류
② 국립야생동물질병관리원장은 제1항에 따른 신청을 받은 경우에는 다음 각 호의 요건을 고려하여 수입허가 여부를 결정해야 한다.
1. 해당 야생동물 또는 물건의 관리에 필요한 시설·장비·전문인력 확보 여부
2. 해당 야생동물 또는 물건에 대한 관리방법이 적정한지 여부
3. 해당 야생동물 또는 물건의 수입물량이 적정한지 여부

4. 해당 야생동물 또는 물건이 유출되거나 그에 준하는 위험을 발생시킨 사실이 있었는 지 여부

③ 국립야생동물질병관리원장은 법 제34조의15제1항 단서에 따라 수입허가를 한 경우 별 지 제40호의8서식의 수입허가 증명서를 신청인에게 발급해야 한다.

[본조신설 2024. 5. 17.]

제44조의17(수입금지물건 등에 대한 조치명령 및 이행기간)

① 법 제34조의16제1항 각 호 외의 부분에 따른 소각 또는 매몰의 기준에 관하여는 별표 8의4를 준용한다.

② 법 제34조의16제2항 단서에서 "환경부령으로 정하는 기간"이란 법 제34조의16제1항 각 호 외의 부분에 따른 명령을 받은 날부터 30일 이내의 기간을 말한다. 다만, 국립야 생동물질병관리원장은 해당 명령을 받은 화물주(대리인을 포함한다)가 천재지변이나 그 밖의 부득이한 사유로 이를 이행하기 어려운 경우에는 해당 화물주의 신청을 받아 30일의 범위에서 그 기간을 연장할 수 있다.

[본조신설 2024. 5. 17.]

제44조의18(검역증명서 첨부 면제)

법 제34조의17제1항 단서에서 "환경부령으로 정하는 경우"란 다음 각 호의 어느 하나에 해 당하는 경우를 말한다.〈개정 2024. 6. 28.〉

1. 야생동물 검역을 담당하는 정부기관이 없는 국가로부터 수입하는 경우로서 미리 국 립야생동물질병관리원장의 승인을 받은 경우

2. 법 제34조의15제1항 단서에 따라 시험·연구조사 또는 의약품 제조에 사용하기 위 하여 국립야생동물질병관리원장의 허가를 받아 수입하는 경우

3. 수출한 야생동물 또는 물건이 수입국에서 통관되지 못하고 반송되는 경우

[본조신설 2024. 5. 17.]

제44조의19(지정검역물의 수입검역)

① 법 제34조의18제1항 본문에 따른 수입검역(이하 "수입검역"이라 한다)을 받으려는 자 는 별지 제40호의9서식의 야생동물 수입검역신청서에 다음 각 호의 서류를 첨부하여 국립야생동물질병관리원장에게 제출해야 한다.

1. 지정검역물의 운송에 관한 선하증권 또는 항공화물운송장 사본

2. 법 제34조의17제1항 본문에 따른 검역증명서(같은 항 단서에 따라 검역증명서의 첨 부가 면제된 경우는 제외하며, 이하 "검역증명서"라 한다)

3. 제44조의16제3항에 따른 수입허가 증명서(법 제34조의15제1항 단서에 따른 허가를 받은 경우만 해당한다)

4. 야생동물의 수입과 관련된 다음 각 목의 서류의 사본(해당 야생동물을 수입한 경우만 해당한다)

   가. 별지 제9호의2서식에 따른 멸종위기 야생생물 수입·반입 허가증

   나. 별지 제11호서식에 따른 인공증식한 멸종위기 야생생물 수입·반입 허가서

   다. 별지 제17호서식에 따른 국제적 멸종위기종 수입등 허가서

   라. 별지 제30호서식에 따른 야생생물 수입·반입 허가증

5. 제44조의18제3호에 따라 반송되어 수입되는 야생동물 또는 물건인 경우 그 사실을 확인할 수 있는 서류

② 법 제34조의18제1항 본문에 따른 지정검역물의 검역 방법은 별표 8의7과 같고, 지정검역물의 검역기간은 별표 8의8과 같다.

③ 법 제34조의18제2항에 따라 야생동물검역관이 지정검역물 외의 물건에 대하여 수입검역을 하는 경우 그 검역 방법 및 검역기간에 관하여는 별표 8의7과 별표 8의8을 준용한다.

[본조신설 2024. 5. 17.]

제44조의20(여행자 휴대품 지정검역물의 수입 검역)

법 제34조의18제1항 단서에 따라 여행자 **휴대품으로 지정검역물**(이하 **"여행자 휴대품 지정검역물"**이라 한다)**을 수입하는 자는 다음 각 호의 어느 하나에 해당하는 방법으로 신고를 해야 한다.**

1. **별지 제40호의10서식의 여행자 휴대품 지정검역물 수입신고서의 제출**

2. **「관세법 시행규칙」 제49조의2제1호·제2호에 따른 여행자 휴대품 신고서의 제출**

3. **지정검역물의 종류 및 수량 등에 대한** 구두 신고

[본조신설 2024. 5. 17.]

제44조의21(지정검역물의 수입장소)

① 법 제34조의19제1항 본문에 따라 지정검역물은 「관세법」 제133조제1항에 따라 지정된 국제항 중 인천공항을 통하여 수입한다.

② 법 제34조의19제1항 단서에 따라 수입장소를 따로 지정받으려는 자는 수입하려는 지정검역물을 운송수단에 싣기 전에 지정받으려는 장소 및 지정 요청 사유 등을 국립야생동물질병관리원장이 정하는 방법에 따라 제출해야 한다.

③ 국립야생동물질병관리원장은 제2항에 따른 지정 요청이 적절하다고 인정하는 경우에

2.3 야생생물 보호 및 관리에 관한 법률 시행규칙

는 그 장소를 수입장소로 지정하고 신청인에게 통보해야 한다.

[본조신설 2024. 5. 17.]

제44조의22(수입검역증명서의 발급)

야생동물검역관이 법 제34조의20에 따른 수입검역증명서를 발급하는 경우에는 별지 제40호의11서식에 따른다. 이 경우 지정검역물이 다음 각 호의 어느 하나에 해당하는 경우에는 해당 지정검역물 또는 통관서류에 별표 8의9에 따른 **수입검역증명 표지를 하는 방식으로 수입검역증명서의 발급을 갈음할 수 있다.**〈개정 2024. 6. 28.〉

1. **여행자 휴대품 지정검역물**
2. **견본품**
3. **법 제34조의9에 따른 역학조사의 대상이 되는 지정검역물**
4. **정부가 직접 수입하는 지정검역물**
5. **법 제34조의15제1항 단서에 따라 국립야생동물질병관리원장의 허가를 받아 수입하는 야생동물 또는 물건**

[본조신설 2024. 5. 17.]

제44조의23(지정검역시행장의 지정 등)

① 법 제34조의21제1항 단서에 따라 국립야생동물질병관리원장이 지정하는 검역시행장(이하 "지정검역시행장"이라 한다)의 지정 대상은 다음 각 호의 구분에 따른다.
  1. 수입 야생동물(제2호는 제외한다)의 경우: 야생동물을 격리·사육할 수 있는 시설
  2. 「실험동물에 관한 법률」 제2조제2호에 따른 실험동물의 경우: 실험동물을 격리·사육할 수 있는 연구기관·대학·기업체 등의 시설
  3. 제1호 및 제2호를 제외한 지정검역물의 경우: 온도조절장치를 갖춘 창고시설 등의 시설
② 지정검역시행장에서는 한 번에 수입되는 야생동물 또는 물건에 대한 수입검역만 시행할 수 있고, 지정기간은 3개월 이내로 한다.
③ 지정검역시행장의 지정을 받으려는 자는 별표 8의10에 따른 지정검역시행장 시설기준에 적합한 시설을 갖추어야 한다.
④ 지정검역시행장의 지정을 받으려는 자는 별지 제40호의12서식의 지정검역시행장 지정신청서에 다음 각 호의 서류를 첨부하여 국립야생동물질병관리원장에게 제출해야 한다.
  1. 검역시설 평면도
  2. 검역시설이 설치된 대지나 건물의 소유권 또는 사용권을 증명하는 서류
  3. 법 제34조의21제3항에 따른 검역관리인(이하 "검역관리인"이라 한다) 선임계약서

또는 고용관계를 증명하는 서류 사본

4. 검역관리인의 수의사 면허증 사본

5. 제1항제2호에 해당하는 경우에는 시험 또는 실험용으로 사용할 것임을 증명하는 서류

⑤ 국립야생동물질병관리원장은 제4항에 따른 지정검역시행장 지정신청을 받은 경우에는 현지조사를 실시하여 제3항에 따른 지정검역시행장 시설기준을 갖추었는지 확인해야 한다.

⑥ 국립야생동물질병관리원장은 제4항에 따라 제출된 서류와 제5항에 따른 현지조사 결과를 종합적으로 검토하여 해당 시설을 지정검역시행장으로 지정할 수 있고, 해당 지정검역시행장에 대해 별지 제40호의13서식의 지정검역시행장 지정서를 발급해야 한다.

⑦ 제6항에 따라 지정검역시행장의 지정을 받은 자는 지정받은 사항이 변경된 경우에는 별지 제40호의12서식의 지정검역시행장 변경지정 신청서에 별지 제40호의13서식의 지정검역시행장 지정서 원본을 첨부하여 국립야생동물질병관리원장에게 제출해야 한다.

⑧ 국립야생동물질병관리원장은 제7항에 따라 지정변경의 신청을 받은 때는 현지조사를 실시하여 변경 지정 여부를 판단하고, 변경 지정하는 경우에는 지정검역시행장 지정서의 뒤쪽에 변경 사항을 적은 후 발급할 수 있다.

⑨ 제6항에 따라 지정검역시행장의 지정을 받은 자와 해당 지정검역시행장의 검역관리인은 별표 8의11에 따른 지정검역시행장 관리기준을 준수해야 한다.

[본조신설 2024. 6. 28.]

[종전 제44조의23은 제44조의24로 이동 〈2024. 6. 28.〉]

제44조의24(지정검역물의 관리)

① 법 제34조의22제5항에 따라 같은 조 제1항에 따른 보관관리인(이하 "보관관리인"이라 한다)이 화물주로부터 징수할 수 있는 지정검역물의 관리에 필요한 비용은 다음 각 호와 같다.

1. 야생동물의 사육관리에 필요한 비용

2. 야생동물의 분뇨 등 오물과 수송용기(輸送容器)의 수거·처리에 필요한 비용

3. 야생동물 외의 지정검역물의 보관에 필요한 비용

4. 지정검역물의 소독, 입·출고 및 하역에 필요한 비용

5. 그 밖에 지정검역물의 보관 및 관리에 필요한 비용

② 국립야생동물질병관리원장이 법 제34조의22제6항에 따른 소독을 명하는 경우에는 별지 제40호의12서식에 따른다. 다만, 긴급하거나 통상적으로 할 수 있는 소독명령은 구두로 할 수 있다.

③ 법 제34조의22제7항에 따른 지정검역물의 운송(운송차량의 설비기준을 포함한다)·입

출고 및 보관관리 등에 필요한 기준은 별표 8의10와 같다.

[본조신설 2024. 5. 17.]

[제44조의23에서 이동, 종전 제44조의24는 제44조의25로 이동 〈2024. 6. 28.〉]

제44조의25(불합격품 등의 처분)

① 법 제34조의23제1항에 따른 불합격품에 대한 소각 또는 매몰기준에 관하여는 별표 8의4를 준용한다.

② 법 제34조의23제2항에서 "환경부령으로 정하는 기간"이란 같은 조 제1항에 따른 명령을 받은 날부터 30일 이내의 기간을 말한다. 다만, 국립야생동물질병관리원장은 해당 명령을 받은 화물주(대리인을 포함한다)가 천재지변이나 그 밖의 부득이한 사유로 이를 이행하기 어려운 경우에는 해당 화물주의 신청을 받아 30일의 범위에서 그 기간을 연장할 수 있다.

[본조신설 2024. 5. 17.]

[제44조의24에서 이동 〈2024. 6. 28.〉]

제45조(생물자원 보전시설의 등록)

① 법 제35조제1항 본문에 따라 생물자원 보전시설을 등록하려는 자는 다음 각 호의 요건을 갖추어 별지 제41호서식의 생물자원 보전시설 등록신청서를 **환경부장관이나 시·도지사에게 제출해야 한다.**〈개정 2022. 12. 9.〉

  1. 시설요건

    가. 표본보전시설: 66제곱미터 이상의 수장(收藏)시설

    나. 살아 있는 생물자원 보전시설: 해당 야생생물의 서식에 필요한 일정규모 이상의 시설

  2. 인력요건: 다음 각 목의 어느 하나에 해당하는 1명 이상의 인력을 갖출 것

    가. 「국가기술자격법」에 따른 생물분류기사

    나. 생물자원과 관련된 분야의 석사 이상의 학위를 취득(법령에 따라 이와 같은 수준 이상의 학력이 있다고 인정되는 경우를 포함한다)한 후 해당 분야에서 1년 이상 종사한 사람

    다. 생물자원과 관련된 분야의 학사 이상의 학위를 취득(법령에 따라 이와 같은 수준 이상의 학력이 있다고 인정되는 경우를 포함한다)한 후 해당 분야에서 3년 이상 종사한 사람

② 환경부장관이나 시·도지사는 생물자원 보전시설의 등록을 한 경우에는 별지 제42호서식의 생물자원 보전시설 등록서를 신청인에게 발급하여야 한다.

③ 제1항에 따라 생물자원 보전시설을 등록하려는 자가 갖추어야 할 시설 및 요건에 관한 세부적인 사항은 환경부장관이 정한다.

[전문개정 2012. 7. 27.]

제46조(변경등록사항)

법 제35조제2항에서 "환경부령으로 정하는 사항"이란 다음 각 호의 사항을 말한다.

1. 생물자원 보전시설의 소재지
2. 신축·증축한 시설의 개요(종전 시설의 50퍼센트 이상을 신축·증축한 경우만 해당한다)

[전문개정 2012. 7. 27.]

제46조의2(생물자원 보전시설의 기능)

생물자원 보전시설의 기능은 다음과 같다.

1. 생물자원의 수집·보존·관리·연구 및 전시
2. 생물자원 및 생물다양성 교육프로그램의 개설·운영
3. 생물자원에 관한 간행물의 제작·배포, 국내외 다른 기관과 정보교환 및 공동연구 등의 협력

[본조신설 2012. 7. 27.]

제47조(박제업자의 등록 등)

① 법 제40조제1항에 따라 박제업자의 등록 또는 변경등록을 하려는 자는 별지 제43호서식의 박제업 등록(변경등록) 신청서를 시장·군수·구청장에게 제출하여야 한다.

② 시장·군수·구청장은 제1항에 따른 등록 또는 변경등록을 한 경우에는 별지 제44호서식의 박제업 등록증을 발급하여야 한다.

③ 법 제40조제1항 후단에서 "환경부령으로 정하는 사항"이란 다음 각 호의 사항을 말한다.

1. 영업장의 소재지
2. 신축·증축한 시설의 개요(종전 시설의 50퍼센트 이상을 신축·증축한 경우만 해당한다)

④ 법 제40조제2항에서 "환경부령으로 정하는 사항"이란 다음 각 호의 사항을 말한다.

1. 박제품 및 박제용 야생동물의 출처, 구입일시, 종류 및 수량
2. 박제품의 제작일시 및 판매일시
3. 거래상대방

[전문개정 2012. 7. 27.]

제48조 삭제⟨2013. 2. 1.⟩

제49조(수렵장 설정의 고시)

법 제42조제3항에 따른 고시에는 다음 각 호의 사항이 포함되어야 한다.

1. 수렵장의 명칭 및 구역

2. 존속기간

3. 수렵기간

4. 관리소의 소재지

5. 수렵장의 사용료 및 징수방법

6. 수렵도구 및 수렵방법

7. 수렵할 수 있는 야생동물의 종류 및 포획제한수량

8. 수렵인의 수

[전문개정 2012. 7. 27.]

제50조(수렵장 설정 승인신청)

① 법 제42조제5항에 따라 수렵장설정의 승인을 받으려는 시·도지사 또는 시장·군수·구청장은 별지 제48호서식의 수렵장 설정 승인신청서에 다음 각 호의 서류를 첨부하여 환경부장관에게 제출하여야 한다.

1. 수렵장 설정계획서

2. 수렵장 관리 및 운영계획서

3. 수렵장 설정 예정지역을 표시한 도면

4. 수렵할 수 있는 동물별 서식 상황 조사 명세 및 포획예상량 판단서

5. 수렵장 관리에 관한 수입·지출예산 명세서

② 제1항제2호에 따른 수렵장 관리 및 운영계획서에는 다음 각 호의 사항이 포함되어야 한다.

1. 수렵장 관리소의 소재지

2. 수렵기간·이용방법·사용료 및 동물별 포획 요금

3. 인공증식·방사 및 보호번식에 필요한 시설물 명세

4. 수렵장에서의 수렵 금지구역 지정

5. 수렵방법 및 수렵도구

6. 그 밖에 수렵장의 관리 및 수렵에 필요한 시설 명세

[전문개정 2012. 7. 27.]

제51조(수렵장 안내판·시설 등의 설치기준)

① 법 제42조제6항 및 법 제53조제3항에 따라 수렵장설정자 또는 수렵장의 관리·운영을

위탁받은 자는 다음 각 호의 조치를 취하여야 한다.

1. 수렵장의 명칭·구역 및 수렵기간 등이 포함된 안내판을 수렵장 주요 지점에 설치할 것

2. 제49조에 따른 수렵장 설정 고시의 내용을 해당 기관의 인터넷 홈페이지에 게재할 것

② 법 제42조제6항 및 법 제53조제3항에 따라 수렵장설정자 또는 수렵장의 관리·운영을 위탁받은 자가 갖추어야 할 시설·설비는 다음과 같다.

1. **수렵장 관리소**

2. **안내시설 및 휴게시설**

3. **응급의료시설**

4. **사격연습시설**

5. **야생동물의 인공사육시설(야생동물을 인공사육하여 수렵대상 동물로 사용하는 수렵장만 해당한다)**

6. **포획물의 보관 및 처리시설**

7. **수렵장의 경계표지시설**

8. **안전관리시설**

[전문개정 2015. 8. 4.]

제52조(수렵면허의 신청 등)

① 법 제44조제1항 및 영 제30조에 따라 수렵면허를 받으려는 사람은 별지 제49호서식의 수렵면허 신청서에 다음 각 호의 서류를 첨부하여 시장·군수·구청장에게 제출해야 한다.〈개정 2015. 8. 4., 2019. 9. 25., 2022. 12. 9.〉

1. **수렵면허시험 합격증**

2. **수렵 강습 이수증(최근 1년 이내에 수렵강습기관에서 강습을 받은 것만 해당한다)**

3. **최근 1년 이내에 발급된 다음 각 목의 서류.** 다만, 「총포·도검·화약류 등의 안전관리에 관한 법률」 제12조에 따른 총포 소지허가를 받은 사람은 총포 소지허가증 사본으로 갈음할 수 있다.

    가. **신체검사서**(「의료법」 제3조제2항제3호가목에 따른 병원 또는 같은 호 바목에 따른 종합병원에서 발급된 것으로 한정한다). 다만, 「도로교통법」 제80조에 따른 운전면허를 받은 사람은 운전면허증 사본으로 갈음할 수 있다.

    나. **총기 소지의 적정 여부에 대한 정신건강의학과 전문의 의견이 기재된 진단서 또는 소견서**(법 제44조제2항제1호에 따른 제1종 수렵면허를 받으려는 경우만 해당한다)

4. **증명사진 1장**

② 법 제44조제3항에 따라 수렵면허를 갱신하려는 사람은 수렵면허의 갱신기간(수렵면허의 유효기간이 끝나는 날의 3개월 전부터 수렵면허의 유효기간이 끝나는 날까지를 말한다. 이하 같다) 내에 별지 제50호서식의 수렵면허 갱신신청서에 다음 각 호의 서류를 첨부하여 시장·군수·구청장에게 제출해야 한다. 다만, 법 제44조제2항제1호에 따른 제1종 수렵면허와 같은 항 제2호에 따른 제2종 수렵면허를 모두 받은 사람이 그 중 하나의 수렵면허의 갱신기간이 도래하여 갱신을 신청하는 경우에는 갱신기간이 아직 도래하지 않은 다른 수렵면허의 갱신을 함께 신청할 수 있다.〈개정 2015. 8. 4., 2019. 9. 25., 2022. 12. 9.〉

1. 최근 1년 이내에 발급된 다음 각 목의 서류. 다만, 「총포·도검·화약류 등의 안전관리에 관한 법률」제12조에 따른 총포 소지허가를 받은 사람은 총포 소지허가증 사본으로 갈음할 수 있다.

   가. 신체검사서(「의료법」 제3조제2항제3호가목에 따른 병원 또는 같은 호 바목에 따른 종합병원에서 발급된 것으로 한정한다). 다만, 「도로교통법」 제80조에 따른 운전면허를 받은 사람은 운전면허증 사본으로 갈음할 수 있다.

   나. 총기 소지의 적정 여부에 대한 정신건강의학과 전문의 의견이 기재된 진단서 또는 소견서(법 제44조제2항제1호에 따른 제1종 수렵면허를 갱신하려는 경우만 해당한다)

2. 증명사진 1장

3. 수렵면허증

4. 수렵 강습 이수증(최근 1년 이내에 수렵강습기관에서 강습을 받은 것만 해당한다)

③ 시장·군수·구청장은 수렵면허의 유효기간이 끝나기 6개월 이전에 수렵면허 갱신대상자에게 제2항에 따른 갱신신청 절차와 해당 기간 내에 갱신신청을 하지 아니하면 법 제49조제1항제8호에 따라 수렵면허가 정지 또는 취소될 수 있다는 사실을 미리 알려야 한다. 이 경우 통지는 휴대전화에 의한 문자전송, 전자우편, 팩스, 전화, 문서 등으로 할 수 있다.〈개정 2015. 8. 4.〉

[전문개정 2012. 7. 27.]

제53조(수렵면허 수수료)

① 법 제44조제4항에 따라 **수렵면허를 받거나 수렵면허를 갱신 또는 재발급받으려는 사람이 내야 하는 수수료는 1만원으로 한다.**

② 제1항에 따른 수수료는 특별자치도·시·군·구(자치구를 말하며, 이하 "시·군·구"라 한다)의 수입증지로 내야 한다. 다만, 시장·군수·구청장은 정보통신망을 이용한 전자화폐·전자결제 등의 방법으로 수수료를 내게 할 수 있다.

[전문개정 2012. 7. 27.]

제54조(수렵면허시험 대상)

법 제45조제1항에서 "환경부령으로 정하는 사항"이란 다음 각 호의 사항을 말한다.

    1. 수렵에 관한 법령 및 수렵의 절차

    2. 야생동물의 보호·관리에 관한 사항

    3. 수렵도구의 사용방법

    4. 안전사고의 예방 및 응급조치에 관한 사항

[전문개정 2012. 7. 27.]

제55조(수렵면허시험의 공고 등)

① 영 제32조제1항에 따른 응시원서는 별지 제51호서식의 수렵면허시험 응시원서에 따른다.

② 시·도지사는 영 제32조제2항에 따라 수렵면허시험의 필기시험일 30일 전에 별지 제52호서식의 수렵면허시험 실시 공고서에 따라 수렵면허시험의 공고를 하여야 한다.

③ 제2항에 따른 공고는 시·도 또는 시·군·구의 인터넷 홈페이지와 게시판·일간신문 또는 방송으로 하여야 한다.〈개정 2015. 3. 25.〉

④ 시·도지사는 매년 2회 이상 수렵면허시험을 실시하여야 한다.

[전문개정 2012. 7. 27.]

제56조(수렵면허시험 응시원서의 접수 등)

① 시·도지사는 제55조제1항에 따른 응시원서를 접수한 경우에는 별지 제53호서식의 수렵면허시험 응시원서 접수대장에 이를 기록하고, 수렵면허시험 응시표를 응시자에게 발급하여야 한다.

② 법 제45조제3항에 따라 수렵면허시험에 응시하려는 자가 내야 하는 수수료는 1만원으로 한다.

③ 제2항에 따른 수수료(이하 이 조에서 "수수료"라 한다)는 시·도의 수입증지로 내야 한다. 다만, 시·도지사는 정보통신망을 이용한 전자화폐·전자결제 등의 방법으로 수수료를 내게 할 수 있다.

④ 시·도지사는 수수료를 낸 사람이 다음 각 호의 어느 하나에 해당하는 경우에는 다음 각 호의 구분에 따라 수수료의 전부 또는 일부를 반환하여야 한다.

    1. 수수료를 과오납한 경우: 과오납한 금액 전부

    2. 시험 시행일 20일 전까지 접수를 취소하는 경우: 이미 낸 수수료 전부

    3. 시험관리기관의 귀책사유로 시험에 응시하지 못하는 경우: 이미 낸 수수료 전부

    4. 시험 시행일 10일 전까지 접수를 취소하는 경우: 이미 낸 수수료의 100분의 50

[전문개정 2012. 7. 27.]

제57조(수렵면허시험 합격자 발표 등)

① 시·도지사는 특별한 사정이 있는 경우를 제외하고는 시험 실시 후 10일 이내에 면허시험의 합격자를 발표하여야 한다.

② 시·도지사는 별지 제54호서식의 수렵면허시험 성적표에 따라 수렵면허시험성적을 기록·관리하여야 한다.

③ 시·도지사는 수렵면허시험의 합격자에게 별지 제55호서식의 수렵면허시험 합격증을 발급하고, 합격증을 발급한 경우에는 별지 제56호서식의 수렵면허시험 합격증 발급대장에 이를 기록·관리하여야 한다.

[전문개정 2012. 7. 27.]

제58조(수렵강습기관의 지정 등)

① 법 제47조제1항에 따른 수렵강습기관으로 지정받으려는 자는 다음 각 호의 요건을 모두 갖추어 별지 제57호서식의 수렵강습기관 지정신청서를 환경부장관에게 제출하여야 한다.〈개정 2015. 8. 4.〉

    1. 법 제58조의2에 따라 설립된 야생생물관리협회 또는 「민법」 제32조에 따라 환경부장관의 설립 허가를 받은 비영리법인일 것

    2. 다음 각 목의 어느 하나에 해당하는 사람 2명 이상을 전문인력으로 갖출 것

        가. 제59조제2항의 강습과목에 관한 석사 이상의 학위를 소지한 사람

        나. 수렵강습기관에서 수렵 강습실무에 5년 이상 종사한 사람

    3. 삭제〈2015. 8. 4.〉

② 제1항에 따른 수렵강습기관 지정신청서에는 다음 각 호의 서류를 첨부하여야 한다.〈신설 2015. 8. 4.〉

    1. 법인등기부등본

    2. 기관 또는 단체 등록증

    3. 전문인력 명세서

    4. 수렵강습기관 시설 명세서

    5. 사업계획서(실기 강습 운영계획을 포함하여야 한다)

    6. 수렵 강습 교재

③ 환경부장관은 제1항에 따라 수렵강습기관을 지정한 경우에는 별지 제58호서식의 수렵강습기관 지정서를 발급하여야 한다.〈개정 2015. 8. 4.〉

[전문개정 2012. 7. 27.]

제59조(수렵강습)

① 수렵강습기관의 장은 법 제47조제1항 및 제2항에 따른 강습의 실시 예정일 30일 전에 그 일시·장소와 그 밖에 필요한 사항을 공고하여야 한다. 다만, 환경부장관이 부득이 한 사유가 있다고 인정하는 경우에는 강습의 실시 예정일 14일 전까지 공고할 수 있다. 〈개정 2015. 8. 4.〉

② 제1항에 따른 강습과목과 과목별 **강습시간은 별표** 10과 같다.

③ 수렵강습기관의 장은 강습을 실시하는 데 필요하다고 인정하는 경우에는 실기를 병행 할 수 있다.

[전문개정 2012. 7. 27.]

제60조(수강신청 등)

① 법 제47조제1항에 따른 강습을 받으려는 사람은 제57조제3항에 따라 합격증을 발급받 은 날부터 5년 이내에 수강신청을 하여야 한다.

② 법 제47조제1항 및 제2항에 따른 강습의 수강신청을 할 때에는 별지 제59호서식의 수 렵강습 수강신청서를 강습 시작일 전까지 수렵강습기관의 장에게 제출하여야 한다. 〈개정 2015. 8. 4.〉

③ 법 제47조제3항에 따른 강습이수증은 별지 제60호서식의 수렵강습 이수증에 따른다. 〈개정 2015. 8. 4.〉

④ 수렵강습기관의 장은 제3항에 따른 수렵 강습 이수증을 발급한 경우에는 별지 제61호 서식의 수렵 강습 이수증 발급대장에 이를 기록·관리하여야 한다.

⑤ 법 제47조제4항에 따라 수렵강습기관의 장이 수렵 강습을 받으려는 사람에게 징수할 수 있는 수강료는 2만원으로 한다. 다만, 제59조제3항에 따라 실기를 병행하여 실시하 는 경우에는 이에 드는 비용을 추가로 징수할 수 있다.〈개정 2015. 8. 4.〉

[전문개정 2012. 7. 27.]

제61조(수렵면허증 등)

① 법 제48조제1항에 따라 시장·군수·구청장이 발급하는 수렵면허증은 별지 제62호서 식의 수렵면허증에 따른다.

② 시장·군수·구청장은 제1항에 따른 수렵면허증을 발급한 경우에는 별지 제63호서식 의 수렵면허증 발급대장에 이를 기록·관리하여야 한다.

③ 법 제48조제3항에 따라 수렵면허증의 재발급을 신청하려는 사람은 별지 제50호서식의 수렵면허 재발급 신청서에 다음 각 호의 서류를 첨부하여 시장·군수·구청장에게 제 출하여야 한다.

1. 수렵면허증(수렵면허증을 분실한 경우는 제외한다)

2. 증명사진 1장

④ 수렵면허증을 발급받은 사람은 수렵면허증의 기재사항이 변경된 경우에는 변경된 날부터 30일 이내에 별지 제50호서식의 수렵면허 기재사항 변경신청서에 수렵면허증을 첨부하여 시장·군수·구청장에게 제출해야 한다. 다만, 수렵면허증의 기재사항 중 주소가 변경된 경우에는 해당 수렵면허증만 제출할 수 있다.〈개정 2019. 9. 25.〉

[전문개정 2012. 7. 27.]

제62조(수렵면허의 취소·정지)

법 제49조제1항에 따라 수렵면허를 취소하거나 그 효력을 정지하는 처분을 하는 경우에는 별지 제64호서식의 수렵면허 취소·정지 통지서에 따른다.

[전문개정 2012. 7. 27.]

제63조(수렵승인신청)

① 법 제50조제1항에 따라 수렵승인을 받으려는 사람은 별지 제65호서식의 수렵야생동물 포획승인신청서에 다음 각 호의 서류를 첨부하여 법 제42조제1항에 따라 수렵장을 설정한 자(이하 "수렵장설정자"라 한다)에게 제출하여야 한다.

1. 수렵면허증 사본

2. 법 제51조에 따른 보험의 가입증명서

② 제1항에 따라 신청을 받은 수렵장설정자는 적합하다고 인정하면 다음 각 호의 조건을 붙여 별지 제66호서식의 수렵동물 포획승인서와 수렵동물 확인표지를 신청인에게 내주어야 한다.〈개정 2014. 7. 17.〉

1. 수렵동물을 포획한 후 지체 없이 발급받은 수렵동물 확인표지를 포획한 동물에게 붙일 것

2. 승인받은 포획기간, 포획지역, 포획동물, 포획 예정량 등을 지킬 것

3. 수렵동물 포획승인서에 포획한 야생동물의 종류·수량 및 포획장소 등을 적을 것

4. 수렵기간이 끝난 후 15일 이내에 수렵동물 포획승인서와 미사용 수렵동물 확인표지를 수렵장설정자에게 반납할 것

③ 수렵장설정자는 제2항제4호에 따라 수렵동물 포획승인서가 반납된 경우 포획한 야생동물의 종류 등을 별지 제66호의2서식의 수렵관리대장에 기록·관리하여야 한다.〈신설 2014. 7. 17.〉

④ 제2항에 따른 수렵동물 확인표지의 제작·발급, 부착방법, 사용 후 반환절차 등에 관하여 필요한 사항은 환경부장관이 정한다.〈개정 2014. 7. 17.〉

[전문개정 2012. 7. 27.]

제64조 삭제⟨2014. 7. 17.⟩

제65조(수렵장의 위탁관리 신청)

① 법 제53조제1항에 따라 수렵장의 관리·운영을 위탁받으려는 자는 별지 제67호서식의 수렵장 위탁관리 신청서에 다음 각 호의 서류를 첨부하여 수렵장설정자에게 제출하여야 한다.

1. 영 제36조제1항 각 호의 사항을 증명할 수 있는 서류

2. 사업계획서

3. 위탁받으려는 지역을 표시한 축척 5만분의 1 이상의 도면

② 제1항제2호의 사업계획서에는 다음 각 호의 사항이 포함되어야 한다.

1. 관리·운영계획

2. 시설계획

3. 야생동물 인공사육계획(야생동물을 인공사육하여 수렵대상 동물로 사용하는 수렵장만 해당한다)

4. 필요예산 명세

[전문개정 2012. 7. 27.]

제66조(수렵장운영실적의 보고)

① 수렵장설정자는 법 제50조제4항에 따라 다음 각 호의 사항을 수렵기간이 끝난 후 30일 이내에 환경부장관에게 보고하여야 한다.

1. 수렵장 이용자 및 야생동물 포획 상황

2. 수렵장 사용료 등 수입 현황

3. 수렵장 운영경비 명세 및 수입금의 사용명세

② 수렵장의 관리·운영을 위탁받은 자는 법 제53조제3항에 따라 다음 각 호의 사항을 매년 수렵장설정자에게 보고하여야 한다.

1. 수렵장 이용자 및 수입·지출에 관한 사항

2. 야생동물의 포획 상황

3. 수렵장의 관리·운영 현황

[전문개정 2012. 7. 27.]

제67조(수렵장 관리규정)

법 제53조제3항에 따른 수렵장 관리규정에는 다음 각 호의 사항이 포함되어야 한다.

1. 수렵장의 안전관리에 관한 사항

2. 수렵인이 준수하여야 할 사항

3. 포획 신고의 방법

[전문개정 2012. 7. 27.]

제68조(위탁관리 수렵장 안에서의 수렵 현황 기록 등)

① 법 제53조제1항에 따라 수렵장의 관리·운영을 위탁받은 자는 별지 제68호서식의 수렵장 운영·관리 접수대장에 해당 수렵장에서 수렵할 수 있는 동물, 수렵기간, 수렵인의 인적사항 등을 적고 이를 유지하여야 한다.

② 수렵장의 관리·운영을 위탁받은 자가 수렵장에서 포획한 야생동물을 수렵장 밖으로 반출시키려는 경우에는 그 수렵한 야생동물에 제63조제2항에 따른 수렵동물 확인표지를 붙여야 한다.

③ 수렵장의 관리·운영을 위탁받은 자는 제2항에 따른 수렵동물 확인표지의 수령 및 사용 현황을 기록·관리하여야 한다.

[전문개정 2012. 7. 27.]

제69조(수렵장의 설정 제한지역)

법 제54조제12호에서 "환경부령으로 정하는 장소"란 수렵장설정자가 야생동물의 보호를 위하여 필요하다고 인정하는 지역을 말한다.

[전문개정 2012. 7. 27.]

제70조(수렵 제한지역 등)

① 법 제55조제1호에서 "환경부령으로 정하는 장소"란 여러 사람이 모이는 행사·집회 장소 또는 광장을 말한다.

② 법 제55조제7호에서 "환경부령으로 정하는 장소"란 다음 각 호의 어느 하나에 해당하는 장소를 말한다.

1. 해안선으로부터 100미터 이내의 장소(해안 쪽을 향하여 수렵을 하는 경우에는 해안선으로부터 600미터 이내의 장소를 포함한다)

2. 수렵장설정자가 야생동물 보호 또는 인명·재산·가축·철도차량 및 항공기 등에 대한 피해 발생의 방지를 위하여 필요하다고 인정하는 지역

[전문개정 2015. 8. 4.]

제71조(검사공무원의 증표)

법 제56조제4항에 따른 출입·검사를 하는 공무원의 증표는 별지 제69호서식의 검사원증에

따른다.

[전문개정 2012. 7. 27.]

제72조(재정지원 대상 야생생물 보호단체)

법 제58조에서 "환경부령으로 정하는 야생생물 보호단체"란 야생생물 보호와 관련된 사업을 수행하는 법인을 말한다.

[전문개정 2012. 7. 27.]

제72조의2(수수료)

① 법 제58조의3에 따른 수수료는 별표 9와 같다.

② 다음 각 호의 어느 하나에 해당하는 자에 대해서는 수수료를 면제할 수 있다.

    1. 「과학기술분야 정부출연연구기관 등의 설립·운영 및 육성에 관한 법률」에 따른 정부출연연구기관

    2. 「정부출연연구기관 등의 설립·운영 및 육성에 관한 법률」에 따른 정부출연연구기관

    3. 「특정연구기관육성법」에 따른 특정연구기관

    4. 국공립 연구기관

③ 제1항에 따른 수수료는 수입인지 또는 정보통신망을 이용한 전자화폐·전자결제 등의 방법으로 납부할 수 있다.

[본조신설 2014. 7. 17.]

제73조(야생생물 보호원의 자격)

법 제59조에 따른 야생생물 보호원으로 임명될 수 있는 사람의 자격요건은 다음 각 호의 어느 하나로 한다.〈개정 2020. 11. 27.〉

    1. 전문대학 이상에서 야생생물 관련 학과를 졸업하거나 이와 같은 수준 이상의 학력이 있다고 인정되는 사람

    2. 야생생물의 실태조사와 관련된 업무에 1년 이상 종사한 경력이 있는 사람

[전문개정 2012. 7. 27.]

제74조(직무 범위)

법 제59조제1항에 따른 야생생물 보호원의 직무 범위는 다음 각 호와 같다.〈개정 2013. 2. 1.〉

    1. 멸종위기 야생생물의 보호 및 증식·복원에 관한 주민의 지도·계몽

    2. 수렵인 지도 및 수렵장 관리의 보조

    3. 특별보호구역 및 보호구역의 관리

4. 야생생물의 서식실태조사 및 서식환경 개선
5. 「생물다양성 보전 및 이용에 관한 법률」 제2조제8호에 따른 생태계교란 생물, 유해야생동물, 야생화된 동물 등의 관리
6. 야생동물의 불법 포획 및 불법 거래행위 감시업무의 보조

[전문개정 2012. 7. 27.]

제75조(보수)

① 법 제59조제1항에 따른 야생생물 보호원에게는 정부임금단가기준의 범위에서 보수를 지급할 수 있다.〈개정 2021. 9. 16.〉
② 법 제61조에 따른 명예 야생생물 보호원에게는 예산의 범위에서 회의 출석 등에 따른 경비를 지급할 수 있다.

[전문개정 2012. 7. 27.]

제76조(명예 야생생물 보호원의 자격)

법 제61조에서 "환경부령으로 정하는 사람"이란 다음 각 호의 어느 하나에 해당하는 사람을 말한다.

1. 야생생물 보호와 관련된 단체의 회원
2. 야생생물 보호에 경험이 많은 지역주민
3. 그 밖에 야생생물 보호 관련 활동실적이 많은 사람

[전문개정 2012. 7. 27.]

제77조(야생생물 보호원증)

① 지방환경관서의 장 또는 지방자치단체의 장은 야생생물 보호원으로 임명된 사람에게는 별지 제70호서식의 야생생물 보호원증을 발급하고, 명예 야생생물 보호원으로 위촉된 사람에게는 별지 제71호서식의 명예 야생생물 보호원증을 발급하여야 한다.
② 지방환경관서의 장 또는 지방자치단체의 장은 별지 제72호서식의 명예 야생생물 보호원증 발급대장을 갖추어 두고 명예 야생생물 보호원증의 발급 상황을 기록·관리하여야 한다.

[전문개정 2012. 7. 27.]

제78조(행정처분의 기준)

법 제34조의21제7항 및 법 제63조에 따른 행정처분의 기준은 별표 12와 같다.〈개정 2024. 6. 28.〉

[전문개정 2012. 7. 27.]

제79조(규제의 재검토)

환경부장관은 다음 각 호의 사항에 대하여 다음 각 호의 기준일을 기준으로 3년마다(매 3년이 되는 해의 기준일과 같은 날 전까지를 말한다) 그 타당성을 검토하여 개선 등의 조치를 해야 한다.〈개정 2024. 6. 18.〉

1. 삭제〈2024. 6. 18.〉
2. 삭제〈2024. 6. 18.〉
3. 삭제〈2024. 6. 18.〉
4. 제23조의7 및 별표 5의2에 따른 국제적멸종위기종의 사육시설 설치기준: 2014년 7월 17일
5. 제23조의9에 따른 개선기간: 2014년 7월 17일
6. 제28조 및 별표 8에 따른 수출·수입등 허가대상인 야생동물: 2014년 7월 17일
7. 삭제〈2024. 6. 18.〉
8. 제45조제1항 및 제46조에 따른 생물자원 보전시설의 등록요건 및 변경등록사항: 2014년 7월 17일
9. 삭제〈2024. 6. 18.〉
10. 제52조제1항 및 제2항에 따른 수렵면허의 신청·갱신신청 시 제출서류: 2014년 7월 17일
11. 삭제〈2017. 11. 30.〉
12. 제73조에 따른 야생생물 보호원의 자격요건: 2014년 7월 17일

[전문개정 2014. 7. 17.]

제80조 삭제〈2009. 6. 1.〉

부칙〈제1102호, 2024. 6. 28.〉

이 규칙은 공포한 날부터 시행한다.

[별표 1] 멸종위기 야생생물(제2조 관련)

[별표 2] 삭제〈2013.2.1〉

[별표 3] 유해야생동물(제4조 관련)

[별표 3의2] 야생동물 질병(제4조의2 관련)

[별표 3의3] 야생동물 충돌·추락 실태조사 방법(제7조의3제3항 관련)

[별표 4] 먹는 것이 금지되는 야생동물(제8조 관련)

[별표 5] 곰의 처리기준(제22조제1항제4호 관련)

[별표 5의2] 사육시설 설치기준(제23조의7 관련)

[별표 6] 포획·채취 등의 금지 야생생물(제24조 관련)

[별표 7] 인공증식 또는 재배를 위한 포획·채취 등의 허가대상 야생생물(제26조 관련)

[별표 8] 수출·수입등 허가대상인 야생생물(제28조 관련)

[별표 8의2] 야생동물 치료기관의 지정기준(제44조의2제2항 관련)

[별표 8의3] 야생동물 질병진단기관의 지정기준(제44조의5제2항 관련)

[별표 8의4] 소각 및 매몰기준(제44조의9 관련)

[별표 8의5] 주변 환경오염 방지조치(제44조의10제1항 관련)

[별표 8의6] 포획한 유해야생동물의 처리 방법(제31조의4 관련)

[별표 8의7] 지정검역물의 검역방법(제44조의19제3항 관련)

[별표 8의8] 지정검역물 검역기간(제44조의19제3항 관련)

[별표 8의9] 수입검역증명 표지(제44조의22제1항 관련)

[별표 8의10] 지정검역시행장 시설기준(제44조의23제3항 관련)

[별표 8의11] 지정검역시행장 관리기준(제44조의23제9항 관련)

[별표 8의12] 지정검역물의 운송·입출고·보관관리 기준(제44조의24제3항 관련)

[별표 9] 수수료(제72조의2제1항 관련)

[별표 10] 수렵 강습과목 및 강습시간(제59조제2항 관련)

[별표 11] 삭제〈2012.7.27〉

[별표 12] 행정처분의 기준(제78조 관련)

[별지 제1호서식] 서식지외보전기관 지정신청서

[별지 제2호서식] 서식지외보전기관 지정서

[별지 제3호서식] 서식지외보전대상 야생생물 관리대장

[별지 제4호서식] 삭제〈2015.3.25.〉

[별지 제5호서식] 삭제〈2015.3.25.〉

[별지 제6호서식] 야생동물 피해 예방시설 설치지원 신청서

[별지 제7호서식] 야생동물 농산물·임산물·수산물 등의 피해보상 신청서

[별지 제7호의2서식] 야생동물 인명 피해보상 신청서

[별지 제8호서식] 멸종위기 야생생물(포획, 채취, 방사, 이식, 가공, 유통, 보관, 훼손, 고사)허가신 청서

[별지 제8호의2서식] 멸종위기 야생생물(수출, 반출, 수입, 반입)허가신청서

[별지 제9호서식] 멸종위기 야생생물(포획, 채취, 방사, 이식, 가공, 유통, 보관, 훼손, 고사)허가증

[별지 제9호의2서식] 멸종위기 야생생물(수출, 반출, 수입, 반입)허가증

[별지 제10호서식] 인공증식한 멸종위기 야생생물(수출, 반출, 수입, 반입)허가신청서

[별지 제11호서식] 인공증식한 멸종위기 야생생물(수출, 반출, 수입, 반입)허가서

[별지 제12호서식] 멸종위기 야생생물 인공증식증명서 발급신청서

[별지 제13호서식] 멸종위기 야생생물 인공증식증명서

[별지 제14호서식] 멸종위기 야생생물 보관신고서

[별지 제15호서식] 멸종위기 야생생물 보관신고확인증

[별지 제16호서식] 국제적 멸종위기종((재)수출, 반출, 수입, 반입)허가신청서

[별지 제17호서식] 국제적 멸종위기종 수출ㆍ수입등 허가서(CITES permit)

[별지 제18호서식] 국제적 멸종위기종 수출ㆍ수입등 허가서 발급대장

[별지 제19호서식] 협약 적용 전에 획득한 국제적 멸종위기종 증명신청서

[별지 제20호서식] 협약 적용 전에 획득한 국제적 멸종위기종 증명서

[별지 제20호의2서식] 국제적 멸종위기종으로 제작된 악기 인증서 발급 신청서

[별지 제20호의3서식] 국제적 멸종위기종으로 제작된 악기 인증서

[별지 제20호의4서식] 국제적 멸종위기종으로 제작된 악기 인증서 발급대장

[별지 제21호서식] 국제적 멸종위기종의 용도변경 승인신청서

[별지 제22호서식] 용도변경계획서

[별지 제23호서식] 사육곰 관리카드

[별지 제24호서식] 국제적 멸종위기종의 용도변경 승인서

[별지 제25호서식] 수입ㆍ반입된 국제적 멸종위기종(양도, 양수) 신고서(신고확인증)

[별지 제26호서식] 수입ㆍ반입된 국제적 멸종위기종 폐사ㆍ질병 신고서(신고확인증)

[별지 제26호의2서식] 국제적 멸종위기종 인공증식증명서 발급신청서

[별지 제26호의3서식] 국제적 멸종위기종 인공증식증명서

[별지 제26호의4서식] 국제적 멸종위기종 인공증식 허가신청서

[별지 제26호의5서식] 국제적 멸종위기종 인공증식 허가증

[별지 제26호의6서식] 국제적 멸종위기종 사육시설 등록신청서

[별지 제26호의7서식] 국제적 멸종위기종 사육시설 등록증

[별지 제26호의8서식] 국제적 멸종위기종 사육시설 등록증 재발급 신청서

[별지 제26호의9서식] 국제적 멸종위기종 사육시설(변경 등록신청서, 변경 신고서)

[별지 제26호의10서식] 국제적 멸종위기종 사육시설(폐쇄, 운영 중지) 신고서

[별지 제26호의11서식] 국제적 멸종위기종 사육시설 권리ㆍ의무 승계신고서

[별지 제27호서식] 야생생물 포획ㆍ채취 또는 고사 허가 신청서

[별지 제28호서식] 야생생물 포획ㆍ채취 등 허가증

[별지 제28호의2서식] 야생생물 인공증식증명서

[별지 제29호서식] 야생생물(수출, 수입, 반출, 반입)허가신청서

[별지 제30호서식] 야생생물(수출, 수입, 반출, 반입)허가증

[별지 제31호서식] 야생생물 수출·수입·반출·반입 허가증 발급대장
[별지 제32호서식] 유해야생동물 포획허가 신청서
[별지 제33호서식] 유해야생동물 포획허가증
[별지 제34호서식] 삭제〈2013.2.1〉
[별지 제35호서식] 삭제〈2013.2.1〉
[별지 제36호서식] 손실보상청구서
[별지 제37호서식] 멸종위기종 관리계약 청약서
[별지 제38호서식] (오수정화시설, 정화조)설치지원 신청서
[별지 제39호서식] 야생생물 보호구역 설정조서
[별지 제40호서식] 야생생물 보호구역 출입신고서
[별지 제40호의2서식] 야생동물치료기관 지정신청서
[별지 제40호의3서식] 야생동물 치료기관 지정서
[별지 제40호의4서식] 야생동물 질병진단기관 지정신청서
[별지 제40호의5서식] 야생동물 질병진단기관 지정서
[별지 제40호의6서식] (예방접종, 출입제한, 격리, 살처분, 이동제한)명령서
[별지 제40호의7서식] 수입허가 신청서
[별지 제40호의8서식] 수입허가 증명서(CERTIFICATE FOR IMPORT PERMIT)
[별지 제40호의9서식] 수입검역신청서(APPLICATION FOR IMPORT QUARANTINE)
[별지 제40호의10서식] 여행자 휴대품 지정검역물 수입신고서(IMPORT DECLARATION OF PORTABLE QUARANTINE GOODS)
[별지 제40호의11서식] 야생동물 수입검역 증명서
[별지 제40호의12서식] 지정검역시행장(지정, 변경지정)신청서
[별지 제40호의13서식] 지정검역시행장 지정서
[별지 제40호의14서식] 지정검역물 관리일지
[별지 제40호의15서식] 수입화물(검역)표
[별지 제40호의16서식] 지정검역물 소독명령서
[별지 제41호서식] 생물자원 보전시설 등록신청서
[별지 제42호서식] 생물자원 보전시설 등록서
[별지 제43호서식] 박제업(등록, 변경등록)신청서
[별지 제44호서식] 박제업 등록증
[별지 제45호서식] 삭제〈2012.7.27〉
[별지 제46호서식] 삭제〈2013.2.1〉
[별지 제47호서식] 삭제〈2013.2.1〉
[별지 제48호서식] 수렵장 설정 승인신청서
[별지 제49호서식] 수렵면허 신청서
[별지 제50호서식] 수렵면허(갱신, 재발급, 기재사항변경)신청서
[별지 제51호서식] 수렵면허시험 응시원서
[별지 제52호서식] 수렵면허시험 실시공고서

02
야
생
생
물
법

시
행
규
칙

별
표

2.3 야생생물 보호 및 관리에 관한 법률 시행규칙 별표

■ 야생생물 보호 및 관리에 관한 법률 시행규칙 [별표 1] 〈개정 2022. 12. 9.〉

멸종위기 야생생물(제2조 관련)

1. 공통 적용기준

가. 멸종위기 야생생물을 가공·유통·보관·수출·수입·반출 및 반입하는 경우에는 죽은 것을 포함한다.

나. 포유류, 조류, 양서류·파충류, 어류, 곤충류, 무척추동물: 살아 있는 생물체와 그 알 및 표본을 포함한다.

다. 육상식물: 살아 있는 생물체와 그 부속체[종자(種子, 씨앗), 구근(球根, 알뿌리), 인경 (鱗莖, 비늘줄기), 주아(珠芽, 살눈), 덩이줄기, 뿌리] 및 표본을 포함한다.

라. 해조류, 고등균류, 지의류: 살아 있는 생물체와 그 포자 및 표본을 포함한다.

2. 포유류

가. 멸종위기 야생생물 Ⅰ급

번호	국명	학명
1	늑대	*Canis lupus coreanus*
2	대륙사슴	*Cervus nippon hortulorum*
3	무산쇠족제비	*Mustela nivalis*
4	물범	*Phoca largha*
5	반달가슴곰	*Ursus thibetanus ussuricus*
6	붉은박쥐	*Myotis rufoniger*
7	사향노루	*Moschus moschiferus*
8	산양	*Naemorhedus caudatus*
9	수달	*Lutra lutra*
10	스라소니	*Lynx lynx*
11	여우	*Vulpes vulpes peculiosa*
12	작은관코박쥐	*Murina ussuriensis*
13	표범	*Panthera pardus orientalis*
14	호랑이	*Panthera tigris altaica*

나. 멸종위기 야생생물 Ⅱ급

번호	국명	학명
1	담비	*Martes flavigula*
2	물개	*Callorhinus ursinus*

3	삵	*Prionailurus bengalensis*
4	큰바다사자	*Eumetopias jubatus*
5	토끼박쥐	*Plecotus ognevi*
6	하늘다람쥐	*Pteromys volans aluco*

3. 조류

가. 멸종위기 야생생물 I 급

번호	국명	학명
1	검독수리	*Aquila chrysaetos*
2	고니	*Cygnus columbianus*
3	넓적부리도요	*Eurynorhynchus pygmeus*
4	노랑부리백로	*Egretta eulophotes*
5	느시	*Otis tarda*
6	두루미	*Grus japonensis*
7	먹황새	*Ciconia nigra*
8	뿔제비갈매기	*Thalasseus bernsteini*
9	저어새	*Platalea minor*
10	참수리	*Haliaeetus pelagicus*
11	청다리도요사촌	*Tringa guttifer*
12	크낙새	*Dryocopus javensis*
13	호사비오리	*Mergus squamatus*
14	혹고니	*Cygnus olor*
15	황새	*Ciconia boyciana*
16	흰꼬리수리	*Haliaeetus albicilla*

나. 멸종위기 야생생물 II급

번호	국명	학명
1	개리	*Anser cygnoides*
2	검은머리갈매기	*Larus saundersi*
3	검은머리물떼새	*Haematopus ostralegus*
4	검은머리촉새	*Emberiza aureola*
5	검은목두루미	*Grus grus*
6	고대갈매기	*Larus relictus*
7	긴꼬리딱새	*Terpsiphone atrocaudata*
8	긴점박이올빼미	*Strix uralensis*
9	까막딱다구리	*Dryocopus martius*
10	노랑부리저어새	*Platalea leucorodia*
11	독수리	*Aegypius monachus*

12	따오기	*Nipponia nippon*
13	뜸부기	*Gallicrex cinerea*
14	매	*Falco peregrinus*
15	무당새	*Emberiza sulphurata*
16	물수리	*Pandion haliaetus*
17	벌매	*Pernis ptilorhynchus*
18	붉은가슴흰죽지	*Aythya baeri*
19	붉은배새매	*Accipiter soloensis*
20	붉은어깨도요	*Calidris tenuirostris*
21	붉은해오라기	*Gorsachius goisagi*
22	뿔쇠오리	*Synthliboramphus wumizusume*
23	뿔종다리	*Galerida cristata*
24	새매	*Accipiter nisus*
25	새호리기	*Falco subbuteo*
26	섬개개비	*Locustella pleskei*
27	솔개	*Milvus migrans*
28	쇠검은머리쑥새	*Emberiza yessoensis*
29	쇠제비갈매기	*Sterna albifrons*
30	수리부엉이	*Bubo bubo*
31	시베리아흰두루미	*Grus leucogeranus*
32	알락개구리매	*Circus melanoleucos*
33	알락꼬리마도요	*Numenius madagascariensis*
34	양비둘기	*Columba rupestris*
35	올빼미	*Strix aluco*
36	재두루미	*Grus vipio*
37	잿빛개구리매	*Circus cyaneus*
38	조롱이	*Accipiter gularis*
39	참매	*Accipiter gentilis*
40	청호반새	*Halcyon pileata*
41	큰고니	*Cygnus cygnus*
42	큰기러기	*Anser fabalis*
43	큰덤불해오라기	*Ixobrychus eurhythmus*
44	큰뒷부리도요	*Limosa lapponica*
45	큰말똥가리	*Buteo hemilasius*
46	팔색조	*Pitta nympha*
47	항라머리검독수리	*Aquila clanga*
48	흑기러기	*Branta bernicla*
49	흑두루미	*Grus monacha*
50	흑비둘기	*Columba janthina*

51	흰목물떼새	*Charadrius placidus*
52	흰이마기러기	*Anser erythropus*
53	흰죽지수리	*Aquila heliaca*

4. 양서류 · 파충류
가. 멸종위기 야생생물 Ⅰ급

번호	국명	학명
1	비바리뱀	*Sibynophis chinensis*
2	수원청개구리	*Dryophytes suweonensis*

나. 멸종위기 야생생물 Ⅱ급

번호	국명	학명
1	고리도롱뇽	*Hynobius yangi*
2	구렁이	*Elaphe schrenckii*
3	금개구리	*Pelophylax chosenicus*
4	남생이	*Mauremys reevesii*
5	맹꽁이	*Kaloula borealis*
6	표범장지뱀	*Eremias argus*

5. 어류
가. 멸종위기 야생생물 Ⅰ급

번호	국명	학명
1	감돌고기	*Pseudopungtungia nigra*
2	꼬치동자개	*Pseudobagrus brevicorpus*
3	남방동사리	*Odontobutis obscura*
4	모래주사	*Microphysogobio koreensis*
5	미호종개	*Cobitis choii*
6	얼룩새코미꾸리	*Koreocobitis naktongensis*
7	여울마자	*Microphysogobio rapidus*
8	임실납자루	*Acheilognathus somjinensis*
9	좀수수치	*Kichulchoia brevifasciata*
10	퉁사리	*Liobagrus obesus*
11	흰수마자	*Gobiobotia nakdongensis*

나. 멸종위기 야생생물 Ⅱ급

번호	국명	학명
1	가는돌고기	*Pseudopungtungia tenuicorpa*
2	가시고기	*Pungitius sinensis*
3	꺽저기	*Coreoperca kawamebari*
4	꾸구리	*Gobiobotia macrocephala*
5	다묵장어	*Lethenteron reissneri*
6	돌상어	*Gobiobotia brevibarba*
7	둑중개	*Cottus koreanus*
8	묵납자루	*Acheilognathus signifer*
9	버들가지	*Rhynchocypris semotilus*
10	부안종개	*Iksookimia pumila*
11	새미	*Ladislavia taczanowskii*
12	어름치	*Hemibarbus mylodon*
13	연준모치	*Phoxinus phoxinus*
14	열목어	*Brachymystax lenok tsinlingensis*
15	칠성장어	*Lethenteron japonicus*
16	큰줄납자루	*Acheilognathus majusculus*
17	한강납줄개	*Rhodeus pseudosericeus*
18	한둑중개	*Cottus hangiongensis*

6. 곤충류

가. 멸종위기 야생생물 Ⅰ급

번호	국명	학명
1	닻무늬길앞잡이	*Cicindela (Abroscelis) anchoralis*
2	붉은점모시나비	*Parnassius bremeri*
3	비단벌레	*Chrysochroa (Chrysochroa) coreana*
4	산굴뚝나비	*Hipparchia autonoe*
5	상제나비	*Aporia crataegi*
6	수염풍뎅이	*Polyphylla laticollis manchurica*
7	장수하늘소	*Callipogon (Eoxenus) relictus*
8	큰홍띠점박이푸른부전나비	*Sinia divina*

나. 멸종위기 야생생물 Ⅱ급

번호	국명	학명
1	깊은산부전나비	*Protantigius superans*
2	노란잔산잠자리	*Macromia daimoji*

3	대모잠자리	*Libellula angelina*
4	두점박이사슴벌레	*Prosopocoilus astacoides blanchardi*
5	뚱보주름메뚜기	*Haplotropis brunneriana*
6	멋조롱박딱정벌레	*Acoptolabrus mirabilissimus mirabilissimus*
7	물방개	*Cybister (Cybister) chinensis*
8	물장군	*Lethocerus deyrolli*
9	불나방	*Arctia caja*
10	소똥구리	*Gymnopleurus (Gymnopleurus) mopsus*
11	쌍꼬리부전나비	*Cigaritis takanonis*
12	애기뿔소똥구리	*Copris (Copris) tripartitus*
13	여름어리표범나비	*Mellicta ambigua*
14	왕은점표범나비	*Argynnis nerippe*
15	윤조롱박딱정벌레	*Acoptolabrus leechi yooni*
16	은줄팔랑나비	*Leptalina unicolor*
17	참호박뒤영벌	*Bombus (Megabombus) koreanus*
18	창언조롱박딱정벌레	*Acoptolabrus changeonleei*
19	큰자색호랑꽃무지	*Osmoderma caeleste*
20	한국꼬마잠자리	*Nannophya koreana*
21	홍줄나비	*Chalinga pratti*

7. 무척추동물

가. 멸종위기 야생생물 Ⅰ급

번호	국명	학명
1	귀이빨대칭이	*Cristaria plicata*
2	나팔고둥	*Charonia lampas*
3	남방방게	*Pseudohelice subquadrata*
4	두드럭조개	*Aculamprotula coreana*

나. 멸종위기 야생생물 Ⅱ급

번호	국명	학명
1	갯게	*Chasmagnathus convexus*
2	거제외줄달팽이	*Satsuma myomphala*
3	검붉은수지맨드라미	*Dendronephthya suensoni*
4	금빛나팔돌산호	*Tubastraea coccinea*
5	기수갈고둥	*Clithon retropictum*
6	깃산호	*Plumarella spinosa*
7	대추귀고둥	*Ellobium chinense*
8	둔한진총산호	*Euplexaura crassa*

9	망상맵시산호	*Echinogorgia reticulata*
10	물거미	*Argyroneta aquatica*
11	밤수지맨드라미	*Dendronephthya castanea*
12	별혹산호	*Ellisella ceratophyta*
13	붉은발말똥게	*Sesarmops intermedius*
14	선침거미불가사리	*Ophiacantha linea*
15	연수지맨드라미	*Dendronephthya mollis*
16	염주알다슬기	*Koreanomelania nodifila*
17	울릉도달팽이	*Karaftohelix adamsi*
18	유착나무돌산호	*Dendrophyllia cribrosa*
19	의염통성게	*Nacospatangus alta*
20	자색수지맨드라미	*Dendronephthya putteri*
21	잔가지나무돌산호	*Dendrophyllia ijimai*
22	착생깃산호	*Plumarella adhaerens*
23	참달팽이	*Koreanohadra koreana*
24	측맵시산호	*Echinogorgia complexa*
25	칼세오리옆새우	*Gammarus zeongogensis*
26	해송	*Myriopathes japonica*
27	흰발농게	*Austruca lactea*
28	흰수지맨드라미	*Dendronephthya alba*

8. 육상식물
가. 멸종위기 야생생물 Ⅰ급

번호	국명	학명
1	광릉요강꽃	*Cypripedium japonicum*
2	금자란	*Gastrochilus fuscopunctatus*
3	나도풍란	*Sedirea japonica*
4	만년콩	*Euchresta japonica*
5	비자란	*Thrixspermum japonicum*
6	암매	*Diapensia lapponica var. obovata*
7	제주고사리삼	*Mankyua chejuense*
8	죽백란	*Cymbidium lancifolium*
9	탐라란	*Gastrochilus japonicus*
10	털복주머니란	*Cypripedium guttatum*
11	풍란	*Neofinetia falcata*
12	한라솜다리	*Leontopodium coreanum var. hallaisanense*
13	한란	*Cymbidium kanran*

나. 멸종위기 야생생물 Ⅱ급

번호	국명	학명
1	가는동자꽃	*Lychnis kiusiana*
2	가시연	*Euryale ferox*
3	가시오갈피나무	*Eleutherococcus senticosus*
4	각시수련	*Nymphaea tetragona var. minima*
5	개가시나무	*Quercus gilva*
6	갯봄맞이꽃	*Glaux maritima var. obtusifolia*
7	검은별고사리	*Cyclosorus interruptus*
8	구름병아리난초	*Neottianthe cucullata*
9	기생꽃	*Trientalis europaea subsp. arctica*
10	끈끈이귀개	*Drosera peltata var. nipponica*
11	나도범의귀	*Mitella nuda*
12	나도승마	*Kirengeshoma koreana*
13	나도여로	*Zigadenus sibiricus*
14	날개하늘나리	*Lilium dauricum*
15	넓은잎제비꽃	*Viola mirabilis*
16	노랑만병초	*Rhododendron aureum*
17	노랑붓꽃	*Iris koreana*
18	눈썹고사리	*Asplenium wrightii*
19	단양쑥부쟁이	*Aster altaicus var. uchiyamae*
20	대성쓴풀	*Anagallidium dichotomum*
21	대청부채	*Iris dichotoma*
22	대흥란	*Cymbidium macrorhizon*
23	독미나리	*Cicuta virosa*
24	두잎약난초	*Cremastra unguiculata*
25	매화마름	*Ranunculus trichophyllus var. kadzusensis*
26	무주나무	*Lasianthus japonicus*
27	물고사리	*Ceratopteris thalictroides*
28	물석송	*Lycopodiella cernua*
29	방울난초	*Habenaria flagellifera*
30	백부자	*Aconitum coreanum*
31	백양더부살이	*Orobanche filicicola*
32	백운란	*Kuhlhasseltia nakaiana*
33	복주머니란	*Cypripedium macranthos*
34	분홍장구채	*Silene capitata*
35	산분꽃나무	*Viburnum burejaeticum*
36	산작약	*Paeonia obovata*
37	삼백초	*Saururus chinensis*

38	새깃아재비	*Woodwardia japonica*
39	서울개발나물	*Pterygopleurum neurophyllum*
40	석곡	*Dendrobium moniliforme*
41	선모시대	*Adenophora erecta*
42	선제비꽃	*Viola raddeana*
43	섬개야광나무	*Cotoneaster wilsonii*
44	섬시호	*Bupleurum latissimum*
45	섬현삼	*Scrophularia takesimensis*
46	세뿔투구꽃	*Aconitum austrokoreense*
47	손바닥난초	*Gymnadenia conopsea*
48	솔잎난	*Psilotum nudum*
49	순채	*Brasenia schreberi*
50	신안새우난초	*Calanthe aristulifera*
51	애기송이풀	*Pedicularis ishidoyana*
52	연잎꿩의다리	*Thalictrum coreanum*
53	왕제비꽃	*Viola websteri*
54	으름난초	*Cyrtosia septentrionalis*
55	자주땅귀개	*Utricularia yakusimensis*
56	장백제비꽃	*Viola biflora*
57	전주물꼬리풀	*Dysophylla yatabeana*
58	정향풀	*Amsonia elliptica*
59	제비동자꽃	*Lychnis wilfordii*
60	제비붓꽃	*Iris laevigata*
61	조름나물	*Menyanthes trifoliata*
62	죽절초	*Sarcandra glabra*
63	지네발란	*Cleisostoma scolopendrifolium*
64	진노랑상사화	*Lycoris chinensis var. sinuolata*
65	차걸이란	*Oberonia japonica*
66	참닻꽃	*Halenia coreana*
67	참물부추	*Isoetes coreana*
68	초령목	*Michelia compressa*
69	칠보치마	*Metanarthecium luteo−viride*
70	콩짜개란	*Bulbophyllum drymoglossum*
71	큰바늘꽃	*Epilobium hirsutum*
72	파초일엽	*Asplenium antiquum*
73	피뿌리풀	*Stellera chamaejasme*
74	한라송이풀	*Pedicularis hallaisanensis*
75	한라옥잠난초	*Liparis auriculata*
76	한라장구채	*Silene fasciculata*

77	해오라비난초	*Habenaria radiata*
78	흑난초	*Bulbophyllum inconspicuum*
79	홍월귤	*Arctous rubra*

9. 해조류

멸종위기 야생생물 Ⅱ급

번호	국명	학명
1	그물공말	*Dictyosphaeria cavernosa*
2	삼나무말	*Coccophora langsdorfii*

10. 고등균류

멸종위기 야생생물 Ⅱ급

번호	국명	학명
1	화경솔밭버섯	*Omphalotus guepiniiformis*

02 야생생물법 시행규칙 별표

2.3 야생생물 보호 및 관리에 관한 법률 시행규칙 별표

■ **야생생물 보호 및 관리에 관한 법률 시행규칙 [별표 3]** 〈개정 2023. 12. 14.〉

유해야생동물(제4조 관련)

1. **장기간에 걸쳐 무리를 지어** 농작물 또는 과수에 피해를 주는 참새, 까치, 어치, 직박구리, 까마귀, 갈까마귀, 떼까마귀, 큰부리까마귀

2. 일부 지역에 **서식밀도가 너무 높아** 농·림·수산업에 피해를 주는 꿩, 멧비둘기, 고라니, 멧돼지, 청설모, 두더지, 쥐류 및 오리류(오리류 중 원앙이, 원앙사촌, 황오리, 알락쇠오리, 호사비오리, 뿔쇠오리, 붉은가슴흰죽지는 제외한다)

3. **비행장 주변**에 출현하여 항공기 또는 특수건조물에 피해를 주거나, **군 작전**에 지장을 주는 조수류(멸종위기 야생동물은 제외한다)

4. **인가 주변**에 출현하여 인명·가축에 위해를 주거나 위해 발생의 우려가 있는 멧돼지 및 맹수류(멸종위기 야생동물은 제외한다)

5. **분묘**를 훼손하는 멧돼지

6. **전주 등 전력시설**에 피해를 주는 까치, 까마귀, 갈까마귀, 떼까마귀, 큰부리까마귀

7. 일부 지역에 서식밀도가 너무 높아 분변(糞便) 및 털 날림 등으로 **문화재 훼손이나 건물 부식** 등의 재산상 피해를 주거나 생활에 피해를 주는 집비둘기

8. 일부 지역에 서식밀도가 너무 높아 「양식산업발전법」 제2조제2호에 따른 양식업, 「낚시 관리 및 육성법」 제2조제4호에 따른 낚시터업, 「내수면어업법」 제2조제5호에 따른 **내수면어업** 등의 사업 또는 영업에 피해를 주는 민물가마우지

야생동물 질병(제4조의2 관련)

원인체	질병명
세균 (39종)	가성결핵(pseudotuberculosis), 결핵병(tuberculosis), 급성호흡기감염증(acute respiratory infections), 기종저(blackleg), 단독(erysipelas), 대장균증(colibacillosis), 디프테리아(diphtheria), 라임병(lyme disease), 레지오넬라증(legionellosis), 렙토스피라증(leptospirosis), 매독(syphilis), 백일해(pertussis), 브루셀라병(brucellosis), 비브리오패혈증(Vibrio vulnificus sepsis), 세균성이질(bacillary dysentery), 세균성폐렴(bacterial pneumonia), 수막구균성뇌수막염(meningococcal meningitis), 야토병(tularemia), 여시니아증(yersinosis), 우폐역(contagious bovine pleuropneumonia), 유비저(melioidosis), 장출혈성대장균감염증(hemorrhagic E. coli infection), 장티푸스(typhoid fever), 캠필로박터증(carnpylobacteriosis), 콜레라(cholera), 탄저병(anthrax), 파라티푸스(paratyphoid fever), 파상풍(tetanus), 파스튜렐라병(Pasteurellosis), 페스트(pest), 헬리코박터감염증(Helicobacter pylori infection), 가금티푸스(fowl typhoid), 리스테리아증(listeriosis), 마이코플라즈마증(mycoplasmosis), 보툴리누스중독증(botulism), 살모넬라증(salmonellosis), 앵무병(psittacosis), 조류결핵병(avian tuberculosis), 추백리(雛白痢: 병아리 흰설사병)
바이러스 (58종)	가성광견병(pseudorabies), 개전염성간염(infectious canine hepatitis), 개홍역(canine Distemper), 고양이면역결핍증(feline immunodeficiency syndrome), 고양이범백혈구감소증(feline panleukopenia), 고양이백혈병(feline leukemia), **광견병**(rabies), **구제역**(foot and mouth disease), **돼지열병**(hog cholera), 돼지오제스키병(Aujeszky's Disease), 뎅기열(Dengue fever), **로타바이러스감염증**(Rotavirus infection), 림프구성맥락뇌막염(lymphocytic choriomeningitis), 마르부르그병(Marburg fever), 바이러스성간염(viral hepatitis), 바이러스성출혈열(viral hemorrhagic fever), **변종크로이츠펠트－야콥병**(variant Creutzfeldt－Jakob disease), 블루텅병(blue tongue), B형간염(type B hepatitis), 성홍열(scarlet fever), 소바이러스성설사증(bovine virus diarrhea), 소전염성비기관염(infectious bovine rhinotrachitis), 시미안면역결핍증(simian immunodeficiency syndrome), 시미안포아미바이러스감염증(simian foamy virus infection), **아프리카돼지열병**(African swine fever), 알류산병(Aleutian disease), 양아구창(orf), A형간염(type A hepatitis), 에볼라출혈열(Ebola hemorrhagic fever), 엔테로바이러스감염증(enterovirus infection), 우역(rinderpest), **유행성이하선염**(mumps), **유행성출혈열**(epidemic

02
야생생물법
시행규칙 별표

	hemorrhagic fever), 인플루엔자(influenza), 일본뇌염(Japanese encephalitis), 중증열성혈소판감소증후군(SFTS, severe fever with thrombocytopenia syndrome), 진드기매개뇌염(tick-borne encephalitis), 치쿤구니야열(Chikungunya fever), **파보바이러스성장염**(parvoviral enteritis), 폴리오(polio), 풍진(rubella), 코로나바이러스감염증(coronavirus infection), 크로이츠펠트-야콥병(Creutzfeldt-Jakob disease), 황열(yellow fever), 홍역(measles), 후천성면역결핍증(acquired immune deficiency syndrome), 뇌척수염(encephalomyelitis), 뉴캣슬병(newcastle disease), 레오바이러스감염증(reovirus infection), 봉입체성간염(inclusion body hepatitis), 산란저하증후군(egg drop syndrome), 써코바이러스감염증(PCV-2 infection), 오리바이러스성장염(duck viral enteritis), 웨스트나일열(West Nile fever), 조두(fowl pox), 조류인플루엔자(avian influenza), 조류콜레라(fowl cholera), 허피스바이러스감염증(포진)(Herpes simplex virus infections)
기생충 (18종)	간흡충증(clonorchiasis), **개선충증**(scabies), 다방조충증(multilocular echinococcosis), 바베시아증(babesiosis), 선모충증(Trichinellosis), 심장사상충증(heartworm disease), 아메리카너구리회충증(baylisascariasis), 왜소조충증(hymenolepiasis), 요충증(enterobiasis), 장흡충증(intestinal trematodiasis), 천공개선충증(Sarcoptes scabiei var. suis infestation), 촌충증(taeniasis), **톡소플라즈마증**(toxoplasmosis), 편충증(trichuriasis), 폐흡충증(paragonimiasis), 포낭충증(hydatidosis), 크립토스포리듐증(cryplosporidiosis), 회충증(ascariasis)
곰팡이 (6종)	피부사상균증(dermatophytosis), 곰팡이증(fungal infection), 크립토코커스증(cryptococcosis), 히스토플라스마증(histoplasmosis), 클라디미아증(chlamydiosis), 항아리곰팡이병(chytridiomycosis)
원충 및 리켓치아 (12종)	리케치아병(rickettsioses), 말라리아(malaria), 조류말라리아(avian malaria), 발란티듐증(balantidiasis), 발진열(endemic typhus), 발진티푸스(typhus fever), 아메바성 이질(amoebic dysentery), 지아디아증(giardiasis), 타일레리아증(theileriosis), Q열 (Q fever), 류코사이토준병(leucocytozoonosis), 블라스토씨스토시스증(blastocystosis)
프리온 단백질 (3종)	사슴만성소모성질병(chronic wasting disease), 소해면상뇌증(bovine spongiform encephalopathy), 양해면상뇌증(scrapie)
중독증 등 (3종)	조류중독증 (algal poisoning), 선천성기형(congenital anomaly), 농약중독증(pesticide poisoning)
기타	야생동물 질병의 긴급한 예방 및 확산 방지를 위하여 필요하다고 인정하여 환경부장관이 고시하는 야생동물 질병

■ 야생생물 보호 및 관리에 관한 법률 시행규칙 [별표 3의3] 〈신설 2023. 6. 9.〉

야생동물 충돌·추락 실태조사 방법(제7조의3제3항 관련)

1. **조사 항목**

   조사원은 야생동물 충돌·추락 실태조사 시 다음 각 목의 사항을 조사한다.

   가. 부상을 입거나 고립된 야생동물 또는 사체(뼈, 털·깃털, 가죽, 허물 등 사체의 일부를 포함한다. 이하 같다)

   나. 인공구조물 상 충돌 흔적 또는 추락 흔적(발자국 등을 포함한다)

   다. 위험요인

2. **조사 방법**

   조사원은 야생동물 충돌·추락 실태조사 시 다음 각 목의 조사 방법을 따라야 한다.

   가. 조사 대상 지역 내의 인공구조물 혹은 지점을 선정하고 야생동물의 종류에 따라 충돌·추락을 판단할 수 있는 기간과 범위를 정하여 조사한다.

   나. 조사 대상 인공구조물 내부 또는 주위를 탐색하여 조사 항목을 확인한다.

   다. 도보 및 육안 탐색을 기본으로 하며, 필요에 따라 쌍안경, 망원카메라 또는 무인감지카메라 등을 활용한다.

   라. 최소 2인 1조로 조사한다.

   마. 조사 시작 시각과 종료 시각에 위치 정보를 확보할 수 있는 사진 촬영기기로 조사 대상 인공구조물을 촬영하여 기록한다.

   바. 조사 항목을 발견한 경우 위치 정보를 확보할 수 있는 사진 촬영기기를 활용하여 이를 촬영하고 기록한다.

   사. 사진 촬영 시 동물의 종류를 구분하기 쉽도록 촬영해야 한다.

   아. 청소원·경비원 등 관리자가 있는 인공구조물의 경우 해당 관리자에게 조사 당일 피해 기록에 대한 탐문조사를 실시하고 이를 기록한다.

   자. 중복 기록을 방지하기 위해 조사 시 확인한 야생동물의 사체를 현장에서 제거하거나 관리기관에 신고한다.

3. **조사 결과 관리**

   조사원은 야생동물 충돌·추락 실태조사 시 다음 각 목의 정보를 기록해야 한다.

   가. 조사자 정보

   나. 조사 일시

다. 조사 대상 인공구조물 정보

라. 조사 항목 정보(식별 가능한 야생동물 또는 사체의 종명(種名)과 개체수를 포함한다)

마. 위치 정보

바. 그 밖에 필요한 정보

4. 조사 결과 확인

조사기관은 조사원이 기록한 정보 중 적합하다고 확인된 정보만 활용해야 하며, 필요한 경우 추가 현장조사를 실시할 수 있다.

5. 공공기관등의 협조

조사원은 현장조사 시 관계 공공기관등의 장에게 다음 각 목의 협조를 받아 조사를 실시한다.

가. 관할 출입제한구역의 출입

나. 법 제8조의2제1항에 따라 공공기관등이 야생동물의 충돌·추락 방지를 위해 조치한 인공구조물의 설치·관리 현황

다. 형태, 위험요인 등 인공구조물 관련 자료

라. 청소원·경비원 등 인공구조물 관리자에 대한 탐문조사

마. 그 밖에 조사를 위해 필요한 자료의 제공

6. 안전수칙

조사원은 야생동물 충돌·추락 실태조사 시 다음 각 목의 안전수칙을 준수해야 한다.

가. 차도 등 보행자 도로가 아닌 도로에 노출되는 경우에는 경찰 등의 협조를 요청한 후 안전하게 조사한다.

나. 안전조끼, 마스크 등의 안전장비를 착용한다.

다. 부상을 입거나 고립된 야생동물을 구조하거나 사체를 수거하는 경우 질병 감염 등을 예방하기 위해 라텍스 장갑, 집게 등을 활용해야 하며, 야생동물 또는 사체를 직접 만지지 않는다.

먹는 것이 금지되는 야생동물(제8조 관련)

1. 공통 적용기준

가. 야생동물을 가공·유통 및 보관하는 경우에는 **죽은 것을 포함**한다.

나. 포유류, 조류, 양서류·파충류: 살아 있는 **생물체와 그 알을 포함**한다.

2. 멸종위기 야생동물

구 분	등급	종 명
포유류	I급	가. 반달가슴곰 *Ursus thibetanus ussuricus* 나. 사향노루 *Moschus moschiferus parvipes* 다. 산양 *Naemorhedus caudatus* 라. 수달 *Lutra lutra*
	II급	가. 담비 *Martes flavigula* 나. 물개 *Callorhinus ursinus* 다. 삵 *Prionailurus bengalensis*
조류	II급	가. 뜸부기 *Gallicrex cinerea* 나. 큰기러기 *Anser fabalis* 다. 흑기러기 *Branta bernicla*
파충류	II급	구렁이 *Elaphe schrenckii*

3. 멸종위기 야생동물 외의 야생동물

구 분	종 명
포유류	가. 고라니 *Hydropotes inermis* 나. 너구리 *Nyctereutes procyonoides* 다. 노루 *Capreolus pygargus* 라. 멧돼지 *Sus scrofa* 마. 멧토끼 *Lepus coreanus* 바. 오소리 *Meles leucurus*
조류	가. 가창오리 *Anas formosa* 나. 고방오리 *Anas acuta* 다. 쇠기러기 *Anser albifrons* 라. 쇠오리 *Anas crecca* 마. 청둥오리 *Anas platyrhynchos* 바. 흰뺨검둥오리 *Anas poecilorhyncha*

02
야생생물법

시행규칙 별표

양서류	가. 계곡산개구리 *Rana huanrensis*
	나. 북방산개구리 *Rana dybowskii*
	다. 한국산개구리 *Rana coreana*
파충류	가. 까치살모사 *Gloydius saxatilis*
	나. 능구렁이 *Dinodon rufozonatum*
	다. 살모사 *Gloydius brevicaudus*
	라. 유혈목이 *Rhabdophis tigrinus*
	마. 자라 *Pelodiscus maackii*

■ 야생생물 보호 및 관리에 관한 법률 시행규칙 [별표 5] 〈개정 2012.7.27〉

곰의 처리기준(제22조제1항제4호 관련)

종류	처리기준(나이)	
	85년 이전에 수입된 곰	85년 이전에 수입된 곰으로부터 증식된 곰
큰곰	25년 이상	10년 이상
반달가슴곰	24년 이상	10년 이상
늘보곰	40년 이상	10년 이상
말레이곰	24년 이상	10년 이상
아메리카흑곰	26년 이상	10년 이상

사육시설 설치기준(제23조의7 관련)

1. 일반 사육기준

가. 물과 음식 제공

1) 사육시설등록자는 **충분한 양의 먹는물을** 신선한 상태로 공급해야 한다.

2) 사육시설등록자는 사육동물의 종별 특성에 맞게 영양을 고려하여 **적정한 양의 먹이를** 안전하게 공급해야 하며, 먹이공급량을 **기록·보관해야 한다.**

나. 적절한 환경 제공

1) 사육시설등록자는 사육동물의 내적·외적 요인을 고려하여 **동물의 생태적 특성에 맞는 사육시설**(격리시설, 월동시설 등)을 제공해야 한다.

2) 사육시설등록자는 동물의 종별 특성에 맞게 온도, 습도, 조명(자연광 포함) 등을 실내·실외, 주간·야간으로 구분하여 설정해야 한다.

3) 사육시설등록자는 수생종(고래류는 제외한다)의 경우 **수영장과 마른 땅을** 제공하고, 고래류의 경우 수영장을 제공하며, 영장류의 경우 수직·수평 이동이 가능한 입체구조물을 제공하고, 고양이과의 경우 바닥보다 높은 위치의 휴식공간을 제공하는 등 동물의 생태적 특성에 맞게 잠자리, 바닥 등의 재료를 제공해야 한다.

다. 건강관리

1) 수의적 프로그램, 사후부검, 수의적 처치에 관한 기록, 격리·검역 및 **질병관리는** 수의사에 의해 이루어져야 한다.

2) **수의적 처치에 관한 기록에는** 예방의학, 임상치료와 수술, 사전 병리검사, 사후 검사 결과가 포함되어야 한다.

3) 건강검진은 종별로 검사항목을 정하고 **항목별 검사주기를** 설정하여 실시해야 한다.

4) 사육시설등록자는 질병 예방을 위하여 소독 및 사육시설 청소 등 사육시설의 **청결 상태를** 유지해야 한다.

라. 행동관리

1) 사육시설등록자는 사육동물의 **행태적 특성을 고려하여 다양한** 활동을 할 수 있도록 도와주는 **프로그램을 마련하고 이를 실시해야 한다.**

2) 사육시설등록자는 사육일지 등 **일간 행동평가양식을** 만들어 각 개체의 **이상행동이나** 공격적 행동을 기록하고 검토해야 한다.

3) 사육시설등록자는 사육사 또는 사람과 지나친 접촉으로 **대상동물이** 사람과 친숙하지 않게 관리**해야 한다.**

마. 안전관리

1) 사육시설등록자는 충분한 자격을 갖춘 사육사를 지정하여 사육동물의 안정적이고 장기적인 관리를 유지해야 한다.

2) 사육시설등록자는 안전관리 점검대장을 작성·비치하는 등 정기적으로 시설과 안전프로그램을 점검하는 체계를 갖추어야 한다.

3) 사육시설등록자는 안전프로그램 및 안전시설의 평가, 안전문제를 처리한 결과를 문서화하고, 확인된 **모든 안전 관련 문제점을 해결하도록 노력해야 한다.**

4) 사육시설등록자는 인체에 해를 가할 수 있는 동물과 접촉이 필요한 일을 할 때에는 **최소 2명 이상이** 짝을 이루어 일하도록 하며, 위기 상황에 대한 **관리매뉴얼을 만들어 숙지하도록 해야 한다.**

5) 사육시설등록자는 공격적인 성향을 보이는 동물을 격리하여 점검**해야 한다.**

6) 사육시설등록자는 **야외 방사장 등 실외 사육시설을 사육동물의 탈출로 인한** 안전사고가 발생하지 않는 구조로 설치·관리해야 한다.

2. 국제적 멸종위기종의 사육시설 기준

가. 포유류

종류	국명	기준		
		한 마리당 사육 면적	한 마리 추가 시 증가 넓이 비율	시설 및 장비
영장목	사자꼬리원숭이, 올리브개코원숭이, 다이애나원숭이, 맨드릴, 침팬지, 고릴라, 오랑우탄, 큰긴팔원숭이	− 넓이: 31.5㎡ − 높이: 3m	42%	−
	동부콜로부스, 필리핀원숭이(게잡이원숭이), 일본원숭이, 히말라야원숭이, 토크원숭이, 망토개코원숭이, 검은이마거미원숭이, 검은볏긴팔원숭이, 흰손긴팔원숭이	− 넓이: 11.6㎡ − 높이: 2.5m	42%	−
	돼지꼬리원숭이, 검은짧은꼬리원숭이, 보닛원숭이, 그리벳원숭이, 브라자원숭이, 사바나원숭이, 모나원숭이, 세줄무늬올빼미원숭이, 알락꼬리여우원숭이, 검은머	− 넓이: 5.3㎡ − 높이: 3m	35%	−

		리카푸친			
		순다로리스, 흰머리카푸친, 비단마모셋, 검은술마모셋, 목화머리타마린	– 넓이: 2.8㎡ – 높이: 2.5m	35%	–
		다람쥐원숭이속 모든 종	– 넓이: 1.6㎡ – 높이: 2.5m	35%	–
코끼리목		아시아코끼리	– 넓이 35㎡ – 높이 3m – 야외 방사장 넓이 125㎡	70% (야외 방사장 35%)	–
식육목	곰과	말레이곰	– 넓이: 10.5㎡ – 높이: 2.5m	35%	방사장에 웅덩이 설치를 권장
		반달가슴곰, 아메리카검정곰	– 넓이: 21㎡ – 높이: 2.5m	35%	방사장에 웅덩이 설치를 권장
		불곰	– 넓이: 32㎡	35%	방사장에 웅덩이 설치를 권장
	고양이과	치타	– 넓이: 24.5㎡ – 높이: 2.5m	35%	–
		사자, 호랑이	– 넓이: 14㎡ – 높이: 2.5m	35%	–
		스라소니	– 넓이: 8㎡ – 높이: 2m	35%	–
		퓨마	– 넓이: 8.4㎡ – 높이: 2m	35%	–
		재규어, 표범, 설표	– 넓이: 14㎡ – 높이: 2.5m	35%	–
	족제비과	작은발톱수달	– 육상: 넓이 5.3㎡, 높이 2m – 수영장: 넓이 2.1㎡, 깊이 0.6m	35%	–
	물개과	남아메리카물개	– 육상: 넓이 3.5㎡ – 수영장: 수표면 넓이 14㎡, 깊이 1.5m	35%	–

종류	국명	기준		
		한 마리당 사육 면적		
소목	흰오릭스, 바라싱가, 과나코	− 넓이: 35㎡ − 높이: 3m	35%	−
	마르코염소, 목도리페커리	− 넓이: 14㎡ − 높이: 2m	35%	
말목	몽골야생말	− 넓이: 35㎡ − 높이: 2m	35%	
고래목	큰돌고래(태평양돌고래), 남방큰돌고래	− 수표면 넓이: 84㎡ − 깊이: 3.5m	35%	

나. 조류

종류	국명	기준		
		한 마리당 사육 면적	한 마리 추가 시 증가 넓이 비율	시설 및 장비
매목	참매, 말똥가리, 흰꼬리수리, 참수리, 붉은허벅지말똥가리, 달마수리, 독수리, 큰콘돌	− 길이 및 너비: 가장 큰 개체의 비고 제5호가목에 따른 기준 날개폭의 3배 − 높이: 가장 큰 개체의 비고 제5호가목에 따른 기준 날개폭의 2배	길이 50%, 너비 25%	−
파랑새목	붉은코뿔새	− 넓이: 5.3㎡ − 높이: 2m	35%	−

다. 파충류

종류	국명	기준		
		한 마리당 사육 면적	한 마리 추가 시 증가 넓이 비율	시설 및 장비
악어목	알리게이터악어과 모든 종, 크로커다일악어과 모든 종, 인도악어과 모든 종	− 사육시설 내에서 개체 이동과 선회가 가능한 면적 − 육상: 가로 및 세로 길이는 비고 제5호나목1)부터 10)까지의 악어의 경우에는 기준 크	25%	− 개방형 사육시설의 경우 높이 1.5m 이상의 안전펜스를 설치할 것 − 수면부에 수온과 수질을 유지 할 수 있는 장치를 설치할 것 − 자연채광이 확보되

		기의 100%, 그 밖의 악어의 경우에는 성체 크기의 100% – 수면부: 수심은 50cm 이상, 넓이는 육상면적의 60% 이하 (수면부 면적은 육상 면적에 포함되지 않음)		도록 할 것 – 모래, 쿠션 등 발이나 다리에 부담이 없는 부드러운 바닥재를 사용할 것
거북목	돼지코거북, 악어거북, 남생이	– 길이: 비고 제5호 나목11)부터 13)까지에 따른 크기란의 등갑길이의 3배 이상 – 너비: 비고 제5호 나목11)부터 13)까지에 따른 크기란의 등갑너비의 2배 이상	25%	– 몸을 말릴 수 있는 노출부를 설치할 것 – 수질 유지를 위한 여과장치를 설치할 것
뱀목	코브라과 모든 종	– 가로: 1.2m – 세로: 0.6m	10%	– 출입구에 탈출방지시설과 자물쇠를 설치한 폐쇄형 사육시설일 것 – 온도 및 습도를 조절할 수 있는 장치를 설치할 것
	미얀마왕뱀	– 가로: 1.2m – 세로: 0.5m	35%	– 출입구에 탈출방지시설과 자물쇠를 설치한 폐쇄형 사육시설일 것
	그물무늬왕뱀	– 가로: 2.5m – 세로: 1.2m		
	왕뱀	– 가로: 2m – 세로: 1.2m		
	그린아나콘다	– 가로: 1.5m – 세로: 1m		
	노랑아나콘다	– 가로: 1.25m – 세로: 1m		

	듀메릴보아구렁이	– 가로: 0.4m – 세로: 0.3m	10%	– 출입구에 탈출방지 시설과 자물쇠를 설치한 폐쇄형 사육시설일 것
	살모사과 모든 종	– 가로: 1m – 세로: 0.5m	10%	– 출입구에 탈출 방지 시설과 자물쇠를 설치한 폐쇄형 사육시설일 것 – 온도 및 습도를 조절할 수 있는 장치를 설치할 것
도마뱀목	그린이구아나, 악어도마뱀, 물왕도마뱀	– 가로: 1.5m – 세로: 1m	25%	– 출입구에 탈출 방지 시설과 자물쇠를 설치하고 충격에 강한 재질로 된 폐쇄형 사육시설일 것 – 올라갈 수 있는 나뭇가지 등을 설치할 것
	콜롬비아골드테구	– 가로: 2m – 세로: 1.5m	25%	– 출입구에 탈출 방지 시설과 자물쇠를 설치하고 충격에 강한 재질로 된 폐쇄형 사육시설일 것

비고

1. 사육면적은 실내 사육시설 면적을 기준으로 한다. 다만, 소목, 말목, 고래목, 코끼리목 및 생태적 특성상 실외활동을 주로 하는 생물종의 사육면적은 실내 사육장과 야외 방사장 면적을 더한 면적으로 한다.
2. 실내 사육시설이란 지붕, 벽면 및 자물쇠 등 잠금장치를 갖추어 사육동물의 외부접촉이 차단되는 시설을 말한다.
3. 실내 사육시설의 기준면적보다 넓은 별도의 실내·실외 전시실 또는 야외 방사장 등을 갖춘 경우에는 실내 사육시설의 면적이 기준면적의 3분의 2 이상이면 사육시설 설치기준을 충족한 것으로 본다(코끼리목은 제외한다).
4. 다음 각 목의 시설에 대해서는 이 표에 따른 사육시설 설치기준을 적용하지 않는다.
   가. 법 제17조제2항에 따라 보호조치되거나 법 제71조에 따라 몰수된 국제적 멸종위기종을 지방환경관서의 장의 요청에 따라 임시로 보호하는 시설
   나. 법 제34조의4제2항에 따라 환경부장관 또는 시·도지사가 지정한 야생동물 치료기관

다. 법 제34조의6제1항 및 영 제23조의4에 따른 국립야생동물질병관리원

라. 「문화재보호법」 제34조제1항에 따라 지정된 관리단체의 국제적 멸종위기종 관리·보호 시설

마. 「문화재보호법」 제38조제1항에 따른 동물치료소

바. 「실험동물에 관한 법률」 제8조에 따라 등록된 동물실험시설

5. 위 표에서 "기준 날개폭" 및 "기준 크기"란 각각 다음 각 목의 기준 날개폭 및 기준 크기를 말한다.

가. 기준 날개폭

(단위: m)

국명	날개폭
1) 참매	1.31
2) 말똥가리	1.37
3) 흰꼬리수리	2.45
4) 참수리	2.5
5) 붉은허벅지말똥가리	1.21
6) 달마수리	1.9
7) 독수리	2.95
8) 큰콘돌	3.5

나. 기준 크기

(단위: m)

국명	날개폭
1) 샴악어	2.5
2) 안경카이만	2
3) 미시시피악어	4
4) 뉴기니악어	3
5) 바다악어	5
6) 나일악어	4
7) 세렝겔악어	3.5
8) 드워프카이만	1.2
9) 난쟁이카이만	1.2
10) 매끈이카이만	1.2
11) 돼지코거북	등갑길이: 0.7 등갑너비: 0.5
12) 악어거북	등갑길이: 1.0 등갑너비: 0.7
13) 남생이	등갑길이: 0.3 등갑너비: 0.2

포획·채취 등의 금지 야생생물(제24조 관련)

1. 공통 적용기준 : 살아 있는 야생생물 및 그 알을 포함한다.

2. 포유류(MAMMALIA)

번호	국명	학명	비고
		익수目(CHIROPTERA)	
		관박쥐科(Rhinolophidae)	
1	관박쥐	*Rhinolophus ferrumequinum*	
		애기박쥐科(Vespertilionidea)	
2	고바야시박쥐	*Eptesicus kobayashii*	
3	생박쥐	*Eptesicus nilssonii*	
4	문둥이박쥐	*Eptesicus serotinus*	
5	큰집박쥐	*Hypsugo savii*	
6	긴가락박쥐	*Miniopterus schreibersi*	
7	관코박쥐	*Murina leucogaster*	
8	긴꼬리수염박쥐	*Myotis frater*	
9	쇠큰수염박쥐	*Myotis ikonnikovi*	
10	큰발윗수염박쥐	*Myotis macrodactylus*	
11	큰수염박쥐	*Myotis mystacinus*	
12	흰배윗수염박쥐	*Myotis bombinus*	
13	우수리박쥐	*Myotis petax*	
14	멧박쥐	*Nyctalus aviator*	
15	작은멧박쥐	*Nyctalus noctula*	
16	집박쥐	*Pipistrellus abramus*	
17	북방애기박쥐	*Vespertilio murinus*	
18	애기박쥐	*Vespertilio sinensis*	
		큰귀박쥐科(Molossidae)	
19	큰귀박쥐	*Tadarida teniotis*	
		고슴도치目(ERINACEOMORPHA)	
		고슴도치科(Erinaceidae)	
20	고슴도치	*Erinaceus amurensis*	
		첨서目(SORICOMORPHA)	
		첨서科(Soricidae)	
21	제주땃쥐	*Crocidura dsinezumi*	
22	땃쥐	*Crocidura lasiura*	
23	작은땃쥐	*Crocidura shantungensis*	

24	갯첨서	*Neomys fodiens*	
25	첨서	*Sorex araneus*	
26	뒤쥐	*Sorex caecutiens*	
27	쇠뒤쥐	*Sorex gracillimus*	
28	꼬마뒤쥐	*Sorex minutissimus*	
29	큰첨서	*Sorex mirabilis*	
30	긴발톱첨서	*Sorex unguiculatus*	
두더지科(Talpidae)			
31	두더지	*Mogera wogura*	
토끼目(LAGOMORPHA)			
토끼科(Leporidae)			
32	멧토끼	*Lepus coreanus*	
33	만주토끼	*Lepus mandshuricus*	
우는토끼科(Ochotonidae)			
34	우는토끼	*Ochotona hyperborea*	
설치目(RODENTIA)			
청설모科(Sciuridae)			
35	청설모	*Sciurus vulgaris*	
36	다람쥐	*Tamias sibiricus*	
쥐科(Muridae)			
37	등줄쥐	*Apodemus agrarius*	
38	흰넓적다리붉은쥐	*Apodemus peninsulae*	
39	비단털등줄쥐	*Cricetulus barabensis*	
40	쇠갈밭쥐	*Lasiopodomys mandarinus*	
41	멧밭쥐	*Micromys minutus*	
42	갈밭쥐	*Microtus fortis*	
43	대륙밭쥐	*Myodes rufocanus*	
44	숲들쥐	*Myodes rutilus*	
45	비단털쥐	*Tscherskia triton*	
뛰는쥐科(Dipodidae)			
46	긴꼬리꼬마쥐	*Sicista caudata*	
식육目(CARNIVORA)			
개科(Canidae)			
47	승냥이	*Cuon alpinus*	
48	너구리	*Nyctereutes procyonoides*	
곰科(Ursidae)			
49	큰(불)곰	*Ursus arctos*	
족제비科(Mustelidae)			
50	산달	*Martes melampus*	

51	잘(검은돈)	*Martes zibellina*	
52	오소리	*Meles leucurus*	
53	족제비	*Mustela sibirica*	
우제目(ARTIODACTYLA)			
멧돼지科(Suidae)			
54	멧돼지	*Sus scrofa*	
사슴科(Cervidae)			
55	노루	*Capreolus pygargus*	
56	붉은사슴	*Cervus elaphus*	
57	고라니	*Hydropotes inermis*	

3. 조류(AVES)

번호	국명	학명	비고
아비目(GAVIIFORMES)			
아비科(Gaviidae)			
1	흰부리아비	*Gavia adamsii*	
2	큰회색머리아비	*Gavia arctica*	
3	회색머리아비	*Gavia pacifica*	
4	아비	*Gavia stellata*	
논병아리目(PODICIPEDIFORMES)			
논병아리科(Podicipedidae)			
5	귀뿔논병아리	*Podiceps auritus*	
6	뿔논병아리	*Podiceps cristatus*	
7	큰논병아리	*Podiceps grisegena*	
8	검은목논병아리	*Podiceps nigricollis*	
9	논병아리	*Tachybaptus ruficollis*	
슴새目(PROCELLARIIFORMES)			
슴새科(Procellariidae)			
10	슴새	*Calonectris leucomelas*	
11	흰배슴새	*Pterodroma hypoleuca*	
12	붉은발슴새	*Puffinus carneipes*	
13	쇠부리슴새	*Puffinus tenuirostris*	
바다제비科(Hydrobatidae)			
14	바다제비	*Oceanodroma monorhis*	
사다새目(PELECANIFORMES)			
얼가니科(Sulidae)			
15	푸른얼굴얼가니새	*Sula dactylatra*	
16	갈색얼가니새	*Sula leucogaster*	
군함조科(Fregatidae)			

2.3 야생생물 보호 및 관리에 관한 법률 시행규칙 별표

17	군함조	*Fregata ariel*	
가마우지科(Phalacrocoracidae)			
18	가마우지	*Phalacrocorax capillatus*	
19	민물가마우지	*Phalacrocorax carbo*	
20	쇠가마우지	*Phalacrocorax pelagicus*	
21	붉은뺨가마우지	*Phalacrocorax urile*	
황새目(CICONIIFORMES)			
백로科(Ardeidae)			
22	중대백로	*Ardea alba*	
23	왜가리	*Ardea cinerea*	
24	붉은왜가리	*Ardea purpurea*	
25	흰날개해오라기	*Ardeola bacchus*	
26	알락해오라기	*Botaurus stellaris*	
27	황로	*Bubulcus ibis*	
28	검은댕기해오라기	*Butorides striata*	
29	검은해오라기	*Dupetor flavicollis*	
30	쇠백로	*Egretta garzetta*	
31	중백로	*Egretta intermedia*	
32	흑로	*Egretta sacra*	
33	열대붉은해오라기	*Ixobrychus cinnamomeus*	
34	덤불해오라기	*Ixobrychus sinensis*	
35	해오라기	*Nycticorax nycticorax*	
저어새科(Threskiornithidae)			
36	검은머리흰따오기	*Threskiornis melanocephalus*	
기러기目(ANSERIFORMES)			
오리科(Anatidae)			
37	원앙	*Aix galericulata*	
38	고방오리	*Anas acuta*	
39	아메리카홍머리오리	*Anas americana*	
40	미국쇠오리	*Anas carolinensis*	
41	넓적부리	*Anas clypeata*	
42	쇠오리	*Anas crecca*	
43	청머리오리	*Anas falcata*	
44	홍머리오리	*Anas penelope*	
45	청둥오리	*Anas platyrhynchos*	
46	흰뺨검둥오리	*Anas poecilorhyncha*	
47	발구지	*Anas querquedula*	
48	미국오리	*Anas rubripes*	
49	알락오리	*Anas strepera*	

50	쇠기러기	*Anser albifrons*	
51	회색기러기	*Anser anser*	
52	흰기러기	*Anser caerulescens*	
53	흰머리기러기	*Anser canagicus*	
54	미국흰죽지	*Aythya americana*	
55	흰죽지	*Aythya ferina*	
56	댕기흰죽지	*Aythya fuligula*	
57	검은머리흰죽지	*Aythya marila*	
58	큰흰죽지	*Aythya valisineria*	
59	캐나다기러기	*Branta canadensis*	
60	흰뺨오리	*Bucephala clangula*	
61	북방흰뺨오리	*Bucephala islandica*	
62	바다꿩	*Clangula hyemalis*	
63	흰줄박이오리	*Histrionicus histrionicus*	
64	검둥오리	*Melanitta americana*	
65	검둥오리사촌	*Melanitta deglandi*	
66	흰비오리	*Mergellus albellus*	
67	비오리	*Mergus merganser*	
68	바다비오리	*Mergus serrator*	
69	붉은부리흰죽지	*Netta rufina*	
70	원앙사촌	*Tadorna cristata*	
71	황오리	*Tadorna ferruginea*	
72	혹부리오리	*Tadorna tadorna*	
73	머스코비오리	*Cairina moschata*	
74	붉은부리오리	*Dendrocygna autumnalis*	
75	황갈색오리	*Dendrocygna bicolor*	
	수리目(ACCIPITRIFORMES)		
	수리科(Accipitridae)		
76	초원수리	*Aquila nipalensis*	
77	왕새매	*Butastur indicus*	
78	말똥가리	*Buteo buteo*	
79	털발말똥가리	*Buteo lagopus*	
80	개구리매	*Circus spilonotus*	
81	수염수리	*Gypaetus barbatus*	
82	관수리	*Spilornis cheela*	
83	뿔매	*Spizaetus nipalensis*	
	매科(Falconidae)		
84	비둘기조롱이	*Falco amurensis*	
85	헨다손매	*Falco cherrug*	

86	쇠황조롱이	*Falco columbarius*	
87	황조롱이	*Falco tinnunculus*	

닭目(GALLIFORMES)			
꿩科(Phasianidae)			
88	들꿩	*Tetrastes bonasia*	
89	메추라기	*Coturnix japonica*	
90	멧닭	*Lyrurus tetrix*	
91	꿩	*Phasianus colchicus*	

두루미目(GRUIFORMES)			
두루미科(Gruidae)			
92	쇠재두루미	*Anthropoides virgo*	
93	캐나다두루미	*Grus canadensis*	
뜸부기科(Rallidae)			
94	흰배뜸부기	*Amaurornis phoenicurus*	
95	알락뜸부기	*Coturnicops exquisitus*	
96	물닭	*Fulica atra*	
97	쇠물닭	*Gallinula chloropus*	
98	쇠뜸부기사촌	*Porzana fusca*	
99	한국뜸부기	*Porzana paykullii*	
100	쇠뜸부기	*Porzana pusilla*	
101	흰눈썹뜸부기	*Rallus aquaticus*	

세가락메추라기目(TURNICIFORMES)			
세가락메추라기科(Turnicidae)			
102	세가락메추라기	*Turnix tanki*	

도요目(CHARADRIIFORMES)			
물꿩科(Jacanidae)			
103	물꿩	*Hydrophasianus chirurgus*	
물떼새科(Charadriidae)			
104	흰물떼새	*Charadrius alexandrinus*	
105	꼬마물떼새	*Charadrius dubius*	
106	큰왕눈물떼새	*Charadrius leschenaultii*	
107	왕눈물떼새	*Charadrius mongolus*	
108	큰물떼새	*Charadrius veredus*	
109	검은가슴물떼새	*Pluvialis fulva*	
110	개꿩	*Pluvialis squatarola*	
111	민댕기물떼새	*Vanellus cinereus*	
112	댕기물떼새	*Vanellus vanellus*	
도요科(Scolopacidae)			
113	깝작도요	*Actitis hypoleucos*	

114	꼬까도요	*Arenaria interpres*	
115	메추라기도요	*Calidris acuminata*	
116	세가락도요	*Calidris alba*	
117	민물도요	*Calidris alpina*	
118	붉은가슴도요	*Calidris canutus*	
119	붉은갯도요	*Calidris ferruginea*	
120	아메리카메추라기도요	*Calidris melanotos*	
121	작은도요	*Calidris minuta*	
122	좀도요	*Calidris ruficollis*	
123	종달도요	*Calidris subminuta*	
124	흰꼬리좀도요	*Calidris temminckii*	
125	꺅도요	*Gallinago gallinago*	
126	큰꺅도요	*Gallinago hardwickii*	
127	꺅도요사촌	*Gallinago megala*	
128	청도요	*Gallinago solitaria*	
129	바늘꼬리도요	*Gallinago stenura*	
130	노랑발도요	*Heteroscelus brevipes*	
131	송곳부리도요	*Limicola falcinellus*	
132	긴부리도요	*Limnodromus scolopaceus*	
133	큰부리도요	*Limnodromus semipalmatus*	
134	흑꼬리도요	*Limosa limosa*	
135	꼬마도요	*Lymnocryptes minimus*	
136	마도요	*Numenius arquata*	
137	쇠부리도요	*Numenius minutus*	
138	중부리도요	*Numenius phaeopus*	
139	붉은배지느러미발도요	*Phalaropus fulicarius*	
140	지느러미발도요	*Phalaropus lobatus*	
141	큰지느러미발도요	*Phalaropus tricolor*	
142	목도리도요	*Philomachus pugnax*	
143	멧도요	*Scolopax rusticola*	
144	학도요	*Tringa erythropus*	
145	알락도요	*Tringa glareola*	
146	큰노랑발도요	*Tringa melanoleuca*	
147	청다리도요	*Tringa nebularia*	
148	삑삑도요	*Tringa ochropus*	
149	쇠청다리도요	*Tringa stagnatilis*	
150	붉은발도요	*Tringa totanus*	
151	누른도요	*Tryngites subruficollis*	
152	뒷부리도요	*Xenus cinereus*	

		장다리물떼새科(Recurvirostridae)	
153	장다리물떼새	*Himantopus himantopus*	
154	뒷부리장다리물떼새	*Recurvirostra avosetta*	
		호사도요科(Rostratulidae)	
155	호사도요	*Rostratula benghalensis*	
		제비물떼새科(Glareolidae)	
156	제비물떼새	*Glareola maldivarum*	
		갈매기科(Laridae)	
157	구레나룻제비갈매기	*Chlidonias hybrida*	
158	흰죽지제비갈매기	*Chlidonias leucopterus*	
159	검은제비갈매기	*Chlidonias niger*	
160	한국재갈매기	*Larus cachinans*	
161	갈매기	*Larus canus*	
162	괭이갈매기	*Larus crassirostris*	
163	긴목갈매기	*Larus genei*	
164	수리갈매기	*Larus glaucescens*	
165	작은흰갈매기	*Larus glaucoides*	
166	줄무늬노랑발갈매기	*Larus heuglini*	
167	흰갈매기	*Larus hyperboreus*	
168	붉은부리갈매기	*Larus ridibundus*	
169	큰재갈매기	*Larus schistisagus*	
170	재갈매기	*Larus vegae*	
171	북극흰갈매기	*Pagophila eburnea*	
172	세가락갈매기	*Rissa tridactyla*	
173	쇠목테갈매기	*Rhodostethia rosea*	
174	큰제비갈매기	*Sterna bergii*	
175	붉은부리큰제비갈매기	*Sterna caspia*	
176	검은등제비갈매기	*Sterna fuscata*	
177	제비갈매기	*Sterna hirundo*	
178	큰부리제비갈매기	*Sterna nilotica*	
179	목테갈매기	*Xema sabini*	
		도둑갈매기科(Stercorariidae)	
180	북극도둑갈매기	*Stercorarius parasiticus*	
		바다오리科(Alcidae)	
181	작은바다오리	*Aethia pusilla*	
182	흰수염작은바다오리	*Aethia pygmaea*	
183	알락쇠오리	*Brachyramphus perdix*	
184	흰눈썹바다오리	*Cepphus carbo*	
185	흰수염바다오리	*Cerorhinca monocerata*	

186	바다쇠오리	*Synthliboramphus antiquus*	
187	바다오리	*Uria aalge*	

비둘기목(COLUMBIFORMES)

비둘기科(Columbidae)

188	분홍가슴비둘기	*Columba oenas*	
189	염주비둘기	*Streptopelia decaocto*	
190	멧비둘기	*Streptopelia orientalis*	
191	홍비둘기	*Streptopelia tranquebarica*	
192	녹색비둘기	*Treron sieboldii*	

사막꿩科(Pteroclidae)

193	사막꿩	*Syrrhaptes paradoxus*	

두견目(CUCULIFORMES)

두견科(Cuculidae)

194	밤색날개뻐꾸기	*Clamator coromandus*	
195	뻐꾸기	*Cuculus canorus*	
196	검은등뻐꾸기	*Cuculus micropterus*	
197	두견	*Cuculus poliocephalus*	
198	벙어리뻐꾸기	*Cuculus saturatus*	
199	매사촌	*Cuculus hyperythrus*	

올빼미目(STRIGIFORMES)

올빼미科(Strigidae)

200	쇠부엉이	*Asio flammeus*	
201	칡부엉이	*Asio otus*	
202	금눈쇠올빼미	*Athene noctua*	
203	솔부엉이	*Ninox scutulata*	
204	흰올빼미	*Nyctea scandiaca*	
205	큰소쩍새	*Otus bakkamoena*	
206	소쩍새	*Otus sunia*	
207	긴꼬리올빼미	*Surnia ulula*	

쏙독새目(CAPRIMULGIFORMES)

쏙독새科(Caprimulgidae)

208	쏙독새	*Caprimulgus indicus*	

칼새目(APODIFORMES)

칼새科(Apodidae)

209	쇠칼새	*Apus nipalensis*	
210	칼새	*Apus pacificus*	
211	바늘꼬리칼새	*Hirundapus caudacutus*	

파랑새目(CORACIIFORMES)

물총새科(Alcedinidae)

212	물총새	*Alcedo atthis*	
213	호반새	*Halcyon coromanda*	
214	뿔호반새	*Megaceryle lugubris*	
파랑새科(Coraciidae)			
215	파랑새	*Eurystomus orientalis*	
후투티科(Upupidae)			
216	후투티	*Upupa epops*	
딱다구리目(PICIFORMES)			
딱다구리科(Picidae)			
217	아물쇠딱다구리	*Dendrocopos canicapillus*	
218	붉은배오색딱다구리	*Hypopicus hyperythrus*	
219	쇠딱다구리	*Dendrocopos kizuki*	
220	큰오색딱다구리	*Dendrocopos leucotos*	
221	오색딱다구리	*Dendrocopos major*	
222	쇠오색딱다구리	*Dendrocopos minor*	
223	개미잡이	*Jynx torquilla*	
224	세가락딱다구리	*Picoides tridactylus*	
225	청딱다구리	*Picus canus*	
참새目(PASSERIFORMES)			
제비科(Hirundinidae)			
226	귀제비	*Cecropis daurica*	
227	흰털발제비	*Delichon dasypus*	
228	제비	*Hirundo rustica*	
229	갈색제비	*Riparia riparia*	
종다리科(Alaudidae)			
230	종다리	*Alauda arvensis*	
231	쇠종다리	*Calandrella brachydactyla*	
232	북방쇠종다리	*Calandrella cheleensis*	
할미새科(Motacillidae)			
233	붉은가슴밭종다리	*Anthus cervinus*	
234	쇠밭종다리	*Anthus godlewskii*	
235	흰등밭종다리	*Anthus gustavi*	
236	힝둥새	*Anthus hodgsoni*	
237	큰밭종다리	*Anthus richardi*	
238	한국밭종다리	*Anthus roseatus*	
239	밭종다리	*Anthus rubescens*	
240	물레새	*Dendronanthus indicus*	
241	알락할미새	*Motacilla alba leucopsis*	
242	백할미새	*Motacilla alba lugens*	

243	검은턱할미새	*Motacilla alba ocularis*	
244	노랑할미새	*Motacilla cinerea*	
245	노랑머리할미새	*Motacilla citreola*	
246	긴발톱할미새	*Motacilla flava*	
247	검은등할미새	*Motacilla grandis*	
직박구리科(Pycnonotidae)			
248	직박구리	*Microscelis amaurotis*	
때까치科(Laniidae)			
249	때까치	*Lanius bucephalus*	
250	노랑때까치	*Lanius cristatus*	
251	재때까치	*Lanius excubitor*	
252	긴꼬리때까치	*Lanius schach*	
253	물때까치	*Lanius sphenocercus*	
254	칡때까치	*Lanius tigrinus*	
할미새사촌科(Campephagidae)			
255	검은할미새사촌	*Coracina melaschistos*	
256	할미새사촌	*Pericrocotus divaricatus*	
여새科(Bombycillidae)			
257	황여새	*Bombycilla garrulus*	
258	홍여새	*Bombycilla japonica*	
물까마귀科(Cinclidae)			
259	물까마귀	*Cinclus pallasii*	
굴뚝새科(Troglodytidae)			
260	굴뚝새	*Troglodytes troglodytes*	
바위종다리科(Prunellidae)			
261	바위종다리	*Prunella collaris*	
262	멧종다리	*Prunella montanella*	
휘파람새科(Sylviidae)			
263	큰부리개개비	*Acrocephalus aedon*	
264	쇠개개비	*Acrocephalus bistrigiceps*	
265	개개비	*Acrocephalus orientalis*	
266	점무늬가슴쥐발귀	*Bradypterus thoracicus*	
267	휘파람새	*Cettia diphone*	
268	북방개개비	*Locustella certhiola*	
269	붉은허리개개비	*Locustella fasciolata*	
270	쥐발귀개개비	*Locustella lanceolata*	
271	알락꼬리쥐발귀	*Locustella ochotensis*	
272	큰개개비	*Megalurus pryeri*	
273	쇠솔딱새	*Muscicapa dauurica*	

274	흰머리딱새	*Oenanthe hispanica*	
275	쇠솔새	*Phylloscopus borealis*	
276	산솔새	*Phylloscopus coronatus*	
277	솔새사촌	*Phylloscopus fuscatus*	
278	노랑눈썹솔새	*Phylloscopus inornatus*	
279	버들솔새	*Phylloscopus plumbeitarsus*	
280	노랑허리솔새	*Phylloscopus proregulus*	
281	긴다리솔새사촌	*Phylloscopus schwarzi*	
282	되솔새	*Phylloscopus tenellipes*	
283	쇠흰턱딱새	*Sylvia curruca*	
284	숲새	*Urosphena squameiceps*	
솔딱새科(Muscicapidae)			
285	큰유리새	*Cyanoptila cyanomelana*	
286	파랑딱새	*Eumyias thalassinus*	
287	흰꼬리딱새	*Ficedula albicilla*	
288	노랑딱새	*Ficedula mugimaki*	
289	황금새	*Ficedula narcissina*	
290	흰눈썹황금새	*Ficedula zanthopygia*	
291	붉은가슴울새	*Luscinia akahige*	
292	진홍가슴	*Luscinia calliope*	
293	쇠유리새	*Luscinia cyane*	
294	울새	*Luscinia sibilans*	
295	흰눈썹울새	*Luscinia svecica*	
296	꼬까직박구리	*Monticola gularis*	
297	바다직박구리	*Monticola solitarius*	
298	제비딱새	*Muscicapa griseisticta*	
299	솔딱새	*Muscicapa sibirica*	
300	검은등사막딱새	*Oenanthe pleschanka*	
301	딱새	*Phoenicurus auroreus*	
302	검은머리딱새	*Phoenicurus ochruros*	
303	검은뺨딱새	*Saxicola ferreus*	
304	검은딱새	*Saxicola torquatus*	
305	유리딱새	*Luscinia cyanura*	
지빠귀科(Turdidae)			
306	검은목지빠귀	*Turdus atrogularis*	
307	검은지빠귀	*Turdus cardis*	
308	붉은배지빠귀	*Turdus chrysolaus*	
309	개똥지빠귀	*Turdus eunomus*	
310	되지빠귀	*Turdus hortulorum*	

311	대륙검은지빠귀	*Turdus merula*	
312	노랑지빠귀	*Turdus naumanni*	
313	흰눈썹붉은배지빠귀	*Turdus obscurus*	
314	흰배지빠귀	*Turdus pallidus*	
315	호랑지빠귀	*Zoothera aurea*	
316	흰눈썹지빠귀	*Zoothera sibirica*	
개개비사촌科(Cisticolidae)			
317	개개비사촌	*Cisticola juncidis*	
318	꼬리치레	*Rhopophilus pekinensis*	
상모솔새科(Reguliidae)			
319	상모솔새	*Regulus regulus*	
붉은머리오목눈이科(Timaliidae)			
320	수염오목눈이	*Panurus biarmicus*	
321	붉은머리오목눈이	*Paradoxornis webbianus*	
긴꼬리딱새科(Monarchidae)			
322	북방긴꼬리딱새	*Terpsiphone paradisi*	
박새科(Paridae)			
323	진박새	*Parus ater*	
324	박새	*Parus major*	
325	북방쇠박새	*Parus montanus*	
326	쇠박새	*Parus palustris*	
327	곤줄박이	*Parus varius*	
오목눈이科(Aegithalidae)			
328	오목눈이	*Aegithalos caudatus*	
스윈호오목눈이科(Remizidae)			
329	스윈호오목눈이	*Remiz pendulinus*	
동고비科(Sittidae)			
330	동고비	*Sitta europaea*	
331	쇠동고비	*Sitta villosa*	
나무발발이科(Certhiidae)			
332	나무발발이	*Certhia familiaris*	
동박새科(Zosteropidae)			
333	한국동박새	*Zosterops erythropleurus*	
334	동박새	*Zosterops japonicus*	
멧새科(Emberizidae)			
335	긴발톱멧새	*Calcarius lapponicus*	
336	붉은머리멧새	*Emberiza bruniceps*	
337	노랑눈썹멧새	*Emberiza chrysophrys*	
338	멧새	*Emberiza cioides*	

339	노랑턱멧새	*Emberiza elegans*	
340	붉은뺨멧새	*Emberiza fucata*	
341	점박이멧새	*Emberiza jankowskii*	
342	흰머리멧새	*Emberiza leucocephalos*	
343	북방검은머리쑥새	*Emberiza pallasi*	
344	쇠붉은뺨멧새	*Emberiza pusilla*	
345	쑥새	*Emberiza rustica*	
346	꼬까참새	*Emberiza rutila*	
347	검은머리쑥새	*Emberiza schoeniclus*	
348	촉새	*Emberiza spodocephala*	
349	흰배멧새	*Emberiza tristrami*	
350	검은멧새	*Emberiza variabilis*	
351	흰멧새	*Plectrophenax nivalis*	
되새科(Fringillidae)			
352	홍방울새	*Carduelis flammea*	
353	쇠홍방울새	*Carduelis hornemanni*	
354	방울새	*Carduelis sinica*	
355	검은머리방울새	*Carduelis spinus*	
356	붉은양진이	*Carpodacus erythrinus*	
357	양진이	*Carpodacus roseus*	
358	콩새	*Coccothraustes coccothraustes*	
359	밀화부리	*Eophona migratoria*	
360	큰부리밀화부리	*Eophona personata*	
361	되새	*Fringilla montifringilla*	
362	갈색양진이	*Leucosticte arctoa*	
363	솔잣새	*Loxia curvirostra*	
364	흰죽지솔잣새	*Loxia leucoptera*	
365	솔양진이	*Pinicola enucleator*	
366	멋쟁이새	*Pyrrhula pyrrhula*	
367	긴꼬리홍양진이	*Uragus sibiricus*	
찌르레기科(Sturnidae)			
368	찌르레기	*Sturnus cineraceus*	
369	쇠찌르레기	*Sturnus philippensis*	
370	잿빛쇠찌르레기	*Sturnus sinensis*	
371	북방쇠찌르레기	*Sturnus sturninus*	
372	흰점찌르레기	*Sturnus vulgaris*	
참새科(Passeridae)			
373	참새	*Passer montanus*	
374	섬참새	*Passer rutilans*	

	꾀꼬리科(Oriolidae)		
375	꾀꼬리	*Oriolus chinensis*	

	바람까마귀科(Dicruidae)		
376	바람까마귀	*Dicrurus hottentottus*	
377	회색바람까마귀	*Dicrurus leucophaeus*	
378	검은바람까마귀	*Dicrurus macrocercus*	

	숲제비科(Artamidae)		
379	흰가슴숲제비	*Artamus leucorhynchus*	

	까마귀科(Corvidae)		
380	까마귀	*Corvus corone*	
381	갈까마귀	*Corvus dauuricus*	
382	떼까마귀	*Corvus frugilegus*	
383	큰부리까마귀	*Corvus macrorhynchos*	
384	물까치	*Cyanopica cyanus*	
385	어치	*Garrulus glandarius*	
386	잣까마귀	*Nucifraga caryocatactes*	
387	까치	*Pica pica*	
388	붉은부리까마귀	*Pyrrhocorax pyrrhocorax*	

4. 파충류(REPTILIA)

번호	국명	학명	비고
		거북目(TESTUDINATA)	
		자라科(Trionychidae)	
1	자라	*Pelodiscus maackii*	
		장수거북科(Dermochelyidae)	
2	장수거북	*Dermochelys coriacea schlegelii*	
		바다거북科(Chelonidae)	
3	바다거북	*Chelonia mydas japonica*	
		뱀目(SQUAMATA)	
		뱀亞目(Serpentes)	
		뱀科(Colubridae)	
4	대륙유혈목이	*Amphiesma vibakari*	
5	능구렁이	*Dinodon rufozonatum*	
6	실뱀	*Orientocoluber spinalis*	
7	누룩뱀	*Elaphe dione*	
8	무자치	*Oocatochus rufodorsatus*	
9	유혈목이	*Rhabdophis lateralis*	
10	줄꼬리뱀	*Orthriophis taeniura*	
		코브라科(Elapidae)	

11	먹대가리바다뱀	*Hydrophis melanocephalus*	
12	바다뱀	*Pelamis platura*	
살모사科(Viperidae)			
13	살모사	*Gloydius brevicaudus*	
14	까치살모사	*Gloydius saxatilis*	
15	쇠살모사	*Gloydius ussuriensis*	
도마뱀亞目(SAURIA)			
장지뱀科(Lacertidae)			
16	줄장지뱀	*Takydromus wolteri*	
도마뱀科(Scincidae)			
17	도마뱀	*Scincella vandenburghi*	

5. 양서류(AMPHIBIA)

번호	국명	학명	비고
유미目(CAUDATA)			
도롱뇽科(Hynobiidae)			
1	도롱뇽	*Hynobius leechii*	
2	제주도롱뇽	*Hynobius quelpaertensis*	
3	한국꼬리치레도롱뇽	*Onychodactylus koreanus*	
4	이끼도롱뇽	*Karsenia koreana*	
무미目(ANURA)			
두꺼비科(Bufonidae)			
5	두꺼비	*Bufo gargarizans*	
6	물두꺼비	*Bufo stejnegeri*	
개구리科(Ranidae)			
7	한국산개구리	*Rana coreana*	
8	북방산개구리	*Rana dybowskii*	
9	계곡산개구리	*Rana huanrenensis*	

■ 야생생물 보호 및 관리에 관한 법률 시행규칙 [별표 7] 〈개정 2015. 3. 25.〉

인공증식 또는 재배를 위한 포획·채취 등의 허가대상 야생생물(제26조 관련)

구 분	종 명
포유류	다람쥐 *Tamias sibiricus*
조류	1. 물닭 *Fulica atra* 2. 쇠물닭 *Gallinula Chloropus* 3. 청둥오리 *Anas platyrhynchos* 4. 흰뺨검둥오리 *Anas poecilorhyncha*
양서류	1. 계곡산개구리 *Rana huanrenensis* 2. 북방산개구리 *Rana dybowskii* 3. 한국산개구리 *Rana coreana*
파충류	1. 까치살모사 *Gloydius saxatilis* 2. 능구렁이 *Dinodon rufozonatum* 3. 살모사 *Gloydius brevicaudus* 4. 쇠살모사 *Gloydius ussuriensis*

비고: 살아 있는 생물체와 그 알을 포함한다.

수출·수입등 허가대상인 야생생물(제28조 관련)

1. 공통 적용기준

　가. 살아 있는 야생생물, 야생생물의 알, 야생생물의 살·혈액·뼈 등 야생생물 개체의 일부(가공되지 않은 것으로 한정한다) 및 야생생물의 가죽·털 등의 가공품을 포함한다.

　나. 멸종위기 야생생물, 국제적 멸종위기종 및 「생물다양성 보전 및 이용에 관한 법률」 제2조제6호의2에 따른 유입주의 생물, 같은 조 제8호에 따른 생태계교란 생물 및 같은 조 제8호의2에 따른 **생태계위해우려 생물에 해당하는 야생생물은 제외**한다.

　다. 「축산법」 제2조제1호에 따른 **가축**, 「동물보호법」 제2조제7호에 따른 **반려동물** 및 「실험동물에 관한 법률」 제9조제1항에 따른 **실험동물에 해당하는 야생생물은 제외**한다.

2. 포유류(MAMMALIA)

번호	국명	학명	비고
	익수目(CHIROPTERA)		
1	익수목 모든 종		
	고슴도치目(ERINACEOMORPHA)		
	고슴도치科(Erinaceidae)		
2	고슴도치과 모든 종		
	첨서目(SORICOMORPHA)		
	첨서科(Soricidae)		
3	제주땃쥐	*Crocidura dsinezumi*	
4	땃쥐	*Crocidura lasiura*	
5	작은땃쥐	*Crocidura shantungensis*	
6	갯첨서	*Neomys fodiens*	
7	첨서	*Sorex araneus*	
8	뒤쥐	*Sorex caecutiens*	
9	쇠뒤쥐	*Sorex gracillimus*	
10	꼬마뒤쥐	*Sorex minutissimus*	
11	큰첨서	*Sorex mirabilis*	
12	긴발톱첨서	*Sorex unguiculatus*	
	두더지科(Talpidae)		
13	두더지과 모든 종		
	토끼目(LAGOMORPHA)		
	토끼科(Leporidae)		
14	토끼과 모든 종		
	우는토끼科(Ochotonidae)		

15	우는토끼	*Ochotona hyperborea*	
쥐목(RODENTIA)			
다람쥐과(Sciuridae)			
16	다람쥐과 모든 종		
쥐과(Muridae)			
17	쥐과 모든 종		
뛰는쥐과(Dipodidae)			
18	긴꼬리꼬마쥐	*Sicista caudata*	
나무타기호저과(Erethizontidae)			
19	멕시코나무타기포큐파인	*Sphiggurus mexicanus*	
20	우루과이나무타기포큐파인	*Sphiggurus spinosus*	
아구티과(Dasyproctidae)			
21	얼룩아구티	*Dasyprocta punctata*	
파카과(Cuniculidae)			
22	파카	*Cuniculus paca*	
식육목(CARNIVORA)			
고양이과(Felidae)			
23	고양이과 모든 종		
사향삵과(Viverridae)			
24	사향삵과 모든 종		
몽구스과(Herpestidae)			
25	인도갈색몽구스	*Herpestes fuscus*	
26	인도몽구스	*Herpestes edwardsii*	
27	회색몽구스	*Herpestes javanicus auropunctata*	
28	붉은몽구스	*Herpestes smithii*	
29	게잡이몽구스	*Herpestes urva*	
30	검은줄몽구스	*Herpestes vitticollis*	
아드월프과(Hyaenidae)			
31	아드월프	*Proteles cristatus*	
개과(Canidae)			
32	개과 모든 종		
곰과(Ursidae)			
33	곰과 모든 종		
물개과(Otariidae)			
34	물개과 모든 종		
바다코끼리과(Odobenidae)			
35	바다코끼리	*Odobenus rosmarus*	
족제비과(Mustelidae)			
36	족제비과 모든 종		
스컹크과(Mephitidae)			
37	스컹크과 모든 종		
아메리카너구리과(Procyonidae)			

2.3 야생생물 보호 및 관리에 관한 법률 시행규칙 별표

38	아메리카너구리과 모든 종		
	기제목(PERISSODACTYLA)		
	말과(Equidae)		
39	말과 모든 종		
	맥과(Tapiridae)		
40	맥과 모든 종		
	코뿔소과(Rhinocerotidae)		
41	코뿔소과 모든 종		
	우제목(ARTIODACTYLA)		
	돼지과(Suidae)		
42	돼지과 모든 종		
	낙타과(Camelidae)		
43	낙타과 모든 종		
	사슴과(Cervidae)		
44	사슴과 모든 종		
	소과(Bovidae)		
45	소과 모든 종		
	피갑목(CINGULATA)		
	아르마딜로과(Dasypodidae)		
46	파나마아르마딜로	*Cabassous centralis*	
47	타토우아이아르마딜로	*Cabassous tatouay*	
	빈치목(PILOSA)		
	나무늘보과(Megalonychidae)		
48	호프만두가락나무늘보	*Choloepus hoffmanni*	
	개미핥기과(Myrmecophagidae)		
49	작은개미핥기	*Tamandua mexicana*	
	주머니쥐목(DIDELPHIMORPHIA)		
	주머니쥐과(Didelphidae)		
50	주머니쥐과 모든 종		
	천산갑목(PHOLIDOTA)		
	천산갑과(Manidae)		
51	천산갑과 모든 종		
	장비목(PROBOSCIDEA)		
	코끼리과(Elephantidae)		
52	코끼리과 모든 종		
	영장목(PRIMATES)		
53	영장목 모든 종		

3. 조류(AVES)

번호	국명	학명	비고
	앵무目(PSITTACIFORMES)		
1	앵무목 모든 종		

	참새目(PASSERIFORMES)		
2	참새목 모든 종		
	아비目(GAVIIFORMES)		
	아비科(Gaviidae)		
3	흰부리아비	*Gavia adamsii*	
4	큰회색머리아비	*Gavia arctica*	
5	회색머리아비	*Gavia pacifica*	
6	아비	*Gavia stellata*	
	논병아리目(PODICIPEDIFORMES)		
	논병아리科(Podicipedidae)		
7	귀뿔논병아리	*Podiceps auritus*	
8	뿔논병아리	*Podiceps cristatus*	
9	큰논병아리	*Podiceps grisegena*	
10	검은목논병아리	*Podiceps nigricollis*	
11	논병아리	*Tachybaptus ruficollis*	
	슴새目(PROCELLARIIFORMES)		
	슴새科(Procellariidae)		
12	슴새	*Calonectris leucomelas*	
13	흰배슴새	*Pterodroma hypoleuca*	
14	붉은발슴새	*Puffinus carneipes*	
15	쇠부리슴새	*Puffinus tenuirostris*	
	바다제비科(Hydrobatidae)		
16	바다제비	*Oceanodroma monorhis*	
	사다새目(PELECANIFORMES)		
	얼가니科(Sulidae)		
17	푸른얼굴얼가니새	*Sula dactylatra*	
18	갈색얼가니새	*Sula leucogaster*	
	군함조科(Fregatidae)		
19	군함조	*Fregata ariel*	
	가마우지科(Phalacrocoracidae)		
20	가마우지	*Phalacrocorax capillatus*	
21	민물가마우지	*Phalacrocorax carbo*	
22	쇠가마우지	*Phalacrocorax pelagicus*	
23	붉은뺨가마우지	*Phalacrocorax urile*	
	황새目(CICONIIFORMES)		
	백로科(Ardeidae)		
24	중대백로	*Ardea alba*	
25	왜가리	*Ardea cinerea*	
26	붉은왜가리	*Ardea purpurea*	
27	흰날개해오라기	*Ardeola bacchus*	
28	알락해오라기	*Botaurus stellaris*	
29	황로	*Bubulcus ibis*	

30	검은댕기해오라기	*Butorides striata*	
31	검은해오라기	*Dupetor flavicollis*	
32	쇠백로	*Egretta garzetta*	
33	중백로	*Egretta intermedia*	
34	흑로	*Egretta sacra*	
35	열대붉은해오라기	*Ixobrychus cinnamomeus*	
36	덤불해오라기	*Ixobrychus sinensis*	
37	해오라기	*Nycticorax nycticorax*	

저어새科(Threskiornithidae)

38	검은머리흰따오기	*Threskiornis melanocephalus*	

기러기目(ANSERIFORMES)

오리科(Anatidae)

39	원앙	*Aix galericulata*	
40	고방오리	*Anas acuta*	
41	아메리카홍머리오리	*Anas americana*	
42	미국쇠오리	*Anas carolinensis*	
43	넓적부리	*Anas clypeata*	
44	쇠오리	*Anas crecca*	
45	청머리오리	*Anas falcata*	
46	홍머리오리	*Anas penelope*	
47	청둥오리	*Anas platyrhynchos*	
48	흰뺨검둥오리	*Anas poecilorhyncha*	
49	발구지	*Anas querquedula*	
50	미국오리	*Anas rubripes*	
51	알락오리	*Anas strepera*	
52	쇠기러기	*Anser albifrons*	
53	회색기러기	*Anser anser*	
54	흰기러기	*Anser caerulescens*	
55	흰머리기러기	*Anser canagicus*	
56	미국흰죽지	*Aythya americana*	
57	붉은가슴흰죽지	*Aythya baeri*	
58	흰죽지	*Aythya ferina*	
59	댕기흰죽지	*Aythya fuligula*	
60	검은머리흰죽지	*Aythya marila*	
61	큰흰죽지	*Aythya valisineria*	
62	캐나다기러기	*Branta canadensis*	
63	흰뺨오리	*Bucephala clangula*	
64	북방흰뺨오리	*Bucephala islandica*	
65	바다꿩	*Clangula hyemalis*	
66	흰줄박이오리	*Histrionicus histrionicus*	
67	검둥오리	*Melanitta americana*	
68	검둥오리사촌	*Melanitta deglandi*	

69	흰비오리	*Mergellus albellus*	
70	비오리	*Mergus merganser*	
71	바다비오리	*Mergus serrator*	
72	붉은부리흰죽지	*Netta rufina*	
73	원앙사촌	*Tadorna cristata*	
74	황오리	*Tadorna ferruginea*	
75	혹부리오리	*Tadorna tadorna*	
76	머스코비오리	*Cairina moschata*	
77	붉은부리오리	*Dendrocygna autumnalis*	
78	황갈색오리	*Dendrocygna bicolor*	
	**수리目(ACCIPITRIFORMES)**		

	수리目(ACCIPITRIFORMES)		
	콘돌科(Cathartidae)		
79	분홍빛콘돌	*Sarcoramphus papa*	
	닭目(GALLIFORMES)		
	꿩科(Phasianidae)		
80	들꿩	*Tetrastes bonasia*	
81	메추라기	*Coturnix japonica*	
82	멧닭	*Lyrurus tetrix*	
83	꿩	*Phasianus colchicus*	
84	작은칠면조	*Meleagris ocellata*	
85	흰점박이붉은트라고판	*Tragopan satyra*	
	보관조科(Cracidae)		
86	푸른부리보관조	*Crax alberti*	
87	노랑혹보관조	*Crax daubentoni*	
88	볼망태보관조	*Crax globulosa*	
89	큰보관조	*Crax rubra*	
90	민무늬애기과너	*Ortalis vetula*	
91	북방관머리보관조	*Pauxi pauxi*	
92	관머리보관조	*Penelope purpurascens*	
93	검은보관조	*Penelopina nigra*	
	두루미目(GRUIFORMES)		
	뜸부기科(Rallidae)		
94	흰배뜸부기	*Amaurornis phoenicurus*	
95	알락뜸부기	*Coturnicops exquisitus*	
96	물닭	*Fulica atra*	
97	쇠물닭	*Gallinula chloropus*	
98	쇠뜸부기사촌	*Porzana fusca*	
99	한국뜸부기	*Porzana paykullii*	
100	쇠뜸부기	*Porzana pusilla*	
101	흰눈썹뜸부기	*Rallus aquaticus*	
	세가락메추라기目(TURNICIFORMES)		
	세가락메추라기科(Turnicidae)		

102	세가락메추라기	*Turnix tanki*	
도요목(CHARADRIIFORMES)			
물꿩과(Jacanidae)			
103	물꿩	*Hydrophasianus chirurgus*	
물떼새과(Charadriidae)			
104	흰물떼새	*Charadrius alexandrinus*	
105	꼬마물떼새	*Charadrius dubius*	
106	큰왕눈물떼새	*Charadrius leschenaultii*	
107	왕눈물떼새	*Charadrius mongolus*	
108	큰물떼새	*Charadrius veredus*	
109	검은가슴물떼새	*Pluvialis fulva*	
110	개꿩	*Pluvialis squatarola*	
111	민댕기물떼새	*Vanellus cinereus*	
112	댕기물떼새	*Vanellus vanellus*	
도요과(Scolopacidae)			
113	깝작도요	*Actitis hypoleucos*	
114	꼬까도요	*Arenaria interpres*	
115	메추라기도요	*Calidris acuminata*	
116	세가락도요	*Calidris alba*	
117	민물도요	*Calidris alpina*	
118	붉은가슴도요	*Calidris canutus*	
119	붉은갯도요	*Calidris ferruginea*	
120	아메리카메추라기도요	*Calidris melanotos*	
121	작은도요	*Calidris minuta*	
122	좀도요	*Calidris ruficollis*	
123	종달도요	*Calidris subminuta*	
124	흰꼬리좀도요	*Calidris temminckii*	
125	붉은어깨도요	*Calidris tenuirostris*	
126	꺅도요	*Gallinago gallinago*	
127	큰꺅도요	*Gallinago hardwickii*	
128	꺅도요사촌	*Gallinago megala*	
129	청도요	*Gallinago solitaria*	
130	바늘꼬리도요	*Gallinago stenura*	
131	노랑발도요	*Heteroscelus brevipes*	
132	송곳부리도요	*Limicola falcinellus*	
133	긴부리도요	*Limnodromus scolopaceus*	
134	큰부리도요	*Limnodromus semipalmatus*	
135	큰뒷부리도요	*Limosa lapponica*	
136	흑꼬리도요	*Limosa limosa*	
137	꼬마도요	*Lymnocryptes minimus*	
138	마도요	*Numenius arquata*	
139	쇠부리도요	*Numenius minutus*	

140	중부리도요	*Numenius phaeopus*	
141	붉은배지느러미발도요	*Phalaropus fulicarius*	
142	지느러미발도요	*Phalaropus lobatus*	
143	큰지느러미발도요	*Phalaropus tricolor*	
144	목도리도요	*Philomachus pugnax*	
145	멧도요	*Scolopax rusticola*	
146	학도요	*Tringa erythropus*	
147	알락도요	*Tringa glareola*	
148	큰노랑발도요	*Tringa melanoleuca*	
149	청다리도요	*Tringa nebularia*	
150	삑삑도요	*Tringa ochropus*	
151	쇠청다리도요	*Tringa stagnatilis*	
152	붉은발도요	*Tringa totanus*	
153	누른도요	*Tryngites subruficollis*	
154	뒷부리도요	*Xenus cinereus*	
장다리물떼새科(Recurvirostridae)			
156	장다리물떼새	*Himantopus himantopus*	
157	뒷부리장다리물떼새	*Recurvirostra avosetta*	
호사도요科(Rostratulidae)			
158	호사도요	*Rostratula benghalensis*	
제비물떼새科(Glareolidae)			
159	제비물떼새	*Glareola maldivarum*	
돌물떼새科(Burhinidae)			
160	흰눈썹돌물떼새	*Burhinus bistriatus*	
갈매기科(Laridae)			
161	구레나룻제비갈매기	*Chlidonias hybrida*	
162	흰죽지제비갈매기	*Chlidonias leucopterus*	
163	검은제비갈매기	*Chlidonias niger*	
164	한국재갈매기	*Larus cachinnans*	
165	갈매기	*Larus canus*	
166	괭이갈매기	*Larus crassirostris*	
167	긴목갈매기	*Larus genei*	
168	수리갈매기	*Larus glaucescens*	
169	작은흰갈매기	*Larus glaucoides*	
170	줄무늬노랑발갈매기	*Larus heuglini*	
171	흰갈매기	*Larus hyperboreus*	
172	붉은부리갈매기	*Larus ridibundus*	
173	큰재갈매기	*Larus schistisagus*	
174	재갈매기	*Larus vegae*	
175	북극흰갈매기	*Pagophila eburnea*	
176	세가락갈매기	*Rissa tridactyla*	
177	쇠목테갈매기	*Rhodostethia rosea*	

178	쇠제비갈매기	*Sterna albifrons*	
179	큰제비갈매기	*Sterna bergii*	
180	붉은부리큰제비갈매기	*Sterna caspia*	
181	검은등제비갈매기	*Sterna fuscata*	
182	제비갈매기	*Sterna hirundo*	
183	큰부리제비갈매기	*Sterna nilotica*	
184	목테갈매기	*Xema sabini*	
도둑갈매기科(Stercorariidae)			
185	북극도둑갈매기	*Stercorarius parasiticus*	
바다오리科(Alcidae)			
186	작은바다오리	*Aethia pusilla*	
187	흰수염작은바다오리	*Aethia pygmaea*	
188	알락쇠오리	*Brachyramphus perdix*	
189	흰눈썹바다오리	*Cepphus carbo*	
190	흰수염바다오리	*Cerorhinca monocerata*	
191	바다쇠오리	*Synthliboramphus antiquus*	
192	바다오리	*Uria aalge*	
비둘기目(COLUMBIFORMES)			
비둘기科(Columbidae)			
193	분홍가슴비둘기	*Columba oenas*	
194	양비둘기	*Columba rupestris*	
195	염주비둘기	*Streptopelia decaocto*	
196	멧비둘기	*Streptopelia orientalis*	
197	홍비둘기	*Streptopelia tranquebarica*	
198	녹색비둘기	*Treron sieboldii*	
199	장미빛비둘기	*Nesoenas mayeri*	
사막꿩科(Pteroclidae)			
200	사막꿩	*Syrrhaptes paradoxus*	
두견目(CUCULIFORMES)			
두견科(Cuculidae)			
201	밤색날개뻐꾸기	*Clamator coromandus*	
202	뻐꾸기	*Cuculus canorus*	
203	검은등뻐꾸기	*Cuculus micropterus*	
204	두견	*Cuculus poliocephalus*	
205	벙어리뻐꾸기	*Cuculus saturatus*	
206	매사촌	*Cuculus hyperythrus*	
쏙독새目(CAPRIMULGIFORMES)			
쏙독새科(Caprimulgidae)			
207	쏙독새	*Caprimulgus indicus*	
칼새目(APODIFORMES)			
칼새科(Apodidae)			
208	쇠칼새	*Apus nipalensis*	

209	칼새	*Apus pacificus*	
210	바늘꼬리칼새	*Hirundapus caudacutus*	

파랑새목(CORACIIFORMES)			

물총새科(Alcedinidae)			
211	물총새	*Alcedo atthis*	
212	호반새	*Halcyon coromanda*	
213	청호반새	*Halcyon pileata*	
214	뿔호반새	*Megaceryle lugubris*	

파랑새科(Coraciidae)			
215	파랑새	*Eurystomus orientalis*	

후투티科(Upupidae)			
216	후투티	*Upupa epops*	

딱다구리목(PICIFORMES)			

딱다구리科(Picidae)			
217	아물쇠딱다구리	*Dendrocopos canicapillus*	
218	붉은배오색딱다구리	*Hypopicus hyperythrus*	
219	쇠딱다구리	*Dendrocopos kizuki*	
220	큰오색딱다구리	*Dendrocopos leucotos*	
221	오색딱다구리	*Dendrocopos major*	
222	쇠오색딱다구리	*Dendrocopos minor*	
223	개미잡이	*Jynx torquilla*	
224	세가락딱다구리	*Picoides tridactylus*	
225	청딱다구리	*Picus canus*	

오색조科(Capitonidae)			
226	왕부리오색조	*Semnornis ramphastinus*	

왕부리科(Ramphastidae)			
227	바일론중부리	*Baillonius bailloni*	
228	카스타노티스중부리	*Pteroglossus castanotis*	
229	이색왕부리	*Ramphastos dicolorus*	
230	점박이작은중부리	*Selenidera maculirostris*	

4. 파충류(REPTILIA)

번호	국명	학명	
거북目(TESTUDINATA)			
늑대거북科(Chelydridae)			
1	악어거북	*Macrochelys temminckii*	
2	늑대거북	*Chelydra serpentina*	
늪거북科(Emydidae)			
3	지도거북속 모든 종	*Graptemys spp.*	
남생이科(Geoemydidae)			
4	큰머리늪거북	*Mauremys megalocephala*	
5	중국줄목거북	*Mauremys sinensis*	

2.3 야생생물 보호 및 관리에 관한 법률 시행규칙 별표

6	아이버손거북	*Mauremys iversoni*	
7	라시오늪거북	*Mauremys pritchardi*	
8	구앙자이줄목거북	*Ocadia glyphistoma*	
9	필리핀줄목거북	*Ocadia philippeni*	
10	비눈점거북	*Sacalia pseudocellata*	

뱀目(SQUAMATA)

뱀亞目(Serpentes)

뱀科(Colubridae)

11	대륙유혈목이	*Amphiesma vibakari*	
12	능구렁이	*Dinodon rufozonatum*	
13	누룩뱀	*Elaphe dione*	
14	무자치	*Oocatochus rufodordatus*	
15	실뱀	*Orientocoluber spinalis*	
16	줄꼬리뱀	*Orthriophis taeniurus*	
17	유혈목이	*Rhabdophis lateralis*	
18	인도올리브뱀	*Atretium schistosum*	
19	바다물뱀	*Cerberus rhynchops*	
20	바둑무늬뱀	*Xenochrophis piscator*	

코브라科(Elapidae)

21	먹대가리바다뱀	*Hydrophis melanocephalus*	
22	바다뱀	*Pelamis platura*	
23	산호코브라	*Micrurus diastema*	
24	붉은띠코브라	*Micrurus nigrocinctus*	

살모사科(Viperidae)

25	살모사	*Gloydius brevicaudus*	
26	까치살모사	*Gloydius saxatilis*	
27	쇠살모사	*Gloydius ussuriensis*	
28	북살모사	*Vipera sachalinensis*	
29	남방방울뱀	*Crotalus durissus*	
30	북방살모사	*Daboia russelii*	

도마뱀亞目(SAURIA)

도마뱀부치科(Gekkonidae)

31	끈끈이발도마뱀 속 모든 종	*Hoplodactylus spp.*	
32	뉴질랜드초록도마뱀 속 모든 종	*Naultinus spp.*	
33	도마뱀부치속 모든 종	*Gekko spp.*	Gekko gecko 제외

장지뱀科(Lacertidae)

34	아무르장지뱀	*Takydromus amurensis*	
35	줄장지뱀	*Takydromus wolteri*	

도마뱀科(Scincidae)

36	도마뱀	*Scinella vandenburghi*	

5. 양서류(AMPHIBIA)

번호	국명	학명	비고
유미目(CAUDATA)			
도롱뇽科(Hynobiidae)			
1	도롱뇽	*Hynobius leechii*	
2	제주도롱뇽	*Hynobius quelpaertensis*	
3	한국꼬리치레도롱뇽	*Onychodactylus koreanus*	
4	네발가락도롱뇽	*Salamandrella keyserlingii*	
5	이끼도롱뇽	*Karsenia koreana*	
무미目(ANURA)			
두꺼비科(Bufonidae)			
6	두꺼비	*Bufo gargarizans*	
7	작은두꺼비	*Bufo radei*	
8	물두꺼비	*Bufo stejnegeri*	
무당개구리科(Discoglossidae)			
9	무당개구리	*Bombina orientalis*	
청개구리科(Hylidae)			
10	청개구리	*Hyla japonica*	
개구리科(Ranidae)			
11	한국산개구리	*Rana coreana*	
12	북방산개구리	*Rana dybowskii*	
13	계곡산개구리	*Rana huanrenensis*	
14	참개구리	*Pelophylax nigromaculatus*	
15	옴개구리	*Glandirana rugosa*	

■ 야생생물 보호 및 관리에 관한 법률 시행규칙 [**별표 8의2**] 〈신설 2015. 3. 25.〉

야생동물 치료기관의 지정기준(제44조의2제2항 관련)

1. 전문인력 구성기준

구 분	자격기준 등
야생동물 질병연구 및 구조·치료 책임자 및 진료 수의사	1. 야생동물 질병연구 및 구조·치료 책임자: 수의사로서 **실무경력이 3년 이상**일 것 2. **진료수의사**: 수의사로서 제1호에 따른 책임자를 포함하여 총 3인 이상일 것
야생동물 질병연구자	전문대학 이상의 대학에서 수의학, 생물학, 동물학, 축산학, 의학, 약학 또는 이와 관련된 분야를 **전공한 자 1인 이상**일 것
야생동물 구조 및 관리업무 담당자	고등학교 이상의 학력을 가진 자로서 **관련분야 경력이 3개월 이상인 자 3인 이상**일 것

2. 시설 기준

구 분		세부기준
부 지		· 전체면적: 1,000㎡ 이상 · 건물: 전체면적의 20%(200㎡) 이상
시설	진료실	· 임상병리, 약제투여 및 그 밖의 치료시설을 갖출 것
	수술실	· 수술 관련시설을 갖출 것
	영상진단실	· 방사선 촬영장비를 갖출 것
	입원실	· 진료실과 구분·운영하되, 종에 따라 적절한 실내케이지 및 시설을 갖출 것
	교육실	· 야생동물보호 홍보·교육관련 강의, 전시 및 영상상영시설을 갖출 것
	사체 및 유전자원 보관실	· 냉동·냉장시설을 갖출 것
	먹이준비실	· 상하수도시설을 갖출 것
	재활시설	· 적정 면적확보 및 자연적응 훈련 가능시설을 갖출 것
	창고시설	· 먹이 및 자재보관용 냉동·냉장시설을 갖출 것
	격리·차폐시설	· 소독과 격리가 가능한 1개의 실(室)을 갖출 것

3. 장비 구비기준

구 분		세부기준
	구조차량	·야생동물 구조·운송에 적합한 차량
	재 질	·나무, 종이, 금속 또는 플라스틱
운반장비	모형도(예시)	
운반상자(예시)	공 통	·야생동물의 이동공간을 보정할 수 있는 적정하고 다양한 크기로 제작
	대형 맹수류 (곰 등)	·크기: 가로 1.8m, 세로 0.9m, 높이 0.9m ·재료: 합판(15㎜), 철판(1.2㎜), 각재(45㎜), 평강 및 ㄱ평강(3×40㎜), 윤형강(15㎜) ※ 인체 위해 예방을 고려
	그 밖의 맹수류	·크기: 가로 1.2m, 세로 0.6m, 높이 0.6m ·재료: 합판(12㎜), 철판(0.9㎜), 각재(45㎜), 평강 및 ㄱ평강(3×40㎜), 윤형강(12㎜) ※ 나무상자가 안전하고 편리하게 사용할 수 있으나, 창살을 나무판 등으로 덧댄 운반상자도 사용이 가능하며, 이 경우 못이나 그 밖의 돌출물 등을 사전제거할 것
포획장비 (각 호의 장비를 각각 하나 이상 갖출 것)		1. 용접용 장갑(짧고 얇은 장갑 및 길고 두꺼운 장갑 각 1켤레 이상) 2. 동물 이송상자 바닥깔개 3. 고글 등 눈 보호장치 4. 안대용 후드 또는 눈가리개용 장갑, 양말 및 주머니

	5. 멸균생리식염수 및 일반 구급약품상자(해독제 포함)
	6. 포획용 그물, 올가미 막대(Control Pole), 안전 집게(Grasper), 마취총, 파이프 마취총(Blow Gun), 막대 주사기[Jab Stick(Pole Syringe)]
	7. 디지털카메라, 비디오 등 컴퓨터 작업 및 동영상 저장장치
진료장비 (각 호의 장비를 각각 하나 이상 갖출 것)	1. 진료대 2. 수술대 3. 수술등 4. 흡입마취기 5. 환축상태감시기(ECG, Pulse oximeter 등) 6. 수액펌프(인퓨전펌프) 7. X-ray 영상진단장비 세트 8. 초음파진단기 9. 광학현미경 10. 혈액검사장비 세트 11. 원심분리기 12. 집중치료시설(ICU, Intensive Care Unit) 13. 세균 배양기 14. 고압멸균소독기(Autoclave) 15. 자외선 소독기 16. 이비인후과 유닛(ENT UNIT) 17. 네블라이저(Nebulizer) 18. 검이-검안 장비 세트(otoscopy, 검안경 및 안압측정기 등) 19. 일반외과 수술기구 세트 20. 정형외과 수술기구 세트 21. 미세수술장비(루페 등) 22. 석션기 23. 의료소모품 일체

■ 야생생물 보호 및 관리에 관한 법률 시행규칙 [별표 8의3] 〈개정 2019. 12. 20.〉

야생동물 질병진단기관의 지정기준(제44조의5제2항 관련)

1. 전문인력 구성기준

구분	자격기준 등
야생동물 질병진단 책임자 및 질병진단 담당자	1. 야생동물 질병진단 책임자: 수의사로서 실무경력이 3년 이상일 것 2. 질병진단 담당자: 수의사로서 실무경력이 6개월 이상으로, 책임자를 포함하여 총 3명 이상이 근무할 것
야생동물 질병진단 보조원	고등학교 이상의 학력을 가진 자로서 해당 기관 또는 관련 기관에서 3개월 이상 병리조직표본 슬라이드 제작, 세균배양 또는 혈청검사 등의 훈련을 받은 자가 2명 이상일 것

2. 시설 기준

질병진단업무를 수행하는데 적합한 부검실 1실과 질병진단 전용실험실 1실을 갖추어야 한다.

3. 실험기자재 구비기준
가. 필수기자재

장비명	수량
광학현미경	1대
천평 또는 전자저울	1대
냉장고	1대
냉동고	1대
수소이온농도측정기	1대
원심분리기	1대
고압멸균기(Autoclave)	1대
배양기	1대
증류수 제조기	1대
조직처리기(Tissue processor)	1대
조직포매기(Embedding center)	1대
조직절편기(Microtome)	1대
항온수조	1대
슬라이드건조기	1대

파라핀 용융기	1대
염색밧드 또는 자동조직염색기(Automatic slide stainer)	1대
부검도구	1세트
부검대	1대
혐기배양기(Anaerobic jar)	1개

나. 권장기자재

장비명	수량
형광현미경	1대
CO2 배양기	1대
냉동조직절편기(Cryotome)	1대
혈액검사기(Automatic blood cell counter)	1대
분광광도계	1대
자동조직염색기(Automatic slide stainer)	1대
도립현미경	1대
동혈청미량성분분석장치(Automatic serum analyzer)	1대
진공펌프	1대 이상
효소면역법판독기(ELISA reader)	1대
중합연쇄반응기(PCR machine)	1대
전기영동장치	1대
초저온냉동고	1대
자외선 발광기(Illuminator)	1대
액체 크로마토그래피 분석 시스템(HPLC system)	1대

다. 필수 실험실 물품

장비명	수량
에칠알콜	검사업무를 원활히 실시할 수 있는 적정 수량
메칠알콜	
크리스탈 바이오렛(Crystal Violet)	
요오드	
항산성 염색시약	
혈구희석용피펫(blood cell diluting pipette)	
혈구계산판(Countingchamber)	
알콜램프 또는 가스램프	

세균배양용 백금이(루프)	
슬라이드글라스	
커버글라스	
파라핀	
자이렌(Xylene)	
김사(Giemsa)	
에오신(Eosin)	
헤마톡시린(Hematoxylin)	
포르말린	
페트리디쉬	
혈액배지	
뮬러힌턴배지(Muller hinton agar)	
맥콩키배지(MacConkey agar)등 세균분리동정(同定: 생물 분류학상의 소속이나 명칭을 바르게 정하는 일)용 배지수종	
그 밖에 병성감정에 필요한 시약류 등	

■ 야생생물 보호 및 관리에 관한 법률 시행규칙 **[별표 8의4]** 〈개정 2020. 5. 27.〉

소각 및 매몰기준(제44조의9 관련)

1. 소각기준

　가. 소각시설을 갖춘 장소에서 그 장치의 사용법에 따라 야생동물의 사체를 소각하여야 한다.

　나. 사체를 태운 후 남은 뼈와 재는 「폐기물관리법」에 따라 처리하여야 한다.

2. 매몰기준

　가. 매몰장소의 선택

　　1) 매몰 대상 야생동물 등이 **발생한 해당 장소에 매몰하는 것을 원칙**으로 한다. 다만, 해당 부지 등이 매몰 장소로 적합하지 않거나, 사유지 또는 매몰 장소로 활용할 수 없는 경우 등에 해당할 때에는 국·공유지 등을 활용할 수 있다.

　　2) 다음의 사항을 고려하여 매몰지의 크기 및 적정 깊이를 결정하여야 한다.

　　　가) 매몰 수량

　　　나) 지하수위·하천·주거지 등 주변 환경

　　　다) 매몰에 사용하는 액비 저장조, 간이 섬유강화플라스틱(FRP, Fiber Reinforced Plastics) 등의 종류·크기

　　3) 매몰 장소의 위치는 다음과 같다.

　　　가) 하천, 수원지, 도로와 30m 이상 떨어진 곳

　　　나) 매몰지 굴착(땅파기)과정에서 지하수가 나타나지 않는 곳(매몰지는 지하수위에서 1m 이상 높은 곳에 있어야 한다)

　　　다) 음용 지하수 관정(管井)과 75m 이상 떨어진 곳

　　　라) 주민이 집단적으로 거주하는 지역에 인접하지 않은 곳으로 사람이나 동물의 접근을 제한할 수 있는 곳

　　　마) 유실, 붕괴 등의 우려가 없는 평탄한 곳

　　　바) 침수의 우려가 없는 곳

　　　사) 다음의 어느 하나에 해당하지 않는 곳

　　　　(1) 「수도법」 제7조에 따른 **상수원보호구역**

　　　　(2) 「한강수계 상수원수질개선 및 주민지원 등에 관한 법률」 제4조제1항, 「낙동강수계 물관리 및 주민지원 등에 관한 법률」 제4조제1항, 「금강수계 물관리 및 주민지원 등에 관한 법률」 제4조제1항 및 「영산강·섬진강수계 물관리 및 주민지원 등에 관한 법률」 제4조제1항에 따른 **수변구역**

(3) 「먹는물관리법」제8조의3에 따른 샘물보전구역 및 같은 법 제11조에 따른 **염지하수 관리구역**

(4) 「지하수법」 제12조에 따른 **지하수보전구역**

(5) 그 밖에 (1)부터 (4)까지의 규정에 따른 구역에 준하는 지역으로서 **수질 환경보전이 필요한 지역**

나. 야생동물 사체의 매몰 방법

1) 야생동물의 매몰은 살처분 등으로 **야생동물이 죽은 것으로 확인된 후 실시**하여 야 하고, 사체의 매몰은 다음 방법에 따른다.

   가) 매몰 구덩이는 사체를 넣은 후 해당 **사체의 상부부터 지표까지의 간격이 1m 이상 되도록 파야 한다.**

   나) 구덩이의 **바닥과 벽면에는 비닐을 덮는다.**

   다) 구덩이의 바닥에는 비닐위에 적당량의 흙을 투입한 후 **생석회를 사체 1,000 kg당 85kg 비율로 뿌린다.**

   라) **사체를 투입하고 토양으로 완전히 덮은 후 최종적으로 생석회를 뿌린다.**

   마) 매몰지 주변에 **배수로 및 저류조를 설치**하되 배수로는 저류조와 연결되도록 하고, 우천시 빗물이 배수로에 유입되지 아니하도록 둔덕을 쌓는다.

   바) **매몰 후 경고표지판을 설치**하여야 하며, 표지판에는 매몰된 사체의 병명 및 축종, 매몰 연월일 및 발굴 금지기간, 책임관리자 및 그 밖에 필요한 사항 을 적어야 한다.

2) 환경부장관 또는 시·도지사는 구제역, 고병원성조류인플루엔자 등의 발생으로 사체를 대규모로 매몰해야 하는 경우로서 1)의 방법으로는 야생동물 질병의 확 산 등을 방지하기에 미흡하다고 판단하는 경우에는 다음 사항을 추가로 조치하 게 하거나 조치할 수 있다.

   가) 매몰 구덩이의 바닥과 측면에는 점토(粘土)광물과 흙을 섞은 혼합토(혼합비 율 15: 85)로 충분하게 도포(바닥 30cm 이상, 측면 10㎝ 이상)한 후 두께 0.2㎜ 이상인 이중 비닐 등 불침투성 재료를 사용여야 하며, 이중비닐을 사 용한 경우에는 이중비닐 훼손방지를 위하여 부직포, 비닐커버 등을 추가로 덮어야 한다. 다만, 고밀도폴리에틸렌(HDPE) 등 고강도 방수재질을 사용한 경우에는 혼합토 도포, 부직포, 비닐커버 등을 추가로 설치하는 것을 생략 할 수 있다.

   나) 매몰 구덩이의 경사진 바닥면 하단에 침출수 배출관[(유공관(有孔管)으로서 상부에는 개폐장치가 설치된 것을 말한다)을 설치하여, 집수된 침출수를 뽑 아낼 수 있도록 한다.

다) 저류조의 용량은 0.5㎥ 이상으로 하되, 경사 아래쪽 중에서 적절한 장소를 선택하여 만들고, 수시로 소독제 등으로 소독을 실시하며, 정기적으로 수거하여 처리한다.

라) 매몰지 외부로 침출수가 유출되는지를 확인하기 위하여 매몰지 내부와 매몰지 경계에서 외부와의 이격 거리 5m 이내 인 곳(지하수 흐름의 하류방향인 곳을 말한다)에 깊이 10m 내외의 관측정을 각각 설치하며, 관측정의 수질측정, 결과해석, 보고 및 통보 등에 관한 사항은 환경부장관이 정한다. 다만, 매몰지 내부에 설치하는 관측정은 나)의 침출수 배출관을 활용할 수 있다.

다. 야생동물 사체 등의 운반

1) 사체 등은 핏물 등이 흘러내리지 아니하고 외부에서 보이지 아니하는 구조로 된 운반차량을 사용하여 소각·매몰 등의 목적지까지 운반하여야 한다.

2) 사체 등의 소각·매몰 등을 위한 목적지 출발 전과 목적지에 도착하여 사체 등을 하차한 후 동 운반차량 전체를 고압분무세척 소독기 등으로 소독하여야 한다.

주변 환경오염 방지조치(제44조의10제1항 관련)

1. 야생동물의 사체를 소각하는 경우에는 소각 후 남은 뼈와 재는 「**폐기물관리법**」**에 따라 처리**하여야 한다.

2. 야생동물의 사체를 매몰하는 경우에는 주변 환경오염의 방지를 위하여 각 목의 조치를 하여야 한다.

   가. 사체를 매몰한 후 사체가 지표면에 노출되는 경우에는 다시 매몰하고 2m 이상 흙을 쌓는다.

   나. 사체의 매몰지가 안정되기 전에 비가 올 경우에는 매몰지 표면을 비닐로 덮는다.

   다. 사체의 매몰지로부터 침출수가 흘러나오거나 저류조에 수집된 때에는 톱밥을 충분히 뿌려 침출수를 흡수하게 한 다음 수거하여 재매몰 또는 이송처리하고, 생석회 등으로 소독을 한다.

   라. 매몰지로부터 악취가 발생하는 것을 방지하기 위하여 가스배출관을 설치하되, 배출관은 "U"자 형태로 하여 그 끝을 지면으로 향하게 한다.

   마. 매몰지에는 악취제거를 위하여 침출수 배출관과 가스 배출관 주위에 탈취제와 톱밥을 뿌려주며, 약품이나 발효제를 주기적으로 살포한다.

   바. 매몰지 관리를 위한 담당자를 지정하고, 주기적인 매몰지 점검 및 매몰지의 함몰·훼손 등의 경우에 보완조치를 한다.

   사. 매몰지 점검결과 경사면붕괴 또는 침출수로 인하여 주변지역의 오염우려가 있는 경우에는 해당 매몰지의 정비 및 보강 방안을 마련하여 시행한다.

■ **야생생물 보호 및 관리에 관한 법률 시행규칙 [별표 8의6]** 〈신설 2020. 11. 27.〉

포획한 유해야생동물의 처리 방법(제31조의4 관련)

1. 매몰
가. 매몰 장소
> 1) **매몰 대상 유해야생동물은 포획한 장소에 매몰한다.** 다만, 다음의 경우에는 국·공유지 등을 활용하여 별도의 장소에 매몰할 수 있다.
>> 가) 매몰 대상 유해야생동물이 다량인 경우(성체 고라니 또는 멧돼지의 경우에는 3개체 이상, 그 밖의 동물의 경우에는 10개체 이상)
>> 나) 유해야생동물을 포획한 장소가 타인의 사유지이거나 그 밖의 사유로 매몰 장소로 활용할 수 없는 경우
>
> 2) 매몰 장소의 위치는 별표 8의4 제2호가목3)에 따른다.

나. 매몰 방법
> 1) 매몰 대상 유해야생동물을 포획한 장소에 매몰할 수 없어 해당 유해야생동물을 운반해야 하는 경우에는 **사체의 핏물 또는 체액이 외부로 흐르거나 보이지 않도록 밀봉하여 매몰 장소로 운반해야 한다.**
> 2) **매몰하기 전에 해당 유해야생동물이** 죽은 것을 확인해야 한다.
> 3) 매몰은 다음의 방법에 따른다.
>> 가) 매몰 구덩이는 사체를 넣은 후 사체의 상부부터 지표까지의 간격이 1m이상 되도록 파고, 폐수유출방지용 비닐을 덮는다.
>> 나) 구덩이의 바닥에는 흙을 투입한 후 생석회를 뿌리고, 사체를 투입한 뒤 토양, 생석회 순으로 덮는다.
>
> 4) 매몰 대상 유해야생동물이 다량인 경우(성체 고라니 또는 멧돼지의 경우에는 3개체 이상, 그 밖의 동물의 경우에는 10개체 이상)에는 매몰 후 제44조의10제1항 및 별표 8의5에 따른 주변 환경오염 방지조치를 취해야 한다.

2. 소각
> 가. 포획한 유해야생동물을 소각하기 위하여 운반하는 경우에는 사체의 핏물 또는 체액이 외부로 흐르거나 보이지 않도록 밀봉하여 소각시설을 갖춘 장소로 운반해야 한다.
> **나. 소각하기 전에 해당 유해야생동물이 죽은 것을 확인해야 한다.**
> 다. 소각시설을 갖춘 장소에서 그 장치의 사용법에 따라 야생동물의 사체를 소각해야 한다.
> 라. 소각 후의 잔재물은 「폐기물관리법」에 따라 처리해야 한다.

3. 고온·고압방식의 멸균처리

　　가. 포획한 유해야생동물을 고온·고압방식으로 멸균처리하기 위하여 운반하는 경우에는 사체의 핏물 또는 체액이 외부로 흐르거나 보이지 않도록 밀봉하여 고온·고압방식의 멸균처리시설을 갖춘 장소로 운반해야 한다.

　　나. 고온·고압방식으로 멸균처리하기 전에 해당 유해야생동물이 죽은 것을 확인해야 한다.

　　다. 고온·고압방식으로 멸균처리한 후의 잔재물은 「폐기물관리법」에 따라 처리해야 한다.

4. 그 밖에 지역적 특수성 및 환경 영향 등을 고려하여 시·군·구의 조례로 정하는 방법

■ 야생생물 보호 및 관리에 관한 법률 시행규칙 [별표 8의7] 〈개정 2024. 6. 28.〉

지정검역물의 검역방법(제44조의19제3항 관련)

1. 지정검역물 현물에 대한 검역방법

　가. 야생동물검역관은 수입되는 지정검역물이 야생동물 검역대상질병이 발생한 지역에서 발송되었거나 그 지역을 경유한 것인지를 확인해야 한다.

　나. 야생동물검역관은 수입되는 지정검역물에 대해 야생동물 검역대상질병의 전파가능성 여부를 확인하기 위해 살아있는 야생동물에 대해서는 임상검사를 실시하고, 살아있는 야생동물 외의 지정검역물에 대해서는 관능검사(인간의 오감으로 야생동물 검역대상질병의 전파 가능성 여부 등을 확인하는 검사를 말한다)를 실시해야 한다.

　다. 수입되는 지정검역물의 검역은 탐지동물이나 검색시설·장비 등을 이용하여 실시할 수 있다.

　라. 야생동물검역관은 지정검역시행장에서 검역관리인에게 현물확인 또는 검사시료 채취 등을 하도록 지시할 수 있고, 검역관리인은 지시사항의 이행 과정에서 특이사항이 있으면 야생동물검역관에게 신속하게 보고해야 한다.

2. 검역증명서 등 서류 확인방법

　가. 야생동물검역관은 우리나라와 지정검역물의 수출국 간에 검역에 관하여 협의된 사항이 있는 경우에는 이에 부합하는지를 검토해야 한다.

　나. 야생동물검역관은 검역증명서가 수출국의 야생동물 검역업무 담당 정부기관에서 발행한 검역증명서(원본 또는 부분을 말한다) 상의 지정검역물과 수입된 지정검역물이 합치하는지를 대조해야 한다.

3. 제1호부터 제2호까지에서 정한 내용 외에 지정검역물의 검역에 필요한 구체적인 방법 및 기준은 국립야생동물질병관리원장이 정한다.

■ 야생생물 보호 및 관리에 관한 법률 시행규칙 [별표 8의8] 〈신설 2024. 5. 17.〉

지정검역물 검역기간(제44조의19제3항 관련)

구분	지정검역물의 종류	검역기간
포유류 (MAMMALIA)	1. 영장목(靈長目, PRIMATES)	30일
	2. 우제목(偶蹄目, ARTIODACTYLA)	15일
	3. 기제목(奇蹄目, PERISSODACTYLA)	10일
	4. 식육목(食肉目, CARNIVORA)	10일
	5. 익수목(翼手目, CHIROPTERA)	180일
	6. 그 밖의 포유류	5일
조류(AVES)	조류	10일
파충류(REPTILIA)	파충류	7일
그 외의 지정검역물		3일

비고

1. **국립야생동물질병관리원장은** 수출국 또는 국내의 방역 여건에 따라 필요하다고 인정하는 경우에는 이 표에 따른 **검역기간을 단축하거나 연장할 수 있다.**

2. **국립야생동물질병관리원장은** 다음 각 목의 야생동물에 대하여 이 표에도 불구하고 2일 이내 의 범위에서 검역기간을 따로 정할 수 있다.

   가. 전시의 목적으로 국내에 단기간 체류하는 야생동물

   나. 국내에 단기간 여행하는 자가 휴대하는 야생동물

   다. 특별한 관리방법을 통하여 사육되거나 생산되어 야생동물 검역대상질병의 병원체가 없다 고 국립야생동물질병관리원장이 인정하는 야생동물

■ **야생생물 보호 및 관리에 관한 법률 시행규칙 [별표 8의9]** 〈신설 2024. 5. 17.〉

수입검역증명 표지(제44조의22제1항 관련)

모형	규격	
	지　름	┌ 바깥 원: 40mm └ 안의 원: 25mm
	글자의 굵기	┌ 안의 원: 1mm └ 바깥 원: 1mm

■ 야생생물 보호 및 관리에 관한 법률 시행규칙 [별표 8의10] 〈신설 2024. 6. 28.〉

지정검역시행장 시설기준(제44조의23제3항 관련)

1. 수입 야생동물 지정검역시행장(제2호는 제외한다): 야생동물 검역대상질병의 병원체가 퍼지는 것을 막을 수 있도록 기존의 사육동물과 격리된 장소에 위치한 시설로서, 다음 각목에 따른 시설기준을 갖춰야 한다.

구분	시설기준
가. 검역준비실	야생동물검역관이 검사물 취급 등 검역업무 수행을 준비하기에 쉬운 시설로서 다음의 물품을 모두 비치해야 한다. 1) 기자재: 분무기, 냉장고 등 2) 소독약품: 국립야생동물질병관리원장이 필요하다고 인정하는 약품 중 용도에 맞는 것 3) 작업복, 위생화, 위생복 등
나. 계류(繫留) 시설	1) 야생동물별로 전체 동물이 안전하게 사육관리 될 수 있는 면적의 견고한 시설이어야 한다. 2) 바닥은 콘크리트 등 불침투성 물질로 시공하여 오물수거와 세척 및 소독이 쉬워야 한다. 3) 입구에는 출입하는 사람의 신발부분을 소독할 수 있는 소독조를 설치해야 한다. 4) 야생동물의 특성에 따라 온도, 습도 등 사육환경의 적절한 유지를 위한 설비를 갖춰야 한다.
다. 격리시설	야생동물 검역대상질병에 감염된 야생동물을 격리하는 시설로서 나목 1)부터 4)까지의 시설기준을 갖추되 구획이 되어있어야 한다.
라. 출입통제시설	지정검역시행장의 입구에는 외부인 등 출입자의 통제를 위하여 야생동물검역시행장 표지판 및 차단시설을 설치해야 한다.
마. 분뇨 및 폐기물 보관시설	야생동물의 분뇨 및 폐사한 동물 등 폐기물을 보관하기 위한 냉동고 등 적합한 보관시설을 갖춰야 한다.

2. 실험동물 지정검역시행장: 야생동물 검역대상질병의 병원체가 퍼지는 것을 막을 수 있도록 주변 50미터 이내에 동물 관련시설(동물 사육시설, 도축장, 집하장, 사료공장 등)이 없는 격리된 장소에 위치한 시설로서, 다음 각 목에 따른 시설기준을 갖춰야 한다.

구분	시설기준
가. 검역준비실	야생동물검역관이 검사물 취급 등 검역업무 수행을 준비하기에 쉬운 시설로서 다음의 물품을 모두 비치해야 한다. 1) 기자재: 분무기, 냉장고, 액량계 등

	2) 소독약품: 국립야생동물질병관리원장이 필요하다고 인정하는 약품 중 용도에 맞는 것 3) 작업복, 위생화, 위생복 등
나. 계류(繫留) 시설	1) 야생동물별로 전체 동물이 안전하게 사육관리 될 수 있는 면적의 견고한 시설이어야 한다. 2) 구획이 되어있고, 창이 없고 폐쇄된 시설로서, 외부로부터 야생동물질병의 유입을 막기 위한 방어벽(Barrier System)을 갖춰야 한다. 3) 미세먼지 여과시설 및 자외선 소독시설이 설치된 공기 환기관을 갖추어야 한다. 4) 입구에는 사람에 의한 야생동물질병 유입·전파를 차단하기 위한 샤워·수세·탈의시설을 설치해야 한다. 5) 벽면 멸균기 등 멸균된 음수 및 사료의 공급을 위한 설비를 갖춰야 한다. 6) 자외선 소독시설 등 관리 장비 및 비품·도구 등의 소독을 위한 설비를 갖춰야 한다. 7) 바닥은 콘크리트 등 불침투성 물질로 시공하여 오물수거와 세척 및 소독이 쉬워야 한다. 8) 야생동물의 특성에 따라 온도, 습도 등 사육환경의 적절한 유지를 위한 설비를 갖춰야 한다.
다. 보정(補整) 시설	동물의 검사, 처치, 수술 등을 하기 위한 검사대, 처치대, 수술대 등의 보정시설을 갖춰야 한다.
라. 출입통제시설	지정검역시행장의 입구에는 외부인 등 출입자의 통제를 위하여 야생동물검역시행장 표지판 및 차단시설을 설치해야 한다.
마. 분뇨 및 폐기물 보관시설	야생동물의 분뇨 및 폐사한 동물 등 폐기물을 보관하기 위한 냉동고 등 적합한 보관시설을 갖춰야 한다.

지정검역시행장 관리기준(제44조의23제9항 관련)

1. 지정검역시행장의 지정을 받은 자의 준수사항

가. 지정검역시행장 내 **소독 및 작업일지**를 비치해야 한다.

나. 검역관리인이 검역업무를 수행하는 데 지장이 없도록 검역시설 및 기자재 확보 등 필요한 협조를 해야 한다.

다. 지정검역시행장의 시설 및 지정검역물은 공중위생상 위해가 없도록 관리해야 하고, 지정검역물이 지정검역물 외의 물건과 섞이지 않도록 해야 한다.

라. 지정검역시행장 출입구에는 출입을 통제하는 시설임을 알리는 **표지판을 부착하여 출입자를 통제**해야 한다.

마. 검역이 종료되지 않은 지정검역물을 지정검역시행장 밖으로 유출해서는 안 된다.

바. 별지 제40호의14서식의 지정검역물 관리일지를 1년간 비치해야 한다.

2. 검역관리인의 준수사항

가. 지정검역물을 지정검역시행장에 입출고할 때 품명(학명), 입고 당시 상태, 검역 결과, 폐사체 처리 결과 등을 별지 제40호의14서식의 **지정검역물 관리일지에 기록·관리해야 한다.**

나. 지정검역시행장에 입고된 지정검역물의 식별이 용이한 곳에 별지 제40호의15서식에 따른 수입화물(검역)표를 선하증권단위로 부착해야 한다.

다. 다음 사항에 대하여 야생동물검역관의 지시에 따라야 한다.

1) 지정검역시행장에 입출고되는 지정검역물에 대한 위생관리 및 시설·장비 등의 청결유지, 소독·살충 등

2) 지정검역시행장에 입고된 지정검역물의 이동

3) 야생동물질병의 감염 및 확산이 우려되는 경우 방역상 필요한 조치

4) 검역 기간 중 폐사한 동물의 처리

라. 지정검역물이 입고되기 전에 1회 이상 지정검역시행장의 지정을 받은 자(법인인 경우에는 그 대표자를 말한다) 및 그 종사자 등을 대상으로 동물 검역 및 방역(제1호에 따른 지정검역시행장 지정을 받은 자의 준수사항을 포함한다)에 대한 교육을 실시해야 한다.

■ **야생생물 보호 및 관리에 관한 법률 시행규칙 [별표 8의12]** 〈개정 2024. 6. 28.〉

지정검역물의 운송·입출고·보관관리 기준(제44조의24제3항 관련)

1. 지정검역물 운송차량의 설비기준

가. 살아있는 야생동물 운송차량

1) 운송차량의 전면 또는 측면에 **지정검역물 운송차량임을 표시**해야 한다.
2) 운송차량에 야생동물의 크기 등을 고려하여 별도의 화물칸이 있어야 하고, 잠금장치에 봉인이 가능해야 한다.
3) 화물칸에는 야생동물의 외부 노출 및 오염물질의 누출 방지를 위한 차단시설을 설치해야 한다.
4) 화물칸 내부에는 야생동물이 수송 중 흔들리거나 기울어지지 않도록 **일정한 간격의 칸막이가 설치**되어야 한다.
5) 화물칸 상부에는 태양광선·비·눈 등으로부터 야생동물을 보호할 수 있는 **차폐장치**를 설치하되, 충분한 환기가 가능해야 한다.
6) 운송차량의 후면에는 개폐식 문과 앞좌석에서 수송 중 동물의 상태를 관찰하기 위한 **안전창을 설치**해야 한다.

나. 그 밖의 지정검역물 운송차량

1) 운송차량의 전면 또는 측면에 지정검역물 운송차량임을 표시해야 한다.
2) 지정검역물을 담은 운송용기는 수송 중 누수 또는 오염물질 누출이 되지 않도록 제작되어야 하며, 잠금장치에 봉인이 가능**해야 한다.**

2. 지정검역물의 입출고·보관관리기준

가. 보관관리인 또는 검역관리인은 지정검역물을 검역시행장에 입고·출고하는 경우 그 지정검역물의 종류, 검역종료 여부 등 필요한 사항을 기록해야 한다.

나. 보관관리인은 검역시행장에 입고된 지정검역물의 품명, 입고일시, 검역종료 여부 및 그 밖에 필요한 사항을 주 1회 이상 정기적으로 점검해야 한다.

다. 보관관리인 또는 검역관리인은 검역시행장에 입고되는 지정검역물에 대하여 소독을 실시해야 한다.

라. 검역시행장에 입고된 지정검역물은 검역을 마친 경우에만 출고할 수 있다.

수수료(제72조의2제1항 관련)

가. 국제적 멸종위기종을 수출·수입·반출 또는 반입하는 경우

근거법령	구 분			수수료	
				수입·반입하는 경우	수출·반출하는 경우
법 제16조제1항	동물	살아있는 표본		10만원	10만원
		죽은 표본	100개 이상	5만원	5만원
			100개 미만	2만원	2만원
	식물	3,000개 이상		5만원	5만원
		3,000개 미만		2만원	2만원

나. 국제적 멸종위기종의 사육시설을 등록·변경등록 또는 변경신고하는 경우

근거법령	구 분	수수료
법제16조의2 제1항	국제적 멸종위기종 사육시설의 등록을 하려는 경우	10만원
법제16조의2 제2항	국제적 멸종위기종 사육시설의 변경등록을 하려는 경우	5만원
	국제적 멸종위기종 사육시설의 변경신고를 하려는 경우	2만원

■ 야생생물 보호 및 관리에 관한 법률 시행규칙 [별표 10] 〈개정 2015. 8. 4.〉

수렵 강습과목 및 강습시간(제59조제2항 관련)

강습과목	강습시간
수렵의 역사·문화	1시간
수렵에 관한 법령 및 수렵의 절차	1시간
야생동물의 보호·관리에 관한 사항	1시간
수렵도구의 사용법, 안전수칙 및 사고발생 시 조치방법	1시간 (실기 강습은 제외한다)

비고

1. 수렵 강습과목 및 강습시간은 수렵면허를 받으려는 사람과 수렵면허를 갱신하려는 사람에게 동일하게 적용된다.

2. 강습과목 중 수렵도구의 사용법, 안전수칙 및 사고발생 시 조치방법은 강습시간 외에 1시간 이상의 실기 강습을 별도로 실시하여야 한다.

3. 제1종 수렵면허를 받은 자가 제2종 수렵면허를 받으려는 경우에는 수렵 강습을 면제할 수 있다.

■ **야생생물 보호 및 관리에 관한 법률 시행규칙 [별표 12]** 〈개정 2024. 6. 28.〉

행정처분의 기준(제78조 관련)

1. 일반기준

가. 위반행위가 둘 이상인 경우로서 그에 해당하는 각각의 처분기준이 다른 경우에는 그 중 무거운 처분기준에 따른다. 다만, 둘 이상의 처분기준이 같은 영업정지 또는 면허 정지인 경우에는 각 처분기준을 합산한 기간을 넘지 않는 범위에서 무거운 처분기준 의 2분의 1 범위에서 기간을 늘릴 수 있다.

나. 위반행위의 횟수에 따른 행정처분 기준은 **최근 1년간** 같은 위반행위로 행정처분을 받은 경우에 적용한다. 이 경우 기간의 계산은 위반행위에 대한 행정처분을 받은 날 과 그 처분 후 다시 같은 위반행위를 하여 적발된 날을 기준으로 한다.

다. 위반행위의 동기·내용·횟수 및 위반의 정도 등 다음에 해당하는 사유를 고려하여 제2호의 개별기준에 따른 처분을 감경할 수 있다. 이 경우 그 처분이 영업정지 또는 면허정지인 경우에는 그 처분기준의 2분의 1의 범위에서 감경할 수 있고, 등록취소 또는 면허취소인 경우에는 6개월 이상의 영업정지 또는 면허정지 처분으로 감경(법 제7조의2제1항제1호, 법 제15조제1항제1호, 법 제17조제1항제1호, 법 제20조제1항제 1호, 법 제22조제1호, 법 제23조의2제1항제1호, 법 제34조의5제1항제1호, 법 제34조 의7제7항제1호, 법 제36조제1항제1호, 법 제41조의2제1항제1호, 법 제47조의2제1항 제1호, 법 제49조제1항제1호 및 제2호에 해당하는 경우는 제외한다)할 수 있다.

   1) 위반행위가 고의나 중대한 과실이 아닌 사소한 부주의나 오류로 인한 것으로 인정되는 경우

   2) 위반의 내용·정도가 경미하여 사람의 생명·신체·재산 또는 멸종위기야생동· 식물 등에 미치는 피해가 적다고 인정되는 경우

   3) 위반행위자가 처음 해당 위반행위를 한 경우로서 5년 이상 생물자원 보전시설 또는 박제업을 모범적으로 운영해 오거나, 수렵업무를 모범적으로 해 온 사실 이 인정되는 경우

   4) 위반행위자가 해당 위반행위로 인하여 행정처분을 받을 경우 생계를 유지하기 가 곤란하다고 인정되는 경우

   5) 위반행위자가 해당 위반행위로 인하여 기소유예 처분을 받거나 선고유예 판결 을 받은 경우

   6) 고의 또는 중과실이 없는 위반행위자가 「소상공인기본법」 제2조에 따른 소상공 인인 경우로서 해당 행정처분으로 위반행위자가 더 이상 영업을 영위하기 어렵 다고 객관적으로 인정되는지 여부, 경제위기 등으로 위반행위자가 속한 시장·

산업 여건이 현저하게 변동되거나 지속적으로 악화된 상태인지 여부 등을 종합적으로 고려할 때 행정처분을 감경할 필요가 있다고 인정되는 경우

라. 다목에 따라 처분을 감경하려는 경우 그 영업정지 또는 면허정지처분 기간 1개월은 30일로 본다.

마. 제2호다목의 폐쇄명령은 법 제16조의2제1항에 따라 국제적 멸종위기종 사육시설로 등록된 시설 중 국제적 멸종위기종을 종류별로 사육 중인 개별 시설에 대해서만 적용한다.

2. 개별기준

위반사항	근거 법령	행정처분 기준			
		1차 위반	2차 위반	3차 위반	4차 이상 위반
가. 서식지외보전기관으로 지정을 받은 자가 법 제7조의2제1항을 위반한 경우					
1) 거짓이나 그 밖의 부정한 방법으로 지정을 받은 경우	법 제7조의2 제1항제1호	지정취소			
2) 법 제8조를 위반하여 야생동물을 학대한 경우	법 제7조의2 제1항제2호	경고	지정취소		
3) 법 제9조제1항을 위반하여 포획·수입 또는 반입한 야생동물, 이를 사용하여 만든 음식물 또는 가공품을 그 사실을 알면서 취득(환경부령으로 정하는 야생생물을 사용하여 만든 음식물 또는 추출가공식품을 먹는 행위는 제외한다)·양도·양수·운반·보관하거나 그러한 행위를 알선한 경우	법 제7조의2 제1항제3호	지정취소			
4) 법 제14조제1항을 위반하여 멸종위기 야생생물을 포획·채취등을 한 경우	법 제7조의2 제1항제4호	경고	지정취소		
5) 법 제14조제2항을 위반하여 멸종위기 야생생물을 포획하거나 고사시키기 위하여 폭발물, 덫, 창애, 올무, 함정, 전류 및 그물을 설치 또는 사용하거나 유독물, 농약 및 이와 유사한 물질을 살포 또는 주입한 경우	법 제7조의2 제1항제5호	지정취소			
6) 법 제16조제1항을 위반하여 허가 없이 국제적 멸종위기종 및 그 가공품을 수출·수입·반출 또는 반입한 경우	법 제7조의2 제1항제6호	경고	지정취소		
7) 법 제16조제3항을 위반하여 국제적 멸종위기종 및 그 가공품을 수입 또는 반입 목적 외의 용도로 사용한 경우	법 제7조의2 제1항제7호	경고	지정취소		

위반행위	근거 법조문				
8) 법 제16조제4항을 위반하여 국제적 멸종위기종 및 그 가공품을 양도·양수, 양도·양수의 알선·중개, 소유, 점유 또는 진열한 경우	법 제7조의2 제1항제8호	경고	지정취소		
9) 법 제16조제7항을 위반하여 국제적 멸종위기종 및 그 가공품을 국외에서 포획·채취·구입하거나 국내로 반입 또는 반입하기 위한 알선·중개를 한 경우	법 제7조의2 제1항제9호	경고	지정취소		
10) 법 제19조제1항을 위반하여 환경부령으로 정하는 포유류, 조류, 양서류 및 파충류 등의 야생동물을 포획한 경우	법 제7조의2 제1항제10호	경고	지정취소		
11) 법 제19조제2항을 위반하여 야생동물을 포획하기 위하여 폭발물, 덫, 창애, 올무, 함정, 전류 및 그물을 설치 또는 사용하거나 유독물, 농약 및 이와 유사한 물질을 살포하거나 주입한 경우	법 제7조의2 제1항제11호	지정취소			
12) 법 제21조제1항을 위반하여 환경부령으로 정하는 포유류, 조류, 양서류, 파충류 등의 야생동물을 허가 없이 수출·수입·반출 또는 반입한 경우	법 제7조의2 제1항제12호	경고	지정취소		
나. 멸종위기야생동·식물의 포획·채취등의 허가를 받은 자가 법 제15조제1항을 위반한 경우					
1) 거짓이나 그 밖의 부정한 방법으로 허가를 받은 경우	법 제15조 제1항제1호	허가취소			
2) 허가조건을 위반한 경우	법 제15조 제1항제2호	경고	허가취소		
3) 법 제14조제1항제1호 또는 제2호에 따라 허가받은 목적·용도 외로 사용하는 경우	법 제15조 제1항제3호	경고	허가취소		
다. 사육시설등록자가 법 제16조의8제2항을 위반한 경우					
1) 다른 사람에게 명의를 대여하여 등록증을 사용하게 한 경우	법 제16조의8 제2항제1호	등록취소			
2) 1년에 3회 이상 시설 폐쇄명령을 받은 경우	법 제16조의8 제2항제2호	폐쇄명령 6개월	등록취소		
3) 고의 또는 중대한 과실로 사육동물의 탈출, 폐사 또는 인명피해 등이 발생한 경우	법 제16조의8 제2항제3호	폐쇄명령 1개월	폐쇄명령 3개월	폐쇄명령 6개월	등록취소

2.3 야생생물 보호 및 관리에 관한 법률 시행규칙 별표

위반행위	근거 법조문			
4) 법 제16조의2제1항에 따른 등록을 한 후 2년 이내에 사육동물을 사육하지 아니하거나 정당한 사유 없이 계속하여 2년 이상 사육시설을 운영하지 아니한 경우	법 제16조의8 제2항제4호	폐쇄명령 3개월	폐쇄명령 6개월	등록취소
5) 법 제16조의2제2항을 위반하여 변경등록을 하지 아니한 경우	법 제16조의8 제2항제5호	경고	폐쇄명령 1개월	폐쇄명령 3개월 · 폐쇄명령 6개월
6) 법 제16조의2제2항을 위반하여 변경신고를 하지 아니한 경우	법 제16조의8 제2항제6호	경고	폐쇄명령 15일	폐쇄명령 1개월 · 폐쇄명령 3개월
7) 법 제16조의2제3항에 따른 조건을 이행하지 아니한 경우	법 제16조의8 제2항제7호	폐쇄명령 1개월	폐쇄명령 3개월	폐쇄명령 6개월 · 등록취소
8) 법 제16조의4제1항에 따른 정기검사 또는 수시검사를 받지 아니한 경우	법 제16조의8 제2항제8호	경고	폐쇄명령 1개월	폐쇄명령 3개월 · 폐쇄명령 6개월
9) 법 제16조의5에 따른 개선명령을 이행하지 아니한 경우	법 제16조의8 제2항제9호	폐쇄명령 1개월	폐쇄명령 3개월	폐쇄명령 6개월 · 등록취소
10) 시설 폐쇄명령 기간 중 시설을 운영한 경우	법 제16조의8 제2항제10호	경고	등록취소	
11) 법 제16조의6에 따른 사육동물의 관리기준을 위반한 경우	법 제16조의8 제2항제11호	경고	폐쇄명령 1개월	폐쇄명령 3개월 · 폐쇄명령 6개월
라. 국제적 멸종위기종 및 그 가공품의 수출·수입 등의 허가를 받은 자가 법 제17조제1항을 위반한 경우				
1) 거짓이나 그 밖의 부정한 방법으로 허가를 받은 경우	법 제17조 제1항제1호	허가취소		
2) 허가의 조건을 위반한 경우	법 제17조 제1항제2호	경고	허가취소	
3) 법 제16조제3항을 위반하여 수입 또는 반입 목적 외의 용도로 사용한 경우	법 제17조 제1항제3호	경고	허가취소	
마. 야생동물의 포획허가를 받은 자가 법 제20조제1항을 위반한 경우				
1) 거짓이나 그 밖의 부정한 방법으로 허가를 받은 경우	법 제20조 제1항제1호	허가취소		
2) 허가조건을 위반한 경우	법 제20조 제1항제2호	경고	허가취소	
3) 법 제19조제1항제1호 또는 제2호에 따라 허가받은 목적 외의 용도로 사용한 경우	법 제20조 제1항제3호	경고	허가취소	
4) 법 제19조제1항제5호에 따라 허가받은 기준 또는 방법에 따라 인공증식하지 않은 경우	법 제20조 제1항제4호	경고	허가취소	
바. 야생동물의 수출입 등의 허가를 받은 자가 법 제22조를 위반한 경우				

1) 거짓이나 그 밖의 부정한 방법으로 허가를 받은 경우	법 제22조제1호	허가취소		
2) 허가조건을 위반한 경우	법 제22조제2호	경고	허가취소	
3) 수입 또는 반입 목적 외의 용도로 사용한 경우	법 제22조제3호	경고	허가취소	
사. 유해야생동물의 포획허가를 받은 자가 법 제23조의2제1항을 위반한 경우				
1) 거짓이나 그 밖의 부정한 방법으로 허가를 받은 경우	법 제23조의2제1항제1호	허가취소		
2) 법 제23조제6항에 따른 신고를 하지 않은 경우	법 제23조의2제1항제2호	경고	허가취소	
3) 유해야생동물을 포획할 때 법 제23조제7항에 따라 환경부령으로 정하는 허가의 기준, 안전수칙, 포획 방법 등을 위반한 경우	법 제23조의2제1항제3호	허가취소		
아. 삭제<2023. 1. 5.>				
자. 야생동물치료기관으로 지정을 받은 자가 법 제34조의5제1항을 위반한 경우				
1) 거짓이나 그 밖의 부정한 방법으로 지정을 받은 경우	법 제34조의5제1항제1호	지정취소		
2) 특별한 사유 없이 조난 또는 부상당한 야생동물의 구조·치료를 3회 이상 거부한 경우	법 제34조의5제1항제2호	경고	지정취소	
3) 법 제8조를 위반하여 야생동물을 학대한 경우	법 제34조의5제1항제3호	경고	지정취소	
4) 법 제9조제1항을 위반하여 포획·수입 또는 반입한 야생동물, 이를 사용하여 만든 음식물 또는 가공품을 그 사실을 알면서 취득(환경부령으로 정하는 야생동물을 사용하여 만든 음식물 또는 추출가공식품을 먹는 행위는 제외한다)·양도·양수·운반·보관하거나 그러한 행위를 알선한 경우	법 제34조의5제1항제4호	지정취소		
5) 법 제34조의6제1항을 위반하여 질병에 걸린 것으로 확인되거나 걸렸다고 의심할만한 정황이 있는 야생동물임을 알면서 신고하지 아니한 경우	법 제34조의5제1항제5호	경고	지정취소	
6) 법 제34조의10제1항을 위반하여 야생동물 살처분 명령을 이행하지 아니한 경우	법 제34조의5제1항제6호	경고	지정취소	

위반행위	근거법조문	1차	2차	3차	4차
7) 법 제34조의10제2항을 위반하여 살처분한 야생동물의 사체를 소각하거나 매몰하지 아니한 경우	법 제34조의5 제1항제7호	경고	지정취소		
차. 야생동물 질병진단기관으로 지정을 받은 자					
가 법 제34조의7제7항을 위반한 경우					
1) 거짓이나 그 밖의 부정한 방법으로 지정 받은 경우	법제34조의7 제7항제1호	지정취소			
2) 법 제34조의7제1항에 따른 지정기준을 충족하지 못하게 된 경우	법제34조의7 제7항제2호	경고	지정취소		
3) 법 제34조의7제4항을 위반하여 야생동물 질병이 확인된 사실을 알면서도 알리지 않은 경우	법제34조의7 제7항제3호	경고	지정취소		
4) 제6항에 따라 야생동물의 질병진단 요령 등에 필요한 사항으로서 국립야생동물질병관리기관장이 정하여 고시한 사항을 따르지 않은 경우	법제34조의7 제7항제4호	경고	지정취소		
카. 지정검역시행장 지정을 받은 자가 법 제34조의21제6항을 위반한 경우					
1) 거짓이나 그 밖의 부정한 방법으로 지정검역시행장의 지정을 받은 경우	법 제34조의21 제6항제1호	지정취소			
2) 법 제34조의21제5항에 따른 시정명령을 이행하지 않은 경우	법 제34조의21 제6항제2호				
가) 지정검역시행장의 시설·장비 등의 지정기준에 미달하는 경우		업무정지 1개월	업무정지 3개월	업무정지 6개월	지정취소
나) 지정검역시행장 관리기준을 지키지 않은 경우		업무정지 1개월	업무정지 3개월	업무정지 6개월	지정취소
다) 검역관리인을 선임하지 않은 경우		업무정지 1개월	업무정지 3개월	업무정지 6개월	지정취소
3) 부도·폐업 등의 사유로 지정검역시행장을 운영할 수 없는 경우	법 제34조의21 제6항제3호	지정취소			
타. 생물자원 보전시설을 등록한 자가 법 제36조제1항을 위반한 경우					
1) 거짓이나 그 밖의 부정한 방법으로 등록한 경우	법 제36조 제1항제1호	등록취소			
2) 법 제35조제1항에 따른 시설과 요건을 갖추지 못한 경우	법 제36조 제1항제2호				
가) 시설과 인력 요건이 모두 부족한 경우		등록취소			
나) 시설요건이 부족한 경우		경고	등록취소		
다) 인력요건이 부족한 경우		경고	경고	등록취소	

위반행위	근거 법조문	1차	2차	3차	4차
파. 박제업자가 법 제40조제1항부터 제3항까지의 규정을 위반한 경우	법 제40조제5항				
1) 법 제40조제1항을 위반하여 변경등록을 하지 않은 경우		경고	영업정지 1개월	영업정지 3개월	등록취소
2) 법 제40조제2항을 위반하여 장부를 갖추어 두지 않은 경우		경고	영업정지 1개월	영업정지 3개월	등록취소
3) 법 제40조제3항에 따른 신고 등 필요한 명령을 위반한 경우		경고	영업정지 1개월	영업정지 3개월	등록취소
하. 생물자원의 국외반출을 승인을 받은 자가 법 제41조의2제1항을 위반한 경우					
1) 거짓이나 그 밖의 부정한 방법으로 승인을 받은 경우	법 제41조의2제1항제1호	승인취소			
2) 생물자원을 승인받은 용도 외로 사용한 경우	법 제41조의2제1항제2호	경고	승인취소		
거. 수렵강습기관으로 지정을 받은 자가 법 제47조의2제1항을 위반한 경우					
1) 거짓이나 그 밖의 부정한 방법으로 지정을 받은 경우	법 제47조의2제1항제1호	지정취소			
2) 법 제47조제1항 및 제2항에 따른 수렵 강습을 받지 않은 사람에게 강습이수증을 발급한 경우	법 제47조의2제1항제2호	경고	지정취소		
3) 법 제47조제5항에 따라 환경부령으로 정하는 지정기준 등의 요건을 갖추지 못한 경우	법 제47조의2제1항제3호	지정취소			
너. 수렵면허를 받은 자가 법 제49조제1항을 위반한 경우					
1) 거짓이나 그 밖의 부정한 방법으로 수렵면허를 받은 경우	법 제49조제1항제1호	면허취소			
2) 수렵면허를 받은 사람이 법 제46조제1호부터 제6호까지의 어느 하나에 해당하는 경우	법 제49조제1항제2호	면허취소			
3) 수렵 또는 법 제23조에 따른 유해야생동물 포획 중 고의 또는 과실로 다른 사람의 생명·신체 또는 재산에 피해를 준 경우	법 제49조제1항제3호				
가) 생명·신체에 피해를 준 경우		면허취소			
나) 재산에 피해를 준 경우		면허정지 3개월	면허정지 6개월	면허취소	
4) 수렵도구를 이용하여 범죄행위를 한 경우	법 제49조제1항제4호	면허정지 6개월	면허취소		

5) 법 제14조제1항 또는 제2항을 위반하여 멸종위기야생동물을 포획한 경우	법 제49조 제1항제5호	경고	면허정지 6개월	면허취소	
6) 법 제19조제1항 또는 제2항을 위반하여 야생동물을 포획한 경우	법 제49조 제1항제6호	경고	면허정지 3개월	면허정지 6개월	면허취소
7) 법 제23조제1항을 위반하여 유해야생동물을 포획한 경우	법 제49조 제1항제7호	경고	면허정지 1개월	면허정지 3개월	면허정지 6개월
8) 법 제44조제3항을 위반하여 수렵면허를 갱신하지 않은 경우	법 제49조 제1항제8호				
가) 1년을 초과하지 않은 경우		면허정지 3개월			
나) 1년을 초과한 경우		면허취소			
9) 법 제50조제1항을 위반하여 수렵을 한 경우	법 제49조 제1항제9호				
가) 수렵승인을 받지 않은 경우		경고	면허정지 3개월	면허정지 6개월	면허취소
나) 수렵장 사용료를 납부하지 않은 경우		경고	면허정지 1개월	면허정지 3개월	면허정지 6개월
10) 법 제55조 각 호의 어느 하나에 해당하는 장소 또는 시간에 수렵을 한 경우	법 제49조 제1항제10호	경고	면허정지 3개월	면허정지 6개월	면허취소

제3장
동물원 및 수족관의 관리에 관한 법률
(약칭: 동물원수족관법)

[시행 2023. 12. 14.] [법률 제19086호, 2022. 12. 13., 전부개정]

QR코드를 스캔하면, [제3장 동물원 및 수족관의 관리에 관한 법률] 서식을 다운로드 받을 수 있습니다.

제1조(목적)

이 법은 **동물원 및 수족관의 허가와 관리에 필요한 사항을 규정**함으로써 동물원 및 수족관에 있는 야생생물 등을 보전·연구하고 그 **생태와 습성에 대한 올바른 정보를 국민에게 제공**하며, 보유동물의 복지 증진 및 생물다양성 보전을 통해 **생명존중 가치를 구현**하고, 야생생물과 사람이 공존하는 환경을 조성함을 목적으로 한다.

제2조(정의)

이 법에서 사용하는 용어의 뜻은 다음과 같다.

1. "**동물원**"이란 야생동물 등을 보전·증식하고 그 생태·습성을 조사·연구함으로써 생물다양성을 보전하며, 국민에게 전시·교육을 통해 야생동물에 대한 다양한 정보를 제공하는 시설로서 대통령령으로 정하는 것을 말한다.

2. "**수족관**"이란 해양생물 또는 담수생물 등을 보전·증식하고 그 생태·습성을 조사·연구함으로써 생물다양성을 보전하며, 국민에게 전시·교육을 통해 해양생물 또는 담수생물 등에 대한 다양한 정보를 제공하는 시설로서 대통령령으로 정하는 것을 말한다.

3. "**야생동물**"이란 「야생생물 보호 및 관리에 관한 법률」 제2조제1호에 따른 야생생물 중 동물을 말한다.

4. "**해양생물**"이란 「해양생태계의 보전 및 관리에 관한 법률」 제2조제8호에 따른 해양생물을 말한다.

5. "**담수생물**"이란 「야생생물 보호 및 관리에 관한 법률」 제2조제1호에 따른 **야생생물 중 강, 호소(湖沼)** 등 물에 사는 생물을 말한다.

6. "**보유동물**"이란 **동물원 또는 수족관이** 소유하고 있거나 임대·위탁 **등을 통해** 보유하고 있는 모든 동물을 말한다. 이 경우 동물원 또는 수족관에서 증식된 동물을 포함한다.

제3조(국가 등의 기본 책무)

① **국가와 지방자치단체는 동물원 또는 수족관의** 적정 전시문화 조성을 통한 보유동물의 복지 증진 및 국민의 생물다양성 보전 의식 함양**을 위하여** 필요한 시책을 **수립·시행**하여야 하며, 지방자치단체는 국가의 시책에 **적극 협조하여야 한다.**

② 동물원 또는 수족관을 운영하는 자는 국가와 지방자치단체의 시책에 적극 협조하며 보
유동물의 복지 확보와 안전하고 건강한 전시환경 조성을 위하여 노력하여야 한다.

제4조(다른 법률과의 관계)

이 법은 보유동물의 전시, 관리, 보호 등에 관하여 다른 법률에 우선하여 적용한다.

제5조(동물원 및 수족관 관리 종합계획의 수립 등)

① 환경부장관과 해양수산부장관은 동물원 및 수족관의 적정한 관리를 위하여 5년마다
동물원 및 수족관 관리 종합계획(이하 "종합계획"이라 한다)을 수립하여야 한다.

② 종합계획에는 다음 각 호의 사항이 포함되어야 한다.

1. 동물원 및 수족관의 관리를 위한 정책목표와 기본방향
2. 동물원 및 수족관의 생물다양성 보전·연구·교육·홍보 사업에 대한 시책과제 및 추
   진계획
3. 보유동물의 복지와 적절한 서식환경 확보 방안
4. 동물원 및 수족관 내 공중의 안전·보건 확보 방안
5. 동물원 및 수족관의 운영을 위한 전문인력의 양성·지원 방안
6. 동물원 및 수족관이 보유하고 있는 생물종의 보전을 위한 협력망 구축 및 국제교류
   에 관한 사항
7. 동물원 및 수족관의 운영에 필요한 행정적·재정적·기술적 지원에 관한 사항
8. 그 밖에 동물원 및 수족관의 적정한 관리를 위하여 필요한 사항으로서 대통령령으로
   정하는 사항

③ 특별시장·광역시장·특별자치시장·도지사·특별자치도지사(이하 "시·도지사"라 한
다)는 종합계획에 따라 5년마다 관할구역의 동물원 및 수족관의 관리를 위한 계획(이
하 "시·도별계획"이라 한다)을 수립하고, 이를 환경부장관과 해양수산부장관에게 통
보하여야 한다.

④ 국가와 지방자치단체는 종합계획 및 시·도별계획에 따른 사업을 적정하게 수행하기
위한 인력·예산 등을 확보하기 위하여 노력하여야 하며, 국가는 동물원 및 수족관의
적정한 관리를 위하여 지방자치단체에 필요한 사업비의 전부나 일부를 예산의 범위에
서 지원할 수 있다.

⑤ 종합계획 및 시·도별계획의 수립·변경·시행 등에 필요한 사항은 대통령령으로 정한다.

제6조(실태조사 및 평가 등)

① 환경부장관 및 해양수산부장관은 종합계획의 수립·시행과 동물원 및 수족관의 적정한

관리를 위하여 환경부와 해양수산부의 공동부령으로 정하는 바에 따라 다음 각 호의 사항에 관한 **실태조사를 실시하여야** 한다.

1. **동물원 및 수족관의 허가 현황**

2. **동물원 및 수족관 전시시설의 운영 현황**

3. **보유동물의 복지 실태**

4. **그 밖에 종합계획의 수립·시행을 위하여 필요한 사항**

② 환경부장관 및 해양수산부장관은 **종합계획의 이행 등에 대한 평가**를 하여야 한다.

③ 환경부장관 및 해양수산부장관은 제1항 및 제2항에 따른 실태조사 및 **평가 결과를 정**기적으로 공표하여야 한다.

④ 제2항 및 제3항에 따른 평가, 공표 등에 관하여 그 밖에 필요한 사항은 환경부와 해양수산부의 공동부령으로 정한다.

제7조(동물원 및 수족관 동물관리위원회)

① **환경부장관과 해양수산부장관은 다음 각 호의 사항을 자문하기 위하여 대통령령으로** 정하는 바에 따라 환경부와 해양수산부가 공동으로 운영하는 **동물원 및 수족관** 동물관리위원회를 설치할 수 있다.

1. 종합계획의 수립·시행에 관한 사항

2. 그 밖에 보유동물 관리를 위하여 대통령령으로 정하는 사항

② 시·도지사는 다음 각 호의 사항을 자문하기 위하여 해당 지방자치단체의 조례로 정하는 바에 따라 특별시·광역시·특별자치시·도·특별자치도에 **동물원 및 수족관** 동물관리위원회를 설치할 수 있다.

1. 시·도별계획의 수립·시행에 관한 사항

2. 그 밖에 관할구역 내 보유동물 관리를 위하여 조례로 정하는 사항

제8조(허가 등)

① 동물원 또는 수족관을 운영하려는 자는 다음 각 호의 사항에 대하여 대통령령으로 정하는 요건을 갖추어 **동물원 또는 수족관의 소재지를 관할하는** 시·도지사에게 허가를 받아야 한다.

1. **보유동물 종별 서식환경 기준 및 동물원 또는 수족관의 규모별** 전문인력 기준

2. **보유동물** 질병관리계획

3. **동물원 또는 수족관** 안전관리계획

4. **동물원의 휴·폐원 또는 수족관의 휴·폐관(이하 "휴·폐원"이라 한다) 시 보유동물 관**리계획

5. 그 밖에 **보유동물의 적정 관리를 위하여 필요한 사항으로서 대통령령으로 정하는 사항**

② 제1항에도 불구하고 지방자치단체, 「공공기관의 운영에 관한 법률」 제4조에 따른 공공기관 또는 「지방공기업법」에 따라 설립된 지방공기업이 동물원을 운영하려면 환경부장관에게, 수족관을 운영하려면 해양수산부장관에게 제1항에 따른 요건을 갖추어 허가를 받아야 한다.

③ 환경부장관, 해양수산부장관 또는 시·도지사(이하 "허가권자"라 한다)가 제1항 또는 제2항에 따라 허가를 하는 경우에는 신청인에게 허가증을 발급하여야 한다.

④ 제1항 또는 제2항에 따라 허가를 받은 자가 허가받은 사항 중 대통령령으로 정하는 중요한 사항을 변경하려는 경우에는 변경허가를 받아야 한다.

⑤ 허가권자는 제1항 또는 제2항에 따른 허가요건 충족여부 검토 등을 위하여 필요한 경우 대통령령으로 정하는 바에 따라 현장조사를 실시할 수 있다.

⑥ 제1항부터 제5항까지에서 규정한 사항 외에 허가 및 변경허가의 방법·절차에 관하여 필요한 사항은 대통령령으로 정한다.

제9조(결격사유)

다음 각 호의 어느 하나에 해당하는 자는 제8조에 따른 **동물원 또는 수족관의 허가를 받을 수 없다.**

1. 미성년자(19세 미만의 사람을 말한다) 및 피성년후견인

2. 파산선고를 받고 복권되지 아니한 자

3. 제15조제1항제1호·제2호 또는 「동물보호법」 제10조에 **따른 금지행위를** 위반하여 금고 이상의 실형을 선고받고 그 집행이 종료(집행이 종료된 것으로 보는 경우를 포함한다)되거나 **집행이 면제된 날부터 5년이 지나지 아니한 자**

4. 이 법(제15조제1항제1호·제2호는 제외한다)을 위반하여 금고 이상의 실형을 선고받고 그 집행이 종료(집행이 종료된 것으로 보는 경우를 포함한다)되거나 집행이 면제된 날부터 3년이 지나지 아니한 자

5. 제3호에 따른 금지행위를 위반하여 벌금형을 선고받고 그 형이 확정된 날부터 3년이 지나지 아니한 자

6. 다음 각 목의 어느 하나에 해당하는 자로서 그 유예기간 중에 있는 자
   가. 제3호에 따른 금지행위를 위반하여 벌금 이상의 형의 집행유예를 선고받은 자
   나. 이 법(제15조제1항제1호·제2호는 제외한다)을 위반하여 금고 이상의 형의 집행유예를 선고받은 자

7. 제10조에 따라 동물원 또는 수족관 허가가 취소(제10조제1항제2호에 해당하여 **허가가 취소된 경우는** 제외한다)된 후 **3년이 지나지 아니한 자**

8. 임원 중에 제1호부터 제7호까지의 어느 하나에 해당하는 자가 있는 법인

제10조(허가의 취소 등)

① 허가권자는 다음 각 호의 어느 하나에 해당하는 경우에는 동물원 또는 수족관의 허가를 취소하거나 6개월 이내의 기간을 정하여 영업의 전부 또는 일부의 정지를 명할 수 있다. 다만, 제1호에 해당하는 경우에는 허가를 취소하여야 한다.

1. **거짓이나 그 밖의 부정한 방법으로 허가를 받은 경우**
2. **제8조제1항 또는 제2항에 따른 허가요건을 충족하지 못하게 된 경우**
3. **제9조제1호부터 제6호까지 또는 제8호에 해당하는 경우.** 다만, 임원 중에 같은 조 제8호에 해당하는 사람이 있는 법인의 경우 6개월 이내에 해당 임원을 개임(改任)한 때에는 그러하지 아니하다.
4. 제23조에 따른 조치명령을 이행하지 아니하는 경우

② 제1항에 따라 허가가 취소된 자는 취소된 날부터 7일 이내에 허가증을 허가권자에게 반납하여야 한다.

③ 제1항에 따른 행정처분의 세부기준, 그 밖에 필요한 사항은 환경부와 해양수산부의 공동부령으로 정한다.

제11조(과징금)

① 허가권자는 제10조에 따라 영업정지를 명하여야 하는 경우로서 그 영업정지가 **보유동물의 적정 관리에 현저한 지장을 주어 보유동물이 생태계 등에 유출되거나 공중보건을 저해하는 등 공익을 해할 우려가 있다고 인정되는 경우**에는 대통령령으로 정하는 바에 따라 영업정지 처분을 갈음하여 1억원 이하의 과징금을 부과할 수 있다.

② 허가권자는 제1항에 따라 과징금을 부과받은 자가 납부기한까지 과징금을 내지 아니하면 국세강제징수의 예 또는 「지방행정제재·부과금의 징수 등에 관한 법률」에 따라 징수한다.

③ 제1항 및 제2항에 따라 부과·징수한 과징금은 국가 또는 부과·징수기관이 속하는 지방자치단체에 귀속된다.

④ 제1항에 따른 과징금 부과의 구체적인 기준, 절차, 그 밖에 필요한 사항은 대통령령으로 정한다.

제12조(동물원 및 수족관 검사관)

① 환경부장관과 해양수산부장관은 다음 각 호의 어느 하나에 해당하는 업무를 위하여 **동물의 생태 및 동물복지 등과 관련된 분야의 경력 또는 학력이 있는 사람으로서 대통령령으로 정하는 자격을 갖춘 전문가**를 동물원 검사관 또는 수족관 검사관(이하 "검사관"이라 한다)으로 위촉할 수 있다. 이 경우 제7조제1항에 따른 동물원 및 수족관 동물관리

위원회의 의견을 들을 수 있다.

1. 제8조제5항에 따른 현장조사 지원
2. 제22조에 따른 동물원 또는 수족관에 대한 검사 지원
3. 그 밖에 동물원 또는 수족관 사육환경의 적정성 등을 전문적으로 평가하기 위하여 필요한 사항으로서 대통령령으로 정하는 사항

② 허가권자는 필요하다고 인정하는 경우 검사관으로 하여금 제1항 각 호에 따른 업무를 수행하게 할 수 있다. 이 경우 누구든지 정당한 사유 없이 시설·설비 등에 대한 검사를 거부·방해 또는 기피하여서는 아니 된다.

③ 제2항에 따라 검사를 하는 검사관은 대통령령으로 정하는 증표를 지니고 이를 관계인에게 보여주어야 한다.

④ 그 밖에 검사관의 위촉 절차, 업무 수행 등에 필요한 사항은 대통령령으로 정한다.

제13조(동물원 및 수족관의 개방과 휴·폐원)

① **동물원 또는 수족관을 운영하는 자는 환경부와 해양수산부의 공동부령으로 정하는 일수 이상[1] 동물원 또는 수족관을 일반인에게 개방하여야 한다.**

② 동물원 또는 수족관을 운영하는 자는 해당 동물원 또는 수족관을 **연속해서 3개월 이상 개방하지 아니할 사유가 발생한 경우에는** 예정된 휴원일 또는 휴관일 10일 **전까지** 그 사유와 보유동물 관리계획, 향후 개방계획(이하 "휴원 시 관리계획"이라 한다)을 **허가권자에게** 신고하여야 한다. 다만, 「감염병의 예방 및 관리에 관한 법률」 제2조제11호에 따른 인수공통감염병 발생 등 예상치 못한 사유가 발생하여 3개월 이상 개방하지 아니하는 경우에는 사유가 발생한 날부터 10일 이내에 그 사유와 휴원 시 관리계획을 허가권자에게 신고하여야 한다.

③ 동물원 또는 수족관을 운영하는 자는 해당 동물원 또는 수족관을 **폐원 또는 폐관하려는 경우** 보유동물 이관 등 환경부와 해양수산부의 공동부령으로 정하는 **조치를 적정하게 이행하였음을 증명하는** 서류를 갖추어 허가권자에게 **신고하여야 한다.**

④ 허가권자는 제2항에 따른 휴원·휴관 신고 또는 제3항에 따른 폐원·폐관 신고를 받은 경우 그 내용을 검토하여 이 법에 적합하면 신고를 수리하여야 한다.

---

1) **동물원 및 수족관의 관리에 관한 법률 시행규칙**(약칭: 동물원수족관법 시행규칙)
   제9조(동물원 및 수족관의 의무 개방 일수)
   ① 법 제13조제1항에서 "환경부와 해양수산부의 공동부령으로 정하는 일수"란 연간 90일을 말한다. 이 경우 1일 개방시간은 4시간 이상이어야 한다.
   ② 「감염병의 예방 및 관리에 관한 법률」 제2조제11호에 따른 인수공통감염병(이하 "인수공통감염병"이라 한다) 발생 등 예상하지 못한 사유가 발생하여 개방하지 않는 일수는 제1항에 따른 의무 개방 일수에 포함한다.

⑤ 제3항에 따라 폐원·폐관 신고를 한 자는 허가권자에게 허가증을 반납하여야 한다.

⑥ 제2항, 제3항 및 제5항에 따른 휴·폐원 신고, 허가증 반납의 방법 및 절차 등에 관하여 필요한 사항은 환경부와 해양수산부의 공동부령으로 정한다.

제14조(보유동물의 조사 등)

① 환경부장관과 해양수산부장관은 보유동물종 중 특별히 보호하거나 관리할 필요가 있는 동물종을 별도로 조사하거나 관리지침을 정하여 동물원 또는 수족관을 운영하는 자에게 제공할 수 있다.

② 제1항에 따른 조사의 내용·방법 등에 필요한 사항은 환경부와 해양수산부의 공동부령으로 정한다.

제15조(금지행위)

① 동물원 또는 수족관을 운영하는 자와 동물원 또는 수족관에서 근무하는 자는 정당한 사유 **없이** 보유동물에게 **다음 각 호의 행위를 하여서는 아니 된다.**

  1. **「야생생물 보호 및 관리에 관한 법률」** 제8조제1항 각 호의 **학대행위**

  2. **「야생생물 보호 및 관리에 관한 법률」** 제8조제2항 각 호의 **학대행위**

  3. **보유동물을 해당 동물원 또는 수족관 이외의 장소로 이동하여 전시하는 행위.** 다만, 다음 각 목의 어느 하나에 해당하는 경우에는 그러하지 아니하다.

     가. **제8조에 따라 허가받은 다른 동물원 또는 수족관에서** 전시하는 경우

     나. 학술 연구 또는 교육 등 공익적 목적으로 이동하여 전시하는 경우로서 **환경부와 해양수산부의 공동부령으로 정하는 경우**

  4. 공중의 오락 또는 흥행을 목적으로 보유동물에게 불필요한 고통, 공포 또는 스트레스를 가하는 올라타기, 만지기, 먹이주기 등 대통령령으로 정하는 행위[2]를 하거나 관람객에게 하게 하는 행위

② 동물원 및 수족관은 관람 등의 목적으로 노출 시 스트레스 등으로 인한 폐사 또는 질병 발생 위험이 있는 종으로서 환경부와 해양수산부의 공동부령으로 정하는 종을 보유하여

---

[2] 동물원 및 수족관의 관리에 관한 법률 시행령(약칭: 동물원수족관법 시행령)

  제16조(금지행위의 범위) 법 제15조제1항제4호에 따른 금지행위는 공중의 오락 또는 흥행을 목적으로 보유동물에게 불필요한 고통, 공포 또는 스트레스를 가하는 행위로서 다음 각 호의 어느 하나에 해당하는 행위를 말한다. 다만, 제9조제2항에 따른 보유동물을 활용한 교육 계획에 포함된 행위는 제외한다.

   1. **보유동물에 올라타거나 관람객에게** 올라타게 하는 행위
   2. **관람객이 보유동물을** 만지게 하는 행위
   3. **관람객이 보유동물에게** 먹이를 주게 하는 행위

서는 아니 된다.[3]

제16조(안전관리)

① 동물원 또는 수족관을 운영하는 자와 동물원 또는 수족관에서 근무하는 자는 보유동물이 **사람의 생명, 신체 또는 재산에 위해를 일으키지 아니하도록 관리하여야 한다.**

② 제1항에도 불구하고 동물원 또는 수족관을 운영하는 자와 동물원 또는 수족관에서 근무하는 자는 보유동물이 사육구역 또는 관리구역을 벗어나 사람의 생명, 신체 또는 재산에 위해를 일으킬 우려가 있거나 일으킨 경우에는 제8조에 따른 허가 시 제출한 동물원 또는 수족관 안전관리계획에 따라 지체 없이 포획·격리 등 **필요한 조치를 취하고** 허가권자에게 **통보하여야 한다.**

③ **환경부장관과 해양수산부장관은** 동물원 또는 수족관의 안전관리를 위하여 동물원·수족관 **안전관리지침을 작성하여 배포**할 수 있다.

④ 허가권자는 제2항에 따른 보유동물의 포획·격리를 위하여 필요하면 관계 행정기관의 장에게 협조 또는 지원을 요청할 수 있다. 이 경우 요청을 받은 관계 행정기관의 장은 특별한 사유가 없으면 요청에 따라야 한다.

제17조(질병관리)

① 동물원 또는 수족관을 운영하는 자는 보유동물의 질병 예방 및 건강 관리를 위하여 **보유동물의 건강상태를 정기적으로 검사하여야 한다.**

② 동물원 또는 수족관을 운영하는 자는 제1항에 따른 보유동물의 정기적 검사 결과 보유동물에게 다음 각 호의 어느 하나에 해당하는 질병이 확인된 경우에는 제8조에 따른 허가 시 제출한 보유동물 질병관리계획에 따라 지체 없이 격리 등 필요한 조치를 취하고 지체 없이 허가권자에게 통보하여야 한다. 이 경우 통보를 받은 허가권자는 대통령령으로 정하는 바에 따라 관계 행정기관의 장에게 알려야 한다.

　1. **「가축전염병 예방법」 제2조제2호에 따른 가축전염병**

　2. 「수산생물질병 관리법」 제2조제6호에 따른 수산동물전염병

　3. 「야생생물 보호 및 관리에 관한 법률」 제2조제8호에 따른 야생동물 질병 중 환경부와 해양수산부의 공동부령으로 정하는 전염성이 높은 질병

　4. **「감염병의 예방 및 관리에 관한 법률」 제2조제11호에 따른 인수공통감염병**

③ **환경부장관과 해양수산부장관은** 동물원 또는 수족관의 질병관리를 위하여 동물원·수

---

3) **동물원 및 수족관의 관리에 관한 법률 시행규칙(약칭: 동물원수족관법 시행규칙)**
　제15조(관람 목적의 보유 금지 종) 법 제15조제2항에서 "환경부와 해양수산부의 공동부령으로 정하는 종"이란 고래목에 속하는 동물을 말한다.

족관 **질병관리지침을 작성하여 배포**할 수 있다.

④ 제1항에 따라 정기검사가 필요한 대상 종, 검사항목, 주기 및 방법 등에 관하여 필요한 사항은 대통령령으로 정한다.

제18조(생태계교란 방지)

① 동물원 또는 수족관을 운영하는 자는 **보유동물이 동물원 및 수족관의 사육구역 또는 관리구역을 벗어나 생태계를 교란시키지 아니하도록 관리하여야 한다.**

② 제1항에도 불구하고 동물원 또는 수족관을 운영하는 자는 **보유동물이 생태계를 교란시킬 우려가 있거나 교란시킨 경우에는** 환경부와 해양수산부의 공동부령으로 정하는 조치를 취하고 **허가권자에게 통보하여야 한다.**

제19조(동물원 및 수족관 근무자 등에 대한 교육)

① 동물원 또는 수족관에 근무하는 자로서 다음 각 호의 어느 하나에 해당하는 사람(이하 "교육대상자"라 한다)은 환경부와 해양수산부의 공동부령으로 정하는 교육기관이 실시하는 **교육을 받아야 한다.**

 1. 동물원 또는 수족관에서 근무하는 수의사 및 수산질병관리사(비상근수의사 및 비상근수산질병관리사를 포함한다)

 2. 동물원 또는 수족관에서 근무하는 사육사

 3. **그 밖에 보유동물의 안전 및 질병관리 등의 업무를 수행하는 사람으로서** 대통령령으로 정하는 사람

② **동물원 또는 수족관을 운영하는 자는** 교육대상자에게 제1항에 따른 교육을 받도록 하여야 하며, **해당 교육에 필요한 경비를 부담하여야 한다.**

③ 제1항 및 제2항에 따른 교육의 내용·방법·주기·경비부담 등에 필요한 사항은 환경부와 해양수산부의 공동부령으로 정한다.

제20조(운영·관리 기록 및 보존)

동물원 또는 수족관을 운영하는 자는 다음 각 호의 사항에 관하여 기록을 하고, 해당 기록을 20년의 범위에서 대통령령으로 정하는 기간 동안 보존하여야 한다.

 1. **동물원 또는 수족관 보유동물 종 및 개체 수**

 2. **보유동물의 반입, 반출, 증식 및 폐사에 관한 기록**

 3. **제17조제1항에 따른 보유동물 건강상태 검사에 관한 기록**

 4. 그 밖에 **보유동물의 적정한 관리를 위하여** 환경부와 해양수산부의 공동부령으로 정하는 사항

제21조(자료의 제출)

① 동물원 또는 수족관을 운영하는 자는 제20조 각 호에 따른 **동물원 및 수족관의 운영ㆍ관리에 관한 자료, 동물원 및 수족관의 연간 개방 일수를 매년 1회 허가권자에게 제출하여야 한다.**

② 허가권자는 동물원 또는 수족관의 관리를 위하여 필요한 경우 동물원 또는 수족관을 운영하는 자에게 추가자료의 제출을 요구할 수 있으며, 요구받은 자는 정당한 사유가 없으면 이에 따라야 한다.

③ 제1항 및 제2항에 따른 자료의 제출 방법 및 시기, 그 밖에 필요한 사항은 대통령령으로 정한다.

제22조(동물원 및 수족관에 대한 검사 등)

① **환경부장관, 해양수산부장관 또는 시ㆍ도지사**(환경부장관은 동물원, 해양수산부장관은 수족관, 시ㆍ도지사는 직접 허가한 시설에 한정한다)는 이 법의 시행에 필요하다고 인정하는 경우 소속 공무원**으로 하여금 해당 동물원 또는 수족관에 출입하여 관계 서류 및 시설ㆍ장비 등을 검사하게 할 수 있다.**

② 제1항에 따라 출입 또는 검사를 하는 공무원은 그 권한을 표시하는 증표를 지니고 이를 관계인에게 보여주어야 한다.

③ 누구든지 제1항에 따른 관계 공무원의 출입 또는 검사를 **정당한 사유 없이 거부ㆍ방해 또는 기피하여서는 아니 된다.**

④ 제1항에 따른 검사 시기, 세부적인 방법 등에 관한 사항은 환경부와 해양수산부의 공동부령으로 정한다.

제23조(조치명령)

① **허가권자는** 동물원 또는 수족관이 다음 각 호의 어느 하나에 해당하는 경우 해당 동물원 또는 수족관을 운영하는 자에게 기간을 정하여 대통령령으로 정하는 바에 따라 시정명령 등 **필요한 조치를 명할 수 있다.**

  1. 제8조에 따른 허가 또는 변경허가 사항과 다르게 운영되는 경우

  2. 제13조제2항에 따라 신고한 휴원 시 관리계획과 다르게 운영ㆍ관리되고 있는 경우

  3. 제15조부터 제18조까지의 어느 하나에 위반되는 사실이 발견된 경우

② 동물원 또는 수족관을 운영하는 자는 제1항에 따른 조치명령을 받은 경우 정당한 사유가 없으면 이에 따라야 한다.

제24조(거점동물원 · 수족관의 지정 · 운영)

① 환경부장관 또는 해양수산부장관은 다음 각 호의 업무를 수행하게 하기 위하여 대통령령으로 정하는 권역별로 거점 동물원 또는 수족관(이하 "거점동물원 · 수족관"이라 한다)을 지정할 수 있다.

    1. 권역 내 동물원 또는 수족관의 역량강화를 위한 교육 · 홍보

    2. 권역 내 동물원 또는 수족관의 질병관리 · 검역 지원

    3. 권역 내 동물원 또는 수족관의 안전관리 지원

    4. 종 보전을 위한 종 보전 · 증식 프로그램 운영

    5. 그 밖에 대통령령으로 정하는 업무

② 제1항에 따라 거점동물원 · 수족관으로 지정받으려는 자는 시설 및 인력 요건 등 대통령령으로 정하는 요건을 갖추어 환경부장관 또는 해양수산부장관에게 그 지정을 신청하여야 한다.

③ 환경부장관 또는 해양수산부장관은 거점동물원 · 수족관이 다음 각 호의 어느 하나에 해당하는 경우에는 그 지정을 취소할 수 있다. 다만, 제1호에 해당하는 경우에는 그 지정을 취소하여야 한다.

    1. 거짓이나 그 밖의 부정한 방법으로 지정을 받은 경우

    2. 제1항 각 호의 업무를 정당한 사유 없이 1년 이상 수행하지 아니한 경우

    3. 제2항에 따른 지정기준에 적합하지 아니하게 된 경우

④ 제1항부터 제3항까지에서 규정한 사항 외에 거점동물원 · 수족관의 지정과 운영에 필요한 사항은 환경부와 해양수산부의 공동부령으로 정한다.

제25조(비용지원 등)

국가 또는 지방자치단체는 동물원 및 수족관에 대하여 다음 각 호의 사업 수행에 필요한 기술 또는 경비의 전부 또는 일부를 지원할 수 있다.

    1. 멸종위기종(「야생생물 보호 및 관리에 관한 법률」 제2조제2호에 따른 멸종위기 야생생물 및 제2조제3호에 따른 국제적 멸종위기종을 말한다) 및 해양보호생물종(「해양생태계의 보전 및 관리에 관한 법률」 제2조제11호에 따른 해양보호생물을 말한다)의 보전 · 복원 및 관련 조사 · 연구

    2. 야생동물 및 해양생물 등의 생태 · 습성 및 생물다양성에 관한 교육 · 홍보

    3. 제24조제1항 각 호의 사업

    4. 그 밖에 공익적 목적을 수행하기 위한 사업으로서 대통령령으로 정하는 사업

제26조(기부금품의 접수)

① 국가 또는 지방자치단체 및 그 소속 기관에서 설립한 **동물원·수족관**과 국가 또는 지방자치단체에서 출자·출연하여 설립된 **동물원·수족관**은 「기부금품의 모집 및 사용에 관한 법률」 제5조제2항 각 호 외의 부분 본문에도 불구하고 자발적으로 기탁되는 금품을 보유동물의 보전·증식, 조사·연구, 전시·교육 등 사업목적에 부합하는 범위에서 접수할 수 있다.

② 제1항에 따른 기부금품의 접수절차 등 필요한 사항은 환경부와 해양수산부의 공동부령으로 정한다.

③ 동물원 및 수족관은 제1항에 따라 접수한 기부금품을 별도 계정으로 관리하여야 한다.

제27조(청문)

허가권자는 다음 각 호의 어느 하나에 해당하는 처분을 하려는 경우에는 청문을 하여야 한다.

　1. 제10조제1항에 따른 동물원 또는 수족관의 허가 취소 또는 영업 정지

　2. 제24조제3항에 따른 거점동물원·수족관의 지정 취소

제28조(권한 또는 업무의 위임·위탁)

① 이 법에 따른 환경부장관이나 해양수산부장관의 권한은 대통령령으로 정하는 바에 따라 그 일부를 소속 기관의 장이나 시·도지사, 시장·군수·구청장(자치구의 구청장을 말한다)에게 위임할 수 있다.

② 이 법에 따른 환경부장관 및 해양수산부장관의 업무는 대통령령으로 정하는 바에 따라 그 일부를 관계 전문기관에 위탁할 수 있다.

제29조(벌칙 적용에서 공무원 의제)

다음 각 호의 어느 하나에 해당하는 사람은 「형법」 제129조부터 제132조까지의 규정을 적용할 때에는 공무원으로 본다.

　1. 검사관 중 공무원이 아닌 사람

　2. 제28조제2항에 따라 위탁받은 업무에 종사하는 관계 전문기관의 임직원

제30조(벌칙)

① 제15조제1항제1호에 해당하는 행위를 한 자는 3년 이하의 징역 또는 300만원 이상 3천만원 이하의 벌금에 처한다.

② 다음 각 호의 어느 하나에 해당하는 자는 2년 이하의 징역 또는 200만원 이상 2천만원 이하의 벌금에 처한다.

1. 제8조에 따른 허가 또는 변경허가를 받지 아니하고 동물원 또는 수족관을 운영한 자

2. 거짓이나 그 밖의 부정한 방법으로 제8조에 따른 허가 또는 변경허가를 받은 자

3. 제10조에 따른 영업정지 기간에 동물원 또는 수족관을 운영한 자

4. **제15조제1항제2호에 해당하는 행위**를 한 자

5. **제15조제1항제3호를 위반**하여 보유동물을 해당 동물원 또는 수족관 이외의 장소로 이동하여 전시하는 행위를 한 자

6. **제15조제2항에 해당하는 행위를 한 자**

③ **다음 각 호의 어느 하나에 해당하는 자는** 500**만원 이하의 벌금에 처한다.**

1. 제17조에 따른 보유동물 **건강상태 검사**를 정기적으로 하지 아니한 자

2. 제20조에 따른 **기록·보존 의무**를 이행하지 아니하거나 거짓으로 기록한 자

3. 제21조제1항 및 제2항에 따른 **자료제출**을 하지 아니하거나 거짓으로 한 자

4. 제22조제1항에 따른 관계 **공무원의 출입·검사**를 정당한 사유 없이 거부·방해 또는 기피한 자

5. 제23조에 따른 **조치명령**을 정당한 사유 없이 이행하지 아니한 자

제31조(양벌규정)

법인 또는 단체의 대표자나 법인·단체 또는 개인의 대리인, 사용인, 그 밖의 종업원이 그 법인·단체 또는 개인의 업무에 관하여 제30조의 위반행위를 하면 **그 행위자를 벌하는 외에 그 법인·단체 또는 개인에게도 해당 조문의 벌금형을 과(科)한다.** 다만, 법인·단체 또는 개인이 그 위반행위를 방지하기 위하여 해당 업무에 관하여 **상당한 주의와 감독을 게을리하지 아니한 경우에는 그러하지 아니하다.**

제32조(과태료)

① 다음 각 호의 어느 하나에 해당하는 자에게는 500**만원 이하의 과태료**를 부과한다.

1. 제12조제2항에 따른 검사관의 출입·검사를 정당한 사유 없이 거부·방해 또는 기피한 자

2. 제13조제1항에 따라 동물원 또는 수족관을 개방하지 아니한 자

3. 제13조제2항·제3항에 따른 휴·폐원 신고를 하지 아니한 자

4. **제15조제1항제4호에 해당하는 행위를 한 자**

5. 제16조제2항에 따른 통보를 하지 아니한 자

6. 제17조제2항에 따른 통보를 하지 아니한 자

7. 제18조제2항에 따른 통보를 하지 아니한 자

8. **제19조제1항에 따른 교육을 받지 아니한 자**

9. 제19조제2항을 위반하여 같은 조 제1항 각 호에 따른 **교육을 받아야 하는 자에게 교육을 받지 아니하게 하거나 해당 교육에 드는 경비를 부담하지 아니한 자**

② 제1항에 따른 과태료는 대통령령으로 정하는 바에 따라 허가권자가 부과한다.

부칙〈제19086호, 2022. 12. 13.〉

제1조(시행일)
이 법은 공포 후 1년이 경과한 날부터 시행한다.

제2조(결격사유에 관한 적용례)
제9조 및 제10조제1항제3호의 개정규정은 이 법 시행 이후 최초로 발생하는 사유로 인하여 제9조의 개정규정에 따른 결격사유에 해당하게 되는 자부터 적용한다.

제3조(동물원 및 수족관의 휴원ㆍ휴관 신고에 관한 적용례 및 경과조치)
① 제13조의 개정규정은 이 법 시행 이후 동물원 또는 수족관을 3개월 이상 개방하지 아니할 사유가 발생한 경우부터 적용한다.
② 이 법 시행 전에 종전의 제5조에 따라 휴원 신고를 한 경우 제13조의 개정규정에 따라 휴원ㆍ휴관 신고를 한 것으로 본다.

제4조(폐사ㆍ질병 발생 위험 종 보유 금지에 관한 적용례)
제15조제2항의 개정규정은 이 법 시행 이후 동물원ㆍ수족관이 신규로 보유하게 되는 보유동물부터 적용한다.

제5조(운영ㆍ관리 기록 및 보존 기간에 관한 적용례 및 경과조치)
① 제20조의 개정규정에 따른 기록의 보존 기간은 이 법 시행 후 최초로 해당 사항을 기록한 경우부터 적용한다.
② 이 법 시행 당시 종전의 제9조에 따라 보존하고 있는 기록은 제20조의 개정규정에도 불구하고 종전의 규정에 따른다.

제6조(동물원 및 수족관 동물관리위원회에 관한 경과조치)
이 법 시행 당시 동물원 및 수족관 동물관리위원회는 이 법에 따른 동물원 및 수족관 동물관리위원회로 본다.

제7조(동물원 및 수족관의 허가에 관한 경과조치)

이 법 시행 당시 종전의 규정에 따라 동물원 또는 수족관 등록을 한 자(「법률 제14227호 동물원 및 수족관의 관리에 관한 법률」 부칙 제2조 본문에 따라 동물원 및 수족관으로 등록한 것으로 간주되는 시설을 운영하는 자를 포함한다)는 제8조의 개정규정에 따라 허가를 받은 것으로 본다. 다만, 이 법 시행일부터 5년 이내에 제8조의 개정규정에 따른 허가 요건을 갖추어 허가를 받아야 한다.

제8조(처분 등에 관한 일반적 경과조치)

이 법 시행 당시 종전의 규정에 따른 행정기관의 행위나 행정기관에 대한 행위는 그에 해당하는 이 법에 따른 행정기관의 행위나 행정기관에 대한 행위로 본다.

제9조(벌칙이나 과태료에 관한 경과조치)

이 법 시행 전의 행위에 대하여 벌칙이나 과태료 규정을 적용할 때에는 종전의 규정에 따른다.

제10조(다른 법률의 개정)

수의사법 일부를 다음과 같이 개정한다.

제12조제5항 전단 중 "「동물원 및 수족관의 관리에 관한 법률」 제3조제1항에 따라 등록한"을 "「동물원 및 수족관의 관리에 관한 법률」 제8조에 따라 허가받은"으로 한다.

제11조(다른 법령과의 관계)

이 법 시행 당시 다른 법령에서 종전의 「동물원 및 수족관의 관리에 관한 법률」의 규정을 인용한 경우 이 법 가운데 그에 해당하는 규정이 있으면 종전의 규정을 갈음하여 이 법의 해당 규정을 인용한 것으로 본다.

동물원 및 수족관의 관리에 관한 법률 시행령

[시행 2023. 12. 14.] [대통령령 제33950호, 2023. 12. 12., 전부개정]

제1조(목적)

이 영은 「동물원 및 수족관의 관리에 관한 법률」에서 위임된 사항과 그 시행에 필요한 사항을 규정함을 목적으로 한다.

제2조(동물원 및 수족관의 범위)

① 「동물원 및 수족관의 관리에 관한 법률」(이하 "법"이라 한다) 제2조제1호에서 "**대통령령으로 정하는 것**"이란 야생동물 또는 「**축산법**」 제2조제1호에 따른 가축(「**동물보호법**」 제2조제7호에 따른 반려동물은 제외한다)을 총 **10종 또는 50개체 이상 보유 및 전시하는 시설**을 말한다. 다만, 다음 각 호의 시설은 제외한다.

　1. 「**축산법**」 제2조제1호에 따른 **가축만을 보유한 시설**

　2. 「통계법」에 따라 통계청장이 고시하는 한국표준산업분류에 따른 애완동물 도·소매업을 영위하는 시설(2025년 12월 13일까지 적용한다)

② 법 제2조제2호에서 "대통령령으로 정하는 것"이란 해양생물 또는 담수생물을 **전체 용량이 300세제곱미터 이상이거나 전체 바닥면적이 200제곱미터 이상인 수조(水槽)에 담아 보유 및 전시하는 시설**을 말한다. 다만, 「통계법」에 따라 통계청장이 고시하는 한국표준산업분류에 따른 **애완동물 도·소매업을 영위하는 시설은 제외**한다.

제3조(종합계획의 수립·변경·시행 등)

① 환경부장관과 해양수산부장관은 법 제5조제1항에 따른 동물원 및 수족관 관리 종합계획(이하 "종합계획"이라 한다)을 수립 또는 변경하려는 경우에는 관계 중앙행정기관의 장 및 특별시장·광역시장·특별자치시장·도지사·특별자치도지사(이하 "시·도지사"라 한다)의 의견을 들은 후 법 제7조제1항에 따른 동물원 및 **수족관 동물관리위원회의 자문을 거쳐 확정해야 한다.**

② 법 제5조제2항제8호에서 "대통령령으로 정하는 사항"이란 동물보호 및 복지 관련 대국민 교육·홍보 계획에 관한 사항을 말한다.

③ 환경부장관과 해양수산부장관은 제1항에 따라 종합계획을 수립 또는 변경한 경우에는 이를 관계 중앙행정기관의 장 및 시·도지사에게 통보해야 하고, 그 내용을 환경부 및 해양수산부의 인터넷 홈페이지에 공개해야 한다.

④ 환경부장관과 해양수산부장관은 종합계획 중 다음 각 호의 **경미한 사항을 변경하는 경**

우에는 제1항에 따른 절차를 생략할 수 있다.

1. 종합계획에 포함된 사업에 드는 **비용을 100분의 30 이내의 범위에서 변경하는 경우**
2. 다른 법령 또는 그 법령에 따른 계획의 변경에 따라 종합계획을 변경하는 경우로서 종합계획의 정책목표와 **기본방향에 영향을 미치지 않는 사항을 변경하는 경우**
3. 계산착오, 오기(誤記), 누락 또는 이에 준하는 **명백한 오류를 수정하는 경우**

제4조(시·도별계획의 수립·변경·시행 등)

① 시·도지사는 제3조제3항에 따라 종합계획을 통보받은 날부터 6개월 이내에 법 제5조 제3항에 따른 관할구역의 동물원 및 수족관의 관리를 위한 계획(이하 "시·도별계획" 이라 한다)을 수립 또는 변경해야 한다.

② 시·도지사는 시·도별계획을 수립 또는 변경하려는 경우에는 관할 구역의 시장·군수·구청장(자치구의 구청장을 말한다. 이하 같다), 지역주민, 관계 전문가 및 이해관계자의 의견을 들은 후 시·도별계획을 확정해야 한다. 이 경우 법 제7조제2항에 따라 특별시·광역시·특별자치시·도·특별자치도에 동물원 및 수족관 동물관리위원회가 설치된 경우에는 시·도별계획을 확정하기 전에 해당 위원회의 자문을 거쳐야 한다.

③ 시·도별계획에는 다음 각 호의 사항이 포함되어야 한다.

1. 법 제5조제2항제3호부터 제7호까지의 사항
2. 제3조제2항의 사항

④ 시·도지사는 시·도별계획을 수립 또는 변경한 경우에는 그날부터 1개월 이내에 이를 환경부장관 및 해양수산부장관에게 통보해야 하고, 그 내용을 해당 지방자치단체의 인터넷 홈페이지에 공개해야 한다.

⑤ 시·도별계획 중 다음 각 호의 경미한 사항을 변경하는 경우에는 제2항에 따른 절차를 생략할 수 있다.

1. 시·도별계획에 포함된 사업에 드는 비용을 100분의 30 이내의 범위에서 변경하는 경우
2. 다른 법령 또는 그 법령에 따른 계획의 변경에 따라 시·도별계획을 변경하는 경우로서 종합계획의 정책목표와 기본방향에 영향을 미치지 않는 사항을 변경하는 경우
3. 계산착오, 오기, 누락 또는 이에 준하는 명백한 오류를 수정하는 경우

제5조(동물원 및 수족관 동물관리위원회의 구성)

① 법 제7조제1항에 따른 동물원 및 수족관 동물관리위원회(이하 "위원회"라 한다)는 위원장을 포함하여 **20명 이내의 위원으로 구성**한다.

② 위원회의 **위원장은 환경부차관과 해양수산부차관**이 되고, **공동으로 위원회를 대표**한다.

③ 위원회의 위원은 다음 각 호의 어느 하나에 해당하는 사람 중에서 환경부장관과 해양수산부장관이 협의하여 임명하거나 위촉한다. 이 경우 위원은 동물원 및 수족관 관련 분야별로 각각 9명 이내로 하고, 성별을 고려해야 한다.

  1. 동물원에 관한 업무를 수행하는 환경부 소속 공무원으로서 환경부장관이 지명하는 **4급 이상 공무원 또는 이에 상당하는 공무원**

  2. 수족관에 관한 업무를 수행하는 해양수산부 소속 공무원으로서 해양수산부장관이 지명하는 **4급 이상 공무원 또는 이에 상당하는 공무원**

  3. 동물원 또는 수족관에서 생물다양성 보전, **동물복지 또는 사육 업무에 10년 이상 종사한 사람**으로서 관련 지식과 경험이 풍부한 사람

  4. 「수의사법」 제2조제1호에 따른 수의사(이하 "수의사"라 한다) 또는 「수산생물질병관리법」 제2조제13호에 따른 수산질병관리사(이하 "수산질병관리사"라 한다)로서 보유동물의 보호와 건강·질병 관리에 관한 학식과 경험이 풍부한 사람

  5. 동물원 및 수족관의 생물다양성 보전 및 보유동물 관리에 대한 지식과 경험이 풍부한 사람으로서 동물 관련 비영리법인(「민법」 제32조에 따라 설립된 비영리법인을 말한다) 또는 비영리민간단체(「비영리민간단체 지원법」 제4조에 따라 등록된 비영리민간단체를 말한다)에서 추천하는 사람

  6. 그 밖에 동물원 및 수족관의 운영, 보유동물의 관리 및 복지에 대한 지식과 경험이 풍부하다고 환경부장관 또는 해양수산부장관이 인정하는 사람

④ 제3항제3호부터 제6호까지의 규정에 따른 위촉위원의 임기는 3년으로 한다.

⑤ 환경부장관과 해양수산부장관은 위원이 다음 각 호의 어느 하나에 해당하는 경우에는 해당 위원을 해촉할 수 있다.

  1. 심신쇠약으로 인하여 직무를 수행할 수 없게 된 경우

  2. 직무와 관련된 비위사실이 있는 경우

  3. 직무태만, 품위손상이나 그 밖의 사유로 위원으로 적합하지 않다고 인정되는 경우

  4. 위원 스스로 직무를 수행하는 것이 곤란하다고 의사를 밝히는 경우

  5. 위촉 당시의 자격을 상실한 경우

제6조(동물원 및 수족관 동물관리위원회의 자문 내용)

법 제7조제1항제2호에서 "대통령령으로 정하는 사항"이란 다음 각 호의 사항을 말한다.

  1. 동물원 및 수족관 내 **생물다양성 보전에 관한 사항**

  2. 보유동물의 복지와 **서식환경 개선에 관한 사항**

  3. 보유동물의 관리에 관한 **법령 및 제도 개선에 관한 사항**

  4. 법 제6조제1항에 따른 실태조사에 관한 사항 및 같은 조 제2항에 따른 **종합계획의**

이행 등에 대한 평가에 관한 사항

5. 법 제12조제1항에 따른 **동물원 검사관 또는 수족관 검사관 위촉에 관한 사항**

6. **그 밖에 보유동물의 관리에 필요한 사항**

제7조(위원회의 운영)

① 제5조제2항에 따른 위원장 2명(이하 "공동위원장"이라 한다)은 위원회의 회의를 공동으로 소집하고, 교대로 그 회의의 의장이 된다.

② 공동위원장은 위원회의 회의를 소집하려는 경우에는 회의의 일시·장소 및 안건을 정하여 회의 개최일 7일 전까지 각 위원에게 통지해야 한다.

③ 위원회의 회의는 재적위원 과반수의 출석으로 개의(開議)하고, 출석위원 과반수의 찬성으로 의결한다.

④ 위원회는 직무를 수행하기 위하여 필요하다고 인정하는 경우에는 관계 중앙행정기관의 장, 연구기관, 단체 등에 자료 또는 의견의 제출을 요청할 수 있으며, 관계인 또는 전문가를 참석하게 하여 의견을 들을 수 있다.

⑤ 위원회의 회의에 출석하는 위원 또는 전문가 등에게는 예산의 범위에서 수당과 여비를 지급할 수 있다. 다만, 공무원인 위원 또는 관계 공무원이 그 소관 업무와 직접 관련하여 출석하는 경우에는 그렇지 않다.

⑥ 위원회의 사무를 처리하기 위하여 위원회에 간사 2명을 두며, 공동위원장이 환경부와 해양수산부 소속 4급 이상 공무원 중에서 1명씩 지명한다.

⑦ 제1항부터 제6항까지에서 규정한 사항 외에 위원회 운영에 필요한 사항은 위원회의 의결을 거쳐 공동위원장이 정한다.

제8조(동물원 및 수족관 분과위원회)

① 위원회의 업무를 효율적으로 수행하기 위하여 위원회에 동물원 분과위원회와 수족관 분과위원회를 둔다.

② 각 분과위원회는 제5조제3항에 따른 위원을 소관 분야별 위원으로 구성하고, 환경부차관은 동물원 분과위원회의 위원장을, 해양수산부차관은 수족관 분과위원회의 위원장을 겸임한다.

③ 각 분과위원회의 사무를 처리하기 위하여 각 분과위원회에 간사 1명씩을 두며, 제7조제6항에 따른 위원회의 간사 중 환경부 소속 간사는 동물원 분과위원회의 간사를, 해양수산부 소속 간사는 수족관 분과위원회의 간사를 겸임한다.

④ 분과위원회의 운영에 관하여는 제7조제2항부터 제5항까지의 규정을 준용한다. 이 경우 "공동위원장"은 "분과위원회의 위원장"으로, "위원회"는 "분과위원회"로, "위원"은

"분과위원회 위원"으로 본다.

제9조(동물원 또는 수족관의 허가요건 등)

① 법 제8조제1항 각 호 외의 부분에서 "대통령령으로 정하는 요건"이란 별표 1에 따른 요건을 말한다.

② 법 제8조제1항제5호에서 "대통령령으로 정하는 사항"이란 보유동물을 활용한 교육 계획과 보유동물 복지증진 계획을 말한다.

③ 법 제8조제1항 또는 제2항에 따라 동물원 또는 수족관의 허가를 받거나 같은 조 제4항에 따라 변경허가를 받으려는 자는 환경부와 해양수산부의 공동부령으로 정하는 바에 따라 허가신청서 또는 변경허가신청서에 **관련 서류**를 첨부하여 **환경부장관, 해양수산부장관 또는** 시·도지사(이하 "허가권자"라 한다)에게 제출해야 한다.

④ 법 제8조제4항에서 **"대통령령으로 정하는 중요한 사항을 변경하려는 경우"**란 다음 각 호의 어느 하나에 해당하는 경우를 말한다.

1. 시설의 **대표자 또는 소재지**를 변경하려는 경우
2. 동물원의 **사육시설 면적**을 100분의 10 이상 줄이려는 경우
3. 수족관 **수조의 전체 용량 또는 전체 바닥면적**을 100분의 30 이상 늘리거나 줄이려는 경우
4. 보유동물 종의 증가로 **다음 각 목**의 어느 하나에 해당하는 사항을 변경하려는 경우
   가. 별표 1 제2호가목2)에 따른 보유동물 **질병의 예방 및 방역 관리**에 관한 사항
   나. 별표 1 제3호가목3)에 따른 **맹수나 맹독성 동물 등 위험한 동물의 관리**에 관한 사항
5. 교육에 활용하는 보유동물 종의 변경으로 별표 1 제5호다목에 따른 보유동물 종 및 개체별 교육 프로그램 운영에 관한 사항을 변경하려는 경우

⑤ 제1항부터 제4항까지에서 규정한 사항 외에 동물원 또는 수족관의 허가에 필요한 사항은 환경부장관과 해양수산부장관이 공동으로 정하여 고시한다.

제10조(현장조사의 절차)

① 허가권자는 법 제8조제5항에 따른 현장조사(이하 "현장조사"라 한다)를 실시하는 경우에는 다음 각 호의 사항이 포함된 현장조사계획서를 작성하여 현장조사 시작일 7일 전까지 **허가 또는 변경허가를 신청한 자에게 통지해야** 한다.

1. **현장조사의 목적, 기간, 범위 및 내용**
2. **허가요건 충족여부를 확인하기 위해 필요한 서류 또는 준비사항**
3. **그 밖에 해당 현장조사와 관련하여 필요한 사항**

② 허가권자는 현장조사를 실시하는 경우에는 소속 공무원으로 하여금 현장조사를 하게 하되, 법 제12조제1항에 따라 위촉된 동물원 검사관 또는 수족관 검사관(이하 "검사관"이라 한다) 중 허가권자가 지정하는 검사관이 현장조사를 지원하도록 해야 한다.

③ 검사관은 제2항에 따른 현장조사가 완료되었을 때에는 지체 없이 환경부와 해양수산부의 공동부령으로 정하는 현장조사 결과보고서를 작성하여 허가권자에게 제출해야 한다.

④ 허가권자는 현장조사 결과 필요한 경우에는 추가 현장조사를 실시할 수 있다.

제11조(과징금의 부과기준 등)

① 법 제11조제1항에 따라 부과하는 과징금의 금액은 영업정지 기간에 1일당 50만원을 곱하여 얻은 금액으로 한다. 이 경우 영업정지 1개월은 30일을 기준으로 한다.

② 허가권자는 법 제11조제1항에 따라 과징금을 부과하려는 경우에는 그 위반행위의 종류와 해당 과징금의 금액을 명시하여 이를 납부할 것을 서면으로 통지해야 한다.

③ 제2항에 따라 통지를 받은 자는 통지를 받은 날부터 30일 이내에 허가권자가 정하는 수납기관에 과징금을 납부해야 한다.

④ 제3항에 따라 과징금을 납부받은 그 납부자에게 영수증을 발급해야 하고, 과징금이 납부된 사실을 지체 없이 허가권자에게 통보해야 한다.

제12조(검사관의 자격 및 업무)

① 법 제12조제1항 각 호 외의 부분 전단에서 "대통령령으로 정하는 자격을 갖춘 전문가"란 다음 각 호의 어느 하나에 해당하는 사람을 말한다.

　1. 수의사 또는 수산질병관리사 자격을 취득한 후 동물원 또는 수족관에서 5년 이상 근무한 사람

　2. 동물원 또는 수족관에서 7년 이상 보유동물의 보전·사육·연구 업무에 종사한 사람

　3. 그 밖에 동물원 또는 수족관 운영·관리와 동물복지에 관한 전문지식을 가진 사람으로서 10년 이상 관련 업무에 종사한 사람

② 법 제12조제1항제3호에서 "대통령령으로 정하는 사항"이란 다음 각 호의 사항을 말한다.

　1. 법 제6조제1항에 따른 실태조사에 관한 사항 및 같은 조 제2항에 따른 종합계획의 이행 등에 대한 평가에 관한 사항의 지원

　2. 법 제23조제1항에 따른 조치명령의 이행 확인 지원

　3. 그 밖에 동물원 또는 수족관 사육환경의 적정성 등을 전문적으로 평가하기 위하여 허가권자가 요청하는 사항

③ 법 제12조제3항에서 "대통령령으로 정하는 증표"란 별지 서식의 검사관증을 말한다.

제13조(검사관의 위촉)

① 법 제12조제1항에 따라 위촉하는 동물원 검사관 및 수족관 검사관의 수는 각각 40명 이내로 하고, 임기는 3년으로 한다.

② 환경부장관과 해양수산부장관은 검사관을 위촉하려는 경우에는 시·도지사의 추천을 받을 수 있다.

③ 환경부장관과 해양수산부장관은 제15조제1호부터 제4호까지의 사유로 검사관에서 해촉된 사람을 해촉된 날부터 3년간 검사관으로 위촉할 수 없다.

제14조(검사관의 공정한 업무 수행 기준)

① 검사관은 다음 각 호의 어느 하나에 해당하는 경우에는 해당 동물원 또는 수족관을 대상으로 하는 검사관 업무를 수행할 수 없다.

1. 검사관과 「민법」 제777조에 따른 친족이거나 친족이었던 사람이 검사관 업무의 대상인 동물원 또는 수족관에 임원 또는 직원으로 재직하고 있는 경우

2. 검사관 또는 그 배우자나 배우자였던 사람이 최근 3년 이내 검사관 업무의 대상인 동물원 또는 수족관에 임원 또는 직원으로 재직한 경우

3. 검사관 또는 그 배우자나 배우자였던 사람이 검사관 업무의 대상인 동물원 또는 수족관과 이해관계에 있는 경우

② 동물원 또는 수족관을 운영하는 자는 검사관에게 제1항 각 호의 어느 하나에 해당하는 사유가 있거나 검사관 업무의 공정한 수행을 기대하기 어려운 사정이 있는 경우에는 허가권자에게 해당 검사관의 배제를 요청할 수 있다. 이 경우 배제 요청의 대상인 검사관은 그 검사관 업무에 참여하지 못한다.

③ 검사관이 제1항 또는 제2항에 해당하는 경우에는 스스로 해당 동물원 또는 수족관을 대상으로 하는 검사관 업무에서 회피해야 한다.

제15조(검사관의 해촉)

환경부장관과 해양수산부장관은 검사관이 다음 각 호의 어느 하나에 해당하는 경우에는 해당 검사관을 해촉할 수 있다.

1. 거짓이나 그 밖의 부정한 방법으로 위촉받았거나 위촉 당시의 자격을 상실한 경우

2. 거짓이나 그 밖의 부정한 방법으로 검사관 업무를 수행한 경우

3. 이 법 또는 이 법에 따른 규정을 위반하여 현저히 부실하게 검사관 업무를 수행하여 동물원 또는 수족관의 허가·변경허가 또는 검사 업무에 장애를 초래한 경우

4. 품위손상이나 그 밖의 사유로 검사관으로 적합하지 않다고 인정되는 경우

5. 검사관 스스로 직무를 수행하는 것이 곤란하다고 의사를 밝히는 경우

제16조(금지행위의 범위)

법 제15조제1항제4호에 따른 금지행위는 **공중의 오락 또는 흥행을 목적으로 보유동물에게 불필요한 고통, 공포 또는 스트레스를 가하는 행위**로서 다음 각 호의 어느 하나에 해당하는 행위를 말한다. 다만, 제9조제2항에 따른 **보유동물을 활용한** 교육 계획에 포함된 행위는 제외한다.

1. 보유동물에 올라타거나 관람객에게 올라타게 하는 행위
2. 관람객이 보유동물을 만지게 하는 행위
3. 관람객이 보유동물에게 먹이를 주게 하는 행위

제17조(질병관리를 위한 정기검사 등)

① 동물원 또는 수족관을 운영하는 자는 법 제17조제1항에 따라 사육사로 하여금 보유동물의 건강상태를 매일 검사하게 해야 하고, 수의사 또는 수산질병관리사로 하여금 다음 각 호의 검사 중 하나 이상의 검사를 연 1회 이상 실시하게 해야 한다.

1. 육안검사[영양 상태, 피부·피모(被毛)·깃털 상태, 외상 여부 등 보유동물의 건강상태를 육안으로 검사하는 것을 말한다]
2. 분변검사
3. 영상진단검사
4. 혈액검사

② 허가권자는 법 제17조제2항에 따라 통보받은 질병 확인 사실을 다음 각 호의 구분에 따른 관계 행정기관의 장에게 알려야 한다.

1. 법 제17조제2항제1호에 따른 질병: 농림축산식품부장관
2. 법 제17조제2항제2호에 따른 질병: 해양수산부장관
3. 법 제17조제2항제3호에 따른 질병: 환경부장관, 해양수산부장관
4. 법 제17조제2항제4호에 따른 질병: 질병관리청장

제18조(질병검사의 요청 등)

① 동물원 또는 수족관을 운영하는 자는 법 제17조제1항에 따른 검사 결과 보유동물이 같은 조 제2항 각 호의 어느 하나에 해당하는 질병에 걸린 것으로 의심되는 경우에는 국립야생동물질병관리원장 또는 국립수산물품질관리원장에게 해당 질병의 검사를 요청할 수 있다.

② 제1항에 따른 요청을 받은 국립야생동물질병관리원장 또는 국립수산물품질관리원장은 질병검사를 실시하고, 그 결과를 해당 검사를 요청한 자에게 지체 없이 통보해야 한다.

③ 국립야생동물질병관리원장 또는 국립수산물품질관리원장은 제2항에 따른 질병검사 결

과 법 제17조제2항 각 호의 어느 하나에 해당하는 질병이 확인된 경우에는 허가권자와 제1항에 따라 질병검사를 요청한 자에게 적절한 조치를 할 것을 권고하거나 보유동물 현황 등 질병관리에 필요한 자료를 요청할 수 있다.

제19조(교육대상자)

법 제19조제1항제3호에서 "대통령령으로 정하는 사람"이란 다음 각 호의 어느 하나에 해당하는 사람을 말한다.

   1. 법 제19조제1항제1호 또는 제2호에 해당하는 사람의 업무를 보조하는 사람

   2. 동물원 또는 수족관에서 1년 이상 연속하여 근무 중인 사람

제20조(운영·관리 기록의 보존 및 제출)

① 법 제20조 각 호[4] 외의 부분에서 "대통령령으로 정하는 기간"이란 다음 각 호의 구분에 따른 기간을 말한다.

   1. 법 제20조제1호에 따른 사항: 10년

   2. 법 제20조제2호에 따른 사항: 10년

   3. 법 제20조제3호에 따른 사항: 5년

   4. 법 제20조제4호에 따른 사항: 5년

② 동물원 또는 수족관을 운영하는 자는 법 제21조제1항에 따라 법 제20조 각 호에 따른 **동물원 및 수족관의 운영·관리에 관한 자료와 연간 개방 일수를** 매년 2월 말일까지 허가권자에게 제출해야 한다.

③ 허가권자는 제2항에 따른 기한까지 자료 제출이 어렵다고 소명하는 자에 대해서는 30일의 범위에서 제출 기간을 연장할 수 있다.

④ 허가권자는 법 제21조제2항에 따라 동물원 또는 수족관을 운영하는 자에게 추가자료의 제출을 요구하는 경우에는 그 추가자료를 명시하여 서면으로 통지해야 한다.

---

[4] **동물원 및 수족관의 관리에 관한 법률**(약칭: 동물원수족관법)
   제20조(운영·관리 기록 및 보존)
   동물원 또는 수족관을 운영하는 자는 다음 각 호의 사항에 관하여 기록을 하고, 해당 기록을 20년의 범위에서 대통령령으로 정하는 기간 동안 보존하여야 한다.
      1. 동물원 또는 수족관 보유동물 종 및 개체 수
      2. 보유동물의 반입, 반출, 증식 및 폐사에 관한 기록
      3. 제17조제1항에 따른 보유동물 건강상태 검사에 관한 기록
      4. 그 밖에 보유동물의 적정한 관리를 위하여 환경부와 해양수산부의 공동부령으로 정하는 사항

제21조(조치명령)

① 허가권자는 법 제23조제1항에 따라 조치명령을 하는 경우에는 6개월 이내의 이행기간을 정해야 한다.

② 허가권자는 법 제23조제1항에 따른 조치명령을 받은 자가 천재지변이나 그 밖의 부득이한 사유로 제1항에 따른 이행기간 내에 조치를 완료할 수 없는 경우에는 조치명령을 받은 자의 신청을 받아 매회 1년의 범위에서 2회까지 그 이행기간을 연장할 수 있다.

제22조(거점동물원·거점수족관의 권역·업무 및 지정요건)

① 법 제24조제1항 각 호 외의 부분에서 "대통령령으로 정하는 권역"은 별표 2와 같다.

② 법 제24조제1항제5호에서 "대통령령으로 정하는 업무"란 다음 각 호의 업무를 말한다.

1. 권역 내 동물원 또는 수족관의 보유동물 서식환경 개선에 대한 자문
2. 권역 내 동물원 또는 수족관의 제9조제2항에 따른 보유동물을 활용한 교육 계획에 대한 자문
3. 환경부장관이 긴급 보호가 필요하다고 인정하는 야생동물의 보호
4. 해양수산부장관이 긴급 보호가 필요하다고 인정하는 해양생물의 보호

③ 법 제24조제2항에서 "시설 및 인력 요건 등 대통령령으로 정하는 요건"이란 별표 3에 따른 요건을 말한다.

제23조(비용지원)

법 제25조제4호에서 "대통령령으로 정하는 사업"이란 다음 각 호의 사업을 말한다.

1. 사육시설 및 안전관리시설의 설치 또는 개선
2. 야생동물 및 해양생물의 질병 및 치료에 관한 연구
3. 국내외 동물원 또는 수족관과의 협력체계 구축 및 운영
4. 동물복지 향상을 위한 사육 및 관리 방법의 개선 연구
5. 수의사, 수산질병관리사, 사육사, 수의(獸醫) 또는 수산질병관리 업무를 보조하는 사람 등의 인력 양성

제24조(권한 또는 업무의 위임·위탁)

① 환경부장관은 법 제28조제1항에 따라 다음 각 호의 권한을 **유역환경청장** 또는 **지방환경청장**에게 위임한다.

1. 법 제8조제2항 및 제4항에 따른 동물원 허가 및 변경허가
2. 법 제8조제3항에 따른 허가증 발급
3. 법 제8조제5항에 따른 현장조사

4. 법 제10조제1항에 따른 허가 취소 또는 영업 정지

5. 법 제10조제2항에 따른 허가증 반납의 수령

6. 법 제11조제1항 및 제2항에 따른 과징금의 부과·징수

7. 법 제13조제2항 및 제3항에 따른 휴원·폐원 신고의 수리

8. 법 제14조제1항에 따른 동물종 조사

9. 법 제16조제2항에 따른 안전관리 조치사항 통보의 접수 및 같은 조 제4항에 따른 관계 행정기관의 장에 대한 협조 또는 지원 요청

10. 법 제17조제2항에 따른 질병관리 조치사항 통보의 접수 및 관계 행정기관의 장에 대한 통보

11. 법 제18조제2항에 따른 생태계교란 방지 조치사항 통보의 접수

12. 법 제21조제1항에 따른 제출 자료의 접수 및 같은 조 제2항에 따른 추가자료 제출 요구

13. 법 제22조에 따른 동물원에 대한 검사 등

14. 법 제23조에 따른 조치명령

15. 법 제27조제1호에 따른 동물원의 허가 취소 및 영업 정지에 대한 청문

16. 법 제32조제1항에 따른 과태료의 부과·징수(유역환경청장 또는 지방환경청장에게 위임된 권한과 관련된 과태료의 부과·징수로 한정한다)

② 환경부장관은 법 제28조제1항에 따라 법 제17조제3항에 따른 동물원 질병관리지침의 작성·배포 업무를 국립야생동물질병관리원장에게 위임한다.

③ 해양수산부장관은 다음 각 호의 권한을 **지방해양수산청장**에게 위임한다.

1. 법 제8조제2항 및 제4항에 따른 수족관의 허가 및 변경허가

2. 법 제8조제3항에 따른 허가증 발급

3. 법 제8조제5항에 따른 현장조사

4. 법 제10조제1항에 따른 허가 취소 또는 영업 정지

5. 법 제10조제2항에 따른 허가증 반납의 수령

6. 법 제11조제1항 및 제2항에 따른 과징금의 부과·징수

7. 법 제13조제2항 및 제3항에 따른 휴관·폐관 신고의 수리

8. 법 제14조제1항에 따른 동물종 조사

9. 법 제16조제2항에 따른 안전관리 조치사항 통보의 접수 및 같은 조 제4항에 따른 관계 행정기관의 장에 대한 협조 또는 지원 요청

10. 법 제17조제2항에 따른 질병관리 조치사항 통보의 접수 및 관계 행정기관의 장에 대한 통보

11. 법 제18조제2항에 따른 생태계교란 방지 조치사항 통보의 접수

12. 법 제21조제1항에 따른 제출 자료의 접수 및 같은 조 제2항에 따른 추가자료 제출 요구

13. 법 제22조에 따른 수족관에 대한 검사 등

14. 법 제23조에 따른 조치명령

15. 법 제27조제1호에 따른 수족관의 허가 취소 및 영업 정지에 대한 청문

16. 법 제32조제1항에 따른 과태료의 부과·징수(지방해양수산청장에게 위임된 권한과 관련된 과태료의 부과·징수로 한정한다)

④ 환경부장관은 법 제28조제2항에 따라 법 제14조제1항에 따른 동물종 관리지침의 작성 및 제공 업무를 「국립생태원의 설립 및 운영에 관한 법률」에 따른 국립생태원에 위탁한다.

제25조(규제의 재검토)

환경부장관과 해양수산부장관은 다음 각 호의 사항에 대하여 2024년 1월 1일을 기준으로 **3년마다**(매 3년이 되는 해의 1월 1일 전까지를 말한다) 그 타당성을 검토하여 개선 등의 조치를 해야 한다.

1. 제9조제1항 및 별표 1에 따른 동물원 또는 수족관의 허가요건

2. 제19조에 따른 교육대상자

제26조(과태료의 부과기준)

법 제32조제1항에 따른 과태료의 부과기준은 별표 4와 같다.

부칙〈제33950호, 2023. 12. 12.〉

제1조(시행일)

이 영은 2023년 12월 14일부터 시행한다.

제2조(금지행위에 관한 특례)

이 영 시행 당시 종전의 「동물원 및 수족관의 관리에 관한 법률」(법률 제19086호로 개정되기 전의 것을 말한다) 제3조에 따라 **등록한 동물원 또는 수족관을 운영하는 자**(법률 제14227호 동물원 및 수족관의 관리에 관한 법률 부칙 제2조 본문에 따라 동물원 및 수족관으로 등록한 것으로 간주되는 시설을 운영하는 자를 포함한다)**는 보유동물을 활용한 교육**을 하기 위하여 제16조 각 호의 개정규정에 따른 행위를 하려는 경우에는 제9조제2항 및 별표 1 제5호의 개정규정에 따른 **보유동물을 활용한** 교육 **계획을 미리 허가권자에게 제출하여 해**

당 계획의 적정성에 관한 확인을 받아야 한다.

제3조(일반적 경과조치)

이 영 시행 당시 종전의 「동물원 및 수족관의 관리에 관한 법률 시행령」에 따른 행정기관의 행위나 행정기관에 대한 행위는 그에 해당하는 이 영에 따른 행정기관의 행위나 행정기관에 대한 행위로 본다.

제4조(동물원 및 수족관 동물관리위원회 위원에 관한 경과조치)

① 이 영 시행 당시 종전의 「동물원 및 수족관의 관리에 관한 법률 시행령」 제3조의3제3 항에 따른 동물원 및 수족관 동물관리위원회의 위원으로 임명되거나 위촉된 사람은 제5조제3항의 개정규정에 따른 동물원 및 수족관 동물관리위원회의 위원으로 임명되 거나 위촉된 것으로 본다.

② 이 영 시행 전에 위촉된 동물원 및 수족관 동물관리위원회 위원의 임기는 제5조제4항 의 개정규정에도 불구하고 종전의 「동물원 및 수족관의 관리에 관한 법률 시행령」 제 3조의3제4항에 따른다.

제5조(다른 법령과의 관계)

이 영 시행 당시 다른 법령에서 종전의 「동물원 및 수족관의 관리에 관한 법률 시행령」의 규정을 인용한 경우 이 영 가운데 그에 해당하는 규정이 있으면 종전의 규정을 갈음하여 이 영의 해당 규정을 인용한 것으로 본다.

[별표 1] 동물원 및 수족관의 허가요건(제9조제1항 관련)

[별표 2] 거점동물원 · 거점수족관 권역의 범위(제22조제1항 관련)

[별표 3] 거점동물원 · 거점수족관 시설 및 인력 요건(제22조제3항 관련)

[별표 4] 과태료의 부과기준(제26조 관련)

[별지 서식] 검사관증

03

동물원수족관법

시행령 별표

■ 동물원 및 수족관의 관리에 관한 법률 시행령 [별표 1]

동물원 및 수족관의 허가요건(제9조제1항 관련)

1. 보유동물 종별 서식환경 기준 및 동물원 또는 수족관의 규모별 전문인력 기준
   가. 동물원
      1) 보유동물 종별 서식환경 기준
         가) 일반기준
            (1) 보유동물의 생태적 **특성에 맞는** 사육시설 및 사육면적을 확보할 것
            (2) 보유동물의 섭식 특성을 고려하여 **적정한 양과 형태의 먹이, 깨끗한 식수**를 안전하게 제공하기 위한 **시설 또는 장비**를 갖출 것
            (3) 관람객의 안전을 위해 사육 및 전시 시설에는 **울타리, 해자(垓子), 격벽(隔壁), 철망 등을 설치**하여 동물이 탈출할 수 없도록 할 것
            (4) 행동풍부화를 위한 물품 또는 시설을 설치할 것
            (5) 관람객이 보유동물을 비정상적으로 **자극할 수 있는 요소를 제거하거나 최소화**할 것
            (6) 보유동물 질병관리를 위해 검역 또는 방역 시설과 진료 또는 격리 시설을 갖출 것
         나) 종별 기준
            (1) 포유류
               (가) 주행성(晝行性) 포유류는 **자연채광을 주기적으로 제공할 것
               (나) 보유동물의 특성을 고려하여 **은신처 및 잠자리를 설치할 것
               (다) 번식이 필요한 경우에는 **새끼를 낳고 돌볼 수 있는 공간을 제공할 것
            (2) **조류**
               (가) **자연채광을 주기적으로 제공할 것. 다만, 자연채광을 제공하기 어려운 경우에는 **인공조명**을 활용할 수 있다.
               (나) 보유동물의 특성을 고려하여 **횃대 등 휴식할 수 있는 장소를 제공할 것
               (다) 번식이 필요한 경우에는 **산란장**을 제공할 것
            (3) **파충류·양서류**
               (가) **자연채광을 주기적으로 제공할 것. 다만, 자연채광을 제공하기 어려운 경우에는 **인공조명**을 활용할 수 있다.
               (나) 수생동물의 경우 물을 흘려보내거나 주기적으로 물을 갈아주는 등 동물 특성에 맞는 수환경을 제공할 것

2) 규모별 전문인력 기준

　가) 보유동물의 종이 총 70종 이상인 경우

　　(1) 수의사 1명 이상(비상근 수의사를 포함한다)을 갖출 것. 다만, **환경부와 해양수산부의 공동부령으로 정하는 동물**(이하 "전문인력 추가 필요동물"이라 한다)을 보유한 경우에는 상근 수의사 1명 이상 또는 비상근 수의사 2명 이상을 갖출 것

　　(2) 다음의 어느 하나에 해당하는 사람을 비고의 동물원 보유동물의 **분류군별로 각 2명 이상을 갖출 것**

　　　(가) 「국가기술자격법」에 따른 축산 분야의 기술사·기사·산업기사·기능사, 자연환경관리 분야의 기술사, 생물분류(동물) 분야의 기사 또는 자연생태복원 분야의 기사·산업기사의 자격을 가진 사람

　　　(나) 「고등교육법」 제2조의 학교에서 수의학, 축산학, 동물학, 동물자원학, 애완동물학, 생물학, 생태·생리학 또는 산림자원학 등 관련 학과의 전문학사 이상의 학위를 취득한 후 관련 분야에서 1년 이상 종사한 사람

　　　(다) 「수의사법」 제2조제3호의2에 따른 동물보건사 자격을 가진 사람

　　　(라) 동물의 사육 및 관리 업무에 2년 이상 종사한 사람

　나) 보유동물의 종이 총 70종 미만인 경우

　　(1) 수의사 1명 이상(비상근 수의사를 포함한다)을 갖출 것. 다만, 전문인력 추가 필요동물을 보유한 경우에는 상근 수의사 1명 이상 또는 비상근 수의사 2명 이상을 갖출 것

　　(2) 비고의 동물원 보유동물의 분류군에 관계없이 가)(2)(가)부터 (라)까지의 어느 하나에 해당하는 사람을 다음의 구분에 따라 갖출 것

　　　(가) 전문인력 추가 필요동물을 보유한 경우: 3명 이상

　　　(나) 전문인력 추가 필요동물을 보유하지 않은 경우: 2명 이상

비고

동물원 보유동물의 분류군은 다음 각 호와 같다.

1. **포유류**

2. **조류**

3. **파충류·양서류**

　　　　3.2 동물원 및 수족관의 관리에 관한 법률 시행령 별표

나. 수족관

  1) 보유동물 종별 서식환경 기준

    가) 일반기준

      (1) 수족관의 수조는 보유동물의 특성에 맞게 **적정한 크기와 수심**을 갖출 것

      (2) 보유동물에게 제공하는 **물과 먹이를 깨끗하고 신선한 상태로 관리하기 위한 시설 또는 장비**를 갖출 것

      (3) 수온, 온·습도, 조명, 소음 등 **사육환경을 보유동물의 특성에 맞게 구분하여 관리**할 것

      (4) 사육수의 **수질을 측정하기 위한 시설 및 장비**를 갖춰야 하며, 적절한 **수질 관리 프로그램**을 갖출 것

      (5) 사육수의 위생을 위하여 **여과시설**과 소독시설을 포함한 **생명유지장치**(Life Support System, LSS)를 갖출 것

      (6) **비상시에도 물과 전기를 안정적으로 공급할 수 있는 시설 및 장비**를 갖출 것

      (7) 보유동물의 **행동풍부화**를 위한 물품 또는 시설을 갖출 것

      (8) 보유동물 **질병관리**를 위해 검역 또는 방역 시설과 진료 또는 격리 시설을 갖출 것

    나) 종별 기준

      (1) **포유류**(고래목으로 한정한다)는 치료, 분리 사육을 위해 별도로 구획된 **예비 수조 및 치료 공간**을 확보할 것

      (2) **포유류**[기각류(지느러미 발을 가진 포유류 무리를 말한다. 이하 같다)]는 **수중생활 및 육상생활**이 모두 가능하도록 수조 외에 육상 공간을 확보할 것

      (3) **파충류**(바다거북류로 한정한다)는 개체 간 다툼이나 질병 발생 시 분리·보호할 수 있는 격리수조를 갖춰야 하고, 번식이 필요한 경우에는 **모래 산란장**을 제공할 것

      (4) **조류**(펭귄류로 한정한다)는 은신처 및 둥지, 걸을 수 있는 공간으로 사용하기 위한 **육상 공간**을 확보할 것

  2) 규모별 전문인력 기준

    가) **수조 바닥면적이 1만제곱미터 미만이고 보유동물의 종이 총 200종 미만인 경우**

      (1) 수의사(비상근 수의사를 포함한다) 또는 수산질병관리사 중 1명 이상을 갖출 것

      (2) 다음의 어느 하나에 해당하는 사람을 비고 제1호의 수족관 보유동물의 **분류군별로 각 2명 이상**을 갖출 것. 다만, 보유동물의 종이 총 70종 미만인 경우에는 각 분류군별로 1명씩만 갖출 수 있다.

        (가) 「국가기술자격법」에 따른 수산양식 분야의 **기술사 또는 기사의**

자격을 가진 사람

(나) 「고등교육법」 제2조의 학교에서 수의학, 수산생명의학, 수산학, 양식학, 동물자원학, 애완동물학, 생물학 등 관련 학과의 전문학사 이상의 학위를 취득한 사람

(다) 수생생물의 사육 및 관리에 관한 업무에 2년 이상 종사한 사람

나) 수조 바닥면적이 1만제곱미터 이상이거나 보유동물의 종이 총 200종 이상인 경우

(1) 수의사(비상근 수의사를 포함한다) 또는 수산질병관리사 중 2명 이상을 갖출 것

(2) 가)(2)(가)부터 (다)까지의 어느 하나에 해당하는 사람을 비고 제1호의 수족관 보유동물의 분류군별로 각 3명 이상을 갖출 것

비고

1. 수족관 보유동물의 분류군은 다음 각 목과 같다.

   가. 포유류·파충류·조류

   나. 어류·양서류·무척추동물 및 그 밖의 해양동물

2. 포유류 중 기각류, 파충류 중 바다거북류, 조류 중 펭귄류를 보유한 경우 전문인력 중 수의사(비상근 수의사를 포함한다) 1명 이상을 반드시 포함해야 한다.

2. **보유동물 질병관리계획**

   가. **보유동물 질병관리계획에는 다음의 사항이 포함되어야 한다.**

   1) 진료기록의 관리에 관한 사항

   2) 보유동물 질병의 예방 및 방역 관리에 관한 사항

   3) 보유동물에 대한 의약품 관리에 관한 사항

   4) 동물의 반입·출입 관련 검역 절차와 방법에 관한 사항

   5) 감염성폐기물 관리 및 처리 방법에 관한 사항

   6) 보유동물 및 관리자의 인수공통감염병 예방 및 관리에 관한 사항

   7) 법 제17조제2항 각 호의 질병 발생에 따른 확산 방지조치 및 보유동물 현황 공개에 관한 사항

   8) 폐사동물의 부검 및 처리 절차와 방법에 관한 사항

   9) 수의사 또는 수산질병관리사에 의한 정기적인 질병검사에 관한 사항

   나. **질병관리계획의 이행책임자와 계획의 이행을 위한 세부관리자를 지정해야 한다.**

3. **동물원 또는 수족관 안전관리계획**

   가. **동물원 또는 수족관 안전관리계획에는 다음의 사항이 포함되어야 한다.**

1) **시설물 안전관리에 관한 사항**

　가) 보유동물의 탈출방지 시설의 설치 현황과 유지·관리에 관한 사항

　나) 보유동물이 사육시설 내에서 부상당하는 것을 방지하기 위한 시설 및 관리에 관한 사항

　다) 사육시설 설계 및 제작 시 내구성 및 화재에 강한 자재 사용 등 동물의 안전성 확보 방안

　라) 정전 등 비상시 안정적인 해수 공급 및 수온·수질 관리 대책, 생명유지장치 관리 대책

2) **보유동물 탈출 시 대응에 관한 사항**

　가) **포획계획 및 포획방법에 관한 사항**

　나) **포획반의 운영에 관한 사항**

　다) **포획도구 관리에 관한 사항**

　라) **비상연락망 구축에 관한 사항**

3) **맹수나 맹독성 동물 등 위험한 동물의 관리에 관한 사항**

4) **관리자의 안전에 관한 사항**

5) **관람객의 안전에 관한 사항**

6) **화재·재난 시 사람 및 보유동물의 대피에 관한 사항**

나. 안전관리계획의 이행책임자와 계획의 이행을 위한 세부관리자를 지정해야 한다.

4. **동물원의 휴원·폐원 또는 수족관의 휴관·폐관 시 보유동물 관리계획**

동물원의 휴원·폐원 또는 수족관의 휴관·폐관 시 보유동물 관리계획에는 다음의 사항이 포함되어야 한다.

가. **보유동물의 기록 관리 및 유지에 관한 사항**

1) 종명 및 출처에 관한 기록

2) 반입일 및 반출일에 관한 기록

3) 개체 수 및 동물인식표 관리에 관한 계획

나. **보유동물의 이관 또는 반입·반출에 관한 사항**

1) 보유동물의 반입·반출 예정기관과의 협의사항

2) 폐원·폐관 시 동물 이관 절차 및 계획

3) 보유동물의 수송절차와 방법에 관한 계획

다. **휴원·휴관 기간 동안 또는 폐원·폐관 이후의 보유동물 관리에 관한 사항**

1) **관리자 및 근무계획**

2) **동물사육사 유지·관리계획**

3) **보유동물 먹이 관리 및 공급계획**

4) 수족관 해수공급 및 수온·수질관리 계획

5. 보유동물을 활용한 교육 계획

보유동물을 활용한 교육 계획에는 다음의 사항이 포함되어야 한다.

가. 보유동물 교육 프로그램 운영 목적에 관한 사항

나. 보유동물별 교육 프로그램 운영 장소 및 시설관리에 관한 사항

다. 보유동물 종 및 개체별 교육 프로그램 운영에 관한 사항

　　1) 교육 프로그램 진행 장소 및 시간

　　2) 교육 프로그램 진행의 구체적인 방법

　　3) 교육 목적으로 동물과의 접촉이 필요한 경우에는 만지는 부위 및 시간

　　4) 교육 목적으로 먹이주기가 필요한 경우에는 먹이의 종류, 양 및 급여 방법

라. 보유동물 안전에 관한 사항

마. 관람객 위생 및 안전에 관한 사항

바. 사육사 및 지원 인력의 교육에 관한 사항

6. 보유동물 복지증진 계획

보유동물 복지증진 계획에는 다음의 사항이 포함되어야 한다.

가. 나무, 바위, 물 웅덩이 등의 제공 및 훈련 프로그램 운영 등 행동풍부화에 관한 사항

나. 스트레스 완화, 정형행동(반복적·지속적인 행동으로서 목적이 없는 이상 행동을 말한다) 저감 등 긍정강화에 관한 사항

다. 복지증진을 위한 수족관 실무자 교육 및 전문성 강화에 관한 사항

라. 보유동물 복지 실태 평가 및 복지 개선에 관한 사항

■ 동물원 및 수족관의 관리에 관한 법률 시행령 [별표 2]

거점동물원·거점수족관 권역의 범위(제22조제1항 관련)

권역	지역 범위
수도권	서울특별시, 인천광역시, 경기도
중부권	대전광역시, 세종특별자치시, 강원특별자치도, 충청북도, 충청남도
호남권	광주광역시, 전라북도, 전라남도, 제주특별자치도
영남권	부산광역시, 대구광역시, 울산광역시, 경상북도, 경상남도

■ 동물원 및 수족관의 관리에 관한 법률 시행령 [별표 3]

거점동물원·거점수족관 시설 및 인력 요건(제22조제3항 관련)

1. 거점동물원
   가. 시설 요건
      1) 전체 면적 1만제곱미터 이상
      2) 「수의사법」 제2조제4호에 따른 **동물병원**(진료실, 검사실, 처치실, 입원실을 포함해야 한다)
      3) **교육 강의실 및 현장 교육장**
      4) 연구 실험시설 및 시험방사 **훈련시설**
      5) **검역시설**: 격리 검역장소와 질병을 직접 진단할 수 있는 시설
      6) **수의 장비**: 초음파진단기, 원심분리기, 세균 배양기, 위내시경, 유전자증폭검사기(PCR), 효소면역진단기(ELISA)
   나. 인력 요건
      1) 운영·관리 인력: 총 5명 이상
      2) 사육·복지 인력: 총 8명 이상
      3) 시설·조경 인력: 총 2명 이상
      4) 수의 인력: 총 4명 이상(수의사 3명 이상, 수의 업무를 보조하는 사람 1명 이상)
2. **거점수족관**
   가. 시설 요건
      1) 수조 바닥면적 1만제곱미터 이상 또는 전체 수조 용량 5천세제곱미터 이상
      2) 「해양생태계의 보전 및 관리에 관한 법률」 제17조에 따른 서식지외보전기관 및 같은 법 제18조에 따른 해양동물전문구조·치료기관으로 지정된 기관
      3) 교육 강의실 및 현장 교육장
      4) 연구 실험시설 및 시험용 수조시설
      5) 검역시설: 격리 검역장소와 질병을 직접 진단할 수 있는 시설
      6) 수의장비: 초음파진단기, 원심분리기, 세균 배양기, 위내시경, 혈액검사기
   나. 인력 요건
      1) 운영·관리 인력: 총 5명 이상
      2) 사육·복지 인력: 총 8명 이상
      3) 시설·수질관리 인력: 총 2명 이상
      4) 수의 인력: 총 4명 이상[수의사 2명 이상(상근 수의사를 1명 이상 포함해야 한다), 수산질병관리사 2명 이상]

■ [별표 4] 동물원 및 수족관의 관리에 관한 법률 시행령

과태료의 부과기준(제26조 관련)

1. 일반기준

가. 위반행위의 횟수에 따른 과태료의 가중된 부과기준은 **최근 1년간** 같은 위반행위로 과태료 부과처분을 받은 경우에 적용한다. 이 경우 기간의 계산은 위반행위에 대하여 과태료 부과처분을 받은 날과 그 처분 후 다시 같은 위반행위를 하여 적발된 날을 기준으로 한다.

나. 가목에 따라 가중된 부과처분을 하는 경우 가중처분의 적용 차수는 그 위반행위 전 부과처분 차수(가목에 따른 기간 내에 과태료 부과처분이 둘 이상 있었던 경우에는 높은 차수를 말한다)의 다음 차수로 한다.

다. 부과권자는 다음의 어느 하나에 해당하는 경우에는 제2호의 개별기준에 따른 **과태료의 2분의 1 범위에서 그 금액을 줄여** 부과할 수 있다. 다만, 과태료를 체납하고 있는 위반행위자에 대해서는 그렇지 않다.

   1) 위반행위가 **사소한 부주의나 오류**로 인한 것으로 인정되는 경우

   2) 위반행위자가 **법 위반상태를 시정하거나 해소하기 위하여 노력한 사실**이 인정되는 경우

   3) 그 밖에 위반행위의 정도, 위반행위의 동기와 그 결과 등을 고려하여 **과태료 금액을 줄일 필요가 있다고 인정되는 경우**

라. 부과권자는 다음의 어느 하나에 해당하는 경우에는 제2호의 개별기준에 따른 **과태료의 2분의 1 범위에서 늘려** 그 금액을 부과할 수 있다. 다만, 늘려 부과하는 경우에도 법 제32조제1항에 따른 과태료의 상한을 넘을 수 없다.

   1) 위반의 내용·정도가 **중대하여** 동물원 또는 수족관의 관리 및 보유동물의 복지 등에 미치는 피해가 크다고 인정되는 경우

   2) 법 위반상태의 **기간이 6개월 이상인 경우**

   3) 그 밖에 위반행위의 정도, 위반행위의 동기와 그 결과 등을 고려하여 **과태료 금액을 늘릴 필요가 있다고 인정되는 경우**

2. 개별기준

위반행위	근거 법조문	과태료 금액 (단위: 만원)		
		1차 위반	2차 위반	3차 이상 위반
가. 법 제12조제2항에 따른 검사관의 출입·검사를 정당한 사유 없이 거부·방해 또는 기피한 경우	법 제32조 제1항제1호	200	300	500
나. 법 제13조제1항에 따라 동물원 또는 수족관을 개방하지 않은 경우	법 제32조 제1항제2호	150	200	300
다. 법 제13조제2항·제3항에 따른 휴원·폐원 또는 휴관·폐관 신고를 하지 않은 경우	법 제32조 제1항제3호	150	250	400
라. 법 제15조제1항제4호에 해당하는 행위를 한 경우	**법 제32조 제1항제4호**	150	200	300 (4차 이상 위반 시 500)
마. 법 제16조제2항에 따른 통보를 하지 않은 경우	법 제32조 제1항제5호	200	250	300
바. 법 제17조제2항에 따른 통보를 하지 않은 경우	법 제32조 제1항제6호	200	250	300
사. 법 제18조제2항에 따른 통보를 하지 않은 경우	법 제32조 제1항제7호	150	200	300
아. 법 제19조제1항에 따른 교육을 받지 않은 경우	**법 제32조 제1항제8호**	150	200	250
자. 법 제19조제2항을 위반하여 같은 조 제1항 각 호에 따른 교육을 받아야 하는 자에게 교육을 받지 않게 하거나 해당 교육에 드는 경비를 부담하지 않은 경우	법 제32조 제1항제9호	150	250	300

3.2 동물원 및 수족관의 관리에 관한 법률 시행령 별표

■ 동물원 및 수족관의 관리에 관한 법률 시행령 [별지 서식]

검사관증

(앞쪽)

제   호

검사관증

사진

(배경그림 없이 최근 6개월
이내에 모자를 쓰지 않고
찍은
정면 상반신 사진으로서
가로 3센티미터,
세로 4센티미터인 것)

성명

기 관 명

55㎜ × 85㎜ (백상지 150g/㎡)

(뒤쪽)

성명:
생년월일:

위 사람은 「동물원 및 수족관의
관리에 관한 법률」 제12조에
따른 업무를 수행하는 검사관임
을 증명합니다.

(위촉기간: 0000.00.00.~0000.00.00.)

년   월   일

기 관 장 명 의 직인

※ 이 증을 습득하신 분은 우체통에 넣어 주십
시오.

[시행 2024. 5. 19.] [환경부령 제1066호, 2023. 12. 14., 전부개정]
[시행 2024. 5. 19.] [해양수산부령 제640호, 2023. 12. 14., 전부개정]

제1조(목적)
이 규칙은 「동물원 및 수족관의 관리에 관한 법률」 및 같은 법 시행령에서 위임된 사항과 그 시행에 필요한 사항을 규정함을 목적으로 한다.

제2조(실태조사의 방법 등)
① 환경부장관 및 해양수산부장관은 5년마다 「동물원 및 수족관의 관리에 관한 법률」(이하 "법"이라 한다) 제6조제1항에 따른 실태조사(이하 "실태조사"라 한다)를 실시해야 한다. 다만, 필요한 경우에는 수시로 실태조사를 실시할 수 있다.
② 실태조사는 현장조사 또는 서면조사의 방법으로 실시하되, 효율적인 조사를 위하여 필요한 경우에는 정보통신망, 전자우편 등 전자적 방법으로 실시할 수 있다.
③ 환경부장관 및 해양수산부장관은 실태조사를 하려는 경우에는 실태조사의 시기, 방법 및 내용이 포함된 실태조사 계획을 미리 조사대상자에게 서면으로 알려야 한다.
④ 환경부장관 및 해양수산부장관은 필요한 경우에는 법 제12조제1항에 따라 위촉된 동물원 검사관 또는 수족관 검사관의 지원을 받거나 동물원·수족관 관련 전문성을 갖춘 기관·단체와 공동으로 실태조사를 실시할 수 있다.
⑤ 환경부장관 및 해양수산부장관은 실태조사 결과를 특별시장·광역시장·특별자치시장·도지사 및 특별자치도지사(이하 "시·도지사"라 한다)에게 통보해야 한다.

제3조(종합계획 이행 등에 대한 평가 방법)
환경부장관 및 해양수산부장관은 법 제6조제2항에 따라 동물원 및 수족관 관리 종합계획(이하 "종합계획"이라 한다)의 이행 등에 대한 평가를 하는 경우에는 미리 해당 평가의 계획 및 방법에 대해 법 제7조제1항에 따른 동물원 및 수족관 동물관리위원회에 자문할 수 있다.

제4조(실태조사 및 평가 결과의 공표)
환경부장관 및 해양수산부장관은 법 제6조제3항에 따라 실태조사 및 종합계획의 이행 등에 대한 평가 결과를 공표하는 경우에는 다음 각 호의 사항을 포함하여 그 결과를 환경부 및 해양수산부의 인터넷 홈페이지에 공표해야 한다.
  1. 동물원 및 수족관 전시시설의 운영 현황에 관한 사항

2. 서식환경 등 보유동물의 복지 실태에 관한 사항

3. 동물원 및 수족관의 안전관리 및 질병관리 실태에 관한 사항

제5조(전문인력 추가 필요동물)

「동물원 및 수족관의 관리에 관한 법률 시행령」(이하 "영"이라 한다) 별표 1 제1호가목2)가)(1)에서 "환경부와 해양수산부의 공동부령으로 정하는 동물"이란 다음 각 호의 동물을 말한다.

1. 코끼리과 · 코뿔소과 · 하마과 · 곰과 전종

2. 식육목 중 사자, 호랑이, 퓨마, 표범, 설표(雪豹), 재규어, 스라소니, 치타, 코요테, 자칼, 늑대, 하이에나, 리카온 및 그 밖에 이에 준하는 동물

3. 영장목 중 고릴라, 침팬지, 오랑우탄, 필리핀원숭이, 개코원숭이 등

4. 우제목 중 물소, 들소, 기린, 낙타 및 그 밖에 이에 준하는 동물

5. 뱀목 중 노랑아나콘다, 붉은꼬리보아, 듀메릴보아, 그물무늬비단왕뱀, 자수정비단왕뱀, 버마비단왕뱀, 아프리카비단왕뱀, 살모사류, 코브라류, 바다뱀류, 아메리카독도마뱀, 멕시코독도마뱀 및 그 밖에 이에 준하는 동물

6. 악어목 전종

7. 왕도마뱀과 중 코모도왕도마뱀, 크로커다일왕도마뱀 및 그 밖에 이에 준하는 동물

제6조(허가 및 변경허가의 신청 등)

① 영 제9조제3항에 따라 동물원 또는 수족관의 허가 또는 변경허가를 신청하려는 자는 별지 제1호서식의 허가 · 변경허가 신청서에 다음 각 호의 구분에 따른 서류를 첨부하여 유역환경청장 · 지방환경청장, 지방해양수산청장 또는 시 · 도지사(이하 "허가권자"라 한다)에게 제출해야 한다.

1. 동물원 또는 수족관의 허가 신청의 경우

　가. 시설의 명세서, 내부 · 외부 사진 및 평면도

　나. 전문인력의 자격을 증명하는 서류

　다. 보유동물 질병관리계획

　라. 동물원 또는 수족관 안전관리계획

　마. 동물원의 휴 · 폐원 또는 수족관의 휴 · 폐관 시 보유동물 관리계획

　바. 보유동물을 활용한 교육 계획 및 보유동물 복지증진 계획

2. 동물원 또는 수족관의 변경허가 신청의 경우

　가. 동물원 또는 수족관 허가증 원본

　나. 허가사항의 변경을 증명하는 서류

② 법 제8조제3항에 따른 허가증은 별지 제2호서식에 따른다.

제7조(현장조사 결과보고서)

영 제10조제3항에 따른 현장조사 결과보고서는 별지 제3호서식에 따른다.

제8조(행정처분의 세부기준)

법 제10조제3항에 따른 행정처분의 세부기준은 별표 1과 같다.

제9조(동물원 및 수족관의 의무 개방 일수)

① 법 제13조제1항에서 "환경부와 해양수산부의 공동부령으로 정하는 일수"란 연간 90일을 말한다. 이 경우 1일 개방시간은 4시간 이상이어야 한다.

② 「감염병의 예방 및 관리에 관한 법률」 제2조제11호에 따른 인수공통감염병(이하 "인수공통감염병"이라 한다) 발생 등 예상하지 못한 사유가 발생하여 개방하지 않는 일수는 제1항에 따른 의무 개방 일수에 포함한다.

제10조(휴원 · 휴관 신고 방법 및 절차)

① 동물원 또는 수족관을 운영하는 자는 법 제13조제2항에 따라 해당 동물원 또는 수족관의 휴원 또는 휴관을 신고하려는 경우에는 별지 제4호서식의 휴원 · 휴관 신고서에 다음 각 호의 서류를 첨부하여 허가권자에게 제출해야 한다.

  1. 휴원 · 휴관 사유서
  2. 휴원 · 휴관 기간 동안의 보유동물 관리계획
  3. 향후 개방계획

② 제1항에 따라 휴원 · 휴관 신고서를 제출받은 허가권자는 동물원 또는 수족관의 휴원 또는 휴관 신고를 한 자가 제1항제2호에 따른 휴원 · 휴관 기간 동안의 보유동물 관리계획을 적정하게 이행하고 있는지를 확인 · 점검해야 한다.

제11조(폐원 · 폐관 시의 조치사항)

법 제13조제3항에서 "환경부와 해양수산부의 공동부령으로 정하는 조치"란 보유동물의 이관 조치 등 법 제8조제1항제4호에 따른 휴 · 폐원 시 보유동물 관리계획에 따른 조치를 말한다.

제12조(폐원 · 폐관 신고의 방법 및 절차)

① 동물원 또는 수족관을 운영하는 자는 법 제13조제3항에 따라 해당 동물원 또는 수족관의 폐원 또는 폐관을 신고하려는 경우에는 폐원일 또는 폐관일 30일 전까지 별지 제

5호서식의 폐원·폐관 신고서에 다음 **각 호의 서류를 첨부하여 허가권자에게 제출**해야 한다.

1. 동물원 또는 수족관 허가증 원본

2. 제11조에 따른 조치를 적정하게 이행하였음을 증명하는 서류

② 제1항에 따라 폐원·폐관 신고서를 제출받은 허가권자는 동물원 또는 수족관의 폐원 또는 폐관 신고를 한 자가 제11조에 따른 조치를 적정하게 이행하였는지를 확인·점검해야 한다.

제13조(동물종 조사의 내용 및 방법)

① 법 제14조제1항에 따른 동물종 조사(이하 "동물종 조사"라 한다)의 대상은 다음 각 호와 같다.

1. 「야생생물 보호 및 관리에 관한 법률」 제2조제2호에 따른 멸종위기 야생생물

2. 「야생생물 보호 및 관리에 관한 법률」 제2조제3호에 따른 국제적 멸종위기종

3. 「해양생태계의 보전 및 관리에 관한 법률」 제2조제11호에 따른 해양보호생물

② 동물종 조사에는 다음 각 호의 사항이 포함되어야 한다.

1. 동물종 개체 현황 및 번식을 위한 관리 현황

2. 사육시설 현황

3. 온도, 습도, 채광, 조도 등 동물종의 서식환경

4. 동물종의 건강·영양관리 현황 및 복지 상태

5. 동물원·수족관 내 동물종, 직원 및 공중을 위한 안전시설 현황

6. 인수공통감염병의 예방 및 공중보건 체계

7. 그 밖에 해당 동물종의 보호와 복지를 위하여 조사할 필요가 있다고 환경부장관 또는 해양수산부장관이 인정하는 사항

③ 동물종 조사의 방법에 관하여는 제2조제2항부터 제5항까지의 규정을 준용한다. 이 경우 "환경부장관 및 해양수산부장관"은 "유역환경청장·지방환경청장 및 지방해양수산청장"으로, "실태조사"는 "동물종 조사"로 본다.

제14조(금지행위의 예외)

법 제15조제1항제3호나목에서 "환경부와 해양수산부의 공동부령으로 정하는 경우"란 다음 각 호의 어느 하나에 해당하는 경우를 말한다.

1. 영 제9조제2항에 따른 **보유동물을 활용한** 교육 계획에 따라 사회공헌활동의 목적으로 대가 없이 보유동물을 이동하여 전시하는 경우

2. **학술 연구 또는 교육의 목적으로 보유동물을 다음 각 목에 해당하는 기관으로 이동하**

여 전시하는 경우

가. 「과학관의 설립·운영 및 육성에 관한 법률」에 따른 **과학관**

나. 「생물자원관의 설립 및 운영에 관한 법률」에 따른 **생물자원관**

다. 「수목원·정원의 조성 및 진흥에 관한 법률」 제5조에 따른 **국공립수목원**

라. 「야생생물 보호 및 관리에 관한 법률」 제7조제1항에 따라 지정된 **서식지외보전기관**

마. 「야생생물 보호 및 관리에 관한 법률」 제8조의4에 따른 **유기·방치 야생동물 보호시설**

바. 「야생생물 보호 및 관리에 관한 법률」 제34조의4제2항에 따른 **야생동물의 질병 연구 및 구조·치료시설**

사. 「야생생물 보호 및 관리에 관한 법률」 제35조제1항에 따라 등록된 **생물자원 보전시설**

아. 「국립해양생물자원관의 설립 및 운영에 관한 법률」에 따른 **국립해양생물자원관**

자. 「해양생태계의 보전 및 관리에 관한 법률」 제17조제1항에 따라 지정된 **서식지 외보전기관**

차. 「해양생태계의 보전 및 관리에 관한 법률」 제18조에 따른 **해양동물전문구조· 치료기관**

제15조(관람 목적의 보유 금지 종)

법 제15조제2항에서 "환경부와 해양수산부의 공동부령으로 정하는 종"이란 고래목에 속하는 동물을 말한다.

제16조(전염성이 높은 야생동물 질병)

법 제17조제2항제3호에서 "환경부와 해양수산부의 공동부령으로 정하는 전염성이 높은 질병"이란 다음 각 호의 어느 하나에 해당하는 질병을 말한다.

1. 「야생생물 보호 및 관리에 관한 법률」 제2조제8호의2에 따른 야생동물 검역대상질병
2. 그 밖에 국립야생동물질병관리원장 또는 국립수산물품질관리원장이 고시하는 질병

제17조(생태계교란 방지를 위한 조치)

법 제18조제2항에서 "환경부와 해양수산부의 공동부령으로 정하는 조치"란 다음 각 호의 어느 하나에 해당하는 조치를 말한다.

1. **보유동물의 포획 조치**
2. **보유동물의 탈출 방지 및 이동 제한을 위한 시설 설치**
3. **보유동물의 격리 조치**

제18조(교육기관)

① 법 제19조제1항에서 "환경부와 해양수산부의 공동부령으로 정하는 교육기관"이란 다음 각 호의 구분에 따른 기관(이하 "교육기관"이라 한다)을 말한다.

  1. **동물원 대상 교육기관**: 다음 각 목의 기관

    가. 법 제8조제1항에 따라 허가받은 동물원 중 환경부장관이 정하는 **동물원**

    나. 「국립생태원의 설립 및 운영에 관한 법률」에 따른 **국립생태원**

    다. 「환경부 및 기상청 소관 비영리법인의 설립과 감독에 관한 규칙」에 따라 야생동물의 보전·연구·사육관리 및 복지증진을 목적으로 설립된 **비영리법인 중 환경부장관이 정하는 기관**

  2. **수족관 대상 교육기관**: 다음 각 목의 기관

    가. 법 제8조제1항에 따라 허가받은 수족관 중 해양수산부장관이 정하는 **수족관**

    나. 「해양환경관리법」 제96조에 따른 **해양환경공단**

    다. 「국립해양생물자원관의 설립 및 운영에 관한 법률」에 따른 **국립해양생물자원관**

    라. 「해양수산부장관 및 그 소속 청장 소관 비영리법인의 설립 및 감독에 관한 규칙」에 따라 해양생물 및 담수동물의 보전·연구·사육관리 및 복지증진을 목적으로 설립된 **비영리법인 중 해양수산부장관이 정하는 기관**

② 교육기관의 장은 교육을 이수한 사람에게 별지 제6호서식의 **교육이수증을 발급**해야 하며, 해당 연도의 동물원 및 수족관별 교육실적을 다음 연도의 2월 말일까지 환경부장관 또는 해양수산부장관에게 보고해야 한다.

③ 환경부장관 및 해양수산부장관은 제2항에 따라 제출받은 동물원·수족관별 교육실적을 허가권자에게 알려야 한다.

④ 교육기관의 장은 다음 연도의 교육계획을 수립하여 매년 12월 31일까지 환경부장관 및 해양수산부장관에게 제출해야 한다.

⑤ 제1항부터 제4항까지에서 규정한 사항 외에 교육의 실시에 필요한 사항은 환경부장관 및 해양수산부장관이 정한다.

제19조(교육의 내용 및 시간)

법 제19조제1항에 따른 **교육대상자는** 매년 1회 이상 교육기관에서 실시하는 **교육을 받아야 하며,** 교육대상자별 교육 내용 및 시간은 **별표 2와** 같다.

제20조(운영·관리 기록 및 보존)

법 제20조제4호에서 "환경부와 해양수산부의 공동부령으로 정하는 사항"이란 다음 각 호의 사항을 말한다.

1. 사육시설의 관리 및 변경에 관한 기록

2. 수의사, 수산질병관리사 및 사육사 보유 현황 기록

3. 보유동물의 질병 치료에 관한 기록

4. 동물원 또는 수족관 안전사고에 관한 기록

제21조(동물원 · 수족관의 검사 시기 및 방법 등)

① 허가권자는 법 제22조제1항에 따라 다음 각 호의 구분에 따른 검사를 실시해야 한다.

   1. **정기검사**: 허가 후 5년마다 1회

   2. **수시검사**: 허가권자가 해당 동물원 또는 수족관의 **시설 · 장비 등의 실태 및 보유동물 관리 실태, 근무자의 근무 현황**을 확인할 필요가 있다고 인정하는 경우

② 허가권자는 제1항제1호에 따른 정기검사를 하는 경우에는 다음 각 호의 사항을 확인해야 한다.

   1. **법 제8조제1항에 따른 허가요건 준수 여부**

   2. **법 제13조제2항에 따른 휴원 시 관리계획 준수 여부**

   3. **법 제15조에 따른 금지행위 위반 여부**

   4. **법 제16조부터 제18조까지의 사항 준수 여부**

   5. **교육대상자의 법 제19조에 따른 교육 이수 여부**

③ **허가권자는 제1항에 따른 검사를 하려는 경우에는 검사 일시 · 대상 및 내용이 포함된 검사계획을 미리 동물원 또는 수족관을 운영하는 자에게 서면으로 통지해야 한다.**

④ 허가권자는 제1항에 따른 검사가 완료되었을 때에는 그 결과를 검사가 완료된 날부터 30일 이내에 환경부장관 또는 해양수산부장관에게 제출해야 한다.

제22조(거점동물원 · 거점수족관의 지정 및 운영)

① 법 제24조제2항에 따라 거점동물원 · 거점수족관으로 지정받으려는 자는 별지 제7호서식의 거점동물원 · 거점수족관 지정신청서에 다음 각 호의 자료를 첨부하여 환경부장관 또는 해양수산부장관에게 제출해야 한다.

   1. 시설의 명세서, 내부 · 외부 사진 및 평면도

   2. 인력 및 장비 현황

   3. 보유동물 명세서

   4. 거점동물원 · 거점수족관의 지정요건을 갖추었음을 증명하는 자료

② 제1항에 따라 지정신청서를 제출받은 환경부장관 또는 해양수산부장관은 거점동물원 · 거점수족관의 지정 여부를 결정하여 별지 제8호서식의 거점동물원 · 거점수족관 지정서를 발급해야 한다.

③ 거점동물원·거점수족관의 지정기간은 5년 이내로 한다.

④ 거점동물원·거점수족관으로 지정받은 자는 거점동물원·거점수족관 운영지침을 수립하여 환경부장관 또는 해양수산부장관의 승인을 받아야 한다.

⑤ 거점동물원·거점수족관으로 지정받은 자는 해당 연도의 운영계획과 전년도 운영 결과를 매년 1월 31일까지 환경부장관 또는 해양수산부장관에게 제출해야 한다.

제23조(기부금품의 접수절차 등)

① **국가 또는 지방자치단체 및 그 소속 기관에서 설립한 동물원·수족관과 국가 또는 지방자치단체에서 출자·출연하여 설립된 동물원·수족관**(이하 이 조에서 "공공 동물원·수족관"이라 한다)은 법 제26조제1항에 따라 자발적으로 기탁되는 금품(이하 이 조에서 "기부금품"이라 한다)을 접수한 경우에는 기부자에게 영수증을 발급해야 한다. 다만, **익명으로 기부하거나 기부자를 알 수 없는 경우에는 영수증을 발급하지 않을 수 있다.**

② 공공 동물원·수족관은 제1항에 따른 기부자가 기부금품의 용도를 지정한 경우에는 그 용도로만 사용해야 한다. 다만, **기부금품을 기부자가 지정한 용도로 사용하기 어려운 특별한 사유가 있는 경우**에는 환경부장관 또는 해양수산부장관과 협의를 거쳐 기부자의 동의를 받아 다른 용도로 사용할 수 있다.

③ 공공 동물원·수족관은 기부금품의 접수 현황 및 사용실적 등에 대한 **장부를 갖추어 두고, 기부자가 열람할 수 있도록 해야 한다.**

제24조(규제의 재검토)

환경부장관과 해양수산부장관은 제19조 및 별표 2에 따른 교육대상자별 교육 내용 및 시간에 대하여 2024년 1월 1일을 기준으로 **3년마다**(매 3년이 되는 해의 1월 1일 전까지를 말한다) 그 **타당성을 검토**하여 개선 등의 조치를 해야 한다.

부칙〈제1066호, 2023. 12. 14.〉

제1조(시행일)

이 규칙은 2023년 12월 14일부터 시행한다. 다만, 제19조의 개정규정은 2024년 1월 1일부터 시행하고, 제16조제1호의 개정규정은 2024년 5월 19일부터 시행한다.

제2조(동물원 및 수족관의 의무 개방 일수에 관한 특례)

이 규칙 시행 당시 운영하고 있는 동물원 또는 수족관에 관하여 의무 개방 일수를 적용할 때에는 제9조제1항의 개정규정에도 불구하고 2023년 12월 31일까지는 그 의무 개방 일수를 30일로 한다.

[별표 1] 행정처분의 세부기준(제8조 관련)

[별표 2] 교육대상자별 교육 내용 및 시간(제19조 관련)

[별지 제1호서식] [동물원, 수족관(허가, 변경허가)] 신청서

[별지 제2호서식] (동물원, 수족관) 허가증

[별지 제3호서식] 동물원ㆍ수족관 현장조사 결과보고서

[별지 제4호서식] (동물원, 수족관) 휴원ㆍ휴관 신고서

[별지 제5호서식] (동물원, 수족관) 폐원ㆍ폐관 신고서

[별지 제6호서식] 교육이수증

[별지 제7호서식] (거점동물원, 거점수족관) 지정신청서

[별지 제8호서식] (거점동물원, 거점수족관) 지정서

03

동물원수족관법

시행규칙 별표

■ 동물원 및 수족관의 관리에 관한 법률 시행규칙 [별표 1]

행정처분의 세부기준(제8조 관련)

1. 일반기준

가. **위반행위가 둘 이상인 경우**로서 그에 해당하는 각각의 처분기준이 다른 경우에는 그 중 무거운 처분기준에 따르고, 둘 이상의 처분기준이 모두 영업정지인 경우에는 각 처분기준을 합산한 기간을 넘지 않는 범위에서 무거운 처분기준에 그 처분기준의 **2분의 1 범위에서 가중**할 수 있다.

나. 위반행위의 횟수에 따른 행정처분의 기준은 **최근 1년간 같은 위반행위**로 행정처분을 받은 경우에 적용한다. 이 경우 기간의 계산은 위반행위에 대한 행정처분을 받은 날(영업정지처분을 갈음하여 과징금을 부과받은 경우에는 과징금 부과처분을 받은 날을 말한다)과 그 처분 후 다시 같은 위반행위를 하여 적발된 날을 기준으로 한다.

다. 나목에 따라 가중된 처분을 하는 경우 가중처분의 적용 차수는 그 위반행위 전 처분 차수(나목에 따른 기간 내에 처분이 둘 이상 있었던 경우에는 높은 차수를 말한다)의 다음 차수로 한다.

라. 처분권자는 위반행위의 동기, 내용, 횟수, 위반의 정도, 공익에 대한 피해 정도 등을 고려하여 그 처분기준의 **2분의 1 범위에서 가중하거나 감경**할 수 있다.

2. 개별기준

위반사항	근거 법령	행정처분기준		
		1차 위반	2차 위반	3차 위반
1. 거짓이나 그 밖의 부정한 방법으로 허가를 받은 경우	법 제10조 제1항제1호	허가취소		
2. 법 제8조제1항 또는 제2항에 따른 허가요건을 충족하지 못하게 된 경우	법 제10조 제1항제2호	영업정지 1개월	영업정지 3개월	허가취소
3. 법 제9조제1호부터 제6호까지 또는 제8호에 따른 결격사유에 해당하는 경우. 다만, 임원 중에 같은 조 제8호에 해당하는 사람이 있는 법인의 경우 6개월 이내에 해당 임원을 개임(改任)한 경우는 제외한다.	법 제10조 제1항제3호	경고	영업정지 1개월	영업정지 3개월
4. 법 제23조에 따른 조치명령을 이행하지 않는 경우	법 제10조 제1항제4호	영업정지 1개월	영업정지 3개월	허가취소

■ 동물원 및 수족관의 관리에 관한 법률 시행규칙 [별표 2]

교육대상자별 교육 내용 및 시간(제19조 관련)

교육대상자	교육내용	교육시간
1. 법 제19조제1항제1호에 따른 수의사 및 수산질병관리사	공통교육	4시간
2. 영 제19조제1호에 따른 수의 및 수산질병관리 업무를 보조하는 사람	전문교육(수의·수산질병관리 임상, 방역 및 검역, 보유동물 건강관리 등)	4시간
3. 법 제19조제1항제2호에 따른 사육사	공통교육	4시간
4. 영 제19조제1호에 따른 사육 업무를 보조하는 사람	전문교육 (행동풍부화, 긍정강화, 안전관리, 서식환경 및 영양 관리, 동물복지 등)	4시간
5. 제1호부터 제4호까지의 사람 외에 영 제19조제2호에 따른 동물원 또는 수족관에서 1년 이상 연속하여 근무 중인 사람	공통교육	4시간

비고

1. 공통교육은 방역 및 공중위생, 재난·안전 관리, 사고 예방, 동물복지, 동물별 생태습성, 수질 및 생명유지장치(LSS) 운영 등 동물원 또는 수족관 임직원들이 공통으로 알아야 하는 기초 소양에 해당하는 내용을 포함한다.
2. 교육대상자는 공통교육의 경우 동물원 대상 교육기관 또는 수족관 대상 교육기관의 구분 없이 두 교육기관 모두에서 이수할 수 있으며, 전문교육의 경우 동물원에서 근무하는 사람은 동물원 대상 교육기관에서, 수족관에서 근무하는 사람은 수족관 대상 교육기관에서 이수해야 한다.
3. 공통교육 및 전문교육은 집합교육 또는 온라인교육으로 실시할 수 있다.

03

동물원수족관법

시행규칙 별표

491   3.3 동물원 및 수족관의 관리에 관한 법률 시행규칙 별표

제4장

수의사법

[시행 2024. 7. 24.] [법률 제20087호, 2024. 1. 23., 일부개정]

QR코드를 스캔하면, [제4장 수의사법] 서식을 다운로드 받을 수 있습니다.

4.1 수의사법

[시행 2024. 7. 24.] [법률 제20087호, 2024. 1. 23., 일부개정]

제1장 총칙〈개정 2010. 1. 25.〉

제1조(목적)

이 법은 수의사(獸醫師)의 기능과 수의(獸醫)업무에 관하여 **필요한 사항을 규정함으로써 동물의 건강 및 복지 증진, 축산업의 발전과 공중위생의 향상에 기여함**을 목적으로 한다.〈개정 2024. 1. 2.〉

[전문개정 2010. 1. 25.]

제2조(정의)

이 법에서 사용하는 용어의 뜻은 다음과 같다.〈개정 2013. 3. 23., 2019. 8. 27.〉

1. **"수의사"**란 수의업무를 담당하는 사람으로서 **농림축산식품부장관의 면허를 받은 사람**을 말한다.
2. **"동물"이란 소, 말, 돼지, 양, 개, 토끼, 고양이, 조류(鳥類), 꿀벌, 수생동물(水生動物)**, 그 밖에 대통령령[1]으로 정하는 동물을 말한다.
3. **"동물진료업"**이란 동물을 **진료[동물의 사체 검안(檢案)**을 포함한다. 이하 같다]하거나 **동물의 질병을 예방하는 업(業)**을 말한다.

3의2. **"동물보건사"**란 동물병원 내에서 **수의사의 지도 아래 동물의 간호 또는 진료 보조 업무에 종사하는 사람**으로서 농림축산식품부장관의 자격인정을 받은 사람을 말한다.

4. **"동물병원"**이란 동물진료업을 하는 장소로서 제17조에 따른 신고를 한 진료기관을 말한다.

[전문개정 2010. 1. 25.]

---

1) **수의사법 시행령 제2조(정의)**
「수의사법」(이하 "법"이라 한다) 제2조제2호에서 **"대통령령으로 정하는 동물"**이란 다음 각 호의 동물을 말한다.
  1. 노새 · 당나귀
  2. 친칠라 · 밍크 · 사슴 · 메추리 · 꿩 · 비둘기
  3. 시험용 동물
  4. 그 밖에 제1호부터 제3호까지에서 규정하지 아니한 동물로서 포유류 · 조류 · 파충류 및 양서류

제3조(직무)

수의사는 동물의 진료 및 보건과 축산물의 위생 검사에 종사하는 것을 그 직무로 한다.

[전문개정 2010. 1. 25.]

제3조의2(동물의료 육성 · 발전 종합계획의 수립 등)

① 농림축산식품부장관은 **동물의료의 육성 · 발전 등에 관한 종합계획**(이하 "종합계획"이라 한다)을 **5년마다** 수립 · 시행하여야 한다.

② 종합계획에는 다음 각 호의 사항이 포함되어야 한다.

　1. 동물의료의 육성 · 발전을 위한 정책목표 및 추진방향

　2. 동물의료 정책의 추진을 위한 지원체계의 구축 및 개선에 관한 사항

　3. 동물의료 전문인력의 양성 및 활용 방안

　4. 동물의료기술의 향상과 지원 방안

　5. 그 밖에 동물의료의 육성 · 발전에 관한 사항

③ 농림축산식품부장관은 종합계획에 따라 매년 세부 시행계획(이하 "시행계획"이라 한다)을 수립 · 시행하여야 한다.

④ 그 밖에 종합계획 및 시행계획의 수립 · 시행 등에 필요한 사항은 대통령령으로 정한다.

[본조신설 2023. 10. 24.]

제2장 수의사〈개정 2010. 1. 25.〉

제4조(면허)

수의사가 되려는 사람은 제8조에 따른 **수의사 국가시험에 합격한 후** 농림축산식품부령으로 정하는 바에 따라 **농림축산식품부장관의 면허**를 받아야 한다.〈개정 2013. 3. 23.〉

[전문개정 2010. 1. 25.]

제5조(결격사유)

다음 각 호의 어느 하나에 해당하는 사람은 수의사가 될 수 없다.〈개정 2010. 5. 25., 2011. 8. 4., 2014. 3. 18., 2019. 8. 27.〉

　1. 「정신건강증진 및 정신질환자 복지서비스 지원에 관한 법률」 제3조제1호에 따른 정신질환자. 다만, 정신건강의학과전문의가 수의사로서 직무를 수행할 수 있다고 인정하는 사람은 그러하지 아니하다.

　2. 피성년후견인 또는 피한정후견인

3. 마약, 대마(大麻), 그 밖의 향정신성의약품(向精神性醫藥品) 중독자. 다만, 정신건강 의학과전문의가 수의사로서 직무를 수행할 수 있다고 인정하는 사람은 그러하지 아니하다.

4. 이 법, 「가축전염병예방법」, 「축산물위생관리법」, 「동물보호법」, 「의료법」, 「약사법」, 「식품위생법」 또는 「마약류관리에 관한 법률」을 위반하여 금고 이상의 실형을 선고받고 그 집행이 끝나지(집행이 끝난 것으로 보는 경우를 포함한다) 아니하거나 면제되지 아니한 사람

[전문개정 2010. 1. 25.]

제6조(면허의 등록)

① 농림축산식품부장관은 제4조에 따라 면허를 내줄 때에는 면허에 관한 사항을 **면허대장에 등록하고 그 면허증을 발급**하여야 한다.〈개정 2013. 3. 23.〉

② **제1항에 따른** 면허증은 다른 사람에게 빌려주거나 빌려서는 아니 되며, 이를 알선하여서도 아니 된다.〈개정 2020. 2. 11.〉

③ 면허의 등록과 면허증 발급에 필요한 사항은 농림축산식품부령으로 정한다.〈개정 2013. 3. 23.〉

[전문개정 2010. 1. 25.]

제7조 삭제〈1994. 3. 24.〉

제8조(수의사 국가시험)

① 수의사 국가시험은 **매년 농림축산식품부장관이 시행**한다.〈개정 2013. 3. 23.〉

② 수의사 국가시험은 동물의 진료에 필요한 수의학과 수의사로서 갖추어야 할 공중위생에 관한 지식 및 기능에 대하여 실시한다.

③ 농림축산식품부장관은 제1항에 따른 수의사 국가시험의 관리를 대통령령으로 정하는 바에 따라 시험 관리 능력이 있다고 인정되는 관계 전문기관에 맡길 수 있다.〈개정 2013. 3. 23.〉

④ 수의사 국가시험 실시에 필요한 사항은 대통령령으로 정한다.

[전문개정 2010. 1. 25.]

제9조(응시자격)

① 수의사 국가시험에 응시할 수 있는 사람은 제5조 각 호의 어느 하나에 해당되지 아니하는 사람으로서 다음 각 호의 어느 하나에 해당하는 사람으로 한다.〈개정 2012. 2. 22.,

2013. 3. 23.〉

1. **수의학을 전공하는 대학**(수의학과가 설치된 대학의 수의학과를 포함한다)을 졸업하고 **수의학사 학위를 받은 사람**. 이 경우 6개월 이내에 졸업하여 수의학사 학위를 받을 사람을 포함한다.

2. **외국에서** 제1호 전단에 해당하는 학교(농림축산식품부장관이 정하여 고시하는 인정 기준에 해당하는 학교를 말한다)를 졸업하고 **그 국가의 수의사 면허를 받은 사람**

② 제1항제1호 후단에 해당하는 사람이 해당 기간에 수의학사 학위를 받지 못하면 처음부터 응시자격이 없는 것으로 본다.

[전문개정 2010. 1. 25.]

제9조의2(수험자의 부정행위)

① 부정한 방법으로 제8조에 따른 수의사 국가시험에 응시한 사람 또는 수의사 국가시험에서 부정행위를 한 사람에 대하여는 그 시험을 정지시키거나 그 합격을 무효로 한다.

② 제1항에 따라 시험이 정지되거나 합격이 무효가 된 사람은 그 후 두 번까지는 제8조에 따른 수의사 국가시험에 응시할 수 없다.

[전문개정 2010. 1. 25.]

제10조(무면허 진료행위의 금지)

수의사가 아니면 동물을 진료할 수 없다. 다만, 「수산생물질병 관리법」 제37조의2에 따라 수산질병관리사 면허를 받은 사람이 같은 법에 따라 수산생물을 진료하는 경우와 그 밖에 대통령령으로 정하는 진료는 예외로 한다.〈개정 2011. 7. 21.〉

[전문개정 2010. 1. 25.]

제11조(진료의 거부 금지)

동물진료업을 하는 수의사가 동물의 진료를 요구받았을 때에는 정당한 사유 없이 거부하여서는 아니 된다.

[전문개정 2010. 1. 25.]

제12조(진단서 등)

① **수의사는** 자기가 직접 진료하거나 검안하지 아니하고는 **진단서, 검안서, 증명서 또는 처방전**(「전자서명법」에 따른 전자서명이 기재된 전자문서 형태로 작성한 처방전을 포함한다. 이하 같다)을 발급하지 못하며, 「약사법」 제85조제6항에 따른 동물용 의약품(이하 "처방대상 동물용 의약품"이라 한다)을 처방·투약하지 못한다. 다만, 직접 진료하거

나 검안한 수의사가 부득이한 사유로 진단서, 검안서 또는 증명서를 발급할 수 없을 때에는 같은 동물병원에 종사하는 다른 수의사가 진료부 등에 의하여 발급할 수 있다. 〈개정 2012. 2. 22., 2019. 8. 27.〉

② 제1항에 따른 진료 중 **폐사(斃死)한 경우**에 발급하는 **폐사 진단서는 다른 수의사에게서 발급받을 수 있다.**

③ 수의사는 직접 진료하거나 검안한 동물에 대한 진단서, 검안서, 증명서 또는 처방전의 발급을 요구받았을 때에는 정당한 사유 없이 이를 거부하여서는 아니 된다.〈개정 2012. 2. 22.〉

④ 제1항부터 제3항까지의 규정에 따른 진단서, 검안서, 증명서 또는 처방전의 서식, 기재사항, 그 밖에 필요한 사항은 농림축산식품부령으로 정한다.〈신설 2012. 2. 22., 2013. 3. 23.〉

⑤ 제1항에도 불구하고 농림축산식품부장관에게 신고한 **축산농장에 상시고용된 수의사와** 「동물원 및 수족관의 관리에 관한 법률」 제8조에 따라 **허가받은 동물원 또는 수족관에 상시고용된 수의사는 해당 농장, 동물원 또는 수족관의 동물에게** 투여할 목적으로 처방대상 동물용 의약품에 대한 **처방전을 발급할 수 있다.** 이 경우 상시고용된 수의사의 범위, 신고방법, 처방전 발급 및 보존 방법, 진료부 작성 및 보고, 교육, 준수사항 등 그 밖에 필요한 사항은 농림축산식품부령으로 정한다.〈신설 2012. 2. 22., 2013. 3. 23., 2019. 8. 27., 2020. 5. 19., 2022. 12. 13.〉

[전문개정 2010. 1. 25.]

04
수
의
사
법

제12조의2(처방대상 동물용 의약품에 대한 처방전의 발급 등)

① **수의사**(제12조제5항에 따른 축산농장, 동물원 또는 수족관에 상시고용된 수의사를 포함한다. 이하 제2항에서 같다)는 동물에게 처방대상 **동물용 의약품을 투약할 필요가 있을 때에는 처방전을 발급하여야 한다.**〈개정 2019. 8. 27., 2020. 5. 19.〉

② 수의사는 제1항에 따라 처방전을 발급할 때에는 제12조의3제1항에 따른 **수의사처방관리시스템**(이하 "수의사처방관리시스템"이라 한다)을 통하여 **처방전을 발급하여야 한다.** 다만, 전산장애, 출장 진료 그 밖에 대통령령으로 정하는 부득이한 사유로 수의사처방관리시스템을 통하여 처방전을 발급하지 못할 때에는 농림축산식품부령으로 정하는 방법에 따라 처방전을 발급하고 **부득이한 사유가 종료된 날부터 3일 이내에 처방전을 수의사처방관리시스템에 등록하여야 한다.**〈신설 2019. 8. 27.〉

③ 제1항에도 불구하고 **수의사는 본인이 직접 처방대상 동물용 의약품을 처방·조제·투약하는 경우에는 제1항에 따른 처방전을 발급하지 아니할 수 있다. 이 경우 해당 수의사는 수의사처방관리시스템에 처방대상 동물용 의약품의 명칭, 용법 및 용량 등 농림축산식품부령으로 정하는 사항을 입력하여야 한다.**〈개정 2019. 8. 27.〉

④ 제1항에 따른 처방전의 서식, 기재사항, 그 밖에 필요한 사항은 농림축산식품부령으로

정한다.〈개정 2013. 3. 23., 2019. 8. 27.〉

⑤ 제1항에 따라 처방전을 발급한 수의사는 처방대상 동물용 의약품을 조제하여 판매하는
자가 **처방전에 표시된 명칭·용법 및 용량 등에 대하여** 문의한 때에는 즉시 이에 응답하
여야 한다. 다만, 다음 각 호의 어느 하나에 해당하는 경우에는 그러하지 아니하다.〈개
정 2019. 8. 27., 2020. 2. 11.〉

  1. **응급한 동물을 진료 중인 경우**

  2. **동물을 수술 또는 처치 중인 경우**

  3. **그 밖에 문의에 응답할 수 없는 정당한 사유가 있는 경우**

[본조신설 2012. 2. 22.]

[제목개정 2019. 8. 27.]

제12조의3(수의사처방관리시스템의 구축·운영)

① **농림축산식품부장관은 처방대상 동물용 의약품을 효율적으로 관리하기 위하여 수의사
처방관리시스템을 구축하여 운영하여야 한다.**

② 수의사처방관리시스템의 구축·운영에 필요한 사항은 농림축산식품부령으로 정한다.

[본조신설 2019. 8. 27.]

제13조(진료부 및 검안부)

① **수의사는 진료부나 검안부를 갖추어 두고 진료하거나 검안한 사항을 기록하고 서명하여
야 한다.**

② 제1항에 따른 진료부 또는 검안부의 기재사항, 보존기간 및 보존방법, 그 밖에 필요한
사항은 농림축산식품부령으로 정한다.〈개정 2013. 3. 23.〉

③ 제1항에 따른 진료부 또는 검안부는 「전자서명법」에 따른 전자서명이 기재된 전자문
서로 작성·보관할 수 있다.

[전문개정 2010. 1. 25.]

제13조의2(수술 등 중대진료에 관한 설명)

① 수의사는 동물의 생명 또는 신체에 중대한 위해를 발생하게 할 우려가 있는 수술, 수
혈 등 농림축산식품부령으로 정하는 진료(이하 "**수술등중대진료**"라 한다)를 하는 경우
에는 수술등중대진료 전에 동물의 소유자 또는 관리자(이하 "**동물소유자등**"이라 한다)에
게 제2항 각 호의 사항을 설명하고, 서면(전자문서를 포함한다)으로 동의를 받아야 한다.
다만, 설명 및 동의 절차로 수술등중대진료가 지체되면 **동물의 생명이 위험해지거나 동
물의 신체에 중대한 장애를 가져올 우려가 있는 경우에는** 수술등중대진료 이후에 설명하

고 동의를 받을 수 있다.

② 수의사가 제1항에 따라 동물소유자등에게 설명하고 동의를 받아야 할 사항은 다음 각 호와 같다.

   1. 동물에게 발생하거나 발생 가능한 증상의 진단명

   2. 수술등중대진료의 필요성, 방법 및 내용

   3. 수술등중대진료에 따라 전형적으로 발생이 예상되는 후유증 또는 부작용

   4. 수술등중대진료 전후에 동물소유자등이 준수하여야 할 사항

③ 제1항 및 제2항에 따른 설명 및 동의의 방법·절차 등에 관하여 필요한 사항은 농림축산식품부령으로 정한다.

[본조신설 2022. 1. 4.]

제14조(신고)

수의사는 농림축산식품부령으로 정하는 바에 따라 최초로 면허를 받은 후부터 **3년마다 그 실태와 취업상황**(근무지가 변경된 경우를 포함한다) 등을 제23조에 따라 설립된 대한수의사회에 **신고하여야 한다.**〈개정 2013. 3. 23., 2024. 1. 2.〉

[본조신설 2011. 7. 25.]

제15조(진료기술의 보호)

수의사의 진료행위에 대하여는 이 법 또는 다른 법령에 규정된 것을 제외하고는 **누구든지 간섭하여서는 아니 된다.**

[전문개정 2010. 1. 25.]

제16조(기구 등의 우선 공급)

수의사는 진료행위에 필요한 기구, 약품, 그 밖의 시설 및 재료를 우선적으로 공급받을 권리를 가진다.

[전문개정 2010. 1. 25.]

제2장의2 동물보건사〈신설 2019. 8. 27.〉

제16조의2(동물보건사의 자격)

① 동물보건사가 되려는 사람은 다음 각 호의 어느 하나에 해당하는 사람으로서 동물보건사 자격시험에 합격한 후 농림축산식품부령으로 정하는 바에 따라 농림축산식품부

장관의 자격인정을 받아야 한다.〈개정 2024. 1. 30.〉

1. 농림축산식품부장관의 **평가인증**(제16조의4제1항에 따른 평가인증을 말한다. 이하 이 조에서 같다)을 받은 「고등교육법」 제2조제4호에 따른 전문대학 또는 이와 같은 수준 이상의 학교의 동물 간호 관련 학과를 졸업한 사람(동물보건사 **자격시험 응시일부터 6개월 이내에 졸업이 예정된 사람**을 포함한다)

2. 「초·중등교육법」 제2조에 따른 고등학교 졸업자 또는 초·중등교육법령에 따라 같은 수준의 학력이 있다고 인정되는 사람(이하 "고등학교 졸업학력 인정자"라 한다)으로서 농림축산식품부장관의 평가인증을 받은 「평생교육법」 제2조제2호에 따른 **평생교육기관의 고등학교 교과 과정에 상응하는 동물 간호에 관한 교육과정을 이수한 후** 농림축산식품부령으로 정하는 **동물 간호 관련 업무에 1년 이상 종사한 사람**

3. 농림축산식품부장관이 인정하는 **외국의 동물 간호 관련 면허나 자격을 가진 사람**

② 제1항에도 불구하고 입학 당시 평가인증을 받은 학교에 입학한 사람으로서 농림축산식품부장관이 정하여 고시하는 동물 간호 관련 교과목과 학점을 이수하고 졸업한 사람은 같은 항 제1호에 해당하는 사람으로 본다.〈신설 2024. 1. 30.〉

[본조신설 2019. 8. 27.]

제16조의3(동물보건사의 자격시험)

① 동물보건사 자격시험은 **매년** 농림축산식품부장관이 시행한다.

② 농림축산식품부장관은 제1항에 따른 동물보건사 자격시험의 관리를 대통령령으로 정하는 바에 따라 시험 관리 능력이 있다고 인정되는 관계 전문기관에 위탁할 수 있다.

③ 농림축산식품부장관은 제2항에 따라 자격시험의 관리를 위탁한 때에는 그 관리에 필요한 예산을 보조할 수 있다.

④ 제1항부터 제3항까지에서 규정한 사항 외에 동물보건사 자격시험의 실시 등에 필요한 사항은 농림축산식품부령으로 정한다.

[본조신설 2019. 8. 27.]

제16조의4(양성기관의 평가인증)

① **동물보건사 양성과정을 운영하려는 학교 또는 교육기관**(이하 "양성기관"이라 한다)은 농림축산식품부령으로 정하는 기준과 절차에 따라 **농림축산식품부장관의 평가인증을 받을 수 있다.**

② 농림축산식품부장관은 제1항에 따라 평가인증을 받은 양성기관이 다음 각 호의 어느 하나에 해당하는 경우에는 농림축산식품부령으로 정하는 바에 따라 평가인증을 취소할 수 있다. 다만, 제1호에 해당하는 경우에는 평가인증을 취소하여야 한다.

1. 거짓이나 그 밖의 부정한 방법으로 평가인증을 받은 경우

2. 제1항에 따른 양성기관 평가인증 기준에 미치지 못하게 된 경우

[본조신설 2019. 8. 27.]

제16조의5(동물보건사의 업무)

① 동물보건사는 제10조에도 불구하고 동물병원 내에서 수의사의 지도 아래 동물의 간호 또는 진료 보조 업무를 수행할 수 있다.

② 제1항에 따른 구체적인 업무의 범위와 한계 등에 관한 사항은 농림축산식품부령으로 정한다.

[본조신설 2019. 8. 27.]

제16조의6(준용규정)

동물보건사에 대해서는 제5조, 제6조, 제9조의2, 제14조, 제32조제1항제1호·제3호, 같은 조 제3항, 제34조, 제36조제3호를 준용한다. 이 경우 "수의사"는 "동물보건사"로, "면허"는 "자격"으로, "면허증"은 "자격증"으로 본다.

[본조신설 2019. 8. 27.]

제3장 동물병원〈개정 2010. 1. 25.〉

제17조(개설)

① 수의사는 **이 법에 따른 동물병원을 개설하지 아니하고는 동물진료업을 할 수 없다.**

② 동물병원은 다음 각 호의 어느 하나에 해당되는 자가 아니면 개설할 수 없다.〈개정 2013. 7. 30.〉

1. 수의사

2. 국가 또는 지방자치단체

3. 동물진료업을 목적으로 설립된 법인(이하 "동물진료법인"이라 한다)

4. 수의학을 전공하는 대학(수의학과가 설치된 대학을 포함한다)

5. 「민법」이나 특별법에 따라 설립된 비영리법인

③ 제2항제1호부터 제5호까지의 규정에 해당하는 자가 **동물병원을 개설하려면** 농림축산식품부령으로 정하는 바에 따라 특별자치도지사·특별자치시장·시장·군수 또는 자치구의 구청장(이하 "시장·군수"라 한다)에게 **신고하여야 한다.** 신고 사항 중 농림축산식품부령으로 정하는 중요 사항을 변경하려는 경우에도 같다.〈개정 2011. 7. 25., 2013. 3. 23.〉

④ 시장·군수는 제3항에 따른 신고를 받은 경우 그 내용을 검토하여 이 법에 적합하면 신고를 수리하여야 한다.〈신설 2019. 8. 27.〉

⑤ 동물병원의 시설기준은 대통령령으로 정한다.〈개정 2019. 8. 27.〉

[전문개정 2010. 1. 25.]

제17조의2(동물병원의 관리의무)

동물병원 개설자는 자신이 그 동물병원을 관리하여야 한다. 다만, 동물병원 개설자가 부득이한 사유로 그 동물병원을 관리할 수 없을 때에는 **그 동물병원에 종사하는 수의사 중에서 관리자를 지정하여 관리하게 할 수 있다.**

[전문개정 2010. 1. 25.]

제17조의3(동물 진단용 방사선발생장치의 설치·운영)

① **동물을 진단하기 위하여 방사선발생장치**(이하 "동물 진단용 방사선발생장치"라 한다)를 설치·운영하려는 동물병원 개설자는 농림축산식품부령으로 정하는 바에 따라 **시장·군수에게 신고하여야 한다.** 이 경우 시장·군수는 그 내용을 검토하여 이 법에 적합하면 신고를 수리하여야 한다.〈개정 2013. 3. 23., 2019. 8. 27.〉

② 동물병원 개설자는 동물 진단용 방사선발생장치를 설치·운영하는 경우에는 다음 각 호의 사항을 준수하여야 한다.〈개정 2013. 3. 23., 2015. 1. 20.〉

  1. 농림축산식품부령으로 정하는 바에 따라 **안전관리 책임자를 선임할 것**

  2. 제1호에 따른 안전관리 책임자가 그 직무수행에 필요한 사항을 요청하면 동물병원 개설자는 정당한 사유가 없으면 지체 없이 조치할 것

  3. 안전관리 책임자가 안전관리업무를 성실히 수행하지 아니하면 지체 없이 그 직으로부터 해임하고 다른 직원을 안전관리 책임자로 선임할 것

  4. 그 밖에 안전관리에 필요한 사항으로서 농림축산식품부령으로 정하는 사항

③ 동물병원 개설자는 동물 진단용 방사선발생장치를 설치한 경우에는 제17조의5제1항에 따라 농림축산식품부장관이 지정하는 **검사기관 또는 측정기관으로부터** 정기적으로 검**사와 측정을 받아야 하며, 방사선 관계 종사자에 대한 피폭(被曝)관리를 하여야 한다.**〈개정 2013. 3. 23., 2015. 1. 20.〉

④ 제1항과 제3항에 따른 동물 진단용 방사선발생장치의 범위, 신고, 검사, 측정 및 피폭관리 등에 필요한 사항은 농림축산식품부령으로 정한다.〈개정 2013. 3. 23.〉

[본조신설 2010. 1. 25.]

제17조의4(동물 진단용 특수의료장비의 설치 · 운영)

① 동물을 진단하기 위하여 농림축산식품부장관이 고시하는 의료장비(이하 "동물 진단용 특수의료장비"라 한다)를 설치 · 운영하려는 동물병원 개설자는 농림축산식품부령으로 정하는 바에 따라 그 장비를 **농림축산식품부장관에게 등록하여야 한다.**〈개정 2013. 3. 23.〉

② 동물병원 개설자는 동물 진단용 특수의료장비를 농림축산식품부령으로 정하는 설치 인정기준에 맞게 설치 · 운영하여야 한다.〈개정 2013. 3. 23.〉

③ 동물병원 개설자는 동물 진단용 특수의료장비를 설치한 후에는 농림축산식품부령으로 정하는 바에 따라 농림축산식품부장관이 실시하는 **정기적인 품질관리검사를 받아야 한다.**〈개정 2013. 3. 23.〉

④ 동물병원 개설자는 제3항에 따른 품질관리검사 결과 부적합 판정을 받은 동물 진단용 특수의료장비를 사용하여서는 아니 된다.

[본조신설 2010. 1. 25.]

제17조의5(검사 · 측정기관의 지정 등)

① 농림축산식품부장관은 검사용 장비를 갖추는 등 농림축산식품부령으로 정하는 일정한 요건을 갖춘 기관을 동물 진단용 방사선발생장치의 검사기관 또는 측정기관(이하 "검사 · 측정기관"이라 한다)으로 지정할 수 있다.

② 농림축산식품부장관은 제1항에 따른 검사 · 측정기관이 다음 각 호의 어느 하나에 해당하는 경우에는 지정을 취소하거나 6개월 이내의 기간을 정하여 업무의 정지를 명할 수 있다. 다만, 제1호부터 제3호까지의 어느 하나에 해당하는 경우에는 그 지정을 취소하여야 한다.

1. 거짓이나 그 밖의 부정한 방법으로 지정을 받은 경우
2. 고의 또는 중대한 과실로 거짓의 동물 진단용 방사선발생장치 등의 검사에 관한 성적서를 발급한 경우
3. 업무의 정지 기간에 검사 · 측정업무를 한 경우
4. 농림축산식품부령으로 정하는 검사 · 측정기관의 지정기준에 미치지 못하게 된 경우
5. 그 밖에 농림축산식품부장관이 고시하는 검사 · 측정업무에 관한 규정을 위반한 경우

③ 제1항에 따른 검사 · 측정기관의 지정절차 및 제2항에 따른 지정 취소, 업무 정지에 필요한 사항은 농림축산식품부령으로 정한다.

④ 검사 · 측정기관의 장은 검사 · 측정업무를 휴업하거나 폐업하려는 경우에는 농림축산식품부령으로 정하는 바에 따라 농림축산식품부장관에게 신고하여야 한다.〈신설 2019. 8. 27.〉

[본조신설 2015. 1. 20.]

제18조(휴업·폐업의 신고)

동물병원 개설자가 동물진료업을 휴업하거나 폐업한 경우에는 지체 없이 관할 시장·군수에게 신고하여야 한다. 다만, 30일 이내의 휴업인 경우에는 그러하지 아니하다.

[전문개정 2010. 1. 25.]

제19조(수술 등의 진료비용 고지)

① 동물병원 개설자는 수술등중대진료 전에 수술등중대진료에 대한 예상 진료비용을 동물소유자등에게 고지하여야 한다. 다만, 수술등중대진료가 지체되면 동물의 생명 또는 신체에 중대한 장애를 가져올 우려가 있거나 수술등중대진료 과정에서 진료비용이 추가되는 경우에는 수술등중대진료 이후에 진료비용을 고지하거나 변경하여 고지할 수 있다.

② 제1항에 따른 고지 방법 등에 관하여 필요한 사항은 농림축산식품부령으로 정한다.

[본조신설 2022. 1. 4.]

제20조(진찰 등의 진료비용 게시)

① 동물병원 개설자는 진찰, 입원, 예방접종, 검사 등 **농림축산식품부령**2)으로 정하는 동물진료업의 행위에 대한 **진료비용을 동물소유자등이 쉽게 알 수 있도록** 농림축산식품부령으로 정하는 방법으로 **게시하여야** 한다.

② 동물병원 개설자는 제1항에 따라 **게시한 금액을 초과하여 진료비용을 받아서는 아니 된다.**

[본조신설 2022. 1. 4.]

제20조의2(발급수수료)

① 제12조 및 제12조의2에 따른 진단서 등 **발급수수료 상한액은 농림축산식품부령**3)으로 정한다.〈개정 2013. 3. 23.〉

② 동물병원 개설자는 의료기관이 동물소유자등으로부터 징수하는 진단서 등 발급수수료를 농림축산식품부령으로 정하는 바에 따라 고지·게시하여야 한다.〈개정 2013. 3. 23., 2019. 8. 27., 2022. 1. 4.〉

③ 동물병원 개설자는 제2항에서 고지·게시한 금액을 초과하여 징수할 수 없다.

[본조신설 2012. 2. 22.]

---

2) 수의사법 시행규칙 제18조의3(진찰 등의 진료비용 게시 대상 및 방법)

3) 수의사법 시행규칙 제19조(발급수수료)

제20조의3(동물 진료의 분류체계 표준화)

농림축산식품부장관은 동물 진료의 체계적인 발전을 위하여 동물의 질병명, 진료항목 등 동물 진료에 관한 표준화된 분류체계를 작성하여 고시하여야 한다.

[본조신설 2022. 1. 4.]

제20조의4(진료비용 등에 관한 현황의 조사·분석 등)

① 농림축산식품부장관은 동물병원에 대하여 제20조제1항에 따라 동물병원 개설자가 게시한 진료비용 및 그 산정기준 등에 관한 현황을 조사·분석하여 그 결과를 공개할 수 있다.

② 농림축산식품부장관은 제1항에 따른 조사·분석을 위하여 필요한 때에는 동물병원 개설자에게 관련 자료의 제출을 요구할 수 있다. 이 경우 자료의 제출을 요구받은 동물병원 개설자는 정당한 사유가 없으면 이에 따라야 한다.

③ 제1항에 따른 조사·분석 및 결과 공개의 범위·방법·절차에 관하여 필요한 사항은 농림축산식품부령으로 정한다.

[본조신설 2022. 1. 4.]

제21조(공수의)

① 시장·군수는 동물진료 업무의 적정을 도모하기 위하여 동물병원을 개설하고 있는 수의사, 동물병원에서 근무하는 수의사 또는 농림축산식품부령으로 정하는 **축산 관련 비영리법인에서 근무하는 수의사**에게 다음 각 호의 업무를 위촉할 수 있다. 다만, 농림축산식품부령으로 정하는 **축산 관련 비영리법인에서 근무하는 수의사에게는 제3호와 제6호의 업무만 위촉**할 수 있다.〈개정 2013. 3. 23., 2020. 2. 11.〉

1. **동물의 진료**
2. **동물 질병의 조사·연구**
3. **동물 전염병의 예찰 및 예방**
4. **동물의 건강진단**
5. **동물의 건강증진과 환경위생 관리**
6. 그 밖에 동물의 진료에 관하여 시장·군수가 지시하는 사항

② 제1항에 따라 동물진료 업무를 위촉받은 수의사[이하 "공수의(公獸醫)"라 한다]는 시장·군수의 지휘·감독을 받아 위촉받은 업무를 수행한다.

[전문개정 2010. 1. 25.]

제22조(공수의의 수당 및 여비)

① 시장·군수는 공수의에게 수당과 여비를 지급한다.

② 특별시장·광역시장·도지사 또는 특별자치도지사·특별자치시장(이하 "시·도지사"라한다)은 제1항에 따른 수당과 여비의 일부를 부담할 수 있다.〈개정 2011. 7. 25.〉

[전문개정 2010. 1. 25.]

제3장의2 동물진료법인〈신설 2013. 7. 30.〉

제22조의2(동물진료법인의 설립 허가 등)

① 제17조제2항에 따른 **동물진료법인을 설립하려는 자**는 대통령령으로 정하는 바에 따라 정관과 그 밖의 서류를 갖추어 그 법인의 주된 사무소의 소재지를 관할하는 **시·도지사의 허가**를 받아야 한다.

② 동물진료법인은 그 법인이 개설하는 동물병원에 필요한 시설이나 시설을 갖추는 데에 필요한 자금을 보유하여야 한다.

③ 동물진료법인이 재산을 처분하거나 정관을 변경하려면 시·도지사의 허가를 받아야 한다.

④ 이 법에 따른 동물진료법인이 아니면 **동물진료법인이나 이와 비슷한 명칭을 사용할 수 없다.**

[본조신설 2013. 7. 30.]

제22조의3(동물진료법인의 부대사업)

① 동물진료법인은 그 법인이 개설하는 동물병원에서 동물진료업무 외에 다음 각 호의 부대사업을 할 수 있다. 이 경우 부대사업으로 얻은 수익에 관한 회계는 동물진료법인의 다른 회계와 구분하여 처리하여야 한다.

  1. **동물진료나 수의학에 관한 조사·연구**

  2. **「주차장법」 제19조제1항에 따른 부설주차장의 설치·운영**

  3. **동물진료업 수행에 수반되는 동물진료정보시스템 개발·운영 사업 중 대통령령으로 정하는 사업**

② 제1항제2호의 **부대사업**을 하려는 동물진료법인은 **타인에게 임대 또는 위탁하여 운영할 수 있다.**

③ 제1항 및 제2항에 따라 부대사업을 하려는 동물진료법인은 농림축산식품부령으로 정하는 바에 따라 미리 동물병원의 소재지를 관할하는 시·도지사에게 신고하여야 한다. 신고사항을 변경하려는 경우에도 또한 같다.

④ 시·도지사는 제3항에 따른 신고를 받은 경우 그 내용을 검토하여 이 법에 적합하면 신고를 수리하여야 한다.〈신설 2019. 8. 27.〉

[본조신설 2013. 7. 30.]

제22조의4(「민법」의 준용)

동물진료법인에 대하여 이 법에 규정된 것 외에는 「민법」 중 재단법인에 관한 규정을 준용한다.

[본조신설 2013. 7. 30.]

제22조의5(동물진료법인의 설립 허가 취소)

농림축산식품부장관 또는 시·도지사는 동물진료법인이 다음 각 호의 어느 하나에 해당하면 그 설립 허가를 취소할 수 있다.

　　1. 정관으로 정하지 아니한 사업을 한 때
　　2. 설립된 날부터 2년 내에 동물병원을 개설하지 아니한 때
　　3. 동물진료법인이 개설한 동물병원을 폐업하고 2년 내에 동물병원을 개설하지 아니한 때
　　4. 농림축산식품부장관 또는 시·도지사가 감독을 위하여 내린 명령을 위반한 때
　　5. 제22조의3제1항에 따른 부대사업 외의 사업을 한 때

[본조신설 2013. 7. 30.]

제4장 대한수의사회〈개정 2011. 7. 25.〉

제23조(설립)

① 수의사는 **수의업무의 적정한 수행과 수의학술의 연구·보급 및 수의사의 윤리 확립을 위하여** 대통령령으로 정하는 바에 따라 **대한수의사회**(이하 "수의사회"라 한다)를 설립하여야 한다.〈개정 2011. 7. 25.〉
② 수의사회는 법인으로 한다.
③ 수의사는 제1항에 따라 **수의사회가 설립된 때에는 당연히 수의사회의 회원이 된다.**〈신설 2011. 7. 25.〉

[전문개정 2010. 1. 25.]

제24조(설립인가)

수의사회를 설립하려는 경우 그 대표자는 대통령령으로 정하는 바에 따라 정관과 그 밖에 필요한 서류를 농림축산식품부장관에게 제출하여 그 설립인가를 받아야 한다.〈개정 2013. 3. 23.〉

제25조(지부)

수의사회는 대통령령으로 정하는 바에 따라 특별시·광역시·도 또는 특별자치도·특별자치시에 지부(支部)를 설치할 수 있다.〈개정 2011. 7. 25.〉

제25조의2(윤리위원회 설치 등)

① 수의사회는 제32조의2에 따른 면허효력 정지처분 요구에 관한 사항 등을 심의·의결하기 위하여 윤리위원회를 둔다.

② 윤리위원회의 구성 및 운영 등에 필요한 사항은 대통령령으로 정한다.

제26조(「민법」의 준용)

수의사회에 관하여 이 법에 규정되지 아니한 사항은 「민법」 중 사단법인에 관한 규정을 준용한다.

제27조 삭제〈2010. 1. 25.〉

제28조 삭제〈1999. 3. 31.〉

제29조(경비 보조)

국가나 지방자치단체는 동물의 건강증진 및 공중위생을 위하여 필요하다고 인정하는 경우 또는 제37조제3항에 따라 업무를 위탁한 경우에는 수의사회의 운영 또는 업무 수행에 필요한 경비의 전부 또는 일부를 보조할 수 있다.

제5장 감독〈개정 2010. 1. 25.〉

제30조(지도와 명령)

① 농림축산식품부장관, 시·도지사 또는 시장·군수는 동물진료 시책을 위하여 필요하다

고 인정할 때 또는 공중위생상 중대한 위해가 발생하거나 발생할 우려가 있다고 인정할 때에는 대통령령으로 정하는 바에 따라 **수의사 또는 동물병원에 대하여 필요한 지도와 명령을 할 수 있다.** 이 경우 수의사 또는 동물병원의 시설·장비 등이 필요한 때에는 농림축산식품부령으로 정하는 바에 따라 그 **비용을 지급**하여야 한다.〈개정 2011. 7. 25., 2013. 3. 23.〉

② 농림축산식품부장관 또는 시장·군수는 동물병원이 제17조의3제1항부터 제3항까지 및 제17조의4제1항부터 제3항까지의 규정을 위반하였을 때에는 농림축산식품부령으로 정하는 바에 따라 기간을 정하여 그 시설·장비 등의 전부 또는 일부의 사용을 제한 또는 금지하거나 위반한 사항을 시정하도록 명할 수 있다.〈개정 2013. 3. 23.〉

③ 농림축산식품부장관 또는 시장·군수는 동물병원이 정당한 사유 없이 제20조제1항 또는 제2항을 위반하였을 때에는 농림축산식품부령으로 정하는 바에 따라 기간을 정하여 위반한 사항을 시정하도록 명할 수 있다.〈신설 2022. 1. 4.〉

④ **농림축산식품부장관은 인수공통감염병의 방역(防疫)과 진료를 위하여 질병관리청장이 협조를 요청하면 특별한 사정이 없으면 이에 따라야 한다.**〈개정 2013. 3. 23., 2020. 8. 11., 2022. 1. 4.〉

[전문개정 2010. 1. 25.]

제31조(보고 및 업무 감독)

① 농림축산식품부장관은 수의사회로 하여금 회원의 실태와 취업상황 등 농림축산식품부령으로 정하는 사항에 대하여 보고를 하게 하거나 소속 공무원에게 업무 상황과 그 밖의 관계 서류를 검사하게 할 수 있다.〈개정 2011. 7. 25., 2013. 3. 23.〉

② 시·도지사 또는 시장·군수는 수의사 또는 동물병원에 대하여 질병 진료 상황과 가축 방역 및 수의업무에 관한 보고를 하게 하거나 소속 공무원에게 그 업무 상황, 시설 또는 진료부 및 검안부를 검사하게 할 수 있다.

③ 제1항이나 제2항에 따라 검사를 하는 공무원은 그 권한을 표시하는 증표를 지니고 이를 관계인에게 보여 주어야 한다.

[전문개정 2010. 1. 25.]

제32조(면허의 취소 및 면허효력의 정지)

① 농림축산식품부장관은 수의사가 다음 각 호의 어느 하나에 해당하면 그 면허를 취소할 수 있다. 다만, 제1호에 해당하면 그 **면허를 취소하여야 한다.**〈개정 2013. 3. 23.〉

　1. 제5조 각 호의 어느 하나에 해당하게 되었을 때

　2. 제2항에 따른 면허효력 정지기간에 수의업무를 하거나 농림축산식품부령으로 정하

는 기간에 3회 이상 면허효력 정지처분을 받았을 때

3. 제6조제2항을 위반하여 **면허증을 다른 사람에게 대여하였을 때**

② 농림축산식품부장관은 수의사가 다음 각 호의 어느 하나에 해당하면 1년 이내의 기간을 정하여 농림축산식품부령으로 정하는 바에 따라 **면허의 효력을 정지시킬 수 있다.** 이 경우 진료기술상의 판단이 필요한 사항에 관하여는 관계 전문가의 의견을 들어 결정하여야 한다.〈개정 2013. 3. 23., 2024. 1. 23.〉

1. **거짓이나 그 밖의 부정한 방법으로 진단서, 검안서, 증명서 또는 처방전을 발급하였을 때**

2. **관련 서류를 위조하거나 변조하는 등 부정한 방법으로 진료비를 청구하였을 때**

3. **정당한 사유 없이 제30조제1항에 따른 명령을 위반하였을 때**

4. **임상수의학적(臨床獸醫學的)으로 인정되지 아니하는 진료행위를 하였을 때**

5. **학위 수여 사실을 거짓으로 공표하였을 때**

6. **과잉진료행위나 그 밖에 동물병원 운영과 관련된 행위로서 대통령령[4]으로 정하는 행위를 하였을 때**

7. **수의사로서의 품위를 손상시키는 행위로서 대통령령으로 정하는 행위를 하였을 때**

③ 농림축산식품부장관은 제1항에 따라 면허가 취소된 사람이 다음 각 호의 어느 하나에 해당하면 그 면허를 다시 내줄 수 있다.〈개정 2013. 3. 23.〉

1. 제1항제1호의 사유로 면허가 취소된 경우에는 그 취소의 원인이 된 사유가 소멸되었을 때

---

4) 수의사법 시행령 제20조의2(과잉진료행위 등)

법 제32조제2항제6호에서 "**과잉진료행위나 그 밖에 동물병원 운영과 관련된 행위로서 대통령령으로 정하는 행위**"란 다음 각 호의 행위를 말한다. <개정 2013. 3. 23.>

　　1. 불필요한 검사·투약 또는 수술 등 과잉진료행위를 하거나 부당하게 많은 진료비를 요구하는 행위

　　2. **정당한 사유 없이 동물의 고통을 줄이기 위한 조치를 하지 아니하고 시술하는 행위나 그 밖에 이에 준하는 행위로서 농림축산식품부령으로 정하는 행위**

　　3. 허위광고 또는 과대광고 행위

　　4. **동물병원의 개설자격이 없는 자에게 고용되어 동물을 진료하는 행위**

　　5. **다른 동물병원을 이용하려는 동물의 소유자 또는 관리자를 자신이 종사하거나 개설한 동물병원으로 유인하거나 유인하게 하는 행위**

　　6. 법 제11조, 제12조제1항·제3항, 제13조제1항·제2항 또는 제17조제1항을 **위반하는 행위**

　　[전문개정 2011. 1. 24.]

※ 수의사법 시행규칙 제23조(과잉진료행위 등)

영 제20조의2제2호에서 "**농림축산식품부령으로 정하는 행위**"란 다음 각 호의 행위를 말한다. <개정 2013. 3. 23.>

　　1. **소독 등 병원 내 감염을 막기 위한 조치를 취하지 아니하고 시술하여 질병이 악화되게 하는 행위**

　　2. **예후가 불명확한 수술 및 처치 등을 할 때 그 위험성 및 비용을 알리지 아니하고 이를 하는 행위**

　　3. **유효기간이 지난 약제를 사용하거나 정당한 사유 없이** 응급진료가 필요한 동물을 방치하여 질병이 악화되게 하는 행위

　　[전문개정 2011. 1. 26.]

2. 제1항제2호 및 제3호의 사유로 면허가 취소된 경우에는 면허가 취소된 후 2년이 지났을 때

④ 동물병원은 해당 동물병원 개설자가 **제2항제1호 또는 제2호에 따라** 면허효력 정지처분을 받았을 때에는 그 면허효력 정지기간에 동물진료업을 할 수 없다.

[전문개정 2010. 1. 25.]

제32조의2(수의사회의 면허효력 정지처분 요구)

수의사회의 장은 수의사가 제32조제2항제7호에 해당하는 경우에는 제25조의2에 따른 윤리위원회의 심의·의결을 거쳐 농림축산식품부장관에게 면허효력 정지처분을 요구할 수 있다.

[본조신설 2024. 1. 23.]

제33조(동물진료업의 정지)

시장·군수는 동물병원이 다음 각 호의 어느 하나에 해당하면 농림축산식품부령으로 정하는 바에 따라 1년 이내의 기간을 정하여 그 **동물진료업의 정지**를 명할 수 있다.〈개정 2013. 3. 23., 2022. 1. 4.〉

1. 개설신고를 한 날부터 3개월 이내에 **정당한 사유 없이 업무를 시작하지 아니할 때**
2. **무자격자에게 진료행위를 하도록 한 사실이 있을 때**
3. 제17조제3항 후단에 따른 변경신고 또는 제18조 본문에 따른 **휴업의 신고를 하지 아니하였을 때**
4. **시설기준에 맞지 아니할 때**
5. 제17조의2를 위반하여 동물병원 개설자 자신이 그 **동물병원을 관리하지 아니하거나 관리자를 지정하지 아니하였을 때**
6. 동물병원이 제30조제1항에 따른 **명령을 위반하였을 때**
7. 동물병원이 제30조제2항에 따른 **사용 제한 또는 금지 명령을 위반하거나 시정 명령을 이행하지 아니하였을 때**
7의2. 동물병원이 제30조제3항에 따른 **시정 명령을 이행하지 아니하였을 때**
8. 동물병원이 제31조제2항에 따른 **관계 공무원의 검사를 거부·방해 또는 기피하였을 때**

[전문개정 2010. 1. 25.]

제33조의2(과징금 처분)

① 시장·군수는 동물병원이 제33조 각 호의 어느 하나에 해당하는 때에는 대통령령으로 정하는 바에 따라 동물진료업 정지 처분을 갈음하여 5천만원 이하의 과징금을 부과할 수 있다.

② 제1항에 따른 과징금을 부과하는 위반행위의 종류와 위반정도 등에 따른 과징금의 금액과 그 밖에 필요한 사항은 대통령령으로 정한다.

③ 시장·군수는 제1항에 따른 과징금을 부과받은 자가 기한 안에 과징금을 내지 아니한 때에는 「지방행정제재·부과금의 징수 등에 관한 법률」에 따라 징수한다.〈개정 2020. 3. 24.〉

[본조신설 2020. 2. 11.]

제6장 보칙〈개정 2010. 1. 25.〉

제34조(연수교육)

① 농림축산식품부장관은 수의사에게 자질 향상을 위하여 필요한 연수교육을 받게 할 수 있다.〈개정 2013. 3. 23.〉

② 국가나 지방자치단체는 제1항에 따른 연수교육에 필요한 경비를 부담할 수 있다.

③ 제1항에 따른 연수교육에 필요한 사항은 **농림축산식품부령**[5]으로 정한다.〈개정 2013. 3. 23.〉

[전문개정 2010. 1. 25.]

제35조 삭제〈1999. 3. 31.〉

제36조(청문)

농림축산식품부장관 또는 시장·군수는 다음 각 호의 어느 하나에 해당하는 처분을 하려면 청문을 실시하여야 한다.〈개정 2013. 3. 23., 2015. 1. 20.〉

　1. 제17조의5제2항에 따른 검사·측정기관의 지정취소

　2. 제30조제2항에 따른 시설·장비 등의 사용금지 명령

　3. 제32조제1항에 따른 수의사 면허의 취소

[전문개정 2010. 1. 25.]

제37조(권한의 위임 및 위탁)

① 이 법에 따른 농림축산식품부장관의 권한은 대통령령으로 정하는 바에 따라 그 일부를 시·도지사에게 위임할 수 있다.〈개정 2013. 3. 23.〉

② 농림축산식품부장관은 대통령령으로 정하는 바에 따라 제17조의4제1항에 따른 등록 업무, 제17조의4제3항에 따른 품질관리검사 업무, 제17조의5제1항에 따른 검사·측정

---

　5) **수의사법 시행규칙 제26조(수의사 연수교육)** – 매년 10시간 이상의 연수교육을 받아야 한다.

기관의 지정 업무, 제17조의5제2항에 따른 지정 취소 업무 및 제17조의5제4항에 따른 휴업 또는 폐업 신고에 관한 업무를 수의업무를 전문적으로 수행하는 행정기관에 위임할 수 있다.〈개정 2013. 3. 23., 2015. 1. 20., 2019. 8. 27.〉

③ 농림축산식품부장관 및 시·도지사는 대통령령으로 정하는 바에 따라 수의(동물의 간호 또는 진료 보조를 포함한다) 및 공중위생에 관한 업무의 일부를 제23조에 따라 설립된 수의사회에 위탁할 수 있다.〈개정 2011. 7. 25., 2013. 3. 23., 2019. 8. 27.〉

④ 농림축산식품부장관은 대통령령으로 정하는 바에 따라 제20조의3에 따른 동물 진료의 분류체계 표준화 및 제20조의4제1항에 따른 진료비용 등의 현황에 관한 조사·분석 업무의 일부를 관계 전문기관 또는 단체에 위탁할 수 있다.〈신설 2022. 1. 4.〉

[전문개정 2010. 1. 25.]

제38조(수수료)

다음 각 호의 어느 하나에 해당하는 자는 농림축산식품부령으로 정하는 바에 따라 수수료를 내야 한다.〈개정 2013. 3. 23., 2019. 8. 27.〉

　　1. 제6조(제16조의6에서 준용하는 경우를 포함한다)에 따른 수의사 면허증 또는 동물보건사 자격증을 재발급받으려는 사람

　　2. 제8조에 따른 수의사 국가시험에 응시하려는 사람

　2의2. 제16조의3에 따른 동물보건사 자격시험에 응시하려는 사람

　　3. 제17조제3항에 따라 동물병원 개설의 신고를 하려는 자

　　4. 제32조제3항(제16조의6에서 준용하는 경우를 포함한다)에 따라 수의사 면허 또는 동물보건사 자격을 다시 부여받으려는 사람

[본조신설 2010. 1. 25.]

제38조의2(벌칙 적용에서 공무원 의제)

① 제8조제3항 및 제16조의3제2항에 따라 위탁받은 업무에 종사하는 관계 전문기관의 임직원은 「형법」 제127조 및 제129조부터 제132조까지를 적용할 때에는 공무원으로 본다.

② 다음 각 호의 어느 하나에 해당하는 사람은 「형법」 제129조부터 제132조까지를 적용할 때에는 공무원으로 본다.

　　1. 제17조의5제1항에 따라 지정된 검사·측정기관의 임직원

　　2. 제37조제3항에 따라 위탁받은 업무에 종사하는 수의사회의 임직원

　　3. 제37조제4항에 따라 위탁받은 업무에 종사하는 관계 전문기관 또는 단체의 임직원

[본조신설 2023. 10. 24.]

제7장 벌칙〈개정 2010. 1. 25.〉

제39조(벌칙)

① 다음 각 호의 어느 하나에 해당하는 사람은 2년 이하의 징역 또는 2천만원 이하의 벌금에 처하거나 이를 병과(倂科)할 수 있다.〈개정 2013. 7. 30., 2016. 12. 27., 2019. 8. 27., 2020. 2. 11.〉

    1. 제6조제2항(제16조의6에 따라 준용되는 경우를 포함한다)을 위반하여 수의사 면허증 또는 동물보건사 자격증을 다른 사람에게 빌려주거나 빌린 사람 또는 이를 알선한 사람

    2. 제10조를 위반하여 동물을 진료한 사람

    3. 제17조제2항을 위반하여 동물병원을 개설한 자

② 다음 각 호의 어느 하나에 해당하는 자는 300만원 이하의 벌금에 처한다.〈신설 2013. 7. 30.〉

    1. 제22조의2제3항을 위반하여 허가를 받지 아니하고 재산을 처분하거나 정관을 변경한 동물진료법인

    2. 제22조의2제4항을 위반하여 **동물진료법인이나 이와 비슷한 명칭**을 사용한 자

[전문개정 2010. 1. 25.]

제40조 삭제〈1999. 3. 31.〉

제41조(과태료)

① 다음 각 호의 어느 하나에 해당하는 자에게는 **500만원 이하의 과태료**를 부과한다.

    1. 제11조를 위반하여 정당한 사유 없이 동물의 진료 요구를 거부한 사람

    2. 제17조제1항을 위반하여 동물병원을 개설하지 아니하고 동물진료업을 한 자

    3. 제17조의4제4항을 위반하여 부적합 판정을 받은 동물 진단용 특수의료장비를 사용한 자

② 다음 각 호의 어느 하나에 해당하는 자에게는 **100만원 이하의 과태료**를 부과한다.〈개정 2011. 7. 25., 2012. 2. 22., 2013. 7. 30., 2015. 1. 20., 2019. 8. 27., 2022. 1. 4.〉

    1. 제12조제1항을 위반하여 거짓이나 그 밖의 부정한 방법으로 진단서, 검안서, 증명서 또는 처방전을 발급한 사람

    1의2. 제12조제1항을 위반하여 처방대상 동물용 의약품을 직접 진료하지 아니하고 처방·투약한 자

    1의3. 제12조제3항을 위반하여 정당한 사유 없이 진단서, 검안서, 증명서 또는 처방전의 발급을 거부한 자

    1의4. 제12조제5항을 위반하여 신고하지 아니하고 처방전을 발급한 수의사

1의5. 제12조의2제1항을 위반하여 처방전을 발급하지 아니한 자

1의6. 제12조의2제2항 본문을 위반하여 수의사처방관리시스템을 통하지 아니하고 처방전을 발급한 자

1의7. 제12조의2제2항 단서를 위반하여 부득이한 사유가 종료된 후 3일 이내에 처방전을 수의사처방관리시스템에 등록하지 아니한 자

1의8. 제12조의2제3항 후단을 위반하여 처방대상 동물용 의약품의 명칭, 용법 및 용량 등 수의사처방관리시스템에 입력하여야 하는 사항을 입력하지 아니하거나 거짓으로 입력한 자

2. 제13조를 위반하여 진료부 또는 검안부를 갖추어 두지 아니하거나 진료 또는 검안한 사항을 기록하지 아니하거나 거짓으로 기록한 사람

2의2. 제13조의2를 위반하여 동물소유자등에게 설명을 하지 아니하거나 서면으로 동의를 받지 아니한 자

2의3. 제14조(제16조의6에 따라 준용되는 경우를 포함한다)에 따른 신고를 하지 아니한 자

3. 제17조의2를 위반하여 동물병원 개설자 자신이 그 동물병원을 관리하지 아니하거나 관리자를 지정하지 아니한 자

4. 제17조의3제1항 전단에 따른 신고를 하지 아니하고 동물 진단용 방사선발생장치를 설치·운영한 자

4의2. 제17조의3제2항에 따른 준수사항을 위반한 자

5. 제17조의3제3항에 따라 정기적으로 검사와 측정을 받지 아니하거나 방사선 관계 종사자에 대한 피폭관리를 하지 아니한 자

6. 제18조를 위반하여 동물병원의 휴업·폐업의 신고를 하지 아니한 자

6의2. 제19조를 위반하여 수술등중대진료에 대한 예상 진료비용 등을 고지하지 아니한 자

6의3. 제20조의2제3항을 위반하여 고지·게시한 금액을 초과하여 징수한 자

6의4. 제20조의4제2항에 따른 자료제출 요구에 정당한 사유 없이 따르지 아니하거나 거짓으로 자료를 제출한 자

6의5. 제22조의3제3항을 위반하여 신고하지 아니한 자

7. 제30조제2항에 따른 사용 제한 또는 금지 명령을 위반하거나 시정 명령을 이행하지 아니한 자

7의2. 제30조제3항에 따른 시정 명령을 이행하지 아니한 자

8. 제31조제2항에 따른 보고를 하지 아니하거나 거짓 보고를 한 자 또는 관계 공무원의 검사를 거부·방해 또는 기피한 자

9. 정당한 사유 없이 제34조(제16조의6에 따라 준용되는 경우를 포함한다)에 따른 연수교육을 받지 아니한 사람

③ 제1항이나 제2항에 따른 과태료는 대통령령으로 정하는 바에 따라 농림축산식품부장관, 시·도지사 또는 시장·군수가 부과·징수한다.〈개정 2013. 3. 23.〉

[전문개정 2010. 1. 25.]

부칙〈제20168호, 2024. 1. 30.〉

제1조(시행일)
이 법은 공포한 날부터 시행한다.

제2조(동물보건사 시험 응시 자격에 관한 적용례)
제16조의2제2항의 개정규정은 이 법 시행 전에 동물보건사 양성기관 평가인증을 받은 학교에 입학한 사람에 대하여도 적용한다.

수의사법 시행령

[시행 2024. 4. 25.] [대통령령 제34409호, 2024. 4. 16., 일부개정]

제1조(목적)

이 영은 「수의사법」에서 위임된 사항과 그 시행에 필요한 사항을 규정함을 목적으로 한다.

[전문개정 2011. 1. 24.]

제2조(정의)

「수의사법」(이하 "법"이라 한다) 제2조제2호에서 **"대통령령으로 정하는 동물"**이란 다음 각호의 동물을 말한다.

1. 노새·당나귀
2. 친칠라·밍크·사슴·메추리·꿩·비둘기
3. 시험용 동물
4. 그 밖에 제1호부터 제3호까지에서 규정하지 아니한 동물로서 포유류·조류·파충류 및 양서류

[전문개정 2011. 1. 24.]

제2조의2(동물의료 육성·발전 종합계획)

① 농림축산식품부장관은 법 제3조의2제1항에 따른 동물의료 육성·발전 등에 관한 종합계획(이하 "종합계획"이라 한다)의 수립·변경을 위해 필요하다고 인정하는 경우에는 관계 행정기관, 공공기관 및 법인·단체에 자료 제출 등 협조를 요청할 수 있다.

② 농림축산식품부장관은 종합계획을 수립하거나 변경한 경우에는 농림축산식품부의 인터넷 홈페이지에 그 내용을 게재해야 한다.

[본조신설 2024. 4. 16.]

제2조의3(동물의료 육성·발전 세부 시행계획)

① 법 제3조의2제3항에 따른 세부 시행계획(이하 "시행계획"이라 한다)에는 다음 각 호의 사항이 포함되어야 한다.

1. 해당 연도의 정책목표 및 추진방향
2. 종합계획에 따른 세부 집행계획 및 추진 방안
3. 동물의료기술 향상과 지원을 위한 재원 조달 및 운용 계획
4. 그 밖에 종합계획의 효율적 시행을 위해 농림축산식품부장관이 필요하다고 인정하

는 사항

② 농림축산식품부장관은 시행계획의 효율적 수립을 위해 필요하다고 인정하는 경우에는 매년 시행계획에 따른 추진실적을 분석·평가하여 그 결과를 다음에 수립하는 시행계획에 반영할 수 있다.

③ 시행계획의 수립을 위한 협조 요청 및 시행계획의 공고 절차에 관하여는 제2조의2제1항 및 제2항을 준용한다.

[본조신설 2024. 4. 16.]

제3조(수의사 국가시험위원회)

법 제8조에 따른 수의사 국가시험(이하 "국가시험"이라 한다)의 시험문제 출제 및 합격자 사정(查定) 등 국가시험의 원활한 시행을 위하여 농림축산식품부에 수의사 국가시험위원회(이하"위원회"라 한다)를 둔다.〈개정 2013. 3. 23.〉 [전문개정 2011. 1. 24.]

제4조(위원회의 구성 및 기능)

① 위원회는 위원장 1명, 부위원장 1명과 13명 이내의 위원으로 구성한다.

② 위원장은 농림축산식품부차관이 되고, 부위원장은 농림축산식품부의 수의(獸醫)업무를 담당하는 3급 공무원 또는 고위공무원단에 속하는 일반직공무원이 된다.〈개정 2013. 3. 23.〉

③ 위원은 수의학 및 공중위생에 관한 전문지식과 경험이 풍부한 사람 중에서 농림축산식품부장관이 위촉한다.〈개정 2013. 3. 23.〉

④ 제3항에 따라 위촉된 위원의 임기는 위촉된 날부터 2년으로 한다.

⑤ 위원회의 서무를 처리하기 위하여 간사 1명과 서기 몇 명을 두며, 농림축산식품부 소속 공무원 중에서 위원장이 지정한다.〈개정 2013. 3. 23.〉

⑥ 위원회는 다음 각 호의 사항에 관하여 심의한다.

    1. 국가시험 제도의 개선 및 운영에 관한 사항

    2. 제9조의2에 따른 출제위원의 선정에 관한 사항

    3. 국가시험의 시험문제 출제, 과목별 배점 및 합격자 사정에 관한 사항

    4. 그 밖에 국가시험과 관련하여 위원장이 회의에 부치는 사항

⑦ 이 영에서 규정한 사항 외에 위원회의 운영에 필요한 사항은 위원장이 정한다.

[전문개정 2011. 1. 24.]

제4조의2(위원의 해촉)

농림축산식품부장관은 제4조제3항에 따른 위원이 다음 각 호의 어느 하나에 해당하는 경우

에는 해당 위원을 해촉(解囑)할 수 있다.

    1. 심신장애로 인하여 직무를 수행할 수 없게 된 경우

    2. 직무와 관련된 비위사실이 있는 경우

    3. 직무태만, 품위손상이나 그 밖의 사유로 인하여 위원으로 적합하지 아니하다고 인정되는 경우

    4. 위원 스스로 직무를 수행하는 것이 곤란하다고 의사를 밝히는 경우

[본조신설 2016. 5. 10.]

제5조(위원장의 직무 등)

① 위원장은 위원회의 업무를 총괄하고, 위원회를 대표한다.

② 부위원장은 위원장을 보좌하며, 위원장이 부득이한 사유로 직무를 수행할 수 없을 때에는 위원장의 직무를 대행한다.

[전문개정 2011. 1. 24.]

제6조(위원회의 회의)

① 위원장은 위원회의 회의를 소집하고, 그 의장이 된다.

② 위원장은 회의를 소집하려면 회의의 일시·장소 및 안건을 회의 개최 3일 전까지 각 위원에게 서면으로 통지하여야 한다. 다만, 긴급한 안건의 경우에는 그러하지 아니한다.

③ 위원회의 회의는 위원장 및 부위원장을 포함한 위원 과반수의 출석으로 개의(開議)하고, 출석위원 과반수의 찬성으로 의결한다.

[전문개정 2011. 1. 24.]

제7조(수당 등)

위원회에 출석한 위원에게는 예산의 범위에서 수당과 여비를 지급한다.

[전문개정 2011. 1. 24.]

제8조(공고)

농림축산식품부장관(제11조에 따른 행정기관에 국가시험의 관리업무를 맡기는 경우에는 해당 행정기관의 장을 말한다. 이하 제9조, 제9조의2 및 제10조에서 같다)은 **국가시험을 실시하려면 시험 실시 90일 전까지** 시험과목, 시험장소, 시험일시, 응시원서 제출기간, 그 밖에 시험의 시행에 필요한 사항을 공고하여야 한다.〈개정 2012. 5. 1., 2013. 3. 23.〉

[전문개정 2011. 1. 24.]

제9조(시험과목 등)

① 국가시험의 시험과목은 다음 각 호와 같다.

　　1. 기초수의학

　　2. 예방수의학

　　3. 임상수의학

　　4. 수의법규·축산학

② 제1항에 따른 시험과목별 시험내용 및 출제범위는 농림축산식품부장관이 위원회의 심의를 거쳐 정한다.〈개정 2013. 3. 23.〉

③ 국가시험은 필기시험으로 하되, 필요하다고 인정할 때에는 실기시험 또는 구술시험을 병행할 수 있다.

④ 국가시험은 전 과목 총점의 60퍼센트 이상, 매 과목 40퍼센트 이상 득점한 사람을 합격자로 한다.

[전문개정 2011. 1. 24.]

제9조의2(출제위원 등)

① 농림축산식품부장관은 국가시험을 실시할 때마다 수의학 및 공중위생에 관한 전문지식과 경험이 풍부한 사람 중에서 시험과목별로 시험문제의 출제 및 채점을 담당할 사람(이하 "출제위원"이라 한다) 2명 이상을 위촉한다.〈개정 2013. 3. 23.〉

② 제1항에 따라 위촉된 출제위원의 임기는 위촉된 날부터 해당 국가시험의 합격자 발표일까지로 한다. 이 경우 농림축산식품부장관은 필요하다고 인정할 때에는 그 임기를 연장할 수 있다.〈개정 2013. 3. 23.〉

③ 제1항에 따라 위촉된 출제위원에게는 예산의 범위에서 수당과 여비를 지급하며, 국가시험의 관리·감독 업무에 종사하는 사람(소관 업무와 직접 관련된 공무원은 제외한다)에게는 예산의 범위에서 수당을 지급한다.

[전문개정 2011. 1. 24.]

제10조(응시 절차)

국가시험에 응시하려는 사람은 농림축산식품부장관이 정하는 응시원서를 농림축산식품부장관에게 제출하여야 한다. 이 경우 법 제9조제1항 각 호에 해당하는지의 확인을 위하여 농림축산식품부령으로 정하는 서류를 응시원서에 첨부하여야 한다.〈개정 2013. 3. 23.〉

[전문개정 2011. 1. 24.]

제11조(관계 전문기관의 국가시험 관리 등)

① 농림축산식품부장관이 법 제8조제3항에 따라 국가시험의 관리를 맡길 수 있는 관계 전문기관은 수의업무를 전문적으로 수행하는 행정기관으로 한다.〈개정 2013. 3. 23.〉

② 농림축산식품부장관이 제1항에 따른 행정기관에 국가시험의 관리업무를 맡기는 경우에는 제3조에도 불구하고 위원회를 해당 행정기관(이하 이 항에서 "시험관리기관"이라 한다)에 둔다. 이 경우 제4조를 적용할 때 "농림축산식품부장관" 및 "농림축산식품부차관"은 각각 "시험관리기관의 장"으로 보고, "농림축산식품부의 수의업무를 담당하는 3급 공무원 또는 고위공무원단에 속하는 일반직공무원"은 "시험관리기관의 장이 지정하는 사람"으로 보며, "농림축산식품부 소속 공무원"은 "시험관리기관 소속 공무원"으로 본다.〈개정 2013. 3. 23.〉

[전문개정 2011. 1. 24.]

제12조(수의사 외의 사람이 할 수 있는 진료의 범위)

법 제10조 단서에서 "대통령령으로 정하는 진료"란 다음 각 호의 행위를 말한다.〈개정 2013. 3. 23., 2016. 12. 30., 2021. 8. 24., 2024. 4. 16.〉

1. 수의학을 전공하는 대학(수의학과가 설치된 대학의 수의학과를 포함한다)에서 수의학을 전공하는 학생이 수의사의 자격을 가진 지도교수의 지시·감독을 받아 전공 분야와 관련된 실습을 하기 위하여 하는 진료행위

2. 제1호의 학생이 수의사의 자격을 가진 지도교수 또는 동물진료업에 종사하는 수의사의 지시·감독을 받아 하는 다음 각 목의 진료행위

   가. 축산 농가에서 하는 봉사활동 목적의 진료행위

   나. 다음의 기관·시설에서 하는 봉사활동 목적의 진료행위

   　　1) 「동물보호법」 제35조에 따라 설치된 동물보호센터

   　　2) 「동물보호법」 제36조에 따라 지정된 동물보호센터

   　　3) 「동물보호법」 제37조에 따라 신고된 민간동물보호시설

3. 축산 농가에서 자기가 사육하는 다음 각 목의 가축에 대한 진료행위

   가. 「축산법」 제22조제1항제4호에 따른 허가 대상인 가축사육업의 가축

   나. 「축산법」 제22조제3항에 따른 등록 대상인 가축사육업의 가축

   다. 그 밖에 농림축산식품부장관이 정하여 고시[6]하는 가축

---

[6] 축산 농가에서 자기가 사육하는 가축에 대한 진료행위를 할 수 있는 가축의 종류[**시행** 2022. 1. 25.] [농림축산식품부고시 제2022−17호, 2022. 1. 25., 일부개정]
  제2조(**가축의 종류**) 축산 농가에서 「축산법」 제22조제1항제4호에 따른 허가 대상인 가축사육업의 가축 및 「축산법」 제22조제3항에 따른 등록 대상인 가축사육업의 가축 외에 **자기가 사육하는 가축에 대한 진**

4. 농림축산식품부령으로 정하는 비업무로 수행하는 무상 진료행위

[전문개정 2011. 1. 24.]

제12조의2(처방전을 발급하지 못하는 부득이한 사유)

법 제12조의2제2항 단서에서 "대통령령으로 정하는 부득이한 사유"란 응급을 요하는 동물의 수술 또는 처치를 말한다.

[본조신설 2020. 2. 25.]

제12조의3(동물보건사 자격시험의 관리업무 위탁)

① 농림축산식품부장관은 법 제16조의3제2항에 따라 동물보건사 자격시험의 관리업무를 다음 각 호의 어느 하나에 해당하는 자에게 위탁할 수 있다.

1. 「민법」 제32조에 따라 농림축산식품부장관의 허가를 받아 설립된 비영리법인
2. 「공공기관의 운영에 관한 법률」 제4조에 따른 공공기관
3. 그 밖에 동물보건사 자격시험의 관리업무를 수행하기에 적합하다고 농림축산식품부장관이 인정하는 관계 전문기관

② 농림축산식품부장관은 제1항에 따라 업무를 위탁하는 경우에는 위탁받는 자와 위탁업무의 내용을 고시해야 한다.

[본조신설 2022. 7. 4.]

제13조(동물병원의 시설기준)

① 법 제17조제5항에 따른 동물병원의 시설기준은 다음 각 호와 같다.〈개정 2014. 12. 9., 2020. 2. 25., 2023. 4. 27., 2024. 4. 16.〉

1. 개설자가 수의사인 동물병원: 진료실·처치실·조제실, 그 밖에 **청결유지와 위생관리에 필요한 시설**을 갖출 것. 다만, 축산 농가가 사육하는 가축(소·말·돼지·염소·사슴·노새·당나귀·닭·오리·메추리·꿩·꿀벌을 말한다) 및 수생동물에 대한 **출장진료만을 하는 동물병원**은 진료실과 처치실을 갖추지 아니할 수 있다.
2. 개설자가 수의사가 아닌 동물병원: 진료실·처치실·조제실·임상병리검사실, 그 밖에 **청결유지와 위생관리에 필요한 시설**을 갖출 것. 다만, 지방자치단체가 「동물보호법」 제35조제1항에 따라 설치·운영하는 **동물보호센터의 동물만을 진료·처치하기 위하여 직접 설치하는 동물병원의 경우에는 임상병리검사실을 갖추지 아니할 수 있다.**

료행위를 할 수 있는 가축의 종류는 다음 각 호와 같다.
1. 말 2. 노새 3. 당나귀 4. 토끼 5. 꿀벌 6. 오소리 7. 지렁이 8. 관상조류 9. 가축 사육시설(축사)의 면적이 10㎡ 미만인 닭, 오리, 거위, 칠면조, 메추리, 타조, 꿩, 기러기

② 제1항에 따른 시설의 세부 기준은 농림축산식품부령으로 정한다.〈개정 2013. 3. 23.〉

[전문개정 2011. 1. 24.]

제13조의2(동물진료법인의 설립 허가 신청)

법 제22조의2제1항에 따라 같은 법 제17조제2항제3호에 따른 동물진료법인(이하 "동물진료법인"이라 한다)을 설립하려는 자는 동물진료법인 설립허가신청서에 농림축산식품부령으로 정하는 서류를 첨부하여 그 법인의 주된 사무소의 소재지를 관할하는 특별시장·광역시장·도지사 또는 특별자치도지사·특별자치시장(이하 "시·도지사"라 한다)에게 제출하여야 한다.

[본조신설 2013. 10. 30.]

제13조의3(동물진료법인의 재산 처분 또는 정관 변경의 허가 신청)

법 제22조의2제3항에 따라 재산 처분이나 정관 변경에 대한 허가를 받으려는 동물진료법인은 재산처분허가신청서 또는 정관변경허가신청서에 농림축산식품부령으로 정하는 서류를 첨부하여 그 법인의 주된 사무소의 소재지를 관할하는 시·도지사에게 제출하여야 한다.

[본조신설 2013. 10. 30.]

제13조의4(동물진료정보시스템 개발·운영 사업)

법 제22조의3제1항제3호에서 "대통령령으로 정하는 사업"이란 다음 각 호의 사업을 말한다.

1. 진료부(진단서 및 증명서를 포함한다)를 전산으로 작성·관리하기 위한 시스템의 개발·운영 사업
2. 동물의 진단 등을 위하여 의료기기로 촬영한 영상기록을 저장·전송하기 위한 시스템의 개발·운영 사업

[본조신설 2013. 10. 30.]

제14조(수의사회의 설립인가)

법 제24조에 따라 수의사회의 설립인가를 받으려는 자는 다음 각 호의 서류를 농림축산식품부장관에게 제출하여야 한다.〈개정 2013. 3. 23.〉

1. 정관
2. 자산 명세서
3. 사업계획서 및 수지예산서
4. 설립 결의서
5. 설립 대표자의 선출 경위에 관한 서류
6. 임원의 취임 승낙서와 이력서

[전문개정 2011. 1. 24.]

제15조 삭제〈2014. 12. 9.〉
제16조 삭제〈2014. 12. 9.〉
제17조 삭제〈1999. 2. 26.〉

제18조(지부의 설치)

수의사회는 법 제25조에 따라 지부를 설치하려는 경우에는 그 설립등기를 완료한 날부터 3개월 이내에 특별시·광역시·도 또는 특별자치도·특별자치시에 지부를 설치하여야 한다.〈개정 2013. 10. 30.〉

[전문개정 2011. 1. 24.]

제18조의2(윤리위원회의 설치)

수의사회는 법 제23조제1항에 따라 수의업무의 적정한 수행과 수의사의 윤리 확립을 도모하고, 법 제32조제2항 각 호 외의 부분 후단에 따른 의견의 제시 등을 위하여 정관에서 정하는 바에 따라 윤리위원회를 설치·운영할 수 있다.

[전문개정 2011. 1. 24.]

제19조

[종전 제19조는 제21조로 이동 〈2011. 1. 24.〉]

제20조(지도와 명령)

법 제30조제1항에 따라 농림축산식품부장관, 시·도지사 또는 시장·군수·구청장(자치구의 구청장을 말한다. 이하 같다)이 수의사 또는 동물병원에 할 수 있는 지도와 명령은 다음 각 호와 같다.〈개정 2013. 3. 23., 2013. 10. 30.〉

1. 수의사 또는 동물병원 기구·장비의 대(對)국민 지원 지도와 동원 명령
2. 공중위생상 위해(危害) 발생의 방지 및 동물 질병의 예방과 적정한 진료 등을 위하여 필요한 시설·업무개선의 지도와 명령
3. 그 밖에 가축전염병의 확산이나 인수공통감염병으로 인한 공중위생상의 중대한 위해 발생의 방지 등을 위하여 필요하다고 인정하여 하는 지도와 명령

[전문개정 2011. 1. 24.]

제20조의2(과잉진료행위 등)

법 제32조제2항제6호에서 "과잉진료행위나 그 밖에 동물병원 운영과 관련된 행위로서 대통령령으로 정하는 행위"란 다음 각 호의 행위를 말한다.〈개정 2013. 3. 23.〉

1. 불필요한 검사·투약 또는 수술 등 과잉진료행위를 하거나 부당하게 많은 진료비를 요구하는 행위

2. 정당한 사유 없이 동물의 고통을 줄이기 위한 조치를 하지 아니하고 시술하는 행위나 그 밖에 이에 준하는 행위로서 농림축산식품부령으로 정하는 행위

3. 허위광고 또는 과대광고 행위

4. 동물병원의 개설자격이 없는 자에게 고용되어 동물을 진료하는 행위

5. 다른 동물병원을 이용하려는 동물의 소유자 또는 관리자를 자신이 종사하거나 개설한 동물병원으로 유인하거나 유인하게 하는 행위

6. 법 제11조, 제12조제1항·제3항, 제13조제1항·제2항 또는 제17조제1항을 위반하는 행위

[전문개정 2011. 1. 24.]

제20조의3(과징금의 부과 등)

① 법 제33조의2제1항에 따라 과징금을 부과하는 위반행위의 종류와 위반 정도 등에 따른 과징금의 금액은 별표 1과 같다.

② 특별자치도지사·특별자치시장·시장·군수 또는 구청장(이하 "시장·군수"라 한다)은 법 제33조의2제1항에 따라 과징금을 부과하려면 그 위반행위의 종류와 과징금의 금액을 서면으로 자세히 밝혀 과징금을 낼 것을 과징금 부과 대상자에게 알려야 한다.

③ 제2항에 따른 통지를 받은 자는 통지를 받은 날부터 30일 이내에 과징금을 시장·군수가 정하는 수납기관에 내야 한다.〈개정 2023. 12. 12.〉

④ 제3항에 따라 과징금을 받은 수납기관은 과징금을 낸 자에게 영수증을 발급하고, 과징금을 받은 사실을 지체 없이 시장·군수에게 통보해야 한다.

⑤ 과징금의 징수절차는 농림축산식품부령으로 정한다.

[본조신설 2020. 8. 11.] [종전 제20조의3은 제20조의4로 이동 〈2020. 8. 11.〉]

제20조의4(권한의 위임)

① 농림축산식품부장관은 법 제37조제1항에 따라 다음 각 호의 권한을 시·도지사에게 위임한다.〈개정 2021. 8. 24.〉

1. 법 제12조제5항 전단에 따른 축산농장, 동물원 또는 수족관에 상시고용된 수의사의 상시고용 신고의 접수

4.2 수의사법 시행령

2. 법 제12조제5항 후단에 따른 축산농장, 동물원 또는 수족관에 상시고용된 수의사의
   진료부 보고

② 농림축산식품부장관은 법 제37조제2항에 따라 다음 각 호의 업무를 농림축산검역본부
   장에게 위임한다.⟨신설 2015. 4. 20., 2020. 2. 25.⟩

   1. 법 제17조의4제1항에 따른 등록 업무

   2. 법 제17조의4제3항에 따른 품질관리검사 업무

   3. 법 제17조의5제1항에 따른 검사·측정기관의 지정 업무

   4. 법 제17조의5제2항에 따른 지정 취소 업무

   5. 법 제17조의5제4항에 따른 휴업 또는 폐업 신고의 수리 업무

③ 시·도지사는 제1항에 따라 농림축산식품부장관으로부터 위임받은 권한의 일부를 농
   림축산식품부장관의 승인을 받아 시장·군수 또는 구청장에게 다시 위임할 수 있다.⟨개
   정 2015. 4. 20.⟩

[본조신설 2013. 8. 2.]

[제20조의3에서 이동 ⟨2020. 8. 11.⟩]

제21조(업무의 위탁)

① 농림축산식품부장관은 법 제37조제3항에 따라 법 제34조에 따른 수의사의 연수교육에
   관한 업무를 수의사회에 위탁한다.⟨개정 2013. 3. 23., 2022. 7. 4.⟩

② 농림축산식품부장관은 법 제37조제4항에 따라 법 제20조의3에 따른 동물 진료의 분류
   체계 표준화에 관한 업무를 수의사회에 위탁한다.⟨신설 2022. 7. 4.⟩

③ 농림축산식품부장관은 법 제37조제4항에 따라 법 제20조의4제1항에 따른 진료비용 등
   의 현황에 관한 조사·분석 업무를 다음 각 호의 어느 하나에 해당하는 자에게 위탁할
   수 있다.⟨신설 2022. 7. 4.⟩

   1.「민법」제32조에 따라 농림축산식품부장관의 허가를 받아 설립된 비영리법인

   2.「소비자기본법」제29조제1항 및 같은 법 시행령 제23조제2항에 따라 공정거래위원
     회에 등록한 소비자단체

   3.「공공기관의 운영에 관한 법률」제4조에 따른 공공기관

   4.「정부출연연구기관 등의 설립·운영 및 육성에 관한 법률」에 따른 정부출연연구기관

   5. 그 밖에 진료비용 등의 현황에 관한 조사·분석에 업무를 수행하기에 적합하다고
     농림축산식품부장관이 인정하는 관계 전문기관 또는 단체

④ 농림축산식품부장관은 제3항에 따라 업무를 위탁하는 경우에는 위탁받는 자와 위탁업
   무의 내용을 고시해야 한다.⟨신설 2022. 7. 4.⟩

[전문개정 2011. 1. 24.] [제19조에서 이동 ⟨2011. 1. 24.⟩]

제21조의2(고유식별정보의 처리)

농림축산식품부장관(제20조의4에 따라 농림축산식품부장관의 권한을 위임받은 자를 포함한다) 및 시장·군수(해당 권한이 위임·위탁된 경우에는 그 권한을 위임·위탁받은 자를 포함한다)는 다음 각 호의 어느 하나에 해당하는 사무를 수행하기 위하여 불가피한 경우 「개인정보 보호법 시행령」 제19조제1호, 제2호 또는 제4호에 따른 **주민등록번호, 여권번호 또는 외국인등록번호가 포함된 자료를 처리할 수 있다.**〈개정 2020. 8. 11., 2021. 8. 24., 2024. 4. 16.〉

1. 법 제4조에 따른 수의사 면허 발급에 관한 사무
2. 법 제16조의2에 따른 동물보건사 자격인정에 관한 사무
3. 법 제17조에 따른 동물병원의 개설신고 및 변경신고에 관한 사무
4. 법 제17조의3에 따른 동물 진단용 방사선발생장치의 설치·운영 신고에 관한 사무
5. 법 제17조의5에 따른 검사·측정기관의 지정에 관한 사무
6. 법 제18조에 따른 동물병원 휴업·폐업의 신고에 관한 사무
7. 법 제32조에 따른 수의사 면허의 취소 및 면허효력의 정지에 관한 사무

[본조신설 2017. 3. 27.]

제22조(규제의 재검토)

농림축산식품부장관은 제13조에 따른 동물병원의 시설기준에 대하여 2017년 1월 1일을 기준으로 **3년마다**(매 3년이 되는 해의 1월 1일 전까지를 말한다) 그 타당성을 검토하여 개선 등의 조치를 해야 한다.

[전문개정 2020. 3. 3.]

제23조(과태료의 부과기준)

법 제41조제1항 및 제2항에 따른 과태료의 부과기준은 별표 2와 같다.〈개정 2020. 8. 11.〉

[전문개정 2013. 8. 2.]

부칙〈제34409호, 2024. 4. 16.〉

이 영은 2024년 4월 25일부터 시행한다.

별표/서식

[별표 1] 위반행위별 과징금의 금액(제20조의3제1항 관련)

[별표 2] 과태료의 부과기준(제23조 관련)

위반행위별 과징금의 금액(제20조의3제1항 관련)

1. 일반기준

가. 업무정지 1개월은 30일을 기준으로 한다.

나. 위반행위의 종류에 따른 과징금의 금액은 업무정지 기간에 제2호에 따라 산정한 업무정지 1일당 과징금의 금액을 곱하여 얻은 금액으로 한다. 다만, **과징금 산정금액이 5천만원을 넘는 경우에는 5천만원으로 한다.**

다. 나목의 업무정지 기간은 법 제33조에 따라 정한 기간(가중 또는 감경을 한 경우에는 그에 따라 가중 또는 감경된 기간을 말한다)을 말한다.

라. 1일당 과징금의 금액은 위반행위를 한 동물병원의 연간 총수입금액을 기준으로 제2호에 따라 산정한다.

마. 동물병원의 총수입금액은 처분일이 속하는 연도의 직전년도 동물병원에서 발생하는 「소득세법」 제24조에 따른 총수입금액 또는 「법인세법 시행령」 제11조제1호에 따른 동물병원에서 발생하는 사업수입금액의 총액으로 한다. 다만, 동물병원의 신규 개설, 휴업 또는 재개업 등으로 1년간의 총수입금액을 산출할 수 없거나 1년간의 총수입금액을 기준으로 하는 것이 현저히 불합리하다고 인정되는 경우에는 분기별·월별 또는 일별 수입금액을 기준으로 연 단위로 환산하여 산출한 금액으로 한다.

2. 과징금의 산정방법

등급	연간 총수입금액(단위: 백만원)	1일당 과징금의 금액(단위: 원)
1	50 이하	43,000
2	50 초과 ~ 100 이하	65,000
3	100 초과 ~ 150 이하	110,000
4	150 초과 ~ 200 이하	160,000
5	200 초과 ~ 250 이하	200,000
6	250 초과 ~ 300 이하	240,000
7	300 초과 ~ 350 이하	280,000
8	350 초과 ~ 400 이하	330,000
9	400 초과 ~ 450 이하	370,000
10	450 초과 ~ 500 이하	410,000
11	500 초과 ~ 600 이하	480,000
12	600 초과 ~ 700 이하	560,000
13	700 초과 ~ 800 이하	650,000

14	800 초과 ~ 900 이하	740,000
15	900 초과 ~ 1,000 이하	820,000
16	1,000 초과 ~ 2,000 이하	1,300,000
17	2,000 초과 ~ 3,000 이하	2,160,000
18	3,000 초과 ~ 4,000 이하	3,020,000
19	4,000 초과	3,450,000

과태료의 부과기준(제23조 관련)

1. 일반기준

가. 위반행위의 횟수에 따른 과태료의 가중된 부과기준은 **최근 3년간** 같은 위반행위로 과태료 부과처분을 받은 경우에 적용한다. 이 경우 기간의 계산은 위반행위에 대하여 과태료 부과처분을 받은 날과 그 처분 후 다시 같은 위반행위를 하여 적발된 날을 기준으로 한다.

나. 가목에 따라 가중된 부과처분을 하는 경우 가중처분의 적용 차수는 그 위반행위 전 부과처분 차수(가목에 따른 기간 내에 과태료 부과처분이 둘 이상 있었던 경우에는 높은 차수를 말한다)의 다음 차수로 한다.

다. **부과권자는 다음의 어느 하나에 해당하는 경우에는** 제2호의 개별기준에 따른 **과태료 금액의 2분의 1 범위에서 그 금액을 줄일 수 있다.** 다만, 과태료를 체납하고 있는 위반행위자의 경우에는 그렇지 않다.

　1) 위반행위자가 「질서위반행위규제법 시행령」 제2조의2제1항 각 호의 어느 하나에 해당하는 경우

　2) 위반행위가 사소한 부주의나 오류로 인한 것으로 인정되는 경우

　3) 위반행위자가 법 위반상태를 시정하거나 해소하기 위한 노력이 인정되는 경우

　4) 그 밖에 위반행위의 정도, 위반행위의 동기와 그 결과 등을 고려하여 과태료 금액을 줄일 필요가 있다고 인정되는 경우

라. **부과권자는 다음의 어느 하나에 해당하는 경우에는** 제2호의 개별기준에 따른 **과태료 금액의 2분의 1 범위에서 그 금액을 늘릴 수 있다.** 다만, 법 제41조제1항 및 제2항에 따른 과태료 금액의 상한을 넘을 수 없다.

　1) 위반행위가 고의나 중대한 과실로 인한 것으로 인정되는 경우

　2) 위반의 내용·정도가 중대하여 이로 인한 피해가 크다고 인정되는 경우

　3) 법 위반상태의 기간이 6개월 이상인 경우

　4) 그 밖에 위반행위의 정도, 위반행위의 동기와 그 결과 등을 고려하여 과태료를 늘릴 필요가 있다고 인정되는 경우

2. 개별기준

위반행위	근거 법조문	과태료 (단위: 만원)		
		1회 위반	2회 위반	3회 이상 위반
가. 법 제11조를 위반하여 정당한 사유 없이 동물의 진료 요구를 거부한 경우	법 제41조 제1항제1호	150	200	250
나. 법 제12조제1항을 위반하여 거짓이나 그 밖의 부정한 방법으로 진단서, 검안서, 증명서 또는 처방전을 발급한 경우	법 제41조 제2항제1호	50	75	100
다. 법 제12조제1항을 위반하여 「약사법」 제85조제6항에 따른 동물용 의약품(이하 "처방대상 동물용 의약품"이라 한다)을 직접 진료하지 않고 처방·투약한 경우	법 제41조 제2항 제1호의2	50	75	100
라. 법 제12조제3항을 위반하여 정당한 사유 없이 진단서, 검안서, 증명서 또는 처방전의 발급을 거부한 경우	법 제41조 제2항 제1호의3	50	75	100
마. 법 제12조제5항을 위반하여 신고하지 않고 처방전을 발급한 경우	법 제41조 제2항 제1호의4	50	75	100
바. 법 제12조의2제1항을 위반하여 처방전을 발급하지 않은 경우	법 제41조 제2항 제1호의5	50	75	100
사. 법 제12조의2제2항 본문을 위반하여 수의사처방관리시스템을 통하지 않고 처방전을 발급한 경우	법 제41조 제2항 제1호의6	30	60	90
아. 법 제12조의2제2항 단서를 위반하여 부득이한 사유가 종료된 후 3일 이내에 처방전을 수의사처방관리시스템에 등록하지 않은 경우	법 제41조 제2항제1호의7	30	60	90
자. 법 제12조의2제3항 후단을 위반하여 처방대상 동물용 의약품의 명칭, 용법 및 용량 등 수의사처방관리시스템에 입력해야 하는 사항을 입력하지 않거나 거짓으로 입력한 경우	법 제41조 제2항제1호의8			
1) 입력해야 하는 사항을 입력하지 않은 경우		30	60	90
2) 입력해야 하는 사항을 거짓으로 입력한 경우		50	75	100
차. 법 제13조를 위반하여 진료부 또는 검안부를 갖추어 두지 않거나 진료 또는 검안한 사항을 기록하지 않거나 거짓으로 기록한 경우	법 제41조 제2항제2호	50	75	100
카. 법 제13조의2를 위반하여 동물소유자등에게 설명을 하지 않거나 서면으로 동의를 받지 않은 경우	법 제41조 제2항제2호의2	30	60	90

타. 법 제14조(법 제16조의6에 따라 준용되는 경우를 포함한다)에 따른 신고를 하지 않은 경우	법 제41조 제2항제2호의3	7	14	28
파. 법 제17조제1항을 위반하여 동물병원을 개설하지 않고 동물진료업을 한 경우	법 제41조 제1항제2호	300	400	500
하. 법 제17조의2를 위반하여 동물병원 개설자 자신이 그 동물병원을 관리하지 않거나 관리자를 지정하지 않은 경우	법 제41조 제2항제3호	60	80	100
거. 법 제17조의3제1항 전단에 따른 신고를 하지 않고 동물 진단용 방사선발생장치를 설치·운영한 경우로서	법 제41조 제2항제4호			
1) 동물 진단용 방사선발생장치의 안전관리기준에 맞지 않게 설치·운영한 경우		50	75	100
2) 동물 진단용 방사선발생장치의 안전관리기준에 맞게 설치·운영한 경우		30	60	90
너. 법 제17조의3제2항에 따른 준수사항을 위반한 자	법 제41조 제2항제4호의2	30	60	90
더. 법 제17조의3제3항을 위반하여	법 제41조 제2항제5호			
1) 검사기관으로부터 정기적으로 검사를 받지 않은 경우		30	60	90
2) 측정기관으로부터 정기적으로 측정을 받지 않은 경우		30	60	90
3) 방사선 관계 종사자에 대한 피폭관리를 하지 않은 경우		50	75	100
러. 법 제17조의4제4항을 위반하여 부적합 판정을 받은 동물 진단용 특수의료장비를 사용한 경우	법 제41조 제1항제3호	150	200	250
머. 법 제18조를 위반하여 동물병원의 휴업·폐업의 신고를 하지 않은 경우	법 제41조 제2항제6호	10	20	40
버. 법 제19조를 위반하여 수술등중대진료에 대한 예상 진료비용 등을 고지하지 않은 경우	법 제41조 제2항제6호의2	30	60	90
서. 법 제20조의2제3항을 위반하여 고지·게시한 금액을 초과하여 징수한 경우	법 제41조 제2항제6호의3	30	60	90
어. 법 제20조의4제2항에 따른 자료제출 요구에 정당한 사유 없이 따르지 않거나 거짓으로 자료를 제출한 경우	법 제41조 제2항제6호의4	30	60	90
저. 법 제22조의3제3항을 위반하여 신고하지 않은 경우	법 제41조 제2항제6호의5	30	60	90
처. 법 제30조제2항에 따른 사용 제한 또는 금지 명령을 위반하거나 시정 명령을 이행하지 않은 경우	법 제41조 제2항제7호	60	80	100

4.2 수의사법 시행령 별표

커. 법 제30조제3항에 따른 시정 명령을 이행하지 않은 경우	법 제41조 제2항제7호의2	30	60	90
터. 법 제31조제2항을 위반하여	법 제41조 제2항제8호			
1) 보고를 하지 않거나 거짓 보고를 한 경우		50	75	100
2) 관계 공무원의 검사를 거부·방해 또는 기피한 경우		60	80	100
퍼. 정당한 사유 없이 법 제34조(법 제16조의6에 따라 준용되는 경우를 포함한다)에 따른 연수교육을 받지 않은 경우	**법 제41조 제2항제9호**	**50**	**75**	**100**

[시행 2025. 1. 1.] [농림축산식품부령 제647호, 2024. 4. 25., 일부개정]

제1조(목적)

이 규칙은 「수의사법」 및 같은 법 시행령에서 위임된 사항과 그 시행에 필요한 사항을 규정함을 목적으로 한다.

[전문개정 2011. 1. 26.]

제1조의2(응시원서에 첨부하는 서류)

「수의사법 시행령」(이하 "영"이라 한다) 제10조 후단에서 "농림축산식품부령으로 정하는 서류"란 다음 각 호의 서류를 말한다.〈개정 2013. 3. 23.〉

1. 「수의사법」(이하 "법"이라 한다) 제9조제1항제1호에 해당하는 사람은 **수의학사 학위증 사본 또는 졸업 예정 증명서**

2. 법 제9조제1항제2호에 해당하는 사람은 다음 각 목의 서류. 다만, 법률 제5953호 수의사법중개정법률 부칙 제4항에 해당하는 자는 나목 및 다목의 서류를 제출하지 아니하며, 법률 제7546호 수의사법 일부개정법률 부칙 제2항에 해당하는 자는 다목의 서류를 제출하지 아니한다.

   가. 외국 대학의 수의학사 학위증 사본

   나. 외국의 수의사 면허증 사본 또는 수의사 면허를 받았음을 증명하는 서류

   다. 외국 대학이 법 제9조제1항제2호에 따른 인정기준에 적합한지를 확인하기 위하여 영 제8조에 따른 수의사 국가시험 관리기관(이하 "시험관리기관"이라 한다)의 장이 정하는 서류

[본조신설 2011. 1. 26.]

제2조(면허증의 발급)

① 법 제4조에 따라 수의사의 면허를 받으려는 사람은 법 제8조에 따른 수의사 국가시험에 합격한 후 시험관리기관의 장에게 다음 각 호의 서류를 제출하여야 한다.

〈개정 2019. 8. 26.〉

1. 법 제5조제1호 본문에 해당하는 사람이 아님을 증명하는 의사의 진단서 또는 같은 호 단서에 해당하는 사람임을 증명하는 정신과전문의의 진단서

2. 법 제5조제3호 본문에 해당하는 사람이 아님을 증명하는 의사의 진단서 또는 같은 호 단서에 해당하는 사람임을 증명하는 정신과전문의의 진단서

3. 사진(응시원서와 같은 원판으로서 가로 3센티미터 세로 4센티미터의 모자를 쓰지 않은 정면 상반신) 2장

② 시험관리기관의 장은 영 제10조 및 제1항에 따라 제출받은 서류를 검토하여 법 제5조 및 제9조에 따른 결격사유 및 응시자격 해당 여부를 확인한 후 다음 각 호의 사항을 적은 수의사 면허증 발급 대상자 명단을 농림축산식품부장관에게 제출하여야 한다. 〈개정 2013. 3. 23.〉

1. 성명(한글·영문 및 한문)
2. 주소
3. 주민등록번호(외국인인 경우에는 국적·생년월일 및 성별)
4. 출신학교 및 졸업 연월일

③ 농림축산식품부장관은 합격자 발표일부터 40일 이내(법 제9조제1항제2호에 해당하는 사람의 경우에는 외국에서 수의학사 학위를 받은 사실과 수의사 면허를 받은 사실 등에 대한 조회가 끝난 날부터 40일 이내)에 수의사 면허증을 발급하여야 한다. 〈개정 2013. 3. 23., 2017. 1. 2., 2024. 2. 2.〉

[전문개정 2011. 1. 26.]

제3조(면허증 및 면허대장 등록사항)

① 법 제6조에 따른 수의사 면허증은 별지 제1호서식에 따른다.

② 법 제6조에 따른 면허대장에 등록하여야 할 사항은 다음 각 호와 같다.〈개정 2024. 4. 25.〉

1. 면허번호 및 면허 연월일
2. 성명 및 주민등록번호(외국인은 성명·국적·생년월일·여권번호 및 성별)
3. 출신학교 및 졸업 연월일
4. 면허취소 또는 면허효력 정지 등 행정처분에 관한 사항
5. 제4조에 따라 면허증을 재발급하거나 면허를 재부여하였을 때에는 그 사유와 재발급·재부여 연월일
6. 제5조에 따라 면허증을 갱신하였을 때에는 그 사유와 갱신 연월일
7. 면허를 받은 사람이 사망한 경우에는 그 사망 연월일

[전문개정 2011. 1. 26.]

제4조(면허증의 재발급 등)

제2조제3항에 따라 면허증을 발급받은 사람이 다음 각 호의 어느 하나에 해당하는 사유로 면허증을 재발급받거나 법 제32조에 따라 취소된 면허를 재부여받으려는 때에는 별지 제2호서식의 신청서에 다음 각 호의 구분에 따른 해당 서류를 첨부하여 농림축산식품부장관에게

제출하여야 한다.〈개정 2013. 3. 23., 2019. 8. 26.〉

1. 잃어버린 경우: 별지 제3호서식의 분실 경위서와 사진(신청 전 6개월 이내에 촬영한 가로 3센티미터 세로 4센티미터의 모자를 쓰지 않은 정면 상반신. 이하 이 조 및 제5조제3항에서 같다) 1장

2. 헐어 못 쓰게 된 경우: 해당 면허증과 사진 1장

3. 기재사항 변경 등의 경우: 해당 면허증과 그 변경에 관한 증명 서류 및 사진 1장

4. **취소된 면허를 재부여받으려는 경우: 면허취소의 원인이 된 사유가 소멸되었음을 증명할 수 있는 서류와 사진 1장**

[전문개정 2011. 1. 26.]

제5조(면허증의 갱신)

① 농림축산식품부장관은 필요하다고 인정하는 경우에는 수의사 면허증을 갱신할 수 있다.〈개정 2013. 3. 23.〉

② 농림축산식품부장관은 제1항에 따라 수의사 면허증을 갱신하려는 경우에는 갱신 절차, 기간, 그 밖에 필요한 사항을 정하여 갱신발급 신청 개시일 20일 전까지 그 내용을 공고하여야 한다.〈개정 2013. 3. 23.〉

③ 제2항에 따라 수의사 면허증을 갱신하여 발급받으려는 사람은 별지 제2호서식의 신청서에 면허증(잃어버린 경우에는 별지 제3호서식의 분실 경위서)과 사진 1장을 첨부하여 농림축산식품부장관에게 제출하여야 한다.〈개정 2013. 3. 23.〉

[전문개정 2011. 1. 26.]

제6조 삭제〈1999. 2. 9.〉

제7조 삭제〈2006. 3. 14.〉

제8조(수의사 외의 사람이 할 수 있는 진료의 범위)

영 제12조제4호에서 "농림축산식품부령으로 정하는 비업무로 수행하는 무상 진료행위"란 다음 각 호의 행위를 말한다.〈개정 2013. 3. 23., 2013. 8. 2., 2019. 11. 8.〉

1. **광역시장·특별자치시장·도지사·특별자치도지사가 고시하는 도서·벽지(僻地)에서 이웃의 양축 농가가 사육하는 동물에 대하여 비업무로 수행하는 다른 양축 농가의 무상 진료행위**

2. **사고 등으로 부상당한 동물의 구조를 위하여 수행하는 응급처치행위**

[전문개정 2011. 1. 26.]

제8조의2(동물병원의 세부 시설기준)

영 제13조제2항에 따른 동물병원의 세부 시설기준은 별표 1과 같다.

[전문개정 2011. 1. 26.]

제9조(진단서의 발급 등)

① 법 제12조제1항에 따라 수의사가 발급하는 진단서는 별지 제4호의2서식에 따른다.

② 법 제12조제2항에 따른 폐사 진단서는 별지 제5호서식에 따른다.

③ 제1항 및 제2항에 따른 **진단서 및 폐사 진단서에는 연도별로 일련번호를 붙이고, 그 부본(副本)을 3년간** 갖추어 두어야 한다.

[전문개정 2011. 1. 26.]

제10조(증명서 등의 발급)

법 제12조에 따라 수의사가 발급하는 증명서 및 검안서의 서식은 다음 각 호와 같다.

　　1. 출산 증명서: 별지 제6호서식

　　2. 사산 증명서: 별지 제7호서식

　　3. 예방접종 증명서: 별지 제8호서식

　　4. 검안서: 별지 제9호서식

[전문개정 2011. 1. 26.]

제11조(처방전의 서식 및 기재사항 등)

① 법 제12조제1항 및 제12조의2제1항·제2항에 따라 수의사가 발급하는 처방전은 별지 제10호서식과 같다.〈개정 2020. 2. 28.〉

② **처방전은 동물 개체별로 발급하여야 한다.** 다만, 다음 각 호의 요건을 모두 갖춘 경우에는 같은 축사(지붕을 같이 사용하거나 지붕에 준하는 인공구조물을 같이 또는 연이어 사용하는 경우를 말한다)에서 동거하고 있는 동물들에 대하여 하나의 처방전으로 같이 처방(이하 "**군별 처방**"이라 한다)할 수 있다.

　　1. **질병 확산을 막거나 질병을 예방하기 위하여 필요한 경우일 것**

　　2. **처방 대상 동물의 종류가 같을 것**

　　3. **처방하는 동물용 의약품이 같을 것**

③ 수의사는 처방전을 발급하는 경우에는 다음 각 호의 사항을 적은 후 **서명(「전자서명법」에 따른 전자서명을 포함한다. 이하 같다)하거나 도장을 찍어야 한다.** 이 경우 처방전 부본(副本)을 처방전 발급일부터 3년간 보관해야 한다.〈개정 2020. 2. 28., 2021. 9. 8., 2022. 7. 5.〉

　　1. **처방전의 발급 연월일 및 유효기간(7일을 넘으면 안 된다)**

2. 처방 대상 동물의 이름(없거나 모르는 경우에는 그 동물의 소유자 또는 관리자(이하 "동물소유자등"이라 한다)가 임의로 정한 것), 종류, 성별, 연령(명확하지 않은 경우에는 추정연령), 체중 및 임신 여부. 다만, 군별 처방인 경우에는 처방 대상 동물들의 축사번호, 종류 및 총 마릿수를 적는다.

3. 동물소유자등의 성명·생년월일·전화번호. 농장에 있는 동물에 대한 처방전인 경우에는 농장명도 적는다.

4. 동물병원 또는 축산농장의 명칭, 전화번호 및 사업자등록번호

5. 다음 각 목의 구분에 따른 동물용 의약품 처방 내용

가. 「약사법」 제85조제6항에 따른 동물용 의약품(이하 "처방대상 동물용 의약품"이라 한다): 처방대상 동물용 의약품의 성분명, 용량, 용법, **처방일수(30일을 넘으면 안 된다)** 및 판매 수량(동물용 의약품의 포장 단위로 적는다)

나. 처방대상 동물용 의약품이 아닌 동물용 의약품인 경우: 가목의 사항. 다만, 동물용 의약품의 성분명 대신 제품명을 적을 수 있다.

6. 처방전을 작성하는 수의사의 성명 및 면허번호

④ 제3항제1호 및 제5호에도 불구하고 수의사는 다음 각 호의 어느 하나에 해당하는 경우에는 농림축산식품부장관이 정하는 기간을 넘지 아니하는 범위에서 **처방전의 유효기간 및 처방일수를 달리 정할 수 있다.**

1. **질병예방을 위하여 정해진 연령에 같은 동물용 의약품을 반복 투약하여야 하는 경우**

2. 그 밖에 농림축산식품부장관이 정하는 경우

⑤ 제3항제5호가목에도 불구하고 효과적이거나 안정적인 치료를 위하여 필요하다고 수의사가 판단하는 경우에는 제품명을 성분명과 함께 쓸 수 있다. 이 경우 성분별로 제품명을 3개 이상 적어야 한다.

[전문개정 2013. 8. 2.]

제11조의2 삭제(2020. 2. 28.)

제12조(축산농장 등의 상시고용 수의사의 신고 등)

① 법 제12조제5항 전단에 따라 축산농장(「동물보호법 시행령」 제5조에 따른 동물실험시행기관을 포함한다. 이하 같다), 「동물원 및 수족관의 관리에 관한 법률」 제3조제1항에 따라 등록한 동물원 또는 수족관(이하 이 조에서 "축산농장등"이라 한다)에 상시고용된 수의사로 신고(이하 "상시고용 신고"라 한다)를 하려는 경우에는 별지 제10호의2 서식의 신고서에 다음 각 호의 서류를 첨부하여 특별시장·광역시장·특별자치시장·도지사·특별자치도지사(이하 "시·도지사"라 한다)나 시장·군수 또는 자치구의 구청

장에게 제출해야 한다.〈개정 2020. 12. 2., 2022. 7. 5., 2023. 4. 27.〉

1. 해당 축산농장등에서 1년 이상 일하고 있거나 일할 것임을 증명할 수 있는 다음 각 목의 어느 하나에 해당하는 서류
　　가. 「근로기준법」에 따라 체결한 근로계약서 사본
　　나. 「소득세법」에 따른 근로소득 원천징수영수증
　　다. 「국민연금법」에 따른 국민연금 사업장가입자 자격취득 신고서
　　라. 그 밖에 고용관계를 증명할 수 있는 서류
2. 수의사 면허증 사본

② 수의사가 상시고용된 축산농장등이 두 곳 이상인 경우에는 그 중 한 곳에 대해서만 상시고용 신고를 할 수 있으며, 신고를 한 해당 축산농장등의 동물에 대해서만 처방전을 발급할 수 있다.〈개정 2020. 12. 2.〉

③ 법 제12조제5항 후단에 따른 상시고용된 수의사의 범위는 해당 축산농장등에 1년 이상 상시고용되어 일하는 수의사로서 1개월당 60시간 이상 해당 업무에 종사하는 사람으로 한다.〈개정 2020. 12. 2.〉

④ 상시고용 신고를 한 수의사(이하 "신고 수의사"라 한다)가 발급하는 처방전에 관하여는 제11조를 준용한다. 다만, 처방대상 동물용 의약품의 처방일수는 7일을 넘지 아니하도록 한다.〈개정 2020. 2. 28.〉

⑤ 신고 수의사는 처방전을 발급하는 진료를 한 경우에는 제13조에 따라 진료부를 작성하여야 하며, 해당 연도의 진료부를 다음 해 2월 말까지 시·도지사나 시장·군수 또는 자치구의 구청장에게 보고하여야 한다.

⑥ 신고 수의사는 제26조에 따라 매년 수의사 연수교육을 받아야 한다.

⑦ 신고 수의사는 처방대상 동물용 의약품의 구입 명세를 작성하여 그 구입일부터 3년간 보관해야 하며, 처방대상 동물용 의약품이 해당 축산농장등 밖으로 유출되지 않도록 관리하고 농장주 또는 운영자를 지도해야 한다.〈개정 2020. 2. 28., 2020. 12. 2.〉

[본조신설 2013. 8. 2.]

[제목개정 2020. 12. 2.]

제12조의2(처방전의 발급 등)

① 법 제12조의2제2항 단서에서 "농림축산식품부령으로 정하는 방법"이란 처방전을 수기로 작성하여 발급하는 방법을 말한다.

② 법 제12조의2제3항 후단에서 "농림축산식품부령으로 정하는 사항"이란 다음 각 호의 사항을 말한다.〈개정 2022. 7. 5.〉

1. **입력 연월일 및 유효기간(7일을 넘으면 안 된다)**

2. 제11조제3항제2호·제4호 및 제5호의 사항

3. 동물소유자등의 성명·생년월일·전화번호. 농장에 있는 동물에 대한 처방인 경우에는 농장명도 적는다.

4. 입력하는 수의사의 성명 및 면허번호

[본조신설 2020. 2. 28.]

제12조의3(수의사처방관리시스템의 구축 · 운영)

① 농림축산식품부장관은 법 제12조의3제1항에 따른 **수의사처방관리시스템**(이하 "수의사처방관리시스템"이라 한다)을 통해 다음 각 호의 업무를 처리하도록 한다.

1. **처방대상 동물용 의약품에 대한 정보의 제공**

2. **법 제12조의2제2항에 따른 처방전의 발급 및 등록**

3. **법 제12조의2제3항에 따른 처방대상 동물용 의약품에 관한 사항의 입력 관리**

4. **처방대상 동물용 의약품의 처방·조제·투약 등 관련 현황 및 통계 관리**

② 농림축산식품부장관은 수의사처방관리시스템의 개인별 접속 및 보안을 위한 시스템 관리 방안을 마련해야 한다.

③ 제1항 및 제2항에서 규정한 사항 외에 수의사처방관리시스템의 구축·운영에 필요한 사항은 농림축산식품부장관이 정하여 고시한다.

[본조신설 2020. 2. 28.]

제13조(진료부 및 검안부의 기재사항)

법 제13조제1항에 따른 **진료부 또는 검안부**에는 각각 다음 사항을 적어야 하며, **1년간 보존**하여야 한다.〈개정 2013. 11. 22., 2017. 1. 2., 2022. 7. 5., 2023. 4. 27.〉

1. **진료부**

가. 동물의 품종·성별·특징 및 연령

나. 진료 연월일

다. 동물소유자등의 성명과 주소

라. 병명과 주요 증상

마. 치료방법(처방과 처치)

바. 사용한 마약 또는 향정신성의약품의 품명과 수량

사. 동물등록번호(「동물보호법」 제15조에 따라 등록한 동물만 해당한다)

2. **검안부**

가. 동물의 품종·성별·특징 및 연령

나. 검안 연월일

다. 동물소유자등의 성명과 주소

　　라. 폐사 연월일(명확하지 않을 때에는 추정 연월일) 또는 살처분 연월일

　　마. 폐사 또는 살처분의 원인과 장소

　　바. 사체의 상태

　　사. 주요 소견

[전문개정 2011. 1. 26.]

제13조의2(수술등중대진료의 범위 등)

① 법 제13조의2제1항 본문에서 "동물의 생명 또는 신체에 중대한 위해를 발생하게 할 우려가 있는 수술, 수혈 등 농림축산식품부령으로 정하는 진료"란 다음 각 호의 진료 (이하 "수술등중대진료"라 한다)를 말한다.

　1. 전신마취를 동반하는 내부장기(內部臟器)·뼈·관절(關節)에 대한 수술

　2. 전신마취를 동반하는 수혈

② 법 제13조의2제1항에 따라 같은 조 제2항 **각 호의 사항을 설명할 때에는 구두로 하고, 동의를 받을 때에는 별지 제11호서식의 동의서에 동물소유자등의 서명이나 기명날인을 받아야 한다.**

③ 수의사는 제2항에 따라 받은 동의서를 동의를 받은 날부터 **1년간 보존해야 한다.**

[본조신설 2022. 7. 5.]

제14조(수의사의 실태 등의 신고 및 보고)

① 법 제14조에 따른 수의사의 실태와 취업 상황 등에 관한 신고는 법 제23조에 따라 설립된 대한수의사회(이하 "수의사회"라 한다)의 장(이하 "수의사회장"이라 한다)이 수의사의 수급상황을 파악하거나 그 밖의 동물의 진료시책에 필요하다고 인정하여 신고하도록 공고하는 경우에 하여야 한다.〈개정 2013. 8. 2., 2024. 4. 25.〉

② 수의사회장은 제1항에 따른 공고를 할 때에는 신고의 내용·방법·절차와 신고기간 그 밖의 신고에 필요한 사항을 정하여 신고개시일 60일 전까지 하여야 한다.〈개정 2013. 8. 2.〉

[본조신설 2012. 1. 26.]

제14조의2(동물보건사의 자격인정)

① 법 제16조의2에 따라 동물보건사 자격인정을 받으려는 사람은 법 제16조의3에 따른 동물보건사 자격시험(이하 "동물보건사자격시험"이라 한다)에 합격한 후 농림축산식품부장관에게 다음 각 호의 서류를 합격자 발표일부터 14일 이내에 제출해야 한다.
〈개정 2023. 3. 22.〉

1. 법 제5조제1호 본문에 해당하는 사람이 아님을 증명하는 의사의 진단서 또는 같은 호 단서에 해당하는 사람임을 증명하는 정신건강의학과전문의의 진단서

2. 법 제5조제3호 본문에 해당하는 사람이 아님을 증명하는 의사의 진단서 또는 같은 호 단서에 해당하는 사람임을 증명하는 정신건강의학과전문의의 진단서

3. 법 제16조의2 또는 법률 제16546호 수의사법 일부개정법률 부칙 제2조 각 호의 어느 하나에 해당하는지를 증명할 수 있는 서류

4. 사진(규격은 가로 3.5센티미터, 세로 4.5센티미터로 하며, 이하 같다) 2장

② 농림축산식품부장관은 제1항에 따라 제출받은 서류를 검토하여 다음 각 호에 해당하는지 여부를 확인해야 한다.

1. 법 제16조의2 또는 법률 제16546호 수의사법 일부개정법률 부칙 제2조 각 호에 따른 자격

2. 법 제16조의6에서 준용하는 법 제5조에 따른 결격사유

③ 농림축산식품부장관은 법 제16조의2에 따른 자격인정을 한 경우에는 동물보건사자격시험의 합격자 발표일부터 50일 이내(법 제16조의2제3호에 해당하는 사람의 경우에는 외국에서 동물 간호 관련 면허나 자격을 받은 사실 등에 대한 조회가 끝난 날부터 50일 이내)에 동물보건사 자격증을 발급해야 한다.

[본조신설 2021. 9. 8.]

제14조의3(동물 간호 관련 업무)

법 제16조의2제2호에서 "농림축산식품부령으로 정하는 동물 간호 관련 업무"란 제14조의7 각 호의 업무를 말한다.

[본조신설 2021. 9. 8.]

제14조의4(동물보건사 자격시험의 실시 등)

① 농림축산식품부장관은 동물보건사자격시험을 실시하려는 경우에는 시험일 90일 전까지 시험일시, 시험장소, 응시원서 제출기간 및 그 밖에 시험에 필요한 사항을 농림축산식품부의 인터넷 홈페이지 등에 공고해야 한다.

② 동물보건사자격시험의 시험과목은 다음 각 호와 같다.

1. **기초 동물보건학**

2. **예방 동물보건학**

3. **임상 동물보건학**

4. **동물 보건·윤리 및 복지 관련 법규**

③ 동물보건사자격시험은 필기시험의 방법으로 실시한다.

④ 동물보건사자격시험에 응시하려는 사람은 제1항에 따른 응시원서 제출기간에 별지 제11호의2서식의 동물보건사 자격시험 응시원서(전자문서로 된 응시원서를 포함한다)를 농림축산식품부장관에게 제출해야 한다.

⑤ 동물보건사자격시험의 합격자는 제2항에 따른 시험과목에서 각 과목당 시험점수가 100점을 만점으로 하여 40점 이상이고, 전 과목의 평균 점수가 60점 이상인 사람으로 한다.

⑥ 제1항부터 제5항까지에서 규정한 사항 외에 동물보건사자격시험에 필요한 사항은 농림축산식품부장관이 정해 고시한다.

[본조신설 2021. 9. 8.]

제14조의5(동물보건사 양성기관의 평가인증)

① 법 제16조의4제1항에 따른 평가인증(이하 "평가인증"이라 한다)을 받으려는 동물보건사 양성과정을 운영하려는 학교 또는 교육기관(이하 "양성기관"이라 한다)은 다음 각 호의 기준을 충족해야 한다.

1. 교육과정 및 교육내용이 양성기관의 업무 수행에 적합할 것

2. 교육과정의 운영에 필요한 교수 및 운영 인력을 갖출 것

3. 교육시설·장비 등 교육여건과 교육환경이 양성기관의 업무 수행에 적합할 것

② 법 제16조의4제1항에 따라 평가인증을 받으려는 양성기관은 별지 제11호의3서식의 양성기관 평가인증 신청서에 다음 각 호의 서류 및 자료를 첨부하여 농림축산식품부장관에게 제출해야 한다.

1. 해당 양성기관의 설립 및 운영 현황 자료

2. 제1항 각 호의 평가인증 기준을 충족함을 증명하는 서류 및 자료

③ 농림축산식품부장관은 평가인증을 위해 필요한 경우에는 양성기관에게 필요한 자료의 제출이나 의견의 진술을 요청할 수 있다.

④ 농림축산식품부장관은 제2항에 따른 신청 내용이 제1항에 따른 기준을 충족한 경우에는 신청인에게 별지 제11호의4서식의 양성기관 평가인증서를 발급해야 한다.

⑤ 제1항부터 제4항까지에서 규정한 사항 외에 평가인증의 기준 및 절차에 필요한 사항은 농림축산식품부장관이 정해 고시한다.

[본조신설 2021. 9. 8.]

제14조의6(양성기관의 평가인증 취소)

① 농림축산식품부장관은 법 제16조의4제2항에 따라 양성기관의 평가인증을 취소하려는 경우에는 미리 평가인증의 취소 사유와 10일 이상의 기간을 두어 소명자료를 제출할

것을 통보해야 한다.

② 농림축산식품부장관은 제1항에 따른 소명자료 제출 기간 내에 소명자료를 제출하지 아니하거나 제출된 소명자료가 이유 없다고 인정되면 평가인증을 취소한다.

[본조신설 2021. 9. 8.]

제14조의7(동물보건사의 업무 범위와 한계)

법 제16조의5제1항에 따른 동물보건사의 동물의 간호 또는 진료 보조 업무의 구체적인 범위와 한계는 다음 각 호와 같다.

    1. 동물의 간호 업무: **동물에 대한 관찰, 체온·심박수 등** 기초 검진 자료의 수집, 간호판단 및 요양을 위한 간호

    2. 동물의 진료 보조 업무: **약물 도포, 경구 투여, 마취·수술의 보조 등** 수의사의 지도 아래 수행하는 진료의 보조

[본조신설 2021. 9. 8.]

제14조의8(자격증 및 자격대장 등록사항)

① 법 제16조의6에서 준용하는 법 제6조에 따른 동물보건사 자격증은 별지 제11호의5서식에 따른다.

② 법 제16조의6에서 준용하는 법 제6조에 따른 동물보건사 자격대장에 등록해야 할 사항은 다음 각 호와 같다.

    1. 자격번호 및 자격 연월일

    2. 성명 및 주민등록번호(외국인은 성명·국적·생년월일·여권번호 및 성별)

    3. 출신학교 및 졸업 연월일

    4. 자격취소 등 행정처분에 관한 사항

    5. 제14조의9에 따라 자격증을 재발급하거나 자격을 재부여했을 때에는 그 사유

[본조신설 2021. 9. 8.]

제14조의9(자격증의 재발급 등)

① 법 제16조의6에서 준용하는 법 제6조에 따라 동물보건사 자격증을 발급받은 사람이 다음 각 호의 어느 하나에 해당하는 사유로 자격증을 재발급받으려는 때에는 별지 제11호의6서식의 동물보건사 자격증 재발급 신청서에 다음 각 호의 구분에 따른 해당 서류를 첨부하여 농림축산식품부장관에게 제출해야 한다.

    1. 잃어버린 경우: 별지 제11호의7서식의 동물보건사 자격증 분실 경위서와 사진 1장

    2. 헐어 못 쓰게 된 경우: 자격증 원본과 사진 1장

3. 자격증의 기재사항이 변경된 경우: 자격증 원본과 기재사항의 변경내용을 증명하는 서류 및 사진 1장

② 법 제16조의6에서 준용하는 법 제6조에 따라 동물보건사 자격증을 발급받은 사람이 법 제32조제3항에 따라 자격을 다시 받게 되는 경우에는 별지 제11호의6서식의 동물보건사 자격증 재부여 신청서에 자격취소의 원인이 된 사유가 소멸됐음을 증명하는 서류를 첨부(법 제32조제3항제1호에 해당하는 경우로 한정한다)하여 농림축산식품부장관에게 제출해야 한다.

[본조신설 2021. 9. 8.]

제15조(동물병원의 개설신고)

① 법 제17조제2항제1호에 해당하는 사람은 **동물병원을 개설하려는 경우**에는 별지 제12호서식의 신고서에 다음 각 호의 서류를 첨부하여 **그 개설하려는 장소를 관할하는 특별자치시장·특별자치도지사·시장·군수 또는 자치구의 구청장(이하 "시장·군수"라 한다)에게 제출**(정보통신망에 의한 제출을 포함한다)하여야 한다. 이 경우 개설신고자 외에 그 동물병원에서 진료업무에 종사하는 수의사가 있을 때에는 그 수의사에 대한 제2호의 서류를 함께 제출(정보통신망에 의한 제출을 포함한다)해야 한다.〈개정 2013. 8. 2., 2015. 1. 5., 2019. 11. 8.〉

1. 동물병원의 구조를 표시한 평면도·장비 및 시설의 명세서 각 1부
2. 수의사 면허증 사본 1부
3. 별지 제12호의2서식의 확인서 1부[영 제13조제1항제1호 단서에 따른 출장진료만을 하는 동물병원(이하 "**출장진료전문병원**"이라 한다)을 개설하려는 경우만 해당한다]

② 법 제17조제2항제2호부터 제5호까지의 규정에 해당하는 자는 동물병원을 개설하려는 경우에는 별지 제13호서식의 신고서에 다음 각 호의 서류를 첨부하여 그 개설하려는 장소를 관할하는 시장·군수에게 제출(정보통신망에 의한 제출을 포함한다)해야 한다.〈개정 2012. 1. 26., 2019. 11. 8.〉

1. 동물병원의 구조를 표시한 평면도·장비 및 시설의 명세서 각 1부
2. 동물병원에 종사하려는 수의사의 면허증 사본
3. 법인의 설립 허가증 또는 인가증 사본 및 정관 각 1부(비영리법인인 경우만 해당한다)

③ 제2항에 따른 신고서를 제출받은 시장·군수는 「전자정부법」 제36조제1항에 따른 행정정보의 공동이용을 통하여 법인 등기사항증명서(법인인 경우만 해당한다)를 확인하여야 한다.

④ 시장·군수는 제1항 또는 제2항에 따른 개설신고를 수리한 경우에는 별지 제14호서식의 신고확인증을 발급(정보통신망에 의한 발급을 포함한다)하고, 그 사본을 수의사회

에 송부해야 한다. 이 경우 출장진료전문병원에 대하여 발급하는 **신고확인증에는 출장진료만을 전문으로 한다는 문구를 명시**해야 한다.〈개정 2012. 1. 26., 2015. 1. 5., 2019. 8. 26., 2019. 11. 8., 2024. 4. 25.〉

⑤ 동물병원의 개설신고자는 법 제17조제3항 후단에 따라 다음 각 호의 어느 하나에 해당하는 변경신고를 하려면 별지 제15호서식의 변경신고서에 신고확인증과 변경 사항을 확인할 수 있는 서류를 첨부하여 시장·군수에게 제출하여야 한다. 다만, 제4호에 해당하는 변경신고를 하려는 자는 영 제13조제1항제1호 본문에 따른 진료실과 처치실을 갖추었음을 확인할 수 있는 동물병원 평면도를, 제5호에 해당하는 변경신고를 하려는 자는 별지 제12호의2서식의 확인서를 함께 첨부해야 한다.〈개정 2015. 1. 5., 2019. 8. 26., 2019. 11. 8.〉

1. 개설 장소의 이전
2. 동물병원의 명칭 변경
3. 진료 수의사의 변경
4. 출장진료전문병원에서 출장진료전문병원이 아닌 동물병원으로의 변경
5. 출장진료전문병원이 아닌 동물병원에서 출장진료전문병원으로의 변경
6. 동물병원 개설자의 변경

⑥ 시장·군수는 제5항에 따른 변경신고를 수리하였을 때에는 신고대장 및 신고확인증의 뒤쪽에 그 변경내용을 적은 후 신고확인증을 내주어야 한다.〈개정 2019. 8. 26.〉

[전문개정 2011. 1. 26.]

제16조 삭제〈1999. 8. 10.〉

제17조 삭제〈1999. 8. 10.〉

제18조(휴업·폐업의 신고)

① 법 제18조에 따라 동물병원 개설자가 동물진료업을 휴업(휴업기간을 연장하는 경우를 포함한다)하거나 폐업한 경우에는 별지 제17호서식의 신고서에 신고확인증을 첨부하여 동물병원의 개설 장소를 관할하는 시장·군수에게 제출하여야 하며, 시장·군수는 그 신고서 사본(주민등록번호는 제외한다)을 수의사회에 송부해야 한다. 다만, 신고확인증을 분실한 경우에는 신고서에 분실사유를 적고 신고확인증을 첨부하지 않을 수 있다.〈개정 2019. 8. 26., 2019. 11. 8., 2023. 3. 22., 2024. 4. 25.〉

② 제1항에 따라 폐업신고를 하려는 자가 「부가가치세법」 제8조제7항에 따른 폐업신고를 같이 하려는 경우에는 별지 제17호서식의 신고서와 같은 법 시행규칙 별지 제9호서식

의 폐업신고서를 함께 제출하거나 「민원처리에 관한 법률 시행령」 제12조제10항에 따른 통합 폐업신고서를 제출해야 한다. 이 경우 관할 시장·군수는 함께 제출받은 폐업신고서 또는 통합 폐업신고서를 지체 없이 관할 세무서장에게 송부(정보통신망을 이용한 송부를 포함한다. 이하 이 조에서 같다)해야 한다.〈신설 2019. 11. 8.〉

③ 관할 세무서장이 「부가가치세법 시행령」 제13조제5항에 따라 제1항에 따른 폐업신고서를 받아 이를 관할 시장·군수에게 송부한 경우에는 제1항에 따른 폐업신고서가 제출된 것으로 본다.〈신설 2019. 11. 8.〉

[전문개정 2011. 1. 26.]

제18조의2(수술 등의 진료비용 고지 방법)

법 제19조제1항에 따라 **수술등중대진료** 전에 예상 진료비용을 고지하거나 수술등중대진료 이후에 진료비용을 고지하거나 변경하여 고지할 때에는 **구두로** 설명하는 **방법으로 한다.**

[본조신설 2022. 7. 5.]

제18조의3(진찰 등의 진료비용 게시 대상 및 방법)

① 법 제20조제1항에서 "진찰, 입원, 예방접종, 검사 등 농림축산식품부령으로 정하는 동물진료업의 행위에 대한 진료비용"이란 다음 각 호의 진료비용을 말한다. 다만, 해당 동물병원에서 진료하지 않는 동물진료업의 행위에 대한 진료비용 및 제15조제1항제3호에 따른 출장진료전문병원의 동물진료업의 행위에 대한 진료비용은 제외한다.〈개정 2024. 4. 25.〉

1. 초진·재진 진찰료, 진찰에 대한 상담료

2. 입원비

3. 개 종합백신, 고양이 종합백신, 광견병백신, 켄넬코프백신, 개 코로나바이러스백신 및 인플루엔자백신의 접종비

4. 전혈구 검사비와 그 검사 판독료 및 엑스선 촬영비와 그 촬영 판독료

5. 그 밖에 동물소유자등에게 알릴 필요가 있다고 농림축산식품부장관이 인정하여 고시하는 동물진료업의 행위에 대한 진료비용

② 법 제20조제1항에 따라 **진료비용을 게시**할 때에는 다음 각 호의 어느 하나에 해당하는 방법으로 한다.

1. **해당 동물병원 내부 접수창구 또는 진료실 등 동물소유자등이 알아보기 쉬운 장소에 책자나 인쇄물을 비치하거나 벽보 등을 부착하는 방법**

2. 해당 동물병원의 인터넷 홈페이지에 게시하는 방법. 이 경우 **인터넷 홈페이지의 초기화면에 게시하거나 배너를 이용하는 경우에는 진료비용을 게시하는 화면으로 직접**

연결되도록 해야 한다.

[본조신설 2022. 7. 5.]

제19조(발급수수료)

① 법 제20조의2제1항에 따른 처방전 발급수수료의 상한액은 5천원으로 한다.

② 법 제20조의2제2항에 따라 동물병원 개설자는 진단서, 검안서, 증명서 및 처방전의 발급수수료의 금액을 정하여 접수창구나 대기실에 동물소유자등이 쉽게 볼 수 있도록 게시하여야 한다.〈개정 2022. 7. 5.〉

[본조신설 2013. 8. 2.]

제20조(진료비용 등에 관한 현황의 조사·분석 및 결과 공개의 범위 등)

① 법 제20조의4제1항에 따른 결과 공개의 범위는 다음 각 호와 같다.

  1. 법 제20조제1항에 따라 동물병원 개설자가 게시한 각 동물진료업의 행위에 대한 진료비용의 전국 단위, 특별시·광역시·특별자치시·도·특별자치도 단위 및 시·군·자치구 단위별 최저·최고·평균·중간 비용

  2. 그 밖에 동물소유자등에게 공개할 필요가 있다고 농림축산식품부장관이 인정하여 고시하는 사항

② 법 제20조의4제1항에 따라 제1항 각 호의 사항을 공개할 때에는 농림축산식품부의 인터넷 홈페이지에 게시하는 방법으로 한다.

③ 제1항 및 제2항에서 규정한 사항 외에 법 제20조제1항에 따른 조사·분석 및 결과 공개의 범위·방법·절차에 관하여 필요한 세부 사항은 농림축산식품부장관이 정하여 고시한다.

[본조신설 2022. 7. 5.]

제21조(축산 관련 비영리법인)

법 제21조제1항 각 호 외의 부분 본문 및 단서에서 "농림축산식품부령으로 정하는 축산 관련 비영리법인"이란 다음 각 호의 법인을 말한다.〈개정 2013. 3. 23., 2017. 7. 12.〉

  1. 「농업협동조합법」에 따라 설립된 농업협동조합중앙회(농협경제지주회사를 포함한다) 및 조합

  2. 「가축전염병예방법」 제9조에 따라 설립된 가축위생방역 지원본부

[전문개정 2011. 1. 26.]

4.3 수의사법 시행규칙

제22조(공수의의 업무 보고)

공수의는 법 제21조제1항 각 호의 업무에 관하여 매월 그 추진결과를 다음 달 10일까지 배치지역을 관할하는 시장·군수에게 보고하여야 하며, 시장·군수(특별자치시장과 특별자치도지사는 제외한다)는 그 내용을 종합하여 매 분기가 끝나는 달의 다음 달 10일까지 특별시장·광역시장 또는 도지사에게 보고하여야 한다. 다만, 전염병 발생 및 공중위생상 긴급한 사항은 즉시 보고하여야 한다.〈개정 2013. 8. 2.〉

[전문개정 2011. 1. 26.]

제22조의2(동물진료법인 설립허가절차)

① 영 제13조의2에 따라 동물진료법인 설립허가신청서에 첨부해야 하는 서류는 다음 각 호와 같다.〈개정 2019. 11. 8.〉

   1. 법 제17조제2항제3호에 따른 동물진료법인(이하 "동물진료법인"이라 한다) 설립허가를 받으려는 자(이하 "설립발기인"이라 한다)의 성명·주소 및 약력을 적은 서류. 설립발기인이 법인인 경우에는 그 법인의 명칭·소재지·정관 및 최근 사업활동 내용과 그 대표자의 성명 및 주소를 적은 서류를 말한다.

   2. 삭제〈2017. 1. 2.〉

   3. 정관

   4. 재산의 종류·수량·금액 및 권리관계를 적은 재산 목록(기본재산과 보통재산으로 구분하여 적어야 한다) 및 기부신청서[기부자의 인감증명서 또는 「본인서명사실 확인 등에 관한 법률」 제2조제3호에 따른 본인서명사실확인서 및 재산을 확인할 수 있는 서류(부동산·예금·유가증권 등 주된 재산에 관한 등기소·금융기관 등의 증명서를 말한다)를 첨부하되, 제2항에 따른 서류는 제외한다]

   5. 사업 시작 예정 연월일과 사업 시작 연도 분(分)의 사업계획서 및 수입·지출예산서

   6. 임원 취임 예정자의 이력서(신청 전 6개월 이내에 모자를 쓰지 않고 찍은 상반신 반명함판 사진을 첨부한다), 취임승낙서(인감증명서 또는 「본인서명사실 확인 등에 관한 법률」 제2조제3호에 따른 본인서명사실확인서를 첨부한다) 및 「가족관계의 등록 등에 관한 법률」 제15조제1항제2호에 따른 기본증명서

   7. 설립발기인이 둘 이상인 경우 대표자를 선정하여 허가신청을 할 때에는 나머지 설립발기인의 위임장

② 동물진료법인 설립허가신청을 받은 담당공무원은 「전자정부법」 제36조제1항에 따른 행정정보의 공동이용을 통하여 건물 등기사항증명서와 토지 등기사항증명서를 확인해야 한다.〈개정 2019. 11. 8.〉

③ 시·도지사는 특별한 사유가 없으면 동물진료법인 설립허가신청을 받은 날부터 1개월

이내에 허가 또는 불허가 처분을 해야 하며, 허가처분을 할 때에는 동물진료법인 설립 허가증을 발급해 주어야 한다.〈개정 2019. 11. 8.〉

④ 시·도지사는 제3항에 따른 허가 또는 불허가 처분을 하기 위하여 필요하다고 인정하면 신청인에게 기간을 정하여 필요한 자료를 제출하게 하거나 설명을 요구할 수 있다. 이 경우 그에 걸리는 기간은 제3항의 기간에 산입하지 않는다.〈개정 2019. 11. 8.〉

[본조신설 2013. 11. 22.]

[종전 제22조의2는 제22조의14로 이동 〈2013. 11. 22.〉]

제22조의3(임원 선임의 보고)

동물진료법인은 임원을 선임(選任)한 경우에는 선임한 날부터 7일 이내에 임원선임 보고서에 다음 각 호의 서류를 첨부하여 시·도지사에게 제출하여야 한다.

　　1. 임원 선임을 의결한 이사회의 회의록

　　2. 선임된 임원의 이력서(제출 전 6개월 이내에 모자를 쓰지 않고 찍은 상반신 반명함 판 사진을 첨부하여야 한다). 다만, 종전 임원이 연임된 경우는 제외한다.

　　3. 취임승낙서

[본조신설 2013. 11. 22.]

[종전 제22조의3은 제22조의15로 이동 〈2013. 11. 22.〉]

제22조의4(재산 처분의 허가절차)

① 영 제13조의3에 따라 재산처분허가신청서에 첨부하여야 하는 서류는 다음 각 호와 같다.

　　1. 재산 처분 사유서

　　2. 처분하려는 재산의 목록 및 감정평가서(교환인 경우에는 쌍방의 재산에 관한 것이어야 한다)

　　3. 재산 처분에 관한 이사회의 회의록

　　4. 처분의 목적, 용도, 예정금액, 방법과 처분으로 인하여 감소될 재산의 보충 방법 등을 적은 서류

　　5. 처분하려는 재산과 전체 재산의 대비표

② 제1항에 따른 허가신청은 재산을 처분(매도, 증여, 임대 또는 교환, 담보 제공 등을 말한다)하기 1개월 전까지 하여야 한다.

③ 시·도지사는 특별한 사유가 없으면 재산처분 허가신청을 받은 날부터 1개월 이내에 허가 또는 불허가 처분을 하여야 하며, 허가처분을 할 때에는 필요한 조건을 붙일 수 있다.

④ 시·도지사는 제3항에 따른 허가 또는 불허가 처분을 하기 위하여 필요하다고 인정하

면 신청인에게 기간을 정하여 필요한 자료를 제출하게 하거나 설명을 요구할 수 있다. 이 경우 그에 걸리는 기간은 제3항의 기간에 산입하지 아니한다.

[본조신설 2013. 11. 22.]

제22조의5(재산의 증가 보고)

① 동물진료법인은 매수(買受)·기부채납(寄附採納)이나 그 밖의 방법으로 재산을 취득한 경우에는 재산을 취득한 날부터 7일 이내에 그 법인의 재산에 편입시키고 재산증가 보고서에 다음 각 호의 서류를 첨부하여 시·도지사에게 제출하여야 한다.

　　1. 취득 사유서

　　2. 취득한 재산의 종류·수량 및 금액을 적은 서류

　　3. 재산 취득을 확인할 수 있는 서류(제2항에 따른 서류는 제외한다)

② 재산증가 보고를 받은 담당공무원은 증가된 재산이 부동산일 때에는 「전자정부법」 제36조제1항에 따른 행정정보의 공동이용을 통하여 건물 등기사항증명서와 토지 등기사항증명서를 확인하여야 한다.

[본조신설 2013. 11. 22.]

제22조의6(정관 변경의 허가신청)

영 제13조의3에 따라 정관변경허가신청서에 첨부하여야 하는 서류는 다음 각 호와 같다.

　　1. 정관 변경 사유서

　　2. 정관 개정안(신·구 정관의 조문대비표를 첨부하여야 한다)

　　3. 정관 변경에 관한 이사회의 회의록

　　4. 정관 변경에 따라 사업계획 및 수입·지출예산이 변동되는 경우에는 그 변동된 사업계획서 및 수입·지출예산서(신·구 대비표를 첨부하여야 한다)

[본조신설 2013. 11. 22.]

제22조의7(부대사업의 신고 등)

① 동물진료법인은 법 제22조의3제3항 전단에 따라 부대사업을 신고하려는 경우 별지 제20호서식의 신고서에 다음 각 호의 서류를 첨부하여 제출하여야 한다.〈개정 2019. 8. 26.〉

　　1. 동물병원 개설 신고확인증 사본

　　2. 부대사업의 내용을 적은 서류

　　3. 부대사업을 하려는 건물의 평면도 및 구조설명서

② 시·도지사는 부대사업 신고를 받은 경우에는 별지 제21호서식의 부대사업 신고증명서를 발급하여야 한다.

③ 동물진료법인은 법 제22조의3제3항 후단에 따라 부대사업 신고사항을 변경하려는 경우 별지 제20호서식의 변경신고서에 다음 각 호의 서류를 첨부하여 제출하여야 한다.

1. 부대사업 신고증명서 원본

2. 변경사항을 증명하는 서류

④ 시·도지사는 부대사업 변경신고를 받은 경우에는 부대사업 신고증명서 원본에 변경 내용을 적은 후 돌려주어야 한다.

[본조신설 2013. 11. 22.]

제22조의8(법인사무의 검사·감독)

① 시·도지사는 법 제22조의4에서 준용하는 「민법」 제37조에 따라 동물진료법인 사무의 검사 및 감독을 위하여 필요하다고 인정되는 경우에는 다음 각 호의 서류를 제출할 것을 동물진료법인에 요구할 수 있다. 이 경우 제1호부터 제6호까지의 서류는 최근 5년까지의 것을 대상으로, 제7호 및 제8호의 서류는 최근 3년까지의 것을 그 대상으로 할 수 있다.

1. 정관

2. 임원의 명부와 이력서

3. 이사회 회의록

4. 재산대장 및 부채대장

5. 보조금을 받은 경우에는 보조금 관리대장

6. 수입·지출에 관한 장부 및 증명서류

7. 업무일지

8. 주무관청 및 관계 기관과 주고받은 서류

② 시·도지사는 필요한 최소한의 범위를 정하여 소속 공무원으로 하여금 동물진료법인을 방문하여 그 사무를 검사하게 할 수 있다. 이 경우 소속 공무원은 그 권한을 증명하는 증표를 지니고 관계인에게 보여주어야 한다.

[본조신설 2013. 11. 22.]

제22조의9(설립등기 등의 보고)

동물진료법인은 법 제22조의4에서 준용하는 「민법」 제49조부터 제52조까지 및 제52조의2에 따라 동물진료법인 설립등기, 분사무소 설치등기, 사무소 이전등기, 변경등기 또는 직무집행정지 등 가처분의 등기를 한 경우에는 해당 등기를 한 날부터 7일 이내에 그 사실을 시·도지사에게 보고하여야 한다. 이 경우 담당공무원은 「전자정부법」 제36조제1항에 따른 행정정보의 공동이용을 통하여 법인 등기사항증명서를 확인하여야 한다.

제22조의10(잔여재산 처분의 허가)

동물진료법인의 대표자 또는 청산인은 법 제22조의4에서 준용하는 「민법」 제80조제2항에 따라 잔여재산의 처분에 대한 허가를 받으려면 다음 각 호의 사항을 적은 잔여재산처분허가 신청서를 시·도지사에게 제출하여야 한다.

   1. 처분 사유

   2. 처분하려는 재산의 종류·수량 및 금액

   3. 재산의 처분 방법 및 처분계획서

[본조신설 2013. 11. 22.]

제22조의11(해산신고 등)

① 동물진료법인이 해산(파산의 경우는 제외한다)한 경우 그 청산인은 법 제22조의4에서 준용하는 「민법」 제86조에 따라 다음 각 호의 사항을 시·도지사에게 신고해야 한다. 〈개정 2019. 11. 8.〉

   1. 해산 연월일

   2. 해산 사유

   3. 청산인의 성명 및 주소

   4. 청산인의 대표권을 제한한 경우에는 그 제한 사항

② 청산인이 제1항의 신고를 하는 경우에는 해산신고서에 다음 각 호의 서류를 첨부하여 제출해야 한다. 이 경우 담당공무원은 「전자정부법」 제36조제1항에 따른 행정정보의 공동이용을 통하여 법인 등기사항증명서를 확인해야 한다.〈개정 2019. 11. 8.〉

   1. 해산 당시 동물진료법인의 재산목록

   2. 잔여재산 처분 방법의 개요를 적은 서류

   3. 해산 당시의 정관

   4. 해산을 의결한 이사회의 회의록

③ 동물진료법인이 정관에서 정하는 바에 따라 그 해산에 관하여 주무관청의 허가를 받아야 하는 경우에는 해산 예정 연월일, 해산의 원인과 청산인이 될 자의 성명 및 주소를 적은 해산허가신청서에 다음 각 호의 서류를 첨부하여 시·도지사에게 제출해야 한다. 〈개정 2019. 11. 8.〉

   1. 신청 당시 동물진료법인의 재산목록 및 그 감정평가서

   2. 잔여재산 처분 방법의 개요를 적은 서류

   3. 신청 당시의 정관

[본조신설 2013. 11. 22.]

제22조의12(청산 종결의 신고)

동물진료법인의 청산인은 그 청산을 종결한 경우에는 법 제22조의4에서 준용하는「민법」제 94조에 따라 그 취지를 등기하고 청산종결신고서(전자문서로 된 신고서를 포함한다)를 시·도지사에게 제출하여야 한다. 이 경우 담당공무원은「전자정부법」제36조제1항에 따른 행정정보의 공동이용을 통하여 법인 등기사항증명서를 확인하여야 한다.

[본조신설 2013. 11. 22.]

제22조의13(동물진료법인 관련 서식)

다음 각 호의 서식은 농림축산식품부장관이 정하여 농림축산식품부 인터넷 홈페이지에 공고하는 바에 따른다.

1. 제22조의2제1항에 따른 동물진료법인 설립허가신청서
2. 제22조의2제3항에 따른 설립허가증
3. 제22조의3에 따른 임원선임 보고서
4. 제22조의4제1항에 따른 재산처분허가신청서
5. 제22조의5제1항에 따른 재산증가 보고서
6. 제22조의6에 따른 정관변경허가신청서
7. 제22조의10에 따른 잔여재산처분허가신청서
8. 제22조의11제2항 전단에 따른 해산신고서
9. 제22조의11제3항에 따른 해산허가신청서
10. 제22조의12 전단에 따른 청산종결신고서

[본조신설 2013. 11. 22.]

제22조의14(수의사 등에 대한 비용 지급 기준)

법 제30조제1항 후단에 따라 수의사 또는 동물병원의 시설·장비 등이 필요한 경우의 비용 지급기준은 별표 1의2와 같다.

[본조신설 2012. 1. 26.]

[제22조의2에서 이동 〈2013. 11. 22.〉]

제22조의15(진료비용 미게시 등에 따른 시정명령)

① 농림축산식품부장관 또는 시장·군수는 법 제30조제3항에 따라 동물병원 개설자가 법 제20조제1항에 따른 진료비용을 게시하지 않았거나, 동물소유자등이 확인하기 어려운 장소

04
수의사법

시행규칙

에 게시한 경우 30일 이내의 범위에서 기간을 정하여 진료비용 게시, 진료비용 게시 장소 및 그 밖에 필요한 명령을 할 수 있다.

② 농림축산식품부장관 또는 시장·군수는 법 제30조제3항에 따라 동물병원 개설자가 법 제20조제2항을 위반하여 정당한 사유 없이 게시한 진료비용 이상으로 진료비용을 받은 경우 30일 이내의 범위에서 기간을 정하여 향후 재발방지, 위반행위의 중지 및 그 밖에 필요한 명령을 할 수 있다.

[본조신설 2023. 3. 22.]

[종전 제22조의15는 제22조의16으로 이동 〈2023. 3. 22.〉]

제22조의16(보고 및 업무감독)

법 제31조제1항에서 "농림축산식품부령으로 정하는 사항"이란 회원의 실태와 취업상황, 그 밖의 수의사회의 운영 또는 업무에 관한 것으로서 농림축산식품부장관이 필요하다고 인정하는 사항을 말한다.〈개정 2013. 3. 23.〉

[본조신설 2012. 1. 26.]

[제22조의15에서 이동 〈2023. 3. 22.〉]

제23조(과잉진료행위 등)

영 제20조의2제2호에서 "농림축산식품부령으로 정하는 행위"란 다음 각 호의 행위를 말한다.〈개정 2013. 3. 23.〉

1. 소독 등 병원 내 감염을 막기 위한 조치를 취하지 아니하고 시술하여 질병이 악화되게 하는 행위
2. 예후가 불명확한 수술 및 처치 등을 할 때 그 위험성 및 비용을 알리지 아니하고 이를 하는 행위
3. 유효기간이 지난 약제를 사용하거나 정당한 사유 없이 응급진료가 필요한 동물을 방치하여 질병이 악화되게 하는 행위

[전문개정 2011. 1. 26.]

제24조(행정처분의 기준)

법 제32조 및 제33조에 따른 행정처분의 세부 기준은 별표 2와 같다.

[전문개정 2011. 1. 26.]

제25조(신고확인증의 제출 등)

① 동물병원 개설자가 법 제33조에 따라 동물진료업의 정지처분을 받았을 때에는 지체

없이 그 신고확인증을 시장·군수에게 제출하여야 한다.〈개정 2019. 8. 26.〉

② 시장·군수는 법 제33조에 따라 동물진료업의 정지처분을 하였을 때에는 해당 신고대장에 처분에 관한 사항을 적어야 하며, 제출된 신고확인증의 뒤쪽에 처분의 요지와 업무정지 기간을 적고 그 정지기간이 만료된 때에 돌려주어야 한다.〈개정 2019. 8. 26.〉

[전문개정 2011. 1. 26.]

[제목개정 2019. 8. 26.]

제25조의2(과징금의 징수절차)

영 제20조의3제5항에 따른 과징금의 징수절차에 관하여는 「국고금 관리법 시행규칙」을 준용한다. 이 경우 납입고지서에는 이의신청의 방법 및 기간을 함께 적어야 한다.

[본조신설 2020. 8. 20.]

제26조(수의사 연수교육)

① 수의사회장은 법 제34조제3항 및 영 제21조에 따라 **연수교육을 매년 1회 이상 실시하여야 한다.**〈개정 2013. 8. 2.〉

② 제1항에 따른 연수교육의 대상자는 동물진료업에 종사하는 수의사로 하고, 그 대상자는 매년 10시간 이상의 연수교육을 받아야 한다. **이 경우 10시간 이상의 연수교육에는 수의사회장이 지정하는 교육과목에 대해 5시간 이상의 연수교육을 포함하여야 한다.** 〈개정 2012. 1. 26.〉

③ 연수교육의 교과내용·실시방법, 그 밖에 연수교육의 실시에 필요한 사항은 수의사회장이 정한다.〈개정 2013. 8. 2.〉

④ 수의사회장은 연수교육을 수료한 사람에게는 수료증을 발급하여야 하며, 해당 연도의 연수교육의 실적을 다음 해 2월 말까지 농림축산식품부장관에게 보고하여야 한다.〈개정 2013. 3. 23., 2013. 8. 2.〉

⑤ 수의사회장은 매년 12월 31일까지 다음 해의 연수교육 계획을 농림축산식품부장관에게 제출하여 승인을 받아야 한다.〈개정 2013. 3. 23., 2013. 8. 2.〉

[전문개정 2011. 1. 26.]

제27조 삭제〈2002. 7. 5.〉

제28조(수수료)

① 법 제38조에 따라 내야 하는 수수료의 금액은 다음 각 호의 구분과 같다.〈개정 2021. 9. 8., 2024. 4. 25.〉

4.3 수의사법 시행규칙

1. 법 제6조(법 제16조의6에서 준용하는 경우를 포함한다)에 따른 수의사 면허증 또는 동물보건사 자격증을 재발급받으려는 사람: 2천원

2. 법 제8조에 따른 수의사 국가시험에 응시하려는 사람: 해당 시험의 시행에 필요한 비용 등을 고려하여 농림축산식품부장관이 정하여 공고하는 금액

2의2. 법 제16조의3에 따른 동물보건사자격시험에 응시하려는 사람: 해당 시험의 시행에 필요한 비용 등을 고려하여 농림축산식품부장관이 정하여 공고하는 금액

3. 법 제17조제3항에 따라 동물병원 개설의 신고를 하려는 자: 5천원

4. 법 제32조제3항(법 제16조의6에서 준용하는 경우를 포함한다)에 따라 수의사 면허 또는 동물보건사 자격을 다시 부여받으려는 사람: 2천원

② 제1항제1호, 제2호, 제2호의2 및 제4호의 수수료는 수입인지로 내야 하며, 같은 항 제3호의 수수료는 해당 지방자치단체의 수입증지로 내야 한다. 다만, 수의사 국가시험 또는 동물보건사자격시험 응시원서를 인터넷으로 제출하는 경우에는 제1항제2호 및 제2호의2에 따른 수수료를 정보통신망을 이용한 전자결제 등의 방법(정보통신망 이용료 등은 이용자가 부담한다)으로 납부해야 한다.〈개정 2011. 4. 1., 2021. 9. 8.〉

③ 제1항제2호 및 제2호의2의 응시수수료를 납부한 사람이 다음 각 호의 어느 하나에 해당하는 경우에는 다음 각 호의 구분에 따라 응시 수수료의 전부 또는 일부를 반환해야 한다.〈신설 2011. 4. 1., 2021. 9. 8.〉

1. 응시수수료를 과오납한 경우 : 그 과오납한 금액의 전부

2. 접수마감일부터 7일 이내에 접수를 취소하는 경우 : 납부한 응시수수료의 전부

3. 시험관리기관의 귀책사유로 시험에 응시하지 못하는 경우 : 납부한 응시수수료의 전부

4. 다음 각 목에 해당하는 사유로 시험에 응시하지 못한 사람이 시험일 이후 30일 전까지 응시수수료의 반환을 신청한 경우: 납부한 응시수수료의 100분의 50

　　가. 본인 또는 배우자의 부모·조부모·형제·자매, 배우자 및 자녀가 사망한 경우 (시험일부터 거꾸로 계산하여 7일 이내에 사망한 경우로 한정한다)

　　나. 본인의 사고 및 질병으로 입원한 경우

　　다. 「감염병의 예방 및 관리에 관한 법률」에 따라 진찰·치료·입원 또는 격리 처분을 받은 경우

[전문개정 2011. 1. 26.]

제29조(규제의 재검토)

농림축산식품부장관은 다음 각 호의 사항에 대하여 다음 각 호의 기준일을 기준으로 **3년마다**(매 3년이 되는 해의 기준일과 같은 날 전까지를 말한다) 그 타당성을 검토하여 개선 등의

조치를 해야 한다.〈개정 2017. 1. 2., 2020. 11. 24.〉

1. 제2조에 따른 면허증의 발급 절차: 2017년 1월 1일

2. 삭제〈2020. 11. 24.〉

3. 제8조에 따른 수의사 외의 사람이 할 수 있는 진료의 범위: 2017년 1월 1일

4. 제8조의2 및 별표 1에 따른 동물병원의 세부 시설기준: 2017년 1월 1일

5. 제11조 및 별지 제10호서식에 따른 처방전의 서식 및 기재사항 등: 2017년 1월 1일

6. 제13조에 따른 진료부 및 검안부의 기재사항: 2017년 1월 1일

7. 제14조에 따른 수의사의 실태 등의 신고 및 보고: 2017년 1월 1일

8. 삭제〈2020. 11. 24.〉

9. 제22조의2에 따른 동물진료법인 설립허가절차: 2017년 1월 1일

10. 제22조의3에 따른 임원 선임의 보고: 2017년 1월 1일

11. 제22조의4에 따른 재산 처분의 허가절차: 2017년 1월 1일

12. 제22조의5에 따른 재산의 증가 보고: 2017년 1월 1일

13. 삭제〈2020. 11. 24.〉

14. 제22조의8에 따른 법인사무의 검사·감독: 2017년 1월 1일

15. 제22조의9에 따른 설립등기 등의 보고: 2017년 1월 1일

16. 제22조의10에 따른 잔여재산 처분의 허가신청 절차: 2017년 1월 1일

17. 제22조의11에 따른 해산신고 절차 등: 2017년 1월 1일

18. 제22조의12에 따른 청산 종결의 신고 절차: 2017년 1월 1일

19. 제26조에 따른 수의사 연수교육: 2017년 1월 1일

[본조신설 2015. 1. 6.]

부칙〈제647호, 2024. 4. 25.〉

제1조(시행일)

이 규칙은 2024년 4월 25부터 시행한다. 다만, 제18조의3제1항제3호의 개정규정은 2025년 1월 1일부터 시행한다.

제2조(동물병원의 시설기준에 관한 경과조치)

이 규칙 시행 전에 종전의 규정에 따른 시설기준을 갖추어 동물병원을 개설한 자는 별표 1 비고 제3호의 개정규정에 따른 시설기준을 갖춘 것으로 본다. 다만, 이 규칙 시행 후 6개월 이내에 별표 1 비고 제3호의 개정규정에 따른 시설기준을 갖추어야 한다.

[별표 1] 동물병원의 세부 시설기준(제8조의2 관련)

[별표 1의2] 비용의 지급기준(제22조의2 관련)

[별표 2] 행정처분의 세부 기준(제24조 관련)

[별지 제1호서식] 수의사 면허증

[별지 제2호서식] 수의사 면허증 (재발급, 재부여, 갱신) 신청서

[별지 제3호서식] 수의사 면허증 분실 경위서

[별지 제4호서식] 삭제〈2006.3.14〉

[별지 제4호의2서식] 진단서

[별지 제5호서식] 폐사 진단서

[별지 제6호서식] 출산 증명서

[별지 제7호서식] 사산 증명서

[별지 제8호서식] 예방접종 증명서

[별지 제9호서식] 검안서

[별지 제10호서식] 처방전

[별지 제10호의2서식] 상시고용 수의사 신고서

[별지 제11호서식] 수술등중대진료 동의서

[별지 제11호의2서식] 동물보건사 자격시험 응시원서

[별지 제11호의3서식] 양성기관 평가인증 신청서

[별지 제11호의4서식] 양성기관 평가인증서

[별지 제11호의5서식] 동물보건사 자격증

[별지 제11호의6서식] 동물보건사 자격증(재발급, 재부여)

[별지 제11호의7서식] 동물보건사 자격증 분실 경위서

[별지 제12호서식] 동물병원 개설신고서

[별지 제12호의2서식] 확인서

[별지 제13호서식] 동물병원 개설신고서

[별지 제14호서식] 동물병원 개설 신고확인증

[별지 제15호서식] 동물병원 개설신고 사항 변경신고서

[별지 제16호서식] 삭제(1999.8.10)

[별지 제17호서식] 동물병원 (휴업, 폐업) 신고서

[별지 제18호서식] 삭제(1999.2.9)

[별지 제19호서식] 삭제〈2006.3.14〉

[별지 제20호서식] 부대사업 신고서, 부대사업 변경신고서

[별지 제21호서식] 부대사업 신고증명서

동물병원의 세부 시설기준(제8조의2 관련)

개설자	시설기준
수의사	**1. 진료실** 진료대 등 동물의 진료에 필요한 기구·장비를 갖출 것 **2. 처치실** 동물에 대한 치료 또는 수술을 하는 데 필요한 진료용 무영조명등, 소독장비 등 기구·장비를 갖출 것 **3. 조제실** 약제기구 등을 갖추고, 다른 장소와 구획되도록 할 것 **4. 그 밖의 시설** 동물병원의 청결유지와 위생관리에 필요한 **수도시설 및 장비**를 갖출 것
○ **국가 또는 지방자치단체** ○ **동물진료업을 목적으로 설립한 법인** ○ **수의학을 전공하는 대학**(수의학과가 설치된 대학을 포함한다) ○ **「민법」이나 특별법에 따라 설립된 비영리법인**	**1. 진료실** 진료대 등 동물의 진료에 필요한 기구·장비를 갖출 것 **2. 처치실** 동물에 대한 치료 또는 수술을 하는 데 필요한 진료용 무영조명등, 소독장비 등 기구·장비를 갖출 것. **3. 조제실** 약제기구 등을 갖추고, 다른 장소와 구획되도록 할 것 **4. 임상병리검사실** 현미경·세균배양기·원심분리기 및 멸균기를 갖추고, 다른 장소와 구획되도록 할 것 **5. 그 밖의 시설** 동물병원의 청결유지와 위생관리에 필요한 **수도시설 및 장비**를 갖추고, 동물병원의 건물 총면적은 100제곱미터 이상이어야 하며, 진료실(임상병리검사실을 포함한다)의 면적은 30제곱미터 이상일 것

비고: 1. 위 표의 시설기준 중 진료실과 처치실은 함께 쓰일 수 있으며, 국가 또는 지방자치단체 등이 개설하는 동물병원의 시설기준 중 진료실의 면적기준은 진료실과 처치실을 함께 쓰는 경우에도 동일하다.

　　　2. 지방자치단체가 「동물보호법」 제35조에 따라 설치·운영하는 동물보호센터의 동물만을 진료·처치하기 위하여 직접 설치하는 동물병원의 경우에는 위 표의 시설기준 중 동물병원의 건물 총면적 및 진료실의 면적 기준을 적용하지 아니한다.

04
수의사법

시행규칙 별표

3. 동물병원은 독립된 건물이거나 다른 시설과 분리(벽이나 층 등으로 구분하는 것을 말한다. 이하 이 호에서 같다)되어야 한다. 다만, 다음 각 목의 경우에는 분리하지 않을 수 있다.

가. 동물병원과 「동물보호법」 제69조에 따라 허가받은 영업장이 함께 있는 경우

나. 동물병원과 「동물보호법」 제73조에 따라 등록한 영업장이 함께 있는 경우

비용의 지급기준(제22조의2 관련)

1. 수의사에 대한 비용의 지급기준은 다음 각 목의 구분에 따른다.
   가. 주간근로인 경우:「공무원보수규정」별표 33 제3호나목 전문계약직공무원의 다급 상
   한액을 기준으로 동원된 기간만큼 일할계산한 금액(1일 8시간 근로 기준)
   나. 야간·휴일 또는 연장근로인 경우: 가목에 따른 금액에 「근로기준법」 제56조에 따른
   가산금을 더한 금액
   다. 여비 지급이 필요한 경우:「공무원 여비 규정」 제30조에 따른 여비

2. 시설·장비에 대한 비용의 지급기준은 다음 각 목의 구분에 따른다.
   가. 소모품의 경우: 구입가 또는 지도·명령 당시 해당 물건에 대한 평가액 중 작은 금액
   나. 그 밖의 장비의 경우: 장비의 통상 1회당 사용료에 사용횟수를 곱하여 산정한 금액
   또는 동원된 기간 동안의 감가상각비 중 작은 금액

행정처분의 세부 기준(제24조 관련)

Ⅰ. 일반기준

1. 동시에 둘 이상의 위반사항이 있는 경우에는 다음 각 목의 구분에 따라 처분한다.

   가. 각 위반행위에 대한 처분기준이 다른 경우에는 그 중 무거운 처분기준에 따른다.

   나. 각 위반행위에 대한 처분기준이 면허효력정지와 면허효력정지, 업무정지와 업무정지인 경우에는 각 처분기준을 합산한 기간을 넘지 않는 범위에서 무거운 처분기준에 그 처분기준의 2분의 1 범위에서 가중한다.

   다. 면허효력정지 1개월은 30일을 기준으로 한다.

   라. 행정처분 기간을 일단위로 환산하여 소수점 이하가 산출되는 경우에는 소수점 이하를 버린다.

2. 위반행위의 횟수에 따른 행정처분의 기준은 **최근 2년간** 같은 위반행위로 행정처분을 받은 경우에 적용한다. 이 경우 기간의 계산은 위반행위에 대해 행정처분을 받은 날과 그 처분 후 다시 같은 위반행위를 하여 적발된 날을 기준으로 한다.

3. 제2호에 따라 가중된 행정처분을 하는 경우 가중처분의 적용차수는 그 위반행위 전 부과처분 차수(제2호에 따른 기간 내에 처분이 둘 이상 있었던 경우에는 높은 차수를 말한다)의 다음 차수로 한다.

4. 처분권자는 다음 각 목의 어느 하나에 해당되는 경우에는 해당 목의 기준에 따라 그 처분을 감경할 수 있다.

   가. 위반행위의 발생일(위반행위가 여러 날에 걸쳐 이루어진 경우에는 위반행위가 최초로 발생한 날을 말한다. 이하 같다) 현재 공수의로 활동 중이거나 국가나 지방자치단체 방역사업(가축전염병 예방·예찰을 위한 백신접종, 시료채취, 방제지원 등을 말한다. 이하 같다)을 수행 중인 경우: 해당 처분기준의 2분의 1 범위에서 감경

   나. 위반행위의 발생일부터 과거 5년 이내에 공수의로 활동한 사실 또는 국가나 지방자치단체 방역사업을 수행한 사실이 있는 경우: 해당 처분기준의 3분의 1 범위에서 감경

   다. 위반행위의 발생일부터 과거 5년 이내에 가축방역, 동물의 건강증진, 축산업의 발전 등에 기여한 공로를 인정받아 「상훈법」 또는 「정부 표창 규정」에 따라 훈장, 포장 또는 표창을 받은 경우: 다음의 구분에 따른 범위에서 감경

      1) 훈장 또는 포장을 받은 경우: 해당 처분기준의 3분의 2 범위

      2) 대통령 표창이나 국무총리 표창 또는 농림축산식품부장관 표창을 받은 경우: 해

당 처분기준의 2분의 1 범위

　3) 차관급 표창 또는 시·도지사(시장·군수) 표창을 받은 경우: 해당 처분기준의 3분의 1 범위

5. Ⅱ. 제5호부터 제10호까지에도 불구하고 Ⅱ. 제3호에 해당하면 같은 호를 적용한다.

Ⅱ. 개별기준

위반행위	근거 법조문	행정처분 기준		
		1차	2차	3차 이상
1. 수의사가 법 제5조 각 호의 어느 하나에 해당하게 되었을 때	법 제32조 제1항제1호	면허취소		
2. 수의사가 법 제32조제2항에 따른 면허효력 정지기간에 수의업무를 한 경우	법 제32조 제1항제2호	면허취소		
3. 수의사가 2년(1회째의 면허효력 정지처분을 받은 날과 4회째 면허효력 정지처분 대상 위반행위를 한 날을 기준으로 계산한다)간 3회의 면허효력 정지처분을 받고 4회째 면허효력 정지처분 대상 위반행위를 하였을 때	법 제32조 제1항제2호	면허취소		
4. 수의사가 법 제6조제2항을 위반하여 면허증을 다른 사람에게 대여하였을 때	법 제32조 제1항제3호	면허효력 정지 12개월	면허취소	
5. 수의사가 거짓이나 그 밖의 부정한 방법으로 진단서, 검안서, 증명서 또는 처방전을 발급하였을 때	법 제32조 제2항제1호	면허효력 정지 3개월	면허효력 정지 6개월	면허효력 정지 12개월
6. 수의사가 관련 서류를 위조하거나 변조하는 등 부정한 방법으로 진료비를 청구하였을 때	법 제32조 제2항제2호	면허효력 정지 3개월	면허효력 정지 6개월	면허효력 정지 12개월
7. 수의사가 정당한 사유 없이 법 제30조제1항에 따른 명령을 위반하였을 때	법 제32조 제2항제3호	면허효력 정지 1개월	면허효력 정지 3개월	면허효력 정지 6개월
8. 수의사가 임상수의학적으로 인정되지 아니하는 진료행위를 하였을 때	법 제32조 제2항제4호	면허효력 정지 15일	면허효력 정지 1개월	면허효력 정지 6개월
9. 수의사가 학위 수여 사실을 거짓으로 공표하였을 때	법 제32조 제2항제5호	면허효력 정지 15일	면허효력 정지 1개월	면허효력 정지 6개월
10. 수의사가 과잉진료행위나 그 밖에 동물병원 운영과 관련된 행위로서 다음 각 목의 행위를 하였을 때	법 제32조 제2항제6호			
가. 불필요한 검사·투약 또는 수술 등 과잉진료행위	영 제20조의2 제1호	경고	면허효력 정지 1개월	면허효력 정지 6개월
나. 부당하게 많은 진료비를 요구하는 행위	영 제20조의2 제1호	면허효력 정지 15일	면허효력 정지 1개월	면허효력 정지 6개월

　　　　　　　　　　　　　　　4.3 수의사법 시행규칙 별표

다. 정당한 사유 없이 동물의 고통을 줄이기 위한 조치를 하지 아니하고 시술하는 행위	영 제20조의2 제2호	**면허효력 정지** 15일	면허효력 정지 1개월	면허효력 정지 6개월
라. 소독 등 병원 내 감염을 막기 위한 조치를 취하지 아니하고 시술하여 질병이 악화되게 하는 행위	영 제20조의2 제2호	**면허효력 정지** 15일	면허효력 정지 1개월	면허효력 정지 6개월
마. 예후가 불명확한 수술 및 처치 등을 할 때 그 위험성 및 비용을 알리지 아니하고 이를 하는 행위	영 제20조의2 제2호	**면허효력 정지** 15일	면허효력 정지 1개월	면허효력 정지 6개월
바. 유효기간이 지난 약제를 사용하거나 정당한 사유 없이 응급진료가 필요한 동물을 방치하여 질병이 악화되게 하는 행위	영 제20조의2 제2호	**면허효력 정지** 15일	면허효력 정지 1개월	면허효력 정지 6개월
사. 허위광고 또는 과대광고 행위	영 제20조의2 제3호	**면허효력 정지** 15일	면허효력 정지 1개월	면허효력 정지 6개월
아. 동물병원의 개설자격이 없는 자에게 고용되어 동물을 진료하는 행위	영 제20조의2 제4호	**면허효력 정지** 15일	면허효력 정지 1개월	면허효력 정지 6개월
자. 다른 동물병원을 이용하려는 동물의 소유자 또는 관리자를 자신이 종사하거나 개설한 동물병원으로 유인하거나 유인하게 하는 행위	영 제20조의2 제5호	**면허효력 정지** 7일	면허효력 정지 15일	면허효력 정지 3개월
차. 법 제11조, 제12조제1항·제3항, 제13조제1항·제2항 또는 제17조제1항을 위반하는 행위	영 제20조의2 제6호			
1) 법 제11조를 위반하여 정당한 사유 없이 동물의 진료 요구를 거부하였을 경우		면허효력 정지 1개월	면허효력 정지 3개월	면허효력 정지 6개월
2) 법 제12조제1항을 위반하여 진단서, 검안서, 증명서 또는 처방전을 발급하였을 경우		면허효력 정지 2개월	면허효력 정지 6개월	면허효력 정지 12개월
3) 법 제12조제3항을 위반하여 진단서, 검안서 또는 증명서의 발급 요구를 거부한 경우		면허효력 정지 1개월	면허효력 정지 3개월	면허효력 정지 6개월
4) 법 제13조제1항을 위반하여 진료부나 검안부를 갖추어 두지 아니하거나 진료하거나 검안한 사항을 기록하지 아니한 경우		면허효력 정지 15일	면허효력 정지 1개월	면허효력 정지 6개월
5) 법 제13조제2항을 위반하여 진료부 또는 검안부를 1년간 보존하지		면허효력 정지 15일	면허효력 정지 1개월	면허효력 정지 6개월

		면허효력 정지 3개월	면허효력 정지 6개월	면허효력 정지 12개월
아니한 경우 6) 법 제17조제1항을 위반하여 동물병원을 개설하지 아니하고 동물진료업을 한 경우		면허효력 정지 3개월	면허효력 정지 6개월	면허효력 정지 12개월
11. 동물병원이 개설신고를 한 날부터 3개월 이내에 정당한 사유 없이 업무를 시작하지 아니할 때	법 제33조 제1호	경고	업무정지 6개월	업무정지 12개월
12. 동물병원이 무자격자에게 진료행위를 하도록 한 사실이 있을 때	법 제33조 제2호	업무정지 3개월	업무정지 6개월	업무정지 12개월
13. 동물병원이 법 제17조제3항 후단에 따른 변경신고 또는 법 제18조 본문에 따른 휴업의 신고를 하지 아니하였을 때	법 제33조 제3호	경 고	업무정지 1개월	업무정지 3개월
14. 동물병원이 시설기준에 맞지 아니할 때	법 제33조 제4호	경고	업무정지 6개월 (6개월 이내에 시설기준에 맞게 시설을 보완한 경우에는 그 보완 시까지)	업무정지 12개월
15. **법 제17조의2를 위반하여 동물병원 개설자 자신이 그 동물병원을 관리하지 아니하거나 관리자를 지정하지 아니하였을 때**	법 제33조 제5호	**업무정지 15일**	업무정지 1개월	업무정지 6개월
16. 동물병원이 법 제30조제1항에 따른 명령을 위반하였을 때	법 제33조 제6호	업무정지 1개월	업무정지 3개월	업무정지 6개월
17. 동물병원이 법 제30조제2항에 따른 사용 제한 또는 금지명령을 위반하거나 시정 명령을 이행하지 아니하였을 때	법 제33조 제7호	업무정지 7일	업무정지 15일	업무정지 1개월
18. 동물병원이 법 제30조제3항에 따른 시정 명령을 이행하지 않았을 때	법 제33조 제7호의2	업무정지 7일	업무정지 15일	업무정지 1개월
19. 동물병원이 법 제31조제2항에 따른 관계 공무원의 검사를 거부·방해 또는 기피하였을 때	법 제33조 제8호	업무정지 3일	업무정지 7일	업무정지 15일

제5장

실험동물에 관한 법률

(약칭: 실험동물법)

[시행 2024. 7. 3.] [법률 제19918호, 2024. 1. 2., 일부개정]

QR코드를 스캔하면, [제5장 실험동물에 관한 법률] 서식을 다운로드 받을 수 있습니다.

실험동물에 관한 법률(약칭: 실험동물법)

[시행 2024. 7. 3.] [법률 제19918호, 2024. 1. 2., 일부개정]

제1장 총칙

제1조(목적)

이 법은 실험동물 및 동물실험의 적절한 관리를 통하여 동물실험에 대한 윤리성 및 신뢰성을 높여 생명과학 발전과 국민보건 향상에 이바지함을 목적으로 한다.

제2조(정의)

이 법에서 사용하는 용어의 정의는 다음과 같다.

1. "동물실험"이란 교육·시험·연구 및 생물학적 제제(製劑)의 생산 등 과학적 목적을 위하여 실험동물[1]을 대상으로 실시하는 실험 또는 그 과학적 절차를 말한다.
2. "실험동물"이란 동물실험을 목적으로 사용 또는 사육되는 척추동물을 말한다.
3. "재해"란 동물실험으로 인한 사람과 동물의 감염, 전염병 발생, 유해물질 노출 및 환경오염 등을 말한다.
4. "동물실험시설"이란 동물실험 또는 이를 위하여 실험동물을 사육하는 시설로서 대통령령으로 정하는 것을 말한다.
5. "실험동물생산시설"이란 실험동물을 생산 및 사육하는 시설을 말한다.
6. "운영자"란 동물실험시설 혹은 실험동물생산시설을 운영하는 자를 말한다.

제3조(적용 대상)

이 법은 다음 각 호의 어느 하나에 필요한 실험에 사용되는 동물과 그 동물실험시설의 관리 등에 적용한다.

1. 식품·건강기능식품·의약품·의약외품·생물의약품·의료기기·화장품의 개발·안

---

1) 동물보호법 제49조(동물실험의 금지 등)

누구든지 다음 각 호의 동물실험을 하여서는 아니 된다. 다만, 인수공통전염병 등 질병의 확산으로 인간 및 동물의 건강과 안전에 심각한 위해가 발생될 것이 우려되는 경우 또는 봉사동물의 선발·훈련방식에 관한 연구를 하는 경우로서 제52조에 따른 공용동물실험윤리위원회의 실험 심의 및 승인을 받은 때에는 그러하지 아니하다.

　1. 유실·유기동물(보호조치 중인 동물을 포함한다)을 대상으로 하는 실험
　2. 봉사동물을 대상으로 하는 실험

전관리 · 품질관리

2. 마약의 안전관리 · 품질관리

제4조(다른 법률과의 관계)

실험동물의 사용 또는 관리에 관하여 **이 법에서 규정한 것을 제외하고는 「동물보호법」**으로 **정하는 바에 따른다.**

제5조(식품의약품안전처의 책무)

① 식품의약품안전처장은 제1조의 목적을 달성하기 위하여 다음 각 호의 사항을 수행하여야 한다.〈개정 2013. 3. 23., 2016. 2. 3.〉

1. 실험동물의 사용 및 관리에 관한 정책의 수립 및 추진

2. 동물실험시설의 설치 · 운영에 관한 지원

3. 동물실험시설 내에서 실험동물의 유지 · 보존 및 개발에 관한 지원

3의2. 실험동물자원은행(실험동물 종의 보존과 실험적 개입을 받은 실험동물 유래 자원의 관리를 위한 시설을 말한다)의 설치 · 운영

4. 실험동물의 품질향상 등을 위한 연구 지원

5. 실험동물 관련 정보의 수집 · 관리 및 교육에 대한 지원

6. **동물실험을 대체할 수 있는 방법의 개발 · 인정에 관한 정책의 수립 및 추진**

7. 그 밖에 실험동물의 사용과 관리에 필요한 사항

② 제1항을 수행하기 위하여 필요한 사항은 총리령으로 정한다.〈개정 2010. 1. 18., 2013. 3. 23.〉

[제목개정 2013. 3. 23.]

제2장 실험동물의 과학적 사용

제6조(동물실험시설 운영자의 책무)

동물실험시설의 운영자는 동물실험의 안전성 및 신뢰성 등을 확보하기 위하여 다음 각 호의 사항을 수행하여야 한다.

1. **실험동물의 과학적 사용 및 관리에 관한 지침 수립**

2. **동물실험을 수행하는 자 및 종사자에 대한 교육**

3. **동물실험을 대체할 수 있는 방법의 우선적 고려**

4. **동물실험의 폐기물 등의 적절한 처리 및 작업자의 안전에 관한 계획 수립**

제7조(실험동물운영위원회 설치 등)[2]

① 동물실험시설에는 동물실험의 윤리성, 안전성 및 신뢰성 등을 확보하기 위하여 **실험동물운영위원회를 설치·운영하여야 한다.** 다만, 해당 동물실험시설에 「**동물보호법**」 **제51조제1항에 따른 동물실험윤리위원회**가 설치되어 있고(「동물보호법」 제51조제2항에 따라 동물실험윤리위원회를 설치한 것으로 보는 경우를 포함한다), 그 위원회의 구성이 제2항 및 제3항의 요건을 충족하는 경우에는 **그 위원회를 실험동물운영위원회로 본다.** 〈개정 2016. 2. 3., 2022. 4. 26.〉

② **실험동물운영위원회는 위원장 1명을 포함하여 4명 이상 15명 이내의 위원으로 구성**[3]한다.〈개정 2016. 2. 3.〉

③ 위원은 다음 각 호의 어느 하나에 해당하는 사람 중에서 **동물실험시설의 운영자**가 위촉하고, 위원장은 위원 중에서 호선(互選)한다.〈신설 2016. 2. 3., 2024. 1. 2.〉

1. 「수의사법」에 따른 **수의사**

2. 동물실험 분야에서 **박사 학위**를 취득한 사람으로서 동물실험의 관리 또는 동물실험 업무 경력(박사 학위 취득 전의 경력을 포함한다)이 있는 사람

3. **동물보호에 관한 학식과 경험이 풍부한 사람** 중에서 「민법」에 따른 법인 또는 「비영리민간단체 지원법」에 따른 비영리민간단체가 추천하는 사람으로서 대통령령으로 정하는 자격요건에 해당하는 사람

4. 그 밖에 동물실험에 관한 학식과 경험이 풍부한 사람으로서 총리령으로 정하는 사람

④ **다음 각 호의 사항은 실험동물운영위원회의 심의**[4]**를 거쳐야 한다.**〈신설 2017. 12. 19.〉

1. **동물실험의 계획 및 실행에 관한 사항**

2. **동물실험시설의 운영과 그에 관한 평가**

3. **유해물질을 이용한 동물실험의 적정성에 관한 사항**

4. **실험동물의 사육 및 관리에 관한 사항**

5. **그 밖에 동물실험의 윤리성, 안전성 및 신뢰성 등을 확보하기 위하여 위원회의 위원장이 필요하다고 인정하는 사항**

05
실험동물법

---

2) **실험동물에 관한 법률 시행령 [별표 2]** 법 제7조제1항을 위반하여 **실험동물운영위원회를 설치·운영하지 않은 경우 과태료 300**

   * **동물보호법 시행령 [별표 4]** 동물실험시행기관의 장이 법 제51조제1항을 위반하여 **윤리위원회를 설치·운영하지 않은 경우 과태료 500**

3) **동물보호법 제53조(윤리위원회의 구성)**

   ① 윤리위원회는 위원장 1명을 포함하여 3명 이상의 위원으로 구성한다.

4) **실험동물에 관한 법률 시행령 [별표 2]** 법 제7조제4항을 위반하여 **실험동물운영위원회의 심의를 거치지 않은 경우** 법 제33조제1항제2호 **과태료 100, 200, 300.**

   * **동물보호법 시행령 [별표 4]** 동물실험 시행기관의 장이 법 제51조 제3항을 위반하여 윤리위원회의 **심의를 거치지 않고 동물실험을 한 경우** 법 제101조제1항제3호 **과태료 100, 300, 500.**

⑤ 제1항의 실험동물운영위원회의 운영 등에 관하여 필요한 사항은 대통령령으로 정한다. 〈신설 2016. 2. 3., 2017. 12. 19.〉

제3장 동물실험시설 등

제8조(동물실험시설의 등록)

① 동물실험시설을 설치하고자 하는 자는 **식품의약품안전처장에게** 등록하여야 하며, 등록 사항을 변경하는 경우에도 또한 같다. 다만, 총리령으로 정하는 경미한 사항을 변경하려는 경우에는 식품의약품안전처장에게 보고하여야 한다.〈개정 2013. 3. 23., 2024. 1. 2.〉

② 동물실험시설에는 해당 시설 및 실험동물의 관리를 위하여 대통령령으로 정하는 **자격요건을 갖춘 관리자(이하 "관리자"라 한다)를 두어야 한다.**

③ 제1항에 따른 등록기준 및 절차 등에 관하여 필요한 사항은 총리령으로 정한다.〈개정 2010. 1. 18., 2013. 3. 23.〉

제9조(실험동물의 사용 등)

① 동물실험시설에서 대통령령으로 정하는 실험동물을 사용하는 경우에는 다음 각 호의 자가 아닌 자로부터 실험동물을 공급받아서는 아니 된다.〈개정 2017. 12. 19.〉

   1. 다른 동물실험시설

   2. 제15조제1항에 따른 우수실험동물생산시설

   3. 제12조에 따라 등록된 실험동물공급자

② 외국으로부터 수입된 실험동물을 사용하고자 하는 경우에는 총리령으로 정하는 기준에 적합한 실험동물을 사용하여야 한다.〈개정 2010. 1. 18., 2013. 3. 23.〉

제10조(우수동물실험시설의 지정)

① **식품의약품안전처장은 실험동물의 적절한 사용 및 관리를 위하여 적절한 인력 및 시설을 갖추고 운영상태가 우수한 동물실험시설을 우수동물실험시설로 지정할 수 있다.** 이 경우 지정기준, 지정사항 변경 등에 관한 사항은 총리령으로 정한다.〈개정 2010. 1. 18., 2013. 3. 23.〉

② 제1항에 따른 우수동물실험시설로 지정받고자 하는 자는 총리령으로 정하는 바에 따라 지정신청을 하여야 한다.〈개정 2010. 1. 18., 2013. 3. 23.〉

③ 식품의약품안전처장은 **실험동물을 사용하는 관련 사업자 또는 연구 용역을 수행하는 자**

에게 제1항에 따라 지정된 우수동물실험시설에서 그 업무를 수행하도록 권고할 수 있다. 〈개정 2013. 3. 23.〉

제11조(동물실험시설 등에 대한 지도 · 감독)

① 제8조 또는 제10조에 따라 동물실험시설로 등록 또는 우수동물실험시설로 지정 받은 자는 식품의약품안전처장의 지도 · 감독을 받아야 한다.〈개정 2013. 3. 23.〉

② 제1항에 따른 지도 · 감독의 내용 · 대상 · 시기 · 기준 등에 관하여 필요한 사항은 식품의약품안전처장이 정한다.〈개정 2013. 3. 23.〉

제4장 실험동물의 공급 등

제12조(실험동물공급자의 등록)

① 대통령령으로 정하는 실험동물의 생산 · 수입 또는 판매를 업으로 하고자 하는 자(이하 "실험동물공급자"라 한다)는 총리령으로 정하는 바에 따라 **식품의약품안전처장에게 등록하여야 한다. 다만, 제8조의 동물실험시설에서 유지 또는 연구 과정 중 생산된 실험동물을 공급하는 경우에는 그러하지 아니하다.**〈개정 2010. 1. 18., 2013. 3. 23.〉

② 제1항에 따른 등록사항을 변경하고자 할 때에는 총리령으로 정하는 바에 따라 변경등록을 하여야 한다. 다만, 총리령으로 정하는 경미한 사항을 변경하려는 경우에는 식품의약품안전처장에게 보고하여야 한다.〈개정 2010. 1. 18., 2013. 3. 23., 2024. 1. 2.〉

제13조(실험동물공급자의 준수사항)

실험동물공급자는 실험동물의 안전성 및 건강을 확보하기 위하여 다음 각 호의 사항을 준수하여야 한다.〈개정 2010. 1. 18., 2013. 3. 23., 2024. 1. 2.〉

1. 실험동물생산시설과 실험동물을 보건위생상 위해(危害)가 없고 안전성이 확보되도록 관리할 것
2. 실험동물을 운반하는 경우 그 실험동물의 생태에 적합한 방법으로 운송할 것
3. 총리령으로 정하는 바에 따라 식품의약품안전처장에게 실험동물의 생산 · 수입 · 판매 등에 관한 상황을 보고할 것
4. 그 밖에 제1호 및 제2호에 준하는 사항으로서 실험동물의 안전성 확보 및 건강관리를 위하여 필요하다고 인정하여 총리령으로 정하는 사항

제14조(실험동물 수입에 관한 사항)

실험동물의 수입과 검역에 관하여는 「가축전염병예방법」 제32조, 제34조, 제35조 및 제36조의 규정에 따른다.

제15조(우수실험동물생산시설의 지정 등)

① **식품의약품안전처장은 실험동물의 품질을 향상시키기 위하여 충분한 인력 및 시설을 갖추고 관리상태가 우수한 실험동물생산시설을 우수실험동물생산시설로 지정할 수 있다.** 이 경우 지정기준, 지정사항 변경 등에 관한 사항은 총리령으로 정한다.〈개정 2010. 1. 18., 2013. 3. 23.〉

② 제1항에 따른 우수실험동물생산시설로 지정받고자 하는 자는 총리령으로 정하는 바에 따라 지정신청을 하여야 한다.〈개정 2010. 1. 18., 2013. 3. 23.〉

③ 제1항에 따라 **우수실험동물생산시설로 지정된 경우가 아니면 실험동물의 운송용기나 문서 등에** 우수실험동물생산시설 또는 이와 유사한 표지를 부착하거나 이를 홍보하여서는 아니 된다.[5]

제16조(실험동물공급자 등에 대한 지도·감독)

① 제12조에 따라 실험동물공급자로 등록하거나 제15조에 따라 우수실험동물생산시설로 지정받은 자는 식품의약품안전처장의 지도·감독을 받아야 한다.〈개정 2013. 3. 23.〉

② 제1항에 따른 지도·감독의 대상·시기·기준 등에 관하여 필요한 사항은 식품의약품안전처장이 정한다.〈개정 2013. 3. 23.〉

제5장 안전관리 등

제17조(교육)

① 다음 각 호의 자는 실험동물의 사용·관리 등에 관하여 교육을 받아야 한다.[6] 〈개정 2017. 2. 8.〉

　1. **동물실험시설** 운영자

　2. **제8조제2항에 따른** 관리자

　3. **제12조에 따른** 실험동물공급자

---

5) **실험동물에 관한 법률 시행령 [별표 2]** 법 제15조제3항을 위반하여 우수실험동물생산시설 또는 이와 유사한 표지를 부착하거나 이를 홍보한 경우 **과태료** 30, 50, 100.

6) **실험동물에 관한 법률 시행령 [별표 2]** 동물실험시설 운영자, 관리자, 또는 실험동물공급자가 법 제17조제1항을 위반하여 교육을 받지 않은 경우 **과태료** 30, 50, 100.

4. 삭제⟨2024. 1. 2.⟩

② 식품의약품안전처장은 제1항에 따른 교육을 수행하여야 하며, 교육 위탁기관, 교육내용, 소요경비의 징수 등에 관하여 필요한 사항은 총리령으로 정한다.⟨개정 2010. 1. 18., 2013. 3. 23.⟩

제18조(재해 방지)

① 동물실험시설의 운영자 또는 관리자는 재해를 유발할 수 있는 물질 또는 병원체 등을 사용하는 동물실험을 실시하는 경우 **사람과 동물에 위해를 주지 아니하도록 필요한 조치를 취하여야 한다.**

② 동물실험시설 및 실험동물생산시설로 인한 재해가 국민 건강과 공익에 유해하다고 판단되는 경우 **운영자 또는 관리자는 즉시 폐쇄, 소독 등 필요한 조치를 취한 후** 그 결과를 식품의약품안전처장에게 **보고하여야 한다.** 이 경우 「**가축전염병예방법**」 제19조[7]를 준용한다.⟨개정 2013. 3. 23.⟩

③ 동물실험 및 실험동물로 인한 재해가 국민 건강과 공익에 유해하다고 판단되는 경우 **운영자 또는 관리자는 살처분 등 필요한 조치를 취한 후** 그 결과를 식품의약품안전처장에게 **보고하여야 한다.** 이 경우 「**가축전염병예방법**」 제20조[8]를 준용한다.⟨개정 2013. 3. 23.⟩

제19조(생물학적 위해물질의 사용보고)

① 동물실험시설의 운영자는 총리령으로 정하는 **생물학적 위해물질을 동물실험에 사용하고자 하는 경우 미리 식품의약품안전처장에게 보고하여야 한다.**⟨개정 2010. 1. 18., 2013. 3. 23.⟩

② 제1항의 보고에 관한 사항은 총리령으로 정한다.⟨개정 2010. 1. 18., 2013. 3. 23.⟩

제20조(사체 등 폐기물)

① 삭제⟨2016. 2. 3.⟩

② 동물실험시설의 운영자 및 관리자 또는 실험동물공급자는 동물실험시설과 실험동물생산시설에서 배출된 실험동물의 사체 등의 **폐기물은 「폐기물관리법」에 따라 처리한다.** 다만, 제5조제1항제3호의2에 따른 실험동물자원은행에 제공하는 경우에는 그러하지 아니하다.⟨개정 2016. 2. 3.⟩

---

7) **가축전염병 예방법 제19조(격리와 가축사육시설의 폐쇄명령 등)**

8) **가축전염병 예방법 제20조(살처분 명령)**

제6장 기록 및 정보의 공개

제21조(기록 및 보고)

① 동물실험을 수행하는 자는 **실험동물의 종류 및 수, 수행된 연구의 절차, 연구에 참여한 자, 동물실험 후의 실험동물의 처리 등**에 대하여 **기록하여야 한다.**〈개정 2010. 1. 18., 2013. 3. 23., 2024. 1. 2.〉

② 동물실험시설 운영자는 동물실험에 **사용된 실험동물의 종류 및 수, 동물실험 후의 실험 동물의 처리 등**을 식품의약품안전처장에게 **보고하여야 한다.**〈신설 2024. 1. 2.〉

③ 제1항에 따른 기록 방법, 제2항에 따른 보고의 절차 및 방법 등에 관하여 필요한 사항 은 총리령으로 정한다.〈신설 2024. 1. 2.〉

[제목개정 2024. 1. 2.]

제22조(동물실험 실태보고)

① 식품의약품안전처장은 동물실험에 관한 **실태보고서를 매년 작성하여 발표**하여야 한다.〈개정 2013. 3. 23.〉

② 제1항에 따른 실태보고서에는 다음 각 호의 사항이 포함되어야 한다.〈개정 2010. 1. 18., 2013. 3. 23.〉

1. 동물실험에 사용된 실험동물의 종류 및 수
2. 동물실험 후의 실험동물의 처리
3. 동물실험시설 및 실험동물공급시설의 종류 및 수
4. 제11조에 따른 동물실험시설 등에 대한 지도·감독에 관한 사항
5. 제18조에 따른 재해유발 물질 또는 병원체 등의 사용에 관한 사항
6. 제19조에 따른 위해물질의 사용에 관한 사항
7. 제24조에 따른 지정취소 등에 관한 사항
8. 그 밖에 총리령으로 정하는 사항

제7장 보칙

제23조(실험동물협회)

① 동물실험의 신뢰성 증진 및 실험동물산업의 건전한 발전을 위하여 실험동물협회(이하 "협회"라 한다)를 둘 수 있다.

② 협회는 법인으로 한다.

③ 다음 각 호에 해당하는 자는 협회의 회원이 될 수 있다.

   1. 제8조제1항에 따른 등록을 한 자

   2. 제8조제2항에 의한 관리자

   3. 실험동물분야에 관한 지식과 기술이 있는 자 중 협회의 정관으로 정하는 자

④ 협회를 설립하고자 하는 경우에는 대통령령으로 정하는 바에 따라 정관을 작성하여 식품의약품안전처장의 설립인가를 받아야 한다.〈개정 2013. 3. 23.〉

⑤ 협회의 정관 기재 사항과 업무에 관하여 필요한 사항은 대통령령으로 정한다.

⑥ 협회에 관하여 이 법에 규정되지 아니한 사항은 「민법」 중 사단법인에 관한 규정을 준용한다.

⑦ 국가는 협회가 제1항에 따라 사업을 하는 때에 필요하다고 인정하는 경우 재정 등의 지원을 할 수 있다.

제24조(지정 등의 취소 등)

① 식품의약품안전처장은 제8조 또는 제12조에 따라 동물실험시설 또는 실험동물공급자로 등록한 자가 다음 각 호의 어느 하나에 해당하는 때에는 해당 시설 또는 공급자의 등록을 취소하거나 6개월의 범위에서 동물실험시설의 운영 또는 실험동물공급자의 영업(실험동물생산시설의 운영을 포함한다)을 정지할 수 있다. 다만, 제1호에 해당하는 경우에는 그 등록을 취소하여야 한다.〈개정 2013. 3. 23., 2017. 12. 19., 2022. 6. 10., 2024. 1. 2.〉

   1. 속임수나 그 밖의 부정한 방법으로 등록한 것이 확인된 경우

   2. 동물실험시설로부터 또는 실험동물공급과 관련하여 국민의 건강 또는 공익을 해하는 질병 등 재해가 발생한 경우

   3. 동물실험시설 또는 실험동물공급자가 등록한 소재지에 해당 시설이 전혀 없는 경우

   4. 제6조에 따른 동물실험시설 운영자의 책무를 위반한 경우

   5. 제11조 또는 제16조에 따른 지도·감독을 따르지 아니하거나 기준에 미달한 경우

   6. 동물실험시설이 제9조제1항을 위반하여 다른 동물실험시설, 우수실험동물생산시설 또는 실험동물공급자가 아닌 자로부터 실험동물을 공급받은 경우

   7. 제13조제1호 및 제2호에 따른 실험동물공급자의 준수사항을 지키지 아니한 경우

② 식품의약품안전처장은 제10조 또는 제15조에 따라 우수동물실험시설 또는 우수실험동물생산시설로 지정을 받은 자가 다음 각 호의 어느 하나에 해당하는 때에는 해당 시설의 지정을 취소하거나 6개월의 범위에서 지정의 효력을 정지할 수 있다. 다만, 제1호에 해당하는 경우에는 그 지정을 취소하여야 한다.〈개정 2013. 3. 23., 2022. 6. 10.〉

   1. 속임수나 그 밖의 부정한 방법으로 지정을 받은 것이 확인된 경우

5.1 실험동물에 관한 법률

2. 우수동물실험시설 또는 우수실험동물생산시설로부터 국민의 건강 또는 공익을 해
　　　 하는 질병 등 재해가 발생한 경우
　　3. 제11조 또는 제16조에 따른 지도·감독을 따르지 아니하거나 기준에 미달한 경우
③ 제1항 및 제2항에 따른 처분의 기준은 총리령으로 정한다.〈개정 2010. 1. 18., 2013. 3. 23.〉

제25조(결격사유)

다음 각 호의 어느 하나에 해당하는 자는 동물실험시설의 운영자 또는 관리자 및 실험동물
공급자가 될 수 없다.〈개정 2016. 2. 3., 2017. 12. 19., 2022. 6. 10.〉

　　1. 「정신건강증진 및 정신질환자 복지서비스 지원에 관한 법률」 제3조제1호에 따른
　　　 정신질환자. 다만, 전문의가 운영자 또는 관리자로서 적합하다고 인정하는 사람은
　　　 그러하지 아니하다.
　　2. 피성년후견인 또는 피한정후견인
　　3. 마약·대마·향정신성의약품 중독자
　　4. **이 법을 위반하여** 금고 이상의 실형을 선고받고, 집행이 종료(집행이 종료된 것으로
　　　 보는 경우를 포함한다)되거나 집행이 면제된 날부터 **2년이 지나지 아니한 자**
　　5. 이 법을 위반하여 금고 이상의 **형의 집행유예 선고를 받고 그 유예기간 중에 있는 자**
　　6. 제24조제1항에 따라 동물실험시설의 운영정지처분 또는 실험동물공급자의 **영업정
　　　 지처분을 받거나 등록이 취소된 후 1년이 지나지 아니한 자**

제26조(청문)

식품의약품안전처장은 제24조에 따라 해당 시설의 등록 취소, 운영정지, 지정 취소 등을 하
고자 하는 때에는 **미리 청문을 실시하여야** 한다.〈개정 2013. 3. 23.〉

제27조(지도·감독 등)

① 식품의약품안전처장은 제11조 및 제16조에 따른 지도 및 감독을 위하여 관계 공무원으로
　 하여금 현장조사를 하게 하거나 필요한 자료의 제출을 요구할 수 있다.〈개정 2013. 3. 23.〉
② 제1항에 따라 조사를 하는 **공무원은 그 권한을 표시하는 증표를 지니고 이를 관계인에
　 게 제시하여야** 한다.

제28조(과징금)

① 식품의약품안전처장은 시설의 운영자가 제24조제1항에 해당하는 경우에는 해당 시설
　 의 운영정지를 갈음하여 **1억원 이하의 과징금을** 부과할 수 있다.〈개정 2013. 3. 23., 2018.
　 12. 11., 2022. 6. 10.〉

② 제1항에 따라 과징금을 부과하는 위반행위의 정도 등에 따른 과징금의 금액 등에 관하여 필요한 사항은 대통령령으로 정한다.

③ 식품의약품안전처장은 과징금의 부과를 위하여 필요하면 다음 각 호의 사항을 적은 문서로 관할 세무관서의 장에게 과세정보의 제공을 요청할 수 있다.〈개정 2013. 3. 23., 2016. 2. 3.〉

1. 납세자의 인적사항

2. 사용 목적

3. 과징금의 부과기준이 되는 매출금액

④ 제3항에 따라 요청을 받은 자는 정당한 사유가 없으면 이에 따라야 한다.〈신설 2016. 2. 3.〉

⑤ 식품의약품안전처장은 제1항에 따른 과징금을 내야할 자가 납부기한까지 내지 아니하면 대통령령으로 정하는 바에 따라 제1항에 따른 과징금 부과처분을 취소하고 제24조 제1항에 따른 운영정지처분을 하거나 국세 체납처분의 예에 따라 이를 징수한다. 다만, 폐업 등으로 제24조제1항에 따른 운영정지처분을 할 수 없는 경우에는 국세 체납 처분의 예에 따라 이를 징수한다.〈신설 2016. 2. 3., 2022. 6. 10.〉

⑥ 식품의약품안전처장은 제1항에 따라 과징금을 부과받은 자가 다음 각 호의 어느 하나에 해당하는 사유로 과징금의 전액을 일시에 납부하기 어렵다고 인정되는 경우에는 12개월의 범위에서 납부기한을 연장하거나 분할납부하게 할 수 있다.〈신설 2017. 2. 8.〉

1. 재해 등으로 인하여 재산에 현저한 손실을 입은 경우

2. 과징금의 일시납부에 따라 자금사정에 현저한 어려움이 예상되는 경우

3. 그 밖에 제1호 또는 제2호에 준하는 사유가 있는 경우

⑦ 식품의약품안전처장은 제6항에 따라 납부기한이 연장되거나 분할납부가 허용된 과징금납부의무자가 다음 각 호의 어느 하나에 해당할 때에는 납부기한 연장이나 분할납부 결정을 취소하고 과징금을 일시에 징수할 수 있다.〈신설 2017. 2. 8.〉

1. 분할납부가 결정된 과징금을 그 납부기한 내에 납부하지 아니하였을 때

2. 강제집행, 경매의 개시, 파산선고, 법인의 해산, 국세 또는 지방세의 체납처분을 받는 등 과징금의 전부 또는 잔여분을 징수할 수 없다고 인정될 때

3. 그 밖에 제1호 또는 제2호에 준하는 사유가 있을 때

⑧ 제6항 및 제7항에 의한 과징금 납부기한의 연장, 분할납부 등에 관하여 필요한 사항은 총리령으로 정한다.〈신설 2017. 2. 8.〉

제29조(수수료)

다음 각 호의 어느 하나에 해당하는 자는 총리령으로 정하는 바에 따라 수수료를 납부하여야 한다.〈개정 2010. 1. 18., 2013. 3. 23.〉

1. 제8조에 따른 등록 또는 제10조에 따른 지정을 받고자 하는 자

2. 제12조에 따른 등록 또는 제15조에 따른 지정을 받고자 하는 자

제30조(벌칙)

제12조제1항 또는 제2항 본문을 위반하여 등록 또는 변경등록을 하지 아니한 자는 **500만원 이하의 벌금**에 처한다.〈개정 2024. 1. 2.〉

제31조(벌칙)

다음 각 호의 어느 하나에 해당하는 자는 **200만원 이하의 벌금**에 처한다.

1. 제9조제1항을 위반하여 다른 동물실험시설, 우수실험동물생산시설 또는 **실험동물공급자가 아닌 자로부터 실험동물을 공급받은 자**

2. 제27조제1항에 따른 현장조사를 정당한 사유 없이 **거부·기피·방해한 자** 또는 자료 제출 요구에 응하지 아니하거나 거짓의 자료를 제출한 자

[전문개정 2017. 12. 19.]

제32조(양벌규정)

법인의 대표자나 법인 또는 개인의 대리인·사용인 및 그 밖의 종업원이 그 법인 또는 개인의 업무에 대하여 제31조에 해당하는 행위를 한 때에는 행위자를 벌하는 외에 **그 법인 또는 개인에 대하여도** 각 해당 조의 벌금형을 과한다. 다만, 법인 또는 개인이 그 위반행위를 방지하기 위하여 해당 업무에 관하여 상당한 주의와 감독을 게을리하지 아니한 경우에는 그러하지 아니하다.〈개정 2013. 7. 30.〉

제33조(과태료)

① 다음 각 호의 어느 하나에 해당하는 자에게는 **300만원 이하의 과태료**를 부과한다.〈신설 2017. 12. 19.〉

1. 제7조제1항을 위반하여 **실험동물운영위원회를 설치·운영하지 아니한 동물실험시설의 운영자 또는 관리자**

2. 제7조제4항을 위반하여 **실험동물운영위원회의 심의를 거치지 아니한 동물실험시설의 운영자 또는 관리자**

② 다음 각 호의 어느 하나에 해당하는 자에게는 **100만원 이하의 과태료**를 부과한다.〈개정 2017. 2. 8., 2017. 12. 19., 2024. 1. 2.〉

1. 제8조에 따른 등록·변경등록 또는 변경보고를 하지 아니한 자

1의2. 제12조제2항 단서에 따른 변경보고를 하지 아니한 자

2. 제15조제3항을 위반하여 **우수실험동물생산시설 또는 이와 유사한 표지를 부착하거나 이를 홍보한 자**

3. 제17조제1항을 위반하여 **교육을 받지 아니한 동물실험시설 운영자, 관리자 또는 실험동물공급자**

4. 제18조제2항 및 제3항 또는 제19조제1항에 따른 보고를 하지 아니하거나 거짓으로 보고한 자

5. 제13조제3호 및 제21조제2항에 따른 보고를 하지 아니하거나 거짓으로 보고한 자

③ 제1항 및 제2항에 따른 과태료는 대통령령으로 정하는 바에 따라 식품의약품안전처장이 부과·징수한다.〈개정 2013. 3. 23., 2017. 12. 19.〉

④ 삭제〈2013. 3. 23.〉

⑤ 삭제〈2013. 3. 23.〉

부칙〈제19918호, 2024. 1. 2.〉

제1조(시행일)
이 법은 공포 후 6개월이 경과한 날부터 시행한다.

제2조(동물실험시설의 변경보고에 관한 적용례)
제8조제1항 단서의 개정규정은 이 법 시행일 이후 변경하려는 경우부터 적용한다.

제3조(실험동물공급자의 변경보고에 관한 적용례)
제12조제2항 단서의 개정규정은 이 법 시행일 이후 변경하려는 경우부터 적용한다.

제4조(행정처분 및 과태료에 관한 경과조치)
이 법 시행 전의 위반행위에 대하여 행정처분을 하거나 과태료를 부과·징수하는 경우에는 제24조제1항제3호·제4호·제7호 및 제33조제2항제1호·제1호의2·제5호의 개정규정에도 불구하고 종전의 규정에 따른다.

실험동물에 관한 법률 시행령

[시행 2022. 12. 20.] [대통령령 제33112호, 2022. 12. 20., 타법개정]

제1조(목적)

이 영은 「실험동물에 관한 법률」에서 위임된 사항과 그 시행에 필요한 사항을 규정함을 목적으로 한다.

제2조(동물실험시설)

「실험동물에 관한 법률」(이하 "법"이라 한다) 제2조제4호에서 "대통령령으로 정하는 것"이란 다음 각 호의 어느 하나에 해당하는 기관이나 단체에서 설치·운영하는 시설을 말한다. 〈개정 2010. 3. 15., 2012. 6. 7., 2013. 3. 23., 2020. 3. 3., 2020. 4. 28., 2020. 8. 27.〉

1. 다음 각 목의 어느 하나에 해당하는 것의 제조·수입 또는 판매를 업으로 하는 기관이나 단체
   가. 「식품위생법」에 따른 **식품**
   나. 「건강기능식품에 관한 법률」에 따른 **건강기능식품**
   다. 「약사법」에 따른 **의약품·의약외품** 또는 「첨단재생의료 및 첨단바이오의약품 안전 및 지원에 관한 법률」에 따른 **첨단바이오의약품(동물용 의약품·의약외품 또는 동물용 첨단바이오의약품은 제외한다)**
   라. 「의료기기법」에 따른 **의료기기** 또는 「체외진단의료기기법」에 따른 체외진단의료기기(동물용 의료기기 및 **동물용 체외진단의료기기**는 제외한다)
   마. 「화장품법」에 따른 **화장품**
   바. 「마약류 관리에 관한 법률」에 따른 **마약**
2. 「지역보건법」에 따른 **보건소**
3. 「의료법」에 따른 **의료기관**
4. 「보건환경연구원법」에 따른 보건환경연구원
5. 제1호 각 목의 어느 하나에 해당하는 것의 개발, 안전관리 또는 품질관리에 관한 연구 업무를 식품의약품안전처장으로부터 위임받거나 위탁받아 수행하는 기관이나 단체
6. 제1호 각 목의 어느 하나에 해당하는 것의 개발, 안전관리 또는 품질관리를 목적으로 동물실험을 수행하는 기관이나 단체

제3조 삭제〈2018. 5. 29.〉

제4조(실험동물운영위원회의 구성 등)

① 법 제7조제3항제3호에서 "대통령령으로 정하는 자격요건에 해당하는 사람"이란 다음 각 호의 어느 하나에 해당하는 사람을 말한다.〈개정 2016. 5. 3.〉

  1. 「고등교육법」 제2조에 따른 학교9)를 졸업하거나 이와 같은 수준 이상의 학력이 있다 고 인정되는 사람

  2. 식품의약품안전처장이 정하여 고시하는 교육을 이수한 사람

② 삭제〈2016. 5. 3.〉

③ 법 제7조제1항에 따른 실험동물운영위원회(이하 "위원회"라 한다)에는 법 제7조제3항 제1호부터 제3호까지의 규정에 해당하는 **위원이 각각 1명 이상 포함되어야 하고,** 다음 각 호에 해당하는 위원은 해당 동물실험시설에 종사하지 아니하고 **해당 동물실험시설 과 이해관계가 없는 사람이어야 한다.**〈개정 2016. 5. 3., 2018. 5. 29.〉

  1. 법 제7조제3항제1호 및 제2호의 위원 중 1명 이상의 위원

  2. 법 제7조제3항제3호의 위원

④ 위원의 임기는 2년으로 한다.

⑤ **위원회의 심의대상인 동물실험에 관여하고 있는 위원은 해당 동물실험에 관한 심의에 참 여해서는 아니 된다.**

[제목개정 2018. 5. 29.]

제5조(위원장의 직무)

① 위원장은 위원회를 대표하고, 위원회의 업무를 총괄한다.

② 위원장이 부득이한 사유로 직무를 수행할 수 없을 때에는 위원장이 미리 지명한 위원 이 그 직무를 대행한다.

제6조(위원회의 회의 등)

① 위원장은 다음 각 호의 어느 하나에 해당하면 위원회의 회의를 소집하고, 그 의장이 된다.

  1. 동물실험시설의 운영자의 소집 요구가 있는 경우

  2. 재적위원 3분의 1 이상의 소집 요구가 있는 경우

---

9) **고등교육법 제2조(학교의 종류)** 고등교육을 실시하기 위하여 다음 각 호의 학교를 둔다.
  1. 대학 2. 산업대학 3. 교육대학 4. 전문대학 5. 방송대학·통신대학·방송통신대학 및 사이버대학(이 하 "원격대학"이라 한다) 6. 기술대학 7. 각종학교 [전문개정 2011. 7. 21.]

        5.2 실험동물에 관한 법률 시행령

3. 그 밖에 위원장이 필요하다고 인정하는 경우

② 위원회의 회의는 재적위원 과반수의 찬성으로 의결한다.

③ 위원장은 위원회의 회의를 매년 2회 이상 소집하여야 하고, 그 회의록을 작성하여 3년 이상 보존하여야 한다.

④ 이 영에서 규정한 사항 외에 위원회의 구성 및 운영 등에 필요한 사항은 위원회의 의결을 거쳐 위원장이 정한다.

제7조(동물실험시설의 관리자)

① 동물실험시설을 설치한 자는 법 제8조제2항에 따라 **동물실험에 관한 학식과 경험이 풍부한 사람**으로서 다음 각 호의 자격요건을 **모두 갖춘 사람**을 관리자로 두어야 한다.

　　1.「고등교육법」 제2조에 따른 학교를 졸업하거나 이와 같은 수준 이상의 학력이 있다고 인정되는 사람

　　2. 3년 이상 동물실험을 관리하거나 동물실험 업무를 한 경력이 있는 사람

② 동물실험시설의 운영자가 제1항에 따른 자격요건을 갖추어 법 제8조제2항에 따른 관리자의 업무를 수행하는 경우에는 같은 조 제2항에 따른 관리자를 둔 것으로 본다.

제8조(우선 사용 대상 실험동물)

법 제9조제1항에서 "대통령령으로 정하는 실험동물"이란 마우스(mouse), 랫드(rat), 햄스터(hamster), 저빌(gerbil), 기니피그(guinea pig), 토끼, 개, 돼지 또는 원숭이를 말한다.

제9조(등록 대상 실험동물공급자)

법 제12조제1항 본문에서 "대통령령으로 정하는 실험동물의 생산·수입 또는 판매를 업으로 하고자 하는 자"란 동물실험에 사용할 목적으로 제8조의 **실험동물을 생산·수입하거나 판매하는 것을 업으로 하려는 자**를 말한다.

제10조(실험동물협회의 설립인가)

법 제23조제4항에 따라 실험동물협회(이하 "협회"라 한다)의 설립인가를 받으려는 자는 설립인가신청서에 다음 각 호의 서류를 첨부하여 식품의약품안전처장에게 제출하여야 한다.〈개정 2013. 3. 23.〉

　　1. 설립인가를 받으려는 자의 성명·주소 및 약력(법인인 경우에는 그 명칭, 정관, 주된 사무소의 소재지, 대표자의 성명·주소 및 최근 사업 활동)을 적은 서류 1부

　　2. 설립 취지서 1부

　　3. 정관 1부

4. 사업개시 예정일 및 사업개시 이후 그 사업 연도분의 사업계획서 1부

5. 창립총회 회의록 및 회원이 될 사람의 성명과 주소를 적은 명부 각 1부

제11조(정관 기재사항 및 업무)

① 법 제23조제5항에 따라 협회의 정관에는 다음 각 호의 사항이 포함되어야 한다.

1. 목적

2. 명칭

3. 사무소의 소재지

4. 회원의 자격에 관한 사항

5. 회원 가입과 탈퇴에 관한 사항

6. 회원의 권리와 의무에 관한 사항

7. 회비에 관한 사항

8. 총회에 관한 사항

9. 자산과 회계에 관한 사항

10. 정관의 변경에 관한 사항

11. 업무와 집행에 관한 사항

12. 그 밖에 협회의 업무 수행에 필요한 사항

② 법 제23조제5항에 따른 협회의 업무는 다음 각 호와 같다.

1. 동물실험에 관한 정책 연구 및 자문

2. 실험동물의 사용 및 관리 등에 관한 정보 제공

3. 회원 상호간의 권익 보호

4. 법령에 따라 위탁받은 업무

5. 그 밖에 동물실험의 신뢰성 증진 및 실험동물산업의 건전한 발전을 위하여 정관으로 정하는 업무

제11조의2(민감정보 및 고유식별정보의 처리)

식품의약품안전처장은 다음 각 호의 사무를 수행하기 위하여 불가피한 경우 「개인정보 보호법」 제23조에 따른 건강에 관한 정보(제1호 및 제2호의 사무로 한정한다), 같은 법 시행령 제18조제2호에 따른 범죄경력자료에 해당하는 정보(제1호 및 제2호의 사무로 한정한다) 또는 같은 영 제19조제1호에 따른 주민등록번호가 포함된 자료를 처리할 수 있다.〈개정 2013. 3. 23., 2022. 12. 20.〉

1. 법 제8조에 따른 동물실험시설의 등록에 관한 사무

2. 법 제12조에 따른 실험동물공급자의 등록에 관한 사무

3. 법 제24조에 따른 행정처분에 관한 사무

4. 법 제26조에 따른 청문에 관한 사무

5. 법 제28조에 따른 과징금 부과·징수에 관한 사무

[본조신설 2012. 1. 6.]

제12조(과징금 산정기준)

법 제28조제1항에 따른 과징금의 산정기준은 별표 1과 같다.

제12조의2(과징금 미납자에 대한 처분)

① 식품의약품안전처장은 법 제28조제1항에 따른 과징금을 내야 할 자가 납부기한까지 내지 아니하면 같은 조 제5항 본문에 따라 납부기한이 지난 후 15일 이내에 독촉장을 발급하여야 한다. 이 경우 납부기한은 독촉장을 발급하는 날부터 10일 이내로 하여야 한다.

② 식품의약품안전처장은 과징금을 내지 아니한 자가 제1항에 따른 독촉장을 받고도 같은 항 후단에 따른 납부기한까지 과징금을 내지 아니하면 과징금 부과처분을 취소하고 운영정지처분을 하거나 국세 체납처분의 예에 따라 징수하여야 한다.

③ 제2항에 따라 과징금 부과처분을 취소하고 운영정지처분을 하려면 처분대상자에게 서면으로 그 내용을 통지하되, 서면에는 처분이 변경된 사유와 운영정지처분의 기간 등 운영정지처분에 필요한 사항을 적어야 한다.

[본조신설 2016. 5. 3.]

제13조(과태료의 부과기준)

법 제33조제1항 및 제2항에 따른 과태료의 부과기준은 별표 2와 같다.〈개정 2020. 3. 3.〉

[전문개정 2011. 4. 22.]

부칙〈제33112호, 2022. 12. 20.〉(개인정보 침해요인 개선을 위한 49개 법령의 일부개정에 관한 대통령령)

이 영은 공포한 날부터 시행한다.

05
실
험
동
물
법

시
행
령
별
표

■ **실험동물에 관한 법률 시행령 [별표 1]** 〈개정 2020. 3. 3.〉

과징금 산정기준(제12조 관련)

1. 일반기준

　가. 해당 시설의 운영정지 1개월은 30일을 기준으로 한다.

　나. 위반행위 종별에 따른 과징금의 금액은 운영정지기간에 라목에 따라 산정한 1일당 과징금 금액을 곱한 금액으로 한다.

　다. 나목의 운영정지기간은 법 제24조제3항에 따라 산정된 기간(가중 또는 감경을 한 경우에는 그에 따라 감중 또는 감경된 기간을 말한다)을 말한다.

　라. 1일당 과징금의 금액은 위반행위를 한 시설의 연간 총매출액을 기준으로 제2호의 표에 따라 산정한다.

　마. 과징금 부과의 기준이 되는 총매출액은 해당 동물실험시설, 우수동물실험시설 또는 우수실험동물생산시설에 대한 처분일이 속한 연도의 전년도의 1년간 총매출액을 기준으로 한다. 다만, 신규 개설, 휴업 등으로 1년간의 총매출액을 산출할 수 없거나 1년간의 총매출액을 기준으로 하는 것이 불합리하다고 인정되는 경우에는 분기별, 월별 또는 일별 매출금액을 기준으로 산출 또는 조정한다.

　바. 나목에도 불구하고 과징금 산정금액이 1억원을 넘는 경우에는 1억원으로 한다.

2. 과징금 부과기준

가. 동물실험시설 또는 우수동물실험시설

연간 총매출액	1일당 과징금 금액
5억원 미만	4,000원
5억원 이상　10억원 미만	6,000원
10억원 이상　30억원 미만	13,000원
30억원 이상　50억원 미만	41,000원
50억원 이상　70억원 미만	68,000원
70억원 이상　90억원 미만	95,000원
90억원 이상 110억원 미만	123,000원
110억원 이상 130억원 미만	150,000원
130억원 이상 150억원 미만	178,000원
150억원 이상 200억원 미만	205,000원
200억원 이상 250억원 미만	270,000원
250억원 이상	680,000원

나. 우수실험동물생산시설

연간 총매출액	1일당 과징금 금액
5억원 미만	6,000원
5억원 이상 10억원 미만	13,000원
10억원 이상 30억원 미만	41,000원
30억원 이상 50억원 미만	68,000원
50억원 이상 70억원 미만	95,000원
70억원 이상 90억원 미만	123,000원
90억원 이상 110억원 미만	150,000원
110억원 이상	178,000원

■ **실험동물에 관한 법률 시행령 [별표 2]** 〈개정 2020. 3. 3.〉

과태료의 부과기준(제13조 관련)

1. 일반기준

가. 위반행위의 횟수에 따른 과태료의 부과기준은 **최근 1년간** 동일한 위반행위로 과태료 부과처분을 받은 경우에 적용한다. 이 경우 위반행위에 대하여 과태료 부과처분을 받은 날과 그 처분 후 다시 동일한 위반행위를 하여 적발된 날을 기준으로 하여 위반횟수를 계산한다.

나. 가목에 따라 부과처분을 하는 경우 부과처분의 적용 차수는 그 위반행위 전 부과처분 차수(가목에 따른 기간 내에 과태료 부과처분이 둘 이상 있었던 경우에는 높은 차수를 말한다)의 다음 차수로 한다.

다. 식품의약품안전처장은 다음의 어느 하나에 해당하는 경우에는 제2호에 따른 과태료 금액의 2분의 1의 범위에서 그 금액을 감경할 수 있다. 다만, 과태료를 체납하고 있는 위반행위자에 대해서는 그러하지 아니하다.

　1) 삭제〈2020. 3. 3.〉

　2) 위반행위자가 자연재해·화재 등으로 재산에 현저한 손실이 발생하거나 사업여건의 악화로 사업이 중대한 위기에 처하는 등의 사정이 인정되는 경우

　3) 위반행위가 사소한 부주의나 오류로 인한 것으로 인정되는 경우

　4) 위반의 내용·정도가 경미하다고 인정되는 경우

　5) 그 밖에 위반행위의 정도, 위반행위의 동기와 그 결과 등을 고려하여 감경할 필요가 있다고 인정되는 경우

라. 식품의약품안전처장은 다음의 어느 하나에 해당하는 경우에는 제2호에 따른 과태료 금액의 2분의 1의 범위에서 그 금액을 가중할 수 있다. 다만, 가중하는 경우에도 법 제33조에 따른 과태료 금액의 상한을 넘을 수 없다.

　1) 위반의 내용 및 정도가 중대해 이로 인한 피해가 크다고 인정되는 경우

　2) 법 위반상태의 기간이 6개월 이상인 경우

　3) 그 밖에 위반행위의 정도, 동기 및 그 결과 등을 고려해 과태료를 늘릴 필요가 있다고 인정되는 경우

2. 개별기준

(단위: 만원)

위반행위	근거 법조문	과태료 금액		
		1차 위반	2차 위반	3차 이상 위반
가. 법 제7조제1항을 위반하여 실험동물운영위원회를 설치·운영하지 않은 경우	법 제33조 제1항제1호	300	300	300
나. 법 제7조제4항을 위반하여 실험동물운영위원회의 심의를 거치지 않은 경우	법 제33조 제1항제2호	100	200	300
다. 법 제8조에 따른 등록(변경등록을 포함한다)을 하지 않은 경우	법 제33조 제2항제1호	100	100	100
라. 법 제15조제3항을 위반하여 우수실험동물생산시설 또는 이와 유사한 표지를 부착하거나 이를 홍보한 경우	법 제33조 제2항제2호	30	50	100
마. 동물실험시설 운영자, 관리자, 또는 실험동물공급자가 법 제17조제1항을 위반하여 교육을 받지 않은 경우	법 제33조 제2항제3호	30	50	100
바. 법 제18조제2항·제3항 또는 제19조제1항에 따른 보고를 하지 않거나 거짓으로 보고한 경우	법 제33조 제2항제4호	30	50	100

실험동물에 관한 법률 시행규칙

[시행 2020. 3. 20.] [총리령 제1601호, 2020. 3. 20., 일부개정]

제1조(목적)

이 규칙은 「실험동물에 관한 법률」 및 같은 법 시행령에서 위임된 사항과 그 시행에 필요한 사항을 규정함을 목적으로 한다.

제2조(정책의 수립 등)

① 식품의약품안전처장은 「실험동물에 관한 법률」(이하 "법"이라 한다) 제5조제1항제1호에 따른 실험동물의 사용 및 관리에 관한 정책을 매년 수립하고 이를 추진하여야 한다.〈개정 2013. 3. 23.〉

② 제1항에 따른 정책에는 다음 각 호의 사항이 포함되어야 한다.〈개정 2013. 3. 23.〉

    1. 법 제5조제1항제2호부터 제6호까지에 규정된 사항

    2. 법 제19조제1항에 따른 생물학적 위해물질의 취급 및 처리에 관한 사항

    3. 그 밖에 식품의약품안전처장이 필요하다고 인정하는 실험동물의 사용 및 관리에 관한 중요 사항

제3조(동물실험시설의 등록기준)

법 제8조제3항에 따른 동물실험시설의 등록기준은 다음 각 호와 같다.

    1. 법 제8조제2항에 따른 관리자(이하 "관리자"라 한다)가 있을 것. 다만, 「실험동물에 관한 법률 시행령」(이하 "영"이라 한다) 제7조제2항에 따라 동물실험시설의 운영자가 관리자의 업무를 수행하고 있는 경우는 제외한다.

    2. 별표 1에 따른 시설과 표준작업서를 갖출 것

제4조(동물실험시설의 등록)

① 법 제8조에 따라 동물실험시설을 설치하려는 자는 별지 제1호서식에 따른 등록신청서(전자문서로 된 신청서를 포함한다)에 다음 각 호의 서류(전자문서를 포함한다)를 첨부하여 식품의약품안전처장에게 등록하여야 한다.〈개정 2013. 3. 23.〉

    1. 관리자의 자격을 증명하는 서류(제3조제1호 단서에 해당하는 경우는 제외한다)

    2. 별표 1에 따른 시설의 배치구조 및 면적 등 동물실험시설의 현황

② 하나의 기관이나 단체(영 제2조 각 호의 기관이나 단체를 말한다)가 설치·운영하는 동물실험시설이 여러 개이고, 해당 동물실험시설이 제3조에 따른 등록기준을 각각 충

족하는 경우에는 동물실험시설별로 등록할 수 있다.

③ 제1항에 따라 신청서를 제출받은 식품의약품안전처장은 「전자정부법」 제36조제1항에 따른 행정정보의 공동이용을 통하여 건축물대장, 법인 등기사항증명서(법인인 경우만 해당한다) 또는 사업자등록증을 확인하여야 한다. 다만, 신청인이 사업자등록증의 확인에 동의하지 아니하는 경우에는 사업자등록증 사본을 첨부하도록 하여야 한다.
〈개정 2010. 9. 1., 2013. 3. 23., 2017. 8. 9.〉

④ 식품의약품안전처장은 제1항에 따른 신청 내용이 제3조에 따른 등록기준에 적합한 경우에는 별지 제2호서식에 따른 동물실험시설 등록증을 신청인에게 발급하여야 한다.
〈개정 2013. 3. 23.〉

제5조(동물실험시설의 변경등록)

① 제4조에 따라 등록한 동물실험시설 설치자는 법 제8조제1항 후단에 따라 다음 각 호의 어느 하나에 해당하는 사항이 변경되면 변경된 날부터 30일 이내에 별지 제3호서식에 따른 변경등록신청서(전자문서로 된 신청서를 포함한다)에 동물실험시설 등록증과 변경 사유 및 내용을 증명할 수 있는 서류(전자문서를 포함한다)를 첨부하여 식품의약품안전처장에게 제출하여야 한다.〈개정 2013. 3. 23., 2014. 12. 16., 2017. 1. 5.〉

1. 동물실험시설의 명칭, 상호 또는 소재지(행정구역 또는 그 명칭이 변경되는 경우에는 제외한다)
2. 운영자
3. 관리자
4. 동물실험시설 설치자(법인인 경우에는 법인의 대표자를 말한다)
5. 별표 1 제2호에 따른 시설 중 다음 각 목의 어느 하나에 해당하는 경우
   가. 사육실의 배치구조, 면적 또는 용도의 변경
   나. 가목에 해당하지 아니하는 경우로서 시설 연면적의 3분의 1을 초과하는 신축·증축·개축 또는 재축

② 식품의약품안전처장은 제1항에 따른 변경신청사항이 제3조에 따른 등록기준에 적합하면 동물실험시설 등록증에 변경사항을 적은 후 이를 내주어야 한다.〈개정 2013. 3. 23.〉

제6조(동물실험시설의 등록증 재발급)

동물실험시설의 설치자 또는 운영자는 동물실험시설 등록증을 잃어버렸거나 헐어서 못쓰게 된 경우에는 별지 제4호서식에 따른 재발급신청서(전자문서로 된 신청서를 포함한다)에 동물실험시설 등록증(헐어서 못쓰게 된 경우만 해당한다)을 첨부하여 식품의약품안전처장에게 제출하고 재발급받을 수 있다.〈개정 2013. 3. 23., 2017. 8. 9.〉

제7조(수입실험동물의 사용기준)

법 제9조제2항에 따라 외국으로부터 수입된 실험동물을 사용하려는 경우에는 법 제13조에 따른 실험동물공급자의 준수사항을 지키고 있는 것으로 인정되는 외국의 기관이나 시설에서 생산된 실험동물로서 다음 각 호의 어느 하나에 해당하는 실험동물을 사용하여야 한다.

1. 외국의 정부기관이 인정하는 품질확보를 위한 절차를 거친 동물실험시설 또는 실험 동물생산시설에서 생산된 실험동물
2. 실험동물의 품질검사를 수행하는 외국의 기관이나 시설에서 품질검사를 받아 품질 이 확보된 실험동물

제8조(우수동물실험시설의 지정기준)

법 제10조제1항에 따른 우수동물실험시설의 지정기준은 별표 2와 같다.

제9조(우수동물실험시설의 지정)

① 법 제10조제1항에 따라 우수동물실험시설로 지정받으려는 자는 별지 제5호서식에 따른 지정신청서(전자문서로 된 신청서를 포함한다)에 다음 각 호의 서류(전자문서를 포함한다)를 첨부하여 식품의약품안전처장에게 제출하여야 한다.〈개정 2013. 3. 23.〉

1. 별표 2 제1호에 따른 인력의 자격이나 경력을 증명하는 서류
2. 별표 2 제2호에 따른 시설의 면적과 배치도면(장치와 설비를 포함한다)
3. 별표 2 제3호에 따른 표준작업서

② 제1항에 따라 신청서를 제출받은 식품의약품안전처장은 「전자정부법」 제36조제1항에 따른 행정정보의 공동이용을 통하여 법인 등기사항증명서(법인인 경우만 해당한다)를 확인하여야 한다.〈개정 2010. 9. 1., 2013. 3. 23.〉

③ 식품의약품안전처장은 제1항에 따른 신청 내용이 제8조에 따른 지정기준에 적합한지 여부에 대하여 현장 확인을 거쳐야 하고, 그 현장 확인 결과 지정기준에 적합하다고 인정되면 별지 제6호서식에 따른 우수동물실험시설 지정서를 신청인에게 발급하여야 한다.〈개정 2013. 3. 23.〉

제10조(우수동물실험시설의 지정사항 변경)

① 제9조에 따라 우수동물실험시설로 지정받은 자는 법 제10조제1항 후단에 따라 제8조에 따른 지정기준에 관한 사항이 변경되면 변경된 날부터 30일 이내에 별지 제7호서식에 따른 변경신청서(전자문서로 된 신청서를 포함한다)에 다음 각 호의 서류(전자문서를 포함한다)를 첨부하여 식품의약품안전처장에게 제출하여야 한다.〈개정 2013. 3. 23.〉

1. 우수동물실험시설 지정서

2. 변경 사유와 내용에 관한 서류

② 식품의약품안전처장은 제1항에 따른 변경신청사항이 제8조에 따른 지정기준에 적합하면 우수동물실험시설 지정서에 변경사항을 적은 후 이를 내주어야 한다.〈개정 2013. 3. 23.〉

제11조(우수동물실험시설 지정서의 재발급)

우수동물실험시설의 설치 자 또는 운영자는 우수동물실험시설 지정서를 잃어버렸거나 헐어서 못쓰게 된 경우에는 별지 제4호서식에 따른 재발급신청서(전자문서로 된 신청서를 포함한다)에 우수동물실험시설 지정서(헐어서 못쓰게 된 경우만 해당한다)를 첨부하여 식품의약품안전처장에게 제출하고 재발급받을 수 있다.〈개정 2013. 3. 23., 2017. 8. 9.〉

제12조(실험동물공급자의 등록)

① 법 제12조제1항에 따라 실험동물의 생산·수입 또는 판매를 업으로 하려는 자(이하 "실험동물공급자"라 한다)는 별지 제8호서식에 따른 등록신청서(전자문서로 된 신청서를 포함한다)에 다음 각 호의 서류(전자문서를 포함한다)를 첨부하여 식품의약품안전처장에게 등록하여야 한다.〈개정 2013. 3. 23., 2017. 1. 5.〉

  1. 실험동물생산시설(실험동물의 생산을 업으로 하는 자만 해당한다. 이하 같다) 또는 실험동물보관시설(실험동물의 수입 또는 판매를 업으로 하는 자만 해당한다. 이하 같다)의 배치구조 및 면적

  2. 실험동물공급자의 인력현황

② 제1항에 따라 신청서를 제출받은 식품의약품안전처장은 「전자정부법」 제36조제1항에 따른 행정정보의 공동이용을 통하여 건축물대장, 법인 등기사항증명서(법인인 경우만 해당한다) 또는 사업자등록증을 확인하여야 한다. 다만, 신청인이 사업자등록증의 확인에 동의하지 아니하는 경우에는 사업자등록증 사본을 첨부하도록 하여야 한다.
〈개정 2010. 9. 1., 2013. 3. 23., 2017. 8. 9.〉

③ 식품의약품안전처장은 제1항에 따른 신청이 적합한 경우에는 별지 제9호서식에 따른 실험동물공급자 등록증을 신청인에게 발급하여야 한다.〈개정 2013. 3. 23.〉

제13조(실험동물공급자의 변경등록)

① 제12조에 따라 등록한 실험동물공급자는 법 제12조제2항에 따라 다음 각 호의 어느 하나에 해당하는 사항이 변경되면 변경된 날부터 30일 이내에 별지 제10호서식에 따른 변경등록신청서(전자문서로 된 신청서를 포함한다)에 실험동물공급자 등록증과 변경 사유 및 내용을 증명할 수 있는 서류(전자문서를 포함한다)를 첨부하여 식품의약품안전처장에게 제출하여야 한다.〈개정 2013. 3. 23., 2014. 12. 16., 2017. 1. 5.〉

1. 실험동물공급자의 명칭 또는 상호
2. 실험동물공급자의 주소 또는 소재지(행정구역 또는 그 명칭이 변경되는 경우에는 제외한다)
3. 실험동물공급자(법인인 경우에는 법인의 대표자를 말한다)
4. 실험동물생산시설 또는 실험동물보관시설의 배치구조, 면적 또는 용도
5. 제4호에 해당하지 아니하는 경우로서 시설 연면적의 3분의 1을 초과하는 신축·증축·개축 또는 재축

② 식품의약품안전처장은 제1항에 따른 변경신청이 적합한 경우에는 실험동물공급자 등록증에 변경사항을 적은 후 이를 내주어야 한다.〈개정 2013. 3. 23.〉

제14조(실험동물공급자 등록증의 재발급)

실험동물공급자는 실험동물공급자 등록증을 잃어버렸거나 헐어서 못쓰게 된 경우에는 별지 제4호서식에 따른 재발급신청서(전자문서로 된 신청서를 포함한다)에 실험동물공급자 등록증(헐어서 못쓰게 된 경우만 해당한다)을 첨부하여 식품의약품안전처장에게 제출하고 재발급받을 수 있다.〈개정 2013. 3. 23., 2017. 8. 9.〉

제15조(실험동물공급자의 준수사항)

① 실험동물공급자는 법 제13조제2호에 따라 **실험동물을 운반할 때에는** 실험동물의 건강과 안전이 확보되는 수송장치와 온도, 환기 등 **환경조건이 적절하게 유지되는 수송수단을 이용하여 운송하여야 한다.**

② 실험동물공급자는 법 제13조제3호에 따라 **다음 각 호의 사항을 지켜야 한다.**〈개정 2014. 12. 16.〉
1. **사료, 물, 깔짚 또는 외부 환경 등으로 인하여 실험동물의 감염 및 실험동물 간의 교차감염이 일어나지 아니하도록 사육환경을 위생적으로 관리할 것**
2. **온도, 습도 및 환기를 적절히 유지·관리할 것**
3. **실험동물의 종별 습성을 고려하여 수용 공간을 확보할 것**
4. **감염병에 노출되거나 질병이 있는 실험동물을 판매하지 말 것**
5. **실험동물 생산·수입 또는 판매 현황을 기록하여 보관할 것**

제16조(우수실험동물생산시설의 지정기준)

법 제15조제1항에 따른 우수실험동물생산시설의 지정기준은 별표 3과 같다.

제17조(우수실험동물생산시설의 지정)

① 법 제15조제1항에 따라 우수실험동물생산시설로 지정받으려는 자는 별지 제11호서식

에 따른 지정신청서(전자문서로 된 신청서를 포함한다)에 다음 각 호의 서류(전자문서를 포함한다)를 첨부하여 식품의약품안전처장에게 제출하여야 한다.〈개정 2013. 3. 23.〉

1. 별표 3 제1호에 따른 인력의 자격이나 경력을 증명하는 서류
2. 별표 3 제2호에 따른 시설의 면적과 배치도면(장치와 설비를 포함한다)
3. 별표 3 제3호에 따른 표준작업서

② 제1항에 따라 신청서를 제출받은 식품의약품안전처장은 「전자정부법」 제36조제1항에 따른 행정정보의 공동이용을 통하여 법인 등기사항증명서(법인인 경우만 해당한다)를 확인하여야 한다.〈개정 2010. 9. 1., 2013. 3. 23.〉

③ 식품의약품안전처장은 제1항에 따른 신청내용이 제16조에 따른 지정기준에 적합한지 여부를 현장 확인을 거쳐야 하고, 그 현장 확인 결과 지정기준에 적합하다고 인정되면 별지 제12호서식에 따른 우수실험동물생산시설 지정서를 신청인에게 발급하여야 한다. 〈개정 2013. 3. 23.〉

제18조(우수실험동물생산시설의 지정사항 변경)

① 제17조에 따라 우수실험동물생산시설로 지정받은 자는 법 제15조제1항 후단에 따라 제16조에 따른 지정기준에 관한 사항이 변경되면 변경된 날부터 30일 이내에 별지 제13호서식에 따른 변경신청서에 다음 각 호의 서류(전자문서를 포함한다)를 첨부하여 식품의약품안전처장에게 제출하여야 한다.〈개정 2013. 3. 23.〉

1. 우수실험동물생산시설 지정서
2. 변경 사유와 내용에 관한 서류

② 식품의약품안전처장은 제1항에 따라 변경신청을 받으면 그 신청내용이 제16조에 따른 지정기준에 적합한 경우에는 우수실험동물생산시설 지정서에 변경사항을 적은 후 이를 내주어야 한다.〈개정 2013. 3. 23.〉

제19조(우수실험동물생산시설 지정서의 재발급)

제17조에 따라 우수실험동물생산시설로 지정받은 자는 우수실험동물생산시설 지정서를 잃어버렸거나 헐어서 못쓰게 된 경우에는 별지 제4호서식에 따른 재발급신청서(전자문서로 된 신청서를 포함한다)에 우수실험동물생산시설 지정서(헐어서 못쓰게 된 경우만 해당한다)를 첨부하여 식품의약품안전처장에게 제출하고 재발급받을 수 있다.〈개정 2013. 3. 23., 2017. 8. 9.〉

제20조(교육 등)

① 법 제17조제1항에 따라 동물실험시설의 운영자, 관리자 및 실험동물공급자는 등록한 날 또는 변경등록한 날(동물실험시설 운영자, 관리자 및 실험동물공급자가 변경된 경

5.3 실험동물에 관한 법률 시행규칙

우에 한정한다)부터 6개월 이내에 실험동물의 사용·관리 등에 관한 교육을 받아야 한다.

〈개정 2017. 8. 9.〉

② 제1항에 따른 교육의 내용, 방법 및 시간은 별표 4와 같다.

③ 식품의약품안전처장은 법 제17조제2항에 따라 제1항에 따른 교육을 다음 각 호의 어느 하나에 해당하는 기관 또는 단체에 위탁할 수 있다.

    1. 법 제23조에 따른 실험동물협회

    2. 「한국보건복지인력개발원법」에 따른 한국보건복지인력개발원

    3. 실험동물 관련 기관 또는 단체

    4. 「고등교육법」 제2조에 따른 학교

④ 식품의약품안전처장은 제3항에 따라 교육을 위탁한 경우에는 그 사실을 홈페이지 등에 게시하여야 한다.

⑤ 제3항에 따라 교육을 위탁받은 기관 또는 단체의 장은 교육에 드는 경비를 고려하여 교육대상자에게 수강료를 받을 수 있다. 이 경우 그 수강료의 금액에 대하여 미리 식품의약품안전처장의 승인을 받아야 한다.

[전문개정 2014. 12. 16.]

제21조(생물학적 위해물질의 사용보고)

① 법 제19조제1항에서 "총리령으로 정하는 생물학적 위해물질"이란 다음 각 호의 어느 하나에 해당하는 위험물질을 말한다.〈개정 2010. 3. 19., 2010. 12. 30., 2013. 3. 23., 2014. 12. 16., 2020. 3. 20.〉

    1. **「생명공학육성법」 제15조 및 같은 법 시행령 제15조에 따라 보건복지부장관이 정하는 유전자재조합실험지침에 따른 제3위험군과 제4위험군**[10]

    2. **「감염병의 예방 및 관리에 관한 법률」 제2조제2호부터 제5호까지의 규정에 따른 제1급감염병, 제2급감염병, 제3급감염병 및 제4급감염병을 일으키는 병원체**[11]

---

10) 유전자재조합실험지침 제5조(생물체의 위험군 분류)
    ① 제4조 제1항 제1호에 따른 숙주 및 공여체의 위험군 분류는 인체에 미치는 위해 정도에 따라 다음의 **네 가지 위험군으로 분류**하며, 위험군별 해당 생물체 목록은 별표 2와 같다.
      1. 제1위험군 : 건강한 성인에게는 질병을 일으키지 않는 것으로 알려진 생물체
      2. 제2위험군 : 사람에게 감염되었을 경우 증세가 심각하지 않고 예방 또는 치료가 비교적 용이한 질병을 일으킬 수 있는 생물체
      3. 제3위험군 : 사람에게 감염되었을 경우 증세가 심각하거나 치명적일 수도 있으나 예방 또는 치료가 가능한 질병을 일으킬 수 있는 생물체
      4. 제4위험군 : 사람에게 감염되었을 경우 증세가 매우 심각하거나 치명적이며 예방 또는 치료가 어려운 질병을 일으킬 수 있는 생물체
11) 감염병의 예방 및 관리에 관한 법률 제2조(정의)

이 법에서 사용하는 용어의 뜻은 다음과 같다.

1. "감염병"이란 제1급감염병, 제2급감염병, 제3급감염병, 제4급감염병, 기생충감염병, 세계보건기구 감시대상 감염병, 생물테러감염병, 성매개감염병, 인수(人獸)공통감염병 및 의료관련감염병을 말한다.

2. "제1급감염병"이란 생물테러감염병 또는 치명률이 높거나 집단 발생의 우려가 커서 발생 또는 유행 **즉시 신고**하여야 하고, **음압격리와 같은 높은 수준의 격리**가 필요한 감염병으로서 다음 각 목의 감염병을 말한다. 다만, 갑작스러운 국내 유입 또는 유행이 예견되어 **긴급한 예방·관리**가 필요하여 질병관리청장이 보건복지부장관과 협의하여 지정하는 감염병을 포함한다.

가. 에볼라바이러스병	나. 마버그열	다. 라싸열
라. 크리미안콩고출혈열	마. 남아메리카출혈열	바. 리프트밸리열
사. 두창	아. 페스트 자. 탄저	자. 탄저
차. 보툴리눔독소증	카. 야토병	타. 신종감염병증후군
파. 중증급성호흡기증후군(SARS)	하. 중동호흡기증후군(MERS)	
거. 동물 인플루엔자 인체감염증	너. 신종인플루엔자	더. 디프테리아

3. "제2급감염병"이란 전파가능성을 고려하여 발생 또는 유행 시 **24시간 이내에 신고**하여야 하고, **격리가 필요**한 다음 각 목의 감염병을 말한다. 다만, 갑작스러운 국내 유입 또는 유행이 예견되어 **긴급한 예방·관리**가 필요하여 질병관리청장이 보건복지부장관과 협의하여 지정하는 감염병을 포함한다.

가. 결핵(結核)	나. 수두(水痘)	다. 홍역(紅疫)
라. 콜레라	마. 장티푸스	바. 파라티푸스
사. 세균성이질	아. 장출혈성대장균감염증	자. A형간염
차. 백일해(百日咳)	카. 유행성이하선염(流行性耳下腺炎)	타. 풍진(風疹)
파. 폴리오	하. 수막구균 감염증	
거. b형헤모필루스인플루엔자	너. 폐렴구균 감염증	더. 한센병
러. 성홍열	머. 반코마이신내성황색포도알균(VRSA) 감염증	
버. 카바페넴내성장내세균목(CRE) 감염증		서. E형간염

4. "제3급감염병"이란 그 발생을 계속 감시할 필요가 있어 발생 또는 유행 시 **24시간 이내에 신고**하여야 하는 다음 각 목의 감염병을 말한다. 다만, 갑작스러운 국내 유입 또는 유행이 예견되어 **긴급한 예방·관리**가 필요하여 질병관리청장이 보건복지부장관과 협의하여 지정하는 감염병을 포함한다.

가. 파상풍(破傷風)	나. B형간염	다. 일본뇌염
라. C형간염	마. 말라리아	바. 레지오넬라증
사. 비브리오패혈증	아. 발진티푸스	자. 발진열(發疹熱)
차. 쯔쯔가무시증	카. 렙토스피라증	타. 브루셀라증
파. 공수병(恐水病)	하. 신증후군출혈열(腎症侯群出血熱)	
거. 후천성면역결핍증(AIDS)	너. 크로이츠펠트-야콥병(CJD) 및 변종크로이츠펠트-야콥병(vCJD)	
더. 황열	러. 뎅기열	머. 큐열(Q熱)
버. 웨스트나일열	서. 라임병	어. 진드기매개뇌염
저. 유비저(類鼻疽)	처. 치쿤구니야열	커. 중증열성혈소판감소증후군(SFTS)
터. 지카바이러스 감염증	퍼. 매독(梅毒)	

5. "제4급감염병"이란 제1급감염병부터 제3급감염병까지의 감염병 외에 유행 여부를 조사하기 위하여 **표본감시 활동**이 필요한 다음 각 목의 감염병을 말한다. 다만, 질병관리청장이 지정하는 감염병을 포함한다.

5.3 실험동물에 관한 법률 시행규칙

② 동물실험시설의 운영자가 법 제19조제2항에 따라 생물학적 위해물질을 동물실험에 사용하려면 별지 제14호서식에 따른 사용보고서(전자문서로 된 보고서를 포함한다)에 동물실험계획서를 첨부하여 식품의약품안전처장에게 제출하여야 한다.〈개정 2013. 3. 23.〉

제22조(기록 등)

동물실험을 수행하는 자는 법 제21조에 따라 별지 제15호서식에 따른 동물실험 현황을 기록하고 기록한 날부터 3년간 보존하여야 한다. 이 경우 전자기록매체에 기록·보존할 수 있다.

제23조(행정처분기준)

법 제24조제3항에 따른 행정처분의 기준은 별표 5와 같다.

제23조의2(과징금 납부기한의 연장 및 분할납부)

① 법 제28조제1항에 따라 과징금 부과처분을 받은 사람(이하 "과징금납부의무자"라 한다)이 법 제28조제6항에 따라 과징금의 납부기한을 연장하거나 분할납부를 하려는 경우 식품의약품안전처장에게 납부기한의 10일 전까지 납부기한 연장 또는 분할납부 신청을 하여야 한다.

② 식품의약품안전처장은 제1항에 따른 신청을 받은 날부터 7일 이내에 과징금의 납부기한 연장 또는 분할납부 결정 여부를 서면으로 통보하여야 한다.

③ 과징금납부의무자가 법 제28조제6항에 따라 분할납부를 하게 되는 경우 12개월의 범위에서 각 분할된 납부기한 간의 간격은 6개월 이내, 분할 횟수는 3회 이내로 한다.

[본조신설 2017. 8. 9.]

제24조(수수료)

① 법 제29조에 따른 수수료의 금액은 별표 6과 같다.〈개정 2014. 12. 16.〉

② 제1항에 따른 수수료는 현금, 수입인지 또는 정보통신망을 이용하여 전자화폐·전자결

가. 인플루엔자 　　나. 삭제<2023. 8. 8.> 　　다. 회충증
라. 편충증 　　마. 요충증 　　바. 간흡충증
사. 폐흡충증 　　아. 장흡충증 　　자. 수족구병
차. 임질 　　카. 클라미디아감염증 　　타. 연성하감
파. 성기단순포진 　　하. 첨규콘딜롬
거. 반코마이신내성장알균(VRE) 감염증
너. 메티실린내성황색포도알균(MRSA) 감염증
더. 다제내성녹농균(MRPA) 감염증 　　러. 다제내성아시네토박터바우마니균(MRAB) 감염증
머. 장관감염증 　　버. 급성호흡기감염증 　　서. 해외유입기생충감염증
어. 엔테로바이러스감염증 　　저. 사람유두종바이러스 감염증

제 등의 방법으로 납부할 수 있다.

제25조(규제의 재검토)

식품의약품안전처장은 다음 각 호의 사항에 대하여 다음 각 호의 기준일을 기준으로 3년마다(매 3년이 되는 해의 기준일과 같은 날 전까지를 말한다) 그 타당성을 검토하여 개선 등의 조치를 하여야 한다.〈개정 2014. 12. 16.〉

   1. 제3조에 따른 동물실험시설의 등록기준: 2014년 1월 1일

   2. 제4조에 따른 동물실험시설의 등록: 2014년 1월 1일

   3. 삭제〈2020. 3. 20.〉

   4. 제12조에 따른 실험동물공급자의 등록: 2014년 1월 1일

   5. 제15조에 따른 실험동물공급자의 준수사항: 2014년 7월 1일

   6. 제20조에 따른 교육 등: 2014년 7월 1일

[본조신설 2014. 4. 1.]

부칙〈제1601호, 2020. 3. 20.〉

이 규칙은 공포한 날부터 시행한다.

05
실험동물법

시행규칙

[별표 1] 동물실험시설의 등록기준(제3조제2호 관련)

[별표 2] 우수동물실험시설의 지정기준(제8조 관련)

[별표 3] 우수실험동물생산시설의 지정기준(제16조 관련)

[별표 4] 실험동물의 사용 · 관리 등에 관한 교육(제20조제3항 관련)

[별표 5] 행정처분기준(제23조 관련)

[별표 6] 수수료의 금액(제24조 관련)

[별지 제1호서식] 동물실험시설 등록신청서

[별지 제2호서식] 동물실험시설 등록증

[별지 제3호서식] 동물실험시설 변경등록신청서

[별지 제4호서식] (동물실험시설 등록증, 실험동물공급자 등록증, 우수동물실험시설 지정서, 우수실
　　　　　험동물생산시설 지정서)재발급신청서

[별지 제5호서식] 우수동물실험시설 지정신청서

[별지 제6호서식] 우수동물실험시설 지정서

[별지 제7호서식] 우수동물실험시설 지정사항 변경신청서

[별지 제8호서식] 실험동물공급자 등록신청서

[별지 제9호서식] 실험동물공급자 등록증

[별지 제10호서식] 실험동물공급자 변경등록신청서

[별지 제11호서식] 우수실험동물생산시설 지정신청서

[별지 제12호서식] 우수실험동물생산시설 지정서

[별지 제13호서식] 우수실험동물생산시설 지정사항 변경신청서

[별지 제14호서식] 생물학적 위해물질 사용보고서

[별지 제15호서식] 동물실험현황

■ 실험동물에 관한 법률 시행규칙 [별표 1] 〈개정 2017. 1. 5.〉

동물실험시설의 등록기준(제3조제2호 관련)

1. 용어의 정의

가. **"분리(分離)"란** 두 개 이상의 건물이 서로 충분히 떨어져 있어 공기의 입구와 출구가 간섭받지 아니한 상태를 말하고, 한 개의 건물인 경우에는 벽에 의하여 **별개의 공간**으로 나누어져 작업원의 출입구나 원자재의 **반출입구가 서로 다르고**, 공기조화장치가 별도로 설치되어 **공기가 완전히 차단된 상태**를 말한다.

나. **"구획(區劃)"이란** 동물실험시설 내의 작업소와 작업실이 **벽·칸막이** 등으로 나누어져 공정간의 교차오염 또는 외부 오염물질의 혼입이 방지될 수 있도록 되어 있으나, 작업원과 원자재의 출입 및 **공기조화장치를 공정성격에 따라 공유할 수 있는 상태**를 말한다.

다. **"구분(區分)"이란** 공간을 선이나 줄, 칸막이 등으로 충분한 간격을 두어 착오나 혼동이 일어나지 아니하도록 **나누어진 상태**를 말한다.

2. 동물실험시설에는 다음 각 목의 시설을 갖추어야 한다. 이 경우 각 시설은 분리되도록 하여야 한다.

가. 사육실

1) 실험동물의 종류별로 사육실을 분리 또는 구획하여야 한다.
2) 실험동물의 종류와 수에 따라 개별 동물의 사육공간이 확보될 수 있는 적절한 재질의 사육상자 또는 사육장을 갖추어야 한다.
3) 내벽과 바닥은 청소와 소독이 편리한 마감재를 사용하며 균열이 없어야 한다.
4) 바닥은 요철이나 이음매가 없어야 하고 표면이 매끄러워야 한다.
5) 천정은 이물이 쌓이지 않는 구조이어야 한다.
6) 온도와 습도를 조절할 수 있는 장치나 설비를 갖추어야 한다.

나. 실험실(동물의 부검이나 수술이 필요한 경우만 해당한다)

1) 동물의 부검이나 수술에 사용하는 물품, 기구, 시약 등을 보관할 수 있는 장치를 갖추어야 한다.
2) 부검대 등의 실험동물 부검이나 수술에 필요한 장비를 갖추어야 한다.

다. 부대시설

1) 사료 및 사육물품을 보관할 수 있는 구획 또는 구분된 공간을 갖추어야 한다.
2) 소독제, 청소도구 등을 보관할 수 있는 구획 또는 구분된 공간을 갖추어야 한다.
3) 삭제〈2017. 1. 5.〉

3. 동물실험시설에는 다음 각 목의 사항이 포함된 표준작업서를 작성하여야 한다.

　가. 동물실험시설 운영관리

　　　1) 동물실험시설의 점검 및 소독

　　　2) 동물실험시설의 이용 및 교육

　　　3) 실험동물운영위원회의 운영

　나. 실험동물 사육관리

　　　1) 실험동물의 취급 및 사육관리

　　　2) 실험동물의 검역 및 순화

　다. 안전관리

　　　1) 종사자 건강 등 안전관리

　　　2) 재해 유발 가능물질 및 생물학적 위해물질 취급 및 관리

　　　3) 응급 상황 발생 시 행동요령

■ 실험동물에 관한 법률 시행규칙 [별표 2]

우수동물실험시설의 지정기준(제8조 관련)

1. **다음 각 목의 인력을 두어야 한다.**
   가. 영 제7조제1항에 따른 관리자 자격을 갖춘 수의사(비정규직 직원을 포함한다) 1명 이상
   나. 동물실험에 관한 학식과 경험이 풍부한 사람으로서 **3년 이상 동물실험을 관리 또는 수행한 경력이 있는 사람 1명 이상**
2. **다음 각 목의 시설기준을 충족하여야 한다.**
   가. 사무실, 사육실, 실험실, 검역실, 수술실, 부검실, 세정실, 창고, 샤워실 및 폐기물보관실을 갖출 것
   나. 각 시설에는 온도, 습도, 환기 등 사육환경을 조절할 수 있는 설비를 두고 소독을 위한 설비를 갖출 것
   다. 외부로부터 오염원이 유입되지 아니하도록 하는 기계적인 장치나 설비를 갖출 것
   라. 사육실은 교차오염이 발생하지 아니하도록 벽 등으로 분리하고 실험동물의 종류별로 사육실을 구획할 것
   마. 사육실의 바닥과 벽은 청소나 소독이 편리한 마감재를 사용하고 조명설비 등으로부터 오염을 방지하기 위한 보호장치를 설치할 것
   바. 세정실은 사육상자 등을 세척하고 관리할 수 있는 장치나 설비를 갖출 것
   사. 실험동물의 외부 탈출을 방지할 수 있는 장치를 설치할 것
3. **동물실험시설의 운영점검, 사육환경 관리, 실험동물의 사육관리 및 수의학적 관리 등의 내용을 포함한 동물실험시설의 운영관리를 위한 표준작업서를 작성·운영하여야 한다.**

■ **실험동물에 관한 법률 시행규칙 [별표 3]**

우수실험동물생산시설의 지정기준(제16조 관련)

1. 다음 각 목의 인력을 두어야 한다.

　가. 영 제7조제1항에 따른 관리자 자격을 갖춘 수의사(비정규직 직원을 포함한다) 1명 이상

　나. 동물실험에 관한 학식과 경험이 풍부한 사람으로서 3년 이상 동물실험을 관리 또는 수행한 경력이 있는 사람 1명 이상

2. 다음 각 목의 시설기준을 충족하여야 한다.

　가. 사무실, 생산실, 검역실, 세정실, 창고, 샤워실 및 폐기물보관실을 갖출 것

　나. 각 시설에는 온도, 습도, 환기 등 사육환경을 조절할 수 있는 설비를 두고 소독을 위한 설비를 갖출 것

　다. 외부로부터 오염원이 유입되지 아니하도록 하는 기계적인 장치나 설비를 갖출 것

　라. 생산실은 교차오염이 발생하지 아니하도록 벽 등으로 분리하고 실험동물의 종류별로 생산실을 구획할 것

　마. 생산실의 바닥과 벽은 청소나 소독이 편리한 마감재를 사용하고 조명설비 등으로부터 오염을 방지하기 위한 보호장치를 설치할 것

　바. 세정실은 사육상자 등을 세척하고 관리할 수 있는 장치나 설비를 갖출 것

　사. 실험동물의 외부 탈출을 방지할 수 있는 장치를 설치할 것

3. 실험동물생산시설의 운영점검, 사육환경 관리, 실험동물의 생산관리·품질관리 및 수의학적 관리 등의 내용을 포함한 실험동물생산시설의 운영관리를 위한 표준작업서를 작성·운영하여야 한다.

실험동물의 사용·관리 등에 관한 교육(제20조제3항 관련)

교육과목	교육내용	교육 방법	교육 시간
실험동물과 동물실험 제도	가. 「실험동물에 관한 법률」 해설(등록·지정 등에 관한 처벌 규정을 포함한다) 나. 동물실험시설 운영자, 동물실험시설 관리자, 동물실험시설에서 동물실험을 수행하는 자 및 실험동물공급자의 준수사항	강의 (집합)	1
동물실험시설 등의 운영관리	가. 동물실험시설의 기준 및 운영 나. 실험동물생산시설의 기준 및 운영	강의 (집합)	1
실험동물 운영위원회	가. 실험동물운영위원회 제도 나. 실험동물운영위원회의 기능과 역할	강의 (집합)	1
실험동물의 품질관리 방안	가. 실험동물의 미생물 검사 등 품질관리 나. 실험동물 사육 관련 물품 등의 품질관리	강의 (집합)	1
실험동물의 복지와 동물실험의 윤리	가. **실험동물의 취급과 관리** 나. **동물실험의 수의학적 관리** 다. **실험동물의 복지와 동물실험의 윤리**	강의 (집합)	8

비고: 동물실험을 수행하는 자에 대한 교육은 동물실험시설 운영자가 자체 교육계획을 수립하여 위 표에 따라 교육을 직접 실시할 수 있음.

행정처분기준(제23조 관련)

1. 일반기준

　가. 위반행위가 둘 이상인 경우로서 그에 해당하는 각각의 처분기준이 다른 경우에는 그 중 무거운 처분기준에 따른다. 다만, 둘 이상의 처분기준이 운영정지 또는 영업정지 인 경우에는 각 처분기준을 더한 기간을 넘지 아니하는 범위에서 무거운 처분기준의 2분의 1 범위에서 가중할 수 있다.

　나. 위반행위의 횟수에 따른 행정처분의 기준은 **최근 1년간** 같은 위반행위로 행정처분을 받은 경우에 적용한다. 이 경우 기간의 계산은 같은 위반행위에 대해 행정처분을 받은 날(운영정지처분을 갈음하여 과징금을 부과받은 경우에는 과징금 부과처분을 받은 날 을 말한다)과 그 처분 후 다시 같은 위반행위를 하여 적발된 날을 기준으로 한다.

　다. 나목에 따라 행정처분을 하는 경우 행정처분의 적용 차수는 그 위반행위 전 행정처분 차수(나목에 따른 기간 내에 행정처분이 둘 이상 있었던 경우에는 높은 차수를 말한 다)의 다음 차수로 한다.

　라. 식품의약품안전처장은 위반행위의 동기, 내용, 횟수, 위반의 정도, 국민의 건강이나 공익에 대한 피해 정도 등을 고려하여 그 행정처분의 2분의 1 범위에서 가중하거나 감경할 수 있다.

2. 개별기준

위반사항	근거법령	행정처분기준		
		1차 위반	2차 위반	3차 위반
1. 동물실험시설 또는 실험동물공급자로 등록한 자가 속임수나 그 밖의 부정한 방법으로 등록한 것이 확인된 경우	법 제24조 제1항제1호	등록취소		
2. 동물실험시설로부터 또는 실험동물공급과 관련하여 국민의 건강 또는 공익을 해하는 질병 등 재해가 발생한 경우	법 제24조 제1항제2호	시설의 운영정지 또는 영업정지 1개월	시설의 운영정지 또는 영업정지 3개월	등록취소
3. 동물실험시설 또는 실험동물공급자로 등록한 자가 법 제11조 또는 법 제16조에 따른 지도·감독을 따르지 아니하거나 기준에 미달한 경우	법 제24조 제1항제3호	경고	시설의 운영정지 또는 영업정지 3개월	등록취소

4. 동물실험시설이 법 제9조제1항을 위반하여 다른 동물실험시설, 우수실험동물생산시설 또는 실험동물공급자가 아닌 자로부터 실험동물을 공급받는 경우	법 제24조 제1항제4호	시설의 운영정지 1개월	시설의 운영정지 3개월	등록취소
5. 우수동물실험시설 또는 우수실험동물생산시설로 지정받은 자가 속임수나 그 밖의 부정한 방법으로 지정을 받은 것이 확인된 경우	법 제24조 제2항제1호	지정취소		
6. 우수동물실험시설 또는 우수실험동물생산시설로부터 국민의 건강 또는 공익을 해하는 질병 등 재해가 발생한 경우	법 제24조 제2항제2호	시설의 운영정지 1개월	시설의 운영정지 3개월	지정취소
7. 우수동물실험시설 또는 우수실험동물생산시설로 지정받은 자가 법 제11조 또는 법 제16조에 따른 지도·감독을 따르지 아니하거나 기준에 미달한 경우	법 제24조 제2항제3호	경고	시설의 운영정지 3개월	지정취소

■ 실험동물에 관한 법률 시행규칙 [별표 6] 〈신설 2014.12.16.〉

수수료의 금액(제24조 관련)

구 분	수 수 료	
	온라인으로 신청한 경우	온라인으로 신청하지 아니한 경우
1. 제4조에 따른 동물실험시설의 등록	9,000원	10,000원
2. 제5조에 따른 동물실험시설의 변경등록	4,000원	5,000원
3. 제9조에 따른 우수동물실험시설의 지정	190,000원	200,000원
4. 제10조에 따른 우수동물실험시설의 지정사항 변경	95,000원	100,000원
5. 제12조에 따른 실험동물공급자의 등록	9,000원	10,000원
6. 제13조에 따른 실험동물공급자의 변경등록	4,000원	5,000원
7. 제17조에 따른 우수실험동물생산시설의 지정	190,000원	200,000원
8. 제18조에 따른 우수실험동물생산시설의 지정사항 변경	95,000원	100,000원

제6장
사료관리법

[시행 2024. 4. 25.] [법률 제19752호, 2023. 10. 24., 일부개정]

QR코드를 스캔하면, [제6장 사료관리법] 서식을 다운로드 받을 수 있습니다.

사료관리법

[시행 2024. 4. 25.] [법률 제19752호, 2023. 10. 24., 일부개정]

제1장 총칙

제1조(목적)

이 법은 사료의 **수급안정·품질관리 및 안전성확보**에 관한 사항을 규정함으로써 사료의 **안정적인 생산과 품질향상**을 통하여 축산업의 발전에 이바지하는 것을 목적으로 한다.

제2조(정의)

이 법에서 사용하는 용어의 뜻은 다음과 같다.〈개정 2013. 3. 23.〉

1. **"사료"**란 「축산법」에 따른 가축이나 그 밖에 농림축산식품부장관이 정하여 고시하는 **동물·어류 등(이하 "동물등"이라 한다)에 영양이 되거나 그 건강유지 또는 성장에 필요한 것으로서 단미사료(單味飼料)·배합사료(配合飼料) 및 보조사료(補助飼料)**를 말한다. 다만, 동물용의약으로서 섭취하는 것을 제외한다.

2. **"단미사료"**란 식물성·동물성 또는 광물성 물질로서 **사료로 직접 사용되거나 배합사료의 원료로 사용되는 것**으로서 농림축산식품부장관이 정하여 고시하는 것을 말한다.

3. **"배합사료"**란 단미사료·보조사료 등을 **적정한 비율로 배합 또는 가공한 것**으로서 용도에 따라 농림축산식품부장관이 정하여 고시하는 것을 말한다.

4. **"보조사료"**란 사료의 **품질저하 방지 또는 사료의 효용을 높이기 위하여 사료에 첨가하는 것**으로서 농림축산식품부장관이 정하여 고시하는 것을 말한다.

5. **"제조업"**이란 사료를 **제조(혼합·배합·화합 또는 가공하는 경우**를 포함한다. 이하 같다)하여 **판매 또는 공급하는 업**을 말한다.

6. "수입업"이란 사료를 수입하여 판매(단순히 재포장하는 경우를 포함한다. 이하 같다)하는 업을 말한다.

7. "제조업자"란 제조업을 영위하는 자를 말한다.

8. "수입업자"란 수입업을 영위하는 자를 말한다.

9. "판매업자"란 제조업자 및 수입업자 외의 자로서 사료의 판매를 업으로 하는 자를 말한다.

제3조(사료시책의 수립 · 시행 및 재정지원)

① 농림축산식품부장관은 **사료의 수급조절 · 가격안정 · 품질향상 및 안전성확보와 사료자원 개발 등**에 필요한 시책을 수립 · 시행하여야 한다.〈개정 2013. 3. 23.〉

② 농림축산식품부장관은 사료의 수급안정에 필요하다고 인정하는 경우에는 사료의 생산 · 수출 · 수입 및 공급 등에 관한 수급계획을 수립 · 시행할 수 있다.〈개정 2013. 3. 23.〉

③ 정부는 제1항 및 제2항에 따른 시책 및 수급계획의 수립 · 시행을 위하여 **제조업자 또** 는 사료의 수급안정 및 품질향상을 목적으로 설립되어 농림축산식품부장관의 **승인을 받은 단체**(이하 "사료관련 단체"라 한다)에 예산의 범위 안에서 **보조금을 지급하거나 재정자금을 융자**할 수 있다.〈개정 2013. 3. 23.〉

제4조(적용 배제)

제조업자가 농림축산식품부령으로 정하는 **사료를 수출하기 위하여 제조하는 경우에는 이 법을 적용하지 아니한다.**〈개정 2013. 3. 23.〉

제2장 사료의 수급안정

제5조(사료의 수급안정을 위한 지원)

농림축산식품부장관은 사료의 **수급안정에 필요하다고 인정하는 경우**에는 **사료관련 단체가 사료를 수출 · 수입 및 공급하는데 필요한 지원**을 할 수 있다.〈개정 2013. 3. 23.〉

제6조(사료의 수입추천 등)

① 「세계무역기구 설립을 위한 마라케쉬 협정[1]」에 따른 대한민국 양허표(讓許表)상의 **시장접근물량(市場接近物量)에 적용되는 양허세율(讓許稅率)[2]**로 사료를 수입하려는 자는

---

1) **세계무역기구 설립을 위한 협정.** 동 협정에 의해 세계무역기구(World Trade Organization)가 설립되었으며, 4개의 부속서를 통하여 다자간 및 복수국간 협정을 포함한다. 1994년 4월 15일 마라케쉬 각료회의에서 채택되어 1995년 1월 1일에 발효된다. 4개의 부속서는 부속서 1A) 상품무역에 관한 협정, 부속서 1B) 서비스무역에 관한 협정, 부속서 1C) 지적재산권에 관한 협정, 부속서 2) 분쟁해결양해, 부속서 3) 무역 정책검토제도, 부속서 4) 복수국가간 무역협정이다.
   [네이버 지식백과] 마라케쉬협정 [Marrakesh Agreement] (외교통상용어사전, 외교부)

2) 국가간 협상을 통해 관세율이 인하되면 그 인하된 세율수준 이상으로는 특별한 사유가 없는 한 관세인상을 할 수 없게 되는 일종의 국제적 협정을 말한다. 일단 관세가 결정되면 기준치보다 낮출 수는 있어도 올릴 수는 없다. 관세를 올려야 하는 경우에는 원교섭국 및 주요 관계국과 해당품목 수출국의 양해가 필수적이며 관세를 상향조정하는 만큼 보상을 해야 한다. 이는 국제자유무역의 실현을 위해 관세장벽을 제거해 나가려는 시도의 일환이다.
   [네이버 지식백과] 양허관세 [tariff concession, 讓許關稅] (두산백과 두피디아, 두산백과)

농림축산식품부장관의 **추천**을 받아야 한다.〈개정 2013. 3. 23.〉

② 농림축산식품부장관은 제1항에 따른 사료의 수입에 대한 추천업무를 「**농업협동조합법**」 **제121조에 따라 설립된 중앙회**(농협경제지주회사를 포함한다) 또는 **사료관련 단체로 하여금 대행**하게 할 수 있다. 이 경우 대상품목, 품목별 추천물량 및 추천기준 등에 필요한 사항은 농림축산식품부장관이 정한다.〈개정 2013. 3. 23., 2016. 12. 27.〉

제7조(사료의 용도 외 판매금지)

① **누구든지 수입한 사료를 다른 사료의 원료용 또는 동물등의 먹이, 그 밖의 농림축산식품 부령으로 정하는 용도 외로 판매하여서는 아니 된다.**〈개정 2013. 3. 23.〉

② 농림축산식품부장관은 수입한 사료의 용도 외 사용을 방지하기 위하여 수입사료의 사후관리 등에 필요한 사항을 정하여 고시한다.〈개정 2013. 3. 23.〉

제3장 사료의 품질관리 등

제8조(제조업의 등록 등)

① **제조업을 영위하려는** 자는 농림축산식품부령으로 정하는 바에 따라 **특별시장·광역시장·특별자치시장·도지사 또는 특별자치도지사**(이하 "**시·도지사**"라 한다)**에게 등록하여야 한다.** 다만, 농업활동, 양곡 가공 또는 식품 제조를 하는 자가 그 과정에서 **부수적으로 생겨난 부산물**(단미사료 또는 보조사료에 해당하는 것으로 한정한다) 중 농림축산식품부령으로 정하는 부산물을 사용하여 농림축산식품부령으로 정하는 규모 이하로 **사료를 제조하여 판매 또는 공급하는 경우에는 등록하지 아니할 수 있다.**〈개정 2013. 3. 23., 2016. 5. 29.〉

② 제1항 본문에 따라 제조업 등록을 하려는 자는 농림축산식품부령으로 정하는 **시설기준에 적합한 제조시설을 갖추어야 한다.** 다만, 「약사법」 제31조 및 같은 법 제85조에 따른 동물용의약품등의 제조업자, 「식품위생법」 제36조에 따른 식품·식품첨가물의 제조업자 또는 「건강기능식품에 관한 법률」 제4조에 따른 건강기능식품의 제조업자가 직접 생산하는 제품 중 일부를 사료로 제조하여 판매하거나 공급하기 위하여 제조업 등록을 하려는 경우에는 그러하지 아니하다.〈개정 2009. 2. 6., 2013. 3. 23., 2016. 5. 29.〉

③ 제2항 본문에 따른 제조시설을 갖추어 제1항 본문에 따라 제조업 등록을 한 자가 농림축산식품부령으로 정하는 제조시설을 변경하려는 경우에는 시·도지사에게 신고하여야 한다.〈개정 2013. 3. 23., 2016. 5. 29.〉

④ 시·도지사는 제3항에 따른 신고를 받은 날부터 10일 이내에 신고수리 여부를 신고인

에게 통지하여야 한다.〈신설 2018. 12. 31.〉

⑤ 시·도지사가 제4항에서 정한 기간 내에 신고수리 여부 또는 민원 처리 관련 법령에 따른 처리기간의 연장을 신고인에게 통지하지 아니하면 그 기간(민원 처리 관련 법령에 따라 처리기간이 연장 또는 재연장된 경우에는 해당 처리기간을 말한다)이 끝난 날의 다음 날에 신고를 수리한 것으로 본다.〈신설 2018. 12. 31.〉

⑥ 제1항 본문에 따라 제조업 등록을 한 자가 휴업·폐업 또는 휴업 후 영업을 재개하려는 경우에는 농림축산식품부령으로 정하는 바에 따라 시·도지사에게 신고하여야 한다. 〈개정 2013. 3. 23., 2016. 5. 29., 2018. 12. 31.〉

⑦ 시·도지사는 제조업자(제1항에 따라 등록을 한 자만 해당한다)가 「부가가치세법」 제8조에 따라 관할 세무서장에게 폐업신고를 하거나 관할 세무서장이 사업자등록을 말소한 경우에는 등록을 직권으로 말소할 수 있다. 이 경우 시·도지사는 관할 세무서장에게 제조업자의 폐업 사실에 대한 정보 제공을 요청할 수 있으며, 그 요청을 받은 관할 세무서장은 정당한 사유가 없으면 해당 정보를 제공하여야 한다.〈신설 2022. 12. 27.〉

제8조의2(제조업 등록의 제한)

다음 각 호의 어느 하나에 해당하는 경우에는 제8조제1항 본문에 따른 제조업 등록을 할 수 없다.

1. 제25조제1항에 따라 제조업의 **등록이 취소된 후 2년이 지나지 아니한 자**(법인인 경우 그 대표자를 포함한다)가 제조업을 등록하려는 경우

2. 제25조제1항에 따른 제조업의 영업정지 처분을 받고 그 **정지 기간**이 지나지 아니한 자(법인인 경우 그 대표자를 포함한다)가 제조업을 등록하고자 하는 경우

3. 등록을 하려는 자(법인인 경우 그 대표자를 포함한다)가 이 법을 위반하여 **금고 이상의 실형**을 선고받고 집행이 끝나거나 그 집행이 면제된 날부터 2년이 지나지 아니한 경우

4. 등록을 하려는 자(법인인 경우 그 대표자를 포함한다)가 이 법을 위반하여 **금고 이상의 형의 집행유예**를 선고받고 그 유예기간 중에 있는 경우

5. 등록을 하려는 자(법인인 경우 그 대표자를 포함한다)가 이 법을 위반하여 **벌금형을 선고받고 그 형이 확정된 날부터 2년이 지나지 아니한 경우**

[본조신설 2022. 12. 27.]

제9조(제조업의 승계)

① 제조업자가 그 제조업을 양도하거나 사망한 때 또는 법인의 합병이 있는 때에는 그 양수인·상속인 또는 합병 후 존속하는 법인이나 합병에 따라 설립되는 법인(이하 "양수

인등"이라 한다)은 그 제조업자의 지위를 승계한다.

② 「민사집행법」에 따른 경매, 「채무자 회생 및 파산에 관한 법률」에 따른 환가(換價)나 「국세징수법」·「관세법」 또는 「지방세징수법」에 따른 압류재산의 매각, 그 밖에 이에 준하는 절차에 따라 제조시설의 전부를 인수한 자는 그 제조업자의 지위를 승계한다. 〈개정 2010. 3. 31., 2016. 12. 27.〉

③ 제1항 또는 제2항에 따라 제조업자의 지위를 승계한 자는 30일 이내에 농림축산식품부령으로 정하는 바에 따라 시·도지사에게 신고하여야 한다.〈개정 2013. 3. 23.〉

④ 제25조는 제1항 및 제2항에 따라 제조업자의 지위를 승계한 자에 대하여 준용한다.

제10조(사료안전관리인)

① **제조업자 중 미량광물질 등 대통령령으로 정하는 사료를 제조하는 자는 사료의 안전성 관리를 위하여 사료안전관리인을 두어야 한다.**

② 제1항에 따른 **사료안전관리인은 사료의 품질관리 및 안전성이 확보**될 수 있도록 사료의 제조에 종사하는 자를 지도·감독하며, 원료·제품 및 시설에 대한 관리를 한다.

③ 사료안전관리인이 제2항에 따른 지도·감독 및 관리 과정에서 이 법 또는 **이 법에 따른 명령이나 처분에 위반되는 사실을 알았을 때에는 제조업자에게 그 사실과 함께 시정을 요청**하고, 해당 내용을 **시·도지사에게 지체 없이 보고하여야 한다.** 이 경우 시·도지사는 제조업자의 조치 여부 등을 확인한 후 필요한 조치를 명할 수 있다.

④ 제1항에 따라 사료안전관리인을 둔 **제조업자는** 제2항에 따른 사료안전관리인의 업무를 방해하여서는 아니 되며, 사료안전관리인으로부터 업무수행에 필요한 **요청을 받으면 정당한 사유가 없으면 이에 따라야 한다.**〈개정 2020. 2. 11.〉

⑤ 제1항에 따라 사료안전관리인을 둔 제조업자는 사료안전관리인이 여행·질병이나 그 밖의 사유로 일시적으로 **그 직무를 수행할 수 없는 경우** 농림축산식품부령으로 정하는 바에 따라 **대리자를 지정하여 사료안전관리인의 직무를 대행하게 하여야 한다.**〈신설 2018. 12. 31.〉

⑥ 사료안전관리인의 자격·직무·인원 및 사료안전관리인 대리자의 대행기간과 그 밖에 필요한 사항은 농림축산식품부령으로 정한다.〈개정 2013. 3. 23., 2018. 12. 31.〉

제11조(사료의 공정 등)

① **농림축산식품부장관은 사료의 품질보장 및 안전성확보에 필요하다고 인정하는 경우에는** 사료의 제조·사용 및 보존방법에 관한 **기준과** 사료의 성분에 관한 **규격(이하 "사료공정"이라 한다)을 설정·변경 또는 폐지할 수 있다.** 이 경우 **농림축산식품부장관은 이를 고시하여야 한다.**〈개정 2013. 3. 23.〉

② 사료공정이 설정된 사료는 그 사료공정에 따라 제조·사용 또는 보존하여야 한다.

③ 제1항에 따른 사료공정의 고시는 특별한 사유가 없으면 그 고시일부터 30일이 지난 날부터 시행되도록 하여야 한다.〈개정 2020. 2. 11.〉

④ 사료공정의 설정·변경 또는 폐지의 절차 및 방법 등에 필요한 사항은 농림축산식품부령으로 정한다.〈개정 2013. 3. 23.〉

제12조(사료의 성분등록 및 취소)

① 제조업자 또는 수입업자는 시·도지사에게 제조 또는 수입하려는 사료의 종류·성분 및 성분량, 그 밖에 농림축산식품부장관이 정하는 사항을 등록(이하 "성분등록"이라 한다)하여야 한다. 다만, 농림축산식품부령으로 정하는 사료(제8조제1항 단서에 따라 제조업의 등록을 하지 아니하는 자가 제조하는 사료는 제외한다)에 대하여는 성분등록을 하지 아니할 수 있다.〈개정 2013. 3. 23., 2016. 5. 29.〉

② 시·도지사가 성분등록의 신청을 받은 경우에는 그 내용이 사료공정 등에 적합한지의 여부를 확인하고, 적합한 경우에는 성분등록증을 지체 없이 해당 신청인에게 교부하여야 한다.

③ 시·도지사는 제조업자 또는 수입업자가 다음 각 호의 어느 하나에 해당하는 경우에는 성분등록을 취소한다. 이 경우 제조업자 또는 수입업자는 그 사료성분등록증을 시·도지사에게 반납하여야 한다.

1. 거짓이나 그 밖의 부정한 방법으로 등록을 한 경우

2. 성분등록한 사료를 정당한 사유 없이 1년 이상 제조 또는 수입하지 아니한 경우

3. 제조업의 등록이 취소된 경우

제13조(사료의 표시사항)

① 제조업자·수입업자 또는 판매업자는 제조 또는 수입한 사료를 판매하려는 경우에는 용기나 포장에 성분등록을 한 사항, 유통기한, 그 밖의 사용상 주의사항 등 농림축산식품부령으로 정하는 사항을 표시하여야 한다.〈개정 2013. 3. 23., 2022. 12. 27., 2023. 10. 24.〉

② 제조업자·수입업자 또는 판매업자는 제1항에 따른 표시사항을 거짓으로 표시하거나 과장하여 표시하여서는 아니 된다.〈개정 2022. 12. 27.〉

제13조의2(유전자변형농수축산물등의 표시)

① 제조업자 또는 수입업자는 다음 각 호의 현대생명공학기술을 활용하여 새롭게 조합된 유전물질을 포함하고 있고 「유전자변형생물체의 국가간 이동 등에 관한 법률」 제8조에 따라 수입승인된 생물체(이하 "수입승인된 유전자변형생물체"라 한다)를 원재료로

하여 제조·가공한 **사료의 포장재와 용기에 수입승인된 유전자변형생물체가 원료로 사용되었음을 표시하여야 한다.**

1. 인위적으로 유전자를 재조합하거나 유전자를 구성하는 핵산을 세포 또는 세포내 소기관으로 직접 주입하는 기술

2. 분류학에 따른 과(科)의 범위를 넘는 세포융합 기술

② 제1항에 따른 표시의무자, 표시대상 및 표시방법 등에 필요한 사항은 농림축산식품부장관이 정한다.

[본조신설 2018. 12. 31.]

제14조(제조·수입·판매 또는 사용 등의 금지)

① **제조업자·수입업자 또는 판매업자는** 다음 각 호의 어느 하나에 해당하는 사료를 제조·수입 또는 판매하거나 **사료의 원료로 사용하여서는 아니 된다.**〈개정 2013. 3. 23., 2020. 2. 11.〉

1. **인체 또는 동물등에 해로운 유해물질이 허용기준 이상으로 포함되거나 잔류된 것**

2. **동물용의약품이 허용기준 이상으로 잔류된 것**

3. **인체 또는 동물등의 질병의 원인이 되는 병원체에 오염되었거나 현저히 부패 또는 변질되어 사료로 사용될 수 없는 것**

4. **제1호부터 제3호까지의 규정 외에 동물등의 건강유지나 성장에 지장을 초래하여 축산물의 생산을 현저하게 저해하는 것으로서** 농림축산식품부장관이 정하여 고시하는 것

5. 성분등록을 하지 아니하고 제조 또는 수입된 것

6. 제19조제1항에 따른 수입신고를 하지 아니하고 수입된 것

7. **인체 또는** 농림축산식품부장관이 정하여 고시한 동물등의 질병원인이 우려되어 사료로 사용하는 것을 금지한 동물등의 부산물·남은 음식물 등 농림축산식품부장관이 정하여 고시한 것

② 누구든지 동물등에게 제1항제7호의 사료를 사용하여서는 아니 된다.

③ **제조업자·수입업자 또는 판매업자는 유통기한이 경과한 사료를 판매하거나 판매할 목적으로 보관·진열하여서는 아니 된다.**〈신설 2023. 10. 24.〉

④ 제1항제1호 및 제2호에 따른 유해물질·동물용의약품의 범위 및 허용기준은 농림축산식품부장관이 정하여 고시한다.〈개정 2013. 3. 23., 2023. 10. 24.〉

제15조(사료의 함량·혼합 제한 등)

① 농림축산식품부장관은 사료의 품질유지 및 환경오염방지를 위하여 사료 중 특정성분의 함량을 제한할 수 있다.〈개정 2013. 3. 23.〉

② 농림축산식품부장관은 서로 혼합되는 경우 해당 사료의 품질을 저하되게 하거나 해당

사료의 구별을 불가능하게 하는 물질·사료의 혼합을 제한할 수 있다.〈개정 2013. 3. 23.〉

③ 제1항에 따라 함량을 제한할 수 있는 특정성분과 그 제한기준 및 제2항에 따라 혼합을 제한할 수 있는 물질·사료와 그 제한기준은 농림축산식품부장관이 정하여 고시한다. 〈개정 2013. 3. 23.〉

제16조(위해요소중점관리기준)

① 농림축산식품부장관은 사료의 원료관리, 제조 및 유통의 과정에서 위해(危害)한 물질이 해당 사료에 혼입되거나 해당 사료가 오염되는 것을 방지하기 위하여 사료별로 제조시설 및 공정관리의 절차를 정하거나 각 과정별 위해요소를 중점적으로 관리하는 기준(이하 "위해요소중점관리기준3)"이라 한다)을 농림축산식품부령으로 정하는 기준에 따라 정하여 고시한다.〈개정 2013. 3. 23.〉

② 농림축산식품부장관은 위해요소중점관리기준을 정하는 경우에는 농림축산식품부령으로 정하는 바에 따라 해당 사료를 제조하는 제조업자에게 이를 준수하게 할 수 있다. 〈개정 2013. 3. 23.〉

③ 농림축산식품부장관은 제조업자 중 위해요소중점관리기준의 준수를 원하는 제조업자의 사료공장을 위해요소중점관리기준 적용 사료공장으로 지정할 수 있다.〈개정 2013. 3. 23.〉

④ 농림축산식품부장관은 제3항에 따라 위해요소중점관리기준 적용 사료공장의 지정을 받은 제조업자에게 농림축산식품부령으로 정하는 바에 따라 그 지정사실을 증명하는 서류를 발급하여야 한다.〈개정 2013. 3. 23.〉

⑤ 위해요소중점관리기준 적용 사료공장으로 지정받기를 희망하거나 지정을 받은 제조업자(종업원을 포함한다)는 농림축산식품부령으로 정하는 바에 따라 위해요소중점관리에 필요한 기술·정보에 관한 교육훈련을 받아야 한다.〈개정 2022. 12. 27.〉

⑥ 농림축산식품부장관은 제5항에 따른 교육훈련을 농림축산식품부령으로 정하는 기관에 위탁하여 실시할 수 있다.〈개정 2013. 3. 23.〉

⑦ 농림축산식품부장관은 위해요소중점관리기준 적용 사료공장이 다음 각 호의 어느 하나에 해당하는 경우에는 농림축산식품부령으로 정하는 바에 따라 그 지정을 취소하거

---

3) HACCP[Hazard Analysis and Critical Control Point]

　　식품 및 축산물의 원료 생산에서부터 최종소비자가 섭취하기 전까지 각 단계에서 생물학적, 화학적, 물리적 위해요소가 해당식품에 혼입되거나 오염되는 것을 방지하기 위한 위생관리시스템.

　　HACCP은 위해분석(HA: Hazard Analysis)과 중요관리점(CCP: Critical Control Point)으로 구성되어 있다. HA는 위해 가능성이 있는 요소를 전공정의 흐름에 따라 분석·평가하는 것이고, CCP는 확인된 위해 중에서 중점적으로 다루어야 할 위해요소를 의미한다. HACCP는 전 공정에서 CCP를 설정하여 각 CCP의 지점에서 설정된 기준에 따라 이를 관리하여 해당 위해를 사전에 예방하며 식품의 안전성을 확보한다.

　　[네이버 지식백과] HACCP [Hazard Analysis and Critical Control Point] (두산백과 두피디아, 두산백과)

나 시정을 명할 수 있다. 다만, 제1호 또는 제4호에 해당하는 경우에는 그 지정을 취소하여야 한다.〈개정 2013. 3. 23., 2022. 12. 27.〉

1. 거짓이나 그 밖의 부정한 방법으로 지정을 받은 경우
2. 시정명령을 받고 정당한 사유 없이 이에 따르지 아니한 경우
3. 위해요소중점관리기준을 준수하지 아니한 경우
3의2. 제5항에 따른 교육훈련을 받지 아니한 경우
4. 제25조제1항제8호 · 제9호 · 제12호부터 제14호까지의 규정 · 제16호 · 제18호 및 제19호에 해당하여 2개월 이상의 영업의 전부 정지명령을 받은 경우
5. 그 밖에 제2호 및 제3호에 준하는 것으로서 농림축산식품부령으로 정하는 경우

⑧ 제3항에 따른 위해요소중점관리기준 적용 사료공장으로 지정을 받지 아니한 제조업자는 위해요소중점관리기준 적용 사료공장이라는 명칭을 사용하지 못한다.

⑨ 농림축산식품부장관 또는 시 · 도지사는 위해요소중점관리기준 적용 사료공장의 지정을 받은 제조업자에 대하여 제조시설의 개선을 위한 **융자사업 등의 우선지원**을 할 수 있다.〈개정 2013. 3. 23.〉

⑩ 위해요소중점관리기준 적용 사료공장은 농림축산식품부령으로 정하는 바에 따라 **위해요소중점관리기준의 준수 여부 등에 관한 심사를 받아야 한다.**〈개정 2013. 3. 23.〉

⑪ 제3항에 따른 위해요소중점관리기준 적용 사료공장의 지정요건 및 지정절차 등, 제5항에 따른 교육훈련의 내용 등과 제10항에 따른 심사의 방법 및 절차 등에 필요한 사항은 농림축산식품부령으로 정한다.〈개정 2013. 3. 23.〉

제17조(사료공장의 위해요소중점관리 담당기관 지원 등)

① 농림축산식품부장관은 위해요소중점관리기준의 제정 및 사료공장 적용 등의 업무를 효율적으로 수행하기 위하여 사료공장의 위해요소중점관리를 담당할 기관을 지정하여 그 운영에 필요한 경비를 지원할 수 있다.〈개정 2013. 3. 23.〉

② 제1항에 따른 사료공장의 위해요소중점관리 담당기관의 지정기준 및 운영 등에 필요한 사항은 대통령령으로 정한다.

제18조(사료공정서의 작성 · 보급)

농림축산식품부장관은 사료공정, 제13조제1항에 따른 사료의 표시 및 제15조에 따른 **사료의 함량 · 혼합 제한 등**에 관한 사항을 수록한 사료공정서를 작성 · 보급하여야 한다.〈개정 2013. 3. 23.〉

제4장 사료검사 등

제19조(사료의 수입신고 등)

① 수입업자는 농림축산식품부장관이 정하여 고시하는 사료를 수입하려는 경우에는 농림축산식품부령으로 정하는 바에 따라 **농림축산식품부장관에게 신고하여야** 한다.〈개정 2013. 3. 23.〉

② 농림축산식품부장관은 사료의 안전성확보·수급안정 등 농림축산식품부령으로 정하는 사유가 있는 경우에는 제1항에 따라 신고된 사료에 대하여 통관절차 완료 전에 관계 공무원으로 하여금 **필요한 검정을 하게 하여야 한다.**〈개정 2013. 3. 23.〉

③ 수입업자가 제1항에 따른 신고를 할 경우 제20조의2제1항에 따라 지정된 사료시험검사기관(이하 "사료시험검사기관"이라 한다)이나 제22조에 따른 사료검정기관에서 검정을 받아 그 검정증명서를 제출하는 경우에는 농림축산식품부령으로 정하는 바에 따라 제2항에 따른 검정을 갈음하거나 그 검정항목을 조정하여 검정할 수 있다.〈개정 2013. 3. 23., 2018. 12. 31., 2020. 2. 11.〉

④ 농림축산식품부장관은 제1항에 따른 신고를 받은 경우 그 내용을 검토하여 이 법에 적합하면 신고를 수리하여야 한다.〈신설 2018. 12. 31.〉

⑤ 제2항에 따른 검정의 항목·방법 및 기준 등에 필요한 사항은 농림축산식품부령으로 정한다.〈개정 2013. 3. 23., 2018. 12. 31.〉

제20조(자가품질검사)

① **제조업자 또는 수입업자는 사료의 품질관리 및 안전성 확보**를 위하여 농림축산식품부령으로 정하는 시설을 갖추고 그가 제조 또는 수입하는 사료에 대하여 다음 각 호의 사항을 검사하여야 한다. 이 경우 제조업자 또는 수입업자는 다른 제조업자 또는 수입업자와 공동으로 시설을 갖출 수 있다.〈개정 2013. 3. 23.〉

   1. **사료공정에 적합한지의 여부**

   2. **성분등록된 사항과 차이가 있는지의 여부**

   3. **제14조제1항제1호부터 제4호까지의 규정에 해당하는지의 여부**

② 제조업자 또는 수입업자는 제1항에 따른 검사를 하려는 경우 사료시험검사기관에 의뢰하여 검정을 할 수 있다.〈개정 2013. 3. 23., 2018. 12. 31.〉

③ 사료시험검사기관은 제2항에 따라 검정을 실시한 경우에는 농림축산식품부령으로 정하는 바에 따라 **제조업자 또는 수입업자에게 사료검정증명서를 발급하여야 한다.**〈개정 2013. 3. 23., 2018. 12. 31.〉

④ 제조업자 또는 수입업자가 제1항에 따라 자가품질검사를 실시한 경우에는 **그 품질검사에 관한 기록서를 2년간 보관하여야 한다.**

⑤ 제1항에 따른 검사의 기준 및 절차에 필요한 사항은 농림축산식품부령으로 정한다.〈개정 2018. 12. 31.〉

제20조의2(사료시험검사기관의 지정 등)

① 농림축산식품부장관은 제20조제1항에 따른 사료의 검사 등의 업무를 수행할 수 있는 기관을 사료시험검사기관으로 지정할 수 있다.

② 사료시험검사기관으로 지정받으려는 자는 사료의 검사 등을 위하여 필요한 시설과 인력 등 농림축산식품부령으로 정하는 지정기준을 갖추어 농림축산식품부장관에게 신청하여야 한다.

③ 농림축산식품부장관은 제1항에 따라 사료시험검사기관을 지정한 경우에는 농림축산식품부 인터넷 홈페이지에 그 사실을 공고하여야 한다.

④ 사료시험검사기관 지정의 유효기간은 지정받은 날부터 3년으로 한다. 이 경우 지정의 유효기간이 만료된 후에도 계속해서 사료의 검사 등의 업무를 하려는 사료시험검사기관은 지정의 유효기간이 만료되기 2개월 전까지 다시 지정을 신청하여야 한다.

⑤ 제1항부터 제4항까지에서 규정한 사항 외에 사료시험검사기관의 지정 절차, 지정받은 사항을 변경하려는 경우의 절차 및 그 밖에 사료시험검사기관 지정에 필요한 사항은 농림축산식품부령으로 정한다.

[본조신설 2018. 12. 31.]

제20조의3(사료시험검사기관의 지정취소 등)

① 농림축산식품부장관은 사료시험검사기관이 다음 각 호의 어느 하나에 해당하는 경우에는 지정을 취소하거나 6개월 이내의 기간을 정하여 업무의 정지 또는 시정을 명할 수 있다. 다만, 제1호에 해당하는 경우에는 지정을 취소하여야 한다.

1. 거짓이나 그 밖에 부정한 방법으로 지정을 받은 경우
2. 고의 또는 중대한 과실로 사료검정증명서를 사실과 다르게 발급한 경우
3. 업무 정지 기간 중 제20조제2항에 따른 업무를 한 경우
4. 제20조의2제2항에 따른 지정기준을 갖추지 못하게 된 경우

② 제1항에 따라 사료시험검사기관의 지정이 취소된 자는 지정이 취소된 날부터 2년간 사료시험검사기관의 지정을 받을 수 없다.

③ 농림축산식품부장관은 제1항에 따라 사료시험검사기관의 지정을 취소한 경우에는 그 사실을 농림축산식품부 인터넷 홈페이지에 공고하여야 한다.

④ 제1항에 따른 지정의 취소, 업무의 정지 및 시정명령의 세부기준은 농림축산식품부령으로 정한다.

[본조신설 2018. 12. 31.]

제21조(사료검사)

① **농림축산식품부장관 또는 시·도지사는 사료의 안전성확보와 품질관리에 필요하다고 인정하거나 사료의 수요자로부터** 제20조제1항 각 호의 사항 등에 대한 **검사를 의뢰받은 경우에는 사료검사를 실시할 수 있다.**〈개정 2013. 3. 23.〉

② 농림축산식품부장관 또는 시·도지사는 제1항에 따라 사료검사를 실시하는 경우에는 농림축산식품부령으로 정하는 바에 따라 관계 공무원 또는 농림축산식품부장관이 지정하는 자(이하 **"사료검사원"**이라 한다)로 하여금 제조업자·수입업자 또는 판매업자가 제조·수입 또는 판매하는 사료를 검사하거나 검사에 필요한 **최소량의 시료(試料)를 무상으로 수거(收去)**하게 할 수 있다.〈개정 2013. 3. 23.〉

③ 사료검사원의 자격·직무범위 등에 필요한 사항은 농림축산식품부령으로 정한다.〈개정 2013. 3. 23.〉

제22조(사료검정기관 지정 등)

① 농림축산식품부장관은 제21조에 따라 수거한 사료의 검정을 행하게 하기 위하여 다음 각 호의 시설을 모두 갖춘 기관을 사료검정기관으로 지정할 수 있다.〈개정 2013. 3. 23.〉

1. 사료의 일반 조성분을 분석할 수 있는 시설
2. 사료의 현미경검사를 할 수 있는 시설
3. 유해물질을 분석할 수 있는 시설
4. 열량·아미노산·비타민 및 광물질을 분석할 수 있는 시설
5. 미생물·유해독소와 사료로서 부적합한 것의 혼합 여부를 검정 또는 감별할 수 있는 시설
6. 유기산·효소 등을 분석할 수 있는 시설
7. 잔류농약과 동물용의약품을 분석할 수 있는 시설

② 제1항에 따른 사료검정기관의 지정방법 및 사료의 검정방법 등에 필요한 사항은 농림축산식품부령으로 정한다.〈개정 2013. 3. 23.〉

③ 농림축산식품부장관은 제1항에 따라 지정된 사료검정기관이 다음 각 호의 어느 하나에 해당하는 경우에는 그 지정을 취소하거나 6개월 이내의 기간을 정하여 검정업무의 정지 또는 시정을 명할 수 있다. 다만, 제1호 또는 제2호에 해당하는 경우에는 그 지정을 취소하여야 한다.〈개정 2013. 3. 23.〉

1. 거짓이나 그 밖의 부정한 방법으로 지정을 받은 경우
2. 검정업무정지기간 중에 검정업무를 한 경우
3. 제1항에 따른 지정요건에 적합하지 아니하게 된 경우
4. 시정명령을 받고 이를 이행하지 아니한 경우
5. 제2항에 따른 사료의 검정방법을 위반하여 검정한 경우

제23조(사료의 재검사)

① 농림축산식품부장관 또는 시·도지사는 제21조에 따른 사료검사 결과 해당 사료가 사료공정에 위반되거나 제24조 각 호의 어느 하나에 해당하는 경우에는 해당 제조업자 또는 수입업자에게 그 **검사 결과를 통보**하여야 한다.〈개정 2013. 3. 23.〉

② 제1항에 따른 통보를 받은 제조업자 또는 수입업자는 그 검사 결과에 대하여 이의가 있는 경우에는 농림축산식품부령으로 정하는 바에 따라 농림축산식품부장관 또는 시·도지사에게 **재검사를 의뢰할 수 있다.**〈개정 2013. 3. 23.〉

③ 제2항에 따른 재검사의 의뢰를 받은 농림축산식품부장관 또는 시·도지사는 농림축산식품부령으로 정하는 바에 따라 **재검사 여부를 결정한 후** 그 결과를 해당 제조업자 또는 수입업자에게 통보하여야 한다.〈개정 2013. 3. 23.〉

④ 농림축산식품부장관 또는 시·도지사는 제3항에 따라 해당 사료에 대하여 재검사를 결정한 경우에는 지체 없이 제22조에 따른 사료검정기관에 재검정을 실시하게 한 후 그 결과를 해당 제조업자 또는 수입업자에게 통보하여야 한다. 이 경우 재검정수수료 및 보세창고료 등 재검사 실시에 따르는 비용은 재검사를 요청한 제조업자 또는 수입업자가 부담한다.〈개정 2013. 3. 23.〉

제24조(폐기 등의 조치)

농림축산식품부장관 또는 시·도지사는 제21조에 따른 사료검사 결과 또는 제23조에 따른 재검사 결과 해당 사료가 다음 각 호의 어느 하나에 해당하는 경우에는 관계 공무원으로 하여금 해당 사료의 제조·수입·판매 또는 공급의 금지에 필요한 조치를 하게 하거나 해당 사료의 제조업자·수입업자 또는 판매업자에게 해당 사료를 회수·폐기, 그 밖에 해당 사료의 품질 및 안전상의 위해가 제거될 수 있도록 용도·처리방법 등을 정하여 필요한 조치를 할 것을 명할 수 있다.〈개정 2013. 3. 23.〉

1. **사료의 성분이 성분등록된 사항과 농림축산식품부령으로 정하는 기준 이상으로 차이가 나는 경우**
2. **제14조제1항 각 호의 어느 하나에 해당하는 경우**

제24조의2(위해사료 등의 공표)

① 농림축산식품부장관 또는 시·도지사는 제24조 각 호의 어느 하나에 해당하여 **사료의 제조업자·수입업자 또는 판매업자에게 해당 사료의 회수 또는 폐기를 명하는 경우에는 그 사실을 공표할 수 있다.**

② 제1항에 따른 공표 내용 및 방법 등에 관하여 필요한 사항은 대통령령으로 정한다.

[본조신설 2022. 12. 27.]

제25조(제조업의 등록취소 등)

① 시·도지사는 제조업자 또는 수입업자가 다음 각 호의 어느 하나에 해당하는 경우에는 그 등록을 취소하거나 6개월 이내의 기간을 정하여 영업의 전부 또는 일부의 정지를 명할 수 있다. 다만, 제1호·제2호 또는 제4호의2에 해당하는 경우에는 그 등록을 취소하여야 한다.〈개정 2013. 3. 23., 2022. 12. 27.〉

1. 거짓이나 그 밖의 부정한 방법으로 등록을 한 경우

2. 영업정지명령을 위반하여 영업을 한 경우

3. 제7조제1항을 위반하여 수입한 사료를 판매한 경우

4. 제8조제2항에 따른 등록기준에 적합하지 아니하게 된 경우

4의2. 제8조의2 각 호의 제조업 등록 제한 사유에 해당하는 경우

5. 제8조제3항을 위반하여 신고하지 아니하고 제조시설을 변경한 경우

6. 제10조제1항을 위반하여 **사료안전관리인을 두지 아니한 경우**

7. 제10조제4항을 위반하여 **사료안전관리인의 업무를 방해하거나 정당한 사유 없이 사료안전관리인의 요청에 따르지 아니한 경우**

8. 제11조제2항을 위반하여 **사료공정에 따라 사료를 제조·사용 또는 보존하지 아니한 경우**

9. 제12조제1항을 위반하여 **성분등록을 하지 아니하고 사료를 제조 또는 수입한 경우**

10. 제13조제1항을 위반하여 **표시사항을 표시하지 아니하고 제조 또는 수입한 사료를 판매한 경우**

11. 제13조제2항을 위반하여 **표시사항을 거짓으로 표시하거나 과장하여 표시한 경우**

12. **제14조제1항 각 호의** 어느 하나에 해당하는 사료를 제조·수입 또는 판매하거나 사료의 원료로 사용한 경우

13. 제15조제1항에 따른 특정성분의 함량 제한을 위반한 자

14. 제15조제2항에 따른 물질·사료의 혼합 제한을 위반한 자

15. 제19조제1항을 위반하여 신고를 하지 아니하고 사료를 수입한 경우

16. 제20조제1항에 따라 검사를 하지 아니하고 같은 조 제2항에 따라 검정을 하지도

아니한 경우

17. 제20조제4항에 따라 농림축산식품부령으로 정하는 검사에 관한 기록을 보존하지 아니한 경우

18. 제24조에 따른 조치명령에 따르지 아니한 경우

19. 제27조제3항에 따른 조치명령에 따르지 아니한 경우

② 제1항에 따른 행정처분의 기준과 절차 등에 필요한 사항은 농림축산식품부령으로 정한다.〈개정 2013. 3. 23.〉

제26조(과징금처분)

① 시·도지사는 제조업자 또는 수입업자가 제25조제1항제3호부터 제19호까지의 어느 하나에 해당하는 경우에는 영업정지처분을 갈음하여 **1억원 이하의 과징금**을 부과할 수 있다. 다만, 제14조제1항제1호를 3회 이상 위반하거나 같은 항 제3호 및 제7호를 위반하여 제25조제1항제12호에 해당하는 경우는 제외한다.〈개정 2020. 2. 11., 2022. 12. 27.〉

② 제1항에 따라 과징금을 부과하는 위반행위의 종별·정도 등에 따른 과징금의 금액이나 그 밖에 필요한 사항은 대통령령으로 정한다.

③ 시·도지사는 제1항에 따른 과징금을 납부하여야 할 자가 납부기한까지 납부하지 아니하면 「지방행정제재·부과금의 징수 등에 관한 법률」에 따라 징수한다.〈개정 2013. 8. 6., 2020. 3. 24.〉

제5장 보칙

제27조(감독)

① 농림축산식품부장관 또는 시·도지사는 사료의 수급조절 및 품질관리에 필요하다고 인정하는 경우에는 제조업자·수입업자, 그 밖의 관계인에 대하여 필요한 보고를 하게 하거나 관계 공무원으로 하여금 **제조업자·수입업자·판매업자·사료시험검사기관 또는 사료검정기관**의 사무소·공장 또는 창고에 출입하여 장부·서류·사료, 그 밖의 물건을 **검사하게 할 수 있다.**〈개정 2013. 3. 23., 2018. 12. 31.〉

② 농림축산식품부장관 또는 시·도지사는 제14조제1항제7호의 사료를 동물등에게 사용 금지하는데 필요하다고 인정하는 경우에는 관계 공무원으로 하여금 농가 등에 출입하여 이를 검사하게 할 수 있다.〈개정 2013. 3. 23.〉

③ 농림축산식품부장관 또는 시·도지사는 제1항 및 제2항에 따른 검사 결과 필요하다고 인정하는 경우에는 제조업자·수입업자·사료시험검사기관·사료검정기관·농가 등에

대하여 시설·기계 및 장비의 개선·보완, 그 밖의 농림축산식품부령으로 정하는 조치를 명할 수 있다.〈개정 2013. 3. 23., 2018. 12. 31.〉

제27조의2(사료관리정보시스템의 구축·운영)

① 농림축산식품부장관은 사료의 **수급안정·품질관리 및 안전성 확보에 관한 업무**를 효율적으로 수행하기 위하여 정보시스템(이하 **"사료관리정보시스템"**이라 한다)을 구축·운영할 수 있다.

② 농림축산식품부장관은 사료관리정보시스템의 구축·운영을 위하여 필요한 경우에는 시·도지사, 「농업협동조합법」에 따른 농협경제지주회사, 사료관련 단체 및 제조업자 등에게 필요한 자료의 입력 또는 제출을 요청할 수 있다. 이 경우 요청을 받은 자는 특별한 사유가 없으면 이에 협조하여야 한다.〈개정 2020. 2. 11.〉

③ 제1항 및 제2항에서 정한 사항 외에 사료관리정보시스템의 구축·운영에 필요한 사항은 농림축산식품부령으로 정한다.

[본조신설 2018. 12. 31.]

제28조(수수료 등)

① 다음 각 호의 어느 하나에 해당하는 자는 농림축산식품부령으로 정하는 바에 따라 수수료를 납부하여야 한다.〈개정 2013. 3. 23., 2016. 5. 29.〉

  1. 제8조제1항 본문에 따라 제조업의 등록을 하는 자
  2. 제12조제1항에 따라 성분등록을 하는 자
  3. 제16조제3항에 따라 지정을 받는 자
  4. 제16조제5항에 따라 교육훈련을 받는 자
  5. 제16조제10항에 따라 심사를 받는 자

② 다음 각 호의 어느 하나에 해당하는 자는 농림축산식품부령으로 정하는 바에 따라 검사료를 납부하여야 한다.〈개정 2013. 3. 23.〉

  1. 제20조제2항에 따라 사료의 검사를 의뢰하는 자
  2. 제21조제1항에 따라 사료의 검사를 의뢰하는 자
  3. 제23조제2항에 따라 사료의 재검사를 의뢰하는 자

제29조(증표의 제시)

제19조제2항·제21조제2항·제24조 또는 제27조제1항 및 제2항에 따라 검정·검사 또는 폐기조치 등을 하는 자는 그 **권한을 나타내는 증표**를 지니고 이를 관계인에게 내보여야 한다.

제30조(청문)

① 농림축산식품부장관은 제20조의3제1항에 따라 사료시험검사기관의 지정을 취소하려는 경우에는 청문을 하여야 한다.〈신설 2018. 12. 31.〉

② 시·도지사는 제25조에 따른 제조업자에 대한 등록취소 처분을 하려는 경우에는 청문을 하여야 한다.〈개정 2018. 12. 31.〉

제31조(권한의 위임·위탁)

① 이 법에 따른 농림축산식품부장관의 권한은 그 일부를 대통령령으로 정하는 바에 따라 소속 기관장 또는 시·도지사에게 위임할 수 있다.〈개정 2013. 3. 23.〉

② 농림축산식품부장관은 제19조에 따른 사료의 수입신고의 수리 및 검정업무를 대통령령으로 정하는 바에 따라 사료관련 단체에 위탁할 수 있다.〈개정 2013. 3. 23.〉

③ 시·도지사는 제12조제1항에 따른 성분등록에 관한 업무를 대통령령으로 정하는 바에 따라 사료관련 단체에 위탁할 수 있다.

제32조(벌칙 적용에서의 공무원 의제)

사료시험검사기관에서 검정 업무에 종사하는 임직원, 제22조에 따라 검정업무에 종사하는 사료검정기관의 임직원, 또는 제31조제2항 및 제3항에 따라 위탁한 업무에 종사하는 사료관련 단체의 임직원은 「형법」 제129조부터 제132조까지의 규정에 따른 벌칙의 적용에서는 공무원으로 본다.〈개정 2018. 12. 31.〉

제6장 벌칙

제33조(벌칙)

다음 각 호의 어느 하나에 해당하는 자는 3년 이하의 징역 또는 3천만원 이하의 벌금에 처한다.〈개정 2015. 2. 3.〉

　1. 제14조제1항을 위반하여 사료를 제조·수입 또는 판매하거나 사료의 원료로 사용한 자

　2. 제14조제2항을 위반하여 사료를 사용한 자

제34조(벌칙)

다음 각 호의 어느 하나에 해당하는 자는 1년 이하의 징역 또는 1천만원 이하의 벌금에 처한다.〈개정 2015. 2. 3., 2016. 5. 29., 2022. 12. 27., 2023. 10. 24.〉

　1. **제7조제1항을 위반하여 수입한 사료를 판매한 자**

2. 제8조제1항 본문을 위반하여 **등록을 하지 아니하고 제조업을 영위**하거나 거짓이나 그 밖의 부정한 방법으로 등록한 자

3. 제10조제1항을 위반하여 **사료안전관리인**을 두지 아니한 자

4. 제10조제4항을 위반하여 사료안전관리인의 업무를 방해하거나 정당한 사유 없이 사료안전관리인의 요청에 따르지 아니한 자

5. 제11조제2항을 위반하여 **사료공정**에 따라 사료를 제조·사용 또는 보존하지 아니한 자

6. 제12조제1항을 위반하여 **성분등록**을 하지 아니하고 사료를 제조 또는 수입하거나 거짓이나 그 밖의 부정한 방법으로 성분등록을 한 자

7. 제13조제1항을 위반하여 **표시사항**을 표시하지 아니하고 사료를 판매한 자

8. 제13조제2항을 위반하여 표시사항을 **거짓으로 표시하거나 과장**하여 표시한 자

8의2. 제14조제3항을 위반하여 **유통기한이 경과한 사료를 판매하거나 판매할 목적으로 보관·진열한 자**

9. 제15조제1항에 따른 특정성분의 함량 제한을 위반한 자

10. 제15조제2항에 따른 물질·사료의 혼합 제한을 위반한 자

11. 제19조제1항을 위반하여 신고하지 아니하고 사료를 수입한 자

12. 제20조제1항에 따라 검사를 하지 아니하고 같은 조 제2항에 따라 검정을 하지도 아니한 자

13. 제24조에 따른 조치명령에 따르지 아니한 자

14. 제25조에 따른 영업정지명령을 위반하여 영업을 한 자

15. 제27조제3항에 따른 조치명령에 따르지 아니한 자

제35조(양벌규정)

① 법인의 대표자, 대리인, 사용인, 그 밖의 종업원이 그 법인의 업무에 관하여 제33조 또는 제34조의 위반행위를 하면 그 **행위자를 벌할 뿐만 아니라 그 법인에도** 해당 조문의 벌금형을 과(科)한다. 다만, 법인이 그 위반행위를 방지하기 위하여 해당 업무에 관하여 상당한 주의와 감독을 게을리하지 아니한 때에는 그러하지 아니하다.

② 개인의 대리인, 사용인, 그 밖의 종업원이 그 개인의 업무에 관하여 제33조 또는 제34조의 위반행위를 하면 그 행위자를 벌할 뿐만 아니라 그 개인에게도 해당 조문의 벌금형을 과한다. 다만, 개인이 그 위반행위를 방지하기 위하여 해당 업무에 관하여 상당한 주의와 감독을 게을리하지 아니한 때에는 그러하지 아니하다.

제36조(과태료)

① 다음 각 호의 어느 하나에 해당하는 자에게는 **500만원 이하의 과태료**를 부과한다.〈개정

2018. 12. 31., 2022. 12. 27.〉

1. 제9조제3항을 위반하여 시·도지사에게 신고하지 아니한 자

2. 제10조제3항 전단을 위반하여 제조업자에게 시정을 요청하지 아니하거나 시·도지사에게 이를 보고하지 아니한 자

3. 제10조제5항을 위반하여 대리자를 지정하지 아니한 자

4. 제16조제8항을 위반하여 **위해요소중점관리기준 적용 사료공장이라는 명칭을 사용한 자**

5. 제21조제2항에 따른 사료검사를 거부·방해 또는 기피한 자

6. 제27조제1항에 따른 보고를 하지 아니하거나 검사를 거부·방해 또는 기피한 자

② 제1항에 따른 과태료는 대통령령으로 정하는 바에 따라 농림축산식품부장관 또는 시·도지사(이하 "부과권자"라 한다)가 부과·징수한다.〈개정 2013. 3. 23.〉

③ 삭제〈2018. 12. 31.〉

④ 삭제〈2018. 12. 31.〉

⑤ 삭제〈2018. 12. 31.〉

부칙〈제19752호, 2023. 10. 24.〉

이 법은 공포 후 6개월이 경과한 날부터 시행한다.

사료관리법 시행령

[시행 2023. 12. 28.] [대통령령 제33944호, 2023. 12. 12., 일부개정]

제1조(목적)

이 영은 「사료관리법」에서 위임된 사항과 그 시행에 필요한 사항을 규정함을 목적으로 한다.

제2조(재정지원)

「사료관리법」(이하 "법"이라 한다) 제3조제3항에 따라 보조금을 지급하거나 재정자금을 융자하는 경우의 지원 대상, 지원 비율, 지원 조건, 그 밖에 필요한 사항은 예산 및 재정자금융자조건의 범위에서 농림축산식품부장관이 정한다.〈개정 2013. 3. 23.〉

제3조(사료안전관리인)

법 제10조제1항에서 "미량광물질 등 대통령령으로 정하는 사료"란 단미사료 중 **미량광물질 사료 및 남은음식물사료**를 말한다.

제4조(사료공장의 위해요소중점관리 담당기관 지정 등)

① 법 제17조제1항에 따른 사료공장의 위해요소중점관리 담당기관(이하 "담당기관"이라 한다)은 다음 각 호 요건을 모두 갖춘 법인 중에서 농림축산식품부장관이 지정하여 고시한다.〈개정 2013. 3. 23.〉

   1. 「민법」·「상법」 외의 법률에 따라 설립된 법인일 것

   2. 사료의 원료관리, 제조 및 유통과정의 위해요소중점관리에 관한 전문성을 갖추고 있을 것

② 제1항에 따라 지정된 담당기관은 다음 각 호의 업무를 수행한다.

   1. 법 제16조제1항에 따른 위해요소중점관리기준의 제정 및 운용에 관한 조사·연구

   2. 법 제16조제3항에 따른 위해요소중점관리기준 적용 사료공장의 지정 업무의 지원

   3. 법 제16조제10항에 따른 위해요소중점관리기준의 준수 여부 등에 관한 심사

   4. 제1호부터 제3호까지의 업무와 관련된 부대 업무

제4조의2(위해사료 등의 공표)

농림축산식품부장관 또는 시·도지사는 법 제24조의2제1항에 따라 법 제24조 각 호의 어느 하나에 해당하는 사료(이하 "위해사료"라 한다)의 회수 또는 폐기 명령 사실을 공표하는 경우에는 다음 각 호의 사항을 해당 기관의 인터넷 홈페이지 또는 「신문 등의 진흥에 관한 법

률」 제9조제1항에 따라 등록한 전국을 보급지역으로 하는 일반일간신문 등에 게재해야 한다.

1. "「사료관리법」 위반 사실의 공표" 또는 "위해사료 등의 공표"라는 내용의 표제

2. 사료의 종류 및 제품명

3. 해당 사료의 제조 또는 수입 연월일 및 유통기한

4. 위반 내용(위반행위의 구체적인 내용과 근거 법령을 포함한다)

5. 회수 방법 및 회수된 제품의 폐기 등 처리 방법

6. 영업의 종류, 영업소의 명칭·소재지 및 대표자의 성명

7. 그 밖에 위해 예방을 위하여 국민에게 알릴 필요가 있는 사항

[본조신설 2023. 12. 12.]

제5조(과징금을 부과할 위반행위의 종별과 과징금의 금액)

① 법 제26조제1항에 따라 과징금을 부과하는 위반행위의 종별·정도 등에 따른 과징금의 금액은 별표 1의 부과기준을 적용하여 산정한다.

② 특별시장·광역시장·특별자치시장·도지사 또는 특별자치도지사(이하 "시·도지사"라 한다)는 위반행위의 정도·내용 및 횟수 등을 고려하여 제1항에 따른 과징금의 금액을 2분의 1의 범위에서 가중 또는 감경할 수 있다. 이 경우 가중하는 때에도 과징금의 총액은 법 제26조제1항에 따른 과징금의 상한을 초과할 수 없다.〈개정 2023. 12. 12.〉

제6조(과징금의 부과 및 납부)

① 시·도지사는 법 제26조에 따라 과징금을 부과하려면 그 위반사실과 부과금액 등을 서면으로 자세히 밝혀 이를 낼 것을 과징금 부과 대상자에게 알려야 한다.

② 제1항에 따라 통지를 받은 자는 통지를 받은 날부터 30일 이내에 시·도지사가 정하는 수납기관에 과징금을 내야 한다. 다만, 천재지변이나 그 밖의 부득이한 사유로 그 기간 내에 과징금을 낼 수 없을 때에는 그 사유가 없어진 날부터 7일 이내에 내야 한다.

③ 제2항에 따라 과징금을 받은 수납기관은 그 납부자에게 영수증을 내줘야 하고, 지체 없이 그 사실을 시·도지사에게 알려야 한다.

④ 시·도지사는 법 제26조제1항에 따른 과징금의 부과·징수에 관한 사항을 기록·관리하여야 한다.

제7조(권한 또는 업무의 위임·위탁)

① 농림축산식품부장관은 법 제31조제1항에 따라 다음 각 호의 권한을 국립농산물품질관리원장에게 위임한다.〈신설 2018. 10. 30., 2019. 6. 18., 2023. 12. 12.〉

1. 법 제20조의2 및 제20조의3에 따른 사료시험검사기관의 지정, 지정취소, 업무정지

및 시정명령

2. 법 제21조제1항 및 제2항에 따른 사료검사, 사료검사원의 지정 및 시료 수거

3. 법 제23조에 따른 사료검사 결과 통보, 재검사 의뢰 접수, 재검사 여부 결정·통보, 재검정 실시 및 결과 통보

3의2. 법 제24조의2제1항에 따른 위해사료의 회수 또는 폐기 명령 사실의 공표

4. 법 제27조에 따른 보고 명령·출입 검사, 개선·보완·조치 명령

5. 법 제30조제1항에 따른 청문

6. 법 제36조제2항에 따른 과태료의 부과·징수(같은 조 제1항제3호 및 제4호에 해당하는 위반행위로 한정한다)

② 농림축산식품부장관은 법 제31조제2항에 따라 법 제19조에 따른 사료 수입신고의 수리 및 검정업무를 농림축산식품부장관이 해당 업무를 수행할 수 있다고 인정하여 지정·고시하는 사료관련 단체에 위탁한다.〈개정 2013. 3. 23., 2018. 10. 30.〉

[제목개정 2018. 10. 30.]

제8조(과태료의 부과기준)

법 제36조제1항에 따른 과태료의 부과기준은 별표 2와 같다.

부칙〈제33944호, 2023. 12. 12.〉

제1조(시행일)

이 영은 2023년 12월 28일부터 시행한다.

제2조(과징금의 부과기준에 관한 경과조치)

이 영 시행 전의 위반행위에 대하여 과징금 부과기준을 적용할 때에는 별표 1 제1호라목 및 같은 표 제2호의 개정규정에도 불구하고 종전의 규정에 따른다.

[별표 1] 과징금의 부과기준(제5조제1항 관련)

[별표 2] 과태료의 부과기준(제8조 관련)

06

사
료
관
리
법

시
행
령

별
표

■ **사료관리법 시행령 [별표 1]** 〈개정 2023. 12. 12.〉

과징금의 부과기준(제5조제1항 관련)

1. **일반기준**

　가. 영업정지 1개월은 30일을 기준으로 한다.

　나. 영업정지를 갈음하는 과징금의 부과기준은 시·도지사에게 등록한 제조업 생산능력 (1일 8시간 기준)으로 한다. 다만, 수입사료의 경우에는 해당 수입사료와 같은 날 같은 선박 등으로 수입한 양을 기준으로 한다.

　다. 같은 날 제조한 같은 사료가 지역별 검사일시의 차이로 같은 위반 사항이 중복될 경우에는 최초로 적발된 것만 과징금을 부과한다.

　라. 과징금 하한은 150만원으로 하고, 그 상한은 법 제26조제1항에 따른 과징금의 상한을 초과할 수 없다.

2. **개별기준**

구분	영업의 전부 정지			영업의 일부 정지		
	배합사료	단미사료	보조사료	배합사료	단미사료	보조사료
과징금 금액	1일 과징금 금액: 생산능력 (수입량) 1톤당 1,500원	1일 과징금 금액: 생산능력 (수입량) 1톤당 15,000원. 다만, 곡물류·곡물부산물류·박류(粕類 식물성 원료에서 원하는 물질을 짠 나머지)·섬유질류·면실·인산염류 및 칼슘염류의 경우에는 1톤당 1,500원	1일 과징금 금액: 생산능력 (수입량) 1톤당 30,000원. 다만, 규산염제 및 요소제·완충제의 경우에는 1**톤당** 1,500**원**	1일 과징금 금액: 생산능력 (수입량) 1톤당 750원	1일 과징금 금액: 생산능력 (수입량) 1톤당 7,500원. 다만, 곡물류·곡물부산물류·박류·섬유질류·면실·인산염류 및 칼슘염류의 경우에는 1톤당 750원	1일 과징금 금액: 생산능력 (수입량) 1톤당 15,000원. 다만, 규산염제 및 요소제·완충제의 경우에는 1톤당 750원

■ **사료관리법 시행령 [별표 2]** 〈개정 2023. 12. 12.〉

과태료의 부과기준(제8조 관련)

1. 일반기준

부과권자는 위반행위의 동기와 내용 및 그 결과 등을 고려하여 과태료 부과금액의 2분의 1의 범위에서 이를 감경하거나 가중할 수 있다. 다만, 가중하는 때에도 과태료의 총액은 법 제36조제1항에 따른 과태료의 상한을 초과할 수 없다.

2. 개별기준

위반행위	근거법령	과태료 금액
가. 법 제9조제3항을 위반하여 시·도지사에게 신고하지 않은 경우	법 제36조제1항제1호	500만원
나. 법 제10조제3항 전단을 위반하여 제조업자에게 시정을 요청하지 아니하거나 시·도지사에게 이를 보고하지 아니한 경우	법 제36조제1항제2호	500만원
다. 법 제10조제5항을 위반하여 대리자를 지정하지 않은 경우	법 제36조제1항제3호	300만원
라. 법 제16조제8항을 위반하여 위해요소중점관리기준 적용 사료 공장이라는 명칭**을 사용한 경우**	**법 제36조제1항제4호**	**300만원**
마. 법 제21조제2항에 따른 사료검사를 거부·방해 또는 기피한 경우	법 제36조제1항제5호	500만원
바. 법 제27조제1항에 따른 보고를 하지 아니하거나 검사를 거부·방해 또는 기피한 경우	법 제36조제1항제6호	300만원

6.3 사료관리법 시행규칙

[시행 2023. 12. 28.] [농림축산식품부령 제627호, 2023. 12. 28., 일부개정]

제1조(목적)

이 규칙은 「사료관리법」 및 같은 법 시행령에서 위임된 사항과 그 시행에 필요한 사항을 규정함을 목적으로 한다.

제2조(사료의 안전성지도기준 등)

농림축산식품부장관은 「사료관리법」(이하 "법"이라 한다) 제3조제1항에 따라 사료의 안전성 확보에 관한 시책을 수립·시행하면서 사료에 남아 있는 농약 및 동물용의약품의 유해기준을 정하는 경우, 미리 해당 사료의 제조업자 등에게 유해기준 설정에 대비하게 하거나 이에 관련된 기술 지도 등을 하기 위하여 필요하다고 인정할 때에는 유해기준 설정 예정 품목 및 품목별 안전성 지도기준 등 필요한 사항을 고시할 수 있다.〈개정 2013. 3. 23.〉

제3조(수출목적으로 제조한 사료에 대한 적용 배제)

법 제4조에서 "농림축산식품부령으로 정하는 사료"란 배합사료, 보조사료 및 단미사료를 말한다.〈개정 2013. 3. 23.〉

제4조(사료의 용도)

법 제7조제1항에서 "그 밖의 농림축산식품부령으로 정하는 용도"란 다음 각 호의 어느 하나에 해당하는 용도를 말한다.

1. 연구용·시험용
2. 「초·중등교육법」 및 「고등교육법」에 따른 학교의 실습용
3. 사료가 변질되어 사료로 사용될 수 없는 경우 비료용 등 농림축산식품부장관이 정하는 용도
4. 농림축산식품부장관이 양곡의 수급조절상 필요하다고 인정하는 경우 양곡용

[전문개정 2015. 1. 2.]

제5조(제조업의 등록)

① 법 제8조제1항 본문에 따라 배합사료, 보조사료 또는 단미사료 제조업의 등록을 하려는 자는 별지 제1호서식의 사료제조업등록신청서에 시설개요서를 첨부하여 제조시설의 소재지를 관할하는 특별시장·광역시장·특별자치시장·도지사 또는 특별자치도지

사(이하 "시·도지사"라 한다)에게 제출하여야 한다. 다만, 단미사료의 제조업으로서 어선 등 제조시설이 이동성이 있는 것인 경우에는 주사무소의 소재지 또는 주로 입항하는 항구를 관할하는 시·도지사에게 제출하여야 한다.〈개정 2016. 11. 30.〉

② 시·도지사가 제1항에 따른 제조업의 등록신청을 받은 때에는 해당 시설을 검사하고, 그 시설이 제6조에 따른 기준에 적합하면 별지 제2호서식의 사료제조업등록증을 발급하여야 한다.

③ 법 제8조제1항 단서에서 "농림축산식품부령으로 정하는 부산물"이란 다음 각 호의 어느 하나에 해당하는 사료를 말한다.〈신설 2016. 11. 30.〉

   1. 곡류, 강피류 또는 박류 등 농림축산식품부장관이 정하여 고시하는 단미사료

   2. 감미료 또는 조미료 등 농림축산식품부장관이 정하여 고시하는 보조사료

④ 법 제8조제1항 단서에서 "농림축산식품부령으로 정하는 규모"란 1일 4톤을 말한다.〈신설 2016. 11. 30.〉

제6조(제조업의 시설기준)

법 제8조제2항에 따른 사료제조업의 시설기준은 별표 1부터 별표 3까지와 같다.

제7조(시설 변경의 신고범위 등)

① 법 제8조제3항에서 "농림축산식품부령으로 정하는 제조시설"이란 다음 각 호의 제조시설을 말한다.〈개정 2013. 3. 23., 2019. 7. 1., 2023. 3. 23.〉

   1. **배합시설**

   2. **분쇄시설**

   3. **삶는시설 및 가열시설**

② 법 제8조제3항에 따라 제1항의 제조시설의 변경신고를 하려는 자는 별지 제3호서식의 제조시설변경신고서에 사료제조업등록증과 변경 내용 및 사유서를 첨부하여 시·도지사에게 제출하여야 한다.

③ 법 제8조제6항에 따라 휴업·폐업 또는 휴업 후 영업 재개 신고를 하려는 제조업자는 별지 제4호서식에 따른 휴업·폐업 또는 휴업 후 영업재개신고서에 사료제조업등록증(휴업·폐업만 해당한다)을 첨부하여 시·도지사에게 제출해야 한다.〈개정 2023. 3. 23.〉

제8조(제조업의 승계)

법 제9조제3항에 따라 제조업자의 지위승계 신고를 하려는 자는 승계일부터 30일 이내에 별지 제5호서식에 따른 제조업승계신고서에 승계사유와 승계사항을 증명할 수 있는 서류를 첨부하여 시·도지사에게 제출하여야 한다.

제9조(사료안전관리인의 자격과 인원)

① 법 제10조제1항에 따른 사료안전관리인이 될 수 있는 사람은 다음 각 호의 어느 하나에 해당하여야 한다.〈개정 2013. 3. 23., 2015. 1. 2., 2023. 11. 21.〉

1. 「고등교육법」 제2조에 따른 **대학 또는 전문대학에서 축산학, 수의학, 생명공학ㆍ생명과학, 식품공학ㆍ식품영양학, 농화학, 화학, 화학공학, 약학 관련 분야의 학과 또는 학부를 졸업한 사람**이나 이와 같은 수준 이상의 학력이 있는 사람

2. 「초ㆍ중등교육법 시행령」 제90조에 따른 **특수목적고등학교** 또는 같은 영 제91조에 따른 **특성화고등학교**에서 축산학, 수의학, 생명공학ㆍ생명과학, 식품공학ㆍ식품영양학, 농화학, 화학, 화학공학, 약학 관련 분야의 학과를 졸업한 사람 또는 이와 같은 수준의 학력이 있는 사람으로서 **사료 제조 업무에 1년 이상 종사한 경력**(졸업 또는 학력 인정 전의 경력을 포함한다)이 있는 사람

3. 「초ㆍ중등교육법」에 따른 **고등학교를 졸업한 사람** 또는 이와 같은 수준의 학력이 있는 사람으로서 **사료 제조 업무에 3년 이상 종사한 경력**(졸업 또는 학력 인정 전의 경력을 포함한다)이 있는 사람

4. **축산기사, 축산기술사, 수의사 또는 약사의 자격이 있는 사람**

5. **외국에서** 제1호에 해당하는 대학의 학과 또는 학부를 졸업하였거나 제4호에 해당하는 **자격**을 취득한 사람으로서 농림축산식품부장관이 인정하는 사람

6. **외국에서** 제2호에 해당하는 학교의 학과를 졸업하고 사료 제조 업무에 1년 이상 종사한 **경력**(졸업 전의 경력을 포함한다)이 있는 사람으로서 농림축산식품부장관이 인정하는 사람

7. **외국에서** 제3호에 해당하는 학교를 졸업하고 사료 제조 업무에 3년 이상 종사한 **경력**(졸업 전의 경력을 포함한다)이 있는 사람으로서 농림축산식품부장관이 인정하는 사람

② 법 제10조제5항에 따른 **사료안전관리인 대리자**는 법 제3조제3항에 따른 사료관련 단체에서 실시하는 사료 품질 및 안전성 교육을 이수하고 1년이 지나지 않은 자로 한다. 이 경우 대리자가 사료안전관리인의 직무를 대행하는 기간은 30일을 초과할 수 없다. 〈신설 2019. 7. 1.〉

③ 법 제10조제1항 및 「사료관리법 시행령」(이하 "영"이라 한다) 제3조에 따른 사료의 제조업자는 사료안전관리인을 1명 이상 두어야 한다.〈개정 2019. 7. 1.〉

제10조(사료안전관리인의 직무)

법 제10조제1항에 따른 **사료안전관리인의 직무**는 다음 각 호와 같다.〈개정 2013. 3. 23.〉

1. **사료의 안전성이 저하되지 않도록** 제조시설을 관리

2. 사료의 제조, 사용 및 보존방법 등이 법 제11조제1항 전단에 따른 사료공정(이하 "사료공정"이라 한다)에 적합하도록 관리

3. 사료의 성분 등이 법 제12조제1항 본문에 따른 성분등록(이하 "성분등록"이라 한다)에 적합하도록 관리

4. 용기나 포장에의 표시사항이 법 제13조제1항 및 이 규칙 제14조에 따른 사료의 표시사항과 그 표시방법(이하 "표시기준"이라 한다)에 적합하도록 관리

5. 법 제20조제1항 및 제2항에 따른 자가품질검사

6. 사료의 품질 및 안전성 관리에 관한 종업원 교육

7. 그 밖에 농림축산식품부장관이 사료의 품질관리 및 안전성 확보를 위하여 필요하다고 인정하는 사항

제11조(사료공정의 설정 절차 등)

① 농림축산식품부장관은 법 제11조제1항에 따라 사료공정을 설정·변경 또는 폐지하려면 농촌진흥청 국립축산과학원장(이하 "축산과학원장"이라 한다)에게 시험의 실시 등 사료공정의 설정에 필요한 사항을 검토하게 하여야 한다.〈개정 2013. 3. 23.〉

② 누구든지 사료공정의 설정·변경 또는 폐지를 농림축산식품부장관에게 요청할 수 있다. 이 경우 요청인은 사료공정과 관련된 문헌, 원료와 시험에 필요한 특수시약을 제출하여야 한다.〈개정 2013. 3. 23., 2015. 1. 2.〉

[제목개정 2015. 1. 2.]

제12조(사료성분의 등록 등)

① 제조업자 또는 수입업자가 법 제12조제1항 본문에 따라 사료의 성분등록을 하려는 경우에는 별지 제6호서식 또는 별지 제7호서식의 사료성분등록신청서에 다음 각 호의 서류를 첨부하여 시·도지사에게 제출하여야 한다.〈개정 2015. 1. 2., 2023. 12. 28.〉

1. 사용한 원료의 명칭을 적은 서류

2. 원료배합비율표(배합사료, 혼합성 단미사료, 혼합성 보조사료 및 각종 합제류 사료만 해당한다)

3. 사료의 제조공정 설명서

4. 그 밖에 사료의 종류·성분 및 성분량 등의 확인을 위하여 농림축산식품부장관이 필요하다고 인정하여 고시한 서류

② 법 제12조제1항 단서에서 "농림축산식품부령으로 정하는 사료"란 다음 각 호의 사료를 말한다.〈개정 2013. 3. 23., 2015. 1. 2., 2017. 7. 12.〉

1. 제조업자, 법 제3조제3항에 따른 사료관련 단체 또는 「농업협동조합법」 제161조의

3에 따른 농협경제지주회사(이하 "농협경제지주회사"라 한다)가 자가제조(사료관련 단체의 경우에는 회원업체가 제조하는 경우를 포함하고, 농협경제지주회사의 경우에는 「농업협동조합법」 제2조제4호에 따른 농업협동조합중앙회의 회원조합이 제조하는 경우를 포함한다)를 위하여 수입하는 사료의 원료에 해당하는 사료

2. 농림축산식품부장관이 사료성분을 등록할 필요가 없다고 인정하여 고시한 사료

③ 법 제12조제2항에 따른 사료성분등록증은 별지 제8호서식과 같다.

④ 시·도지사는 제3항에 따른 성분등록증을 발급하였을 때에는 그 내용을 별지 제9호서식의 사료성분등록대장에 적어야 한다.

제13조(등록증의 재발급 신청)

사료제조업등록증 및 사료성분등록증(이하 이 조에서 "등록증"이라 한다)을 다시 발급받으려는 자는 별지 제10호서식의 등록증재발급신청서에 다음 각 호의 서류를 첨부하여 시·도지사에게 재발급 신청을 하여야 한다.

1. 등록증을 잃어버린 경우: 분실 사유서

2. 등록증이 훼손 또는 오염 등으로 못 쓰게 된 경우: 해당 등록증

3. 등록증의 등록사항에 변경이 있는 경우: 등록증 및 등록사항의 변경을 증명하는 서류. 다만, 제8조에 따라 제조업을 승계할 경우에는 제조업승계신고서를 제출하여 제조업등록증을 새로 발급받아야 한다.

제14조(사료의 표시사항)

제조업자·수입업자 또는 판매업자가 법 제13조제1항에 따라 용기나 포장에 표시하여야 할 사항 및 그 표시방법은 별표 4와 같다.〈개정 2023. 12. 28.〉

제15조(위해요소중점관리기준의 작성·운용 등)

① 법 제16조제1항에 따른 위해요소중점관리기준(이하 "위해요소중점관리기준"이라 한다)은 **국제식품규격위원회(CODEX ALIMENTARIUS COMMISSION)[4]의 위해요소중점관리기**

---

4) **국제식품규격위원회**[Codex Alimentarius Commission, **國際食品規格委員會**]
국제적으로 통용될 수 있는 식품별 기준 규격을 제정·관리하는 정부 간의 모임.
1962년에 설립된 정부 간의 모임이자 국제적으로 통용될 수 있는 식품 규격 기준을 제정·관리하는 전문 조직으로, **세계보건기구(WHO)와 국제연합식량농업기구(FAO)가 합동으로 운영**한다. 'Codex'는 영어로 'code(법령)'를, 'Alimentarius'는 'food(식품)'를 뜻하는 라틴어로서, 이 위원회에서 설정한 규정을 보통 '코덱스' 또는 '코덱스 규격'이라고 한다.
[네이버 지식백과] 국제식품규격위원회 [Codex Alimentarius Commission, 國際食品規格委員會] (두산백과 두피디아, 두산백과)

준의 적용에 관한 지침에 따라 다음 각 호의 내용이 포함되어야 한다.〈개정 2019. 11. 14.〉

1. 사료의 원료관리, 제조 및 유통의 과정에서 위생상 문제가 될 수 있는 생물학적·화학적·물리적 위해요소의 분석

2. 위해의 발생을 방지·제거하기 위하여 중점적으로 관리하여야 하는 단계·공정(이하 "중요관리점"이라 한다)

3. 중요관리점별 위해요소의 한계기준

4. 중요관리점별 감시관리체계

5. 중요관리점이 한계기준에 맞지 아니할 경우 하여야 할 조치

6. 위해요소중점관리기준 운용의 적정 여부를 검증하기 위한 방법

7. 기록유지 및 서류 작성의 체계. 다만, 기록유지에 있어서 위해요소중점관리기준의 운용에 관한 자료 및 기록은 2년간 보관하도록 하여야 한다.

② 농림축산식품부장관은 법 제16조제2항에 따라 위해요소중점관리기준 적용 사료공장으로 지정받은 제조업자에 대하여 다음 각 호의 사항을 실시하게 하고, 이를 확인하여야 한다.〈개정 2013. 3. 23.〉

1. 위해요소중점관리기준에 따른 시설관리

2. 위해요소중점관리기준에 관한 정기적인 교육훈련

3. 위해요소중점관리기준의 준수 여부에 대한 점검

제16조(위해요소중점관리기준 적용 사료공장의 지정신청 등)

① 법 제16조제3항에 따른 위해요소중점관리기준 적용 사료공장으로 지정 받으려는 자는 별지 제11호서식의 위해요소중점관리기준 적용 사료공장 지정신청서에 다음 각 호의 서류를 첨부하여 영 제4조제1항에 따른 사료공장의 위해요소중점관리 담당기관(이하 "담당기관"이라 한다)의 장에게 제출해야 한다.〈개정 2023. 3. 23.〉

1. 제조업등록증 사본

2. 대표자 또는 종업원의 교육·훈련 수료증 사본

3. 삭제〈2023. 3. 23.〉

4. **위해요소중점관리기준을 적용하기 위한 위생관리프로그램**(이하 "위생관리프로그램"이라 한다)

5. **자체 위해요소중점관리기준**

6. **1개월 이상의 위해요소중점관리기준 적용실적 사본**

② 제1항에 따라 위해요소중점관리기준 적용 사료공장으로 지정받으려는 자는 위해요소중점관리기준 적용을 **최소한 1개월 이상 자체적으로 실시한 후 신청**해야 하며 다음 각 호의 요건을 갖추어야 한다.〈개정 2015. 1. 2., 2023. 3. 23., 2023. 12. 28.〉

1. 위생관리프로그램을 운용하고 있을 것

2. 자체 위해요소중점관리기준을 작성·운용하고 있을 것

3. 제17조제3항에 따른 **교육훈련기관에서 교육훈련을 수료하였을 것**

③ 담당기관의 장은 제1항에 따른 위해요소중점관리기준 적용 사료공장 지정신청서를 제출받은 경우에는 위해요소중점관리기준 적용 사료공장 지정신청을 한 자가 위해요소중점관리기준을 준수하고 있는지를 **서류 검토와 현장 조사**를 통하여 확인하고, 그 결과를 **농림축산식품부장관에게 보고**하여야 한다.〈개정 2013. 3. 23.〉

④ 농림축산식품부장관은 위해요소중점관리기준 적용 사료공장 지정신청을 한 자가 위해요소중점관리기준을 준수하고 있다고 인정되면 신청인에게 별지 제12호서식의 위해요소중점관리기준 적용 사료공장 지정서를 발급하여야 한다.〈개정 2013. 3. 23.〉

⑤ 제4항에 따라 위해요소중점관리기준 적용 사료공장으로 지정받은 제조업자는 다음 각 호의 어느 하나에 해당하게 된 경우 별지 제13호서식의 지정서 재발급신청서에 지정서 원본(분실시에는 분실 사유서)과 변경사항을 증명할 수 있는 서류를 첨부하여 담당기관의 장에게 지정서의 재발급을 신청할 수 있다. 다만, 제1호 또는 제4호에 해당하는 경우에는 그 변경 사유가 발생한 날부터 1개월 이내에 재발급 신청을 하여야 한다.
〈개정 2015. 1. 2.〉

1. 대표자, 상호 또는 소재지가 변경된 경우

2. 지정서를 잃어버린 경우

3. 지정서가 훼손 또는 오염 등으로 못쓰게 된 경우

4. 생산사료의 종류가 추가되거나 생산능력이 변경된 경우

⑥ 담당기관의 장은 재발급신청서를 제출받았을 때에는 서류 검토 또는 현장 조사 등의 방법으로 재발급 신청사항을 확인하고, 그 결과를 농림축산식품부장관에게 보고하여야 한다.〈개정 2013. 3. 23.〉

⑦ 농림축산식품부장관은 위해요소중점관리기준의 적용에 지장이 없다고 인정되면 지정서의 재발급을 신청한 자에게 별지 제12호서식의 지정서를 재발급하여야 한다.
〈개정 2013. 3. 23.〉

⑧ 농림축산식품부장관은 제4항 및 제7항에 따라 위해요소중점관리기준 적용 사료공장을 지정하거나 지정서를 재발급하였을 때에는 그 사실을 담당기관의 장 및 관할 시·도지사에게 통보하여야 한다.〈개정 2013. 3. 23.〉

제17조(교육훈련 등)

① 법 제16조제5항에 따라 위해요소중점관리기준 적용 사료공장으로 지정받으려는 제조업자(종업원을 포함한다. 이하 이 조에서 같다)는 신규 교육훈련을 받아야 하고, 위해

요소중점관리기준 적용 사료공장으로 지정받은 제조업자는 **연 1회 정기 교육훈련**을 받아야 한다. 다만, 신규 교육훈련을 받은 경우에는 같은 해 정기 교육훈련을 받지 않을 수 있다.〈신설 2023. 12. 28.〉

② 제1항에 따른 교육훈련의 내용에는 다음 각 호의 사항이 포함되어야 한다.〈개정 2023. 12. 28.〉

  1. 위해요소중점관리기준의 원칙과 절차에 관한 사항

  2. 위해요소중점관리기준 관련 법령에 관한 사항

  3. 위해요소중점관리기준의 적용방법에 관한 사항

  4. 위해요소중점관리기준의 심사 및 자체평가에 관한 사항

  5. 위해요소중점관리기준과 관련된 사료 안전성에 관한 사항

③ 법 제16조제6항에 따라 교육훈련 업무를 위탁받은 기관(이하 "교육훈련기관"이라 한다)은 다음 각 호의 요건을 모두 갖춘 법인 중에서 농림축산식품부장관이 지정하여 고시한다.〈개정 2013. 3. 23., 2023. 12. 28.〉

  1. 농림축산식품부장관의 인가 또는 설립허가를 받은 법인

  2. 위해요소중점관리기준 교육훈련을 담당할 인력과 시설장비 등을 갖추고 있는 법인

④ 이 규칙에서 정한 사항 외에 위해요소중점관리기준의 교육훈련에 필요한 사항은 농림축산식품부장관이 정하여 고시한다.〈개정 2013. 3. 23., 2023. 12. 28.〉

제18조(위해요소중점관리기준 적용 사료공장의 지정취소 등)

① 법 제16조제7항 각 호 외의 부분에 따른 위해요소중점관리기준 적용 사료공장에 대한 지정취소 또는 시정명령에 관한 기준은 별표 5와 같다.

② 법 제16조제7항제5호에서 "농림축산식품부령으로 정하는 경우"란 다음 각 호의 어느 하나에 해당하는 경우를 말한다.〈개정 2013. 3. 23.〉

  1. 법 제8조제2항을 위반하여 시설기준에 적합한 제조시설을 갖추지 아니한 경우

  2. 법 제8조제3항을 위반하여 변경신고를 하지 아니한 경우

  3. 법 제13조의 **표시사항을 위반하여 표시하거나 거짓으로 또는 과장하여 표시**를 한 경우

  4. 법 제16조제10항에 따른 위해요소중점관리기준의 준수 여부 등에 관한 심사(이하 "정기심사"라 한다)를 받지 아니한 경우

  5. 정당한 사유 없이 6개월 이상 계속하여 휴업한 경우

③ 시·도지사는 위해요소중점관리기준 적용 사료공장에 대하여 영업정지처분을 한 경우 또는 해당 사료공장이 폐업하였거나 정당한 사유 없이 6개월 이상 계속하여 휴업한 사실을 알게 된 경우에는 그 사실을 지체 없이 농림축산식품부장관에게 통보해야 한다.

〈개정 2013. 3. 23., 2023. 11. 17.〉

제19조(위해요소중점관리기준의 준수 여부 등에 관한 심사)

① 위해요소중점관리기준 적용 사료공장에 대하여 법 제16조제10항에 따라 정기심사를 받으려는 자는 **지정을 받은 날부터 매년 1년이 지나기 30일 전까지** 별지 제14호서식의 위해요소중점관리기준 적용 사료공장 정기심사신청서에 제조업등록증 사본을 첨부하여 담당기관의 장에게 제출하여야 한다.

② 담당기관의 장은 제1항에 따라 정기심사의 신청을 받으면 서류 검토 및 현장 조사 등의 방법으로 위해요소중점관리기준의 준수 여부 등을 확인하여야 한다.

제20조(사료의 수입신고)

① 법 제19조제1항에 따라 수입신고를 하려는 수입업자는 해당 사료의 통관 전까지 별지 제15호서식의 사료수입신고서에 다음 각 호의 서류를 첨부하여 영 제7조제2항에 따라 농림축산식품부장관으로부터 위탁받은 사료관련 단체(이하 "신고단체"라 한다)에 제출하여야 한다. 다만, 제2호의 서류는 법 제19조제3항에 따라 별표 6에 따른 정밀검정 및 무작위표본검정 항목의 일부를 면제받으려는 경우에만 제출한다.〈개정 2013. 3. 23., 2015. 1. 2., 2019. 7. 1., 2019. 8. 26.〉

1. **사료성분등록증 사본**(전자문서 교환방식으로 수입신고를 하거나 제12조제2항에 따른 사료를 수입신고하는 경우는 제외한다)

2. **사료검정증명서**[법 제20조제2제1항에 따른 사료시험검사기관(이하 "사료시험검사기관"이라 한다) 또는 법 제22조제1항에 따른 사료검정기관(이하 "사료검정기관"이라 한다)에서 발행한 증명서만 해당한다]

3. **한글로 표시된 포장지**[**한글로 표시된 스티커(붙임딱지)**를 붙인 포장지를 포함하며, 별표 4에 따른 표시사항 및 표시방법에 따라야 한다] 또는 한글로 표시된 내용 설명서

4. **상업송장**(INVOICE)[5]

5. **그 밖에** 농림축산식품부장관이 동물 등의 질병 예방을 위하여 필요하다고 인정하여 고시한 서류

② 법 제19조제2항에서 "농림축산식품부령으로 정하는 사유가 있는 경우"란 다음 각 호의 어느 하나에 해당하는 경우를 말한다.〈개정 2013. 3. 23.〉

---

5) **상업송장**[Commercial Invoice]
　상거래상 사용되는 상업송장(Commercial Invoice)은 매매 또는 위탁계약에 의한 물품의 수도(受渡)가 멀리 떨어진 지역 사이에서 행하여지는 경우에 그 물품의 송하인으로부터 그 수하인에게 송화의 특성, 그 내용 명세, 그 계산관계를 상세하고 정확하게 통지하기 위하여 작성되는 상용문서이다.
　[네이버 지식백과] 상업송장 [Commercial Invoice] (무역용어사전)

1. 사료로 인하여 동물 등에게 위해가 발생할 우려가 있는 경우

2. 사료공정 및 표시기준에 적합한 사료인지 검정할 필요가 있는 경우

3. 그 밖에 농림축산식품부장관이 사료의 안전성 확보 및 수급안정 등을 위하여 검정이 필요하다고 인정하는 경우

③ 신고단체의 장은 제1항에 따라 수입신고를 받은 사료가 제2항 각 호의 어느 하나에 해당하는 경우에는 별표 6의 사료의 수입신고 및 검정방법에 따라 해당 사료에 대한 검정을 실시하고, 그 검정 결과 적합하다고 인정되면 별지 제16호서식의 사료수입신고필증을 발급하여야 한다. 다만, **다음 각 호의 어느 하나에 해당하는 사료에 대하여는 검정 결과를 확인하기 전이라도 필요한 조건을 붙여 사료수입신고필증을 발급할 수 있다.**

1. **수급 또는 가격 조절을 위하여 긴급히 수입하는 사료**

2. **표시기준의 경미한 위반사항으로서 시중에 유통·판매하기 전에 보완할 수 있는 위반사항이 있는 사료**

3. **별표 6에 따른 무작위표본검정 대상 사료**

④ 신고단체의 장은 제3항제2호에 따른 사료에 대하여는 위반사항의 시정 여부에 대한 확인 등 사후관리를 하여야 한다.

⑤ 신고단체의 장은 제3항에 따른 **검정 결과 부적합하다는 결과가 나온 사료에** 대하여는 별지 제17호서식의 **부적합통보서를** 해당 수입신고자, 농림축산식품부장관, 관할 시·도지사 및 관할 세관장에게 지체 없이 통보하여야 한다. 이 경우 관할 시·도지사는 해당 수입신고자에게 다음 각 호의 어느 하나에 해당하는 조치를 명하여야 한다.

〈개정 2013. 3. 23.〉

1. **수출국으로의 반송 또는 다른 나라로의 반출**

2. **사료 외의 다른 용도로의 전환**

3. 해당 사료에 대한 검정 결과 사료공정 중 수분함량 등 경미한 위반사항에 해당하는 경우로서 가열, 가공, 용도제한 등의 방법으로 안전상 위해를 충분히 제거할 수 있다고 인정되는 경우에는 **그 위해의 제거 후 재수입 신고**

4. 제1호부터 제3호까지의 **조치가 불가능한 경우에는 폐기**

⑥ 신고단체의 장은 제1항에 따른 신고 내용을 별지 제18호서식의 사료수입신고수리대장에 적고, 사료의 수입신고상황을 매월 다음 달 15일까지 별지 제19호서식의 사료수입신고상황보고서에 따라 농림축산식품부장관에게 보고하여야 한다. 다만, 전산으로 처리하는 경우에는 사료수입신고수리대장과 사료수입신고상황보고서를 전산 출력물로 대체할 수 있다.〈개정 2013. 3. 23.〉

⑦ 「관세법」 등 다른 법률에 따라 압류·몰수된 수입사료의 경우에는 사료수입신고서 및 첨부서류를 생략할 수 있다.

⑧ 신고단체의 장은 제1항에 따른 수입신고에 필요한 서류의 접수, 제3항에 따른 수입신고필증의 발급 또는 제5항에 따른 부적합 통보를 농림축산식품부장관이 정하는 바에 따라 전자문서 교환방식으로 할 수 있다.〈개정 2013. 3. 23.〉

제21조(자가품질검사)

① 법 제20조제1항에 따라 제조업자 또는 수입업자가 자가품질검사를 위하여 갖추어야 하는 시설은 별표 7과 같다.

② 법 제20조제1항에 따라 제조업자 또는 수입업자가 자가품질검사를 하는 경우에는 별표 8의 자가품질검사기준에 따라야 한다.

③ 법 제20조제3항에 따른 사료검정증명서는 별지 제20호서식과 같다.

제22조(사료시험검사기관의 지정)

① 삭제〈2015. 1. 2.〉

② 법 제20조의2제2항 및 제4항에 따라 사료시험검사기관으로 지정받으려는 자는 법 제22조제1항제1호부터 제7호까지의 규정에 따른 시설과 이들 시설을 이용할 수 있는 검정인력을 갖추고, 별지 제21호서식의 사료시험검사기관지정신청서에 다음 각 호의 사항이 포함된 검정업무에 관한 규정을 첨부하여 국립농산물품질관리원장에게 신청하여야 한다.〈개정 2013. 3. 23., 2015. 1. 2., 2019. 4. 5., 2019. 7. 1.〉

1. 검정의 시설 및 장비 내용
2. 검정대상 사료 및 성분
3. 검정의 절차 및 검정기간
4. 검정수수료
5. 검정증명서의 발행에 관한 사항
6. 검정조직의 구성 및 사무 분장
7. 사료시험검사기관지정서(법 제20조의2제4항에 따라 다시 지정 신청하는 경우만 해당한다)
8. 그 밖에 검정업무에 필요한 사항

③ 국립농산물품질관리원장은 제2항에 따른 신청을 받은 경우에는 제2항에 따른 요건에 적합한지를 검토하고, 적합한 경우에는 별지 제22호서식의 사료시험검사기관지정서를 발급하여야 한다.〈개정 2013. 3. 23., 2015. 1. 2., 2019. 4. 5., 2019. 7. 1.〉

④ 삭제〈2015. 1. 2.〉

[제목개정 2019. 7. 1.]

제22조의2(사료시험검사기관의 지정취소 등)

법 제20조의3제1항에 따른 사료시험검사기관의 지정취소, 업무정지 및 시정 명령에 관한 기준은 별표 8의2와 같다.

[본조신설 2019. 7. 1.]

제23조(사료검사의 종류)

① 법 제21조제1항에 따른 사료검사는 **현물검사와 서류검사의 방법**으로 실시한다.

② 제1항에 따른 **현물검사란** 제조업자·수입업자 또는 판매업자가 제조·수입 또는 판매하는 사료와 사료의 수요자가 검사를 의뢰한 사료에 대하여 다음 각 호의 사항을 검사하는 것을 말한다.〈개정 2013. 3. 23.〉

1. **사료공정에의 적합 여부**
2. **성분등록된 사항과 차이가 있는지 여부**
3. **표시기준에의 적합 여부**
4. **법 제14조제1항제1호부터 제4호까지 및 제7호에 따른 유해물질 등의 허용기준 적합 여부**
5. **중량**
6. **사료의 안전성이 우려 되어 농림축산식품부장관이 정하는 물질**

③ 제1항에 따른 서류검사란 제조업자·수입업자 또는 판매업자가 제조·수입 또는 판매하는 사료의 제조 등에 관한 서류와 별표 9의 관계 장부를 검사하는 것을 말한다.

제24조(출입·검사 등)

① 법 제21조제1항에 따라 사료의 수요자가 사료검사를 의뢰하려면 별지 제23호서식의 사료검사신청서를 국립농산물품질관리원장 또는 시·도지사에게 제출하여야 한다.

〈개정 2015. 1. 2., 2019. 4. 5.〉

② 법 제21조에 따라 사료검사를 하는 경우 법 제25조에 따라 행정처분을 받은 제조업자 또는 수입업자에 대한 출입·검사 등은 그 처분일부터 3개월 이내에 한 번 이상 실시하여야 한다. 다만, 행정처분을 받은 자가 그 처분의 이행 결과를 보고하는 경우에는 그러하지 아니하다.

③ 법 제21조제1항에 따라 검사 등을 실시한 관계공무원은 해당 제조업자 또는 수입업자가 갖춰 둔 별지 제24호서식의 출입·검사등기록부에 그 결과를 기록하여야 한다.

제25조(사료의 검사방법 등)

농림축산식품부장관은 시료의 채취 및 채취한 시료의 처리방법, 현물검사 및 서류검사의 구체적 방법, 사료성분의 오차 적용범위, 사료의 재검사방법, 그 밖에 사료검사에 필요한 사항을 정하여 고시하여야 한다.〈개정 2013. 3. 23.〉

제26조(수거량·검정의뢰 등)

① 법 제21조제2항에 따른 사료검사원(이하 "사료검사원"이라 한다)이 시료를 수거할 때에는 농림축산식품부장관이 정하는 방법에 따라 수거하고 별지 제25호서식의 수거증을 발급하여야 한다. 이 경우 무상으로 수거하는 물량은 별표 10과 같다.〈개정 2013. 3. 23.〉

② 제1항에 따라 시료를 수거한 사료검사원은 그 수거한 시료를 수거한 장소에서 봉함(封緘)하고 사료검사원 및 피수거자의 도장 등으로 봉인(封印)하여야 한다.

③ 국립농산물품질관리원장 또는 시·도지사는 제1항에 따라 수거한 시료를 지체 없이 사료검정기관에 송부하여 검정을 의뢰하여야 한다.〈개정 2013. 3. 23., 2019. 4. 5.〉

④ 국립농산물품질관리원장 또는 시·도지사는 법 제21조제2항에 따른 검사·수거를 하게 하였을 때에는 별지 제26호서식의 검사수거처리대장에 그 내용을 기록하고 갖춰 두어야 한다.〈개정 2013. 3. 23., 2019. 4. 5.〉

제27조(사료검사원의 자격 등)

사료검사원은 국립농산물품질관리원장 또는 시·도지사가 다음 각 호의 어느 하나에 해당하는 소속 공무원 중에서 임명하거나 사료관련 단체 소속 직원 중에서 지정한다.〈개정 2013. 3. 23., 2015. 1. 2., 2019. 4. 5., 2023. 12. 28.〉

1. 제9조제1항 각 호의 어느 하나에 해당하는 사람
2. 삭제〈2015. 1. 2.〉
3. 사료의 품질관리에 관한 업무에 2년 이상 종사한 사람
4. 사료 검사업무 담당 공무원

제28조(사료검사원의 직무 등)

① 사료검사원의 직무는 다음 각 호와 같다.
1. 법 제8조제2항 및 이 규칙 제6조에 따른 제조업의 시설기준에 적합한지 여부의 확인·검사
2. 표시기준에 적합한지 여부의 확인·검사
3. 법 제14조에 따른 제조·수입·판매 또는 사용 등이 금지된 사료의 취급 여부에 관한 단속
4. 법 제21조에 따른 검사 및 검사에 필요한 시료의 수거
5. 법 제24조에 따른 사료의 폐기·회수 등의 조치 이행 여부 확인

6. 법 제25조에 따른 행정처분의 이행 여부 확인

7. 그 밖에 제조업자·수입업자 또는 판매업자의 법령 이행 여부에 관한 확인·지도

② 신고단체는 해당 단체 소속 사료검사원으로 하여금 위탁받은 업무를 수행하게 하여야
한다.

제29조(사료검정기관의 지정 등)

① 법 제22조에 따라 사료검정기관으로 지정받으려는 기관은 별지 제27호서식의 사료검
정기관지정신청서에 다음 각 호의 서류를 첨부하여 농림축산식품부장관에게 제출하여
야 한다.〈개정 2013. 3. 23., 2015. 1. 2.〉

1. 검정실 평면도

2. 검정에 필요한 기계 및 기구류의 보유 내용

3. 검정인력의 자격 및 경력을 증명하는 서류

4. 검정업무에 관한 규정

② 제1항제4호의 검정업무에 관한 규정에는 다음 각 호의 사항이 포함되어야 한다.
〈개정 2015. 1. 2.〉

1. 검정성분별 검정기간

2. 검정의 절차에 관한 사항

3. 검정수수료에 관한 사항

4. 사료검정기록서의 발행에 관한 사항

5. 검정인력이 준수하여야 할 사항

6. 그 밖에 검정업무에 필요한 사항

③ 농림축산식품부장관은 제1항에 따라 사료검정기관의 지정신청을 받은 경우에는 관련
사실을 확인하고, 적합한 경우에는 별지 제28호서식에 따른 사료검정기관지정서를 발
급하여야 한다.〈개정 2013. 3. 23.〉

④ 다음 각 호의 기관은 제1항에도 불구하고 사료검정기관으로 지정하여야 한다.

1. 국립농산물품질관리원

2. 농촌진흥청 국립축산과학원

제30조(검정방법 등)

① 법 제22조제2항에 따라 검정을 의뢰받은 사료검정기관은 사료공정에서 정하는 방법에
따라 검정을 실시하여야 한다. 다만, 국립농산물품질관리원장 또는 시·도지사가 검정
할 성분을 지정하여 검정을 의뢰하는 경우에는 그 성분만을 검정할 수 있다.〈개정 2013.
3. 23., 2015. 1. 2., 2019. 4. 5.〉

06
사
료
관
리
법

시
행
규
칙

6.3 사료관리법 시행규칙

② 농림축산식품부장관은 효율적인 검정을 위하여 필요하면 제1항에도 불구하고 다음 각호의 방법으로 검정하게 할 수 있다.〈개정 2013. 3. 23.〉

 1. 국제적으로 공인된 검정방법

 2. 국내 사료검정기관간 협의를 통하여 결정된 검정방법

 3. 농림축산식품부장관이 특히 효율적이라고 인정하는 검정방법

③ 사료검정기관은 검정을 마쳤을 때에는 지체 없이 그 검정결과를 별지 제29호서식의 검정대장에 적고 별지 제30호서식의 사료검정기록서를 검정을 의뢰한 농림축산식품부장관 또는 시·도지사에게 통보하여야 한다.〈개정 2013. 3. 23.〉

④ **국립농산물품질관리원장 또는 시·도지사는** 제3항에 따라 통보받은 검정 결과 해당 시료가 법 제20조제1항 각 호의 어느 하나에 **위반되는 경우에는 사료검정기관에 대하여 그 시료를 검정을 마친 날부터 100일 동안 보관하게 하여야 한다.** 다만, 보관이 곤란하거나 부패하기 쉬운 시료로서 국립농산물품질관리원장 또는 **시·도지사가 인정하는 시료의 경우에는 보관기간을 단축하거나 보관하지 아니할 수 있다.**〈개정 2013. 3. 23., 2019. 4. 5.〉

⑤ 사료검정기관은 별지 제29호서식의 검정대장을 최종 기록일부터 **2년간 보관**하여야 한다.〈개정 2019. 11. 14.〉

⑥ 제3항과 제5항에 따른 검정 결과의 통보 및 보관은 전산으로 대신할 수 있다.

제31조(변경신고)

사료시험검사기관 및 사료검정기관은 다음 각 호의 어느 하나에 해당하는 사항을 변경하려는 경우에는 별지 제31호서식의 지정사항변경신고서에 사료시험검사기관지정서 또는 사료검정기관지정서와 변경된 내용을 증명할 수 있는 자료를 첨부하여 농림축산식품부장관 또는 국립농산물품질관리원장에게 제출하여야 한다.〈개정 2019. 7. 1.〉

 1. 대표자

 2. 사업자등록번호

 3. 기관의 명칭 및 소재지

 4. 검정수수료

 5. 검정성분

[전문개정 2019. 4. 5.]

제32조(사료의 재검사 등)

① 국립농산물품질관리원장 또는 시·도지사는 법 제23조제1항에 따른 **사료검사 결과를 사료검정기관의 사료검정기록서를 접수한 날부터 3일 이내에 해당 제조업자 또는 수입업자에게 통보**하여야 한다.〈개정 2013. 3. 23., 2015. 1. 2., 2019. 4. 5.〉

② 제1항에 따른 검사 결과에 이의가 있는 제조업자 또는 수입업자는 검사 결과를 통보받은 날부터 10일 이내에 농림축산식품부장관이 정하는 방법에 따라 별지 제31호의2서식의 사료 재검사 신청서에 다음 각 호의 서류를 첨부하여 국립농산물품질관리원장 또는 시·도지사에게 **재검사를 의뢰**해야 한다.〈개정 2013. 3. 23., 2015. 1. 2., 2019. 4. 5., 2019. 7. 1., 2023. 3. 23.〉

1. 사료시험검사기관에서 발행한 검정증명서

2. 검정에 사용된 시료의 채취·분석방법 등에 관한 서류

③ 제2항에 따라 재검사를 의뢰받은 국립농산물품질관리원장 또는 시·도지사는 다음 각 호의 어느 하나에 해당하는 경우에는 재검사를 실시하여야 한다.〈개정 2013. 3. 23., 2015. 1. 2., 2019. 4. 5.〉

1. 국립농산물품질관리원장 또는 시·도지사가 실시한 시료의 채취 및 취급의 방법이 제25조에 따라 고시하는 방법에 위반된 경우

2. 사료검정기관에서 실시한 검정방법 또는 검정 과정이 사료공정에 위반된 경우

3. 사료공정으로 고시한 검정방법이 둘 이상인 경우로서 각각의 방법으로 검정한 결과가 서로 다르게 나타난 경우

4. 제1항에 따른 검정 결과와 유해물질 및 동물용의약품의 허용기준 또는 성분등록사항과의 차이가 제25조에 따른 오차 적용범위의 2배 이내인 경우

④ 농림축산식품부장관 또는 시·도지사는 재검사를 실시하는 경우에는 재검사를 의뢰받은 날부터 20일 이내에 그 결과를 해당 제조업자 또는 수입업자에게 통보하여야 한다.〈개정 2013. 3. 23.〉

제33조(보고·감독 및 지도 등)

① 사료시험검사기관 및 사료검정기관은 검정 실적을 매 분기 종료 후 15일 이내에 별지 제32호서식의 사료검정실적보고서에 따라 농림축산식품부장관 또는 국립농산물품질관리원장에게 보고하여야 한다. 이 경우 국립농산물품질관리원장은 사료검정인정기관으로부터 제출받은 검정 실적을 반기별로 농림축산식품부장관에게 보고하여야 한다.〈개정 2019. 4. 5., 2019. 7. 1.〉

② 농림축산식품부장관은 사료시험검사기관 또는 사료검정기관의 검정 결과에 대한 정확성 및 신뢰성을 확보하기 위하여 검정능력을 관리할 수 있다.〈개정 2013. 3. 23., 2019. 7. 1.〉

③ 제2항에 따른 검정능력의 관리에 필요한 사항은 농림축산식품부장관이 정하여 고시한다.〈개정 2013. 3. 23.〉

제34조(사료의 폐기 등의 조치)

① 법 제24조 각 호 외의 부분에서 "해당 사료"란 같은 날에 제조되거나 수입(수입사료의 경우에는 같은 선박으로 수입한 품목을 말한다)되고 성분등록번호가 같은 사료를 말한다.

② 법 제24조제1호에서 "농림축산식품부령으로 정하는 기준"이란 다음 각 호의 기준을 말한다.〈개정 2013. 3. 23., 2023. 12. 28.〉

   1. **양축용(養畜用) 배합사료:** 법 제12조제1항에 따라 **성분등록된 성분이 고시에서 정한 최소량의 30퍼센트 미만이거나 최대량의 30퍼센트를 초과하는 경우**
   2. **양어용(養魚用) 배합사료:** 법 제12조제1항에 따라 **성분등록된 인의 함량이 30퍼센트 이상 초과한 경우**

③ 시·도지사는 법 제24조에 따라 폐기 등의 조치를 하였을 때에는 제조업체의 명칭, 등록번호, 위반 내용, 조치 내용, 조치 대상 품목 등을 별지 제34호서식의 행정처분 및 조치사항 통보서에 따라 농림축산식품부장관과 국립농산물품질관리원장에게 통보해야 한다.〈신설 2023. 12. 28.〉

제35조(관계 장부의 비치)

제조업자, 수입업자, 판매업자, 사료시험검사기관 및 사료검정기관은 별표 9에 따른 관계 장부를 갖춰 두어야 한다. 이 경우 관계 장부는 전자문서로 갖춰 둘 수 있다.〈개정 2019. 7. 1.〉

제36조(행정처분의 기준)

법 제25조에 따른 행정처분의 기준은 별표 11과 같다.

제37조(행정처분의 통보 등)

① 시·도지사가 법 제25조에 따라 행정처분을 한 경우와 법 제30조에 따른 청문을 한 경우에는 별지 제33호서식의 행정처분 및 청문대장에 그 내용을 기록하고 이를 갖춰 두어야 한다.

② 시·도지사는 법 제25조에 따라 제조업의 등록을 취소하였을 때에는 그 제조업자의 성명, 생년월일, 취소 사유 및 취소일 등을 농림축산식품부장관, 다른 시·도지사 또는 사료관련 단체에 통보하여야 한다.〈개정 2013. 3. 23., 2015. 1. 2.〉

③ 시·도지사는 법 제25조에 따라 행정처분을 하였을 때에는 제조업체의 명칭·등록번호, 위반 내용, 행정처분 내용, 처분기간 및 처분 대상 품목 등을 별지 제34호서식의 행정처분 및 조치사항 통보서에 따라 농림축산식품부장관에게 통보해야 한다.〈개정 2013. 3. 23., 2023. 11. 17., 2023. 12. 28.〉

제38조(수수료 및 검사료 등)

① 법 제28조제1항제1호 및 제2호와 법 제28조제2항에 따른 수수료 및 검사료 등은 별표 12와 같다.

② 법 제28조제1항제3호 및 제5호에 따라 제16조 및 제19조에 따른 위해요소중점관리기 준 적용 사료공장의 지정 및 정기심사 등에 대한 수수료는 담당기관의 장이 농림축산 식품부장관의 승인을 받아 정한다. 이 경우 수수료 승인요청을 받은 농림축산식품부장 관은 관계기관의 의견수렴 후 수수료를 실비의 범위에서 승인하고 그 결과를 담당기 관의 홈페이지에 게시하도록 하여야 한다.〈개정 2011. 4. 8., 2013. 3. 23.〉

③ 법 제28조제1항제4호에 해당하는 자가 내야 하는 수수료의 산출기준은 별표 13과 같다.

④ 제1항의 수수료 및 검사료 등은 등록·검사관청이 국가인 경우에는 수입인지로, 지방 자치단체인 경우에는 해당 지방자치단체의 수입증지로 내고, 제2항의 수수료 및 제3항 에 따른 수수료는 현금으로 내야 한다. 다만, 납부자가 정보통신망을 이용하여 수수료 및 검사료를 납부하려는 경우 수납기관의 장은 전자화폐·전자결제 등의 방법으로 수 수료 및 검사료를 납부하게 할 수 있다.〈개정 2011. 4. 8.〉

제39조(사료검사원의 증표)

법 제29조에 따라 검정·검사 또는 폐기조치 등을 하는 사람의 **권한을 표시하는 증표**는 별지 제35호서식과 같다.

제40조(규제의 재검토)

농림축산식품부장관은 다음 각 호의 사항에 대하여 다음 각 호의 기준일을 기준으로 3년마 다(매 3년이 되는 해의 기준일과 같은 날 전까지를 말한다) 그 타당성을 검토하여 개선 등의 조치를 하여야 한다.〈개정 2017. 1. 2., 2023. 12. 28.〉

1. 삭제〈2017. 1. 2.〉
2. 제7조에 따른 시설 변경의 신고범위 및 시설 변경 등의 절차: 2017년 1월 1일
3. 제12조에 따른 사료성분의 등록 절차 등: 2017년 1월 1일
4. 제15조에 따른 위해요소중점관리기준의 작성·운용 등: 2017년 1월 1일
4의2. 제17조에 따른 교육훈련의 종류·내용 등: 2024년 1월 1일
5. 제19조에 따른 위해요소중점관리기준의 준수 여부 등에 관한 심사 절차: 2017년 1 월 1일
6. 제29조에 따른 사료검정기관의 지정 절차 및 방법: 2017년 1월 1일
7. 제30조에 따른 검정방법 및 검정절차: 2017년 1월 1일
8. 제31조에 따른 변경신고 절차: 2017년 1월 1일

[본조신설 2015. 1. 6.]

부칙〈제627호, 2023. 12. 28.〉

이 규칙은 공포한 날부터 시행한다.

[별표 1] 배합사료제조업의 시설기준(제6조 관련)

[별표 2] 보조사료제조업의 시설기준(제6조 관련)

[별표 3] 단미사료제조업의 시설기준(제6조 관련)

[별표 4] 용기 및 포장에의 표시사항 및 표시방법(제14조 관련)

[별표 5] 위해요소중점관리기준적용사료공장의 지정취소 등에 관한 기준(제18조제1항 관련)

[별표 6] 사료의 수입신고 및 검정방법(제20조제3항 관련)

[별표 7] 사료제조업자 등이 사료의 자가품질관리를 위하여 갖추어야 할 시설기준(제21조제1항 관련)

[별표 8] 자가품질검사기준(제21조제2항 관련)

[별표 8의2] 사료시험검사기관의 지정취소 등에 관한 기준(제22조의2 관련)

[별표 9] 사료제조업자등이 비치하여야 하는 관계 장부(제23조제3항 및 제35조 관련)

[별표 10] 시료의 무상수거량(제26조제1항 관련)

[별표 11] 행정처분기준(제36조 관련)

[별표 12] 수수료 및 검사료 등(제38조제1항 관련)

[별표 13] 교육훈련 수수료 산출기준(제38조제3항 관련)

[별지 제1호서식] 사료제조업등록신청서

[별지 제2호서식] 사료제조업등록증

[별지 제3호서식] 제조시설변경신고서

[별지 제4호서식] 휴업·폐업 또는 휴업 후 영업재개신고서

[별지 제5호서식] 제조업승계신고서

[별지 제6호서식] 사료성분등록신청서(제조업자용)

[별지 제7호서식] 사료성분등록신청서(수입업자용)

[별지 제8호서식] 사료성분등록증

[별지 제9호서식] 사료성분등록대장

[별지 제10호서식] (사료제조업등록증, 사료성분등록증)재발급신청서

[별지 제11호서식] 위해요소중점관리기준(HACCP) 적용 사료공장 지정신청서

[별지 제12호서식] 위해요소중점관리기준(HACCP) 적용 사료공장 지정서

[별지 제13호서식] 위해요소중점관리기준(HACCP) 적용 사료공장 지정서 재발급신청서

[별지 제14호서식] 위해요소중점관리기준(HACCP) 적용 사료공장 정기심사신청서

[별지 제15호서식] 사료수입신고서

[별지 제16호서식] 사료수입신고필증

[별지 제17호서식] 부적합통보서

[별지 제18호서식] 사료수입신고수리대장

[별지 제19호서식] 사료수입신고상황보고서

[별지 제20호서식] 사료검정증명서

[별지 제21호서식] 사료시험검사기관 지정신청서

[별지 제22호서식] 사료시험검사기관지정서

[별지 제23호서식] 사료검사신청서

[별지 제24호서식] 출입 · 검사등기록부

[별지 제25호서식] 수거증

[별지 제26호서식] 검사수거처리대장

[별지 제27호서식] 사료검정기관 지정신청서

[별지 제28호서식] 사료검정기관지정서

[별지 제29호서식] 검정대장

[별지 제30호서식] 사료검정기록서

[별지 제31호서식] 지정사항변경신고서

[별지 제31호의2서식] 사료재검사 신청서

[별지 제32호서식] 사료검정실적보고서

[별지 제33호서식] 행정처분 및 청문대장

[별지 제34호서식] 행정처분 및 조치사항 통보서

[별지 제35호서식] 사료검사원증

배합사료제조업의 시설기준(제6조 관련)

구 분	시 설 별	시 설 기 준
1. 양축용 배합사료(프리믹스용 배합사료를 포함한다)	가. 공장건물	내화성 건물로서 제품생산에 지장이 없을 것
	나. 저장시설	1) 주원료와 부원료를 저장할 수 있는 저장설비를 갖출 것 2) 생산된 제품을 저장할 수 있는 저장설비를 갖출 것
	다. 분쇄시설	분쇄할 수 있는 설비를 갖출 것
	라. 배합시설	주 배합기와 예비 배합기를 각각 설치하되, 생산능력에 지장이 없을 정도의 설비일 것
	마. 계량시설	각 원료 및 제품을 계량할 수 있는 계량기를 각각 갖출 것
	바. 정선시설	제조 과정에서 쇠붙이와 이물질을 제거할 수 있는 제철 및 정선설비를 갖출 것
	사. 먼지제거시설	제조 과정에서 생기는 먼지를 제거할 수 있는 장치를 「대기환경보전법」에 따라 갖출 것
	아. 포장시설	제품 단위별로 봉합할 수 있는 반자동 이상의 봉합설비를 갖출 것. 다만, 산물만을 생산하는 경우에는 그러하지 아니하다.
	자. 수송장치	모든 원료 및 제품을 수송할 수 있는 동력운송장치를 갖출 것
	차. 작업공장	일관작업(一貫作業)을 할 수 있는 반자동 또는 완전자동 설비일 것
2. 대용유용 배합사료	가. 공장건물 나. 저장시설 다. 배합시설 라. 계량시설 마. 정선시설 바. 먼지제거시설 사. 포장시설	양축용 배합사료의 시설기준과 같음
	아. 분쇄시설	곡물 분쇄설비를 갖출 것
3. 섬유질 배합사료	가. 공장건물	내화성 건물로서 제품생산에 적합할 것
	나. 저장시설	원료와 제품을 저장할 수 있는 저장설비를 갖출 것
	다. 혼합시설	원료를 적절히 혼합할 수 있는 설비를 갖추되, 그 공정은 동력에 의할 것

06
사료관리법

시행규칙 별표

	라. 계량시설	제품을 정확하게 계량할 수 있는 설비를 갖출 것
	마. 포장시설	제품을 포장할 수 있는 설비를 갖출 것
	바. 수송장치	모든 원료 및 제품을 수송할 수 있는 동력운송 장치를 갖출 것
4. 그 밖의 동물 ·어류용 배합 사료	가. 공장건물 나. 저장시설 다. 배합시설 라. 계량시설 마. 정선시설 바. 포장시설	양축용 배합사료의 시설기준과 같음
	사. 분쇄시설	분쇄할 수 있는 설비를 갖출 것

※ 비고

1) 삭제⟨2015.1.2.⟩

2) 양축용 배합사료제조업자가 판매용 프리믹스용 배합사료를 제조할 경우에는 양축용 배합 사료제조시설과 구획하여 설치하여야 하고, 저장시설·배합시설·계량시설·정선시설·먼 지제거시설·포장시설·수송장치를 따로 갖추어야 한다.

3) 배합사료제조업자는 제조공정 또는 포장방법의 특성상 일부 시설이 불필요한 경우에는 시·도지사의 승인을 받아 일부시설을 갖추지 않을 수 있다.

보조사료제조업의 시설기준(제6조 관련)

시 설 별	시 설 기 준
가. 공장건물	내화성 건물로서 제품 생산에 지장이 없을 것
나. 저장시설	1) 원료를 저장할 수 있는 저장 설비를 갖출 것 2) 생산된 제품을 저장할 수 있는 저장 설비를 갖출 것 3) 원료와 부형제(賦形劑)를 구분하여 저장하는 설비를 갖출 것
다. 분쇄 및 혼합시설	제품생산에 지장이 없을 정도의 설비를 갖출 것
라. 배양시설	미생물 배양에 적합한 설비를 갖출 것 (미생물을 이용하는 사료만 해당한다)
마. 계량시설	원료와 제품을 계량할 수 있는 계량기를 갖출 것
바. 포장시설	제품을 포장할 수 있는 설비를 갖출 것

※ 비고

1) 요소제는 「비료관리법」에 따른 시설기준으로 갈음한다.

2) 보조사료 제조업자는 제조공정 또는 포장방법의 특성상 일부 시설이 불필요한 경우에는 시·도지사의 승인을 받아 일부 시설을 갖추지 아니 하거나 같은 공장에서 2 이상의 보조사료를 생산할 경우에는 시설을 공통으로 사용할 수 있다.

06
사료관리법
시행규칙 별표

단미사료제조업의 시설기준(제6조 관련)

구분	사료종류	시설별	시설기준
식 물 성	1. 곡류 및 강피류(糠皮類)	「양곡관리법」에 따른 시설기준에 따름	
	2. 식물성 박류(植物性 粕類)	「식품위생법」, 「양곡관리법」 및 「주세법」에 따른 시설기준에 따름	
	3. 농축단백질	「식품위생법」에 따른 시설기준에 따름	
	4. 서류(薯類)	「식품위생법」에 따른 시설기준에 따름	
	5. 당밀, 원당, 파당	「식품위생법」의 시설기준에 따름(파당을 이용하여 제조하는 경우에는 저장시설·수송장치·혼합시설 및 정제시설 등 제품 생산에 적합한 시설을 갖추어야 함)	
	6. 제과·제빵·제면의 부산물	가. 공장건물	내화성 건물로서 제품 생산에 적합할 것
		나. 저장시설	원료와 제품을 저장할 수 있는 저장설비를 갖출 것
		다. 계량시설	제품을 정확하게 계량할 수 있는 설비를 갖출 것
		라. 포장시설	제품을 포장할 수 있는 설비를 갖출 것
		마. 수송장치*	모든 원료 및 제품을 수송할 수 있는 동력운송장치를 갖출 것
		바. 건조시설*	생산능력에 적합한 건조설비를 갖출 것
		사. 분쇄시설*	생산능력에 적합한 분쇄설비를 갖출 것
		아. 혼합시설*	원료를 적절히 혼합할 수 있는 설비를 갖추되, 그 공정은 동력에 의할 것
		자. 먼지제거시설	제조 과정에서 발생하는 먼지를 제거할 수 있는 시설을 「대기환경보전법」에 따라 갖출 것
	7. 아미노산 발효부산물 및 조미료부산물	가. 공장건물 나. 저장시설	제6호의 시설기준과 같음

	다. 계량시설	
	라. 포장시설	
	마. 수송장치	
	바. 악취제거시설	제조 과정에서 발생하는 악취를 없앨 수 있는 설비를 「악취방지법」에 따라 갖출 것
	사. 정수시설	제조 과정에서 발생하는 오수를 정수하여 배수할 수 있는 설비를 「하수도법」에 따라 갖출 것
8. 콩류가공부산물(비지 포함)	가. 공장건물 나. 저장시설 다. 계량시설 라. 포장시설 마. 수송장치* 바. 건조시설* 사. 분쇄시설	제6호의 시설기준과 같음
9. 기타 식품가공부산물류	가. 공장건물 나. 저장시설 다. 계량시설 라. 포장시설 마. 수송장치 바. 분쇄시설* 사. 먼지제거시설*	제6호의 시설기준과 같음
10. 조류(藻類)	가. 공장건물 나. 저장시설 다. 계량시설 라. 포장시설 마. 수송장치* 바. 건조시설* 사. 분쇄시설* 아. 혼합시설	제6호의 시설기준과 같음
11. 섬유질사료	가. 공장건물 나. 저장시설 다. 계량시설 라. 포장시설 마. 수송장치 바. 혼합시설*	제6호의 시설기준과 같음

6.3 사료관리법 시행규칙 별표

12. 섬유질가공사료	가. 공장건물 나. 저장시설 다. 계량시설 라. 포장시설 마. 수송장치 바. 혼합시설	제6호의 시설기준과 같음
13. 섬유질발효사료	가. 공장건물 나. 계량시설 다. 포장시설 라. 수송장치 마. 혼합시설	제6호의 시설기준과 같음
	바. 저장시설	1) 원료와 제품을 저장할 수 있는 저장설비를 갖출 것 2) 탈수한 전분박(澱粉粕)의 저장설비에는 뚜껑을 갖출 것
	사. 탈수시설*	생산능력에 알맞은 탈수시설을 할 것
14. 제약부산물류	가. 공장건물 나. 저장시설 다. 계량시설 라. 포장시설 마. 수송장치*	제6호의 시설기준과 같음
	바. 악취제거시설* 사. 정수시설*	제7호의 시설기준과 같음
15. 식물성유지류	「식품위생법」에 따른 시설기준에 따름	
16. 전분류	가. 공장건물	내화성 건물로서 제품 생산에 적합할 것
	나. 저장시설	1) 원료를 저장할 수 있는 실내 저장설비를 갖출 것 2) 생산된 제품을 저장할 수 있는 실내 저장설비를 갖출 것 3) 생산공정 중에 필요한 중간원료와 부형제(浮衡劑)를 구분하여 저장하는 설비를 갖추되, 제품 생산에 적합한 저장능력을 설비를 갖출 것
	다. 계량시설	일정 단위로 포장할 수 있는 계량시설을 갖추되, 생산능력에 적합한 설비를 갖출 것

		라. 포장시설	수요자의 요구에 따라 적정량 단위의 포장을 할 수 있는 설비를 갖추되, 제품 생산에 적합한 설비를 갖출 것
		마. 정수처리시설*	전분을 물과 혼합하여 정제수를 만들 수 있는 설비를 갖추되, 원료투입 및 제품 생산에 적합한 설비를 갖출 것
		바. 용해 및 여과시설	전분을 물과 혼합하여 전분유액을 만들 수 있는 설비와 전분유액을 여과할 수 있는 설비를 갖출 것
		사. 알파화시설	전분유액을 알파화시킬 수 있는 건조기설비와 이를 순간적으로 건조할 수 있는 스팀공급설비를 갖출 것
		아. 분쇄 및 체별시설	수요자가 요구하는 평균 입도(粒度)에 맞게 분쇄·체별할 수 있는 설비를 갖추되, 생산능력에 적합한 설비를 갖출 것
	17. 콩류, 견과종실류, 과실류, 채소류, 버섯류, 기타 식물류	가. 공장건물 나. 저장시설 다. 계량시설 라. 포장시설 마. 수송장치* 바. 분쇄시설* 사. 먼지제거시설*	제6호의 시설기준과 같음
동물성	18. 도축 및 가금도축부산물, 수지박(우지박, 돈지박을 포함한다), 육가공부산물, 육분, 육골분, 육즙흡착사료, 혈분(혈액을 이용한 가공품을 포함한다)	가. 공장건물 나. 저장시설 다. 계량시설 라. 포장시설 마. 삶는시설 바. 압착시설 사. 고형분리시설* 아. 유수분리시설* 자. 건조시설 차. 분쇄시설 카.먼지제거시설 타. 악취제거시설 파. 정수시설	제21호의 시설기준과 같음. 다만, 삶는 시설은 육골분의 경우 140℃에서 1시간 이상, 혈분의 경우 135℃에서 10분간 가열할 수 있는 설비를 갖출 것

19. 동물성단백질 혼합사료		혼합한 각각의 동물성단백질 시설기준을 갖추고, 제18호, 제20호, 제21호, 제23호의 제조시설 외에 동물성단백질 혼합사료를 제조하기 위한 혼합시설을 갖출 것
20. 모발분, 우모분, 제각분	가. 공장건물 나. 저장시설 다. 계량시설 라. 압착시설 마. 고형분리시설* 바. 건조시설 사. 분쇄시설 아. 먼지제거시설 자. 악취제거시설 차. 정수시설	제21호의 시설기준과 같음
	타. 삶는시설	소화율을 향상시킬 수 있는 삶는 설비를 생산능력에 적합하게 갖출 것
21. 새우분, 어류의 가공품 및 부산물, 어분, 어즙흡착사료	가. 공장건물 나. 저장시설 다. 계량시설 라. 포장시설 마. 건조시설 바. 분쇄시설* 사. 먼지제거시설	제6호의 시설기준과 같음
	아. 삶는시설	고열 수중기로 원료를 삶을 수 있는 설비를 갖출 것
	자. 압착시설	삶은 원료를 압착할 수 있는 동력설비를 갖출 것
	차. 고형분리시설	압착 과정에서 흘러나온 용액에서 고형 물질인 침전물(어육 등)을 분리할 수 있는 설비를 갖출 것
	카. 유수분리시설	고형 분리를 거친 용액에서 기름과 물을 분리하는 설비를 갖출 것
	타. 농축시설*	고형 분리과정과 유수 분리 과정에서 분리된 용액을 농축할 수 있는 설비를 갖출 것(어즙흡착사료를 제조하는 경우에만 해당한다)
	파. 악취제거시설 하. 정수시설	제7호의 시설기준과 같음

	※ 어선에 대한 특례: 제조시설이 어선에 설치되어 있는 경우 시·도지사는 가목, 바목, 사목, 카목, 타목, 파목 시설 중 일부를 면제할 수 있다	
22. 유도단백질(가수분해·효소 처리 등을 한 것을 포함)	가. 공장건물 나. 저장시설 다. 계량시설 라. 포장시설 마. 삶는시설 바. 압착시설* 사. 고형분리시설* 아. 유수분리시설* 자. 건조시설 차. 분쇄시설 카. 먼지제거시설 타. 악취제거시설	제21호의 시설기준과 같음
	파. 가수분해시설	소화율을 향상시킬 수 있는 가수분해 설비를 생산능력에 적합하게 갖출 것
23. 피혁가공분말	가. 공장건물 나. 저장시설 다. 계량시설 라. 건조시설 마. 분쇄시설 바. 먼지제거시설 사. 악취제거시설 아. 정수시설	제21호의 시설기준과 같음
	차. 가수분해시설	크롬 등 불순물을 제거하고 소화율 을 향상시킬 수 있는 가수분해설비 를 갖출 것
24. 기타 동물성단백질류	가. 공장건물 나. 저장시설 다. 계량시설 라. 삶는시설 마. 압착시설* 바. 고형분리시설* 사. 유수분리시설* 아. 농축시설* 자. 건조시설 차. 분쇄시설*	제21호의 시설기준과 같음

06
사료관리법
시행규칙 별표

	카. 먼지제거시설* 타. 악취제거시설* 파. 정수시설*	
	하. 혼합시설*	제6호의 시설기준과 같음
	거. 가수분해시설*	소화율을 향상시킬 수 있는 가수분해 설비를 생산능력에 적합하게 갖출 것
	너. 냉동·냉장 및 가열처리시설*	온도계 또는 온도를 측정할 수 있는 계기를 설치하여야 하며, 적정온도가 유지관리되는 설비를 갖출 것
25. 골분, 골회, 어골분, 어골회, 패분	가. 공장건물 나. 저장시설 다. 계량시설 라. 포장시설 마. 건조시설 바. 분쇄시설 사. 먼지제거시설 아. 악취제거시설 자. 정수시설	제21호의 시설기준과 같음
26. 동물성 유지류	가. 공장건물 나. 저장시설 다. 계량시설 라. 포장시설 마. 삶는시설 바. 압착시설 사. 고형분리시설* 아. 유수분리시설* 자. 건조시설 차. 분쇄시설 카.먼지제거시설 타. 악취제거시설 파. 정수시설	제18호의 시설기준과 같음
	하. 분리시설	폴리에틸렌 및 폴리프로필렌을 분리할 수 있는 설비를 갖출 것
27. 곤충류	가. 공장건물 나. 저장시설 다. 계량시설 라. 포장시설 마. 혼합시설*	제6호의 시설기준과 같음

	28. 플랑크톤류, 단세포단백질	가. 공장건물	제6호의 시설기준과 같음
		나. 저장시설	
		다. 계량시설	
		라. 포장시설	
		마. 혼합시설*	
		바. 발효·배양시설*	생산능력에 적합한 발효·배양시설을 갖출 것
		※ 「식품위생법」 또는 「주세법」에 따른 시설기준 및 환경 관련 법규에 따른 공해방지 또는 폐기물의 재활용시설을 갖출 경우 해당 규정의 기준에 따른 시설로 갈음할 수 있음	
	29. 낙농가공부산물류	가. 공장건물	제21호의 시설기준과 같음
		나. 저장시설	
		다. 계량시설	
		라. 포장시설	
		마. 건조시설*	
		바. 분쇄시설*	
		사.먼지제거시설*	
		아. 악취제거시설*	
		자. 정수시설*	
광물성	30. 식염류	「소금산업 진흥법」에 따른 시설기준에 준함	
	31. 인산염류, 칼슘염류 및 광물질류과의 합제	가. 공장건물	제6호의 시설기준과 같음
		나. 저장시설	
		다. 계량시설	
		라. 포장시설	
		마. 건조시설	
		바. 분쇄시설	
		사. 먼지제거시설	
		아. 정선시설*	불순물을 제거할 수 있는 정선설비를 갖출 것
		자. 탈불시설(인산염류를 포함하지 않는 경우는 제외한다)	불소를 제거할 수 있는 설비를 갖출 것. 다만, 원료의 탈불인산공급계약서로 대체할 경우에는 면제할 수 있다.
		차. 불소정화시설*	탈불(脫弗) 과정에서 발생한 불소를 제거할 수 있는 설비를 갖출 것. 다만, 탈불시설을 원료의 탈불인산공

			급계약서로 대체할 경우에는 그러하지 아니하다.
	32. 광물질류 및 그 합제(인산염류 및 칼슘염류 및 인산염류 또는 칼슘염류와 광물질류과의 합제 제외)	가. 공장건물 나. 저장시설 다. 계량시설 라. 포장시설 마. 건조시설 바. 분쇄시설 사. 먼지제거 시설	제6호의 시설기준과 같음
		아. 농축시설 자. 용해시설 차. 여과시설 카. 결정세척시설 타. 소성시설	생산능력에 적합한 시설을 갖출 것
기 타	33. 기타 유지류		제18호의 시설기준과 같으며, 폴리에틸렌 및 폴리프로필렌을 분리할 수 있는 시설을 추가로 갖출 것(혼합성유지는 먼지제거시설을 제외할 수 있고, 불해성 지방·분말유지는 삶는시설·압착시설·유수분리시설·건조시설·정수시설을 각각 제외할 수 있음)
	34. **남은음식물사료**	가. 공장건물 나. 저장시설 다. 계량시설 라. 포장시설 마. 수송장치 바. 분쇄시설 사. 혼합시설	제6호의 시설기준과 같음
		아. 건조·냉각시설	생산능력에 적합한 건조·냉각시설을 갖출 것. 다만, 습식제조시설인 경우에는 그러하지 아니하다.
		자. **악취제거시설**	제조 과정에서 발생하는 악취를 제거하는 설비를 「악취방지법」에 따라 갖출 것
		차. **이물질제거시설**	**쇠붙이·비닐·유리 등 이물질 제거에 적합한 시설을 갖출 것**
		카. 가열시설	100℃**에서 30분 이상 가열**할 수 있는 시설을 갖출 것. 다만, 돼지전용 사료만을 제조하는 경우에는 80℃

			(심부온도기준)에서 30분 이상 가열할 수 있는 시설을 갖출 것
35. 혼합제(혼합성 단미사료)	가. 공장건물 나. 저장시설 다. 계량시설 라. 포장시설 마. 건조시설* 바. 분쇄시설 사. 혼합시설		제6호의 시설기준과 같음
	아. 기타*		필요시 혼합한 각각의 단미사료 시설기준을 갖출 것

※ 비고

1) 같은 공장에서 2 이상의 단미사료를 생산하는 경우에는 단미사료별로 위 표에 따라 갖추어야 하는 시설을 공동으로 사용할 수 있다. 다만, 유수분리시설, 배양시설, 알파화시설 및 그 밖에 농림축산식품부장관이 정하여 고시하는 시설은 공동으로 사용할 수 없다.

2) 1)에도 불구하고 제18호, 제20호, 제21호 및 제23호 사료의 경우에는 같은 공장에서 2 이상의 단미사료를 생산할 수 없다. 다만, 농림축산식품부장관이 수급조절을 위하여 필요하다고 인정하는 경우와 가금류 부산물만을 원료로 사용하여 사료로 제조하는 경우에는 그렇지 않다.

3) "*" 표시가 있는 시설은 단미사료 제조공정 또는 포장방법의 특성상 불필요한 경우에는 시·도지사의 승인을 받아 갖추지 않을 수 있다.

6.3 사료관리법 시행규칙 별표

■ 사료관리법 시행규칙 [별표 4] 〈개정 2015.1.2.〉

용기 및 포장에의 표시사항 및 표시방법(제14조 관련)

1. 배합사료의 표시사항과 표시방법

　가. 표시사항

　1) 사료의 성분등록번호

　　2) 사료의 명칭 및 형태

　　3) 등록성분량

　　4) 사용한 원료의 명칭

　　5) 동물용의약품 첨가 내용

　　6) 주의사항

　　7) 사료의 용도

　　8) 실제 중량 (kg 또는 톤)

　　9) 제조(수입) 연월일 및 유통기간 또는 유통기한

　　10) 제조(수입)업자의 상호(공장 명칭)·주소 및 전화번호

　　11) 재포장 내용

　　12) 사료공정에서 정하는 사항, 사료의 절감·품질관리 및 유통개선을 위하여 농림축
　　　　산식품부장관이 정하는 사항

　나. 표시방법

　　1) 사료의 명칭은 법 제2조제3호에 따라 **농림축산식품부장관이 고시한 배합사료의
　　　　명칭**을 **사용**한다.

　　2) 사료의 형태는 사료 내용물이 처리된 형태를 표시한다.

　　　가) 종류

　　　　　(1) 가루: 곱게 가루로 만든 것

　　　　　(2) 펠릿: 가루사료를 일종의 주형틀에서 압착하거나 밀어내어 성형시킨 것

　　　　　(3) 크럼블: 펠릿으로 성형한 사료를 특정목적에 맞게 분쇄·선별한 것

　　　　　(4) 후레이크: 사료를 그대로 또는 증기로 쪄서 납작하게 압편(壓片)한 것

　　　　　(5) 익스투루젼(팽화): 압력 및 온도를 가하여 전분을 호화(糊化)한 후 부피를
　　　　　　　팽창시킨 것

　　　　　(6) 액상: 용액으로 된 것

　　　　　(7) 그 밖의 형태: 형태의 구분이 명확하지 아니한 것은 그 형태에 적합하도
　　　　　　　록 표시

나) 표시 예

　　사료의 형태: 펠릿사료

3) 등록 성분량은 법 제12조제1항에 따라 성분등록된 성분명과 성분량을 표시하며, 성분량 표시는 백분율(%)로 하고, 최저량에는 "이상", 최대량에는 "이하"를 표시한다.

4) 사용한 원료의 명칭은 배합비율이 큰 순서대로 적는다. 다만, 식물성의 곡류, 강피류 및 박류는 사용한 원료의 명칭을 쓰지 아니하고 곡류·강피류·박류 등으로 구분하여 명시하며, 첨가한 단미사료 중 광물성과 보조사료는 명칭을 적고, 다음 내용을 덧붙일 수 있다.
"위 사용 원료는 공장 사정에 따라 배합비율이 변경될 수 있음"

5) 동물용의약품 첨가 내용은 첨가한 동물용의약품의 명칭(상품명은 괄호 안에 적을 수 있음)과 사용된 함량과 사용 목적을 구체적으로 적고, 붉은색 글씨 또는 눈에 잘 보이도록 **"동물용의약품첨가사료"**로 표시하며, **휴약기간(休藥期間)이 있는 동물용의약품일 경우에는 그 휴약기간을 명시**한다.

6) 주의사항은 사료의 사용과 보관, 다른 사료와의 혼합 금지 등에 관하여 필요한 사항을 보증성분표 하단에 ⌐(주의):￣￣￣┐ 형태로 붉은색 글씨 또는 눈에 잘 보이도록 표시하여야 하고, 반추동물에서 유래한 **동물성사료 또는 남은음식물사료가 포함된** 배합사료에는 **"반추가축에게 먹이지 마십시오"를 표시**하여야 한다.

7) **사료의 용도는 정확하게 표시하고 수요자가 쉽게 이해할 수 있어야 하며, 수요자가 혼란을 줄 정도로 사료의 명칭에 비하여 제품의 상품명을 과대표시하여서는 아니 된다.**

8) 실제 중량은 제품의 실제 중량을 정확하게 표시하여야 하며, 단위는 포장 크기에 따라 **"kg" 또는 "톤"**으로 표시한다.

9) **제조(수입) 연월일과 유통기간은 제조(수입)포장된 날짜를 기준으로 하여 정확하게 표시한다.**

10) 재포장 내용은 재포장 사유·날짜·중량, 재포장한 자의 상호·주소·전화번호를 표시하고, 그 외에 등록성분량 등은 재포장 전에 표시된 대로 표시하여야 하며, **재포장은 제조업자 또는 수입업자와 계약한 자만 할 수 있다.**

2. 보조사료 및 단미사료의 표시사항과 표시방법
　가. 표시사항
　　1) **사료의 성분등록번호**
　　2) **사료의 명칭 및 형태**
　　3) **등록성분량**

4) 사용한 원료의 명칭

5) 사료의 용도

6) 주의사항

7) 실제 중량 (kg 또는 톤)

8) 제조(수입) 연월일과 유통기간 또는 유통기한

9) 제조(수입)업자의 상호(공장 명칭)·주소 및 전화번호

10) 재포장 내용

11) 사료공정에서 정하는 사항, 사료의 절감·품질관리 및 유통개선을 위하여 농림축산식품부장관이 정하는 사항

나. 표시방법

1) 사료의 명칭은 법 제2조제2호 및 제4호에 따라 농림축산식품부장관이 고시한 품명을 사용하여야 하며, 실제 거래상의 명칭이 있는 경우에는 이를 괄호 안에 표시할 수 있다.

2) 사용한 원료의 명칭은 사용비율이 높은 순서대로 품명을 적는다.

3) 삭제〈2015.1.2.〉

4) 주의사항은 사료의 사용과 보관, 다른 사료와의 혼합 금지 등에 관하여 필요한 사항을 보증성분표 하단에 그 내용을 |（주의):_____| 형태로 붉은색 글씨 또는 눈에 잘 보이도록 구체적으로 표시하여야 한다. 이 경우 반추동물을 원료로 한 동물성사료 또는 남은음식물사료는 **"반추가축 사료로 사용금지 또는 반추가축에게 먹이지 마십시오"**라고, 돼지전용 남은음식물사료(80℃에서 30분이상 가열)는 **"돼지 외에는 먹이지 마십시오"**라고 각각 함께 표시하여야 한다.

5) 사료의 형태, 등록성분량, 사료의 용도, 실제 중량, 제조(수입) 연월일, 유통기간 또는 유통기한 및 재포장 내용은 배합사료의 표시방법과 같다.

6) 삭제〈2015.1.2.〉

위해요소중점관리기준적용사료공장의 지정취소 등에 관한 기준
(제18조제1항 관련)

위 반 내 용	근거법령	처분기준
1. 거짓이나 그 밖의 부정한 방법으로 지정을 받은 경우	법 제16조 제7항제1호	지정취소
2. 시정명령을 받고 정당한 사유 없이 이에 따르지 아니한 경우	법 제16조 제7항제2호	지정취소
3. 위해요소중점관리기준을 준수하지 아니한 경우	법 제16조 제7항제3호	시정명령
3의2. 법 제16조제5항에 따른 교육훈련을 받지 않은 경우	법 제16조제7항 제3호의2	시정명령
4. 법 제25조제1항제8호·제9호·제12호부터 제14호까지·제16호·제18호 및 제19호에 해당하여 2개월 이상의 영업의 전부 정지명령을 받은 경우	법 제16조 제7항제4호	지정취소
5. 법 제8조제2항을 위반하여 기준에 적합한 제조시설을 갖추지 아니한 경우	법 제16조 제7항제5호	시정명령
6. 법 제8조제3항을 위반하여 변경신고를 하지 아니한 경우	법 제16조 제7항제5호	시정명령
7. 법 제13조를 위반하여 기준에 적합하지 아니한 표시를 하거나 거짓으로 또는 과장하여 표시한 경우	법 제16조 제7항제5호	시정명령
8. 법 제16조제10항에 따른 위해요소중점관리기준의 준수 여부 등에 관한 심사를 받지 아니한 경우	법 제16조 제7항제5호	시정명령
9. 정당한 사유 없이 6개월 이상 계속하여 휴업한 경우	법 제16조 제7항제5호	지정취소

06
사
료
관
리
법

시
행
규
칙

별
표

사료의 수입신고 및 검정방법(제20조제3항 관련)

1. 신고하지 않아도 되는 사료
가. 무상으로 반입하는 상품의 견본 또는 광고물품으로서 그 표시가 **명확한 사료**
나. 정부 또는 지방자치단체가 직접 사용하는 사료

2. 검정의 종류 및 그 대상
가. 정밀검정 및 그 대상
정밀검정이란 물리적·화학적 또는 미생물학적 방법으로 실시하는 검정으로서 다음의 사료를 대상으로 한다.

1) **최초로 수입하는 사료 및 재수입하는 사료. 다만, 재수입하는 사료에 대한 정밀검정은 종전에 정밀검정을 받은 날부터 1년이 경과된 후 처음으로 재수입하는 경우에 실시한다.**
2) 국내외에서 유해물질 등이 함유된 것으로 알려져 문제가 제기된 사료
3) 수입신고에 따른 정밀검정 또는 무작위표본검정결과 부적합처분을 받은 사료로서 재수입하는 같은 회사 같은 제품
4) 법 제21조에 따른 사료검사결과 부적합 판정을 받은 사료
5) 거짓 서류를 첨부하는 등의 부정한 방법으로 적합판정을 받아 수입된 사실이 있는 사료
6) 제20조제5항 각 호의 어느 하나에 해당하는 조치를 위반한 수입신고자가 수입하는 사료
7) 농림축산식품부장관이 정밀검정 대상사료로 고시한 사료

나. 무작위표본검정 및 그 대상
무작위표본검정이란 정밀검정대상을 제외한 사료에 대하여 농림축산식품부장관의 표본추출계획에 따라 물리적·화학적 또는 미생물학적 방법으로 실시하는 검정으로서 다음 사료를 대상으로 한다.

1) **정밀검정을 받았던 사료와 같은 회사 같은 제품**
2) **자사제품 제조용 원료. 다만, 정제·가공을 거쳐야만 사료원료로 사용할 수 있는 것은 제외한다.**

다. 서류검정 및 그 대상

서류검정이란 신고 서류를 검토하여 그 적합 여부를 판단하는 검정을 말하며, 다음의 사료를 대상으로 한다.

1) **연구·조사에 사용하는 사료**

2) **정부·지방자치단체 또는 그 대행기관**에서 수입하는 사료(이 경우 국내외 공인 사료시험검사기관에서 발행한 검정증명서를 제출하는 것만 해당한다)

3) 가목의 1)부터 6)까지의 **정밀검정을 받았던 것 중** 제조국·제조업자·제품명 및 제조방법이 같은 것으로서 **재수입하는 사료**

4) **박람회·전시회** 등에 사용하기 위하여 수입하는 사료

3. 사료의 검정방법 등

가. 수입신고에 따른 사료검정은 신고단체에서 한다. 다만, 검정장비 또는 인력부족 등으로 정밀검정 또는 무작위표본검정을 직접할 수 없는 경우에는 사료시험검사기관과 계약을 체결하여 검정을 실시할 수 있다.

나. 제2호가목7)에 따른 농림축산식품부장관이 정밀검정대상사료로 고시한 사료에 대해서는 수입을 할 때마다 정밀검정을 실시한다.

다. 신고단체는 수입신고된 사료에 대하여 필요한 검정을 실시하여야 하며, 수입업자는 검정수수료를 신고단체에 직접 내야 한다.

라. 신고단체의 직원이 보세구역 등에서 수입사료의 시료를 채취하는 경우에는 제39조에 따른 증표를 보여주어야 한다.

마. 둘 이상의 수입업자가 단체를 구성하여 공동으로 수입하는 경우에는 그 단체를 하나의 수입업자로 본다.

4. 시료의 채취 및 처리방법

가. 시료의 채취 및 처리는 농림축산식품부장관이 고시한 방법으로 한다.

나. 시료의 채취 및 취급은 수입신고자 또는 수입물품의 관계자의 참여하에 실시함을 원칙으로 한다. 이 경우 검정용 시료를 채취하는 때에는 제26조제1항에 따른 수거증을 발급하여야 한다.

다. 시료의 채취량은 별표 10의 수거량에 따른다. 다만, 시료의 최소 포장단위가 수거량을 초과하더라도 시료채취로 인한 오염 또는 검정결과에 영향을 줄 우려가 있다고 판단될 때에는 최소 포장단위 그대로 채취할 수 있다.

라. 수입신고자가 사료시험검사기관의 검정증명서를 제출하는 경우에는 해당 사료에 대한 정밀검정에 갈음하거나 그 검정항목을 조정하여 검정할 수 있다.

5. 시료의 검정항목 및 검정 결과의 통보

가. 신고단체의 장은 수입사료의 시료에 대한 검정을 실시하는 경우에는 사료공정 및 유해물질 등 안전성 적합여부에 대하여 검정하여야 한다.

나. 수입하는 사료에 대한 검정은 검출빈도가 높거나 인체 또는 가축에 끼치는 위해도가 높은 잔류농약·중금속 및 병원성미생물 등을 검정항목으로 하여 중점적으로 실시할 수 있다.

다. 신고단체의 장은 수입신고된 사료가 정밀검정 대상인 경우에는 정밀검정을 신속히 실시하고 그 결과를 지체 없이 수입신고자에게 알려야 한다.

6. 수입신고업무의 전산관리

가. 신고단체의 장은 신고사항 등을 전산망에 입력하여 관리하여야 한다.

나. 사료의 수입신고필증은 전산기기로 출력하여 발급하여야 한다. 다만, 전산기기 또는 통신망의 장애로 전산기기에 의한 발급이 불가능한 경우에는 수기 등의 방법으로 사료의 수입신고필증을 발급할 수 있다.

7. 신고 및 검정업무의 세부기준 제정 등

사료의 수입신고 및 검정업무와 관련하여 세부처리요령은 농림축산식품부장관이 정하는 바에 따른다.

8. 사료의 통관업무 관련부서 협조사항

가. 세관장은 제4호에 따라 신고단체에서 사료에 대한 정밀검정 또는 표본추출검정을 하기 위하여 해당 시료를 직접 채취하는 자에 대하여 보세구역에의 출입에 협조하여야 한다.

나. 가목에 따른 신고단체의 시료채취자는 이를 증명하는 문서를 해당 보세구역의 장에게 제출하여야 한다.

■ **사료관리법 시행규칙 [별표 7]** 〈개정 2019. 7. 1.〉

사료제조업자 등이 사료의 자가품질관리를 위하여 갖추어야 할 시설기준
(제21조제1항 관련)

1. 제조하거나 수입하는 품목의 원료 및 제품에 대한 자가품질검사를 할 수 있는 실험시설 또는 실험기기를 갖추어야 한다. 다만, 배합사료의 제조업자가 둘 이상의 공장을 설치·운영하는 경우에는 그 중 하나의 공장에 대하여 품질관리시설을 설치할 수 있으며, 다른 제조업자 또는 수입업자와 공동으로 품질관리시설을 갖출 수 있다.
2. 제조업자 또는 수입업자가 제조 또는 수입하는 제품에 대한 자가품질검사를 사료시험검사기관과 계약을 체결하고, 그 사료시험검사기관에 이를 의뢰하여 검사하는 경우에는 제1호의 시설을 갖추지 아니할 수 있다.
3. 사료에 혼합가능한 동물용의약품에 대하여는 차광·환기시설 및 출입문이 있는 별도로 구획된 보관시설을 갖추어야 한다(배합사료 제조업자 및 수입업자만 해당한다).

자가품질검사기준(제21조제2항 관련)

1. 사료의 검사

가. 제조·수입하는 사료에 대한 자가품질검사는 사료공정에서 분류한 명칭별로 실시하여야 한다. 다만, 배합사료의 잔류농약 및 중금속 자가품질검사는 가축종류별로 실시한다.

나. 자가품질검사주기의 적용시점은 제품제조일 및 통관일(수입품만 해당한다)을 기준으로 한다.

다. 검사항목의 적용은 해당 사료의 보증성분·유해물질·잔류농약 및 동물용의약품등 라목에서 규정하는 것을 말한다.

라. 사료의 자가품질검사는 다음의 구분에 따라 실시하여야 한다. 다만, 원료검사시에 해당 항목을 검사한 경우에는 이를 검사하지 아니할 수 있다.

   1) **배합사료**

      가) 돼지 및 닭용의 아미노산성분: 6개월마다 1회 이상

      나) 사료 중 유해물질(프리믹스용은 미량광물질이 포함된 것만 해당한다): 6개월마다 1회 이상

      다) 배합기의 배합정밀도(제조업자만 해당한다): 6개월마다 1회 이상

      라) 잔류농약 및 동물용의약품(농약 및 동물용의약품이 잔류될 수 있는 사료만 해당한다): 연간 1회 이상

      마) 반추동물유래동물성단백질의 함유여부(반추동물사료 또는 반추동물유래단백질의 혼입이 금지된 사료만 해당한다): 3개월마다 1회 이상

      바) 배합사료의 등록성분중 칼슘·인·조단백질·조지방·조섬유·조회분·ADF(산성세제불용성 섬유)·NDF(중성세제불용성 섬유)·수분: 3개월마다 1회 이상

      사) 가)부터 바)까지를 제외한 성분 또는 물질에 대하여는 농림축산식품부장관이 정하는 바에 따른다.

   2) **단미사료 및 보조사료**

      가) 사료의 보증성분 또는 성분규격: 6개월마다 1회 이상

      나) 사료 중 유해물질: 6개월마다 1회 이상

      다) 반추동물유래동물성단백질의 함유여부(반추동물사료 또는 반추동물유래단백질의 혼입이 금지된 사료만 해당한다): 3개월마다 1회 이상

      라) 가)부터 다)까지를 제외한 성분 또는 물질에 대하여는 농림축산식품부장관

이 정하는 바에 따른다.

2. **용기 · 포장의 검사**

용기 · 포장의 자가품질검사는 **용기 · 포장별로 3개월마다 1회 이상 실시**하여야 한다. 다만, 해해 용기 · 포장의 제조업자가 자가품질검사를 하거나 다른 법령에서 인정하는 검사기관에서 검사한 경우에는 그러하지 아니하다.

3. 그 밖의 자가품질검사와 관련한 세부 사항은 농림축산식품부장관이 따로 정한다.

■ **사료관리법 시행규칙 [별표 8의2]** 〈신설 2019. 7. 1.〉

사료시험검사기관의 지정취소 등에 관한 기준(제22조의2 관련)

1. 일반기준

    가. 위반행위가 둘 이상인 경우로서 그에 해당하는 각 처분기준이 다른 경우에는 그 중 무거운 처분기준에 따르며, 둘 이상의 처분기준이 같은 시험업무정지인 경우에는 무거운 처분기준의 2분의 1까지 늘릴 수 있다. 이 경우 각 처분기준을 합산한 기간을 초과할 수 없다.

    나. 위반행위의 횟수에 따른 순차적 행정처분의 기준은 **최근 4년간** 같은 항목의 위반행위로 행정처분을 받은 일이 있는 경우에 적용한다. 이 경우 그 기준 적용일은 같은 위반행위에 대한 최초 행정처분일과 재적발일을 기준으로 한다.

    다. 나목에 따라 가중된 부과처분을 하는 경우 가중처분의 적용 차수는 그 위반행위 전 부과처분 차수(나목에 따른 기간 내에 행정처분이 둘 이상 있었던 경우에는 높은 차수를 말한다)의 다음 차수로 한다.

    라. 위반정도가 경미하거나 기타 특별한 사유가 있다고 인정하는 경우에는 그 처분을 줄일 수 있다.

2. 개별기준

위반사항	근거법령	행정처분기준		
		1차 위반	2차 위반	3차 위반
1. 거짓이나 그 밖의 부정한 방법으로 지정을 받은 경우	법 제20조의3 제1항제1호	지정취소		
2. 고의 또는 중대한 과실로 사료검정증명서를 사실과 다르게 발급한 경우	법 제20조의3 제1항제2호	지정취소		
3. 업무 정지 기간 중 제20조제2항에 따른 업무를 한 경우	법 제20조의3 제1항제3호	지정취소		
4. 제20조의2제2항에 따른 지정기준을 갖추지 못하게 된 경우	법 제20조의3 제1항제4호	시정명령	업무정지 1개월	지정취소

■ **사료관리법 시행규칙 [별표 8의2]** 〈개정 2023. 3. 23.〉

사료시험검사기관의 지정취소 등에 관한 기준(제22조의2 관련)

1. 일반기준

　가. 위반행위가 둘 이상인 경우로서 그에 해당하는 각 처분기준이 다른 경우에는 그 중 무거운 처분기준에 따르며, 둘 이상의 처분기준이 같은 시험업무정지인 경우에는 무거운 처분기준의 2분의 1까지 늘릴 수 있다. 이 경우 각 처분기준을 합산한 기간을 초과할 수 없다.

　나. 위반행위의 횟수에 따른 순차적 행정처분의 기준은 **최근 4년간** 같은 항목의 위반행위로 행정처분을 받은 일이 있는 경우에 적용한다. 이 경우 그 기준 적용일은 같은 위반행위에 대한 최초 행정처분일과 재적발일을 기준으로 한다.

　다. 나목에 따라 가중된 부과처분을 하는 경우 가중처분의 적용 차수는 그 위반행위 전 부과처분 차수(나목에 따른 기간 내에 행정처분이 둘 이상 있었던 경우에는 높은 차수를 말한다)의 다음 차수로 한다. 다만, 적발된 날부터 소급하여 4년이 되는 날 전에 한 처분은 가중처분의 차수 산정 대상에서 제외한다.

　라. 위반정도가 경미하거나 기타 특별한 사유가 있다고 인정하는 경우에는 그 처분을 줄일 수 있다.

2. 개별기준

위반사항	근거법령	행정처분기준		
		1차 위반	2차 위반	3차 위반
1. 거짓이나 그 밖의 부정한 방법으로 지정을 받은 경우	법 제20조의3 제1항제1호	지정취소		
2. 고의 또는 중대한 과실로 사료검정증명서를 사실과 다르게 발급한 경우	법 제20조의3 제1항제2호	지정취소		
3. 업무 정지 기간 중 제20조제2항에 따른 업무를 한 경우	법 제20조의3 제1항제3호	지정취소		
4. 제20조의2제2항에 따른 지정기준을 갖추지 못하게 된 경우	법 제20조의3 제1항제4호	시정명령	업무정지 1개월	지정취소

사료제조업자등이 비치하여야 하는 관계 장부

(제23조제3항 및 제35조 관련)

구 분	장 부 명
1. 배합사료 제조업자	가. 원료수불대장(동물용의약품 수불대장 포함) 나. 제품생산 및 판매대장(동물용의약품첨가사료와 무첨가사료 구분) 다. 자가품질검사대장(원료 및 제품의 성분 분석결과) 라. 등록제품배합율표(배합율표·제품성분표·원료성분표 등)
2. 단미사료 및 보조 사료 제조업자	가. 원료수불대장 나. 제품생산 및 판매대장 다. 자가품질검사대장(원료 및 제품의 성분분석결과)
3. 수입업자	가. 제품수불대장 나. 제품판매대장 다. 자가품질검사대장(제품성분분석결과)
4. 판매업자	제품수불 및 판매대장
5. 사료시험검사기관	가. 검정대장 나. 사료검정증명서
6. 사료검정기관	가. 검정대장 나. 사료검정기록서

시료의 무상수거량(제26조제1항 관련)

사료의 종류	수 거 량	비 고
배합사료	1,800g(㎖)	1. 수거량은 품목별 시료의 무게 또는 용량을 모두 합한 것을 말한다. 다만, 시료의 최소단위가 수거량을 초과하더라도 시료채취로 인한 오염 등으로 검사 또는 검정결과에 영향을 줄 우려가 있다고 판단되는 경우에는 최소포장단위 그대로 채취할 수 있다. 2. 품목별 시료를 수거하는 경우에는 그 용기 또는 포장과 제조 연월일이 같은 것으로 수거하여야 한다. 3. 사료의 중량검사를 하여야 하는 경우에는 수거량을 초과하더라도 사료공정에서 정한 중량검사에 필요한 양을 추가하여 수거할 수 있다.
단미사료	1,800g(㎖)	
보조사료	900g(㎖)	

행정처분기준(제36조 관련)

Ⅰ. 일반기준

1. 둘 이상의 위반행위가 적발된 경우로서

   가. 그 위반행위가 영업의 전부정지에만 해당하거나, 영업의 일부정지에만 해당하는 경우에는 그 중 가장 긴 정지처분 기간에 나머지 각각의 정지처분 기간의 2분의 1을 더하여 처분한다.

   나. 그 위반행위가 하나 이상의 영업의 전부정지와 하나 이상의 영업의 일부정지에 동시에 해당하는 경우에는 각각의 영업의 전부정지처분 기간 및 영업의 일부정지처분 기간을 가목에 따라 산정한 후, 그 영업의 전부정지처분 기간이 영업의 일부정지처분 기간보다 길거나 같으면 그 영업의 전부정지처분만 하고, 그 영업의 전부정지처분 기간이 영업의 일부정지처분 기간보다 짧으면 그 영업의 전부정지처분과 그 초과 기간에 대한 영업의 일부정지처분을 동시에 한다.

2. 위반행위의 횟수에 따른 행정처분 기준은 **최근 1년간** 같은 위반행위로 행정처분을 받은 경우에 적용한다. 이 경우 기간의 계산은 위반행위에 대한 행정처분일과 그 처분 후 다시 같은 위반행위를 하여 적발된 날(현물검사는 시료채취일을 말한다)을 기준으로 한다.

3. 같은 날 제조한 같은 품목에 대하여 같은 위반사항이 적발되는 경우에는 같은 위반행위로 본다.

4. 4차 이상 위반한 경우에 3차 위반의 처분기준이 영업의 일부정지인 경우에는 영업의 일부정지 6개월의 처분을 하고, 영업의 전부정지인 경우에는 영업의 전부정지 6개월 또는 등록취소처분을 한다.

5. 제2호부터 제4호까지의 규정에 따라 가중된 처분을 하는 경우 가중처분의 적용 차수는 그 위반행위 전 처분 차수(제2호에 따른 기간 내에 처분이 둘 이상 있었던 경우에는 높은 차수를 말한다)의 다음 차수로 한다. 다만, 적발된 날부터 소급하여 1년이 되는 날 전에 한 처분은 가중처분의 차수 산정 대상에서 제외한다.

6. 제1호가목에 따라 행정처분을 한 뒤에 새로운 위반행위에 대하여 행정처분을 하게 되는 경우에는 위반행위의 횟수에 따른 행정처분 기준은 종전의 제1호가목에 따른 행정처분의 사유가 된 각각의 위반행위에 대하여 각각 행정처분을 하였던 것으로 보아 적용한다.

7. 이 기준에 명시되지 아니한 사항으로서 처분의 대상이 되는 사항이 있을 때에는 이 기

준 중 가장 유사한 사항에 따라 처분한다.

8. 다음 각 목의 어느 하나에 해당하는 경우에는 그 처분을 경감할 수 있다.

　가. 사료공정에 위반된 사항 중 그 위반 정도가 경미한 사항으로서 국민보건상 인체의 건강과 가축의 성장을 해칠 우려가 없다고 인정되는 경우

　나. 표시기준 위반의 경우로서 일부 제조품에 대한 제조일 등의 표시 누락 등 그 위반 사유가 영업자의 고의나 과실이 아닌 단순한 기계 작동상의 오류로 인한 것이라고 인정되는 경우

　다. 법 제24조에 따라 제조업자·수입업자 또는 판매업자가 사료의 폐기·회수 등을 성실히 하였다고 인정되는 경우

　라. 사료를 제조하거나 수입만 하고 시중에 유통시키지 아니한 경우

　마. 그 밖에 사료의 수급정책상 필요하다고 인정되는 경우

Ⅱ. 개별 기준

위 반 사 항	근거 법령	행정처분기준		
		1차 위반	2차 위반	3차 위반
1. 거짓이나 그 밖의 부정한 방법으로 등록을 한 경우	법 제25조 제1항제1호	등록취소		
2. 영업정지명령을 위반하여 영업을 한 경우	법 제25조 제1항제2호	등록취소		
3. 법 제7조제1항을 위반하여 수입한 사료를 판매한 경우	법 제25조 제1항제3호	영업의 전부정지 4개월	영업의 전부정지 5개월	영업의 전부정지 6개월
4. 법 제8조를 위반한 경우 　가. 등록기준에 적합하지 아니하게 된 경우	법 제25조 제1항제4호 및 제5호	영업의 전부정지 1개월	등록취소	
나. 제조시설을 신고하지 아니하고 변경한 경우		영업의 전부정지 15일	영업의 전부정지 1개월	영업의 전부정지 2개월
4의2. 법 제8조의2 각 호의 제조업 등록 제한 사유에 해당하는 경우	법 제25조 제1항 제4호의2	등록취소		
5. 법 제10조를 위반한 경우 　가. 사료안전관리인을 두지 아니한 경우	법 제25조 제1항제6호 및 제7호	영업의 전부정지 1개월	영업의 전부정지 3개월	등록취소
나. 사료안전관리인의 업무를 방해하거나 정당한 사유 없이 사료안전관리인의 요청에 따르지 아니한 경우		영업의 전부정지 1개월	영업의 전부정지 3개월	등록취소

06
사료관리법
시행규칙 별표

위반사항	근거 법령	1차	2차	3차
6. 법 제11조제2항을 위반한 경우	법 제25조 제1항제8호			
가. 사료공정에 따라 사료를 제조·사용 또는 보존하지 아니한 경우		영업의 전부정지 1개월과 해당 제품 회수·양도 금지	영업의 전부정지 2개월과 해당 제품 회수·양도 금지	영업의 전부정지 3개월과 해당 제품 회수·양도 금지
나. 성분등록된 함량보다 부족하거나 초과하도록 사료를 제조한 경우		영업의 일부정지 1개월	영업의 전부정지 1개월	영업의 전부정지 3개월
다. 등록성분의 등록치와 설계치가 오차범위를 벗어나도록 사료를 제조한 경우		영업의 전부정지 1개월	영업의 전부정지 2개월	영업의 전부정지 3개월
라. 성분규격 함량에 부족하거나 순도시험 중 중금속기준에 위반한 경우		영업의 전부정지 1개월과 해당 제품 회수	영업의 전부정지 2개월과 해당 제품 회수	영업의 전부정지 3개월과 해당 제품 회수
7. 법 제12조제1항을 위반하여 성분등록을 하지 아니하고 사료를 제조 또는 수입한 경우	법 제25조 제1항제9호	영업의 전부정지 1개월	영업의 전부정지 3개월	등록취소
8. 법 제13조를 위반한 경우	법 제25조 제1항제10호 및 제11호			
가. 포장 및 용기에 표시하여야 할 사항을 표시하지 아니하거나 일부 항목을 누락한 경우로서				
1) 동물용의약품 첨가내용 또는 주의사항을 위반한 경우		영업의 전부정지 1개월	영업의 전부정지 3개월	영업의 전부정지 3개월
2) 1)을 제외한 3개 사항 이상을 위반한 경우		영업의 전부정지 1개월	영업의 전부정지 3개월	영업의 전부정지 3개월
3) 1)을 제외한 3개 사항 미만을 위반한 경우		영업의 일부정지 1개월	영업의 일부정지 2개월	영업의 일부정지 3개월
나. 포장 및 용기에 표시하여야 할 사항을 허위로 표시한 것으로서				
1) 동물용의약품 첨가내용을 허위로 표시한 경우		영업의 전부정지 1개월	영업의 전부정지 3개월	영업의 전부정지 3개월
2) 1)을 제외한 3개 사항 이상을 허위로 표시한 경우		영업의 전부정지 1개월	영업의 전부정지 3개월	영업의 전부정지 3개월
3) 1)을 제외한 3개 사항 미만을 허위로 표시한 경우		영업의 일부정지 1개월	영업의 일부정지 2개월	영업의 일부정지 3개월

		영업의 일부정지 7일 / 영업의 전부정지 1개월	영업의 일부정지 15일 / 영업의 전부정지 3개월	영업의 일부정지 1개월 / 영업의 전부정지 6개월
다. 사료명칭의 표시가 표시기준에 위반된 경우		영업의 일부정지 7일	영업의 일부정지 15일	영업의 일부정지 1개월
라. 표시사항을 과장하여 표시한 경우		영업의 전부정지 1개월	영업의 전부정지 3개월	영업의 전부정지 6개월
9. 법 제14조제1항을 위반한 경우	법 제25조 제1항제12호			
가. 인체 또는 동물등에 해로운 물질이 허용기준 이상으로 함유되거나 잔류된 것을 제조 또는 수입한 경우		영업의 전부정지 1개월과 해당 제품 폐기	영업의 전부정지 3개월과 해당 제품 폐기	영업의 전부정지 6개월과 해당 제품 폐기
나. 동물용의약품이 허용기준 이상 잔류된 것을 제조 또는 수입한 경우		시정명령 해당 제품 폐기	영업의 전부정지 1개월과 해당 제품 폐기	영업의 전부정지 3개월과 해당 제품 폐기
다. 인체 또는 동물등의 질병의 원인이 되는 병원체에 오염되었거나 현저히 부패 또는 변질된 사료를 제조 또는 수입한 경우		영업의 전부정지 1개월과 해당 제품 폐기	영업의 전부정지 3개월과 해당 제품 폐기	영업의 전부 정지 6개월과 해당 제품 폐기
라. 동물 등의 건강유지나 성장에 지장을 초래하여 축산물의 생산을 현저히 저해하는 사료를 제조 또는 수입한 경우		영업의 일부정지 1개월과 해당 제품 폐기	영업의 전부정지 3개월과 해당 제품 폐기	영업의 전부 정지 6개월과 해당 제품 폐기
마. 성분등록을 하지 아니한 사료를 사용한 경우		영업의 일부정지 6개월과 해당 제품 폐기	등록취소	
바. 수입신고를 하지 아니한 사료를 사용한 경우		영업의 일부정지 1개월과 해당 제품 폐기	영업의 일부정지 3개월과 해당 제품 폐기	영업의 일부정지 6개월과 해당 제품 폐기
사. 인체 또는 농림축산식품부장관이 정하여 고시한 동물등의 질병원인이 우려되는 사료로 사용하는 것을 금지한 동물등의 부산물·남은 음식물 등 농림축산식품부장관이 정하여 고시한 것을 사료 또는 사료의 원료로 사용한 경우		영업의 일부정지 6개월과 해당 제품 폐기	등록취소	

위반사항	근거 법조문	1차	2차	3차
10. 법 제15조를 위반한 경우 　가. 특정성분의 함량 제한을 위반한 경우	법 제25조 제1항제13호 및 제14호	영업의 전부정지 1개월과 해당 제품 폐기	영업의 전부정지 2개월과 해당 제품 폐기	영업의 전부정지 3개월과 해당 제품 폐기
나. 물질·사료의 혼합 제한을 위반한 경우		영업의 전부정지 1개월과 해당 제품 폐기	영업의 전부정지 2개월과 해당 제품 폐기	영업의 전부정지 3개월과 해당 제품 폐기
11. 법 제19조를 위반한 경우 　가. 수입신고를 하지 아니하고 사료를 수입한 경우	법 제25조 제1항제15호	영업의 전부정지 2개월	등록취소	
나. 수입신고시 사실과 다르게 신고하거나 허위로 서류를 제출한 경우		영업의 전부정지 1개월	영업의 전부정지 2개월	영업의 전부정지 6개월
다. 수입신고조건을 위반한 경우		영업의 전부정지 1개월	영업의 전부정지 2개월	영업의 전부정지 6개월
12. 법 제20조를 위반한 경우 　가. 자가품질검사를 실시하지 아니한 경우로서 　　1) 검사항목의 전부에 대하여 검사를 실시하지 아니한 경우	법 제25조 제1항제16호 및 제17호	영업의 전부정지 1개월	영업의 전부정지 3개월	영업의 전부정지 3개월
2) 검사실시비율이 검사항목의 50% 미만일 경우		영업의 전부정지 15일	영업의 전부정지 1개월	영업의 전부정지 3개월
3) 검사실시비율이 검사항목의 50% 이상일 경우		영업의 전부정지 7일	영업의 전부정지 15일	영업의 전부정지 1개월
나. 자가품질검사에 관한 기록서를 2년간 보관하지 아니한 경우		영업의 전부정지 7일	영업의 전부정지 1개월	영업의 전부정지 3개월
다. 자가품질검사시설을 갖추지 아니한 경우(사료시험검사기관과 계약을 체결하여 자가품질검사를 의뢰하여 실시하는 경우는 제외한다)		영업의 전부정지 1개월	영업의 전부정지 2개월	영업의 전부정지 3개월
13. 법 제24조에 따른 조치명령에 따르지 아니한 경우	법 제25조 제1항제18호	영업의 전부정지 1개월	영업의 전부정지 2개월	영업의 전부정지 6개월
14. 법 제27조제3항에 따른 조치명령에 따르지 아니한 경우	법 제25조 제1항제19호	영업의 전부정지 15일	영업의 전부정지 1개월	영업의 전부정지 2개월

수수료 및 검사료 등(제38조제1항 관련)

구 분	금 액	비 고
1. 제조업의 등록신청	30,000원	수입증지
2. 제조업의 등록증 재발급신청	10,000원	수입증지
3. 사료성분등록신청 및 사료성분등록증 재발급신청	품목당 5,000원	수입증지
4. 검사수수료, 재검사수수료	국립농산물품질관리원의 사료검사에 관한 수수료 규정에 따른다.	수입인지
5. 자가품질검사료	사료시험검사기관의 자체 기준에 따른다. 다만, 성분별 자가품질검사료가 국립농산물품질관리원의 성분별 수수료를 초과하여서는 아니 된다.	현금

교육훈련 수수료 산출기준(제38조제3항 관련)

구　　　　분	금　액
1. 강사 수당 2. 교육교재 편찬비 3. 교육에 필요한 실험재료비 및 현장실습비 4. 그 밖에 교육 관련 사무용품 구입비 등 필요 경비	교육훈련기관은 교육훈련에 드는 비용을 합산하여 교육생 인원으로 나누어 산정한 금액을 교육훈련 수수료로 정한다.

※ 비고

1. 교육훈련 수수료는 교육 신청 시 현금으로 낸다.
2. 교육기관 수수료는 강사와 교육 장소에 따라 차이가 있을 수 있다.
3. 교육훈련 수수료 산정은 실비 정산을 원칙으로 한다.
4. 물가 상승 등의 요인에 따라 교육훈련 수수료는 인상될 수 있다.

제7장
가축전염병예방법(부록)

[시행 2024. 9. 15.] [법률 제19706호, 2023. 9. 14., 일부개정]

QR코드를 스캔하면,
[제7장 가축전염병 예방법]과 서식을 다운로드 받을 수 있습니다.

저자 소개

김복택

- 서울호서전문학교 반려동물매개치료 전공 학과장
- 한국반려동물매개치료협회장
- 경영학 석·박사/문학사(심리학전공)/경제학사

주요 경력
- 농촌진흥청 동물교감치유 환경조성 시범사업 전문가 위원
- 행정안전부 지방규제혁신과 전문가 자문위원
- 농림축산검역본부 탐지조사 전문경력관 실기전형평가위원 (탐지견)
- 경기남부지방경찰청 일반직 공무원(경찰견) 채용심사위원
- 한국교육학술정보원(KERIS) 이러닝 콘텐츠 심사위원
- 농촌진흥청 농촌진흥공무원 「반려동물」 교육과정 강사
- 관악구 여성인력개발센터 자문위원(펫시터 양성사업)
- 관악구청 동물매개치유 사업 슈퍼바이저
- 강동구청 동물매개치유 운영사업 슈퍼바이저
- 안양시자원봉사센터 반려동물매개심리상담사 강사
- 국립중앙청소년디딤센터 반려동물매개심리상담사 강사
- 동양대학교 치유농림업CEO 과정 강사
- 김포시농업기술센터 치유농업 마스터반 강사
- 익산시 농업기술센터 강소농 전문가과정 강사
- 강원도 농업기술원 치유농업교육 강사
- 광양시 농업기술센터 농업인 대학 강사
- 순천시 친환경농업대학 치유농업과정 강사
- 홍성군 농업기술센터 치유농업과정 강사
- 대명비발디 웰리스리조트 체험 융복합 프로그램 자문위원(동물매개치료)
- 서울시 동물매개활동 평가위원회 위원장

제3판

반려동물전문가를 위한 동물복지 및 법규

초판발행	2018년 2월 26일
제2판발행	2021년 2월 26일
제3판발행	2024년 8월 30일
지은이	김복택
펴낸이	노 현
편 집	배근하
기획/마케팅	김한유
표지디자인	BEN STORY
제 작	고철민·김원표
펴낸곳	㈜ 피와이메이트
	서울특별시 금천구 가산디지털2로 53 한라시그마밸리 210호(가산동)
	등록 2014. 2. 12. 제2018-000080호
전 화	02)733-6771
f a x	02)736-4818
e-mail	pys@pybook.co.kr
homepage	www.pybook.co.kr
ISBN	979-11-7279-005-9 93490

정 가   35,000원

박영스토리는 박영사와 함께하는 브랜드입니다.